과년도 출제문제 완전 분석

화훼장식 기능사 필기

김혜정 편저

Craftsman Floral Design

일진사

머리말

 화훼 장식 기능사란 우리가 살아가는 데 필요한 자연을 좀 더 가까이 접할 수 있도록 화훼류를 디자인하여 쾌적하고 건강한 삶을 살 수 있도록 도와주는 전문가이다. 따라서 다양한 시대적 요구 사항에 맞춰 식물을 사랑하고 관리하는 기능적인 능력 외에도 화훼 장식물을 계획하고 디자인, 제작, 유지 및 관리 등에 필요한 고도의 전문성과 그에 알맞은 기술을 갖춰야만 한다. 그러기 위해 화훼 장식과 관련된 여러 분야의 전문화, 현대화, 과학화에 발맞춰 하나의 직업 문화로 자리 잡기 위한 일정 수준의 전문성이 필요하다. 이런 시대적 필요에 의해 '화훼 장식 기능사' 국가 기술 자격시험을 제정하여 실시하고 있다. 전문성을 갖춘 화훼 분야 직업은 갈수록 확대되고 있으며, 전문적인 화훼 직업인들은 플라워 디자이너로서는 물론 좀 더 체계화되고 전문화된 플라워숍 운영과 매장 인테리어, 이벤트 행사 기획과 화훼 장식에 관련된 분야에서 활발하게 활동하고 있다.

 이 책은 화훼 장식 기능사 자격을 취득하고 사회 여러 분야에서 활동할 수 있도록 필요한 지식과 그에 따른 자격을 취득할 수 있도록 2004년부터 2016년까지 시행되었던 기출 문제를 정확한 정답 해설과 함께 수록하고 화훼 장식에 사용되는 어려운 용어를 쉽게 풀이하여 이 한 권의 책으로 목표하는 자격을 취득할 수 있도록 하였다. 이 책을 통해 화훼 장식의 전문적인 지식을 충분히 습득하고 화훼 장식 기능사로서의 자부심과 함께 사회에 기여할 수 있는 전문적인 활동을 할 수 있기를 기대한다. 또한 플로리스트라는 프로 정신과 전문성을 가지고 건강하고 행복하며 아름다운 사회로 이끌어 가는 데 선도적인 역할을 감당하는 화훼 장식 기능사가 되었으면 한다.

 끝으로 이 책을 만드는 데 몸과 마음을 다해 애써 주신 **일진사** 직원들과 언제나 내 곁에서 함께하는 제자들에게 깊은 감사를 드린다.

김 혜 정

출제 기준(필기)

직무분야	농림어업	중직무분야	농업	자격종목	화훼장식기능사	적용기간	2014.01.01~2018.12.31
○직무내용 : 화훼식물을 이용하여 실내·외 공간의 기능성과 미적효과가 높은 장식물의 계획, 구상, 디자인, 제작, 유지 및 관리하는 직무 수행							
필기검정방법	객관식	문제수	60	시험시간	1시간		
필기과목명	화훼장식재료, 화훼품장식 제작 및 유지관리, 화훼장식론						

주요항목	세부항목	세세항목
1. 화훼의 개요	1. 화훼의 정의	(1) 정의　　(2) 범위
	2. 화훼의 이용형태	(1) 생산화훼　(2) 취미화훼　(3) 후생화훼
2. 화훼장식 식물 재료의 분류	1. 식물명	(1) 학명　　(2) 일반명
	2. 식물재료의 분류	(1) 1~2년초　(2) 숙근초　(3) 구근류 (4) 화목류　(5) 다육식물　(6) 관엽식물 (7) 난과식물　(8) 수생식물　(9) 야생식물 (10) 식충식물　(11) 기타
	3. 이용형태별 분류	(1) 절화용　(2) 절지용　(3) 절엽용 (4) 분식물용　(5) 가공소재용
3. 화훼식물의 형태와 용도	1. 기관	(1) 잎　　(2) 줄기　　(3) 뿌리 (4) 꽃　　(5) 열매
	2. 용도	(1) 생활공간용　(2) 행사용　(3) 디스플레이용 (4) 작품전시용　(5) 기타
4. 화훼부재료	1. 자재	(1) 용기　　(2) 구조물　　(3) 인조식물 (4) 장식물　(5) 분식물첨경소재
	2. 시설	(1) 작업대　(2) 저장고　(3) 진열대
	3. 도구	(1) 칼, 가위　(2) 가시제거기　(3) 니퍼　(4) 기타
5. 화훼장식 재료의 관리	1. 절화의 관리	(1) 절화생리　(2) 절화보존제처리　(3) 환경조절 (4) 노화생리　(5) 물올림촉진　(6) 기타
	2. 분식물의 관리	(1) 토양　　　　(2) 환경조절 (3) 영양 및 병해충 관리　(4) 번식 및 분갈이
	3. 가공소재의 관리	(1) 환경조절　(2) 취급방법

주요항목	세부항목	세세항목
6. 화훼장식의 종류와 특성	1. 절화 장식	(1) 꽃꽂이 (2) 꽃다발 (3) 꽃바구니 (4) 신부화 (5) 리스 (6) 갈런드 (7) 형상물 (8) 기타
	2. 분식물 장식	(1) 디시가든 (2) 테라리움 (3) 공중걸이 (4) 토피어리 (5) 착생식물 붙이기 (6) 수경재배 (7) 기타
	3. 가공소재 장식	(1) 건조화 (2) 압화 (3) 보존화 (4) 조화
7. 화훼장식물의 조형	1. 줄기배열	(1) 방사선 (2) 평행(병렬)선 (3) 교차선 (4) 감는선
	2. 구성형식	(1) 장식적 구성 (2) 식생적 구성 (3) 구조적 구성 (4) 형-선적 구성 (5) 오브제적 구성 (6) 평면적 구성
	3. 표현양식	(1) 동양식 (2) 서양식
8. 화훼장식의 표현기법	1. 표현기법	(1) 밴딩 (2) 바인딩 (3) 번들링 (4) 레이어링 (5) 테라싱 (6) 그루핑 (7) 클러스터링 (8) 조닝 (9) 프레이밍 (10) 섀도잉 (11) 시퀀싱 (12) 파베 (13) 필로잉 (14) 기타
	2. 와이어링 기법	(1) 피어싱 (2) 후킹 (3) 인서션 (4) 크로싱 (5) 헤어핀 (6) 소잉 (7) 기타
9. 화훼장식의 정의와 기능	1. 정의	(1) 정의 (2) 속성
	2. 기능	(1) 장식적 (2) 건축적 (3) 심리적 (4) 환경적 (5) 교육적 (6) 치료적 (7) 경제적
10. 화훼장식의 역사	1. 동양	(1) 한국 (2) 일본 (3) 중국
	2. 서양	(1) 고대 (2) 중세 (3) 근대 (4) 현대
11. 화훼장식의 디자인	1. 디자인 요소	(1) 선 (2) 형태 (3) 공간 (4) 색채 (5) 질감
	2. 디자인 원리	(1) 조화 (2) 통일 (3) 균형 (4) 비율 (5) 강조 (6) 리듬 (7) 기타
12. 화훼의 가공	1. 건조 가공방법	(1) 자연 (2) 열풍 (3) 동결 (4) 글리세린 (5) 실리카겔 (6) 누름 (7) 표백 (8) 염색 (9) 기타

차 례

◆ 화훼 장식 핵심 이론 ·· 7

◆ 과년도 출제 문제 ·· 65

　2004년도 출제 문제 ··· 67
　2005년도 출제 문제 ··· 84
　2006년도 출제 문제 ··· 116
　2007년도 출제 문제 ··· 148
　2008년도 출제 문제 ··· 180
　2009년도 출제 문제 ··· 212
　2010년도 출제 문제 ··· 245
　2011년도 출제 문제 ··· 277
　2012년도 출제 문제 ··· 327
　2013년도 출제 문제 ··· 378
　2014년도 출제 문제 ··· 429
　2015년도 출제 문제 ··· 463
　2016년도 출제 문제 ··· 495

Craftsman
floral design

화훼 장식 기능사 필기

화훼 장식 핵심 이론

화훼 장식 핵심 이론

1 화훼(Flowering plants)의 개요

화훼의 정의	• 꽃뿐만 아니라 잎, 줄기 등 관상 가치가 있는 모든 식물을 집약적이고 기술적으로 재배하는 것을 말한다. • 화훼(花卉)의 화(花)는 꽃을 말하며 관상용 초본과 목본을 가리키고, 훼(卉)는 풀을 의미하며 꽃과 함께 그 배경이 되는 초화를 말한다.	
	* 화훼 원예(Floriculture) : 화훼를 가꾸고 다루는 분야	
화훼의 특성	정신적, 문화적, 집약적이며, 다품종, 다종류를 취급하고 고도의 기술을 요구하며 국제성을 지닌다.	
	집약 작물	화훼 작물은 대표적인 토지, 노동, 자본의 집약 작물이다.
	국제성	일반 작물은 그 나라의 문화 및 생활 습관에 따라 품종에 따른 기호도의 차이가 크지만 꽃은 기호 측면에서 공통점이 많아 국제성을 지닌다.

2 식물의 분류와 명명법

(1) 식물학적 분류
식물의 유연관계를 기준으로 하는 분류 방법으로 자연적 분류라고 하며 학술적 측면에서 많이 사용한다.

단위	종(種) − 속(屬) − 과(科) − 목(目) − 강(綱) − 문(門) − 계(界)	
	종 (Species)	식물을 형태적인 특징으로 나눌 수 있는 기본적인 단위로 원예적으로 중요한 분류 단위
	속 (Genus)	유사성을 갖는 종의 모임을 나타내는 단위로 나리(Lilium)나 장미(Rosa)와 같이 일반적으로 화훼의 종류를 말할 때 사용하며, 형태적으로 파악하기 쉬운 분류 단위
	과 (Family)	유사성을 갖는 속의 집합체이지만 속과 같은 정도의 유사성은 없는 분류 단위

(2) 학명(Scientific name)과 보통명(Common name)

학명		학술 연구 등의 여러 필요에 의해 전 세계가 공통적으로 사용하도록 제정한 국제적 이름
	표기 방법	• 학명은 이명법에 따라 '속명 + 종명'으로 쓰고 그 뒤에 명명자를 표기한다. • 학명의 표기는 라틴어로 사용하되 속명과 종명, 변종명, 품종명을 이탤릭체로 쓴다. • 속명의 첫 글자는 대문자로 표기한다. • 종명은 소문자로 표기한다. • 명명자는 인쇄체로 쓰되 첫 글자는 대문자로 쓰며, 이름이 길 때는 음절을 끊어서 쓰고 약자 표시로 .을 찍는다. • 학명의 속명이 바뀌는 경우에는 원래 학명을 명명한 명명자의 이름을 괄호 안에 넣어 기록한다. • 명명자가 여럿일 경우에는 영어의 and에 해당하는 et를 사용하여 Siebold et Zuccarini와 같이 표기한다. • 명명자와 그 학명을 유효화한 기재자가 다를 경우에는 ex를 붙인다. • 변종 표시는 variety 또는 varietas를 줄여서 var. 또는 v.로 쓴다. • 품종 표시는 form 또는 forma의 약자로 for. 또는 f.로 쓴다. • 재배 품종 표시는 cultivated variety 또는 cultivar의 약자로 cv.로 표시하거나 'ㅇㅇㅇ'으로 쓴다. • 재배 품종명은 인쇄체로 쓰되 첫 글자는 대문자로 쓴다.
보통명		• 일반적으로 통용되는 이름 • 나라마다 그 나라 국민이 자신들의 모국어로 지어서 부르는 식물명으로 속명, 향토명, 상업명, 통용명 등
	장 점	각 나라의 자국어로 되어 있어 부르기 편하고 식물의 형태나 특징, 환경, 지명 등에서 유래된 것이 많아 이해하고 기억하기가 쉽다.
	단 점	비과학적이고 학술적으로 사용하기 곤란하며 나라, 언어, 자생지, 종족, 지역 등에 따라 달라 전 세계 사람이 통용어로 사용할 수 없다.

3 화훼의 원예학적 분류

1년초 (한해살이)		한해살이 화초는 씨앗을 뿌린 다음 1년 안에 꽃이 피고 씨가 맺힌 후 말라죽는 종류이다. 봄에 파종하는 춘파 1년초와 가을에 파종하는 추파 1년초로 나뉜다.
	춘파 1년초 (봄뿌림 1년초)	• 봄에 씨앗을 뿌려 여름에서 가을까지 개화하는 종류이다. • 주로 열대나 아열대 원산인 것이 많다. • 고온 건조에 강하고 척박한 토양에 잘 견디나 내한성이 약해 월동이 힘들다. • 주로 단일에서 개화가 촉진된다. 예 분꽃, 샐비어, 맨드라미, 해바라기, 나팔꽃, 코스모스, 메리골드, 색비름, 꽃베고니아, 임파첸스, 천일홍, 채송화 등
	추파 1년초 (가을뿌림 1년초)	• 가을에 씨앗을 뿌려 가을, 겨울에 생장하고 봄, 여름에 개화하는 종류이다. • 온대나 아한대가 원산인 것이 많다. • 내한성이 강하나 고온 건조에 약하고 비옥한 토양을 좋아한다. • 주로 장일에서 개화가 촉진된다. 예 금어초, 앵초(프리뮬러), 데이지, 시네라리아, 금잔화, 페튜니아, 팬지, 스타티스, 양귀비, 물망초, 스위트피 등
2년초 (두해살이)		파종 후 싹이 터서 한 해 겨울을 넘긴 이듬해 꽃을 피우고 열매를 맺는 식물로 장일 조건에서 개화가 촉진, 종자가 번식한다. 예 석죽, 종꽃, 접시꽃, 디기탈리스 등
숙근초 (다년초, 여러해살이)		파종 후 여러 해 동안 죽지 않고 식물의 전체나 일부가 살아남아 개화·결실하는 화초
	노지 숙근초	온대, 아한대 원산으로 내한성이 강해 노지 월동이 가능하며, 대부분 정원 화단용으로 이용된다. 예 원추리, 아이리스, 작약, 국화, 구절초, 벌개미취, 매발톱꽃(아퀼레지아), 금계국, 꽃잔디, 꽃창포 등
	반노지 숙근초	온대 원산으로 비교적 내한성이 약해 겨울에 짚을 덮어 주거나 온실 월동시키며 화단, 화분, 절화용으로 이용된다. 예 국화 등

숙근초 (다년초, 여러해살이)	온실 숙근초			열대, 아열대 원산으로 내한성이 약해 온실 재배를 해야 하며, 연중 온실에서 개화가 가능하고 화분, 절화용으로 이용된다. 예 거베라, 제라늄, 구근베고니아, 숙근 안개초, 칼랑코에, 군자란 등
구근류 (알뿌리)	숙근초의 특수한 형태로 지하부에 영양분을 축적한 다양한 형태의 비대한 지하경(땅속줄기), 지하근(땅속뿌리)을 형성하는 종류이다.			
	식재에 따른 분류	춘식 구근		내한성이 약해 노지 월동이 불가능하며 봄철에 심는 종류로 고온에서 잘 생육하고, 건조하고 척박한 토양에 강한 편이다. 예 수련, 칸나, 달리아, 글라디올러스, 글로리오사, 구근베고니아 등
		추식 구근		내한성이 강해 노지 월동이 가능하고 가을에 심는 종류로 고온 다습에 약하고 비옥한 토양에서 잘 자란다. 예 나리, 수선, 튤립, 히아신스, 아네모네, 크로커스, 무스카리 등
		온실 구근		내한성이 약하므로 온실에서 겨울을 나야 하는 종류로 주로 화분에서 키우며 실내 장식용으로 많이 이용한다.
	형태에 따른 분류	인경 (비늘줄기)		줄기가 변형된 저장 기관으로 인편(표면을 덮고 있는 비늘 모양의 조각)이 모여서 하나의 알뿌리를 형성한다.
			유피 인경	껍질이 있는 인경 예 수선, 아마릴리스, 튤립, 히아신스, 스노드롭, 무스카리 등
			무피 인경	껍질이 없는 인경 예 프리틸라리아, 백합 등
		구경 (구슬줄기, 알줄기)		줄기가 변형되어 알뿌리를 형성하고 껍질을 벗기면 마디가 있다. 예 글라디올러스, 크로커스, 익시아, 프리지어 등
		근경 (뿌리줄기)		땅속줄기가 비대해져 양분 저장 기관으로 발달한 것 예 수련, 칸나, 국화, 은방울꽃, 꽃창포 등
		괴경 (덩이줄기)		땅속줄기가 비대해져 알뿌리 모양으로 된 것 예 칼라, 아네모네, 시클라멘, 칼라디움 등
		괴근 (덩이뿌리)		뿌리가 비대해져 저장 기관으로 발달한 것 예 작약, 라넌큘러스, 달리아, 도라지, 고구마 등

화목류 (꽃나무)	• 목본성 식물 중에서 꽃이 관상의 주 대상이 되는 꽃나무 • 형태나 습성에 따라 교목성 화목류, 관목성 화목류, 온실 화목류 등으로 나뉜다.	
	교목 (큰키나무)	한 줄기로 높이 자라면서 위에서 가지를 뻗는 화목으로 보통 2m 이상 자라고 줄기의 수명이 길다. 예 아카시아나무, 매화나무, 벚나무, 모과나무, 단풍나무, 소나무, 향나무, 버드나무, 태산목 등
	관목 (떨기나무)	줄기가 낮게 자라면서 밑에서 많은 가지가 나오는 화목으로 2m 이하로 자라며 줄기의 수명이 비교적 짧은 편이다. 예 포인세티아, 개나리, 무궁화, 수국, 장미, 백량금, 남천, 사철나무, 회양목, 청목 등
덩굴 식물	줄기나 덩굴손이 다른 물체에 붙어서 올라가는 식물 예 등나무, 능소화, 인동덩굴, 장미덩굴, 노박덩굴, 담쟁이덩굴 등	
선인장, 다육 식물	선인장	잎과 줄기가 건조에 견딜 수 있도록 가시화된 것으로 잎이 퇴화되어 가시로 변하였다. 예 부채선인장, 공작선인장, 게발선인장, 기둥선인장 등
	다육 식물	잎과 줄기가 건조에 견딜 수 있도록 수분 저장을 용이하게 다육화한 것이다. 예 알로에, 세듐, 칼랑코에, 산세베리아, 꽃기린, 돌나물 등
관엽 식물	열대, 아열대 원산으로 아름다운 색이나 모양의 잎을 보고 즐기기 위한 식물로 내음성이 강한 음생 식물이 많아 실내 관상용으로 적당하다. 예 필로덴드론, 몬스테라, 디펜바키아, 스킨답서스, 크로톤, 칼라데아, 드라세나, 아나나스 등	
난과 식물	단자엽(외떡잎) 식물 중 가장 진화된 식물로 고온 다습, 그늘에서 생육이 양호한 식물군	
	원산지에 따른 분류	서양란 (양란)	열대, 아열대 원산으로 화형과 화색이 화려하고 무향이다. 예 심비디움, 팔레놉시스, 온시디움, 덴드로비움, 반다, 덴파레, 카틀레야 등
		동양란	온대 원산으로 소박한 꽃, 은근한 향기, 곡선의 미가 있다. 예 건란, 한란, 풍란, 춘란, 보세란, 옥화란, 중국춘란 등

	생장 형태에 따른 분류	지생란	아열대, 온대 지방에 분포하고, 식물과 같이 땅속에 뿌리를 내리고 살아간다. 예 건란, 한란, 춘란, 소심란, 새우란, 보춘화, 은대난초 등
		착생란	열대, 아열대에 자생하는 것으로 나무나 바위에 붙어 고착 생활을 하며, 호흡 활동이 활발하여 공중에 있는 습도를 흡수하여 생장한다. 예 팔레놉시스, 카틀레야, 덴드로비움, 풍란, 반다, 온시디움 등
수생 식물	식물의 일부나 전체가 물속이나 아주 습한 토양에서 자라는 화초류 예 가래, 물옥잠, 부들, 워터칸나, 수련, 가시연꽃 등		
	습생 식물		물가의 습기가 많은 곳에서 잘 자라는 식물 예 물망초, 원추리, 꽃창포, 약모밀, 미나리아재비 등
	침수 식물		물에 잠겨서 자라는 식물 예 검정말, 물수세미, 붕어마름 등
	부수 식물		수면에 떠서 자라는 식물 예 마름, 부평초(개구리밥), 부레옥잠 등
야생 식물	산이나 들에서 저절로 나서 자라는 자생 식물로 인위적으로 재배되는 재배 식물과 구분된다.		
식충 식물	곤충이나 작은 동물 등을 잡아서 소화시킬 수 있는 특수한 기관이 있는 식물 예 네펜테스(벌레잡이풀), 벌레잡이제비꽃, 파리지옥, 끈끈이주걱 등		
반입 식물	엽록소의 결여 및 감소, 이외 색소 포함 등에 의해 꽃이나 잎의 색조가 두 가지 이상으로 혼합되어 그 모습이 아름다운 식물 예 디펜바키아, 산세베리아, 크로톤, 페페로미아 등		
방향 식물	특이한 향을 방출하는 향기 식물을 말하며 일반적으로 허브라고 한다. 예 로즈메리, 라벤더, 민트, 세이지 등		

4 화훼의 생태적 분류

광도 (빛 세기)에 따른 분류	양생 식물/ 양지 식물 (Sun plant)	• 빛을 좋아해 양지에서 잘 자라는 식물로 광포화점이 높다. 예 국화, 백일홍, 봉선화, 루드베키아, 해바라기, 코스모스 등	• 양생 식물을 음지에 두었을 때의 현상 ① 잎의 크기가 커지고 두께가 얇아진다. ② 줄기의 마디 사이가 길어지며 단위 면적당 엽수가 감소한다. ③ 아래 잎부터 떨어지는 낙엽 현상이 발생한다.
	음생 식물/ 음지 식물 (Shade plant)	• 빛을 좋아하지 않아 음지에서 잘 자라는 식물로 광포화점이 낮다. 예 안수리움, 스킨답서스, 산호수, 페페로미아, 필로덴드론, 스파티필룸 등	• 음생 식물을 양지에 두었을 때의 현상 ① 잎의 크기가 작아지고 두꺼워진다. ② 잎이 황록화하거나 황갈색의 낙엽이 진다. ③ 잎의 엽록소가 파괴되고, 갈색 반점이 나타나는 일소 현상이 발생한다. ④ 단위 면적당 엽수가 증가한다.
	반음생 식물/ 반음지 식물	양생 식물과 음생 식물의 중간 정도의 광 조건이나 부분 그늘에서 잘 자라는 식물 예 군자란, 남천, 팔손이, 관음죽 등	
	CAM 식물	• Crassulacean Acid Metabolism • 실내 정화를 목적으로 한 식물로 낮에는 기공을 폐쇄하여 수분 손실을 방지하고, 기온이 내려가는 밤에는 기공을 열어 CO_2를 흡수하고 고정하여 최근 각광받고 있는 식물 예 반다, 구즈마니아, 카틀레야, 칼랑코에, 호야 등	
광주기 (빛에 노출되는 낮의 길이)에 따른 분류	단일 식물	낮의 길이(일조 시간)가 짧아야 개화하는 식물 예 나팔꽃, 국화, 포인세티아, 줄맨드라미, 칼랑코에, 코스모스, 천일홍 등	

광주기 (빛에 노출되 는 낮의 길이) 에 따른 분류	장일 식물	낮의 길이가 길어야(일조 시간 12시간 이상) 개화하는 식물 예 금어초, 데이지, 마가렛, 카네이션, 백합, 루드베키아 등
	중일 식물	일장(낮의 길이)과는 관계없이 개화하는 식물 예 군자란, 제라늄, 장미, 시클라멘, 꽃고추 등

5 화훼 재료의 용도 및 이용 형태별 분류

소재의 용도에 따른 분류	절화용	• 꽃식물을 재배하여 화훼 장식을 목적으로 줄기만을 절단하여 사용하는 것 • 모든 꽃식물이 해당
	절엽용	관엽 식물 등의 잎을 화훼 장식을 목적으로 절단하여 사용하는 것 예 루모라, 네프로레피스, 팔손이 잎, 드라세나 등
	절지용	나무류 등의 가지를 화훼 장식을 목적으로 절단하여 사용하는 것 예 소나무, 동백나무, 개나리, 매화 등
	분(盆) 식물용	• 절화에 비해 지속적으로 오랫동안 감상할 수 있는 장점이 있다. • 실내용으로 주로 초본 식물을 이용하며, 환경에 따라 바른 분 식물 선택과 배치, 관리가 요구된다.
	정원용	초본, 목본 식물이 고루 이용되며 실내, 실외에 따라 이용되는 식물의 특성이 다르므로 환경에 따라 알맞은 분 식물을 선택해야 한다.
	건조 소재용	• 건조 소재는 연중 내내 사용이 용이하고 이용 종류도 다양하며 실용적인 소재이다. • 건조 방법과 보관 정도나 환경에 따라 품질 차이가 날 수 있다. 예 – 꽃 : 장미, 밀짚꽃, 아킬레아, 별꽃, 스타티스, 로단세, 홍화 등

소재의 용도에 따른 분류	건조 소재용	- 이삭류 : 밀, 팔라리스(갈풀), 라그러스, 브리자(방울새풀) 등 - 허브 : 라벤더, 로즈메리, 오레가노 등 - 잎 : 유칼립투스, 종려, 라피아 등 - 가지, 덩굴 : 다래, 등나무, 삼지닥나무, 버드나무, 화살나무 등 - 열매 : 꽈리, 고추, 솔방울, 양귀비, 연밥 등
소재의 모양과 크기에 따른 분류 (웨스턴)	라인 플라워 (Line flower, Line foliage) 선의 꽃, 선형 꽃	• 줄기가 수직으로 긴 모양이며, 꽃이 줄기를 따라 매달려 있다. • 작품 전체의 윤곽을 형성하며, 높이와 넓이의 비율을 나타낸다. 예 절화 : 글라디올러스, 아이리스, 금어초, 스톡, 델피니움, 리아트리스, 용담 등 예 절지, 절엽 : 드라세나, 소철, 네프로레피스, 산세베리아, 잎새란 등
	폼 플라워 (Form flower, Form foliage) 형태의 꽃, 모양 꽃	• 모양과 질감이 특이하며, 꽃 자체만으로 시각적인 집중을 가져온다. • 꽃의 가치를 살려야 하므로 작품의 중심에 사용한다. • 잎 종류는 강한 인상을 주므로 사용하는 데 주의를 기울인다. 예 절화류 : 극락조화, 안수리움, 나리, 칼라, 해바라기 등 예 절지, 절엽류 : 종려, 몬스테라, 안수리움 잎, 필로덴드론 등
	매스 플라워 (Mass flower, Mass foliage) 덩어리 꽃, 뭉치 꽃	• 대개 둥근 모양으로 줄기 하나에 꽃이 하나씩 달려 있다. • 여러 송이가 함께 사용되는 것이 좋으며, 작품에 전체적인 무게감과 안정감을 준다. 예 절화류 : 달리아, 장미, 국화, 거베라, 작약, 수국, 리시안서스 등 예 절지, 절엽류 : 동백 잎, 극락조화 잎, 엽란, 갈락스 잎 등

소재의 모양과 크기에 따른 분류 (웨스턴)	필러 플라워 (Filler flower, Filler foliage) 자잘한 꽃, 채우는 꽃	• 하나의 줄기에서 가지가 퍼져 작은 꽃들이 붙어 있는 모양을 하고 있으며, 작품에서 빈 공간을 채우는 역할을 담당한다. • 주된 소재가 감추어지지 않게 낮게 사용한다. 예 절화류 : 안개꽃, 스타티스, 소국, 스프레이 카네이션, 프리지어 등 예 절지, 절엽류 : 아스파라거스, 편백, 유칼립투스, 아스파라거스 미리오클라두스 등
소재의 표현 형태에 따른 분류 (유러피언)	대가치	군생하지 않고 자체로 아름다움이 돋보이며, 충분한 공간과 주장성이 높은 지배 형태의 꽃으로 기품 있는 형태의 그룹이다. 예 델피니움, 백합, 아마릴리스, 아가판서스, 글라디올러스, 안수리움, 극락조화 등
	중가치	• 여러 개를 모아서 사용해야 가치가 상승되는 종류로 작품을 완성시켜 주는 역할을 한다. • 스스로 가치도 있지만 개성이 강하지는 않으며, 중간에 배열되는 소재이다. 예 튤립, 장미, 수국, 카네이션, 국화, 라일락 등
	소가치	• 줄기의 길이가 짧고, 자기 존재 가치가 약하다. • 작은 꽃들이 여러 송이 붙어 모여 자라는 특성이 있다. • 대가치와 중가치의 보충 역할을 하며, 많은 양을 사용할 때만 자기 가치를 나타낸다. 예 안개꽃, 천일홍, 프리지어, 아게라텀, 무스카리 등

6 화훼 식물의 형태

(1) **영양 기관** : 잎, 줄기, 뿌리
(2) **생식 기관** : 꽃, 열매, 종자
(3) **자웅 동주(암수한그루)** : 졸참나무, 밤나무, 옥수수 등
(4) **자웅 이주(암수딴그루)** : 뽕나무, 은행나무, 식나무, 호랑가시나무 등

(5) 꽃의 분류

완전화	• 완비화, 갖춘꽃 • 암술, 수술, 꽃잎, 꽃받침을 모두 가지고 있는 꽃
불완전화	• 안갖춘꽃, 불안전꽃 • 암술, 수술, 꽃잎, 꽃받침 중 일부를 갖고 있지 않은 꽃
양성화	• 자웅 동화 = 암수갖춘꽃 • 암술, 수술 모두 가진 꽃
단성화	• 자웅 이화, 자웅 이가 = 암수딴꽃 • 암술, 수술 중 하나만 가진 꽃

① 꽃의 구조

꽃받침 (악_Calyx)		• 꽃잎의 가장 바깥 부분으로 여러 개의 꽃받침 조각(악편_Sepal)으로 구성되어 있다. • 꽃눈이 성숙하여 개화할 때까지 암술과 수술을 둘러싸서 보호하는 역할을 한다.
꽃잎 (화판_Petal)		• 꽃잎이 모여 무리를 이룬 것을 화관(꽃부리_Corolla)이라고 한다. • 꽃잎의 색소에 의해 가시광선 중 흡수되지 않고 반사되어 나오는 광을 화색이라고 한다.
	이판화 (갈래꽃)	꽃잎이 서로 떨어져 있는 꽃 예 일일초, 팬지, 금잔화, 채송화, 코스모스, 장미, 무궁화 등
	합판화 (통꽃)	꽃잎이 함께 붙어 있는 꽃 예 국화, 용담, 초롱꽃, 분꽃, 샐비어, 옥잠화, 도라지꽃, 무스카리, 개나리 등
수술 (Stamen)		• 수꽃술, 웅예라고도 한다. • 웅성 배우자로서 화분(꽃가루_Pollen)을 생산하는 기관이다. • 각각의 수술은 화분으로 가득 채워진 약(꽃밥_Anther)과 그것을 지탱하는 화사(수술대_Filamant)로 되어 있다.
암술 (Pistil)		• 암꽃술, 자예라고도 한다. • 자성 배우자로서 배주(밑씨)를 생산하는 기관이다. • 암술은 꽃의 중심부에 있으며 주두(암술머리), 화주(암술대), 자방(씨방)으로 구성되어 있다.

꽃자루 (화경_ Peduncle)	• 화병이라고도 한다. • 꽃을 지탱하는 줄기로서 선단부에 화탁(꽃턱)이 있다. 하나의 꽃자루가 여러 갈래로 갈라져 여러 개 있어 꽃이 피는 경우가 있는데, 이때 갈라진 작은 꽃자루를 소화경이라고 한다.
화탁	꽃자루의 끝에 꽃이 착생하는 부위를 말한다.

② 수분과 수정

수분 (꽃가루받이)	수술의 꽃가루가 암술머리에 묻는 것을 말한다. 이것은 종자를 맺기 위해서 제일 먼저 이루어져야 하는 일이다.
수정 (정받이)	수분이 된 다음에 암술머리에 앉은 꽃가루가 관을 뻗어서 씨방 속의 밑씨에 이르면 꽃가루 속의 핵이 밑씨 속으로 들어가 이루어진다.

③ 화서(꽃차례)

꽃대에 달린 꽃의 배열, 또는 꽃이 피는 모양을 말한다.

무한 화서(무한 꽃차례) : 꽃이 화축(꽃대)의 아래에서 위, 가장자리에서 중심 부분으로 피는 것으로 줄기가 생장하는 대로 계속 꽃을 피우는 것을 말한다.	
총상 화서	긴 화축에 꽃자루의 길이가 같은 꽃들이 들러붙어 밑에서부터 피어 올라간다. 예 아까시나무, 때죽나무, 냉이 등
원추 화서	중심의 화서축이 발달하고 여기서 가지가 나와 꽃을 다는 것으로 전체가 원추형이다. 예 쥐똥나무, 억새 등
수상 화서	가늘고 긴 화축에 꽃자루가 없는 작은 꽃이 여러 송이 붙는다. 예 질경이, 보리, 밀 등
산방 화서	꽃자루의 길이가 위로 갈수록 짧아져 꽃대 끝 선단부가 평평하다. 예 수국, 조팝나무, 기린초, 층층나무 등
산형 화서	꽃대의 꼭대기 끝에 여러 개의 꽃이 방사형으로 달린 우산 모양의 화서로 윗부분의 모양이 둥글다. 예 아가판서스, 알리움, 산수유 등
육수 화서	꽃대가 굵고 꽃자루가 없이 작고 많은 꽃이 밀집한다. 예 안수리움, 스파티필룸 등의 천남성과 식물

유한 화서(유한 꽃차례) : 꽃이 화축(꽃대)의 위에서 아래, 중심에서 가장자리로 피는 것으로 줄기 끝에 한 송이만 피는 꽃을 말한다.	
두상 화서	소화경이 없는 작은 꽃들이 밀집되어 머리 모양을 이루어 한 송이 꽃처럼 보인다. 국화나 해바라기 등 두상 화서를 지니는 꽃의 중심에 관상화가 있고 가장자리에 설상화가 있으며, 어떤 종류는 전체가 관상화로 되어 있는 것도 있다. 예 맨드라미, 국화 등
	* 설상화 : 꽃잎이 서로 붙어 아래는 대롱 모양이고 위는 혀 모양인 꽃으로 혀꽃이라고도 한다. * 관상화 : 화관의 형태가 가늘고 긴 관 또는 대롱 모양으로 끝만 조금 갈라진 꽃으로 통상화 또는 대롱꽃이라고도 한다.
단정 화서	하나의 줄기에 한 개의 꽃이 피는 꽃차례로 단정화라고도 한다. 예 목련, 튤립, 붓꽃 등
취산 화서	꽃대 끝에 한 개의 꽃이 피고, 그 주위의 가지 끝에서 다시 꽃이 피고 거기서 다시 가지가 갈라져 끝에 꽃이 피는 꽃차례이다. 예 작살나무, 백당나무, 덜꿩나무 등

(6) 잎

식물의 영양 기관의 하나로 광합성을 통해 양분을 만들고, 호흡과 증산 작용으로 수분 조절, 체온 조절을 한다.

① 잎의 형태

단엽		• 홑잎 • 한 개의 잎자루에 한 장의 엽신(잎몸)이 붙은 형태
복엽		• 겹잎 • 한 개의 잎자루에 두 장 이상의 엽신(잎몸)이 붙은 형태
	우상 복엽	• 깃꼴 겹잎, 깃모양 겹잎 • 잎자루의 양쪽에 작은 잎이 새의 깃 모양을 이룬 복엽
	장상 복엽	• 손꼴 겹잎, 손모양 겹잎 • 자루 끝에 여러 개의 작은 잎이 손바닥 모양으로 평면 배열한 겹잎

② 엽서(잎차례)

대생 (마주나기)	잎이 각 마디마다 두 장씩 마주 붙어 나는 엽서 예 아카시아나무, 소철, 패랭이꽃, 카네이션 등
호생 (어긋나기)	한 개의 마디에 잎이 한 장씩 어긋나게 붙는 엽서 예 국화, 장미, 느티나무, 느릅나무 등
윤생 (돌려나기)	한 개의 마디에 세 장 이상의 잎이 돌려붙는 엽서 예 유칼립투스, 드라세나, 검정말 등
속생 (모여나기)	마디 사이가 짧고, 짧은 마디에서 여러 개의 잎이 총채처럼 한곳에서 모여나는 엽서 예 소나무, 잣나무, 은행나무 등
근생 (뿌리에서 바로나기)	뿌리 바로 윗부분의 지상부에서 잎들이 모여나는 엽서 예 거베라, 민들레, 보스톤고사리 등

(7) 줄기
식물체를 지탱하고, 뿌리에서 흡수한 수분과 영양분을 수송하는 통로 및 저장 기관이다.

(8) 뿌리
땅속에서 식물체를 지탱하고, 수분이나 무기 양분을 흡수하며, 흡수한 물질을 수송하고 영양분을 저장하는 기능을 하기도 한다.

(9) 열매
① 식물이 수정한 후 암술의 씨방이나 그 부속 기관이 자라서 된 과육 부분이다.
② 수정의 결과 씨방은 과실로, 밑씨는 종자로 발달한다.
③ 진과(참열매) : 심피(암술을 구성하는 잎)가 발달하여 과피(열매의 씨를 둘러싸고 있는 부분)가 된 열매, 즉 씨방과 종자만으로 구성된 과실을 말한다.
④ 위과(헛열매) : 심피 주위 부분이 함께 발달하여 과피가 된 열매, 즉 꽃받침 및 꽃대 부분이 씨방과 함께 발달하여 된 과실을 말한다.

7 화훼 장식 도구

용기	물건을 담는 그릇으로, 꽃을 꽂는 용기는 화기라고 부른다. 예 수반, 화병, 사발, 콤포트 등

수반	폭이 넓고 높이가 낮아 꽂는 부분이 넓은 화기
화병	꽃을 꽂는 병으로 폭이 좁고 높은 화기
콤포트(Compote)	수반과 같이 폭이 넓고 높이가 낮은 용기에 다리가 달린 화기
플로럴 폼 (Floral foam)	• 꽃을 꽂을 수 있도록 고정하는 역할을 하며, 물을 흡수할 수 있도록 완충 작용을 한다. • 습식, 드라이, 컬러 폼이 있으며 습식 폼의 경우는 오아시스라고도 불린다. • 물에 담글 때는 누르거나 돌리지 말고 용기에 물을 받은 후 저절로 물이 스며들게 한다.
침봉	• 동양 꽃꽂이에서 사용하며, 꽃을 고정할 수 있도록 못처럼 뾰족한 부분들이 있어 나무 같은 두꺼운 소재도 꽂을 수 있다. • 꽂은 상태에서 자유롭게 방향을 이동할 수 있으며 재사용이 가능하다.
칼	꽃의 줄기나 가지를 자르기 위한 도구로 칼을 사용하면 절단면이 파괴되지 않아서 물올림이 원활하다.
가위	소재를 다듬고 자르는 데 사용한다. 예 꽃가위, 종이 가위, 와이어 커터, 전정가위 등
클리퍼(Clipper)	굵은 나뭇가지를 자르는 데 사용하는 도구
니퍼(Nipper)	철망이나 철사를 자르기 위한 도구
가시 제거기	가시 제거를 쉽게 하기 위하여 줄기를 훑어 주는 도구
철사	• 약한 소재의 줄기를 단단하게 하거나 소재들을 엮을 때 사용한다. • 다양한 굵기가 있으며 재료의 크기와 굵기, 무게에 따라서 적절하게 선택한다. • #번호가 낮을수록 굵으며, 높을수록 가늘다. • 철사의 굵기는 짝수 번호로 표시된다.
컬러 와이어 (Color wire)	다양한 색상의 철사로 구조물을 만들거나 작품의 악센트 역할을 할 때 사용한다.
철망	• 플로럴 폼을 사용하기에 적합하지 않은 용기나 새로운 표현을 하기 위하여 사용한다. • 철망을 잘라서 용기 위에 놓고 철망 사이로 꽃을 고정하거나 철망에 묶어서 고정하기도 한다.
플로럴 테이프 (Floral tape)	끈적임이 있는 종이테이프로 철사를 감싸거나 고정용으로 사용하며 녹색, 흰색, 밤색이 기본색이다. 요즘엔 다양한 색상이 있다.

폼 접착테이프	플로럴 폼을 고정하기 위해 사용하는 고정용 테이프
플로럴 클레이 (Floral clay)	오아시스 픽스라고 하는 픽이나 침봉 고정 시에 붙여 주는 끈적이는 방수성 점토
앵커 핀 (Aanchor pin)	넓은 면적에 플로럴 폼을 고정하기 위한 뾰족한 도구
부케 홀더 (Bouquet holder)	플로럴 폼이 고정된 부케 손잡이로 부케 제작을 용이하게 해 준다.
생화용 접착제	생화, 잎 소재를 고정할 때 사용한다.
케이블 타이 (Cable tie)	묶음 기능을 원활하게 하기 위한 도구로 무겁고 굵은 소재를 고정하기에 적당하다.
꽃 수명 연장제	꽃의 수명을 연장시켜 주는 보존액으로 액상과 분말 형태가 있다.
라피아 (Raffia)	• 식물의 껍질을 가공하여 만든 끈 종류로 꽃다발 등에 다양한 묶음을 줄 때 이용한다. • 핸드타이 부케에 사용하며 장식적인 용도로도 사용한다.
글루건 (Glue gun)	전기를 이용하여 PVC 소재의 글루스틱을 녹여 접착제로 이용하는 기구
글루포트 (Glue pot)	여럿이서 사용하기 편리하도록 글루스틱을 녹여 쓰는 용기
스프레이 본드 (Spray bond)	많은 양의 잎이나 다른 넓은 재료를 필요에 의해서 붙일 때 사용한다.
양면테이프	잎이나 종이류에 사용한다.
분무기와 물통	물을 주기 위한 도구로 신선도를 보존하기 위한 것이다.
플라워 박스 (Flower box)	꽃다발을 비롯한 하트 모양, 리스 형태, 장식물 등을 넣을 수 있도록 만들어진 자재
워터픽 (Water pick)	• 작은 시험관 형태로 플라스틱이나 유리로 되어 있으며, 그 속에 물을 넣어 소재에 물을 공급할 수 있다. • 구조적 디자인이나 행잉(움직이는 공간) 디자인 등 플로럴 폼을 사용할 수 없을 때 이용한다.

8 절화 관리

(1) 절화의 작용

호흡 작용	호흡 작용에 의해 양분 소모가 급격히 일어나며 온도를 낮춰 주면 호흡율이 감소한다.

수분 흡수와 증산 작용	• 수분 부족(위조 현상) 현상의 원인
	  – 유관속 폐쇄 : 도관의 기포 발생으로 수분 상승 억제, 박테리아 등의 미생물의 도관 폐쇄
	• 유액 분비로 절구가 굳음, 단백질과 펙틴, 폴리페놀 등의 점착물이 쌓여 도관 폐쇄
	  – 수분 흡수와 증산의 불균형 : 수분 흡수량보다 증산량이 많아지게 되면 수분 부족 현상이 나타난다.

(2) 에틸렌

식물의 노화를 촉진하는 기체 상태의 자연 호르몬이다.

에틸렌 발생 원인	• 식물 자체에서 생성 • 과일, 손상된 잎, 질병에 걸린 세포, 침엽수 잎 등에서 발생
에틸렌 피해 증상	꽃잎 말림, 꽃잎 위조, 기형화, 꽃잎의 흑변, 꽃잎 탈리 등의 증상이 나타난다.
에틸렌 발생 억제	• 저온 유지 • 환기를 통한 에틸렌 제거 • 미생물과 곰팡이 제거 • 노화된 식물, 숙성된 과일 제거 • 에틸렌 억제제 사용

(3) 절화 보존제

절화의 노화 지연, 수명 연장의 역할을 한다.

절화 보존제의 구성 성분	
당	• 자당(Sucrose), 포도당(Glucose), 과당(Fructose)이 있다. • 가장 효과적인 에너지원, 기공의 기능성을 높여 주고 수명 연장 • 꽃잎의 세포 팽압 유지, 화색을 선명하게 하며 엽록소의 분해 억제

당	• 봉오리 개화를 위해서 필요하나 미생물, 박테리아 등의 영양원이 될 수 있어 단독 사용은 불가
살균제	• Silver nitrate($AgNO_3$, 질산은), Silver thiosulfate(STS), Aluminum sulfate($Al_2(SO_4)_3$), HQC(8-hydroxyquinoline citrate) • 박테리아, 미생물 증식을 억제하기 위해 반드시 살균제를 사용해야 도관 폐쇄와 함께 수분 부족으로 발생하는 위조 현상으로 인한 꽃목굽음 현상 등의 피해를 막을 수 있고, 당의 첨가와 함께 필수적으로 동반된다.
에틸렌 억제제	Silver thiosulfate(STS), Amino oxyacetic acid(AOA), Aminoethoxy vinyl glycine(AVG)
생장 조절 물질	BA(6-benzylamino purine), 키네틴(Kinetin), 시토키닌(Cytokinin), 지베렐린(Gibberellin), 아브시스산(Abscissic acid_ABA), 옥신(Auxin)
기타	구연산, 황산, 칼슘, 아스코르브산(Ascorbic acid = 비타민 C) 등

(4) 환경 조절

광	• 광합성을 하기 위해 반드시 필요한 것이 빛이며, 화색을 좋게 하기 위해서도 필요하고 절화 상태에서도 대부분 광합성이 이루어진다. • 직사광선에 노출 시 급속한 온도 상승과 습도 저하로 꽃이 시들 수 있어 주의해야 한다.	
온도	• 온도 상승은 절화의 호흡 작용과 증산 작용을 활발하게 하여 수분 부족 현상을 초래하므로 저온 상태를 유지시켜 주어야 하고, 원산지에 따른 온도 조절을 해 주어야 냉해를 입지 않는다. • 온대 원산 절화 : 0~5°C • 열대, 아열대 원산 절화 : 8~15°C	
습도	습도가 너무 높으면 꽃이 부패할 수 있고, 습도가 낮으면 꽃이 쉽게 시든다. 상대 습도를 80~90% 정도로 유지해 주는 것이 좋다.	
수분 흡수 (물올림)	절화의 수명에 가장 큰 영향을 미치는 것이 수분이다. 절화의 수분 공급을 위해 사용되는 물은 일반적으로 저온이 좋고 pH 3~6 정도를 유지해 주는 것이 좋다.	
	수중 절단 (물속 자르기)	줄기의 절단면에 공기 대신 물을 제공하는 방법 예 장미, 알스트로메리아, 튤립, 카네이션, 거베라 등

수분 흡수 (물올림)	열탕 처리	• 수분 장력을 이용하는 방법으로 줄기 하단을 끓는 물에 담갔다 꺼내어 다시 찬물에서 물올림을 해 준다. • 줄기 끝이 잘 갈라지는 절화에 효과적이다. 예 국화, 금어초, 달리아, 코스모스, 스톡, 안개꽃 등
	탄화 처리	줄기의 절단면 주변을 불에 살짝 태워 자극을 주는 방법 예 모란, 포인세티아, 수국, 라일락, 장미
	줄기 두드림	줄기 끝을 나무망치 같은 도구로 두들기는 방법으로 주로 나무류에 쓰인다. 예 월계수, 목련, 작약, 버들, 국화 등
	화학 처리	소금, 식초, 알코올 등의 화학적 매개물을 활용하는 방법 예 칸나, 부바르디아, 라넌큘러스

(5) 절화의 수확과 처리

아침이나 저녁에 수확을 하고 절화 후 즉시 예랭, STS 처리 등의 전처리를 해 주어야 부패를 방지하고 수명을 연장시킬 수 있다.

예랭	식물이나 각종 청과물, 절화의 신선도를 유지하기 위해 신속히 지정한 온도로 냉각시키는 방법
STS 처리	에틸렌 억제제로 대표적인 전처리제

(6) 절화의 저장

저온 저장	저온 처리를 하여 식물의 호흡량과 증산량을 감소시켜 신선도를 유지는 방법으로 가장 실용적인 저비용 방법이다.
CA 저장	• Controlled atmosphere storage • 저장고 내의 산소 농도를 낮추고 이산화탄소 농도를 높인 상태로 절화를 저장하는 방법으로 높은 비용이 들어 실용적이지 않다.
감압 저장	저장고 내 기압을 대기압의 1/10~1/20 정도로 낮추어 저온 저장하는 방법으로 절화의 수분 손실이 많아 실용적이지 않다.

9 분 식물 관리

(1) 배양토

원예 식물을 재배하기에 적합한 흙을 가공하여 인위적으로 만든 흙으로 비료분이 풍부하고 다공성이며 보수력, 보비력이 있고 병해충이 없는 특징이 있다.

무기질 재료	사토 (모래흙)	보수력과 보비력은 없으나 배수성, 통기성이 좋고 염분이 없는 것을 사용한다.
	점토	보수력, 보비력은 좋으나 배수가 잘 안 되고 통기성이 좋지 않아 다른 재료와 섞어서 사용한다.
	양토	사토 + 점토가 혼합되어 있는 토양으로 보수력, 보비력, 통기성이 좋다.
유기질 재료	피트모스 (Peat moss)	• 습지에 초본 식물이 퇴적되어 분해되지 않고 탄화된 상태로 쌓여 있는 것을 피트라고 하며, 수태가 퇴적되어 탄화된 것을 피트모스라 한다. • 보수성과 보비력이 좋고, 공극률과 염기 치환 용량이 높은 산성 토양으로 단독 배양토로도 활용하나 과습을 피하고 중성, 약알칼리성 재료와 혼합해서 사용하는 것이 좋다.
	수태 (물이끼)	호기성 뿌리를 갖는 난류에 이용되며 보수력, 보비력, 배수성이 양호하다.
	부엽토	낙엽이 퇴적되어 부숙(썩어서 익음)된 토양으로 통기성, 보수력, 보비력이 좋다.
	왕겨	공극이 많고 입자 크기가 일정하여 부숙 과정을 거쳐 혼합용 소재로 쓰기 좋다.
	훈탄	왕겨를 탄화한 것으로 미세 공극이 많은 무균 상태의 재료이다.
	바크 (Bark)	나무껍질을 분쇄한 것으로 통기성, 배수성이 좋고 양란 종류를 심을 때 사용한다.
	톱밥	보수력, 보비력이 좋아 피트모스를 대체하여 이용하기도 한다.

광물질 재료	펄라이트 (Pearlite)	• 진주암을 고온에서 팽창시킨 것으로 공극량은 많지만 염기 치환 용량이 낮다. • 무균 상태이고 통기성, 보수력, 보비력이 좋으며, 중성 또는 약알칼리성으로 피트모스와 혼합하여 사용하면 좋다.
	버미큘라이트 (Vermiculite)	질석을 1000°C 정도의 고온에서 팽창시킨 것으로 모래의 1/5 정도로 가볍고 보수력, 보비력이 좋으며, 무균 상태로 양이온 치환 용량이 높다.
	암면	현무암 등의 암석을 섬유상으로 가공한 것이며, 공극이 크고 수분과 공기를 충분히 함유하고 있다.
	하이드로 볼 (Hydro ball)	점토를 800°C 정도의 고온에서 구운 것으로 다공질이며 통기성, 보수성이 좋다.

> **Tip** 비료의 3요소 : 질소(N), 인(P), 칼륨(K)

화분용토의 특성
- 배수성, 통기성, 보수력이 좋아야 한다.
- 가볍고 취급하기 쉬워야 한다.
- 잡초나 병충해가 없어야 한다.
- 가격이 저렴하고 균질하며 대량으로 구매가 가능해야 한다.

(2) 관수
분 식물에 수분과 양분 및 산소를 공급하는 과정으로 물을 줄 때에는 한 번에 충분히 주어야 하고 여분의 물이 화분 밖으로 흘러나오도록 관수한다. 과다 관수 시 뿌리가 호흡을 못해 부패하게 되므로 주의해야 한다.

봄, 가을	오전 9~10시 사이
여름	햇볕이 강한 아주 더운 시간대를 피하여 건조 상태를 보아 1일 1~2회 주기도 한다.
겨울	너무 추운 시간대를 피하여 오전 10~11시 사이에 주며, 분흙이 마르지 않으면 관수 주기를 조절해 준다.

(3) 분 식물 용기

통기성이 좋고, 수분 방출이 용이하며, 분갈이 시 식물 이식이 용이해야 한다.

토분	통기성이 좋아 용기의 측면으로도 물과 공기, 염류 배출이 가능하나 관수 횟수가 잦다.
플라스틱 화분	가볍고 운반이 좋으나 통기성이 좋지 못해 과습되기 쉽다.
도자기 화분	토분과 플라스틱 화분의 중간 성질을 갖는다.

10 꽃꽂이

절화를 이용하여 용기에 꽃을 꽂는 것을 말하며, 크게 동양식 꽃꽂이와 서양식 꽃꽂이로 구분한다.

(1) 동양 꽃꽂이

특징		• 인도에서 발생하였으며 선과 여백을 강조하고 내면의 아름다움을 느끼게 하며 정적이고 단순하다. • 작품의 구성은 천(天), 지(地), 인(人) 세 개의 주지로 높이, 넓이, 부피가 결정되며, 부주지로 나머지 공간을 구성한다. • 가지류가 주된 소재가 되며, 주된 세 가지의 각도와 위치에 따라 형태를 구성하고, 고정물로 침봉을 사용한다.
기본 화형	직립형 (바로 세우는 형)	1주지가 바로 서 있는 형태
	경사형 (기울이는 형)	1주지가 기울어져 있는 형태
	하수형 (드리우는 형)	1주지가 아래로 늘어져 있는 형태로 높은 화기를 사용
	분리형 (나누어 꽂기)	하나의 화기에서 주지를 나누어 독특한 공간미를 나타내는 형태로 두 개 이상의 침봉을 사용
	복형/복합형 (거듭 꽂기)	두 개 이상의 화기를 사용하여 하나의 독립된 통일감을 이루는 형태
	부화형 (물에 띄우는 형)	수반에 물을 채워 물에 띄우는 형태

주지 길이	1주지	화기 크기(가로 + 세로)의 1.5~2배
	2주지	1주지의 3/4
	3주지	2주지의 3/4

(2) 서양 꽃꽂이

특징			• 기하학적 구성으로 전체적인 형태를 중요시하며 꽃이 중심 소재가 되어 화려하고 다양한 색으로 풍성한 느낌을 강조한다. • 실용적이며 상업적인 목적으로 활용하기 적당하고 주된 고정물은 플로럴 폼이다. • 직선 구성, 곡선 구성, 입체 구성으로 분류할 수 있다.
형태	직선 구성	수직형 (Vertical)	• 수직을 강조하고 남성적인 힘을 보여 주는 운동감을 느낄 수 있는 형태이다. • 수직을 강조하기 위하여 화기의 폭에 소재가 크게 벗어나지 않도록 한다. • 전체 높이는 화기의 크기, 공간의 높이를 고려하여 결정한다. • 작품 전체의 흐름이 위에서 아래까지 색상이나 질감 등 연결감을 갖도록 구성하는 것이다.
		수평형 (Horizontal)	• 테이블 센터피스로 많이 이용되며, 외곽선의 형태에는 원형, 타원형, 다이아몬드형이 있다. • 수직축의 높이와 수평의 길이가 1 : 4 이상의 비율이 좋다. • 기본적인 네 곳의 외곽선과 포컬 포인트를 구성한 후 공간을 부드럽게 연결하여 채운다. • 작품의 중심부가 높아지면 수평 효과가 사라지므로 주의한다.
		대칭 삼각형 (Symmetrical triangular)	• 삼각형의 형태로 3면의 길이가 같아야 하며, 외곽선이 명확하게 보이는 것을 말한다. • 중심축을 두고 양쪽의 길이와 소재의 색, 형태, 질감 등 모든 요소가 같아야 한다.
		비대칭 삼각형 (Asymmetrical triangular)	• 대칭형과 같이 외곽선은 명확해야 하나 양쪽의 길이가 다르게 구성되어 비대칭이 되어야 한다. • 중심축을 두고 양쪽의 길이와 소재의 형태, 색 등 요소의 배열이 다르게 표현된다.

형태	직선 구성	사각형 (Square)	네 곳의 끝점이 명확하게 보이며 직사각형, 정사각형, 마름모형 등 다양하다.
		대각선형 (Diagonal)	수직형 두 개를 중심에서 마름모꼴 형태로 모아서 사선으로 구성하는 형태이다.
		L자형 (L shape)	• 알파벳의 L자형을 형상화하였으나 비대칭 삼각형의 변형이라 할 수 있다. • 중심축을 두고 양쪽의 길이가 다르다. • 수직에서 아래로 흘러 포컬 포인트 부분 그리고 수평으로 연결되는 선을 약간 초승달 모양으로 표현해야 형태가 잘 나타난다.
		역T자형 (Inverted T)	알파벳 T자를 거꾸로 놓은 모습으로 L자형이 등을 대고 있는 형태이다.
	곡선 구성	원형 (Round)	• 둥근 원의 형태를 가지고 있다. • 3면 또는 4면 디자인이 모두 가능하다. • 핸드타이드 부케, 신부 부케, 화기를 이용한 디자인 등 많은 분야에서 이용되고 있다.
		타원형 (Oval round)	원형의 변형이라 할 수 있으며, 원형에서 아래와 위를 약간씩 길게 하고 양쪽 폭을 좁혀서 부드러운 계란형이 되게 한다.
		부채형 (Pan)	부채를 폈을 때의 모습을 가지고 있는 형태이다.
		초승달형 (Crescent)	• 바로크 시대에 유행했으며 대부분 비대칭 구성이다. • 가장 많이 사용되는 것이 11시와 4시 사이의 초승달형이다.
		S자형 (Hogarth curve)	비대칭 형태이며 중심축을 기준으로 양쪽의 길이가 다르게 구성되는 경우가 많다.
	입체 구성	반구(반원)형 (Dome)	반달 모양의 형태로 테이블 센터피스와 신부 부케로 많이 사용되는 형태이다.
		구형 (Ball)	• 화기보다는 둥근 플로럴 폼을 이용하여 공중에 걸어서 이용되는 경우가 많다. • 대칭형 형태이며 어느 각도에서 보아도 구형이 되어야 한다.

형태	입체 구성	구형 (Ball)	• 와이어에 고정할 수 있는 나무나 다른 물체를 묶어서 공 모양의 플로럴 폼 아래에서 위로 와이어를 관통한다.
		원추형 (Cone)	• 여러 각도에서 보았을 때 모나지 않고 둥글게 표현되는 형태로 화형의 길이가 높은 것이 특징이다. • 과일이나 갈런드를 만들어서 이용한다.
		피라미드형 (Pyramid)	• 세 개의 L자형이 등을 맞대게 조합한 삼각추 구성 형태이다. • 전체적인 형태는 날카롭고 가늘게 느껴지는 게 특징이며, 3면이 모두 피라미드형이 되도록 높이와 넓이가 같아야 한다. • 폭은 높이의 1/3 정도 길이가 좋으며, 수평선은 화기 입구보다 아래로 떨어지게 구성한다.

11 꽃다발

(1) 꽃다발이란 꽃으로 다발을 만든 것을 말하며, 축하 또는 기념일, 애도용에 가장 보편적으로 사용되고 있다.
(2) '꽃을 모아 함께 한다'는 프랑스어의 부케가 영어화되어 부케라고 부르기도 한다.
(3) 독일어로는 스트라우스라고 하는데, '가득 차 넘친다'라는 뜻이다.
(4) 중세에는 공기를 정화하고 질병이나 액운을 막아 준다고 하여 꽃다발을 들기 시작했다.
(5) 최근에는 상업적으로 가장 보편적인 꽃장식이다.
(6) 기본적인 종류는 원형, 폭포형, 초승달형 및 삼각형이 있으나 기본형을 응용하여 다양한 종류를 만들 수 있다.

장식적 꽃다발 (Decorative bouquet)	• 가장 일반적으로 사용되는 디자인이다. 풍만하고 풍부한 느낌이 들게 표현한다. • 소재 중 가장 크고 아름다운 것을 수직으로 잡은 후 작은 종류의 꽃이나 잎 소재를 왼쪽에서 오른쪽으로 사선으로 겹쳐서 구성한다. • 큰 꽃과 작은 꽃 그리고 잎 소재를 번갈아 가면서 사선으로 배치하고 나선형으로 돌려서 한 방향으로 움직인다.

구조적 꽃다발 (Structure bouquet)	나무나 구조를 만들 수 있는 소재로 서로 묶어서 형태를 만드는 것을 말한다.
선-형의 꽃다발 (Formal-linear bouquet)	• 선과 형을 강조한 꽃다발이다. • 비대칭으로 많이 만들어진다.
비더마이어 꽃다발 (Biedermeier bouquet)	• 공간이 전혀 없고 꽃의 얼굴과 얼굴이 거의 붙어 있게 만드는 꽃다발로 답답하다는 느낌이 들기도 한다. • 같은 종류로 띠처럼 열(줄)을 만들기도 하고 혼합하여 사용하기도 한다.
병행 꽃다발 (Parallel bouquet)	한 개 이상의 바인딩 포인트(묶는 부분)를 사용하기도 하는데 장식적인 효과와 묶어서 고정한다는 기능적인 면을 동시에 표현하는 작품이다.
프레젠테이션 부케 (Presentation bouquet)	선물용이나 증정용으로 많이 사용되며, 신부 부케의 경우는 신부가 팔에 걸쳐서 사용하는 부케이다.

12 신부 부케(Bridal bouquet)

(1) 결혼식 때 신부가 드는 꽃다발이다.
(2) 기원은 고대 그리스·로마 시대이며 그리스 시대에는 영원한 사랑의 약속으로 아이비를, 로마 시대에는 순종의 의미로 풀을 들었다.
(3) 우리나라에서는 1890년경 선교사들에 의해 주관된 신식 결혼식을 기점으로 사용되기 시작했다.

자연 줄기 부케		자연 줄기를 살려 줄기를 드러나게 제작하는 방법으로 나선형 줄기 배열, 병행 줄기 배열 부케가 있다.
	나선형 줄기 배열 부케	• 줄기는 한 방향으로 나선의 배열을 갖으며 묶음점은 하나이고 단단히 고정하여 흐트러짐이 없어야 한다. • 묶음점 아래에는 잎 소재나 불순물이 없어야 하고 줄기의 끝은 사선으로 자르고, 하단부 전체가 수평이 이루어져 물 흡수가 용이하도록 한다.

자연 줄기 부케	병행 줄기 배열 부케	줄기는 병행의 배열을 가지고 묶음점이 한 개 이상일 경우도 있으며, 묶음점을 장식적으로 표현하는 경우가 많다.
와이어링 부케	\multicolumn{2}{l	}{• 꽃의 줄기에 철사 처리하여 만드는 방법으로 다양한 디자인의 섬세한 꽃다발을 제작할 수 있다. • 가볍기 때문에 장시간 신부가 들기에도 적합하다. • 인공 줄기 때문에 수분 부족으로 지속력이 짧아 꽃 선택에 주의하여야 하며, 제작 시간이 오래 걸린다.}
홀더 부케	\multicolumn{2}{l	}{• 플로럴 폼이 홀더에 고정되어 있어 다양한 형태의 디자인이 가능하다. • 수분을 지원할 수 있어 지속력이 길고 다양한 꽃 선택이 가능하다. • 줄기가 빠지지 않도록 단단히 꽂고, 경우에 따라서는 생화 접착제를 활용한다.}
둥근형 부케	\multicolumn{2}{l	}{꽃을 원형으로 모은 것으로 가장 기본적인 형태로 라운드, 포지, 노즈게이, 터지머지, 콜로니얼, 비더마이어 등이 있다.}
	라운드(Round) 부케	원형 부케로 대부분의 부케의 중심 부분을 구성하는 기본 부케이다.
	포지(Posy) 부케	자연 줄기를 살린 손에 드는 작은 부케이다.
	노즈게이 (Nosegay) 부케	손에 들고 다니며 향을 맡을 수 있는 작은 부케로 신부나 들러리 플라워 걸이 들고 다니는 둥근 부케이다.
	터지머지 (Tuzzy Muzzy) 부케	향이 진한 작고 둥근 부케로 재료를 동심원으로 배치하거나 혼합하여 원형으로 구성한다.
	콜로니얼 (Colonial) 부케	식민지 시대에 유행한 부케이며 둥근형 부케의 가장자리에 레이스, 리본, 잎사귀 등을 태양이 빛나는 것처럼 받친 디자인이다.
	비더마이어 (Biedermeier) 부케	공간 없이 꽃의 얼굴이 모두 빽빽하게 붙어 있는 부케이다.

흘러내리는 형태의 부케	캐스케이드 (Cascade) 부케	• 작은 폭포라는 의미로 폭포의 흐름을 이미지한 형태이다. • 연결이 단절되지 않고 자연스럽게 구성하는 것이 중요하다. • 와이어 사용 시 갈런드를 만들어서 조합하기도 한다.
	워터폴 (Waterfall) 부케	• 폭포가 떨어지는 모습에 착안한 디자인이며, 캐스케이드 디자인보다 흐르는 선이 많은 디자인이다. • 가볍고 투명한 소재를 이용하여 겹치듯이 표현하여 부피를 형성하고, 선이 유연하고 부드러운 소재를 사용한다.
트라이앵글 (Triangular) 부케	원형을 중심으로 양쪽에 갈런드를 붙여 비대칭 삼각형의 형태로 구성한다.	
크레센트 (Crescent) 부케	• 길고 짧은 갈런드를 초승달 모양으로 부드럽게 연결시킨 형태이다. • 비대칭 구성이 아름답다. 황금 비율(3 : 5 : 8)	
호가스 (Hogarth) 부케	• 길고 짧은 두 개의 갈런드를 S자형으로 연결한 형태이다. • 비대칭 구성이 아름답다. 황금 비율(3 : 5 : 8)	
샤워(Shower) 부케	샤워기에서 물줄기가 쏟아져 나오듯 제작한 부케로 리본을 샤워 효과로 흘러내리게 연출한다.	
엠파이어 (Empire) 부케	크기가 다른 원형 꽃다발을 연결하여 3단으로 구성한 부케이다.	
개성이 강한 형태의 부케	개더링 (Gathering) 부케	장미를 이용한 로즈 멜리아(=빅토리안 로즈), 백합을 이용한 릴리 멜리아, 글라디올러스를 이용한 글라 멜리아, 유칼립투스를 이용한 유칼리 로즈, 튤립을 이용한 더치스 튤립 등이 있다.
	머프(Muff) 부케 (토시 부케)	추운 지방에서 손을 보호해 주던 토시 모양의 부케이다.

개성이 강한 형태의 부케	드롭(Drop) 부케	한 송이씩 와이어링하여 움직일 때마다 흔들거리는 부케이다.
	바스켓(Basket) 부케	• 바스켓 모양 같은 부케이다. 피로연, 약혼식, 화동용으로 많이 사용한다. • 바스켓에 그대로 꽂는 디자인과 갈런드를 이용하기도 한다.
	링(Ring) 부케	기본적인 링을 덩굴성 소재나 와이어로 만들어 그 위에 꽃을 고정시키는 부케이다.
	파라솔(Parasol) 부케	파라솔 모양 부케이다. 야외 결혼식이나 이벤트성 결혼식, 파티에 잘 어울린다.
	스노볼 (Show Ball) 부케	볼 모양 디자인으로 흰색 눈뭉치 모양에서 얻게 된 이름이며, 둥근 플로럴 폼을 이용한다.
	프레이어북 (Prayer book) 부케	기도서나 성경에 꾸미는 꽃장식이다.
	로사리오 (Rosario) 부케	성당에서 사용하는 묵주 모양의 부케이다.

13 꽃장식

코르사주 (Corsage)	• 여성용 장식으로 가슴이나 어깨, 팔목 등 여성의 상반신에 장식하는 것을 말하며 결혼식, 각종 연회나 모임에서 널리 사용되고 있다. • 의복의 형태에 따라 다양하게 다자인되며 소재 또한 건조화, 인조화, 구슬이나 깃털 등 액세서리를 이용하기도 한다. • 남녀 가리지 않고 사용하고 있으나 남성이 사용하는 것은 부토니어 또는 버튼홀 플라워라고 불린다. 예 - 헤어 코르사주(Hair corsage) : 머리 장식 　　- 숄더 코르사주(Shoulder corsage) : 어깨 장식

코르사주 (Corsage)	– 바스트 코르사주(Bust corsage) : 가슴 장식 – 백사이드 코르사주(Backside corsage) : 뒷모습 장식 – 리스틀릿 코르사주(Wristlet corsage) : 팔, 손목 장식 – 앵클릿 코르사주(Anklet corsage) : 발목 장식 – 라펠 코르사주(Lapel corsage) : 옷깃 장식	
부토니어 (Boutonniere)	• 남성이 장식하는 것은 부토니어 또는 버튼홀 플라워라고도 하며, 남성의 옷깃 단춧구멍에 꽂는다. • 신랑의 부토니어는 신부 부케의 꽃과 맞춘다. • 남성이 청혼의 의미로 꽃을 바치면 여성이 승낙의 의미로 한 송이를 뽑아 청혼자에게 돌려주었다는 데서 유래한다.	
리스 (Wreath)	• 크란츠(Kranz)라고도 불리는 리스는 원형을 기본으로 기독교 사상의 영원불멸성을 의미하며 끝이 없는 시작을 상징한다. • 장례식용으로 많이 쓰이며 성탄절 현관 장식, 테이블 장식 등 널리 사용된다. • 리스의 비율은 1 : 1.618 : 1이 가장 안정적이다.	
갈런드 (Garland)	• 꽃과 잎을 이용하여 길게 엮어 만든 체인 모양의 꽃 줄이다. • 철사를 이용해 만들기 때문에 유연성이 있어서 어깨에 걸치거나 늘어지는 장식으로 벽이나 기둥에 걸거나 돌려서 사용한다.	
형상물 (Figure)	어떠한 형상을 도안하여 식물 소재나 다른 재료를 사용하여 그 모습을 그대로 만드는 것을 말한다.	
콜라주 (Collage)	• 1910년경 피카소, 브라크가 창시한 큐비즘(입체파)의 한 표현 형식을 말한다. 그림물감으로 그리는 대신 포장지, 신문지, 우표, 기차표, 상표, 인쇄물 등의 작은 것에서부터 모래, 깃털, 철사 등에 이르기까지 모두 붙여서 만들었다. • 콜라주는 첫째로 비유적, 상징적, 연상적인 효과가 있으며 찢어 붙이는 재료로는 잡지나 카탈로그, 사진이나 책의 삽화 단편 등도 채용되었다.	
장례식 꽃장식	캐스켓 커버 (Casket covers)	관 뚜껑에 놓이는 장식
	이젤 스프레이 (Easel spray)	장례 행사에서 가장 많이 사용되는 장식물로 대개 타원형과 다이아몬드형 또는 삼각형인 경우가 많고, 이젤에 플로럴 폼을 고정시켜 만든다.
레이(Lei)	행사 및 취임식 등에 자주 쓰이는 꽃목걸이	

14 분 식물 장식

분 식물 장식은 절화 장식과 달리 지속적이고 장기적인 목적으로 사용되는 것이 일반적으로 식물의 종류, 용기의 형태나 크기, 배수구의 유무 등 장식될 장소나 환경 조건이 중요하다.

디시 가든 (Dish garden)	• 접시와 같이 깊이가 낮고 넓은 용기에 잘 자라지 않는 식물을 심어 작은 정원을 만들어 주는 형태이다. • 토양층이 얕아 건조에 강한 식물을 선택, 배수구가 없으므로 과습하기 쉬워 습기에도 강한 식물을 선택한다. • 돌, 고목, 선인장, 다육 식물을 이용한 접시 정원이 관리하기 편리하다.
테라리움 (Terrarium)	• 밀폐된 유리 용기 속에 식물이 자랄 수 있는 환경을 만들어 식물을 키우는 형태로 빛, 수분, 공기의 순환 원리에 따라 식물이 계속 생장할 수 있다. • 토양은 가볍고 소독이 잘된 것으로 청결도가 높아야 한다. • 잘 자라지 않고 건조한 환경을 좋아하는 식물이 좋으며, 온실 효과로 내부 온도가 상승할 수 있으므로 직사광선이 없는 밝은 곳에 두는 것이 좋다. • 용기의 배수공이 없어 관수 시 과습으로 인한 습해가 발생할 수 있으므로 관수의 양을 조절해야 한다. • 식충 식물, 아디안텀, 페페로미아 등이 적당하다.
비바리움 (Vivarium)	• 테라리움과 같이 유리 용기 속에 식물을 심고 도마뱀, 이구아나 같은 동물을 넣어 만드는 형태이다. 비바리움의 비바(Viva)는 동물을 뜻한다. • 고목, 선인장, 다육 식물을 이용한다.
아쿠아리움 (Aquarium)	유리 용기 속에 수생 식물을 심고 연못을 만들어서 거북이나 물고기 등을 넣어 같이 키우는 형태이다.
걸이 분 (Hanging basket)	• 좁은 공간에서 활용할 수 있는 가장 좋은 장식 방법이라 할 수 있다. • 식물을 심어 아래로 늘어뜨리고 매달아 키우는 형태로 싱고니움, 아이비, 러브체인 등 덩굴성이나 흘러내리는 형태의 식물이 이용된다.
토피어리 (Topiary)	• 식물을 전정하거나 나뭇가지나 철사로 틀을 만들어 그 형태에 맞게 덩굴 식물을 감거나 키워서 동물이나 하트, 별 등 원하는 모양을 만드는 것이다. • 식물을 전정하여 만드는 장식으로 많은 시간이 소요된다. • 근래에는 형태의 골조를 제작하여 덩굴 식물을 배치하는 경우가 이용되고 있다. • 덩굴성 식물로는 잎이 작고 밀착하여 생장하는 것이 좋으며 병충해에 강해야 한다. • 푸밀라고무나무나 아이비 같은 덩굴 식물이 이용된다.

수경 재배	• 토양 대신에 물속에 뿌리를 넣어도 되는 식물을 유리 용기나 투명한 용기에 색돌이나 구슬 등을 넣고 식물을 심어 장식하는 형태이다. • 물속에 숯을 넣어 두면 물이 잘 썩지 않는다. • 천남성과 식물, 히아신스, 수선화 같은 알뿌리 식물을 이용한다.
실내 정원	• 식물의 공기 정화 능력의 탁월함이 알려지면서 규모 있는 실내 정원이 여러 형태로 시공되고 있으며, 플랜트 박스를 이용하거나 직접 시공되기도 한다. • 실내 식물의 선택과 토양의 청결도가 중요하며, 배수구의 유무에 따른 관수와 환경에 주의해야 한다.

15 화훼 장식물의 조형

(1) 조형 질서의 종류

대칭 (Symmetry)	• 기하학상 중심축(물리적 중심축)과 주 그룹의 중심축이 일치한다. • 중심축에 주 그룹이 배치된다. 즉, 중심축을 두고 양쪽에 같은 양의 무게와 거리를 배치하는 것을 말한다. • 색, 질감, 크기, 모양, 움직임이 같은 것을 배치하여 균형을 맞춘다. • 중심축 양쪽의 시각적 무게가 같다. • 중심축을 중심으로 거울을 보는 듯한 디자인이다. • 엄격한 질서가 요구되며, 안정감 있고 근엄해 보인다.
비대칭 (Asymmetry)	• 중심축에서 주 그룹이 벗어나 배치된다. • 주요 그룹, 대항 그룹, 보조 그룹을 가지고 있으며 크기가 또한 다르다. • 자유로운 공간, 자유로운 질서를 추구한다. • 좌우의 균형이 형태와 색상의 배치, 비율이 시각적으로 같지 않다. • 반복성 없이 불규칙적인 리듬으로 흥미롭고 개성적이며 긴장감이 있다.

(2) 구성 형태의 종류

장식적 (Decorative) 구성	• 식물의 자라나는 상태, 자연적 질서와는 관계없는 인위적 구성 방법이다. • 전체가 한 무리가 되어 형태를 표현하는 것에 중점을 둔다. • 일반적으로 화려하고 풍성하게 구성한다. • 대부분 대칭 질서이지만 비대칭일 경우도 있다. • 꽃, 줄기는 자연 상태에 위배되게 인위적으로 짧게 구성되기도 한다.

식생적 (Vegetative) 구성	• 식물이 자연 속에서 자라나는 모습을 부분적, 전체적으로 표현한 것이다. • 마치 식물이 자라나는 것같이 식생적 관점에서 생육 환경을 고려하여 구성한다. • 주, 역, 부 그룹으로 나누어 구성하는 작품으로 자연을 그대로 해석하여 표현한 작품을 말한다. • 일생장점 또는 복수 생장점을 가진 방사상, 병행상, 교차상의 줄기 배열로 구성할 수 있다. • 일반적으로 비대칭 구성이다.

	*그루핑 : 어떤 꽃이나 식물들의 색, 질감, 운동감 등이 서로 비슷하여 조화를 이루거나 통일된 이미지가 모여 하나의 형태를 이룬 모양을 그룹이라 한다. 시각적인 안정을 이룰 수 있으며 작은 모티브를 구성하여 시각적인 흥미를 이룬다. 각 그룹은 시각적으로 연결감이 있어야 하며 소재의 운동감이나 형태, 재질, 색상 등으로 소속감이 들도록 표현해야 한다.
	각각의 그룹들은 자신의 그룹 안에서 또 다른 주, 역, 부 그룹이 생성될 수 있다.
	  - 주(主) 그룹 : 장식품 중 강한 집중력을 가지는 주된 그룹으로 작품의 흐름을 주도한다.
	  - 역(逆) 그룹 : 주 그룹에 대항하는 역할을 하며, 주 그룹과 가장 먼 거리에 배치한다.
	  - 부(副) 그룹 : 주 그룹을 보조하는 역할을 한다.

병렬적/ 병행적/평행적 (Parallel) 구성	• 소재나 재료들의 다수가 서로 일렬로 배치되어 있는 것을 말하며 수직, 수평, 사선의 구성도 가능하며 자연적 병렬형, 그래픽적 병렬형이 있다. • 각 소재의 줄기가 독자적 출발점을 갖고 배치되어 복수 초점, 복수 생장점을 갖는다. • 대칭, 비대칭 구성이 가능하다.
구조적 (Structured) 구성	• 구조적 표현이나 구조물을 토대로 한 구성 방법이다. • 의식적인 표면 구성과 배치에 의하여 꽃 소재의 형태, 색상, 재질 등을 두드러지게 표현한다. • 질감, 중층, 골격을 주로 한 방법이 있다.
형-선적 (Formal-linear) 구성	• 형태와 선이 명확하게 표현되며, 모든 요소가 대비를 이루어 강한 효과를 준다. • 소재의 형과 양을 최소한으로 억제하면서 강한 대비를 표현하여 긴장감을 준다. • 일초점 혹은 복수 초점으로 구성 가능하며, 대칭 또는 비대칭 배치도 가능하고 방사, 평행 배열도 가능하다.

도형적 (Diagram) 구성	• 식물의 선이나 형태가 도형적으로 구성된 것이다. • 자연적인 구성보다 인위적으로 구성된 경우가 많다. • 식물의 독특한 형태를 잘 살릴 수 있어서 굽거나 꺾인 소재가 특히 잘 어울린다.
오브제적 (Objective) 구성	• 식물을 다른 소재와 조합하여 비사실적 기법에 의해 순수한 구성미를 가진 형태로 표현하는 것이다. • 디스플레이용이나 전시회 작품용으로 많이 이용되는 구성 양식이다. * 오브제 : 작품의 완성도를 높이기 위해 사용되는 구조물이다. 생물과 무생물의 조화로 새로운 대상을 탄생시키는 것이며, 서로 다른 물체와의 조화가 중요하다. 본래의 성질을 없애고 새로운 의미의 물성으로 태어나는 것이다.

(3) 줄기 배열에 의한 분류

방사선적(Radial) 배열	한 개의 초점에서 시작하여 모든 줄기가 부챗살처럼 사방으로 전개되는 배열이다.
병렬적/ 병행적/평행적 (Parallel) 배열	• 같은 방향으로 나열되어 있는 것이다. • 여러 개의 초점으로부터 나온 줄기의 배열이 병행을 이루는 것으로 수직, 수평, 사선의 직선상뿐 아니라 곡선상에서도 가능한 배열 방법이다.
교차적 (Overlapping) 배열	• 각각의 초점에서 시작한 줄기는 모두 다른 각도로 여러 방향으로 서로 교차하여 배열된다. • 자연 환경에서 볼 수 있는 배열로 자연스러운 움직임과 분위기가 돋보이는 배열이다. • 수평적 효과를 주는 수평적 교차와 수직적 느낌을 주는 수직적 교차, 사선적 교차의 방법이 있다.
감는선(Winding) 배열	• 유연한 선의 흐름을 이용하여 서로서로 감아서 어떠한 현상을 나타내는 배열이다. • 덩굴을 얽히게 한 골조를 사용한 구조적 구성에서 많이 이용된다.
줄기 배열이 없는 구성 (Free line of arrangement)	줄기가 일정한 규칙 없이 배열되어 있거나 줄기를 짧게 잘라 꽃송이나 꽃잎만을 사용하여 구성하는 방식으로 플로럴 콜라주와 같이 평평한 물체에 붙인 것이나 꽃송이를 목걸이처럼 엮은 것 등이 해당된다.

> **Tip** 생장점 : 우리 눈에는 보이지 않더라도 뿌리와 같은 의미로 하나의 소재가 가지고 있는 운동 방향성을 의식하여 보면 어딘가에 그들이 만나는 점을 발견하게 된다. 즉, 눈으로 직접 확인할 수 없지만 식물의 근원을 파악하여 상징적 표현으로 받아들여서 화훼 장식품에는 줄기의 배치에 의하여 생장점이 존재하게 된다. 생장점은 줄기의 배치 방법에 따라 하나의 생장점을 갖는 단일 생장점과 여러 개의 생장점을 갖는 복수 생장점이 존재한다.

(4) 표현 양식

동양식	한국식	• 선과 공간의 미학을 갖고 있는 자연의 표현이다. • 여백의 미를 강조하며 식생적 구성 양식과 방사선 배열 방식을 따르고 침봉을 사용한다. • 직립형(바로 세우는 형), 경사형(기울이는 형), 하수형(드리우는 형), 분리형(나누어 꽂기), 복형(거듭 꽂기), 부화형(물에 띄우는 형) 등이 있다.
	일본식	• 자연적인 것을 추구하나 인공적으로 다듬어진 기교의 미다. • 세분화된 형식과 격식을 강조하며 자연의 가지류를 주 소재로 하나 인공적인 기교미와 장식적인 양식을 가지고 있다. • 일생장점의 방사선 줄기 배열을 따르고 침봉을 사용하며, 현대 일본의 전통화는 입화(立花_릿카), 생화(生花_세이카) 두 가지가 주류를 이루고 있다.
서양식	미국식	• 기하학적 매스 디자인이 특징이다. • 초기에는 들풀과 허브를 이용한 단순하고 원시적 형태였으나 식민지 양식을 거쳐 신고전주의 양식, 연방 시대를 거치면서 팬, 피라미드 디자인이 성행하였다. • 유럽 빅토리아 시대의 영향으로 낭만적 성향이 반영, 대형 매스 디자인과 공간을 활용한 캐주얼한 디자인이 이용되었다. • 동양의 영향을 받아 전통적 매스 디자인과 동양의 선이 합해진 라인매스 디자인이 정착되었으며, 규율에 얽매이지 않고 자유롭게 표현하는 것이 특징이다.
	유럽식	• 전통 유럽의 꽃꽂이 양식은 전원 문화에서 찾을 수 있다. • 꽃다발과 리스, 갈런드에서 발달하여 초기에는 구체적인 법칙이나 규정이 없이 플로리스트들에 의하여 발전해 왔다.

서양식	유럽식	• 원형, 타원형, 부채형 등의 매스 디자인이 중심이 되었고, 사회적 현상에 의해 포지, 노즈게이 부케 등이 성행하면서 발전하였다. • 자연에 대한 인식의 변화로 장식적 디자인이 일색이었던 유럽은 자연과 식물의 개성을 중시하여 여러 가지 연구와 식물학의 이론적인 토대를 마련하였다.
현대식		• 동서양을 막론하고 현대적 디자인 양식은 전통적인 양식과 새로운 양식을 모두 포함하여 오늘날 이용되는 양식을 말한다. • 전통에 반하는 추상적이면서도 실험적인 디자인이 여러 다양한 비식물 소재와 함께 창의적이면서도 새롭고 독특한 방법으로 시도되며 발전되고 있다.

(5) 디자인 양식

전통적, 고전적 디자인 스타일	밀 드 플레 (Mille de fleur)	• 19세기 낭만주의를 대표하는 스타일이며, '수천 송이의 꽃'이라는 의미를 가지고 있다. • 다양한 종류와 다양한 색상의 꽃들을 한꺼번에 꽂아 주어 풍성한 느낌을 주는 스타일이다. • 원형, 타원형, 부채형, 삼각형 등의 형태로 방대한 양의 꽃이 꽂아진다.
	비더마이어 (Biedermeier)	• 1815~1848년 오스트리아와 독일에서 처음 등장한 형태이다. • 촘촘하게 돔형 또는 원뿔형으로도 디자인된다. • 루트비히 아이히로트(Ludwig Eichrodt)의 풍자 소설집의 제목에서 최초로 등장했다. • 선적인 소재보다는 둥근 형태나 작은 꽃 종류를 뭉쳐서 사용하는 것이 효과적이다. • 열매, 잎, 작은 채소를 사용하여 대조와 흥미를 돋우는 디자인이다.
	더치 플레미시 (Dutch flemish)	• 17세기 네덜란드와 벨기에 화가들의 그림에서 보이는 양식이다. • 바로크 스타일처럼 개방적이지는 않지만 비율이 적용되었고 더욱 콤팩트하게 만들었다. • 대칭적이면서 밀집한 타원형으로 구성된 스타일이다.

전통적, 고전적 디자인 스타일	더치 플레미시 (Dutch flemish)	• 재료의 통일성이나 식물의 생태성을 완전히 무시하고 꽃 이외에 구근 식물과 과일 등을 같이 사용하며 액세서리도 섞어 꽂는다.
	워터폴 (Waterfall)	• 1900년부터 유럽에서 신부 부케로 선보이기 시작했다. • 폭포가 흘러내리는 형태로 로맨틱함과 자연적 미를 나타낸다. • 아르누보 시대의 그림에서 묘사된 것을 볼 수 있으며 스프렌게리, 아스파라거스, 아이비 등의 길게 늘어지는 재료를 주로 사용한다.
	피닉스 (Phoenix)	• 부활, 불멸, 영생의 존재로 묘사되는 이집트 신화의 새를 바탕으로 한 디자인이다. • 꽃들을 돔형으로 빽빽이 꽂은 중앙에서 선적인 소재를 수직적이면서 방사상으로 꽂아 장식한다.
자연적 디자인 스타일	식물학적 (Botanical)	식물의 자연적 성장 과정을 뿌리, 줄기, 꽃 등의 순환되는 것으로 표현하는 식물의 일대기적인 스타일로 구근류를 주로 사용한다.
	식생적 (Vegetative)	• 식물이 자연의 습성대로 땅에서 자라나는 것처럼 표현하는 구성 방법이다. • 자연에서 성장하는 모습 그대로 배치하고, 비대칭적으로 자연스럽게 배열한다. • 생육 환경을 고려하고 계절감을 살려 제작한다.
	풍경식 (Landscape)	• 넓은 정원을 축소한 듯이 꽃을 장식하는 디자인이다. • 나무가 서 있는 것 같은 모습(병행 구성), 모여 있는 모습(그루핑)을 많이 이용하고, 원근감을 주어 넓은 지역의 느낌을 잘 표현해야 한다. • 식생적 구성과 달리 생육 환경을 그대로 따르지는 않는다.
선 디자인 스타일	웨스턴 선 (Western Line)	• 대칭선과 비대칭 선을 극적으로 보여 주는 디자인이다. • 음화적인 공간을 잘 살려 디자인하며 선 자체를 채워 주지 않고 강한 인상을 주는 소재를 사용하여 선을 강조한다.

선 디자인 스타일	뉴 컨벤션 (New Convention)	• 수직선과 수평선이 강조된 디자인이며, L자형을 조합한 현대적인 이미지를 갖는다. • 수평으로 나오는 선은 수직선보다 길이가 짧아야 하며, 같은 시각적 무게를 주어서는 안 된다.
실험적 디자인 스타일	셸터드 (Sheltered)	• 보호되는 듯한 효과를 주는 디자인으로 모든 재료가 대부분 화기 안에 디자인되거나 다른 소재로부터 감싸여 안쪽에 시선을 집중시켜 극적인 효과를 준다. • 전체를 보여 주지 않고 일부분을 강조하나 덮어 주어 호기심을 불러일으킨다.
	파베 (Pave)	보석이 촘촘하게 박힌 것처럼 표현하는 디자인으로 그루핑 기법을 이용하여 구성하며 색, 질감의 대비로 시각적 효과를 준다.
	뉴 웨이브 (New wave)	• 모험적이고 흥미롭고 자극적인 창의를 말하며 소재의 사용, 디자인의 형태, 규칙이나 관념에 얽매이지 않고 작가의 의도대로 구성하는 스타일이다. • 전통적 식물 소재를 그대로 사용하기보다 단순화, 상징화시켜 변형하여 사용하고, 다른 재료들을 함께 활용하며 새로운 것과의 결합으로 실험적 경향을 나타낸다.
	추상적 (Abstract)	• 전통적, 자연적 디자인에 반하여 비자연적, 비사실적이고 추상적이며 색상, 질감 등을 강조하고 꽃과 식물 외의 다른 소재들을 자주 사용한다. • 작가의 상상력과 의도가 확실하게 보인다.

16 화훼 장식의 표현 기법

밴딩(Banding) 장식적으로 묶기	• 시각적 효과와 장식적인 효과를 주기 위해 묶는 방법이다. • 줄기 자체를 강조하거나 미적으로 보완하기 위해서 장식적으로 묶어 준다.
바인딩(Binding) 기능적으로 묶기	소재의 줄기가 늘어지거나 흩어지는 것을 방지하기 위하여 세 개 이상의 줄기를 기능적으로 묶는 방법이다.
번들링(Bundling) 짚단처럼 묶기	유사한 재료나 동일한 소재를 다발을 만들기 위하여 묶는 방법으로 밀, 짚단 등이 있다.

번칭(Bunching)	비슷한 재료를 함께 고정시켜 꽂기 좋게 묶는 방법이다.
레이어링(Layering) 층 만들기	• 유사 소재나 동일 소재를 겹겹이 포개어 사이사이 공간이 없이 층을 만드는 기법이다. • 각각 재료의 간격을 두지 않거나 최소 간격을 두고 겹쳐 마치 물고기 비늘과 같이 평면적인 층으로 보이게 한다.
클러스터링(Clustering) 무리짓기	색상, 형태, 질감의 대비를 이루며 모아서 뭉치의 느낌이 하나를 이루게 하는 무리화 기법이다.
테라싱(Terracing) 계단식으로 꽂기	• 계단 느낌으로 유사한 재료를 수평 또는 앞뒤로 쌓아 올리는 방법이다. • 입체감을 주기 위해서 재료와 재료 사이에 공간을 다소 준다.
그루핑(Grouping)	• 비슷하거나 같은 재료끼리 모아서 꽂는 방법으로 소재들이 집단으로 모여 있어 정리된 느낌을 준다. • 그룹과 그룹 사이에는 반드시 공간을 주어야 한다.
조닝(Zoning) 구역 정하기	• 유사 소재나 동일 소재를 특정 지역에 제한하여 구역화하는 방법으로 반드시 음화적 공간을 두어야 한다. • 그루핑과 비슷한 기법이나 구역을 나누어서 구성하는 것으로 그루핑보다는 공간이 많다.
프레이밍(Framing) 프레임 만들기	시각적 강조를 꾀하기 위하여 작품을 에워싸듯이 액자의 틀처럼 외곽 테두리를 만드는 기법으로 내용물을 특별히 강조할 때 사용되는 방법이다.
섀도잉(Shadowing) 그림자 짓기	반복의 방법으로 시각적으로 깊이를 더해 주고, 동일 소재의 뒤쪽이나 아래쪽에 똑같은 소재를 하나 더 꽂아 그림자 효과를 줘서 입체적으로 보이게 하는 기법이다.
시퀀싱(Sequencing) 단계적으로 만들기	단계적, 점진적으로 순서에 따라 색깔, 크기, 높이를 리듬감 있게 표현하여 시각적 효과를 주는 방법이다. 예 활짝 핀 것 → 안 핀 것, 어두운 색상 → 밝은 색상
베이싱(Basing)	디자인에서 베이스가 되는 플로럴 폼을 감추기 위해 테라싱, 필로잉, 파베, 레이어링, 스태킹, 클러스터링 같은 기법을 사용하여 작품의 아랫부분을 세밀하고 아름답게 마무리하는 기법으로 색상, 질감, 형태의 대비를 주는 데 효과적이다.
필로잉(Pillowing) 베개 모양 만들기	둥근 언덕이나 베개 모양으로 같은 소재의 작은 꽃들을 뭉치로 꽂아 주는 입체적인 베이싱 방법이다.
스태킹(Stacking) 쌓기	유사한 크기의 재료를 공간을 주지 않고 쌓아 올리는 기법으로 물건을 쌓아 놓듯이 나란히 또는 계속 위쪽으로 차곡차곡 쌓아 나가는 방법이다.

파베(Pave) 보석처럼 박기	보석을 만드는 기법에서 유래했으며, 보석을 박듯이 촘촘하게 줄기의 느낌 없이 꽂아 주는 방법이다.
터프팅(Tufting) 무리 짓기	• 끝이 뾰족한 소재로 무리를 지어 모아 주는 방법으로 부피감이 있으며 굴곡이 생겨서 생기를 준다. • 클러스터링같이 둥근 소재를 언덕처럼 보여 주는 것과는 다르며 거칠어 보인다.
셸터링(Sheltering) 숨어서 자라는 모습 표현하기	소재를 감싸거나 혹은 둘러싸서 그 안에 있는 재료를 보호하고 내용물을 강조하거나 호기심을 유발시키는 방법이다.
브레이딩(Braiding) 땋기	줄기 소재나 리본 등으로 머리를 땋듯이 처리하는 기법으로 작품의 리듬감과 색 배색에 유용하게 쓰인다.
위빙(Weaving) 짜기	천을 짜듯이 잎을 엮는 테크닉으로 입체감과 조각적인 형태를 나타낼 수 있는 방법이다.
글루잉(Gluing) 붙이기	접착제를 이용하여 고정시키는 방법으로 가장 간편하며 감추고 싶은 곳을 보완하기 쉽다.
와인딩(Winding) 감기	• 끈이나 잎을 휘어 감아서 소재를 고정하는 방법이다. • 마치 소용돌이치는 것 같은 모습을 곡선으로 표현하며 동적인 느낌을 느낄 수 있다.
행잉(Hanging) 매달기	• 철사나 실을 이용하여 매다는 방법으로 소재의 움직임이 많아서 동적인 느낌이 강하며 공간 활용도가 높다. • 수분 공급을 위해 주의하며 시험관이나 비닐 팩을 이용한다.
테일링(Tailing) 꼬리 만들기	줄기 소재나 가느다란 선 소재들의 끝을 모아잡고 장식 철사 등으로 꼬리처럼 처리하는 기법이다.
래핑(Wrapping) 포장하기	리본, 철사, 라피아, 직물, 녹색 잎 등으로 싸거나 감아 장식적인 효과를 주는 기법이다.
테일러링(Tailoring) 재단하기	자르거나 스테이플러(호치키스) 혹은 글루건을 이용해서 재료를 원하는 모양으로 변형하는 것이다.
리무빙(Removeing) 제거하기	장미, 해바라기, 거베라 등의 꽃잎을 제거하여 전혀 다른 형태로 변화시키는 방법이다.
마사징(Massaging)	가지나 줄기를 손으로 부드럽게 마사지하여 굽히거나 곡선을 만들어 주는 방법이다.
리플렉싱(Reflexing)	꽃잎을 바깥으로 젖혀 주어 핀 것 같은 효과를 주는 방법이다.

미러링(Mirroring)	거울에 비친 느낌으로 같은 재료를 반복하여 사용함으로 같은 느낌을 강조하는 방법이다.
플로팅(Floating)	물에 띄우는 기법이다.
앱스트랙팅(Abstracting)	표면을 왜곡시키기 위해 일부를 제거하는 방법으로 표면을 변화시키거나 식물 재료를 특이한 방법으로 사용하는 기법이다.
페더링(Feathering)	카네이션이나 국화처럼 끝이 뾰족한 꽃잎을 분리하여 다양한 크기로 깃털처럼 표현하는 방법이다.
개더링(Gathering)	장미, 백합, 글라디올러스 등의 봉우리에 같은 꽃잎을 소잉 기법이나 헤어핀 기법으로 와이어링하여 겹쳐 대어 하나의 큰 꽃으로 구성하는 방법이다.
테이핑(Taping)	테이핑의 목적은 줄기 끝을 봉하기 위한 것이다. 작품에 따라 줄기를 휘거나 할 때 사용하거나 줄기를 보호할 때 사용한다.
펀칭(Punching)	구멍을 뚫는 방법이다.

17 와이어링 기법

(1) 연약한 줄기에 철사를 덧대어 지지를 돕는 기법이다.
(2) 잎이나 꽃의 길이가 짧을 때 철사를 연결하여 연장된 줄기를 사용한다.
(3) 줄기를 곡선으로 표현하기 위하여 사용하기도 한다.

피어싱 메서드 (Piercing method)	꽃받침 등에 와이어를 직각이 되게 관통하고 관통된 양쪽 철사를 아래로 구부려 주는 방법이다. 예 장미, 카네이션, 금잔화, 달리아 등
크로싱 메서드 (Crossing method)	피어싱한 철사와 수직이 되게 철사를 십자로 관통하여 교차시켜 한 번 더 철사를 활용하는 방법이다. 예 백합, 장미, 카네이션, 나리 등
인서션 메서드 (Insertion method)	줄기의 속 아래에서 위쪽으로 관통시키는 방법으로 줄기를 보강하거나 구부릴 필요가 있을 때 활용하는 방법이다. 예 거베라, 라넌큘러스, 수선화, 칼라, 스위트피 등
트위스팅 메서드 (Twisting method)	꽃이나 잎 등을 철사로 감아 내리는 가장 기본적인 방법으로 직접 철사를 관통하거나 줄기 혹은 잎에 꽂아 줄 수 없을 때 활용하는 방법이다. 예 가는 잎을 가진 가지, 숙근 안개초, 국화, 거베라, 카네이션 등

후킹 메서드 (Hooking method)	와이어의 한쪽을 갈고리 모양으로 구부려 꽃의 위부터 꽃받침 쪽으로 꽂아 내리는 방법이다. 예 거베라, 국화, 라넌큘러스, 스카비오사 등
시큐어링 메서드 (Securing method)	줄기가 약하거나 곡선을 내기 위해 구부려 주어야 할 때 나선형으로 줄기를 감아 내리는 방법이다. 예 프리지어, 금어초, 은방울꽃, 유칼립투스, 장미, 카네이션 등
루핑 메서드 (Looping method)	철사 끝을 약간 구부려 갈고리처럼 만든 후 위쪽으로부터 꽂아 내려 인공 줄기를 만들어 주는 방법이다 예 덴드로비움, 수선화, 스테파노티스, 프리지어, 히아신스, 카틀레야 등
헤어핀 메서드 (Hair-pin method)	철사를 잎의 뒷면에 꽂아 한 바늘 꿰고, 양쪽으로 구부려 U자 형태로 만들어 고정하는 방법으로 주로 잎류에 활용된다. 예 백합, 장미 등의 멜리아, 동백, 루모라, 아이비, 스킨답서스 잎
소잉 메서드 (Sewing method)	• 꽃잎이나 잎을 겹쳐서 바느질하듯 꿰매는 방법이다. • 군자란, 나리, 용담, 도라지 등의 꽃을 한군데 절개하여 바느질하듯 사용한다.
익스텐션 메서드 (Extension method)	사용한 철사가 약하거나 짧을 때 더욱 단단하게 보강하기 위해 사용하는 방법이다.

18 화훼 장식의 정의와 기능

(1) 화훼 장식의 정의
화훼 식물인 초본 식물, 목본 식물을 주 소재로 시간(Time), 장소(Place), 목적(Occasion)에 맞게 디자인의 요소와 원리를 적용하여 공간의 미적 효율성과 기능을 높여 주는 장식물을 제작하거나 설치, 관리, 유지하는 것을 말한다.

(2) 화훼 장식의 기능

장식적 기능	쾌적한 분위기 연출과 시각적 즐거움, 공간의 질적 향상과 상징성 제공으로 보다 좋은 이미지를 창출한다.
건축적 기능	공간을 분할하고 동선을 유도하여 질서를 유지시켜 주고 시야를 차단한다.
심리적 기능	정서적 안정감을 얻을 수 있고 쾌적한 환경 조성으로 일의 능률을 높이고 상호 간의 교감을 부드럽게 한다.

환경적 기능	산소를 공급하고 실내 온도와 습도를 조절해 주며 빛의 조절 효과가 있고, 각종 휘발성 유해 물질을 흡수하여 공기를 정화한다.
교육적 기능	자연과 환경, 식물에 대한 이해 증진과 지식 습득, 미적 감각을 증진시킨다.
치료적 기능	심리적 안정감과 부정적 감정 완화, 자신감 회복, 향기 요법, 화훼 장식의 참여로 신체적 적응력과 성취감을 얻을 수 있다.
경제적 기능	시각적 즐거움과 볼거리를 제공하여 사람을 불러 모으는 효과가 있으며, 상업 공간에서 시선과 동선을 유도하고 구매 의욕을 유발한다.

19 화훼 장식의 역사

(1) 한국

한국 화훼 장식의 기원		• 한국의 화훼 장식은 식물을 영적인 것으로 간주한 신수 사상에 그 기원을 두고 있으며, 이는 신단수나 솟대를 활용한 것으로 미루어 짐작할 수 있다. • 삼국 시대로 들어오면서 불교가 전래되어 불전공화 형태의 꽃꽂이 문화가 등장하였다.
삼국 시대와 통일 신라 시대		인도에서 발생한 불교가 중국을 통하여 한국에 전래되면서 불전공화를 비롯한 꽃 문화가 소개되었으며, 불교의 영향을 받으면서 삼존 형식의 꽃꽂이가 행해졌다.
	고구려	• 강서대묘 현실 북벽의 비천상 : 꽃을 흩뿌리는 산화도 • 안악 2호분 동벽의 비천상 : 선과 공간 처리가 두드러지는 수반에 꽂힌 S자 모양의 연꽃 • 무용총 벽화 : 그릇 속에 활짝 핀 연꽃과 연봉 그림 • 쌍영총 묘주 부부 좌상 벽화 : 연꽃과 연봉을 꽂은 병화
	통일 신라	• 수막새 기와 : 항아리에 활짝 핀 세 송이의 꽃이 꽂혀 있는 그림 • 석굴암의 십일면관음보살상 : 연꽃송이를 삼존 형식으로 꽂은 목이 긴 보병을 들고 있음 • 안압지에서 출토된 금동아미타삼존판불 : 삼주지법에 의한 꽃꽂이 배치 양식

고려 시대	궁중 문화의 화려함과 불교문화의 융성이 더해져 꽃꽂이의 표현 영역이 크게 넓어졌으며, 초기의 삼존 형식 꽃꽂이 형태에서 후기에는 반월형 삼존 형식으로 부드럽고 자연스럽게 변화하였고, 다양한 꽃 소재들이 사용되었다.

	• 고려사, 고려사절요 : 궁중 의식, 연회 꽃장식, 꽃의 종류에 대한 기록
	  [예] 고려사 : 꽃을 꽂은 관직의 명칭 기록으로 궁중의 꽃 예술 문화를 알 수 있다.
	   – 선화주사 : 왕이 하사하는 꽃이나 술을 전달하는 관직
	   – 압화주사 : 꽃이나 술을 운반하는 것을 감독하는 직책
	   – 권화사 : 꽃을 담당하는 직책
	   – 인화담원 : 꽃을 가진 사람들을 영솔하거나 꽃을 다시 거두는 관직
	• 이규보의 동국이상국집 : 시에 꽃꽂이의 모습이 묘사됨
	• 고려도경 : 여러 가지 화기명이 거론됨
	• 수덕사 대웅전의 수화도와 야화도 : 연꽃, 어송화, 수초와 모란, 작약, 맨드라미(계관화), 치자, 들국화 등이 수반에 가득 담긴 그림
	• 수월관음도 : 관음보살의 오른손에 들려 있는 정병에 양류 가지가 꽂혀 있고 발 아래 연꽃 모양의 수반 위에 꽃이 가득 꽂혀 있음
	• 해인사 대적광전의 벽화 : 꽃들이 가득 담겨져 있는 꽃바구니 그림
	• 금동모란 수반화문소호 : 삼존 형식으로 배치된 모란꽃

조선 시대	• 조선 시대에는 유교를 정신적 근간으로 숭유억불 정책을 지향했고, 궁중은 물론 민가의 의례에서도 꽃꽂이가 이루어졌으며 고려 시대의 화려함보다는 간결하고 깨끗해졌다.
	• 삼존 양식과 함께 일지화, 기명절지화 등의 꽃꽂이 형태가 다양하게 발전되었으며 문인화, 풍속화, 병풍 등에 꽃꽂이 그림이 그려졌다.
	  – 일지화 : 조선 시대 유학 사상을 기반으로 생긴 형태로 병에 한 가지 꽃을 꽂은 형태이다.
	  – 기명절지화 : 조선 시대 화원들이 그린 그림에 나타난 양식이며, 진귀한 그릇 등에 꽃가지나 과일, 채소, 문구류 등을 짜임새 있게 배치한 그림으로 한 가지에 두 송이 꽃의 양식이 표현된다.
	• 원예에 관한 전문 서적이 기술되고 꽃이 과학적 연구 대상이 되면서 획기적 발전을 이루었다.
	• 원예 관련 서적과 저자
	  – 성소부부고의 병화인 : 허균
	  – 산림경제 양화편 : 홍만선
	  – 오주연문장전산고의 당화병화변증설 : 이규경
	  – 임원십육지 : 서유구
	  – 양화소록 : 강희안
	  – 색경증집 : 박세당
	  – 그 외 관련 기록 : 조선왕조실록, 국조오례의

(2) 서양

고대	이집트 (Egypt)	• 질서 있는 디자인, 완벽한 좌우 대칭형의 균형과 조화를 이룬 형태의 디자인을 하였다. • 빨강, 파랑, 노랑의 삼원색을 주로 사용하였으며 화관, 꽃목걸이, 리스, 갈런드 등이 장식되었다.
	그리스 (Greece)	• 축제나 연회 기간에는 테이블, 바닥, 길거리에까지 꽃을 뿌렸다. • 증정과 장식의 용도로 갈런드와 리스가 사용되었고, 리스는 충성과 헌신의 상징으로 영웅들을 칭송하는 데 활용되었다. • 풍요의 뿔이라 불리는 코누코피아(Cornucopia)는 뿔 모양의 용기로 과일과 채소를 꽃과 함께 장식하여 풍요를 상징하였다.
	로마 (Roma)	• 꽃 소비량이 많고 화려한 문화를 자랑하였으며 밝은 색의 향기로운 꽃을 선호하였다. • 리스와 갈런드는 화려하고 육중하고 정교해졌으며, 장미 크란츠를 선호하여 환영의 의미나 테이블 장식으로 이용하였다.
	비잔틴 (Byzantine)	• 그리스·로마 시대의 전통적 형태들이 지속적으로 사용되었다. • 갈런드는 잎으로 변화를 주고 꽃과 과일, 잎 등을 나선형으로 좁게 묶는 형식으로 제작되었다. • 높이와 대칭성을 강조한 원추형 디자인인 '비잔틴 콘(Byzantine cone)'이 등장하였다.
유럽	중세 (The Middle Ages)	• 재배화, 야생화 모두 일상생활에서 음식, 약재, 음료 등으로 중요하게 사용되었다. • 향기가 있는 꽃을 길거리에 뿌리거나 공기를 상쾌하게 하는 용도로 크게 선호하였다. • 개인용 장신구로 리스나 봉오리가 활용되었다.
	르네상스 (Renaissance)	• 신과 교회 중심에서 벗어나 인본주의를 지향했다. • 당시 그림에서는 꽃에 상징성과 의미를 두어 사용한 것이 보인다(장미는 희생과 세속적 사랑, 백합은 고결함과 풍요의 상징). • 다양하고 밝은 색의 꽃을 사용하였으며 고대 그리스·로마 시대의 양식을 따랐다. • 원형, 삼각형, 원추형, 타원형 등의 대칭적 디자인 형태로 줄기가 보이지 않는 빽빽한 디자인이 유행했다.

유럽	바로크 (Baroque)와 더치 플레미시 (Dutch flemish)	• 화려하고 풍성한 디자인, 곡선적인 형태가 선호되었다. • 화가인 윌리엄 호가스(William Hogarth)에 의해 호가스 커브(Hogarth curve)라고도 불리는 S자 형태의 화형이 등장하였다. • 더치 플레미시(Dutch flemish)는 17세기 네덜란드와 벨기에 화가들의 그림에서 보이는 양식으로 예술가들이 그린 꽃 그림을 통하여 풍성하고 화려하며 다양한 종류의 꽃을 사용했다는 것을 알 수 있고 새 둥지, 과일, 곤충, 조개 등의 재료들도 함께 사용되었다.
	로코코 (Rococo)	• 바로크 시대의 지나친 화려함에서 벗어나 가볍고 부드러우며 우아하고 세련되어졌다. • 엷은 파스텔 색을 선호하였고, 바로크 시대의 곡선 디자인과 함께 부채형, 삼각형, 방사 형태가 주를 이루었다. • 우아한 조가비 형태의 장식품에서 특징을 볼 수 있다. • 다양한 화기가 유행하였고, 화려하고 우아한 화기, 도자기, 크리스털 등이 유행하였다.
	영국 조지 왕조 (Georgian)	• 청결함이나 목욕 등의 위생 문화가 발달하지 못한 사회였기에 꽃향기가 전염병이나 불결함 등을 예방해 준다고 믿어 꽃을 손에 들고 다닐 수 있는 작은 노즈게이(Nosegay)와 작은 꽃다발 형태인 터지머지(Tuzzy-Muzzy)가 널리 이용되었다. • 노즈게이는 패션 경향이 되어 어깨와 목을 드러낸 옷인 데콜타주(Decolletage) 등에 다양하게 장식되었다. • 바우포트(Boughpot)라 불리는 용기에 꽃을 채워 벽난로에 넣어 두었다. • 드라이플라워(Dry flower)가 최초로 만들어지고 유행하였다. • 형식적이고 대칭적이며 비례를 존중한 꽃꽂이가 일반적이었다.
	빅토리아 (Victorian)	• 식물, 원예, 꽃이 번성했던 시기로 플라워 디자인이 예술로서 자리를 잡았고, 전문 서적과 잡지가 출간되어 플라워 디자인의 규칙이 연구, 처음으로 확립된 시기이다. • 드라이플라워는 물론 아트플라워(Art flower), 프레스플라워(Pressed flower)가 제작되었고, 포지 홀더(Posy holder)라고 하는 플라워 홀더가 등장하고 활발하게 제작되었다.
	비더마이어 (Biedermeier)	• 독일어권에서 나타난 시민 풍속 및 정신적, 문화적 성향을 말하며 '소시민적인 실리주의자'를 뜻한다. • 간결하고 실용적인 디자인과 밝은 색조가 특색이고, 플라워 디자인에서는 촘촘한 돔형이나 원뿔형으로 활용되었다. • 열매, 잎, 작은 채소를 사용하여 대조와 시각적 흥미를 일으키는 디자인이다.

미국	초기 아메리칸 식민지 시대 (American colonial)	• 윌리엄즈버그(Williamsburg)가 버지니아 식민지들의 수도가 되었을 때를 미국 식민지 시대라고 한다. • 초기 정착민들이 사용한 화기는 극도로 단순한 주전자, 단지 등에 불과했고 경제가 나아지면서 은제품과 세라믹 화기, 항아리류가 쓰이고, 흰색과 파란색의 델프(Delft) 그릇과 차이나 도자기 등이 사용되었다. • 플라워 디자인은 원형, 부채형의 부케로 캐주얼하고 소박한 서민적인 장식을 하였고, 생화를 드라이플라워와 혼합하여 디자인하고 꽃과 과일을 테이블 센터피스로 놓았다.
	신고전주의 (Neo-classicism), 연방 시대 (Federal government)	• 영국의 조지 왕조 시대와 같은 시기로 미국이 독립 전쟁을 승리로 이끈 후의 사회적, 정치적 심미적인 형성기이다. • 플라워 디자인은 엄격한 직선과 대칭 형태가 부활하였고, 피라미드나 부채꼴 모양의 프랑스 디자인 양식의 영향을 받았다. • 장미를 선호하고 제라늄, 아이비를 자주 사용했으며, 신고전적인 양식의 화기에 크고 대칭적으로 꽂아 장식하였다.
	미국식 빅토리아 (American Victorian)	• 낭만 시대라고 부르며 유럽식 빅토리아 양식을 따랐고, 대형 매스 디자인과 캐주얼 디자인이 모두 성행하고 다양한 디자인 스타일이 혼재하였다. • 과일과 꽃을 담는 용도로 금속, 도자기, 유리, 이펀(Epergne)이 유행하였다. 이펀은 장식용 은쟁반으로 꼭대기에 접시를 놓는 장식 스탠드이며 주로 센터피스로 활용되었다.

20 디자인 요소와 원리

(1) 디자인 요소

화훼 장식을 구성하는 재료들이 가지는 시각적 특성을 디자인 요소라고 한다.

선 (Line)	\multicolumn{2}{l}{• 선은 작품에서 가장 1차원적인 형태로 시각적 움직임을 만들어 낸다. • 선은 방향성을 가지고 있으며 선의 반복으로 새로운 리듬, 형태가 생기기도 한다.}
	수직선	상승하는 운동감과 도전적이고 강한 남성적 힘을 느낄 수 있고, 근엄함과 긴장감을 나타낸다.
	수평선	높이보다 너비가 강조된 형태로 조용하고 평화로우며 안정적인 느낌을 준다.

선 (Line)	사선	운동성이 가장 강한 동적인 선으로 힘찬 에너지를 느끼게 하며 불안감과 방향감, 시각적 흥미를 이끌어 낸다.
	곡선	동적인 선으로 부드럽고 편안하고 안정감을 주며, 우아하고 유연한 여성적 느낌을 준다.
	나선	원심적 운동감과 함께 강한 시각적 움직임을 주며, 율동적이면서 방향성을 제시한다.
형태 (Form)		• 3차원적인 모양이나 윤곽을 말하며 길이, 폭, 깊이감을 가진다. • 디자이너의 무한한 상상력과 창조성이 발휘되는 영역이다.
	닫힌 형태	공간이 거의 없도록 꽃이나 식물을 이용해 가득 채운 외곽선을 말한다.
	열린 형태	식물과 식물 사이의 공간을 많이 가지고 있어 외곽선보다는 식물의 특성이 돋보인다.
깊이 (Depth)		• 디자인을 할 때 재료들의 높이나 공간을 조절하여 생기는 효과로 일종의 입체감을 나타내는 것이다. • 표면과 안쪽의 크기를 달리하거나 색상의 차이, 질감의 대비, 소재를 겹치는 등의 다양한 방법으로 공간감을 얻을 수 있다.
색채 (Color)		디자인에서 꽃이나 형태보다 가장 먼저 발견되는 요소이며 여러 가지 이미지와 감정을 유발한다.
	색의 3속성 / 색상(Hue)	빨강·파랑·녹색이라는 이름 등으로 서로 구별되는 특성 - 1차색(가장 기본이 되는 원색) : 빨강, 노랑, 파랑 - 2차색(두 개의 1차색 혼합) : 주황, 녹색, 보라 - 3차색(1차색과 2차색 혼합) : 주홍, 황토색, 연두, 청록, 남색, 자주
	색의 3속성 / 명도(Value)	색의 밝고 어두운 정도 - 틴트(Tint) : 색상(순색) + 흰색 - 톤(Tone) : 색상(순색) + 회색 - 셰이드(Shade) : 색상(순색) + 검정색
	색의 3속성 / 채도(Chroma)	• 색의 선명도(맑고 탁한 정도), 포화도 • 섞을수록 점점 흐려진다.
	색의 대비	주위색의 영향으로 색의 성질이 다르게 보이는 현상
	색의 대비 / 계시 대비	어떤 색을 계속 보다가 다른 색을 보면 먼저 본 색의 잔상으로 색이 달라져 보이는 현상

색채 (Color)	색의 대비	동시 대비	동시에 두 색을 보았을 때 색이 달라져 보이는 현상
		명도 대비	바탕색의 명도에 따라 원색의 명도가 달라져 보이는 현상
		채도 대비	바탕색의 채도에 따라 원색이 선명해 보이거나 탁해 보이는 현상
		색상 대비	바탕색의 영향으로 두 가지 이상의 색을 동시에 볼 때 색상 차가 크게 보이는 현상
		보색 대비	• 보색끼리의 배색으로 상대의 색이 더 선명해 보이는 현상 예 빨강 – 청록 　　노랑 – 남색 　　주황 – 파랑 　　자주 – 녹색 　　보라 – 연두 • 한난 대비를 동반하는 경우도 있다.
		면적 대비	같은 색이라도 면적이 클수록 명도, 채도가 높아 보이는 현상
		한난 대비	한색과 난색 계통의 색을 대비시키면 한색은 더욱 차게 난색은 더욱 따뜻하게 느껴지는 현상 * 색의 온도감 예 한색(차가운 색) : 파랑, 남색, 청록 　　난색(따뜻한 색) : 노랑, 주황, 빨강 　　중성색 : 보라, 연두, 자주, 녹색
		연변 대비	색과 색의 경계 부분에서 일어나는 현상으로 흰색과 접하는 경계 부분의 회색이 더 어둡게 보인다.
	색의 조화	단일색 조화 (동일색 조화)	한 가지 색에 틴트, 톤, 셰이드의 변화를 표현한 것으로 단정하고 통일된 느낌이지만 자칫 지루하고 시각적 흥미를 잃기 쉽다.
		유사색 조화 (인접색 조화)	색상환에서 인접한 색상의 조화로 잔잔하고 부드러운 변화가 있어 단일색 조화에 비해 흥미롭다.
		보색 조화	색상환에서 마주한 두 색의 조화로 화려하고 강렬한 느낌을 준다.

색채 (Color)	색의 조화	인접 보색 조화	색상환에서 마주 보는 보색의 양쪽에 이웃한 색과의 조화로 보색 대비보다 강렬함은 감소, 다양하고 격조 높은 시각적 흥미를 일으킨다.
		삼색 조화	색상환에서 같은 간격(삼각형 형태)에 위치한 배색으로 화려하고 사용에 따라 풍부한 가능성을 가지고 있다.
		다색 조화	여러 색을 사용한 것으로 다양하고 깊이 있는 배색을 할 수 있지만 산만하고 혼란스러워지기 쉽다.

	가산
	혼합
			• 빛의 혼합
			• 섞을수록 명도가 높아진다.
			• 가법 혼색이라고도 한다.
			• 빛의 3원색 : 빨강, 파랑, 녹색이며 이 세 가지 빛을 섞으면 흰색 빛이 된다.
			   - 빨강(Red) + 녹색(Green) = 노랑(Yellow)
			   - 빨강(Red) + 파랑(Blue) = 자홍(Magenta)
			   - 녹색(Green) + 파랑(Blue) = 청록(Cyan)

	감산
	혼합
			• 색의 혼합
			• 섞을수록 명도가 낮아진다.
			• 감법 혼색이라고도 한다.
			• 색의 3원색 : 자홍, 청록, 노랑이며 이 세 가지 색을 섞으면 검정색이 나온다.
			   - 자홍(Magenta) + 노랑(Yellow) = 빨강(Red)
			   - 청록(Cyan) + 자홍(Magenta) = 파랑(Blue)
			   - 청록(Cyan) + 노랑(Yellow) = 녹색(Green)

	중간 혼합	회전 혼합	색팽이 혼합이라고도 하며, 색을 반으로 나누어 돌렸을 때 중간색이 나온다.
		병치 혼합	두 가지 이상의 색이 인접해 있을 때 서로 영향을 받아 다른 색으로 인식되는 것을 말하며, 점묘법에 많이 쓰인다.

	*한국의
	전통색
			• 한국의 전통색은 음양오행의 우주관에 근거를 두고 중앙을 포함한 사방을 오방으로 설정하여 색과 방위와 계절을 연관지어 생각한다.
			• 오방색과 방위와 계절
			   - 황 : 중앙
			   - 청 : 동쪽, 봄

색채 (Color)	*한국의 전통색	– 적 : 남쪽, 여름 – 백 : 서쪽, 가을 – 흑 : 북쪽, 겨울	
공간 (Space)	디자인할 공간, 디자인이 놓일 공간, 전체의 공간 모두를 의미한다.		
	양성적/양화적 (Positive) 공간	재료가 차지하고 있는 실제적인 공간	
	음성적/음화적 (Negative) 공간	소재와 소재 사이의 빈 공간	
	열린(Void) 공간	소재들을 다른 부분으로 연결시켜 주는 명확하고 뚜렷하며 조화로운 공간으로 선을 강조한 디자인에서 주로 표현된다.	
질감 (Texture)	재료의 표면에 나타나는 보이거나 느껴지는 성질을 의미한다.		
	딱딱하고 매끄러운 질감	예 금속성, 도자기 재질 : 호야, 안수리움, 크로톤 등 예 유리 재질 : 금낭화, 캄파눌라, 백합, 칼라 등	
	표면에 결각이 느껴지는 거친 질감	예 해바라기, 아킬레아, 나뭇가지 종류 등	
	부드러운 실크나 벨벳 느낌의 질감	예 실크 : 코스모스, 안디안텀, 라넌큘러스 등 예 벨벳 : 팬지, 장미, 아네모네 등	
향기 (Fgrance)	• 눈에 보이지 않는 조형 요소로서 시각과는 또 다른 감각 기관의 인지를 통하여 미적 아름다움을 높여 주는 역할을 한다. • 예를 들어 프리지어와 히아신스의 향기는 봄을 연상시키고, 가데니아와 재스민의 향기는 부드러운 분위기를 만들어 준다.		

*먼셀 표색계
자연색을 빨강, 노랑, 초록, 파랑, 보라로 5등분하고 다시 해당 색의 사이 색을 주황, 연두, 청록, 남색, 자주로 5등분하여 총 열 가지 대표 색을 만들고, 색을 색상(H)·명도(V)·채도(C)의 세 가지 속성으로 나눠 HV/C라는 형식에 따라 번호로 표시한다.

*오스트발트 표색계
헤링의 4원색설을 기준으로 노랑 – 파랑 – 빨강 – 초록을 기본으로 하여 중간에 주황 – 청록 – 보라 – 연두를 더하여 8색상으로 만들고 이것을 다시 나눠 24색상으로 구성한다.

(2) 디자인 원리

디자인 요소를 가지고 식물의 특성을 살려 원하는 작품의 목적에 맞게 표현할 수 있는 기초적인 방법을 디자인 원리라고 한다.

조화 (Harmony)		디자인을 구성하는 각각의 재료 또는 요소의 개성을 돋보이게 하면서 주어진 환경과 어우러지는 것을 말한다.
통일(Unity)		하나가 되는 결집력으로 서로의 연대가 필요하며 질서를 말한다.
	근접 (Proximate)	비슷한 형태, 질감, 크기, 간격 등을 이용하여 규칙성 있게 가까운 거리에 표현한다.
	반복 (Repetition)	모양, 소재, 크기, 질감, 색 등을 반복적으로 사용하여 연관성을 준다.
	연계/연속 (Transition)	점차적인 변화나 공통된 요소의 연결 관계를 줌으로 통일성을 느끼게 한다.
비율/비례 (Proportion)		• 화훼 장식에서 디자인 전체와 부분 그리고 부분과 부분의 비교 관계(양, 크기, 색)를 비율이라 한다. • 황금 비율(3 : 5 : 8)이 가장 이상적인 비율로 사용되고 있으나 과대 비율, 과소 비율도 사용되고 있다.
균형 (Balance)		작품의 형태나 크기, 색상 면에 있어서 시각적, 물리적 안정감을 말한다.
	물리적 균형	구성 요소의 실질적인 무게 균형을 말한다.
	시각적 균형	눈으로 느끼는 구성 요소의 균형을 말한다. 이는 색상과 질감에 의해 많이 좌우된다.
	대칭 균형	• 중심축 좌우에 같은 요소가 동일하게 배열된 균형을 말한다. • 안정감이 있고 근엄해 보이지만 시각적 흥미 요소가 적다.
	비대칭 균형	중심축 좌우에 다른 요소가 배열되지만 시각적인 요소가 동등하게 주어지는 균형으로 자연스럽고 생동감이 있으며 시각적 흥미를 이끌 수 있다.
리듬/율동 (Rhythm)		작품 속에서 색, 형태, 선을 반복적으로 사용하여 변화를 통해 만들어지는 움직임이나 흐름을 말한다.
	반복 (Repetition)	색, 선, 형태, 질감의 반복은 어떤 주제를 강조하여 시선을 움직이게 한다.
	변이 (Transition)	• 화훼 장식에서 사용된 재료의 크기, 색과 형태의 점진적 변화로 리듬을 주는 것이다.

리듬/율동 (Rhythm)	변이 (Transition)	• 점점 작아지거나, 점점 커지거나 그리고 색상이 점차적으로 옅어지거나 짙어지게 하는 방법으로 효과를 나타낸다.
	확산 (Radiation)	모든 재료들이 어느 한 점에서 퍼져 나가듯이 구성되어 리듬감을 표현한다.
규모(Scale)		화훼 장식의 외형적인 크기와 장식이 놓이는 환경과의 관계이다.
대비 (Contrast)		• 두 개 이상의 디자인 요소가 서로에게 영향을 미치는 것을 말한다. • 서로 다른 재료를 함께 사용하여 모두 아름답게 표현되는 것을 대비라 한다. • 일반적으로 대항적인 성격을 함께 사용하는데 어느 한쪽이 주된 힘을 가질 경우에 효과가 상승한다.
강조 (Accent)		• 디자인에서 디자인의 요소(선, 형태, 색채, 질감, 공간 등) 중 한 가지나 혹은 디자인의 구조(틀)를 가장 주목받게 만들어 시선이 집중되는 것을 말한다. • 강조되는 점을 포컬 포인트(Focal point)라 하며, 이는 가장 뚜렷하여 무게의 중심이 되는 곳이다. • 초점 지역(Focal area)처럼 강조되는 지역이 있을 수도 있다.

21 화훼 가공

건조화		• 계절마다 가장 보기 좋은 식물이나 꽃을 그대로 건조시켜서 오래 보존할 수 있게 한 것을 말한다. • 잎의 두께가 얇고 수분이 적어 건조가 용이하고, 건조 후에도 형태 변화가 적은 꽃을 사용한다. • 포푸리, 꽃다발, 리스, 액자, 토피어리 등 여러 가지 장식물
	자연 건조법	• 인위적인 방법을 가하지 않고 자연 그대로 건조하는 방법으로 가장 일반적인 건조법이다. • 가장 편리하고 비용이 적게 들지만 본연의 색과 형태를 유지하기 어렵다. • 활짝 피기 전의 꽃을 선택하여 건조해야 하는데, 이때 어둡고 서늘하며 통풍이 잘되어야 한다. • 양분 손실이 많이 생기기 전에 온도를 높여 빠르게 건조시키는 것이 좋다.

건조화	자연 건조법	• 건조율은 온도가 증가하고 습도가 감소할수록 빨라지며, 건조 시 광 상태에 따라 색이 달라지고, 햇빛에 노출되면 대부분 색이 바랜다.
	열풍 건조법	• 섭씨 60~80℃에서 12시간 정도 건조시킨다. • 건조 시간이 짧은 장점이 있으나 별도로 건조 시설이 필요하여 비용이 많이 든다. • 양분 손실이 생기기 전에 열풍 건조하면 아름다운 색을 유지할 수 있다.
	동결 건조법	• 꽃을 순간 동결시켜 수분을 승화시키는 방법으로 꽃의 색상과 형태가 그대로 유지된다. • 습기에 노출되면 쉽게 변색하여 코팅제를 사용하거나 밀폐시켜 보관한다.
	글리세린 (Glycerin) 건조법	• 글리세린을 흡수시킴으로 유연성을 증대시켜 잘 부서지는 단점을 보완할 수 있다. • 수확 즉시 처리하는 것이 좋으며, 주로 잎 소재의 건조에 많이 사용된다.
	매몰 건조법	• 흡수력이 큰 건조제에 식물체를 매몰하여 건조하는 방법이다. • 수축 현상에 의한 형태 변화가 적어 아름다운 모습을 유지할 수 있으나 습기 노출 시 변색, 변형되므로 밀폐나 피막 처리를 하는 것이 좋다. • 건조제로는 실리카겔, 버미큘라이트와 펄라이트, 소금, 모래, 밀가루, 명반, 옥수수가루, 붕산 등이 있다.
		* 실리카겔(Silica gel) : 규산의 건조 상태인 겔로 강한 흡수력을 갖고 있어 자기 무게의 40%까지 수분을 흡수할 수 있으며, 건조시켜 재사용할 수 있다.
압화		• 프레스플라워(Press flower)라고 하며 식물체의 꽃이나 잎, 줄기를 흡습지를 이용하여 눌러서 평면적으로 건조시키는 방법이다. • 주로 평면 장식에 이용되며 액자, 핸드백, 쟁반, 귀걸이 등 각종 생활용품이나 장신구 등에 이용된다. • 압화용으로 적당한 재료 ① 색이 선명하고 변화가 많은 꽃 ② 꽃의 구조가 단순하고 꽃잎이 겹치지 않으며 꽃잎 수가 적은 꽃 ③ 수분이 적고 두껍지 않은 꽃 ④ 주름이 많지 않고 지나치게 크지 않은 꽃 예 팬지, 숙근 안개초, 코스모스 등

염색화	• 자연색으로 볼 수 없는 특별한 색을 원할 때나 말린 이후 변색된 식물에 특정한 색을 첨가하고 싶을 때 염색해서 사용한다. • 건조 식물은 탈색 후 염색해야 원하는 색을 나타낼 수 있다. • 섬유질이 많고 잘 부서지지 않는 식물이 좋다. • 염색 방법 　① 식물을 염료가 첨가된 물에 삶아서 건조시키는 방법(건조화) 　② 염색 전용 스프레이를 뿌려 착색시키는 방법(생화, 건조화) 　③ 식물을 염료가 섞인 물에 꽂아 물올림을 하여 염색시키는 방법(생화) • 염색화 제작 시 사용되는 표백제 　– 하이포아염소산염(Hypochlorite) 　– 아염소산나트륨(Sodium chlorite), 　– 과산화수소(Hydrogen peroxide)
망사 잎	• 스켈톤 잎(Skeletonizing leaves)이라고도 한다. • 나뭇잎을 물에 오래 담가 두거나 약품을 처리하여 건조시킨 잎을 말한다.

✱ 참고

(본문은 많이 쓰는 일반적인 이름을 제외하고는 가급적 외래어 표기법에 맞게 수정하였음)

영명	외래어 표기법 (표준 국어 대사전)	그 밖에 사용하는 이름들	영명	외래어 표기법 (표준 국어 대사전)	그 밖에 사용하는 이름들
Adiantum	아디안툼	아디안텀	Impatiens		임파첸스, 임파치엔스, 임파티엔스
Agapanthus		아가판서스, 아가판사스, 아가판투스	Jasmine	재스민	쟈스민
Ageratum	아게라툼	아게라덤, 아게라텀	Kalanchoe	칼랑코에	칼란코에, 카랑코에
Allium		알리움, 알륨	Kamille〈네〉	카밀러	캐모마일(Chamomile)
Alstroemeria		알스트로에메리아, 알스트로메리아	Lisianthus		리시안서스, 리시안셔스, 리시언더스
Aquilegia	아퀼레지아	아퀼레기아	↳ 그란디플로룸 유스토마(Eustoma grandiflorum)		
Anthurium	앤슈리엄	안수리움, 안스리움, 안시리움	Lupine	루핀	루피너스
Betgamotte〈프〉	베르가모트	베르가못	Marguerite	마거리트	마가렛
Botanical		보태니컬, 보테니컬	Marigold	마리골드	메리골드, 매리골드
Bougainvillaea	부겐빌레아	부겐벨리아, 부게인빌레아	Metasequoia	메타세쿼이아	메타세퀴어, 메타세콰이어
Caladium	칼라디움	칼라듐	Method		메서드, 메소드
Calathea	칼라테아	칼라데아	Nepenthes	네펜테스	네펜데스
Calla	칼라	카라	Nephrolepis		네프로레피스, 네프로네피스, 네프롤레피스
Cattleya	카틀레야	카틀레아	Oncidium	온시듐	온시디움
Cineraria	시네라리아	시네나리아	Paphiopedilum		파피오페딜룸, 파피오페딜럼
Coleus	콜레우스	코레우스	Petunia	피튜니아	페튜니아, 페츄니아
Copper Wire		코퍼 와이어, 카파 와이어	Phalaenopsis		팔레놉시스, 팔레놓시스
Coreopsis		코레옵시스, 코레오프시스	Primula	프리뮬러	프리뮬라
Cornucopia		코누코피아, 코뉴코피아, 코르누코피아	Pyracantha	피라칸타	피라칸다, 파라칸사, 피라칸사스
Corsage〈프〉	코르사주	코사지	Ranunculus	라눙쿨루스	라넌큘러스
Crassula		크라슐라, 크라술라	Rhodanthe〈라〉	로단테	로단세
Cymbidium		심비듐, 심비디움	Rosemary	로즈메리	로즈마리
Cypripedium		시프리페듐, 시프리페디움	Rudbeckia	루드베키아	루드바키아
Cytokinin	시토키닌	사이토키닌	Salvia	샐비어	살비아, 셀비아
Dahlia	달리아	다알리아	Sansevieria	산세비에리아	산세베리아
Delphinium		델피늄, 델피니움	Solidaster		솔리다스터, 소리다스타, 솔리다스타,
Dendrobium	덴드로븀	덴드로비움	Spathiphyllum		스파티필룸, 스파티필름
Freesia	프리지어	프리지아	Sprengeri		스프렌게리, 스프렝게리, 스프링게리
Geranium	제라늄	제라니움	Statice	스타티세	스타티스
Gloxinia	글록시니아	글로시니아	Stock	스톡	스토크
Haemaria		해마리아, 헤마리아	Syngonium		싱고늄, 싱고늄
Hyacinth	히아신스	히야신스	Terrarium	테라리엄	테라리움

Craftsman
floral design

화훼 장식 기능사 필기

과년도 기출 문제

2004년도 출제 문제

2004년 12월 12일 시행

1 노지 1, 2년 초화로 추파(秋播)하며, 품종에 따라 절화로 이용되는 화초로 짝지어진 것은?
- ㉮ 금잔화, 금어초
- ㉯ 한련화, 페튜니아
- ㉰ 팬지, 은방울꽃
- ㉱ 데이지, 수선

해설 추파 초화는 종자를 파종한 후 싹이 터서 어린 싹의 상태로 겨울을 난 후 봄에 꽃을 피우는 초화류를 말하며 금잔화, 금어초, 페튜니아, 팬지, 데이지, 스톡, 프리뮬러, 스위트피 등이 이에 속한다.

2 분 식물 장식에 대한 설명으로 가장 옳은 것은?
- ㉮ 디시 가든(Dish garden)이란 접시와 같이 넓고, 깊이가 얕은 용기에 키가 크고 생육 속도가 빠른 열대 식물을 심은 작은 정원을 말한다.
- ㉯ 분식 토피어리(Topiary)는 용기에서 자라는 식물을 동물이나 기하학적인 형으로 전정하여 형태를 만들거나 틀을 부착시켜 넝쿨 식물을 틀의 형태로 유인하여 키우는 분 식물을 말한다.
- ㉰ 비바리움(Vivarium)은 유리 용기에 식물을 심고 연못을 만들어 물고기를 넣어 함께 키우는 것을 말한다.
- ㉱ 식물을 심은 용기에 동물과 함께 생활하도록 만든 것은 아쿠아리움(Aquarium)이라 한다.

해설 ㉮ 디시 가든 : 다양한 형태의 접시나 깊이가 얕은 용기에 키가 작고 생육이 느린 식물을 심는다.
㉰ 비바리움 : 테라리움에서 변형된 형태로 유리 용기 속에 식물과 작은 동물들(도마뱀, 이구아나, 뱀, 개구리 등)을 함께 넣어 감상하는 것이다. 비바리움에서 비바(Viva)는 동물을 뜻한다.
㉱ 아쿠아리움 : 유리 용기 속에 실제와 비슷한 연못을 만들어 수생 식물을 심어 물고기와 함께 생활할 수 있도록 환경을 만들어 주는 것을 말한다.

정답 1. ㉮ 2. ㉯

3 다음 구근 식물 중에서 비늘줄기인 것은?
㉮ 아네모네 ㉯ 나리
㉰ 글라디올러스 ㉱ 칸나

해설 구근 식물(알뿌리 식물)의 종류
- 인경(비늘줄기) : 줄기가 짧으면서 그 형태가 변형되어 인편이 모여 둥근 형태를 이룬 것이다. 예 나리 종류, 튤립, 수선화, 백합, 히아신스, 양파 등
- 구경(알줄기) : 줄기에 양분을 저장해서 줄기 아래 뿌리가 비대해진 것을 말한다. 예 글라디올러스, 크로커스, 프리지어 등
- 괴경(덩이줄기) : 뿌리처럼 보이나 줄기의 아랫부분이 비대해진 식물이다. 예 아네모네, 감자, 칼라, 시클라멘, 칼라디움 등
- 근경(뿌리줄기) : 땅속에서 뿌리가 뻗어 양분이 저장되면서 비대해진 식물이다. 예 칸나, 생강, 아이리스 등
- 괴근(덩이뿌리) : 뿌리가 비대해진 식물이다. 예 달리아, 고구마, 글로리오사 등

4 다음 중 한해살이 화초로 짝지어진 것은?
㉮ 거베라, 아프리칸 바이올렛, 옥잠화
㉯ 코스모스, 샐비어, 분꽃
㉰ 칸나, 튤립, 백합
㉱ 칼랑코에, 용설란, 알로에

해설 한해살이 화초는 종자를 파종한 그해에 꽃이 피고 열매를 맺은 후에 바로 시드는 식물을 말한다. 씨를 뿌리는 시기에 따라 춘파 1년초, 추파 1년초가 있다.
예 코스모스, 샐비어, 분꽃 등
㉮ 거베라, 아프리칸 바이올렛, 옥잠화 : 숙근초(여러해살이풀)
㉰ 칸나, 튤립, 백합 : 구근류(알뿌리 식물)
㉱ 칼랑코에, 용설란, 알로에 : 다육 식물

5 다음 꽃들 중 꽃받침이 꽃잎화된 것이 아닌 것은?
㉮ 안수리움 ㉯ 나리
㉰ 칸나, 튤립, 백합 ㉱ 수국

해설 ㉮ 안수리움은 천남성과 식물로 육수 화서를 이루고 있으며 잎이 변하여 꽃잎처럼 보인다.

정답 3. ㉯ 4. ㉯ 5. ㉮

6 고산성 식물의 설명으로 가장 거리가 먼 것은?
- ㉮ 생육이 강건하다.
- ㉯ 화색이 진하다.
- ㉰ 키가 낮고 바위 등에 잘 붙어산다.
- ㉱ 꽃향유는 전형적인 고산성 식물이다.

해설 고산성 식물은 생육이 강하고 화색이 진하며 길이가 짧고 비교적 높은 곳에서 서식하는 식물이다. 예 솜다리, 주목, 눈향나무 등
㉱ 꿀풀과의 꽃향유는 들에서 흔히 볼 수 있는 가을에 피는 꽃이다.

7 다음 중 식물의 웅성(雄性) 기관으로 옳은 것은?
- ㉮ 주두
- ㉯ 자방
- ㉰ 화사
- ㉱ 화주

해설 ㉮ 주두(암술머리) : 암술(자성 생식 기관)의 위쪽 부분으로 꽃가루를 받아들여 수분이 일어나는 곳
㉯ 자방(씨방) : 배를 포함하는 암술의 아래쪽 부분
㉱ 화주(암술대) : 수분이 일어날 수 있도록 그 통로가 되는 곳

8 다음 중 포엽(Bract : 苞葉)이 꽃처럼 보이는 식물이 아닌 것은?
- ㉮ 포인세티아(*Euphorbia pulcherrima* Willd. ex Klotzsch)
- ㉯ 플라밍고 안수리움(*Anthurium scherzerianum* Schott)
- ㉰ 부겐빌레아 글라브라(*Bougainvillea glabra* Choisy)
- ㉱ 범부채(*Belamcanda chinensis* (L.) DC.)

해설 포엽은 잎이 변하여 꽃이나 꽃받침을 둘러싸고 있는 작은 잎 또는 꽃봉오리를 싸서 보호하는 작은 잎을 말한다.
㉱ 범부채는 붓꽃과 식물로 꽃받침이 없는 식물이다.

9 다음 화훼류 중 세계적으로 1속 1종밖에 없는 우리나라 특산 식물에 해당하는 것은?
- ㉮ 구상나무
- ㉯ 미선나무
- ㉰ 동백
- ㉱ 주목

해설 ㉯ 미선나무는 우리나라 충청도 지방에서 야생하는 특산 식물로 향기가 진한 미백색의 개나리처럼 생긴 꽃이 핀다.

정답 6. ㉱ 7. ㉰ 8. ㉱ 9. ㉯

10 꽃장식용으로 자주 쓰이는 칼라(Calla)와 같은 과(科)에 속하는 식물로 가장 바르게 짝지어진 것은?
㉮ 백합, 튤나리
㉯ 토란, 알로카시아
㉰ 군자란, 아마릴리스
㉱ 구근베고니아, 렉스베고니아

해설 칼라는 천남성과 식물이다. 천남성과 식물에는 칼라, 토란, 알로카시아, 스킨답서스, 몬스테라, 필로덴드론 등이 있다.
㉮ 백합, 튤나리는 백합과, ㉰ 군자란, 아마릴리스는 수선화과, ㉱ 구근베고니아, 렉스베고니아는 베고니아과이다.

11 온도에 의한 장미의 화색(적색 계통)과 가장 관계가 깊은 것은?
㉮ 카로티노이드
㉯ 안토시아닌
㉰ 플라본류
㉱ 캘콘

해설 ㉯ 안토시아닌은 가을철 잎이 자색과 적자색을 띠게 하며 눈과 어린 줄기가 붉은색을 띠게 되는 주원인이고, ㉮ 카로티노이드는 주황색 계통이며, ㉰ 플라본은 황색을 나타내는 색소다. ㉱ 캘콘은 플라보노이드계 색소의 하나로 노랑에서 오렌지 색상을 나타낸다(홍화).

12 다음 중 화훼류의 개화 조절 방법에 속하지 않는 것은?
㉮ 춘화 처리(Vernalization)
㉯ 생장 조절제 처리
㉰ 전조 또는 차광
㉱ 멀칭(Mulching)

해설 ㉱ 멀칭이란 잡초 방지 및 수분을 보유하기 위해 짚단, 비닐, 분쇄목 등으로 화단 토양을 피복하는 방법을 말한다.

13 다음 화훼 관련 설명 중 옳지 않은 것은?
㉮ 물의 산성화는 미생물의 발생을 촉진시킨다.
㉯ 최초 물올림용 물은 소독된 물이어야 한다.
㉰ 보존 온도가 높을수록 절화 수명이 짧아진다.
㉱ 위조란 식물이 수분을 잃어 시들어 가는 것이다.

해설 ㉮ 물을 산성화시키면 미생물 발생이 억제된다. 미생물을 방제하기 위해서는 살균된 물을 사용하는 것이 좋으며, 온도는 낮을수록 좋다.

정답 10. ㉯ 11. ㉯ 12. ㉱ 13. ㉮

14 다음 중 냉해에 가장 민감한 화훼류로 옳은 것은?
㉮ 안수리움
㉯ 국화
㉰ 히아신스
㉱ 수선화

해설 ㉮ 안수리움은 열대 원산 식물로 냉해에 민감하여, 저장 온도가 8℃보다 낮으면 냉해(저온 피해)를 입게 된다.

15 식물의 광합성은 잎의 엽록체에서 대기 중으로부터 기공을 통해 흡수한 (a)와 뿌리로부터 흡수한 (b)를 재료로 광 에너지를 이용해 탄수화물을 합성하는 것이다. (a)와 (b)에 알맞은 것은?

	(a)	(b)
㉮	산소	질소
㉯	이산화탄소	물
㉰	수소	붕소
㉱	아황산가스	칼륨

해설 광합성은 탄소 동화 작용이라고도 하는데, 광 에너지를 이용하여 잎의 기공을 통해 흡수한 이산화탄소와, 뿌리에서 흡수한 물로 포도당을 합성시키는 작용이다.

16 다음 상황에서 시비하는 방법으로 가장 옳은 것은?

- 뿌리의 기능이 약해졌을 때
- 기온이 낮을 때
- 이식하였을 때
- 미량 원소 결핍 현상이 나타났을 때

㉮ 엽면시비(葉面施肥)　　㉯ 저면시비(低面施肥)
㉰ 탄산시비(炭酸施肥)　　㉱ 표면시비(表面施肥)

해설 ㉮ 엽면시비(잎뿌림)란 비료를 물에 타서 잎에 바로 살포하는 방법으로 빠른 효과를 원하거나 뿌리의 물올림 기능이 약할 때 사용한다.

정답 14. ㉮　15. ㉯　16. ㉮

17 다음 중 절화 장미의 수확 후 품질 특성에 관한 설명으로 가장 적당한 것은?

㉮ 장미는 수분 보유력이 강해 수확 후 물올림 작업이 필요하지 않다.
㉯ 물올림이 잘되지 않으면 꽃목굽음이 발생한다.
㉰ 저온에 민감하여 저온 장해를 일으키므로 10℃ 이상에서 수송 및 유통을 한다.
㉱ 다른 화종에 비해 수확 후 에틸렌 발생이 많은 편이다.

해설 꽃목이 약한 식물들은 물올림이 잘 안 되면 줄기의 힘이 약해져 꽃목굽음(장미 같은 얼굴이 큰 꽃들일 경우) 현상이 발생한다. 따라서 수확 후 물올림 작업 이외에도 사용 전 수중 재절단(물속에서의 절단) 등을 해 주어야 한다.

18 색의 대비에 관한 설명으로 가장 부적당한 것은?

㉮ 색상 대비는 두 가지 이상의 색을 동시에 볼 때 각 색상의 차이가 크게 느껴지는 현상
㉯ 한난 대비는 우리의 오랜 경험에 의해서 형성된 이미지를 색채와 연관시켜 색채들 간의 차이를 느끼게 하는 현상
㉰ 면적 대비는 면적이 커지면 명도 및 채도가 감소되어 그 색은 실제보다 밝게 또는 선명하게 보이고 채도는 낮아지는 현상
㉱ 계시 대비는 어떤 색을 본 후에 시간적인 간격을 두고 다른 색을 차례로 볼 때 일어나는 색채 대비로서 먼저 본 색의 영향으로 나중에 본 색이 시간적인 간격에 따라서 다르게 보이는 현상

해설 ㉰ 면적 대비는 색채의 양적 대비를 말하며 동일한 색이라 할지라도 면적이 커지면 명도와 채도가 증가하여 더욱 밝게 되고 채도가 높아져 보이는 현상이다.

19 다음 중 절화를 수확한 후 절화의 수명과 품질을 유지하기 위하여 실시하는 것으로 가장 적당한 것은?

㉮ 예랭
㉯ 포장
㉰ 에틸렌 처리
㉱ 수송

해설 ㉮ 예랭이란 절화를 수송하기 전에 2℃ 정도의 냉기를 주입해 주는 것으로 품질을 유지하는 데 효과가 있다.

정답 17. ㉯   18. ㉰   19. ㉮

20. 건조화에 대한 설명으로 틀린 것은?

㉮ 여러 가지 건조법을 통해 형태와 색상을 유지하며 건조시킬 수가 있다.
㉯ 건조법 중에서 냉동 건조법이 가장 일반적인 건조법이다.
㉰ 자연 건조를 하기에 적당한 장소는 통풍이 잘되고 반그늘인 곳이 적당하다.
㉱ 건조 소재는 가볍게 제작이 가능하다는 장점을 가지고 있다.

해설 ㉯ 가장 일반적인 건조법은 자연 건조법이다.

21. 화훼 장식을 통해 인간과 환경에게 주어지는 효과에 대한 설명으로 틀린 것은?

㉮ 정서 안정과 스트레스 해소의 효과가 있다.
㉯ 식물을 통해 학습적인 효과를 얻을 수 있다.
㉰ 오염된 공기를 정화시킬 수 있다.
㉱ 미학적인 효과는 높게 나타나지만 치료적인 효과는 나타나지 않는다.

해설 화훼 장식을 통해 정서 안정 및 스트레스 해소, 자신감 고양, 우울증과 치매 예방 등의 치료 효과를 얻을 수 있다.

22. 다음 중 조선 시대에 화훼와 관련하여 보다 전문적으로 사용되어진 용어가 아닌 것은?

㉮ 일지화
㉯ 문인화
㉰ 기명절지화
㉱ 선화사

해설 ㉱ 선화사는 고려 시대의 꽃을 전달하는 관직명이다.

23. 꽃다발 완성 후 마무리 방법에 대한 설명으로 틀린 것은?

㉮ 꽃다발이 완성된 후에는 줄기를 사선으로 잘라 준다.
㉯ 묶이는 부분 아래에 있는 모든 잎은 제거해 준다.
㉰ 묶을 때는 단단하게 마무리한다.
㉱ 줄기는 철사로 단단하게 묶는다.

해설 ㉱ 꽃의 줄기를 묶을 때는 노끈 또는 라피아 같은 부드러운 끈으로 묶어 줄기에 상처가 나지 않도록 한다.

정답 20. ㉯ 21. ㉱ 22. ㉱ 23. ㉱

24. 다음 중 절화 수명을 연장하기 위하여 사용하는 에틸렌 생성 및 작용 억제제로 가장 적당한 것은?

㉮ Al₂(SO₄)₃(Aluminum sulfate)
㉯ STS(Silver thiosulfate)
㉰ HQC(8-hydroxyquinoline citrate)
㉱ BA(6-benzylamino purine)

해설 ㉯ STS는 에틸렌 생성 및 작용 억제와 살균 효과도 있기 때문에 많이 알려져 사용되나 환경오염의 문제점이 있다.
㉮ Al₂(SO₄)₃와 ㉰ HQC는 살균제로 사용된다.
㉱ BA는 식물 생장 조절 물질로 사용한다.

25. 다음 중 로코코 양식에 대한 설명으로 가장 거리가 먼 것은?

㉮ 약 18세기경에 나타난 양식이다.
㉯ 가볍고 회화적이다.
㉰ 남성적이며 무게감이 있는 풍만한 형태가 특징이다.
㉱ 영국식 정원의 영향을 많이 받은 시대이다.

해설
- 로코코 양식은 비대칭, S커브와 함께 여성스러운 우아함을 자랑했다.
- 바로크 양식은 남성적이며 무게감이 있는 풍만한 형태이다.

26. 1814~1848년 오스트리아와 독일에서 처음 등장한 형태이며, 전통주의와 풍요로움의 상징으로 꽃을 촘촘하게 중심을 향해 꽂아 가는 반구형으로 아주 치밀한 양식의 꽃다발 명칭으로 적당한 것은?

㉮ 콜로니얼 부케(Colonial bouquet)
㉯ 터지머지 부케(Tuzzy muzzy bouquet)
㉰ 비더마이어 부케(Biedermeier bouquet)
㉱ 스노볼 부케(Snowball bouquet)

해설 ㉮ 콜로니얼 부케 : 미국 식민지 시대에 사용된 작은 꽃묶음
㉯ 터지머지 부케 : 작은 동심원으로 만든 노즈게이 부케
㉱ 스노볼 부케 : 들러리 등이 사용하는 구형 부케

정답 24. ㉯ 25. ㉰ 26. ㉰

27 화훼 장식 제작 시에 사용된 와이어 기법 중 트위스팅 기법에 대한 설명으로 가장 적당한 것은?

㉮ 주로 철사를 찔러 넣을 수 없는 꽃이나 가는 가지 또는 꽃잎을 모아서 묶을 때 사용되는 기법이다.
㉯ 꽃송이가 큰 꽃에 사용되는 기법이다.
㉰ 줄기의 속이 비어 있는 경우에 사용되는 기법이다.
㉱ 낚싯바늘 모양으로 구부린 후 사용되는 기법이다.

해설 ㉯는 크로싱 메서드, ㉰는 인서션 메서드, ㉱는 후킹 메서드에 대한 설명이다.

28 압화를 하는 데 좋은 소재가 아닌 것은?

㉮ 호접란   ㉯ 팬지
㉰ 숙근 안개초   ㉱ 코스모스

해설 꽃잎에 수분이 많은 꽃잎은 압화를 하기에 부적합하다. 압화는 꽃잎이 선명하고 얇은 것이 좋다.

29 벽걸이 분(Wall hanging basket)의 장점이 아닌 것은?

㉮ 공간 활용도가 효율적이다.
㉯ 공중걸이 분보다 고정이 용이하다.
㉰ 장식품의 시선을 확대할 수 있다.
㉱ 사방에서 관상할 수 있다.

해설 ㉱ 벽걸이 분은 벽에 붙이기 때문에 정면에서 외엔 사방에서 감상할 수가 없다.

30 장식용 건조 소재 제작 시 글리세린 용액을 꽃과 잎에 흡수시킨 후 말릴 때 물과 글리세린의 비율은 보통 3 : 2이다. 글리세린 용액 1,000mL를 만들 때 필요한 글리세린의 양은?

㉮ 300mL   ㉯ 400mL
㉰ 500mL   ㉱ 600mL

해설 글리세린의 양은 물의 양의 2/5이다. 그러므로 1000(전체의 양) × 2/5 = 400mL가 된다.

정답 27. ㉮   28. ㉮   29. ㉱   30. ㉯

31. 한국의 결혼식장에서 많이 사용되고 있지 않는 꽃장식은?
㉮ 꽃길과 주례 단상 장식
㉯ 화환
㉰ 화동이 드는 꽃다발 장식
㉱ 십자가 장식

해설 ㉱ 십자가 장식은 유럽과 미국 등에서 장례식용으로 많이 사용된다.

32. 장례 의식에서 사용되는 화훼 장식품의 설명으로 틀린 것은?
㉮ 사용하는 소재는 흰색 국화로 제한하지 않는다.
㉯ 입식 화환의 사용은 가족이 항상 곁에 있다는 의미이다.
㉰ 근조용 화훼 장식품에는 카드를 사용하지 않는다.
㉱ 캐스켓(Casket)은 관 뚜껑 장식에 놓이는 화훼 장식품을 말한다.

해설 ㉰ 근조용 화훼 장식품에도 고인을 추모하는 글을 카드로 장식할 수 있다.

33. 매몰형 플랜터(Planter)의 특징으로 맞지 않는 것은?
㉮ 식재면의 높이가 바닥과 같아 자연과 같은 느낌이다.
㉯ 통행이 많은 백화점, 쇼핑센터에 이용하면 좋다.
㉰ 잉여 수분의 처리 시설이 곤란하다.
㉱ 사람과 수목의 일체감을 갖는 데 효과적이다.

해설 플랜터란 식물을 식재할 수 있는 용기를 말하며 앞으로 나와 있는 돌출형과 안으로 들어가 있는 매몰형이 있다. ㉰ 매몰형도 잉여 수분의 처리 시설이 가능하다.

34. 꽃의 형태상 분류 중에서 '무리를 이루는 꽃으로 주요한 구성 성분들 사이의 공간을 메워 주는 것'에 해당하는 것은?
㉮ 필러 플라워(Filler flower)   ㉯ 매스 플라워(Mass flower)
㉰ 폼 플라워(Form flower)   ㉱ 라인 플라워(Line flower)

해설 ㉯ 매스 플라워 : 덩어리 꽃으로 구성 성분의 양감을 조절한다.
㉰ 폼 플라워 : 화려하고 가치가 높은 꽃으로 작품의 포인트를 나타낸다.
㉱ 라인 플라워 : 작품 전체의 골격을 나타내며 외곽선을 결정한다.

정답 31. ㉱   32. ㉰   33. ㉰   34. ㉮

35 신부 장식에서 신부가 부케를 들 때의 내용으로 가장 거리가 먼 것은?

㉮ 부케의 핸들은 몸 선과 나란히 포컬 포인트(Focal point)를 위로 향하게 하면 아름답다.
㉯ 부케는 양손으로 힘 있게 잡고 꽃의 표정은 아래를 보도록 한다.
㉰ 자연 줄기로 만든 부케나 소품으로 만든 부케는 편안한 모습으로 자연스럽게 드는 것이 매력적이다.
㉱ 프레젠테이션(Presentation) 부케는 한 손으로는 꽃을 안은 듯 들고 나머지 손은 꽃다발 줄기를 잡은 듯 가볍게 든다.

해설 ㉯ 부케는 양손으로 손잡이를 가볍게 잡고 꽃의 표정이 하객을 향하게 한다.

36 화훼 장식품을 제작할 때 적은 양으로도 양감을 효과적으로 나타낼 수 있는 꽃은?

㉮ 수국
㉯ 미니 장미
㉰ 소국
㉱ 튤립

해설 적은 양으로도 양감을 나타낼 수 있는 꽃은 매스 플라워로 수국, 장미, 리시안서스, 메리골드 등이 있다.

37 소재를 빽빽하게 꽂아 마치 보석을 디자인한 것과 같은 느낌을 갖게 하는 기법으로 옳은 것은?

㉮ 시퀀싱(Sequencing)
㉯ 바인딩(Binding)
㉰ 섀도잉(Shadowing)
㉱ 파베(Pave)

해설 ㉱ 파베는 반지에 보석을 박아 놓은 것과 같이 높낮이를 똑같이 낮게 꽂는 기법이다.

38 다음 중 식생적(Vegetative) 유형에 속하는 스타일로 가장 적당한 것은?

㉮ 삼각형(트라이앵글) 스타일
㉯ 타원(오벌) 스타일
㉰ 비더마이어 스타일
㉱ 가든 스타일

해설 식생적 유형은 자연의 느낌을 그대로 표현하는 것을 말하며, ㉱ 가든 스타일은 자연의 모습을 가장 가깝게 표현한 디자인이다.

정답 35. ㉯   36. ㉮   37. ㉱   38. ㉱

39 다음 중 병치 혼합의 특징에 해당하지 않는 것은?
㉮ 회전 혼합과 같은 평균 혼합이므로 명도와 채도가 평균값으로 지각된다.
㉯ 병치 혼합의 원리를 이용한 효과를 '베졸드(Willhelm Von Bezold) 효과'라고 한다.
㉰ 색료 자체의 혼합이 아니기 때문에 가법 혼색에 속한다.
㉱ 채도가 떨어진 상태에서 중간색을 얻을 수 있다.

해설 병치 혼합은 기존의 색을 다른 색과 서로 인접하게 배치하는 것을 말한다. 여러 색이 조밀하게 병치되어 있는 것으로 혼합되어 보이는 효과가 있으며, ㉱ 채도를 떨어지지 않게 하면서 중간색을 얻을 수 있다.

40 다음 색상 중 가장 따듯한 느낌을 보이는 색으로 옳은 것은?
㉮ 하늘색　　　　　　　　㉯ 주황색
㉰ 연두색　　　　　　　　㉱ 보라색

해설 • 따듯한 색이란 주황, 빨강, 노랑 등의 난색을 말한다.
• 차가운 색이란 파랑, 남색, 청록 등의 한색을 말한다.

41 화훼 장식 구성 내의 시각적인 평형감과 평정의 느낌을 주는 것으로 가장 적당한 것은?
㉮ 강조　　　　　　　　㉯ 균형
㉰ 비례　　　　　　　　㉱ 리듬

해설 균형에는 대칭 균형과 비대칭 균형이 있으며 물리적·시각적으로 안정감을 준다.

42 소재를 배열하는 데 있어 좌우 상관없이 수평이나 수직적 또는 규칙적인 대각선을 이루면서 모든 방향으로 한 가지의 선이 나란하게 구성된 것으로 옳은 것은?
㉮ 식생적(자연적) 구성　　　㉯ 장식적 구성
㉰ 선형적 구성　　　　　　㉱ 평행적 구성

해설 ㉮ 식생적 구성 : 자연을 그대로 표현하는 구성이다.
㉯ 장식적 구성 : 화려하게 표현하는 구성이다.
㉰ 선형적 구성 : 선과 형태의 대비를 이루는 구성이다.

정답 39. ㉱　40. ㉯　41. ㉯　42. ㉱

43. 다음 중 디자인 원리로 옳지 않은 것은?
㉮ 통일
㉯ 색채
㉰ 균형
㉱ 대비

해설 ㉯ 색채는 디자인의 요소에 속한다.

44. 다음 형태 중 음성(음화)적 공간(Negative space)이 가장 적게 나타나는 것은?
㉮ 부채형
㉯ 호가드형
㉰ 크레센트형
㉱ L자형

해설 ㉮ 부채형은 반원 형태로 작품의 재료가 전체 공간을 차지하므로 양성(양화)적 공간이라 할 수 있다.

45. 다음 중 테라싱(Terracing) 기법의 특징으로 옳지 않은 것은?
㉮ 동일한 소재들을 크기 순서대로 반복적 효과를 부여하는 것으로 작품의 밑부분에서 주로 이용한다.
㉯ 소재들 사이에 공간을 주며 계단처럼 서로 수평으로 배치한다.
㉰ 작품의 특정 지역을 부각시키고, 시선을 끌기 위한 평면적인 기법이다.
㉱ 베이싱(Basing) 기법의 하나에 속한다.

해설 ㉰는 소재의 특성, 형태와 색 등 서로 비슷한 소재들을 모아 특정 지역에 배치하는 조닝(Zoning) 기법에 대한 설명이다.

46. 다음 색상 중에서 황제, 환희, 활발, 발전, 노폐, 경박, 도전, 신비, 풍요 등의 단어로 연상되는 색은?
㉮ 파란색
㉯ 빨간색
㉰ 노란색
㉱ 청보라색

해설 ㉮ 파란색 : 바다, 하늘, 호수, 상쾌, 냉정, 영원
㉯ 빨간색 : 태양, 열정, 공포, 사고, 위험
㉱ 청보라색 : 포도, 가지, 공포, 불안, 고독

정답 43. ㉯ 44. ㉮ 45. ㉰ 46. ㉰

47 화훼 디자인에서 작품 형태의 일반적 특징을 설명한 것 중 옳지 않은 것은?

㉮ 자연의 어떤 특정한 대상과 관련이 없이 독창적인 형태로 표현하는 것을 비구상적 형태라 한다.
㉯ 자연의 사물을 모방한 유기적 형태로 대칭적, 비대칭적, 비정형적 형태를 자연적 형태라 한다.
㉰ 자연적 형태에서 벗어나 인위적으로 그 형태를 변형시켜 나타내는 것을 구상적 형태라 한다.
㉱ 삼각형, 사각형, 원형 등은 기하학적 형태로 안정성과 질서를 의미한다.

해설 ㉰ 자연적인 형태에서 벗어나 인위적으로 형태를 변형하는 것은 장식적 형태라고 한다.

48 다음 중 클러스터링(Clustering)에 대한 설명으로 가장 적당한 것은?

㉮ 덩어리를 강조하기 위하여 소재들 사이의 공간을 제거하고 빈틈없이 모아 덩어리 모양을 만드는 것
㉯ 유사한 꽃, 유사한 색, 유사한 모양들을 결합하여 사용하는 방법
㉰ 수평적인 평면이나 복잡한 구조상의 세부적인 묘사를 하고, 땅 표면에 장식적인 기초를 만들어 주는 것
㉱ 식물 부분들을 평평하게 평행으로 배열하고, 각 그룹들은 비대칭으로 구성하는 것

해설 클러스터링 기법은 하나씩 사용하기엔 너무 작은 소재들을 뭉치로 꽂아 질감을 돋보이게 하는 무리화 기법이다.

49 화훼 장식 작품을 제작할 때 고려할 사항 중 옳지 않은 것은?

㉮ 장식의 의뢰인, 사용자와의 종합적인 토의를 통하여 장식물을 제작한다.
㉯ 화훼 장식물로 공간을 연출하는 디자인 과정 중 해당 공간에 대해 이해하는 것은 중요하다.
㉰ 구체적인 구상 단계 시 디자이너는 자신의 경험을 최우선으로 일을 진행한다.
㉱ 화훼 장식 디자인은 어떤 공간의 체계적인 분석과 이해를 토대로 아름답고 기능적인 화훼 장식 공간을 연출하는 것이다.

해설 ㉰ 디자이너의 경험을 최우선으로 하는 것은 화훼 장식품 구상 시 피해야 할 사항이다.

정답 47. ㉰ 48. ㉮ 49. ㉰

50 다음 색채 조화론에서 배색하기 위한 조건으로 옳지 않은 것은?

㉮ 목적과 기능에 맞는 배색이 되어야 한다.
㉯ 광원에 대한 배려가 있어야 한다.
㉰ 면적의 효과를 고려해야 한다.
㉱ 주관적인 배색이 되어야 한다.

해설 ㉱ 주관적인 배색은 개인의 취향이 포함되어 있어 대중의 생각과 상반될 수 있다.

51 다음 중 리듬에 대한 설명으로 옳지 않은 것은?

㉮ 리듬은 형태의 동일한 크기가 점진적으로 변화할 때만 나타난다.
㉯ 리듬은 동일하거나 유사한 요소들의 반복 속에서 시작된다.
㉰ 어떤 단위 형태가 계속 교차, 반복됨으로써 규칙적인 결과를 낳는 것을 말한다.
㉱ 리듬은 눈의 흐름을 만드는 동세와 관련이 있다.

해설 리듬은 색, 형태, 선으로 반복되며 시각적인 경로를 통하여 규칙과 불규칙으로 나타난다.

52 다음 중 화훼 작품 완성 후 점검해야 할 사항으로 옳지 않은 것은?

㉮ 작품의 견고성 여부를 확인한다.
㉯ 소재의 생리적 특성을 파악한다.
㉰ 수분의 흡수 상태를 파악한다.
㉱ 플로럴 폼이 완전히 가려졌는지 확인한다.

해설 ㉯ 소재의 생리적 특성 파악은 화훼 작품을 준비하는 과정에서 점검한다.

53 선의 방향에 따른 감정 표현으로 옳지 않은 것은?

㉮ 수직선 : 높이를 강조하여 강한 힘, 위엄의 느낌을 준다.
㉯ 곡선 : 직선보다 더 부드럽고 온화하며 유동적인 느낌을 준다.
㉰ 수평선 : 평화롭고 안정감을 준다.
㉱ 대각선 : 움직임과 흥미를 느낄 수 있으므로 많이 사용할수록 좋다.

해설 ㉱ 대각선은 운동성이 가장 강한 동적인 선이며, 한 작품에 많이 사용하지 않는 것이 좋다.

정답 50. ㉱ 51. ㉮ 52. ㉯ 53. ㉱

54 화훼류 유통에 있어서 새로운 유통 방법과 거리가 먼 것은?
㉮ 꽃 상품권 판매
㉯ 방문 대면식 판매
㉰ 통신 판매
㉱ 무점포 판매

해설 ㉯ 방문 대면식 판매는 유통 과정의 한계를 드러낸다.

55 글라디올러스(*Gladiolus grandavensis* Van Houtte) 절화의 표준 출하 규격 기준으로 가장 옳은 것은?
㉮ 1등급의 꽃수는 11개 이상이다.
㉯ 1등급의 초장은 100cm 이상이다.
㉰ 1속의 본수는 12본이다.
㉱ 개화 정도는 1~2번화 개화 시이다.

해설 글라디올러스는 첫 번째 소화 개화 직전, 절화 길이 85cm 이상으로 절화한다.

56 전자상거래의 효과와 거리가 가장 먼 것은?
㉮ 판매 장소가 필요 없다.
㉯ 언제나 반품 및 환불이 가능하다.
㉰ 지역적인 제약이 거의 없다.
㉱ 영업시간의 제약이 없다.

해설 ㉯ 전자상거래를 하면 반품과 환불이 언제나 가능하지 않다는 단점이 있다.

57 2002년도 기준으로 국내 분화류 중 가장 많이 생산된 것은?
㉮ 서양란
㉯ 행운목
㉰ 벤자민고무
㉱ 선인장

해설 ㉮ 서양란은 꽃바구니와 식물의 장점을 고루 갖추고 있어 소비자들의 욕구를 충족시켜 주므로 축하 분으로 많은 사랑을 받는다.

정답 54. ㉯ 55. ㉱ 56. ㉯ 57. ㉮

58 유리컵에 담겨 있는 얼음 덩어리를 바라보듯이 3차원적으로 덩어리가 꽉 차 있는 부피감에서 보이는 색을 무엇이라고 하는가?
㉮ 표면색
㉯ 공간색
㉰ 투명인색
㉱ 경영색

해설 ㉮ 표면색 : 불투명한 물체의 표면에서 볼 수 있는 색
㉰ 투명인색 : 색유리나 색셀로판지를 통해 겹쳐 보이는 면색
㉱ 경영색(거울색) : 거울과 같은 완전 반사체의 색

59 절화의 신선도를 높이고 수명을 연장하기 위하여 처리하는 약제의 명칭으로 적당치 않은 것은?
㉮ 장기 처리제
㉯ 절화 보존제
㉰ 수명 연장제
㉱ 선도 유지제

해설 절화의 신선도를 높이고 수명을 연장하기 위하여 처리하는 약제에는 ㉯ 절화 보존제, ㉰ 수명 연장제, ㉱ 선도 유지제 등이 있다.

60 화훼 상점의 대지를 선정하는 데 필요한 일반적인 검토 사항으로 옳지 않은 것은?
㉮ 사람들의 눈에 잘 보이는 곳
㉯ 대지의 2면 이상이 도로에 접한 곳
㉰ 대지가 불규칙한 형태이거나 구석진 장소
㉱ 교통이 편리한 곳

해설 화훼 장식품은 사람들의 이동이 많은 대로변이어야 시각적 효과를 누릴 수가 있고 교통이 편리하다는 장점으로 쉽게 사람들의 마음을 사로잡을 수가 있다.

정답 58. ㉯   59. ㉮   60. ㉰

2005년도 출제 문제

2005년 4월 3일 시행

1 다음 중 우리나라 화훼 장식에 대한 설명으로 가장 거리가 먼 것은?
㉮ 우리나라의 화훼 장식은 꽃꽂이로부터 시작되었다.
㉯ 문헌이나 벽화, 조형물들을 통해 역사적인 배경을 알 수 있다.
㉰ 조선 시대부터 일지화, 문인화 등의 전문 용어가 생겼다.
㉱ 한국의 화훼 장식은 종교적인 배경과는 관련이 없다.

해설 ㉱ 한국의 화훼 장식은 식물을 영적인 것으로 간주한 신수 사상에 기원을 두고 있으며, 삼국 시대에 불교의 전래로 꽃꽂이 문화가 등장하였다.

2 다음 중 혼합눈에 관한 설명으로 가장 적당한 것은?
㉮ 잎눈과 꽃눈이 동시에 있는 눈이다.
㉯ 잎눈이 퇴화한 것이다.
㉰ 꽃눈이 퇴화한 것이다.
㉱ 환경에 따라 잎이 되거나 꽃이 될 수 있다.

해설
• 잎눈 : 자라서 줄기나 잎이 될 눈
• 꽃눈 : 꽃이나 화서가 될 눈
• 혼합눈 : 잎눈과 꽃눈이 함께 들어 있는 눈

3 동양 꽃꽂이의 기본 형태로 사용하는 용어가 아닌 것은?
㉮ 직립 기본형
㉯ 경사 기본형
㉰ 하수형
㉱ S자형

해설 ㉱ S자형은 서양 꽃장식의 형태이다.

정답 1. ㉱   2. ㉮   3. ㉱

4 다음 중 서양식 꽃꽂이에서 골격을 형성하는 선형 꽃(Line flower)으로 이용하기에 적당치 못한 형태를 갖고 있는 화훼 종류는?
㉮ 스톡
㉯ 장미
㉰ 아이리스
㉱ 금어초

해설 ㉯ 장미는 공간을 메꿔 주는 매스 플라워이다.

5 다음 중 동양식 꽃꽂이의 특징에 대한 설명으로 가장 거리가 먼 것은?
㉮ 공간과 선을 강조한 정적 표현의 형태이다.
㉯ 꽃이나 나무로 한 주지를 기본 양식으로 한다.
㉰ 화려하고 다양한 색을 사용하기도 한다.
㉱ 일반적으로 기하학적인 구성으로 전체적인 형태미를 중요시한다.

해설 ㉱는 서양 꽃꽂이에 대한 설명이다.

6 다음 중 유한 화서에 속하는 것은?
㉮ 베고니아
㉯ 글라디올라스
㉰ 금어초
㉱ 조팝나무

해설 유한 화서란 꽃이 화축의 위에서 아래, 또는 중앙 부분에서 가장자리로 피는 것으로 취산 화서, 기산 화서, 단정 화서가 이에 속한다.
㉯ 글라디올러스는 수상 화서, ㉰ 금어초는 수상 화서 또는 총상 화서, ㉱ 조팝나무는 산방 화서에 속한다.

7 다음 중 화단 및 정원용 식물로 가장 적합한 목본 화훼로 짝지어진 것은?
㉮ 동백 – 스타티스
㉯ 아이비 – 아네모네
㉰ 철쭉 – 수국
㉱ 시네라리아 – 용담

해설 화목류는 꽃, 잎, 열매의 관상 가치가 높은 목본 식물이다. 한 줄기로 높게 자라는 교목과 낮게 자라면서 밑에 많은 가지가 나오는 관목이 있는데, 철쭉과 수국은 관목류 관화수이다.
㉮ 스타티스 : 추파 1년초
㉯ 아네모네 : 구근류
㉱ 시네라리아 : 추파 1년초, 용담 : 자생 숙근초

정답 4. ㉯ 5. ㉱ 6. ㉮ 7. ㉰

8 다음 중 꽃색이 흰색 계열이 아닌 것은?
㉮ 오리엔탈백합 몽블랑(*Lilium* 'Mont Blanc')
㉯ 은방울꽃(*Convallaria keiskei* Miq.) 원종
㉰ 극락조화(*Strelitzia reginae* Ait.) 원종
㉱ 안개초(집소필라)(*Gypsophila elegans* Bieb.) 원종

해설 ㉰ 극락조화는 화려한 색채의 열대 지방 새를 연상시키는 독특한 모양의 꽃이 핀다.

9 '수천 송이의 꽃', '많은 꽃'이라는 의미로 여러 가지 질감, 색, 꽃을 한꺼번에 꽂아 주는 기법으로 19세기 유럽에서 유행한 것으로 가장 적당한 것은?
㉮ 밀 드 플레(Mille de fleur)　　㉯ 워터폴(Waterfall)
㉰ 비더마이어(Biedermeier)　　㉱ 보태니컬(Botanical)

해설 ㉯ 워터폴 : 폭포처럼 물이 아래로 쏟아지듯 자연스럽게 표현한다.
　　㉰ 비더마이어 : 오스트리아와 독일에서 유행했던 디자인으로 공간 없이 촘촘하게 표현하는 특징이 있고 둥근형이 많으며 원뿔형으로도 디자인된다.
　　㉱ 보태니컬 : 뿌리, 줄기, 꽃, 열매 등으로 순환되는 식물의 자연적 성장 과정을 표현한 식물의 일대기적 디자인이다.

10 다음 중 화훼에 대한 설명으로 가장 거리가 먼 것은?
㉮ 채소나 과일은 화훼 재료로 부적합하다.
㉯ 화훼 식물을 이용하여 우리 생활환경을 보다 아름답고 쾌적하게 조성할 수 있다.
㉰ 감상이나 가꾸는 것 외에 원예 치료의 효과도 거둘 수 있다.
㉱ 생활환경을 아름답게 하기 위해 절화류, 분화류, 관엽 식물 및 건조화 등의 이용이 폭넓다.

해설 ㉮ 화훼의 재료로 채소나 과일을 이용할 수 있다.

11 다음 중 압화로 만들기 쉬운 화훼 장식품은?
㉮ 꽃꽂이　　㉯ 갈런드
㉰ 평면 장식　　㉱ 리스

해설 압화(Press flower)는 꽃이나 잎을 눌러서 평면적으로 건조시키는 방법이다.

정답　8. ㉰　9. ㉮　10. ㉮　11. ㉰

12 다음 수선화과의 문주란의 학명 표기법 중 'asiaticum'이 나타내는 것은?

Crinum asiaticum L. var. *japonicum* Baker

㉮ 종명 ㉯ 속명
㉰ 명명자 ㉱ 변종명

해설 속명 + 종명 + 명명자 + (var. 변종명 + 명명자)
*Crinum*은 속명, *asiaticum*은 종명, L.은 종명 명명자 린네의 약자이고 *japonicum*은 변종명이며 Baker는 변종 명명자이다. 변종명 앞에는 var. 또는 v.가 붙는다.

13 다음 중 화훼의 설명으로 가장 거리가 먼 것은?
㉮ 관상 가치가 있는 초본류, 목본류 등 모두를 포함한다.
㉯ 기호성이 강하여, 고품질로 생산해야 한다.
㉰ 노동, 자본, 기술 집약성이 높고, 고수익성이다.
㉱ 국제성이 없고, 지역, 국가 간의 특징이 약하다.

해설 ㉱ 일반 작물과 달리 아름다움을 추구하는 꽃은 기호 측면에서 공통점이 많기 때문에 국제성을 지닌다.

14 다음 중 초화류의 분류 중 구근류가 아닌 것은?
㉮ 나리 ㉯ 칼랑코에
㉰ 크로커스 ㉱ 아네모네

해설 ㉯ 칼랑코에는 다육 식물에 속한다.
㉮ 나리, ㉰ 크로커스, ㉱ 아네모네는 추식 구근이다.

15 다음 중 잎의 착생 양식이 대생하는 식물이 아닌 것은?
㉮ 개나리 ㉯ 숙근 안개초
㉰ 거베라 ㉱ 용담

해설 대생(마주나기)은 같은 마디에서 잎 두 장이 마주나 있는 형태를 말한다.
㉰ 거베라는 근생으로 뿌리 윗부분의 지상부에서 잎들이 모여난다.

정답 12. ㉮ 13. ㉱ 14. ㉯ 15. ㉰

16. 다음 중 일반적인 식물체의 줄기 기능으로 가장 거리가 먼 것은?
㉮ 식물체를 지지하는 기능
㉯ 향기의 기능
㉰ 물질의 통로 기능
㉱ 양분 저장 기능

해설 줄기는 식물의 영양 기관의 하나로 식물체를 지탱하고 뿌리에서 흡수한 수분, 영양분을 수송하는 통로 및 저장 기관이다. 향기는 주로 꽃에서 나며, 일부 식물은 줄기에서도 향기가 나지만 줄기의 주요 기능은 아니다.

17. 다음 꽃 중 형태별 구분 시 라인(Line)형에 속하지 않는 것은?
㉮ 글라디올러스
㉯ 리아트리스
㉰ 스톡
㉱ 스타티스

해설 ㉱ 스타티스는 자잘한 꽃들이 밀집되게 붙어 있는 꽃으로 공간을 메꾸거나 연결해 주는 역할을 하는 필러 플라워(Filler flower)이다.

18. 다음 중 숙근 초화류에 대한 설명으로 가장 적당한 것은?
㉮ 사막이나 건조 지방에서 잘 자라며, 잎이 가시로 변한 식물을 말한다.
㉯ 영양 번식으로 번식되므로 품종의 특성이 장기간 유지될 수 없다.
㉰ 파종 후 여러 해 동안 식물체의 전부 또는 일부가 살아남아 개화·결실하는 종류를 말한다.
㉱ 봄에 씨를 뿌려 당년에 꽃을 피우며 고사하는 화훼를 말한다.

해설 ㉰ 숙근초(여러해살이풀)는 파종 후 여러 해 동안 죽지 않고 식물의 전체나 일부가 살아남아 개화·결실하는 화초이다.
㉮는 선인장, ㉱는 춘파 1년초에 대한 설명이다.

19. 일반적으로 절화의 수분 흡수를 저해하는 원인이 아닌 것은?
㉮ 절단 후 도관 중에 기포가 생겨 수분의 상승을 방해하는 것
㉯ 박테리아, 곰팡이 등 미생물이 도관을 막는 것
㉰ 절단면에 유액이 분비되어 절구가 굳어 버리는 것
㉱ 줄기의 절단면에서 물을 빨아들여 세포 팽압을 유지하는 것

해설 ㉱는 절화의 수분 흡수가 잘 이루어지고 있을 때의 설명이다.

정답 16. ㉯ 17. ㉱ 18. ㉰ 19. ㉱

20 다음 중 '다육 식물'에 대한 설명으로 가장 거리가 먼 것은?

㉮ 건조 지방에서 잘 자란다.
㉯ 사막이나 태양광선이 강한 곳에서 잘 자란다.
㉰ 식물체가 연약하므로 잦은 관수를 통해 유지해야 한다.
㉱ 주로 분화용으로 많이 이용하며 분주, 삽목 등의 영양 번식을 주로 한다.

해설 ㉰ 다육 식물은 건조한 환경에서 견딜 수 있도록 잎과 줄기가 변형되어 수분을 많이 보유하고 있어 잦은 관수를 하면 썩어서 죽게 된다.

---

21 다음 중 봄 화단용으로 사용되는 초화류로 알맞지 않은 것은?

㉮ 금잔화　　　　　　　　㉯ 데이지
㉰ 튤립　　　　　　　　　㉱ 루드베키아

해설 ㉱ 루드베키아는 7~9월에 개화하는 숙근초이다.

---

22 덩어리 꽃(Mass flower)으로 작품의 중심에 꽂는 데 많이 이용하는 꽃은?

㉮ 안수리움　　　　　　　㉯ 안개초
㉰ 수국　　　　　　　　　㉱ 프리지어

해설 크고 개성적인 안수리움은 형태 꽃(Form flower)으로 이용되고, 한 대의 줄기로부터 많은 줄기가 나오고 자잘한 꽃들이 밀집된 안개초와 프리지어는 채우기 꽃(Filler flower)으로 이용된다.

---

23 자연적인 성장 형태에 어긋나지 않게 사실적으로 표현한 것이므로 식물의 생태적 분야를 고려하여 디자인하는 것은?

㉮ 수평적 형태　　　　　　㉯ 선형적 형태
㉰ 장식적 형태　　　　　　㉱ 식생적 형태

해설 ㉮ 수평적(Horizontal) 형태 : 높이보다 너비가 강조된 형태로 낮은 테이블 장식에 많이 쓰인다.
㉯ 선형적(Formal linear) 형태 : 식물이 갖고 있는 형태와 선을 살려 표현하는 방법이다.
㉰ 장식적(Decorative) 형태 : 식물의 자연적 상태와는 관계없이 인위적으로 구성하는 방법이다.

정답 20. ㉰　21. ㉱　22. ㉰　23. ㉱

24. 절화를 꽂는 물에 식초를 몇 방울 넣어 주는 주된 이유는?
㉮ 꽃에 영양분을 주기 위하여
㉯ 물을 산성화하여 미생물의 증식을 억제하기 위하여
㉰ 줄기의 갈라짐을 방지하기 위하여
㉱ 화색을 좋게 하기 위하여

해설 ㉯ 산성을 띠는 식초로 미생물의 증식을 억제함으로 물올림이 좋아져서 절화 수명을 연장시킬 수 있다.

25. 토양에 수분이 과다할 경우 발생하는 현상이 아닌 것은?
㉮ 토양 속의 공기 함량이 감소한다.
㉯ 통기 불량으로 뿌리가 썩는다.
㉰ 유기물 분해를 촉진한다.
㉱ 토양 미생물의 활동을 억제한다.

해설 토양에 수분이 과다할 경우 통기성이 나빠져 뿌리의 호흡이 곤란해지며, 미생물의 활동이 억제되어 유기물 분해도 억제된다.

26. 대자연의 식물 형태에서 비롯된 동양 꽃꽂이의 화형에 포함되지 않는 것은?
㉮ 반구형　　　　　　　㉯ 하수형
㉰ 직립형　　　　　　　㉱ 경사형

해설 동양 꽃꽂이는 선과 여백의 미를 강조하여 내면의 아름다움을 느끼게 하고 하수형, 직립형, 경사형, 분리형 등이 대표적이다.
㉮ 반구형은 서양 꽃꽂이에서 웨스턴 스타일의 입체 디자인이다.

27. 공간 장식을 하는 데 있어서 고려해야 할 사항으로 가장 거리가 먼 것은?
㉮ 공간의 전체적인 구도
㉯ 장식할 공간의 전체적인 분위기
㉰ 공간 내부의 주 색상
㉱ 장식 공간의 주변 외부 환경

해설 ㉱ 공간을 장식할 때에는 장식할 공간인 내부 환경을 고려해야 한다.

정답 24. ㉯　25. ㉰　26. ㉮　27. ㉱

28. 다음 중 화분 식물의 토양 수분 관리법 설명으로 가장 적당한 것은?

㉮ 용기 재배의 경우 물기둥 현상은 용기가 높을수록 높게 형성된다.
㉯ 점토의 비율이 50% 이상일 때 건조의 피해를 덜 받는다.
㉰ 화분 벽과 토양 사이의 공간이 생기는 문제를 해결하기 위해서는 점토 함량을 낮춘다.
㉱ 일반적으로 토양 상황은 액상 : 기상 : 고상의 비율이 20 : 30 : 50이 된다.

해설 ㉮ 물기둥 현상은 용기가 높을수록 떨어진다.
㉯ 점토의 비율이 높으면 건조 시 굳어 버리기 때문에 뿌리에 피해를 가져온다.
㉱ 토양은 액상 : 기상 : 고상의 비율이 25 : 25 : 50일 때 이상적이다.

29. 각종 연회와 모임에 가장 널리 사용되고, 여성용 가슴이나 어깨, 팔목 등을 장식하며, 의복의 특성에 따라 다양한 양식으로 디자인되는 결혼식 꽃장식은?

㉮ 코르사주
㉯ 부토니어
㉰ 꽃다발
㉱ 오브제 장식

해설 ㉮ 코르사주에는 머리를 장식하는 헤어 코르사주(Hair corsage), 어깨에 장식하는 숄더 코르사주(Shoulder corsage), 팔이나 손목에 장식하는 리스틀릿 코르사주(Wristlet corsage) 등이 있다.
남성이 사용하는 것은 코르사주라 하지 않고 부토니어(Boutonniere) 또는 버튼홀 플라워(Buttonhole flower)라 한다.

30. 다음 중 배양토와 그 특징의 연결이 적당하지 않은 것은?

㉮ 부엽토 : 보수성, 보비력은 좋으나 약알칼리성이다.
㉯ 피트모스 : 보수성, 보비력, 염기 치환 능력이 좋다.
㉰ 버미큘라이트 : 규산 화합물이며, 모래의 1/15 무게이다.
㉱ 펄라이트 : 통기성이 좋으나 염기 치환 용량이 적다. 중성, 약알칼리성으로 삽목용토에 적합하다.

해설 ㉮ 부엽토는 낙엽이 자연적, 인위적으로 퇴적되어 부숙된 토양으로 일반적으로 산성이며, 이를 보완하기 위해 pH를 중화시켜서 사용한다.

정답 28. ㉰ 29. ㉮ 30. ㉮

31. 플로럴 폼(Floral foam)에 대한 설명 중 가장 적당한 것은?

㉮ 물에 띄워 스스로 물을 흡수하여 가라앉도록 한다.
㉯ 한번 꽂았던 자리에 다시 꽂을 수 있다.
㉰ 꽂히는 길이는 10cm 이상으로 깊게 꽂는다.
㉱ 플로럴 폼은 한번 사용한 것은 자연 건조시켜 재활용이 가능하다.

해설 플로럴 폼을 물에 담글 시 누르거나 돌리지 말고 저절로 물이 스며들도록 해야 하며, 1회용이므로 꽂았던 자리에 다시 꽂을 수 없고 재활용이 불가능하다. 꽂히는 길이는 2~3cm 정도로 꽂아 준다.

32. 개더링(Gathering) 기법으로 한 송이 장미꽃에 다른 장미의 꽃잎을 붙여 큰 송이의 장미꽃처럼 만드는 것은?

㉮ 빅토리안 로즈(Victorian rose)
㉯ 더치스 튤립(Dutchess tulip)
㉰ 유칼리 로즈(Eucalyptus rose)
㉱ 릴리 멜리아(Lily mellia)

해설 개더링 기법은 카멜리아(겹동백)에서 유래되어 한 송이의 꽃 또는 봉오리에 같은 꽃잎을 연속으로 겹쳐대어 한 송이의 큰 꽃으로 구성하는 기법이다.

카멜리아 종류
- 빅토리안 로즈(로즈 멜리아) : 장미
- 더치스 튤립 : 튤립
- 유칼리 로즈 : 유칼립투스
- 릴리 멜리아 : 백합
- 글라 멜리아 : 글라디올러스

33. 꽃받침이나 씨방 또는 줄기에 철사를 직각으로 꽂고 꽃이 크고 더 무거운 경우에는 철사를 +자 모양이 되게 두 개의 철사로 한 번 더 처리하여 한층 안정감을 주는 기법은?

㉮ 시큐어링법
㉯ 트위스트법
㉰ 헤어핀법
㉱ 피어스법

해설
㉮ 시큐어링법 : 줄기가 약하거나 곡선을 내기 위해 구부려 주어야 할 때 나선형으로 줄기를 감아 내리는 방법
㉯ 트위스트법 : 꽃이나 잎, 줄기 등을 철사로 감아 내리는 가장 기본적인 방법
㉰ 헤어핀법 : 철사를 U자로 덧대어 잎이나 꽃잎을 보강하는 방법

정답 31. ㉮   32. ㉮   33. ㉱

34 다음 중 한국의 분 식물 장식에 대한 역사적인 설명으로 가장 거리가 먼 것은?

㉮ 한국의 전통적인 분 식물은 자생 목본 식물이 주종을 이룬 분재나 분경이었다.
㉯ 고려 후기에는 소나무를 비롯한 매화나무와 대나무가 주종이었다.
㉰ 오늘날 실내 공간에서 가장 일반적으로 이용되고 있는 식물은 자생 식물이다.
㉱ 1970년대 경제 발전으로 인한 생활의 여유와 주거 양식의 변화로 분 식물 장식에 대한 관심이 높아졌다.

해설 햇빛이 들지 않는 실내에서도 견딜 수 있는 내음성이 강한 관엽 식물이 실내 관상용으로 많이 이용되고 있다.

35 핸드타이드 부케(Handtied bouquet)로 불리는 꽃다발을 제작할 때의 주의 사항으로 가장 거리가 먼 것은?

㉮ 묶음점 아랫부분의 줄기는 깨끗이 다듬어 준다.
㉯ 묶음점은 굵은 철사로 단단하게 여러 번 묶는다.
㉰ 일반적으로 줄기는 나선형으로 돌려 가며 조립한다.
㉱ 묶음점을 단단하게 묶는다.

해설 ㉯ 줄기가 다칠 수 있기 때문에 굵은 철사를 사용하면 안 되고, 자연 소재인 라피아나 노끈으로 단단하게 묶어 준다.

36 대기 오염에 의한 식물의 피해 현상이 아닌 것은?

㉮ 반점 현상
㉯ 조기 낙엽
㉰ 형태 변화
㉱ 꽃눈 형성

해설 ㉱ 꽃눈은 식물에서 꽃이 될 눈으로 환경 상태가 좋을 때 형성되어 꽃을 피운다.

37 청량한 음향 효과를 내며 주변의 소음을 흡수하는 역할을 하는 분 식물 장식의 첨경 소재로 가장 적당한 것은?

㉮ 수경 소재
㉯ 가공 소재
㉰ 자연 소재
㉱ 동물 소재

해설 물소리와 함께 청량한 음향 효과를 내며, 주변의 소음을 흡수하는 첨경 소재로는 ㉮ 물레방아, 분수 등의 수경 소재가 적당하다.

정답 34. ㉰ 35. ㉯ 36. ㉱ 37. ㉮

38 신부화를 만들 때 일반적으로는 철사 처리를 하게 된다. 식물을 철사 처리한 후 마감으로 손잡이 부분의 미끄러짐을 방지하고 접착력을 주기 위해 사용되는 재료는?
- ㉮ 색철사
- ㉯ 플로럴 테이프
- ㉰ 라피아
- ㉱ 접착제

해설 ㉯ 플로럴 테이프는 끈적임이 있는 종이테이프로 철사를 감싸거나 고정용으로 활용한다.

39 다음 화훼 장식의 역할 중에서 공기 중 습도와 기온의 조절, 공기 정화 능력의 기능을 하는 것으로 가장 적당한 것은?
- ㉮ 치료 효과
- ㉯ 정서 함양
- ㉰ 환경 조절
- ㉱ 공간 장식

해설 ㉰ 환경 조절 기능 : 광합성 작용으로 산소를 공급하여 공기를 정화하고, 증산 작용으로 공중 습도를 유지시켜 주며, 빛을 조절해 주는 효과와 유해 물질을 흡수하여 공기 정화의 효과를 준다.

40 핸드타이드 부케에 사용되는 꽃으로 적합하지 않은 것은?
- ㉮ 카틀레야
- ㉯ 장미
- ㉰ 나리
- ㉱ 델피니움

해설 ㉮ 카틀레야는 형태 꽃(Form flower)으로 너무 개성적이고 화려하기 때문에 부케로는 적합하지 않다.

41 결혼식에 사용되는 화훼 장식품들의 설명으로 틀린 것은?
- ㉮ 화동(花童)의 꽃도 신부용 부케와 비슷한 형으로 제작한다.
- ㉯ 자연스러운 바구니형 부케는 야외 결혼식에 적합하다.
- ㉰ 라운드 부케는 신부 부케의 일종이다.
- ㉱ 웨딩케이크 장식의 포컬 포인트(Focal point)는 가장 아랫부분이다.

해설 포컬 포인트는 가장 초점이 되어 부각되고 중심을 잡는 부분으로, ㉱ 웨딩케이크의 포컬 포인트는 가장 아랫부분이 아니다.

정답 38. ㉯   39. ㉰   40. ㉮   41. ㉱

42 다음 중 화훼 장식의 기능에 대한 내용으로 거리가 먼 것은?
㉮ 스트레스를 줄이고, 일의 효율과 창의력을 높여 준다.
㉯ 실내 공간의 공기를 정화시켜 준다.
㉰ 정서적 안정과 같은 정신적인 치료 효과를 준다.
㉱ 시각적인 혼란으로 상업 공간에서 구매 의욕을 저하시키는 효과를 준다.

해설 ㉱ 화훼 장식은 공간을 아름답게 장식함으로 시각을 유도하여 상업 공간에서 구매 의욕을 증진시킨다.

43 특별한 기술이나 도구 없이 꽃을 건조시키는 방법 중 가장 비용이 적게 들고 대량으로 만들 수 있는 방법은?
㉮ 동결 건조
㉯ 열풍 건조
㉰ 자연 건조
㉱ 실리카겔 건조

해설 ㉰ 자연 건조는 인위적 방법을 가하지 않고 자연 그대로 건조된 꽃을 채집하거나 채집하여 건조하는 것을 말하며, 가장 편리한 방법이긴 하나 원래의 색과 형태를 유지하기가 힘들어 소재의 특성을 잘 알아야 한다.

44 장식품의 전시에서 이용되는 조명 중 광원의 빛을 대부분 천장이나 벽에 부딪혀 확산된 반사광으로 비추는 방식으로, 효율이 떨어지지만 그늘짐이나 눈부심이 없는 것은?
㉮ 전반 확산 조명
㉯ 간접 조명
㉰ 반간접 조명
㉱ 직접 조명

해설 ㉱ 직접 조명은 물체에 광원을 직접 비추는 방식이고, ㉯ 간접 조명은 반사된 빛을 비추기 때문에 그늘짐이나 눈부심이 없다.

45 색의 3속성의 하나로 색의 선명도를 나타내는 것으로 포화도라고도 하는 것은?
㉮ 명도
㉯ 색상
㉰ 채도
㉱ 순색

해설 ㉮ 명도란 색의 밝기, ㉱ 순색은 불순물이 섞이지 않은 순수 색상을 말한다.

정답 42. ㉱ 43. ㉰ 44. ㉯ 45. ㉰

46 다음 중 건조 소재의 보존 방법으로 적당하지 않은 것은?
㉮ 건조하고 어두운 곳에 보관한다.
㉯ 햇빛이 잘 닿는 곳에 걸어 놓는다.
㉰ 아크릴 상자 속에 건조제와 함께 보관한다.
㉱ 가능하면 피막 처리하여 보관한다.

해설 ㉯ 햇빛이 잘 닿는 곳에 걸어 두면 색 바램, 탈색이 있을 수 있기 때문에 건조하고 어두우며 서늘하고 통풍이 잘되는 곳에 보관하는 것이 좋다.

47 플라워 디자인을 할 때 우선적으로 구체적인 용도에 맞도록 몇 가지 고려 사항이 있는데 그중 포함되지 않는 것은?
㉮ 시간   ㉯ 장소
㉰ 목적 및 동기   ㉱ 독창성

해설 화훼 장식은 시간, 장소, 목적과 동기에 맞게 디자인해야 하며, ㉱ 독창성은 우선적 순위보다 창조적 이미지 콘셉트에 쓰인다.

48 다음 중 꽃꽂이에 이용되는 '철사'에 관한 설명 중에서 거리가 먼 것은?
㉮ 굵기는 홀수 번호로 표시된다.
㉯ 번호 숫자가 클수록 가늘다.
㉰ 철사는 꽃의 줄기를 대신하는 용도로 이용되기도 한다.
㉱ 번호가 없지만 장식용이나 고정용으로 이용되는 카파 와이어, 늘림 와이어 등도 사용된다.

해설 ㉮ 철사의 굵기를 나타내는 번호는 짝수 번호로 표시된다.

49 다음 중 '화훼 장식가'에 대한 설명으로 가장 거리가 먼 것은?
㉮ 호텔, 백화점, 무대 등의 다양한 화훼 장식 공사를 담당한다.
㉯ 화원의 경영자나 직원으로 일할 수 있다.
㉰ 화훼 상품 제조업체 등에서 근무하거나 프리랜서로 활동할 수 있다.
㉱ 시설 내에서 화훼 식물 생산자도 화훼 장식가이다.

해설 ㉱ 화훼 식물 생산자는 화훼 식물을 키우고 재료를 공급하는 사람이다.

정답 46. ㉯   47. ㉱   48. ㉮   49. ㉱

50 광원에 따라 물체의 색이 달라지는 광원의 특성을 무엇이라 하는가?
㉮ 연색성　　　　　　　　　㉯ 광도
㉰ 전광속　　　　　　　　　㉱ 조도

해설　㉯ 광도 : 광원이 내는 빛(에너지)의 양
　　　㉰ 전광속 : 하나의 광원에서 방출되는 광속을 공간적으로 적분한 것
　　　㉱ 조도 : 어떤 면이 받는 광속의 밀도

51 황갈색의 가벼운 종려 섬유질로 꽃들을 받쳐 주기 위하여 매듭 또는 보를 만들어 단순한 뜻으로 장식하거나, 부케를 둘러싼 종이를 보호하기 위해 사용되는 것은?
㉮ 색철사　　　　　　　　　㉯ 플로럴 테이프
㉰ 라피아　　　　　　　　　㉱ 접착제

해설　㉰ 라피아는 식물의 껍질을 가공해 만든 끈 종류로 핸드타이드 부케나 자연 줄기 등에 다양한 묶음을 줄 때 사용된다.

52 다음 중 절화 보존제의 역할이 아닌 것은?
㉮ 절화 수명을 연장한다.
㉯ 원래의 화색을 보존한다.
㉰ 에틸렌 발생을 증가시켜 피해를 준다.
㉱ 꽃의 개화를 돕는다.

해설　㉰ 에틸렌은 식물의 노화를 촉진하는 자연 호르몬의 일종으로 절화 보존제에는 노화를 지연시키고 수명을 연장하기 위해 에틸렌 발생 억제제가 포함되어 있다.

53 다음 중 꽃꽂이의 특징에 대한 설명으로 가장 거리가 먼 것은?
㉮ 꽃을 잘라 줄기가 물을 흡수할 수 있도록 용기에 꽂는 데서 시작하였다.
㉯ 고정용 소재로는 반드시 플로럴 폼만 사용해야 한다.
㉰ 장소의 특성, 이용자의 요구사항에 따라 디자인이 달라질 수 있다.
㉱ 다양한 식물 외에 부소재와 조형물을 함께 응용할 수 있다.

해설　㉯ 고정용 소재로는 모래, 침봉 등이 있으며 반드시 플로럴 폼만 사용해야 하는 것은 아니다.

정답　50. ㉮　51. ㉰　52. ㉰　53. ㉯

54 신부 꽃다발(Bridal bouquet)에 대한 설명 중 가장 거리가 먼 것은?

㉮ 철사로 만들어지는 꽃다발에는 난류와 다육질의 꽃이 선호된다.
㉯ 신부 꽃다발의 수명은 하루이므로 꽃의 증산 작용이 활발해도 좋다.
㉰ 18세기 영국에서는 꽃다발을 방향성 식물로 만들어 악령과 질병을 막아 주는 것으로 이용하기도 하였다.
㉱ 원형, 폭포형, 삼각형, 초승달형, S자형, 링형 등 다양한 형태로 만들 수 있다.

해설 ㉯ 증산 작용이 활발하면 수분이 부족해져 꽃다발이 시들 수 있기 때문에 신부의 꽃다발로는 좋지 않다.

55 디자인의 색상, 질감, 형태의 대비를 이루면서 소재들을 종류나 질감이 유사한 것끼리 모아서 높든 낮든 하나된 느낌으로 표현하는 방법은?

㉮ 클러스터링(Clustering)
㉯ 그루핑(Grouping)
㉰ 조닝(Zoning)
㉱ 스태킹(Stacking)

해설 ㉯ 그루핑 : 같은 종류의 성격을 가진 꽃을 모아서 배치하는 방법
㉰ 조닝 : 동일하거나 유사한 소재들을 특정 지역에 제한하여 구역화하는 방법
㉱ 스태킹 : 공간이 느껴지지 않도록 같은 종류의 소재를 차곡차곡 장작처럼 쌓아 나가는 방법

56 다음 웨딩 부케에 대한 설명이 옳지 않은 것은?

㉮ 모든 부케의 기본 형태는 원형이다.
㉯ 캐스케이드형(Cascade) 부케란 상부의 원형 부케와 하부의 흐름을 갈런드로 연결한 것이다.
㉰ 초승달형(Crescent) 부케는 선의 흐름을 최대한 돋보이게 하고 대칭적, 자율적인 비대칭적 제작 구성이 가능하다.
㉱ 트라이앵글형 부케는 아름다운 곡선이 돋보이는 형태이다.

해설 ㉱ 트라이앵글형 부케는 원형을 중심으로 양쪽에 갈런드를 붙여 비대칭 삼각형의 형태로 구성하는 부케이다.

정답 54. ㉯　55. ㉮　56. ㉱

57 용기의 질감에 대한 느낌을 설명한 것으로 가장 적당한 것은?

㉮ 플라스틱 : 매끈한 질감으로 무겁게 느껴진다.
㉯ 유리 : 단순하고 우아하며, 탁한 느낌을 준다.
㉰ 금속 도자기 : 매끈한 질감으로 현대적이며, 빈약해 보인다.
㉱ 나무 바구니 : 거친 질감으로 서민적이고 자연적인 느낌을 준다.

해설 ㉮ 플라스틱 : 가볍게 느껴진다.
㉯ 유리 : 투명하고 매끄러운 느낌을 준다.
㉰ 금속 도자기 : 단단해 보인다.

58 다음 중 화훼 장식의 육체적, 정신적 치료 효과로 거리가 먼 것은?

㉮ 정서적으로 안정감을 준다.
㉯ 녹색 식물은 눈의 피로를 덜어 준다.
㉰ 분 식물의 배치는 사람들의 통행을 조절해 준다.
㉱ 향기 식물은 우울증이나 스트레스를 줄여 준다.

해설 ㉰ 장식의 성격에 따라 공간을 분할하고 동선을 유도하여 통행을 조절하고 질서를 유지시키는 것은 화훼 장식의 장식적 기능이다.

59 다음 중 식사용 테이블 장식에 대한 설명 중 가장 부적당한 것은?

㉮ 향이 강하고 짙은 식물을 선택하여 호기심과 식욕을 유발한다.
㉯ 좌식 테이블에서는 가능한 한 시야를 가리지 못하게 낮게 디자인한다.
㉰ 장식물의 부피가 테이블의 폭보다 지나치게 크지 않아야 한다.
㉱ 사용하는 식물, 화기 등이 다른 용도의 테이블 장식보다 특히 청결해야 한다.

해설 ㉮ 식사용 테이블에서 향이 강하고 짙은 식물은 후각을 자극하고 음식 향과 혼합되어 식욕을 저하시킬 수 있다.

60 유럽의 신부용 부케의 기원에서 사용된 '벼이삭'의 의미는?

㉮ 행복 ㉯ 다산
㉰ 약속 ㉱ 순종

해설 ㉯ 벼이삭 부케는 다산을 의미하며 고대 그리스 시대부터 이용되었다.

정답 57. ㉱ 58. ㉰ 59. ㉮ 60. ㉯

2005년 7월 17일 시행

1 다음 중 식물을 보통명으로 사용 시 단점으로 보기 어려운 것은?
㉮ 학명에 비해 부적합한 것이 많다.
㉯ 보통명은 전 세계 사람이 통용어로 사용할 수 없다.
㉰ 학술 용어로 사용 시 과학적이다.
㉱ 같은 식물을 다른 이름으로 부르거나 다른 식물을 같은 이름으로 부르는 사례가 있어 혼돈을 가져온다.

해설 보통명은 나라마다 그 나라 국민이 자신들의 모국어로 지어서 부르는 식물명으로 한 나라 내에서도 여러 가지 이름으로 불릴 수 있으며 과학적인 체계성을 갖추고 있지 않다.

2 다음 중 관엽 식물에 속하지 않는 것은?
㉮ 야자류
㉯ 드라세나
㉰ 시네라리아
㉱ 필로덴드론

해설 관엽 식물은 아름다운 색이나 모양을 가진 잎을 보고 즐기기 위한 식물로 내음성이 강한 음생 식물이 많아 실내 감상용으로 적당하고 열대 및 아열대 원산이 대부분이다.
㉰ 국화과의 시네라리아(Cineraria)는 추파 1년초에 속하며, 봄에 꽃 관상용으로 화분에 많이 심는다.

3 화훼의 특징에 대한 설명으로 옳지 않은 것은?
㉮ 문화와 후생적인 사명을 가지고 있다.
㉯ 결실 연령이 길어 투자의 회수가 느리다.
㉰ 대상되는 종류와 품종수가 대단히 많다.
㉱ 경영상 집약성이 높고, 재배 기술이 고도화되어 있다.

해설 ㉯ 화훼류는 채소나 과일 등의 농산물에 비해 결실 연령이 빨라 투자의 회수가 빠르다.

정답 1. ㉰ 2. ㉰ 3. ㉯

4 다음 중 압화용 누름꽃으로 이용하기에 가장 좋은 꽃은?
㉮ 팬지
㉯ 백일홍
㉰ 맨드라미
㉱ 해바라기

해설 압화(Press flower)는 눌러서 평면적으로 건조시키는 방법이기 때문에 두껍지 않은 꽃이 좋고, ㉮ 팬지와 같이 평평한 꽃잎을 지닌 식물이 좋다.

5 다음 중 잎의 착생 양식이 대생하는 식물이 아닌 것은?
㉮ 개나리   ㉯ 거베라
㉰ 숙근 안개초   ㉱ 용담

해설 ㉯ 거베라는 근생으로 뿌리 윗부분의 지상부에서 잎들이 모여난다.

6 다음 중 화목류의 설명으로 옳지 않은 것은?
㉮ 주로 꽃을 감상하고 그 밖에 잎이나 과실을 감상할 수 있는 목본 식물을 말한다.
㉯ 온대성 화목류의 화아(꽃눈)는 보통 개화 전년에 형성된다.
㉰ 화목류의 개화는 보통 일장에 의해 주로 지배되고, 온도와는 별로 관계가 없다.
㉱ 온대성 화목류는 휴면 기간이 비교적 길고, 대체로 단일이 되면 생장이 중지된다.

해설 ㉰ 개화에는 일장과 온도가 모두 영향을 미치고 화목류도 이의 영향을 받는다.

7 다음 중 화훼 장식에서 건조용 소재의 설명으로 틀린 것은?
㉮ 국내에서 가장 많이 이용된 건조 소재는 다래 덩굴이다.
㉯ 건조화는 꽃에만 국한되지 않고 꽃, 잎, 줄기, 뿌리, 나무껍질, 버섯, 이끼 등이 이용되고 있다.
㉰ 수분이 적고 꽃잎과 줄기가 딱딱하여 건조 후 변형이 잘되지 않는 절화를 채집한다.
㉱ 홍화, 밀, 양귀비는 열매를 이용한다.

해설 ㉱ 홍화는 꽃을 이용하고, 밀은 이삭을 이용한다.

정답 4. ㉮   5. ㉯   6. ㉰   7. ㉱

8 '리스'에 대한 설명이 잘못된 것은?

㉮ 리스는 절화를 이용하여 고리 모양으로 만든 장식물이다.
㉯ 리스는 리스 고리의 크기에 비해 두께가 가늘수록 모양이 좋다.
㉰ 리스는 나무덩굴이나 짚, 로프, 철사, 철망, 이끼 등으로 만든 둥근 고리 모양의 틀에 꽃을 부착시켜 만든다.
㉱ 리스는 플로럴 폼이 있는 고리 모양의 틀에 꽃꽂이하듯 꽃을 꽂아 만든다.

해설 ㉯ 리스는 고리의 크기와 두께를 리스의 황금 비율인 1 : 1.618 : 1을 적용하여 만들었을 때 가장 안정감 있고 모양이 좋다.

9 다음 중 동양 꽃꽂이에 대한 설명으로 잘못된 것은?

㉮ 불교문화를 통해 시작되었다고 할 수 있으며 선의 아름다움과 여백의 미를 중요하게 생각하였다.
㉯ 불교문화의 전래와 유교 사상의 접목으로 정신적인 미를 더 강조하기 시작하였다.
㉰ 고려 시대는 연꽃 놀이 등을 즐겼으며 조선 시대에는 음식 장식, 머리 장식 등의 맥락이 이어져 왔음을 알 수 있다.
㉱ 모든 동양 꽃꽂이의 기본형의 각도 및 형태는 일치한다.

해설 ㉱ 동양 꽃꽂이의 기본 화형은 1주지의 각도에 따라 직립형, 경사형, 하수형으로 나뉘고, 분리형과 복형이 있다.

10 결혼식장의 화훼 장식을 설명하는 내용 중에서 거리가 먼 것은?

㉮ 일반적으로 주례 단상에는 낮고 옆으로 긴 꽃꽂이를 한다.
㉯ 꽃길을 따라 양측으로 꽃기둥을 반복해서 세워 준다.
㉰ 순결, 순수의 의미를 강조하기 위해서 흰색 꽃을 사용하고 유색 꽃은 사용하지 않는다.
㉱ 꽃길이 시작되는 부분에 아치형 구조물을 설치하여 꽃꽂이를 하거나 갈런드를 만들어 부착한다.

해설 ㉰ 결혼식장의 화훼 장식으로 흰색과 함께 유색 꽃을 사용한 화려한 파스텔 색상이 선호된다.

정답 8. ㉯ 9. ㉱ 10. ㉰

11 화훼 장식에 대한 설명으로 옳지 않은 것은?

㉮ 화훼 식물을 주소재로 활용하여 공간을 장식한다.
㉯ 자연미를 배경으로 하여 인간이 미학적 조형미를 창출하는 조형 예술이다.
㉰ 각종 행사에서 상징적인 메시지 전달 효과는 화훼 장식의 주요 기능 중 하나이다.
㉱ 절화 소재만을 사용하는 것을 원칙으로 한다.

해설 ㉱ 화훼 장식에는 절화 소재뿐만 아니라 절화, 절지, 절엽, 열매 등의 각종 화훼 재료를 모두 사용한다.

12 다음 중 꽃이 줄기에 착생하는 형태가 다른 하나는?

㉮ 금어초 ㉯ 수선
㉰ 튤립   ㉱ 칼라

해설 ㉮ 금어초는 정생의 수상 화서 또는 총상 화서로 핀다.
㉯ 수선, ㉰ 튤립, ㉱ 칼라는 꽃대의 꼭대기에 한 개의 꽃이 피는 단정 화서이다.

13 다음 장미의 계통 분류 중 틀린 것은?

㉮ 하이브리드 티(Hybird tea)
㉯ 플로리분다(Floribunda)
㉰ 미니어처(Miniature)
㉱ 히비스커스(Hibiscus)

해설 ㉱ 히비스커스(Hibiscus_무궁화속)는 무궁화, 수박풀 등의 속명이다.

14 다음 중 착생란에 속하는 것은?

㉮ 춘란 ㉯ 풍란
㉰ 한란 ㉱ 소심란

해설 착생란은 주로 열대와 아열대에 자생하는 것으로 나무나 바위에 붙어 고착 생활을 한다.
㉮ 춘란, ㉰ 한란, ㉱ 소심란은 땅속에 뿌리를 내리고 살아가는 지생란이다.

정답 11. ㉱ 12. ㉮ 13. ㉱ 14. ㉯

15 다음 중 꽃받침이 호판과 같이 발달하여 화색을 갖는 식물은?
㉮ 수국
㉯ 포인세티아
㉰ 부겐빌레아
㉱ 프리뮬러

해설 ㉯ 포인세티아와 ㉰ 부겐빌레아는 잎이 꽃처럼 보이게 착색되고, ㉱ 프리뮬러는 꽃잎이 꽃처럼 보인다.

16 다음 중 1년초 식물로 재배가 가능한 것은?
㉮ 벌개미취　　　　㉯ 금어초
㉰ 꽃창포　　　　　㉱ 노루귀

해설 ㉯ 금어초는 가을에 파종하여 봄, 여름에 개화하는 추파 1년초이다.
㉮ 벌개미취, ㉰ 꽃창포, ㉱ 노루귀는 숙근초(여러해살이풀)이다.

17 다음 중 에틸렌에 민감한 꽃으로 거리가 먼 것은?
㉮ 카네이션
㉯ 알스트로메리아
㉰ 금어초
㉱ 거베라

해설 • 에틸렌에 민감한 꽃 : 카네이션, 알스트로메리아, 금어초, 튤립, 델피니움 등
• 에틸렌에 둔감한 꽃 : 거베라, 무궁화, 원추리 등

18 다음 중 베이싱 기법을 설명한 내용이 바르지 않은 것은?
㉮ 디자인의 아래쪽을 시각적인 흥미를 위해 장식하는 방법이다.
㉯ 필로잉, 테라싱, 파베 같은 기술을 사용한다.
㉰ 플로럴 폼을 가려 주는 기술이다.
㉱ 각각의 꽃잎이나 잎사귀를 가지고 화기나 둥근 표면을 덮는 것이다.

해설 베이싱(Basing) 기법은 플로럴 폼을 감추기 위해 작품의 아랫부분을 마무리하는 기법으로 색상, 질감, 형태의 대비를 주는 데 효과적이다.

정답 15. ㉮　16. ㉯　17. ㉱　18. ㉱

19. 다음 중 주축의 정부에 화탁(花托)이 있고, 그 위에 설상화와 관상화가 착생하는 식물은?

㉮ 알리움
㉯ 국화
㉰ 프리뮬러
㉱ 루피너스

해설 주축의 정부에 화탁이 있고, 그 위에 설상화와 관상화가 착생하는 식물을 두상화서라 하며 국화, 해바라기, 거베라, 메리골드 등이 이에 속한다.
㉮ 알리움과 ㉰ 프리뮬러는 산형 화서이며, ㉱ 루피너스는 총상 화서이다.

20. 더치 플레미시(Dutch-Flemish) 양식을 잘못 설명한 것은?

㉮ 다양한 액세서리로 과일과 새둥지·조개껍질을 포함한 사치스러운 부케 주변을 장식하였다.
㉯ '천 송이 꽃'이라는 의미로 풍요로운 인상을 표현한다.
㉰ 17세기 네덜란드와 벨기에 화가들의 그림에서 보이는 양식이다.
㉱ 이들 어레인지먼트는 헐겁거나 바로크 스타일처럼 개방적이지는 않지만 비율이 적용되었고 더욱 콤팩트하게 만들었다.

해설 ㉯는 '밀 드 플레(Mille de fleur)' 디자인의 특징이다.

21. 다음 중 형태적으로 줄기가 방사상으로 자라는 표준형 식물이 아닌 것은?

㉮ 마란타
㉯ 페페로미아
㉰ 렉스베고니아
㉱ 산세베리아

해설 ㉱ 산세베리아는 잎이 위쪽으로 자라는 식물이다.

22. 조선 시대의 문헌 중 화훼 장식에 대해 서술한 전문 서적이 아닌 것은?

㉮ 홍만선의 산림경제
㉯ 강희안의 양화소록
㉰ 김홍도의 단원아집도
㉱ 서유구의 임원십육지

해설 ㉰ 단원아집도는 화훼 장식에 대한 전문 서적이 아닌 김홍도의 그림 중 하나이다.

정답 19. ㉯ 20. ㉯ 21. ㉱ 22. ㉰

23. 다음 식물 중 학명이 틀린 것은?

㉮ 장미 : *Rosa hybrida* Hort.
㉯ 스타티스 : *Pinus densiflora* S. et Z.
㉰ 안개꽃 : *Gypsophila elegans* Bieb.
㉱ 국화 : *Dendranthema grandiflorum* (Ram.) Kitamura

해설 ㉯ 스타티스의 학명은 *Limonium sinuatum* Mill.이다.

24. 다음 화훼의 특징 중 잘못 설명된 것은?

㉮ 높은 재배 기술이 필요한 작물이다.
㉯ 국제성이 상당히 높은 작물이다.
㉰ 대표적인 분산 작물이다.
㉱ 종과 품종이 많고 다양하다.

해설 ㉰ 화훼는 대표적인 토지, 노동, 자본의 집약 작물이다.

25. 핸드타이드 부케를 만들 때 유의해야 할 점이 아닌 것은?

㉮ 줄기는 한 방향으로 나선형이 되도록 구성한다.
㉯ 묶음점은 조금 느슨하게 묶어 줄기가 잘 펼쳐지고 상하지 않아야 한다.
㉰ 묶음점은 되도록 가늘게 필요한 만큼의 폭으로 묶는다.
㉱ 묶음점 아랫부분의 줄기는 깨끗이 다듬어 준다.

해설 ㉯ 형태가 흐트러지지 않도록 묶음점은 단단히 묶어야 한다.

26. 코르사주 종류 중 어깨에서 등까지 늘어뜨려 장식하는 데 사용되는 것은?

㉮ 숄더(Shoulder)
㉯ 에폴렛(Epaulet)
㉰ 부토니어(Boutonniere)
㉱ 앵클릿(Anklet)

해설 ㉯ 에폴렛은 어깨 장식(견장), ㉰ 부토니어는 신랑 코르사주, ㉱ 앵클릿(Anklet)은 발목 장식이다.

정답 23. ㉯ 24. ㉰ 25. ㉯ 26. ㉮

27 꽃꽂이 형태 중 비대칭 삼각형의 특징이 아닌 것은?

㉮ 정숙하고 깔끔하며, 안정감이 있어 보인다.
㉯ 중심은 좌우 대칭축에서 벗어나 있다.
㉰ 균등하지 않으며, 자율적인 배열을 이룬다.
㉱ 밝고 활동적이며 긴장감을 유발시켜 자유로운 이미지가 강하다.

해설 ㉮ 정숙하고 안정감이 있어 보이는 것은 대칭 삼각형의 특징이다.

28 다음 중 단일에서 꽃이 피는 화훼류는?

㉮ 튤립
㉯ 백합
㉰ 국화
㉱ 장미

해설 단일 식물은 낮의 길이가 짧아야 개화하는 식물로 국화, 포인세티아, 나팔꽃 등이 이에 속한다.

29 작품 속에서 자연을 사실적으로 표현하는 것으로 식물 개개의 생태적 모습이나 특성을 고려한 구성법은?

㉮ 식생적 구성
㉯ 장식적 구성
㉰ 구조적 구성
㉱ 선형적 구성

해설 ㉯ 장식적 구성 : 식물의 자연의 질서와는 관계없는 인위적 구성 방법이다.
㉰ 구조적 구성 : 구조적인 표현이나 구조물을 토대로 한 구성 방법이다.
㉱ 선형적 구성 : 식물이 갖고 있는 형태와 선을 살려 명확하게 표현하는 구성 방법이다.

30 식물 조직의 세포막을 건전히 유지하고, 세포 속에 있는 노폐물 또는 해로운 물질을 제거하는 역할을 하는 성분은?

㉮ 마그네슘(Magnesium)
㉯ 철(Iron)
㉰ 망간(Manganese)
㉱ 석회(Calcium)

해설 ㉮ 마그네슘 : 엽록소의 주성분이다.
㉯ 철 : 엽록소가 만들어지는 것을 도와준다.
㉰ 망간 : 녹색 식물에서 망간이 결핍되면 엽록소의 생성이 저하된다.

정답 27. ㉮　28. ㉰　29. ㉮　30. ㉱

31. 다음 중 잎이 먼저 자란 후 꽃이 피는 선엽후화(先葉後花)가 아닌 것은?

㉮ 조팝나무   ㉯ 후박나무
㉰ 만병초   ㉱ 병꽃나무

해설 ㉮ 조팝나무는 4~5월경 하얀 꽃이 먼저 피는 선화후엽이다.

32. 다음 중 방향성 식물을 주로 이용하는 화훼 장식품은?

㉮ 포푸리   ㉯ 콜라주
㉰ 테라리움 ㉱ 토피어리

해설
㉯ 콜라주(Collage) : 화훼 재료를 패널에 붙여서 표현한다.
㉰ 테라리움(Terrarium) : 밀폐된 투명 용기에 꾸며진 축소된 정원이다.
㉱ 토피어리(Topiary) : 식물을 별, 하트 등의 특정한 형태로 만들어 키우는 방법이다.

33. 화환의 역사적인 배경에 대한 설명으로 틀린 것은?

㉮ 오늘날 외국의 장례식 장식에서 많이 이용되는 화환은 고리 형태에서 유래했다.
㉯ 화환 제작 시 가장 먼저 사용한 기법은 꽂는 기법이 아닌 감는 기법이다.
㉰ 화환은 영원함을 상징한다.
㉱ 화환의 기본 틀은 짚만으로 만들어졌었다.

해설 ㉱ 화환의 기본 틀은 짚과 잎, 식물 줄기를 사용하여 만들어졌다.

34. 분 식물 장식의 기본 기술에 관한 설명으로 옳지 않은 것은?

㉮ 분 식물 장식은 기본적으로 용기, 토양, 식물로 이루어진다.
㉯ 착생 식물은 토양 없이 공간 장식에 이용될 수 있다.
㉰ 두 종류 이상의 식물을 심을 때는 생육 습성이 비슷한 종류끼리 심는다.
㉱ 관엽 식물은 용기에 가득 심어 여유 공간을 두지 않는다.

해설 ㉱ 생장 속도가 빠른 관엽 식물은 심은 후 자랄 수 있는 공간을 생각해 두어야 하며, 분 식물 장식 시 어떤 식물이든 여유 공간을 두어 빽빽한 느낌이 나지 않게 해야 한다.

정답 31. ㉮ 32. ㉮ 33. ㉱ 34. ㉱

35 아이비 잎에 철사를 사용하여 머리핀 모양으로 구부려서 잎이나 꽃에 꽂아 보강하는 방법은?

㉮ 헤어핀 메서드
㉯ 피어싱 메서드
㉰ 크로싱 메서드
㉱ 후킹 메서드

[해설] ㉯ 피어싱 메서드 : 꽃받침 등에 와이어를 직각이 되게 관통해서 아래쪽으로 구부리는 방법
㉰ 크로싱 메서드 : 피어싱한 철사와 수직이 되게 십자로 교차되게 한 번 더 철사를 활용하는 방법
㉱ 후킹 메서드 : 와이어 한쪽을 갈고리 모양으로 구부려 꽃의 위부터 꽃받침 쪽으로 꽂아 내리는 방법

36 절화 수명 연장 방법 중 당의 효과는 무엇인가?

㉮ 노화를 지연
㉯ 미생물의 억제
㉰ 꽃잎의 보호
㉱ 에틸렌 가스 발생의 억제

[해설] 당은 가장 효과적인 에너지원으로 기공의 기능성을 높여 주고 수명을 연장한다.

37 연회장 꽃장식에 대한 설명 중 맞지 않는 것은?

㉮ 칵테일파티일 때에는 꽃을 높게 장식해도 된다.
㉯ 테이블 가장자리에 갈런드를 이용하기도 한다.
㉰ 테이블 꽃장식은 음식 놓을 공간을 고려해 장식한다.
㉱ 테이블 꽃장식을 상대방의 시야에 상관없이 화려하게 장식한다.

[해설] ㉱ 테이블에서 서로 대화를 나누는 데 있어 상대방의 시선을 가리지 않게 장식한다.

38 영국의 예술가 윌리엄 호가스(William Hogarth, 1697~1764)에 의해 창시되었다고 보는 화형은?

㉮ 초승달형
㉯ 부채형
㉰ S커브형
㉱ 원주형

[해설] ㉰ S커브형은 창시자 윌리엄 호가스의 이름을 따서 호가스 라인이라고 불리기도 한다.

정답 35. ㉮ 36. ㉮ 37. ㉱ 38. ㉰

39 장미, 솔리다스터, 아이비로 코르사주를 만들 때 와이어링 방법이 틀린 것은?
- ㉮ 장미꽃잎 – 헤어핀 메서드
- ㉯ 장미꽃 – 피어스 메서드
- ㉰ 아이비 – 헤어핀 메서드
- ㉱ 솔리다스터 – 인서트 메서드

해설 ㉱ 솔리다스터는 트위스팅 메서드를 이용한다.

40 다음 중 서양 꽃꽂이의 분류 설명 중 모던 스타일의 특징이 아닌 것은?
- ㉮ 자연 법칙을 존중하고 자연적인 형태를 기준으로 한다.
- ㉯ 소재끼리 서로 만나지 않고 평행을 이루거나 교차를 이룬다.
- ㉰ 전통 디자인은 대칭 질서를 이루는 반면, 대부분 비대칭 질서를 유지한다.
- ㉱ 단순한 조화미를 표현하는 기하학적 장식 디자인이다.

해설 ㉱ 단순한 조화미를 표현하는 기하학적 장식 디자인은 클래식 스타일의 특징이다.

41 다음 중 'Parallel(패럴렐) 디자인'의 설명 중 틀린 것은?
- ㉮ 꽃줄기들이 수직의 선들로 무한정 확장되다가 한군데서 만나게 되는 디자인이다.
- ㉯ 규칙적으로 수평, 수직 또는 사선으로 배치되는 것을 말한다.
- ㉰ 용기 안의 서로 다른 점으로부터 뻗어 나온 것을 말한다.
- ㉱ 경직되고 구조적으로 보이기는 하나 높이를 달리하면 부드러워 보인다.

해설 ㉮ 한군데서 만나는 것은 방사형 디자인이고, 패럴렐은 복수 초점·복수 생장점을 갖는다.

42 우리나라 전통적 화훼 장식의 발전은 어디에서 비롯되어 발전되었는가?
- ㉮ 일지화, 기명절지화
- ㉯ 분 식물 장식, 일지화
- ㉰ 불교 장식, 궁중 의례 장식
- ㉱ 궁중 의례 장식, 혼례 장식

해설 한국 꽃꽂이는 신수 사상에 기원을 두고 있으며, 삼국 시대로 들어와 불교가 전래되면서 불전공화 형태로 꽃꽂이 문화가 등장하고 궁중에서 발전해 왔다.

정답 39. ㉱   40. ㉱   41. ㉮   42. ㉰

43 다음 중 고려 시대의 화훼 양식과 관계가 없는 것은?
- ㉮ 수월관음도
- ㉯ 수덕사 대웅전의 야화도
- ㉰ 불교문화
- ㉱ 산화도

해설 ㉱ 삼국 시대 고구려의 강서대묘 현실 북벽 비천상 그림에 꽃을 뿌리는 모습이 그려져 있다.

44 장식적인 디자인 테크닉(Design technique)의 하나로 시험관 등을 이용하여 재료가 공중에 떠 있는 것처럼 보이도록 하는 기술은?
- ㉮ Fliessend technique(프리센트 테크닉)
- ㉯ Floating technique(플로팅 테크닉)
- ㉰ Fencing technique(펜싱 테크닉)
- ㉱ Banding technique(밴딩 테크닉)

해설 ㉯ 플로팅은 '띄우다'라는 뜻으로 플로팅 테크닉은 공중이나 수면에 띄우는 테크닉이다.

45 화훼 장식의 구성 형식 중에서 그래픽적 구성의 설명으로 가장 알맞은 것은?
- ㉮ 식물 소재의 사회적 의미가 돋보이도록 표현하면서 구성한다.
- ㉯ 식물 개개의 생태적 모습이나 특성을 고려하여 구성한다.
- ㉰ 식물 소재 본래의 품위, 움직임, 질감 등을 추상적으로 변형시켜서 구성한다.
- ㉱ 대칭과 비대칭의 질서를 유지하면서 형과 선을 명확하게 표현하면서 구성한다.

해설 ㉮ 장식적(Decorative) 구성, ㉯ 식생적(Vegetative) 구성, ㉱ 선형적(Formal linear) 구성에 대한 설명이다.

46 다음 중 건조화로 많이 이용되는 꽃이 아닌 것은?
- ㉮ 장미
- ㉯ 아킬레아
- ㉰ 로단세
- ㉱ 국화

해설 ㉱ 즙액이 많은 식물인 국화는 건조하면 심하게 쪼그라들어 관상 가치가 떨어지기 때문에 건조화로 적합하지 않다.

정답 43. ㉱ 44. ㉯ 45. ㉰ 46. ㉱

47 절화 줄기를 고정하는 방법 중 디자인의 형태를 고려해 표현할 경우 가장 제약이 많이 따르는 것은?
㉮ 철망
㉯ 격자
㉰ 침봉
㉱ 플로럴 폼

해설 ㉰ 동양 꽃꽂이를 고정하는 도구인 침봉은 평면이기 때문에 수평이나 하수형의 표현이 어렵다.

48 다음 색상 중 따뜻한 색끼리 짝지어진 것은?
㉮ 빨강 – 주황
㉯ 남색 – 보라
㉰ 노랑 – 파랑
㉱ 연두 – 자주

해설
• 따뜻한 색(난색) : 빨강, 주황, 노랑, 다홍 등
• 차가운 색(한색) : 남색, 파랑, 청록 등
• 중성색 : 보라, 연두, 자주, 녹색 등

49 색의 속성 가운데 '채도'에 관한 설명으로 잘못된 것은?
㉮ 색입체의 중심축인 무채색의 축에 가까울수록 채도 번호는 점점 낮아진다.
㉯ 한 색상 중에서 가장 채도가 높은 색을 그 색상 중의 순색이라고 한다.
㉰ 채도 단계에서 중성화된 색상들을 'Hue'라 한다.
㉱ 채도의 단계는 1에서 14단계로 나뉜다.

해설 ㉰ 'Hue'는 색상 전체를 칭하는 말이다.

50 12개의 색상환에서 1색상씩 건너뛰어 3색이 함께 조화되는 것을 가리키는 것은?
㉮ 보색 조화
㉯ 유사색 조화
㉰ 이색 3조화
㉱ 이색 6조화

해설 ㉮ 보색 조화는 색상환에서 서로 반대편에 위치하는 색들을 사용한 조화이다.
㉯ 유사색 조화는 색상환에서 양쪽에 나란히 이웃하고 있는 인접색 3, 4색에 의한 조화이다.

정답 47. ㉰ 48. ㉮ 49. ㉰ 50. ㉱

51 밀짚, 옥수수다발, 지붕을 잇는 짚, 오두막 등과 같이 서로 유사한 소재들을 한 단위로 함께 묶거나 래핑(Wrapping)하여 디자인에 위치시키는 기법은?
㉮ 오버래핑 ㉯ 페더링
㉰ 마운팅 ㉱ 번들링

해설 ㉱ 번들링은 유사하거나 동일한 소재를 묶어 다발로 만드는 방법(밀, 짚단)이다.

52 건조시켜 화훼 장식을 이용하는 데 그 소재가 주로 열매로만 묶인 것은?
㉮ 꽈리, 석류, 청미래덩굴, 솔방울
㉯ 레몬, 포피, 연밥, 솔방울, 페퍼민트
㉰ 월계수, 스프렌게리, 다래, 토마토
㉱ 로즈메리, 조, 수수, 강아지풀

해설 ㉯의 페퍼민트와 ㉰의 월계수, ㉱의 로즈메리는 잎을 이용한다.

53 형과 선을 강조하는 디자인으로 하이스타일 디자인으로 아르데코라 불리는 비대칭형 어레인지먼트에서 강조되어 사용되는 것은?
㉮ 보케(Boeket)
㉯ 스트라우스(Strauss)
㉰ 부케(Bouquet)
㉱ 포멀 리니어(Formal linear)

해설 ㉱ 포멀 리니어(Formal linear), 즉 선형적 디자인은 식물이 가진 형태와 선을 살려 명확하게 표현하는 디자인을 말한다.

54 인간의 지각 기능을 적절히 자극해 창조성을 높이거나 스트레스를 해소시켜 주는 것으로 화훼 장식이 가지고 있는 기능에 해당하는 것은?
㉮ 정서 함양과 치료 효과
㉯ 교육
㉰ 환경 조절
㉱ 공간 장식

해설 ㉯는 교육적 기능, ㉰는 환경적 기능, ㉱는 장식적 기능이다.

정답 51. ㉱ 52. ㉮ 53. ㉱ 54. ㉮

55. 식물을 다른 소재와 조합하여 비사실적 기법에 의해 새로운 형태를 탄생시키는 구성을 가리키는 것은?
㉮ 식생적 구성
㉯ 오브제적 구성
㉰ 장식적 구성
㉱ 구조적 구성

해설 ㉮ 식생적 구성 : 식물이 자연 속에서 자라나는 것처럼 식생적 관점에서 구성한다.
㉰ 장식적 구성 : 자연의 질서와는 관계없이 인위적으로 풍성하게 장식한다.
㉱ 구조적 구성 : 구조적인 표현이나 구조물을 토대로 구성한다.

56. 다음 중 플로럴 폼(Floral foam)에 대한 설명으로 틀린 것은?
㉮ 물을 빠르게 흡수시킬 때는 손으로 눌러 가라앉도록 한다.
㉯ 물을 흡수했다가 말린 것을 재사용하는 것은 바람직하지 않다.
㉰ 플로럴 폼(Floral foam)은 경도가 다른 제품들이 있다.
㉱ 플로럴 폼(Floral foam)은 다양한 모양으로 생산되어 나온다.

해설 ㉮ 플로럴 폼은 누르거나 돌리지 말고 물을 받은 후 저절로 물이 스며들게 해야 한다.

57. 주황색의 나리를 가지고 꽃다발을 제작할 때, 꽃을 보다 강하고 뚜렷하게 보이고자 할 때 포장지의 색상으로 가장 적당한 것은?
㉮ 보라
㉯ 노랑
㉰ 파랑
㉱ 자주

해설 보색끼리의 배색으로 상대의 색이 더 선명해 보이는 보색 조화(예 노랑과 남색, 빨강과 청록, 주황과 파랑)를 이용한다.

58. 다음 설명 중 색상이 가지는 특성을 가장 잘 표현한 것은?
㉮ 테이블 장식에서는 빨강, 주황, 노랑 색상의 꽃은 피하도록 한다.
㉯ 고채도의 색상은 강하고 빠른 느낌을 준다.
㉰ 파스텔조의 색채는 동적이고 화사한 느낌을 준다.
㉱ 보라색 꽃은 자주색 배경보다 남보라색 배경에서 더 푸르게 보인다.

해설 ㉯ 고채도의 색상은 맑고 깨끗하여 명쾌하고 강한 인상을 준다.

정답 55. ㉯ 56. ㉮ 57. ㉰ 58. ㉯

59 다음 중 화훼 장식에 대한 설명으로 틀린 것은?
㉮ 화훼 장식은 모양, 색채, 질감 등의 시각적 요소가 주를 나타내는 조형 예술이다.
㉯ 화훼 장식은 식물만을 이용하여 제작, 설치, 관리, 유지하는 종합적 조형 예술이다.
㉰ 화훼 장식은 때와 장소, 목적에 따라 조형 원리에 맞게 장식되어야 한다.
㉱ 화훼 장식물은 인간의 창의력과 표현 능력을 이용한 미적 감각을 볼 수 있다.

해설 ㉯ 식물만을 이용하지 않고 초본·목본류나 인공 소재를 모두 사용할 수 있다.

60 비더마이어(Biedermeier)를 가장 바르게 설명한 것은?
㉮ 돔(Dome)형으로 촘촘히 구성하여 혼합(Mixing)한다.
㉯ 수천 송이의 꽃이란 의미가 있다.
㉰ 네덜란드 화풍에서 나온 디자인이다.
㉱ 물이 흐르는 듯한 모양으로 꽂는다.

해설 비더마이어는 오스트리아와 독일에서 유행했던 스타일로 꽃들을 촘촘히 구성하여 양감을 강조하는 돔형의 어레인지먼트를 압축한 양식으로 열매, 잎, 작은 채소들을 사용하여 대조와 흥미를 돋우고 색깔, 조직, 형태, 질감에 중점을 두며 나선형의 흐름을 표현하기도 한다.

정답 59. ㉯   60. ㉮

2006년도 출제 문제

2006년 1월 22일 시행

1 다음 중 '테라리움'의 관리 방법으로 옳지 않은 것은?
㉮ 식재 토양은 가볍고 소독이 잘된 것을 사용한다.
㉯ 유리를 통해 충분한 양의 광이 전달되지 않으므로 창가에 직사일광이 비치는 밝은 곳에 둔다.
㉰ 식충 식물이나 아디안텀, 프레리스와 같은 고사리류 식물이 좋다.
㉱ 배수층 위에 숯을 약간 깔아 주면 토양 내 발생된 유해 물질을 흡수해 줄 수 있다.

해설 ㉯ 테라리움은 투명한 유리이기 때문에 녹조가 너무 끼거나 내부 온도가 급상승하는 요인이 되는 직사광선은 좋지 않다.

2 다음 중 잎 표면의 특색과 특징을 가지고 분류 시 형태에 따른 연결이 바르지 않은 것은?
㉮ 엽선(葉先) - 예두(銳頭)
㉯ 엽저(葉底) - 의저(歪底)
㉰ 엽연(葉緣) - 원형(圓形)
㉱ 엽형(燁形) - 타원(楕圓形)

해설 ㉰ 엽연은 세모거치, 둔거치, 예거치 등으로 분류한다.
㉮ 엽선은 잎의 끝부분 모양, ㉯ 엽저는 잎 아래쪽에 줄기와 이어지는 곳의 모양, ㉱ 엽형은 잎 모양(원형, 타원형, 삼각형)을 말한다.

3 다음 중 가을에 씨를 뿌리는 1년 초화류는?
㉮ 시네라리아
㉯ 메리골드
㉰ 미모사
㉱ 백일초

해설 ㉯ 메리골드, ㉰ 미모사, ㉱ 백일초는 봄에 씨를 뿌려 여름에서 가을까지 개화하는 춘파 1년초이다.

정답 1. ㉯ 2. ㉰ 3. ㉮

4 화훼의 식물학적 분류에 대한 설명으로 옳지 않은 것은?
㉮ 식물학적 분류란 유연관계가 있는 공통적인 특색을 가진 종들을 같은 속으로 포함시킨다.
㉯ 학명의 표기는 각 나라의 고유 언어로 표기한다.
㉰ 속명, 종명, 변종명은 이탤릭체로 쓴다.
㉱ 속명의 첫 글자는 이탤릭체 대문자로 쓴다.

해설 학명은 이명법에 따라 '속명 + 종명 + 명명자'로 표기되며 라틴어로 쓴다.
㉯ 각 나라의 고유 언어나 일반적으로 쓰이는 것은 보통명이다.

5 자연 향을 오래 간직하기 위해서 말린 꽃에 향기 나는 식물, 향료 등을 혼합하여 이것을 용기 속에 넣어 이용하는 장식 화훼의 형태는?
㉮ 포푸리
㉯ 리스
㉰ 부토니어
㉱ 오브제

해설 ㉯ 리스 : 영원불멸성을 의미하며 원형을 기본으로 장례식, 성탄절 장식 등으로 쓰인다.
㉰ 부토니어 : 신랑이 다는 코르사주를 말한다.
㉱ 오브제 : 물체, 객체라는 뜻으로 예술과는 관련 없는 물건들이나 그것들의 일부를 발췌하여 작품 속에 배치하는 것을 말한다.

6 다음 화훼 장식의 도구에 관한 설명 중 옳지 않은 것은?
㉮ 절단면이 깨끗하게 잘릴 수 있는 잘 드는 칼을 사용해야 한다.
㉯ 글루건(Glue gun)은 90℃ 정도의 온도에서 접착할 수 있는 접착제이다.
㉰ 가위는 용도에 따라 꽃가위, 철사가위, 리본가위 등으로 나누며 용도에 맞게 사용해야 한다.
㉱ 절화 잎이나 가시를 제거하기 위해서는 잎 제거기와 가시 제거기 등의 도구를 사용해야 한다.

해설 ㉯ PVC 재질의 글루스틱(핫멜트)을 녹여야 하기 때문에 글루건은 90℃ 이상의 높은 온도에서 사용되므로 화상에 주의해야 한다.

정답 4. ㉯ 5. ㉮ 6. ㉯

7 다음 화목류 중 주로 잎을 관상하는 종류들로 바르게 묶인 것은?
㉮ 단풍나무, 은행나무, 향나무
㉯ 단풍나무, 좀작살나무, 은행나무
㉰ 은행나무, 구상나무, 산딸나무
㉱ 주목, 수수꽃다리, 모과나무

해설 ㉯의 좀작살나무, ㉰의 산딸나무, ㉱의 수수꽃다리와 모과나무는 꽃과 열매가 아름다운 식물이다.

8 다음 중 식물의 표찰 표기법에서 표찰의 표기 내용에 해당하지 않는 것은?
㉮ 학명   ㉯ 보통명
㉰ 번식법   ㉱ 원산지

해설 식물 표찰에는 꽃의 학명, 보통명, 원산지, 분류, 분포 지역, 성상, 꽃색, 광 조건 등의 식물의 일반적이고 생태적인 내용을 표기하며, ㉰ 번식법은 기재되지 않는다.

9 다음 중 암술이 꽃잎화한 것은?
㉮ 아이리스
㉯ 나리
㉰ 글라디올러스
㉱ 포인세티아

해설 ㉮ 아이리스는 세 장의 바깥쪽 꽃잎, 세 장의 안쪽 꽃잎, 세 갈래로 갈라진 암술대, 한 개의 수술로 구성되는데 안쪽 꽃잎은 암술이 꽃잎화되어 있다.

10 다음 '나팔꽃'의 특성에 대한 설명으로 옳지 않은 것은?
㉮ 한해살이 화초이다.
㉯ 가을에 파종하는 화초이다.
㉰ 보통 종자로 번식한다.
㉱ 대체로 단일 조건하에서 개화가 촉진된다.

해설 ㉯ 나팔꽃은 봄에 파종하여 여름에서 가을까지 개화하는 춘파 1년초이다.

정답 7. ㉮   8. ㉰   9. ㉮   10. ㉯

11. 다음 중 설명이 잘못된 것은?

㉮ 테라리움 - 라틴어로 흙이라는 의미의 Terra와 용기라는 의미의 Arium의 합성어이다.
㉯ 비바리움 - 유리 용기 속에 도마뱀, 개구리 등의 동식물이 공생하는 자연의 모습을 연출한다.
㉰ 아쿠아리움 - 거북이, 물고기를 넣고 수생 식물을 키운다.
㉱ 디시 가든 - 깊이가 얕은 분에 목본 식물을 인공적으로 생장 억제시켜 축소, 묘사한 것이다.

해설 ㉱ 디시 가든은 접시와 같이 얇고 넓은 용기에 구성하는 작은 정원 모양의 식물 장식이며, 깊이가 얕은 분에 목본 식물을 인공적으로 생장 억제시켜 축소, 묘사한 것은 분재이다.

12. 절지용으로 많이 사용되는 '사스레피나무'에 관한 설명 중 옳지 않은 것은?

㉮ 상록성 식물이다.
㉯ 관목성 식물이다.
㉰ 우리나라의 남부 지방에 자생한다.
㉱ 교목성 식물이다.

해설 우리나라 남부 지방에 분포하는 사스레피나무는 해변의 산기슭에서 자라며 키가 작고 열매가 아름다운 상록 활엽 관목이다.
㉱ 큰키나무라고도 하는 교목은 높이가 8미터를 넘는 나무를 말한다.

13. 다음 중 건조화에 대한 설명으로 옳지 않은 것은?

㉮ 식물의 장식을 위한 건조에는 관상 가치가 높은 꽃과 잎, 줄기, 열매에 이르는 모든 부위가 가능하다.
㉯ 자연 건조법은 건조 방법 중에서 가장 특별한 기술과 재료를 요구하는 방법이다.
㉰ 건조에 적합한 장소는 공기의 유입과 순환이 자유로운 곳이 좋다.
㉱ 건조 재료는 가벼운 중량감으로 반영구적으로 사용할 수 있다는 장점을 가지고 있다.

해설 ㉯ 자연 건조법은 특별한 기술이나 재료가 필요하지 않으며 가장 편리하고 비용이 적게 든다.

정답 11. ㉱ 12. ㉱ 13. ㉯

14 다음 중 기형화의 주요 식물과 구성상의 설명이 옳지 않은 것은?

㉮ 팬지는 보통의 꽃으로 바깥쪽부터 꽃받침, 꽃잎, 수술, 암술의 순으로 배치된다.
㉯ 백합은 꽃받침편이 꽃잎화하여 꽃잎과 공존하면서 꽃을 형성한다.
㉰ 안수리움은 꽃잎은 소형화 또는 정상이지만 포엽이 꽃잎화하여 눈에 띈다.
㉱ 튤립은 꽃잎은 소형화하고 꽃받침이 꽃잎화하여 눈에 띈다.

해설 ㉱ 튤립은 꽃받침이 꽃잎화하여 원래의 꽃잎과 더불어 풍성한 꽃잎으로 보이기 때문에 꽃잎이 소형화한 것이 아니다.

15 '*Lonicera Japonica* Thunb.'이라는 학명을 가지고 있는 것은?

㉮ 으름덩굴　　　　　　　㉯ 인동덩굴
㉰ 용담　　　　　　　　　㉱ 금잔화

해설 ㉮ 으름덩굴 : *Akebia quinata* (Houtt.) Decne.
㉰ 용담 : *Gentiana scabra* Bunge for. *scabra*
㉱ 금잔화 : *Calendula arvensis* L.

16 다음 중 관엽 식물이 아닌 것은?

㉮ 벤자민고무나무(*Ficus benjamina* L.)
㉯ 박쥐란(*Platycerium bifurcatum* C. Chr.)
㉰ 알스트로메리아(*Alstroemeria* cv.)
㉱ 엽란(*Aspidistra elatior* Blume)

해설 관엽 식물은 아름다운 색이나 모양을 가진 잎을 보고 즐기기 위한 것으로, ㉰ 알스트로메리아는 꽃이 크고 아름다운 구근류이다.

17 다음 중 4℃ 저온의 냉장고에 두면 잎이 퇴색되고 봉오리가 개화되지 않는 저온 장해를 받는 화훼류는?

㉮ 거베라　　　　　　　　㉯ 국화
㉰ 안수리움　　　　　　　㉱ 카네이션

해설 ㉰ 열대, 아열대 원산의 안수리움, 스파티필룸, 알로카시아 등의 식물은 저온에 노출되면 저온 장해를 받는다.

정답 14. ㉱　15. ㉯　16. ㉰　17. ㉰

18 다음 중 영국 조지 왕조 시대 때 꽃 문화에 대한 설명으로 틀린 것은?

㉮ 전염병을 예방해 준다는 향기 있는 꽃을 손에 들고 다니는 꽃다발(Nosegay)이 유행했다.
㉯ 꽃장식이 머리, 목, 허리, 가슴 등의 몸 장식용으로도 이용되었다.
㉰ 길고 가는 병(Bud vase)에 꽃을 꽂거나, 테이블 중앙의 정형적인 꽃꽂이 장식이 유행하기 시작했다.
㉱ 꽃꽂이는 정형적인 대칭 구조를 벗어나 비대칭형의 형태가 일반적이었다.

해설 ㉱ 조지 왕조 시대의 꽃꽂이는 일반적으로 형식적이고 대칭적이며 비례를 존중했다.

19 다음 중 괴근(塊根, 덩이뿌리)에 해당하는 구근류(알뿌리)는?

㉮ 수선화
㉯ 글라디올러스
㉰ 칼라
㉱ 달리아

해설 ㉮ 수선화 : 인경(비늘줄기), ㉯ 글라디올러스 : 구경(구슬줄기, 알줄기), ㉰ 칼라 : 괴경(덩이줄기)

20 다음 중 아스파라거스(Asparagus)속이 아닌 식물의 '종명(種名)'은?

㉮ 미리오클라두스(myriocladus)
㉯ 스프렌게리(sprengeri)
㉰ 메이리(meyerii)
㉱ 코모숨(comosum)

해설 ㉱ 코모숨(comosum)은 접란속(Chlorophytum)인 접란의 종명이다. 접란의 학명은 *Chlorophytum comosum* (Thunb.) Baker이다.

21 '미선나무'의 분류학상 해당하는 과(科)는?

㉮ 천남성과
㉯ 물푸레나뭇과
㉰ 장미과
㉱ 차나뭇과

해설 ㉯ 미선나무는 물푸레나뭇과에 속하는 낙엽 활엽 관목이며 쥐똥나무, 이팝나무, 개나리, 수수꽃다리 등이 같은 과에 속한다.

정답 18. ㉱ 19. ㉱ 20. ㉱ 21. ㉯

22 다음 식물 중 난과 식물로 짝지어지지 않은 것은?
㉮ 덴파레 – 심비디움
㉯ 팔레놉시스 – 카틀레야
㉰ 반다 – 시프리페디움
㉱ 덴드로비움 – 필로덴드론

해설 ㉱ 필로덴드론은 관엽 식물이다.

23 추식 구근으로 무피 인경에 속하는 식물은?
㉮ 수선   ㉯ 아마릴리스
㉰ 무스카리 ㉱ 나리(백합)

해설 ㉱ 가을에 심는 숙근성 다년초인 나리는 인경이 하나하나 분리되는 무피 인경에 속한다.

24 피트모스(Peat moss)에 대한 설명으로 옳지 않은 것은?
㉮ 초본의 식물이 습지에 퇴적되어 완전히 분해되지 않고 탄화된 것이다.
㉯ 온대에서는 퇴적되는 양이 적지만 아한대, 한대 지역에서는 넓게 분포한다.
㉰ 보수성이 높고 공극이 크며 염기 치환 용량이 낮은 편이다.
㉱ pH는 3.0~6.2인 산성이다.

해설 피트모스는 수태가 퇴적되어 탄화된 상태로 쌓여 있는 것을 말하며 보수성, 보비력, 염기 치환 용량, 공극률이 높은 편이다.

25 꽃을 물들이는 방법으로 염료를 떨어뜨려서 방향에 따라 섞으면서 계속 반복한 다음 헹궈 말리는 방법과 카네이션이나 덴드로비움 줄기에 흡수염으로 집중적으로 줄기를 염색하는 방법은?
㉮ 더미(Dummy)
㉯ 페틀레타(Petaleta)
㉰ 틴팅(Tinting)
㉱ 테일러드(Tailored)

해설 ㉰ 틴팅(Tinting)은 '색을 입히다'라는 뜻으로 꽃을 물들이는 기법이다.

정답 22. ㉱ 23. ㉱ 24. ㉰ 25. ㉰

26 꽃 모양과 크기에 따른 꽃꽂이 소재의 4가지 구성 요소 연결이 옳은 것은?
㉮ Line flower – 뭉치 꽃 – 장미
㉯ Mass flower – 선 꽃 – 칼라
㉰ Filler flower – 채우는 꽃 – 스타티스
㉱ Form flower – 모양 꽃 – 소국

해설 ㉮ 장미는 뭉치 꽃(Mass flower)이고, ㉯ 칼라는 모양 꽃(Form flower)이며, ㉱ 소국은 채우는 꽃(Filler flower)이다.

27 철사(Wire)에 대한 설명으로 옳지 않은 것은?
㉮ 꽃의 줄기를 대신하거나 뼈대, 고정용으로 이용한다.
㉯ 철사의 굵기는 짝수 번호로 표시된다.
㉰ 높은 숫자일수록 철사의 굵기가 굵어진다.
㉱ 녹색이나 백색의 종이가 감겨 있는 것과 에나멜로 가공한 것, 몰드 와이어, 알루미늄 와이어 등이 있다.

해설 ㉰ 철사 번호가 낮은 숫자일수록 굵고, 높을수록 얇아진다.

28 핸드타이드 꽃다발(Handtied bouquet)에 대한 설명으로 옳은 것은?
㉮ 묶음점 아랫부분 줄기에도 싱싱한 잎을 붙여 둔다.
㉯ 묶음점은 단단하게 하기 위하여 최대한 넓은 폭으로 묶는다.
㉰ 줄기 끝은 직선으로 자른 후 세울 수 있게 한다.
㉱ 줄기는 스파이럴(Spiral) 또는 패럴렐(Parallel) 기법으로 제작한다.

해설 ㉮ 묶음점 아래에는 잎 소재나 불순물이 없어야 한다.
㉯ 묶음점은 하나로 단단하게 묶고 넓은 폭으로 묶을 시 꽃이 흐트러질 우려가 있다.
㉰ 줄기 끝은 사선으로 잘라야 물 흡수가 용이하다.

29 다음 중 다육 식물인 '꽃기린'이 속하는 과명(科名)은?
㉮ 석류풀과   ㉯ 대극과
㉰ 박주가릿과   ㉱ 돌나물과

해설 ㉯ 꽃기린은 쌍떡잎식물 쥐손이풀목 대극과의 목본상 다육 식물이다.

정답 26. ㉰ 27. ㉰ 28. ㉱ 29. ㉯

30 잎 비료로 왕성한 생육을 유도하고 부족하면 잎이 연한 녹색으로 변하며 오래된 잎에서 결핍 증상이 빨리 나타나는 것은?
- ㉮ 인산(P)
- ㉯ 질소(N)
- ㉰ 칼륨(K)
- ㉱ 망간(Mn)

해설 ㉮ 인산(P)은 꽃의 비료, ㉰ 칼륨(K)은 줄기의 비료라고 부르며, ㉱ 망간(Mn)이 부족하면 엽록소 생성이 저하된다.

31 일반적으로 절화의 수분 흡수를 저해하는 유관속 폐쇄 원인으로 옳지 않은 것은?
- ㉮ 보존제 처리한 물속 자르기
- ㉯ 절단 후 도관 중에 기포 발생
- ㉰ 절단면에 유액에 의한 절구 굳음 현상
- ㉱ 미생물 증식으로 인한 도관부 폐쇄

해설 보존제는 절화의 수명 연장과 노화를 지연하는 역할을 하고, 물속 자르기는 절단면에 공기의 유입 대신 물을 제공함으로써 수분 흡수를 촉진한다.

32 색상이 밝고 작은 소재들은 바깥쪽에, 어둡고 무거운 소재들은 중앙을 향해 배치하여 시각적 균형과 점진적 변화를 강조하는 기법은?
- ㉮ 시퀀싱(Sequencing)
- ㉯ 섀도잉(Shadowing)
- ㉰ 그루핑(Grouping)
- ㉱ 클러스터링(Clustering)

해설 ㉮ 시퀀싱 : 차례 기법. 그러데이션, 크기, 색상, 높이를 점차적으로 변화시킴으로써 시각적 효과를 주는 기법

33 화분 밑의 배수공을 통해 물이 모세관 현상으로 스며 올라가게 하는 관수 방법은?
- ㉮ 점적 관수
- ㉯ 저면 관수
- ㉰ 살수 관수
- ㉱ 지중 관수

해설 ㉮ 점적 관수 : 튜브 끝에서 물방울이 떨어지거나 천천히 흐르게 하여 원하는 부위에만 관수하는 방법
㉰ 살수 관수 : 일정한 수압을 가진 물을 송수관으로 보내고 그 선단에 부착한 각종 노즐을 이용하여 다양한 각도와 범위로 물을 뿌리는 방법
㉱ 지중 관수 : 지하 20~30cm 깊이에 관수 호스를 묻어 물을 주는 방법

정답 30. ㉯ 31. ㉮ 32. ㉮ 33. ㉯

34 20세기에 등장한 독특한 시각 예술 형태로 자연적, 추상적인 어떠한 구성도 가능하며, 소재의 종류에 따라 종이, 캔버스, 합판, 나뭇가지 등의 지지물을 바탕으로 이용하는 디자인 양식은?

㉮ 리스(Wreath)
㉯ 콜라주(Collage)
㉰ 토피어리(Topiary)
㉱ 갈런드(Garland)

해설 ㉮ 리스 : 크란츠라고도 불리며 원형을 기본으로 영원불멸을 의미하며 장례식, 성탄절 장식, 테이블 장식 등으로 많이 쓰인다.
㉰ 토피어리 : 식물을 동물이나 별, 하트 등의 여러 가지 형태로 자르고 다듬어 보기 좋게 만드는 방법이다.
㉱ 갈런드 : 꽃과 잎을 이용하여 길게 엮어 만든 체인 모양의 꽃 줄이다.

35 수평형, 수직형이 모두 포함되어 있고, 음화적인 공간이 필요하다. 또한 반사되어 보이듯 제작하고 L자형을 기본 구조로 디자인하는 기법은?

㉮ 뉴 컨벤션 디자인(New convention)
㉯ 포멀 리니어 디자인(Formal linear)
㉰ 뉴 웨이브 디자인(New wave)
㉱ 필로잉 디자인(Pillowing)

해설 ㉮ 뉴 컨벤션 디자인은 L자형에 근거를 둔 새로운 양식으로 강한 수직선과 수평선의 결합이 가장 큰 특징이다.

36 색의 대비에 대한 설명으로 틀린 것은?

㉮ 색상이 다른 두 색의 영향으로 인해 색상 차가 크게 보이는 것이 색상 대비이다.
㉯ 면적이 커지면 실제보다 명도는 높게, 채도는 낮게 보인다.
㉰ 연변 대비를 방지하기 위해서는 색과 색 사이에 무채색을 사용한다.
㉱ 옆에 있는 색과 닮은 색으로 보이는 것은 동화 현상이다.

해설 ㉯ 면적 대비는 같은 색이라도 면적이 클수록 명도와 채도가 높아 보이는 현상이다. 면적이 크면 실제보다 더 밝고 선명하게, 면적이 작으면 실제보다 어둡고 옅게 보인다.

정답 34. ㉯ 35. ㉮ 36. ㉯

37 속이 빈 꽃의 꽃받침이나 줄기에 직각으로 철사를 꽂아 줄기와 같은 방향으로 구부리는 철사 처리 기법은?
㉮ 인서션 메서드
㉯ 크로스 메서드
㉰ 피어스 메서드
㉱ 헤어핀 메서드

해설 ㉮ 인서션 메서드 : 철사를 줄기의 속 아래에서 위쪽으로 수직으로 꽂아 주는 방법
㉯ 크로스 메서드 : 피어싱한 철사와 수직이 되게 십자로 교차되도록 한 번 더 철사를 활용하는 방법
㉱ 헤어핀 메서드 : 주로 잎류에 활용하며 U자형으로 구부려 주는 방법

38 페더링(Feathering) 기법에 관한 설명 중 틀린 것은?
㉮ 코르사주나 터지머지(Tuzzy-muzzy) 등과 같은 섬세한 디자인을 할 때 사용된다.
㉯ 카네이션, 국화 등의 꽃잎을 여러 장 겹쳐서 감아 주는 기법이다.
㉰ 하나하나의 꽃과 잎이 움직이지 않도록 철사를 중심으로 단단히 감아 연결하는 기법이다.
㉱ 꽃의 꽃잎을 분해하여 새의 날개처럼 처리한다고 하여 붙여진 이름이다.

해설 페더링 기법이란 카네이션, 국화, 거베라 등의 꽃잎을 분해하여 새의 날개처럼 처리하는 섬세한 디자인 기법이다.

39 다음 중 수액이 다른 꽃에 해를 끼쳐 따로 물올림을 하는 것은?
㉮ 튤립
㉯ 수선화
㉰ 아마릴리스
㉱ 포인세티아

해설 ㉯ 수선화의 수액에서는 독성 물질인 리코린(Lycorine)과 옥살산 칼슘(Calcium Oxalate)이 분비되기 때문에 다른 꽃과 같이 물올림하면 다른 식물에 해를 끼친다.

40 고려 시대 수덕사 대웅전에 그려진 수화도와 야화도에 나타나지 않은 식물은?
㉮ 치자
㉯ 작약
㉰ 부들
㉱ 계관화

해설 고려 시대의 수덕사 대웅전의 수화도와 야화도에는 수반에 모란, 작약, 맨드라미(계관화), 치자, 들국화, 연꽃, 어송화, 수초 등이 가득 담겨 있는 그림이 있다.

정답 37. ㉰ 38. ㉰ 39. ㉯ 40. ㉰

41. 다음 중 먼셀 표색계의 '채도'에 대한 설명 중 옳지 않은 것은?

㉮ 채도는 'C'로 표시한다.
㉯ 색의 선명도를 나타내는 것으로 포화도라고도 한다.
㉰ 채도가 높으면 색이 탁해진다.
㉱ 채도는 1에서 14단계로 나뉘며 색입체의 중심축에서 바깥쪽으로 멀어질수록 채도 번호는 점점 높아진다.

해설 채도란 색의 선명도를 말하며 포화도라고도 한다. 채도가 높은 것은 순도가 높은 것이며, 불순물이 섞이지 않은 상태이기 때문에 색이 선명하고 맑다.

42. 플로럴 폼을 사용할 때 좋은 방법이 아닌 것은?

㉮ 사용하기 전에 절화 보존제를 탄 물에 담근다.
㉯ 깊은 물속에 넣고, 단시간에 위에서 누르면서 담근다.
㉰ 플로럴 폼이 수면 위로 0.6cm 정도 떠 있으면 충분히 젖은 것으로 본다.
㉱ 한번 꽂은 구멍은 메워지지 않으므로 정확한 위치에 많은 양을 꽂는다.

해설 플로럴 폼은 내표면적이 넓고 천천히 물을 흡수하기 때문에 물 위에 띄워 자연스럽게 물이 흡수되도록 두어야 한다. 단시간에 위에서 누르면 물이 제대로 충분히 흡수되지 않는다.

43. 일반적으로 한국 꽃꽂이에서 제2주지를 나타내는 기호는?

㉮ □
㉯ +
㉰ △
㉱ ┬

해설 한국 꽃꽂이에서는 제1주지를 ○, 제2주지를 □, 제3주지를 △로 표시한다.

44. 절화의 노화 원인 중 관련이 가장 적은 것은?

㉮ C/N율 저하
㉯ 수분 균형 불량
㉰ 에틸렌에 노출
㉱ 호흡에 의한 양분 소모

해설 ㉮ C/N율은 탄수화물과 질소의 비율로 절화의 노화 원인과는 관련이 없다.

정답 41. ㉰ 42. ㉯ 43. ㉮ 44. ㉮

45 색에 대한 설명 중 옳지 않은 것은?

㉮ 빨간색은 활력이 넘치는 색으로 따뜻하고 강한 느낌을 준다.
㉯ 흰색은 색상환의 제일 앞에 위치하며, 화훼 디자인에 있어서 일반적인 색이라 할 수 있다.
㉰ 분홍색은 빨강에 흰색을 혼합한 색으로 낭만적이고 여성스러운 느낌을 준다.
㉱ 색상환에서 빨강과 청록은 보색 관계에 있다.

해설 ㉯ 흰색은 무채색이기 때문에 색상환에 포함되지 않는다.

46 다음 중 머리 장식물에 들어갈 꽃의 조건으로 가장 부적합한 것은?

㉮ 꽃이 작고 가벼운 것
㉯ 꽃의 키가 크지 않은 것
㉰ 꽃의 향기가 진한 것
㉱ 꽃의 색과 모양에 특징이 있는 것

해설 ㉰ 머리 장식물에 들어갈 꽃의 향기는 꼭 필요한 조건이 되지 않으며, 향기가 진하지 않은 것이 적합하다.

47 실외 창가 장식에 많이 이용되는 것으로 적합하지 않은 것은?

㉮ 제라늄
㉯ 아이비제라늄
㉰ 말채나무
㉱ 아이비

해설 ㉰ 높이가 10m 정도의 말채나무는 창가 장식으로는 부적합하다. 주로 정원수로 심으며 목재는 목재 완구나 건축재, 가구재 등으로 쓰인다.

48 자연과 격리된 도시에서 사무 공간에 이루어진 화훼 장식은 사원들의 스트레스를 줄이고 일의 효율과 창의성을 높여 주는데 이러한 화훼 장식의 기능으로 가장 적당한 것은?

㉮ 환경적 기능
㉯ 심리적 기능
㉰ 장식적 기능
㉱ 교육적 기능

해설 ㉯ 심리적 기능 : 생명력이 있는 자연으로부터의 장식 효과가 심리적 긴장감을 완화시키고, 쾌적한 환경 조성은 일의 능률을 높이고 상호 간의 교감을 부드럽게 한다.

정답 45. ㉯ 46. ㉰ 47. ㉰ 48. ㉯

49. 화훼 장식 디자인 요소로서 향기에 대한 설명으로 옳은 것은?

㉮ 재스민 향기는 부드러운 분위기를 연출한다.
㉯ 프리지어 향기는 가을을 연상시킨다.
㉰ 장미 향기는 소화를 촉진시킨다.
㉱ 소나무 향은 자극적이며 흥분을 유도한다.

해설 ㉯ 프리지어는 봄을 연상시키는 싱그러운 향이 나고, ㉰ 장미 향기를 맡을 때 분비되는 도파민이 행복감과 만족감을 주어 기분을 좋게 하며, ㉱ 상쾌한 소나무 향은 진정 효과가 있다.

50. 화훼 장식의 기능이 바르게 연결된 것은?

㉮ 심리적 기능 - 오감 자극
㉯ 경제적 기능 - 홍보 효과
㉰ 신체적 기능 - 신체 장식
㉱ 지적, 예술적 기능 - 정서 함양

해설 ㉯ 경제적 기능 : 아름다운 실내 공간 연출로 쾌적한 분위기와 시각적 즐거움과 볼거리를 제공하여 사람들을 불러 모으는 효과를 가진다. 상업 공간에서 시선과 동선을 유도하고 구매 의욕을 유발하여 상품 판매율 증가의 경제적 효과가 있다.

51. 가을 국화를 7~8월에 개화시키고자 할 때 처리해야 하는 방법은?

㉮ 차광(遮光) 처리
㉯ 장일(長日) 처리
㉰ 전조(電照) 처리
㉱ 고온(高溫) 처리

해설 ㉮ 국화는 낮의 길이가 짧아야 개화하는 단일성 식물이기 때문에 차광을 해 주어야 한다.

52. 다음 중 중성색이 아닌 것은?

㉮ 다홍색
㉯ 연두색
㉰ 보라색
㉱ 자주색

해설 중성색이란 난색이나 한색에 속하지 않는 중간 정도의 색으로 연두, 녹색, 보라, 자주 등이 있다.

정답 49. ㉮ 50. ㉯ 51. ㉮ 52. ㉮

53. 다음 색채의 대비에 관한 내용 중 바르게 설명한 것은?
㉮ 녹색과 청색은 같은 거리이지만 가깝게 느껴지고, 무채색은 유채색보다 진출되어 보인다.
㉯ 노란색에서 빨간색까지의 단파장의 색상은 따뜻한 느낌을 준다.
㉰ 명도가 밝으면 작게 보이고 어두우면 크게 보인다.
㉱ 순색에서는 노란색이 가장 크게 보인다.

해설 ㉮ 유채색이 무채색보다 진출되어 보이고, ㉯ 노란색이 더 따뜻한 느낌을 주며, ㉰ 명도가 밝으면 크게, 어두우면 작게 보인다.

54. 다음 중 바로크 시대에 처음 소개된 화훼 장식의 디자인으로 옳은 것은?
㉮ 호가스 라인 ㉯ 토피어리
㉰ 코누코피아 ㉱ 타원형

해설 ㉮ S자 형태의 화형인 호가스 라인은 화가였던 윌리엄 호가스의 이름에서 기인했고 호가스 커브, S커브라고도 불린다.

55. 자극을 주어 색각이 생긴 후 자극을 제거해도 그 흥분이 남아 원자극의 형상과 닮았지만 밝기는 반대로 되는 현상은?
㉮ 정의 잔상 ㉯ 색 순응
㉰ 부의 잔상 ㉱ 명암 순응

해설 ㉰ 부의 잔상 : 자극으로 생긴 상의 밝기나 색상 등이 정반대로 느껴지는 현상이다. 예 수술 도중 피의 보색인 청록색이 아른거리는 현상

56. 지루한 느낌이 들 수 있으나 톤의 변화를 주어 배색하면 부드럽고 우아한 느낌을 주는 색의 조화는?
㉮ 보색 조화 ㉯ 유사색 조화
㉰ 다색 조화 ㉱ 삼색 대비 조화

해설 ㉯ 유사색 조화(인접색 조화) : 색상환에서 인접한 색상의 조화로 부드럽고 잔잔한 변화가 있어 단일색 조화에 비해 흥미로우면서도 우아하고 차분한 색상 조화이다. 예 빨강, 주황, 노랑

정답 53. ㉱ 54. ㉮ 55. ㉰ 56. ㉯

57 비더마이어(Biedermeier) 시대에 대한 설명으로 틀린 것은?
㉮ 약 1815~1848년대를 비더마이어 시대라고 한다.
㉯ Ludwig Eichrodt의 풍자 소설집의 재목에서 최초로 등장했다.
㉰ 상류층을 위한 예술의 시대이다.
㉱ 주로 사용한 꽃은 국화, 팬지 등의 작고 둥근 형태의 꽃이다.

해설 비더마이어란 용어는 19세기 전반에 독일어권에서 나타난 시민 풍속 및 정신적 문화적 성향을 일컫는다. '소시민적인 실리주의자'를 뜻하며, 주로 촘촘하고 둥근형으로 디자인된다.

58 용기 위에 꽃다발을 얹은 것처럼 구성한 디자인으로 줄기와 꽃이 자연스럽게 연결되어 있는 것처럼 보이도록 양쪽에서 연결하여 꽂는 디자인은?
㉮ 대각선형(Diagonal style)   ㉯ 나선형(Spiral style)
㉰ 스프레이형(Spray style)   ㉱ 수평형(Horizontal style)

해설 ㉰ 스프레이형(Spray style)은 바구니에 꽃다발을 얹은 것처럼 표현하는 디자인으로 꽃다발과 같은 효과를 얻을 수 있다.

59 우리나라에서 화훼 장식이 발생하게 된 원인으로 옳은 것은?
㉮ 미의 창조
㉯ 생활공간의 장식 목적
㉰ 불교 의식에서 불전공화
㉱ 자연 숭배 사상에 의해 제의식에서 헌공화

해설 한국의 화훼 장식은 신수 사상에 기원을 둔다. 식물을 꺾어 신에게 바쳐 이를 매개로 하여 신을 청하는 통로로 이용하였는데, 이는 신단수나 솟대 활용을 보아 짐작할 수 있다.

60 미국의 색채학자 저드(D. B. Judd)가 색채 조화론에서 주장한 색채 조화의 원리로 옳지 않은 것은?
㉮ 질서의 원리   ㉯ 친근성의 원리
㉰ 유사성의 원리   ㉱ 모호성의 원리

해설 저드(D. B. Judd)의 색채 조화의 원리 : 질서, 친근성, 유사성, 명료성의 원리

정답 57. ㉰   58. ㉰   59. ㉱   60. ㉱

2006년 7월 16일 시행

1 화훼류의 일반적 특성에 대한 설명으로 옳지 않은 것은?
㉮ 다른 농작물에 비하여 대표적인 집약 식물이다.
㉯ 정서와 문화의 작물이다.
㉰ 종과 품종이 많은 식물이다.
㉱ 다른 농작물에 비하여 국내성이 높은 식물이다.

해설 화훼의 특성 : 정신적, 문화적, 집약적이며 다품종, 다종류를 취급하고 고도의 기술을 요구하며 국제성을 지닌다. 일반 작물은 그 나라의 문화 및 생활 습관에 따라 기호도의 차이가 크지만 아름다운 꽃은 기호 측면에서 공통점이 많다.

2 난과 식물 중 지생란에 속하는 것은?
㉮ 카틀레야
㉯ 은대난초
㉰ 풍란
㉱ 석곡

해설 지생란은 땅속에 뿌리를 내리고 살아가는 난과 식물로 은대난초, 새우난초, 한란, 춘란, 소심란, 보춘화 등이 이에 속한다.

3 클로로피텀(Chlorophytum)은 외국에서는 러너의 형태를 보고 거미 식물(Spider plant)이라고 부르며, 우리나라에서 접란으로 불리고 있다. 이러한 것을 보통명이라고 하는데 다음 중 보통명에 대한 설명으로 틀린 것은?
㉮ 보통명은 전 세계 사람이 통용어로 사용할 수 없다.
㉯ 식물학자들은 보통명을 자주 사용한다.
㉰ 학술 용어로 사용하기에는 비과학적이다.
㉱ 학명에 비해 부적합한 것이 많다.

해설 ㉯ 식물학자들이 사용하는 것은 학명이다. 보통명은 나라마다 그 나라 국민이 자신들의 모국어로 지어 부르는 식물명으로 대개 속명이나 향토명, 상업명들로 이루어져 과학적인 체계성이 없고 국제적으로 사용하기 힘들다.

정답 1. ㉱ 2. ㉯ 3. ㉯

4 분류상 '칸나(Canna)'가 속하는 과(科)명은?
㉮ 분꽃과   ㉯ 홍초과
㉰ 백합과   ㉱ 십자화과

> 해설 ㉮ 분꽃과에는 부겐빌레아, 분꽃 등이 있고, ㉰ 백합과에는 원추리, 참나리 등이 있으며, ㉱ 십자화과에는 스톡, 유채 등이 있다.

5 다음 중 주로 절화용으로 사용되는 화훼류가 아닌 것은?
㉮ 숙근 안개초   ㉯ 극락조화
㉰ 칼랑코에   ㉱ 오리엔탈나리

> 해설 ㉰ 칼랑코에는 남아프리카와 열대 지방에 100여 종이 분포하고 있으며, 꽃꽂이 분재용으로 널리 쓰이는 다육 식물이다.

6 다음 중 건조 소재를 이용한 장식에서 건조 소재의 보존 방법으로 잘못된 것은?
㉮ 빛과 습기에 약하므로 건조하고 어두운 곳에 보관한다.
㉯ 장마철에는 일시적으로 비닐에 싸두거나 상자 속에 넣어 보관한다.
㉰ 유리 용기 속에 넣어 장식하거나 아크릴로 만든 상자 속에 넣어 장식하면 방습시킬 수 있다.
㉱ 매몰 건조나 동결 건조된 꽃은 습기에 강하므로 밀폐시킬 필요는 없다.

> 해설 ㉱ 매몰 건조나 동결 건조된 꽃은 습기에 노출될 경우 변색·변형되므로 밀폐시켜 보관해야 한다.

7 다음 중 학명이 바르게 표시된 것은?
㉮ 카네이션 : *Dianthus chinensis* L.
㉯ 국화 : *Callistephus chinensis* Nees.
㉰ 장미 : *Rosa multiflora* Hort.
㉱ 나팔나리 : *Lilium longiflorum* Thunb.

> 해설 ㉮ 카네이션 : *Dianthus caryophyllus* L.
> ㉯ 국화 : *Dendranthema grandliflorum* (Ram.) Kitamura
> ㉰ 장미 : *Rosa hybrida* Hort.

정답 4. ㉯   5. ㉰   6. ㉱   7. ㉱

8 다음 중 다육 식물이 아닌 것은?
㉮ 용설란   ㉯ 유카
㉰ 칼랑코에   ㉱ 맥문동

> **해설** ㉱ 백합과의 맥문동은 노지 숙근 초화류로 화단에 많이 이용된다.
> 다육 식물 종류 : 용설란, 유카, 칼랑코에, 세듐, 알로에, 산세베리아, 돌나물, 부채선인장, 공작선인장 등

9 다음 중 건조화로 사용하기에 가장 좋은 꽃으로 연결된 것은?
㉮ 봉선화, 채송화   ㉯ 과꽃, 기린초
㉰ 해바라기, 유카   ㉱ 밀짚꽃, 스타티스

> **해설** 건조화로 적당한 꽃은 수분이 없고 규산질이 많은 꽃으로 밀짚꽃(헬리크리섬), 스타티스, 로단세, 천일홍, 미스티블루 등이 있다.

10 달리아에 대한 설명으로 올바른 것은?
㉮ 추식 구근이다.
㉯ 내한성이 강한 편이다.
㉰ 줄기가 비대해져 알뿌리 모양으로 된 것이다.
㉱ 구근류의 분류상 괴근에 속한다.

> **해설** 달리아는 봄철에 심는 춘식 구근으로 내한성이 약하고, 뿌리가 비대해져 저장 기관으로 발달된 괴근(덩이뿌리)이다.

11 다음 중 숙근류에 관한 설명으로 틀린 것은?
㉮ 파종해서 여러 해 동안 식물체가 살아남아 매년 개화·결실하는 것을 말한다.
㉯ 국내 자생 식물은 숙근류가 상대적으로 많다.
㉰ 거베라와 카네이션은 숙근류에 포함된다.
㉱ 가을에 파종하여 겨울을 난 후 봄에 꽃이 핀 다음 죽는 것도 숙근류로 볼 수 있다.

> **해설** 숙근류(다년초)는 여러해살이 식물이다.
> ㉱ 가을에 파종하여 겨울을 난 후 봄에 꽃이 핀 다음 죽는 것은 추파 1년초이다.

정답 8. ㉱   9. ㉱   10. ㉱   11. ㉱

12 리아트리스(Liatris spp.)의 생육, 개화, 형태적 특성 및 용도에 대한 설명으로 옳은 것은?

㉮ 백합과의 1년생 초화로 작은 꽃들이 피며, 종자 번식이 어려워 주로 삽목 번식을 한다.
㉯ 다년생 초화로 추위에 약하며, 온실 절화용이다.
㉰ 다년생 초화로 작은 꽃들이 위에서 아래로 피어 내려간다.
㉱ 관상 화목으로 꽃은 대형화이며, 주로 삽목 및 분주 번식에 의한다.

해설 리아트리스는 국화과에 속하는 구근성 숙근초로 내한성이 강하고 키우기가 쉬우며 꽃이 오래 피기 때문에 원예용으로도 좋고 주로 절화용으로 재배된다. 꽃은 통상화뿐이고 보라색, 흰색의 작은 꽃들이 수상 화서 또는 총상 화서로 밀생하며, 위쪽에서 아래로 내려오면서 핀다.

13 하나의 꽃에 암술과 수술이 모두 들어 있는 꽃은?

㉮ 단성화 ㉯ 양성화
㉰ 완비화 ㉱ 불완전화

해설 ㉮ 단성화 : 암술과 수술 중 하나만 있는 꽃
㉰ 완비화(갖춘꽃, 완전화) : 암술, 수술, 꽃잎, 꽃받침을 완전히 갖춘 꽃
㉱ 불완전화(안갖춘꽃, 불안전꽃) : 암술, 수술, 꽃잎, 꽃받침 중 일부를 갖추지 못한 꽃

14 다음 그림과 같은 디자인의 원리는?

㉮ 율동(Rhythm) ㉯ 통일(Unity)
㉰ 균형(Balance) ㉱ 조화(Harmony)

해설 ㉰ 균형은 물리적, 시각적인 안정감을 말한다. 물리적, 시각적, 대칭, 비대칭 균형이 있는데, 위 그림은 비대칭 균형으로 중심축을 중심으로 좌우에 다른 요소가 배열되었을 때의 균형이다. 자연스럽고 시각적 흥미를 이끌며 생동감이 있다.

정답 12. ㉰ 13. ㉯ 14. ㉰

15 우리나라에서 화환의 배경용으로 자주 사용되는 사스레피나무에 관한 설명으로 틀린 것은?
- ㉮ 상록성 식물이다.
- ㉯ 제주도와 남부 지방에 자생한다.
- ㉰ 꽃이 피는 관목 식물이다.
- ㉱ 중북부 지방에 자생하는 교목성 식물이다.

해설 사스레피나무는 한국 남부 해변의 산기슭에 나는 상록 활엽 관목으로 꽃과 열매가 아름답다.

16 실내 식물로 이용되는 관엽 식물의 일반적 특성이 아닌 것은?
- ㉮ 변온에 강하다.
- ㉯ 생장이 빠르다.
- ㉰ 내음성이 강하다.
- ㉱ 꽃보다는 잎의 아름다움이 우수하다.

해설 관엽 식물은 열대 및 아열대 원산으로 아름다운 색과 모양의 잎을 보고 즐기기 위한 식물로 내음성이 강한 음생 식물이 많아 실내 관상용으로 좋으며 저온에 약하다.

17 절화의 내적 품질을 나타내는 것으로 가장 옳은 것은?
- ㉮ 절화의 길이
- ㉯ 꽃의 크기
- ㉰ 절화의 수명
- ㉱ 절화의 개화 정도

해설 절화의 품질은 눈으로 확인 가능한 외적 품질과 눈으로 확인하기 어려운 내적 품질에 의해 결정된다. 내적 품질로 가장 중요한 것은 절화의 수명이고, 외적 품질에 비해 내적 품질이 낮으면 상품으로서의 가치가 떨어진다.

18 다음 중 절화의 형태적 특성이 잘못 짝지어진 것은?
- ㉮ 라인 플라워 – 리아트리스
- ㉯ 폼 플라워 – 백합
- ㉰ 매스 플라워 – 글라디올러스
- ㉱ 필러 플라워 – 안개초

해설 ㉰ 글라디올러스는 선의 꽃인 라인 플라워이며, 한 줄기에 많은 꽃들이 이삭 모양으로 붙어 있는 선상의 꽃에는 리아트리스, 스톡, 용담, 금어초, 인동 등이 있다.

정답 15. ㉱ 16. ㉮ 17. ㉰ 18. ㉰

19 다음 중 열매를 관상하는 가장 대표적인 화목은?
㉮ 목련
㉯ 수국
㉰ 피라칸타
㉱ 조팝나무

해설 ㉮ 목련, ㉯ 수국, ㉱ 조팝나무는 꽃을 관상하는 화목이다.

20 국화꽃의 형태인 설상화(舌狀花)와 관상화(管狀花)에 대한 설명으로 옳은 것은?
㉮ 설상화는 1개의 꽃잎이 갈라져서 여러 개의 꽃잎으로 된 것을 말한다.
㉯ 설상화는 다른 말로 통상화라 한다.
㉰ 관상화는 꽃부리의 형태가 가늘고 긴 관상 형태인 것을 말한다.
㉱ 관상화는 다른 말로 혀꽃이라 한다.

해설
- 설상화 : 꽃잎이 합쳐져서 한 개의 꽃잎처럼 된 꽃으로 혀꽃이라고도 한다.
- 관상화 : 화관의 형태가 가늘고 긴 관 또는 통 모양인 꽃으로 통상화라고도 한다.

21 장례 의식에서 화훼 장식에 대한 설명으로 틀린 것은?
㉮ 외국에서는 묘지 앞에 꽃을 심거나 장식하는 일이 많다.
㉯ 서양의 풍습에서는 관 속에 화훼 장식을 하지 않았다.
㉰ 한국의 장례식에 사용되는 꽃의 색상은 대부분의 흰색과 노란색이 주를 이룬다.
㉱ 외국에서의 장례식용 화환은 리스나 십자가, 별, 하트 등의 형태가 선호된다.

해설 서양에서는 관 장식이 성행하여 필로우, 하트, 리스, 별 형태가 선호되었고, 캐스켓 스프레이, 이젤 스프레이, 리스, 형상물, 꽃다발 등이 장례 장식으로 사용되었다.

22 접시와 같이 넓고 깊이가 얕은 용기에 키가 작고 생육 속도가 늦은 식물을 식재하여 감상하는 분 식물 장식은 무엇인가?
㉮ 분재
㉯ 걸이 분
㉰ 디시 가든
㉱ 토피어리

해설 ㉮ 분재 : 작은 분(盆)에 키 낮은 나무를 심어 특징과 정취를 축소시켜 가꾼 것
㉯ 걸이 분 : 아이비나 스킨답서스 같은 늘어지는 식물을 심어서 걸어 놓은 것
㉱ 토피어리 : 동물, 별, 하트 등의 형태로 식물을 전정하여 키우는 것

정답 19. ㉰ 20. ㉰ 21. ㉯ 22. ㉰

23 다음 그림과 같은 도면으로 표현되는 꽃꽂이 형태는?

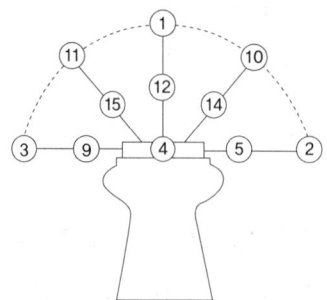 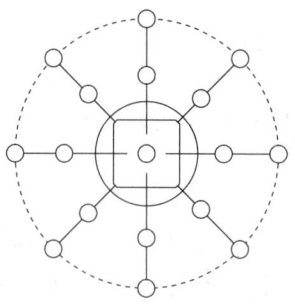

㉮ 부채형 ㉯ 타원형
㉰ 삼각형 ㉱ 라운드

해설 ㉮, ㉯, ㉰의 평면도는 원형이 아닌 각각의 부채형, 타원형, 삼각형이다.

24 다른 화훼 장식물에 비하여 꽃다발과 꽃바구니가 주로 선물용 및 증정용으로 활용되는 주된 이유는?

㉮ 이동성이 좋다. ㉯ 가격이 싸다.
㉰ 형태가 다양하다. ㉱ 색 표현이 다양하다.

해설 ㉮ 수명이 길고 색상, 형태가 아름다우며 향기가 좋은 꽃다발과 꽃바구니는 다른 화훼 장식물에 비하여 가볍고 손잡이가 있어 이동이 편리하므로 선물용 및 증정용으로 많이 활용된다.

25 다음 중 일반적으로 신부 부케 제작 시 요구되는 사항으로 옳은 것은?

㉮ 신부 부케는 들고 다니기 편리하게 반드시 부케 홀더를 사용한다.
㉯ 색상은 신부의 체형, 키, 피부색, 웨딩드레스 등에 맞도록 제작한다.
㉰ 형태는 되도록 크고 늘어지게 한다.
㉱ 색상은 대단히 화려하고 눈에 띄는 큰 꽃으로 한다.

해설 홀더 부케는 다소 무거운 감이 있으므로 신부 부케는 장시간 들기에 가벼운 와이어 부케나 자연 줄기를 이용한 부케를 사용한다. 부케의 색상과 형태는 신부의 체형, 키, 피부색, 드레스, 신부의 기호에 맞게 제작을 해야 하며, 색상은 흰색과 파스텔 색상이 주로 사용된다.

정답 23. ㉱ 24. ㉮ 25. ㉯

26 비료의 3요소가 아닌 것은?
㉮ 질소　　　　　　　　㉯ 인산
㉰ 칼륨　　　　　　　　㉱ 칼슘

해설 비료의 3요소 : 질소(N), 인산(P), 칼륨(K)
㉱ 칼슘은 붕소, 마그네슘과 함께 미량 3요소에 속한다.

27 생산자가 수확한 절화를 출하하기 전에 처리하는 약제는?
㉮ 봉오리열림제　　　　㉯ 생산자약제
㉰ 전처리제　　　　　　㉱ 후처리제

해설 생산자가 절화를 수확한 후 출하하기 전까지 사용하는 것은 전처리제이고, 소비자가 절화 구매 후 침지용으로 사용하는 것은 후처리제이다.

28 다음 중 진주암을 1,000℃ 정도로 가열하여 입자 내 공극을 팽창시킨 것으로 염기 치환 용량은 상당히 낮은 원예용토는?
㉮ 하이드로 볼　　　　㉯ 버미큘라이트
㉰ 발포 스티로폼　　　㉱ 펄라이트

해설 ㉮ 하이드로 볼 : 점토를 고온에서 구운 다공질 소재로 보수성, 통기성이 좋다.
㉯ 버미큘라이트 : 질석을 고온에서 팽창시킨 것으로 가볍고 보수력, 보비력이 좋다.
㉰ 발포 스티로폼 : 거품처럼 작은 기포를 무수히 지닌 스타이렌 수지로, 가볍고 단열성이 좋아 단열재, 포장재, 흡음재, 장식재 등으로 널리 쓰인다.

29 다음 중 줄기의 아랫부분 10cm 정도를 끓는 물에 넣었다 빼내는 열탕 처리가 수명 연장에 효과가 있는 화훼류는?
㉮ 튤립　　　　　　　　㉯ 포인세티아
㉰ 국화　　　　　　　　㉱ 카네이션

해설 ㉰ 국화와 같이 절단부에서 유액이 발생하는 종류는 열탕 처리를 해 주는 것이 좋다.
㉮ 튤립 : 수중 절단(물속 자르기), ㉯ 포인세티아(줄기가 약하여 열탕 처리를 할 수 없다) : 탄화 처리, ㉱ 카네이션 : 수중 절단(물속 자르기)

정답 26. ㉱　27. ㉰　28. ㉱　29. ㉰

30 절화를 선택할 때 틀린 것은?
㉮ 각 묶음은 정확한 본수(本數)여야 한다.
㉯ 꽃이나 잎줄기에 상처와 병충해가 없어야 한다.
㉰ 개화 정도는 화훼 종류와 용도에 상관없이 단단한 봉오리가 좋다.
㉱ 꽃은 화색이 선명하고, 잎은 농약의 잔재가 없으며, 줄기는 곧고 강한 것으로 한다.

해설 ㉰ 개화 정도는 화훼 종류와 용도에 따라서 장미처럼 봉오리 상태를 선호하는 것이 있고, 거베라처럼 완전 개화한 상태를 이용하는 것이 있다.

31 식물의 노화를 촉진하는 원인이 아닌 것은?
㉮ 양분 부족
㉯ 수분 부족
㉰ 시토키닌(Cytokinin) 생성
㉱ 에틸렌(Ethylene) 생성

해설 ㉰ 시토키닌은 세포 분열을 촉진하는 식물 생장 조절 물질이다.

32 그루핑(Grouping) 제작 기법으로 맞는 것은?
㉮ 한 가지의 소재를 분류해 놓은 것이다.
㉯ 같거나 비슷한 재료를 함께 무리지어 꽂는 기법이다.
㉰ 비슷한 꽃과 색상, 모양을 모아 다른 그룹을 추가하고 시선을 분산시킨다.
㉱ 각자의 소재는 좁은 공간을 가져야 한다.

해설 그루핑은 같은 종류의 성격을 가진 꽃(유사 꽃, 같은 색, 유사색 등)을 모아서 배치하는 방법으로 형태, 색상, 질감을 강조하는 방법이며 그룹과 그룹 사이에는 반드시 공간이 필요하다.

33 다음 중 꽃꽂이에서 전체적인 작품의 크기는 주로 무엇을 기준으로 결정하는가?
㉮ 침봉　　　　　　　　　㉯ 화기
㉰ 플로럴 폼　　　　　　㉱ 꽃의 모양

해설 ㉯ 작품의 전체적인 크기는 화기를 기준으로 결정한다.

정답　30. ㉰　31. ㉰　32. ㉯　33. ㉯

34 카네이션, 장미와 같이 꽃받침 부위가 발달하여 단단한 꽃 종류에 사용하는 방법으로, 꽃받침 기부에 철사를 관통시켜 구부리는 철사 처리 방법은?
- ㉮ 후크(Hook)
- ㉯ 인서션(Insertion)
- ㉰ 헤어핀(Hairpin)
- ㉱ 피어스(Pierce)

해설 ㉱ 피어스 기법은 꽃받침이나 씨방, 줄기 등에 철사를 직각이 되게 관통시키고, 관통된 양쪽 철사를 아래로 구부리는 방법이다. 카네이션, 금잔화, 달리아 등에 피어스 기법을 이용한다.

35 다음 중 식물의 신장을 억제하고 화청소(안토시안)의 형성을 촉진시키는 작용을 하는 것은?
- ㉮ 가시광선
- ㉯ 자외선
- ㉰ 적외선
- ㉱ 방사선

해설 ㉯ 식물의 잎, 열매 등의 착색에 관여하는 화청소는 비교적 저온에서 자외선에 의해 생성이 촉진된다.
㉮ 식물은 가시광선을 이용하여 광합성을 하고, ㉰ 적외선은 꽃이 피고 꽃눈이 맺히는 곳에 영향을 주며 식물의 수명에 영향을 끼친다.

36 다음 중 주지(主枝) 방향에 의한 분류에 해당하지 않는 것은?
- ㉮ 부화형(浮花型)
- ㉯ 경사형(傾斜型)
- ㉰ 직립형(直立型)
- ㉱ 하수형(下垂型)

해설 주지의 방향에 따른 분류에는 바로 세우는 형(직립형), 기울이는 형(경사형), 드리우는 형(하수형), 나누어 꽂는 형(분리형), 거듭 꽂는 형(복형)이 있다.
㉮ 부화형은 물 위에 띄워서 장식하는 형으로 플로팅 기법과 유사하다.

37 한국의 전통적인 오방색과 방위 표시가 잘못 연결된 것은?
- ㉮ 청 – 동쪽
- ㉯ 흑 – 북쪽
- ㉰ 황 – 남쪽
- ㉱ 백 – 서쪽

해설 ㉰ 황 – 중앙, 적 – 남쪽, 여름
㉮ 청 – 동쪽, 봄, ㉯ 흑 – 북쪽, 겨울, ㉱ 백 – 서쪽, 가을을 의미한다.

정답 34. ㉱ 35. ㉯ 36. ㉮ 37. ㉰

38 동양식 꽃꽂이는 세 개의 주지로 작품을 구성한다. 이 중 작품의 크기를 결정하는 가장 중요한 주지는?
㉮ 1주지
㉯ 2주지
㉰ 3주지
㉱ 부주지

해설 ㉯ 2주지는 넓이, ㉰ 3주지는 부피, ㉱ 부주지는 조화를 결정한다.

39 코르사주의 종류 중 브레이슬릿(Bracelet)의 설명으로 옳은 것은?
㉮ 목 주위를 장식하는 것이다.
㉯ 팔이나 손목에 장식하는 것이다.
㉰ 발목에 장식하는 것이다.
㉱ 어깨 위에서 겨드랑이를 장식하는 것이다.

해설 ㉮ 목 주위를 장식하는 것은 넥(Neck) 코르사주, ㉰ 발목에 장식하는 것은 앵클릿(Anklet) 코르사주, ㉱ 어깨 주위를 장식하는 것은 숄더(Shoulder) 코르사주라고 한다.

40 화훼 장식 디자인을 할 때 가장 먼저 실행해야 하는 것은?
㉮ 장식 공간의 용도와 목적 파악
㉯ 도면과 서류 작성
㉰ 소재의 종류와 배치
㉱ 장식물의 크기, 형태, 색상 구상

해설 화훼 장식 디자인을 할 때에는 장식 공간의 용도와 목적을 가장 먼저 파악하고 장식물의 크기, 형태, 색상을 구상한 후, 도면을 그리고 서류를 작성한 뒤 설계 도면의 소재를 종류별로 구입하고 배치한다.

41 흡수성이 강하여 건조 과정 중에 변형을 최소화시키고 빠른 탈수를 유도하는 가장 효과적인 건조제는?
㉮ 글리세린
㉯ 실리카겔
㉰ 붕사
㉱ 모래

해설 ㉯ 실리카겔은 규산의 건조 상태인 겔로 강한 흡수력을 갖고 있어 자기 무게의 40%까지 수분을 흡수할 수 있다.

정답 38. ㉮ 39. ㉯ 40. ㉮ 41. ㉯

42 다음 그림의 형태로 작품을 구성하는 경우 ①~⑦ 위치에 외곽선을 표현하기 가장 적합한 소재는?

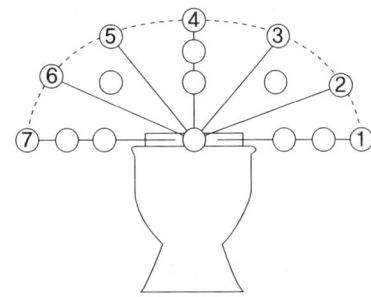

㋖ 스프레이 카네이션   ㋔ 스프레이 장미
㋙ 리아트리스   ㋒ 나리

해설 외곽선을 표현하고 디자인의 골격이 되는 꽃은 선의 꽃(Line flower)으로 리아트리스, 글라디올러스, 스톡, 락스퍼, 금어초 등이 있다.

43 다음 중 오스트발트 색상환의 색상 배치에 기본이 된 이론은?
㋖ 먼셀의 5원색설   ㋔ 헤링의 4원색설
㋙ 영-헬름홀츠의 3원색설   ㋒ 뉴턴의 프리즘설

해설 ㋔ 오스트발트는 헤링의 반대색설(심리 4원색)의 보색 대비에 따라 빨강 - 초록, 노랑 - 파랑을 4원색으로 설정하고 그 사이 색으로 주황, 보라, 청록, 연두의 네 가지 색을 넣어 총 여덟 개의 색을 3단계씩 분류해 24색상환을 만들어 냈다.

44 화훼 장식의 치료적 효과에 대한 설명으로 틀린 것은?
㋖ 꽃과 식물의 관리로 인한 신체적인 움직임은 건강을 증진시킨다.
㋔ 녹색 식물은 시각적인 눈의 피로를 줄여 준다.
㋙ 화훼 장식은 정서 안정의 효과를 보여 준다.
㋒ 향기 치료는 큰 효과를 주지 못한다.

해설 ㋒ 향기 치료(Aromatherapy)는 순수 자연에서 추출한 정유(에센셜 오일)를 이용하여 질병을 예방하고 치료하여 건강을 유지, 면역 기능을 강화하는 자연 의학으로 효과와 안전성이 좋아 현재 선진국들에서 널리 보편적으로 사용되고 있다.

정답 42. ㋙   43. ㋔   44. ㋒

45 화훼 장식을 위한 용기 중 원래 서구에서 식탁용으로 과일 등을 담던 굽 달린 접시를 가리키는 것으로서 다리(굽)나 받침대가 달린 형태에 해당하는 것은?

㉮ 항아리　　　㉯ 화병
㉰ 수반　　　　㉱ 콤포트

> [해설] ㉯ 화병 : 입구가 좁고 깊이가 깊은 화기
> ㉰ 수반 : 운두가 낮고 바닥이 편평하게 넓게 만든 그릇

46 다음 중 먼셀 표색계에 대하여 바르게 설명한 것은?

㉮ 색상 : H, 명도 : V, 채도 : C로 표기한다.
㉯ 표기 순서는 CV/H이다.
㉰ 먼셀 표색계의 채도는 10단계이다.
㉱ 먼셀 색상환의 최초 색상 기분은 3원색이다.

> [해설] 먼셀 표색계는 자연색을 빨강, 노랑, 초록, 파랑, 보라로 5등분하고 다시 해당 색의 사이 색을 주황, 연두, 청록, 남색, 자주로 5등분하여 총 열 가지 대표 색을 만들고, 색을 색상(H)·명도(V)·채도(C)의 세 가지 속성으로 나눠 HV/C라는 형식에 따라 번호로 표시한다.

47 염료 수용액을 직접 흡수시켜 다양한 색상의 염색화를 만들기에 가장 적합한 꽃은?

㉮ 밀짚꽃
㉯ 붉은색 카네이션
㉰ 스타티스
㉱ 흰색 카네이션

> [해설] 염색화는 무채색인 흰색 꽃에 염료를 흡수시켰을 때 선명한 색깔을 얻을 수 있다.

48 다음 중 추파 1년초에 해당하지 않는 것은?

㉮ 팬지　　　　㉯ 샐비어
㉰ 데이지　　　㉱ 시네라리아

> [해설] ㉯ 샐비어는 봄에 심어 여름에서 가을까지 개화하는 춘파 1년초이다.
> 춘파 1년초에는 천일홍, 한련화, 꽃베고니아, 해바라기, 맨드라미 등이 있다.

[정답] 45. ㉱　46. ㉮　47. ㉱　48. ㉯

49 화훼 장식의 디자인 원리에 대한 설명 중 틀린 것은?
㉮ 대비는 성질이 서로 반대되는 요소에 적용할 수 있다.
㉯ 강조는 변화나 흥미를 일으키고 생기를 준다.
㉰ 반복의 효과는 횟수가 많을수록 감소된다.
㉱ 통일은 미적 질서의 근본 원리이다.

해설 ㉰ 반복은 통일된 시각적 효과를 유도하며 횟수가 많을수록 효과가 커진다.

50 건조화를 만들기 전에 글리세린을 처리하는 주된 이유는?
㉮ 건조된 후 좋은 향이 나도록 하기 위해서
㉯ 건조 소재의 부서짐을 방지하고 유연성을 증가시켜 보관하기 위해서
㉰ 건조가 잘되도록 하기 위해서
㉱ 건조 시 색이 변하는 것을 방지하기 위해서

해설 ㉯ 글리세린을 흡수시킴으로 유연성을 증대시켜 건조 소재의 잘 부서지는 단점을 보완할 수 있다.

51 건조시키는 도중에 꽃의 크기 변화가 가장 적은 건조법으로 적당한 것은?
㉮ 열풍 건조
㉯ 동결 건조
㉰ 매몰 건조
㉱ 자연 건조

해설 ㉯ 동결 건조는 영하의 온도에서 꽃을 순간 동결시켜 수분을 승화시키는 방법으로 꽃의 형태와 색상이 그대로 유지된다. 습기에 노출되면 쉽게 변색하므로 코팅제를 사용하거나 밀폐시켜 장식한다.

52 다음 중 분류의 가장 하위 단위는?
㉮ 종   ㉯ 속
㉰ 과   ㉱ 목

해설 식물 분류의 단위는 종 – 속 – 과 – 목 – 강 – 문 – 계 순서이다. 하위 단위인 종의 아래로는 변종, 품종, 재배종이 있다.

정답 49. ㉰   50. ㉯   51. ㉯   52. ㉮

53. 다음 색의 혼합 결과 명청색은?

㉮ 흰색 + 순색
㉯ 회색 + 순색
㉰ 검정 + 순색
㉱ 청색 + 순색

해설
- 틴트(Tint) : 흰색 + 순색 = 명청색
- 톤(Tone) : 흰색 + 회색 = 탁색
- 셰이드(Shade) : 흰색 + 검정색 = 암청색

54. 다음 중 화훼의 특성이 아닌 것은?

㉮ 시설을 이용하여 연중 집약 재배가 이루어지고 있다.
㉯ 시대와 국민성에 따라 취향이 다르기 때문에 새로운 품종이 육성되지 않는다.
㉰ 같은 종류의 생산품이라도 품질에 따라 그 가치가 크게 달라진다.
㉱ 문화가 발달됨에 따라 화훼는 민감하게 반영된다.

해설 화훼의 특성은 정신적, 문화적, 집약적이며 다품종, 다종류를 취급하고 고도의 기술을 요구하며 국제성을 지닌다.

55. 장식용 건조 식물을 주소재로 하고 여기에 천, 작은 돌, 나무 조각 등을 붙여 구성하는 화훼 장식의 표현 기법은?

㉮ 콜라주
㉯ 갈런드
㉰ 리스
㉱ 형상물

해설
㉯ 갈런드 : 꽃과 잎을 엮어 길게 만든 체인 모양의 꽃 줄이다.
㉰ 리스 : 크란츠라고도 하며 원형을 기본으로 침엽수, 상록 활엽수가 주로 사용된다.
㉱ 형상물 : 어떠한 모양을 가진 물체이다.

56. 화훼 장식에 사용되는 도구 중에서 플로럴 폼에 대한 설명으로 가장 거리가 먼 것은?

㉮ 항상 재사용이 가능하다.
㉯ 물에 띄워 두고 자연스럽게 흡수되도록 한다.
㉰ 고정시킬 때는 원칙적으로 접착테이프를 사용해야 한다.
㉱ 꽃꽂이를 위해서 특별히 제작된 물질이다.

해설 ㉮ 플로럴 폼은 일회성이기 때문에 재사용할 수 없다.

정답 53. ㉮ 54. ㉯ 55. ㉮ 56. ㉮

57 리본에 대한 설명으로 틀린 것은?
㉮ 소재의 줄기가 모이는 부분에 달아 주는 것이 무난하다.
㉯ 작품의 크기와 리본의 폭이 적절해야 한다.
㉰ 리본 색의 선정은 전체 작품의 색과 전혀 관계가 없다.
㉱ 사용한 리본의 부피만큼 꽃의 사용을 줄일 수 있다.

해설 ㉰ 리본 색은 전체 작품의 분위기와 어울리도록 선정해야 하며 부분적인 악센트나 포인트를 줄 수 있다.

58 화훼 장식용 기구 및 자재에 대한 설명으로 틀린 것은?
㉮ 라피아 – 야자과 식물의 잎을 말려 만든 것이다.
㉯ 글루건 – 전기의 열로써 글루스틱을 녹이는 것으로 접착제로 널리 이용된다.
㉰ 철사 – 고정, 보강, 묶음재 등 다양한 목적으로 사용되며, 표준 치수의 수치가 클수록 굵다.
㉱ 접착테이프 – 플로럴 폼이나 철망을 용기에 고정할 때 사용한다.

해설 ㉰ 철사는 표준 치수의 수치, 즉 철사 번호가 높을수록 가늘고 낮을수록 굵다.

59 화훼 장식에 관련된 설명으로 틀린 것은?
㉮ 주로 절화 장식은 장식 기간이 일시적이다.
㉯ 절화 장식은 생화와 건조화를 함께 사용할 수 없다.
㉰ 분 식물은 기본적으로 용기와 토양, 식물, 첨경물로 구성된다.
㉱ 실내 정원은 분 식물을 반복적으로 배치하거나 고정된 플랜터에 꾸밀 수 있다.

해설 ㉯ 절화 장식은 생화, 건조화, 조화, 절지, 절엽, 화목류 등 다양한 재료를 함께 사용할 수 있다.

60 다음 중 압화를 만들 때 가장 적합한 꽃은?
㉮ 극락조화   ㉯ 백합
㉰ 팬지   ㉱ 안수리움

해설 압화는 꽃이나 잎을 눌러 평면적으로 건조시키는 방법으로 팬지 같은 평면적인 꽃을 주로 사용한다.

정답 57. ㉰   58. ㉰   59. ㉯   60. ㉰

2007년도 출제 문제

2007년 4월 1일 시행

1. 다음 관엽 식물 중 한국 자생 식물은?
- ㉮ 광나무
- ㉯ 행운목
- ㉰ 아나나스
- ㉱ 소철

해설 ㉯ 행운목은 아프리카, ㉰ 아나나스는 남미, ㉱ 소철은 중국 동남부와 일본 남부 원산의 식물이다.

2. 다음 중 절엽용 식물로만 묶인 것은?
- ㉮ 사스레피나무, 무늬둥굴레, 옥잠화
- ㉯ 작살나무, 층꽃나무, 라일락
- ㉰ 층꽃나무, 소철, 용담
- ㉱ 피라칸타, 양치류, 소철

해설 절엽(切葉) 식물이란 잎을 절단하여 사용하는 식물을 말한다. 층꽃나무, 라일락, 용담은 꽃, 피라칸타는 꽃과 열매를 감상하는 식물이다.

3. 잎의 구조와 형태에 대한 설명으로 틀린 것은?
- ㉮ 잎은 광합성 작용을 하는 주된 기관이다.
- ㉯ 잎의 관다발과 이것을 둘러싼 부분을 잎맥이라고 하는데, 잎맥은 잎 속의 물질이 이동하는 부분이다.
- ㉰ 잎맥은 보통 주맥, 곁맥, 가는맥으로 구분한다.
- ㉱ 여러 개의 엽신이 깃털 모양으로 배열된 잎을 장상 복엽이라 한다.

해설
- 우상 복엽(깃모양 겹잎) : 잎자루의 양쪽에 작은 잎이 새의 깃 모양을 이룬 복엽을 말한다.
- 장상 복엽(손모양 겹잎) : 한 개의 잎자루에 여러 개의 작은 잎이 손바닥처럼 방사상으로 붙은 복엽을 말한다.

정답 1. ㉮ 2. ㉮ 3. ㉱

4 꽃의 건조 방법에 대한 설명으로 틀린 것은?

㉮ 열풍 건조는 열풍 건조기를 이용하여 많은 건조화를 생산하며, 빠르게 건조시키면서 변색이 적고 형태 유지가 가능하다.

㉯ 동결 건조는 형태와 색상이 그대로 유지되고, 공기 중에서 수분 흡수가 적어 밀폐되지 않은 공간 장식에 많이 이용된다.

㉰ 실리카겔을 이용한 매몰 건조는 형태와 색상 변화가 적으나 공기 중 수분을 쉽게 흡수하므로 밀폐 공간이나 피막 처리하여 장식해야 한다.

㉱ 누름 건조를 이용한 건조화는 누름꽃이라 하고, 밀폐용 액자와 평면 장식에 이용된다.

해설 ㉯ 동결 건조는 습기에 노출되면 쉽게 변색되므로 코팅제를 사용하거나 밀폐시켜 장식해야 한다.

5 다음 중 분류학상 백합과에 속하지 않는 식물은?

㉮ 작약   ㉯ 은방울꽃
㉰ 엽란   ㉱ 참나리

해설 ㉮ 작약은 작약과의 여러해살이풀이다.

6 조선 시대 초기에 성행했던 일지화 꽃꽂이 형식을 가장 잘 설명한 것은?

㉮ 병에 한 가지의 꽃을 꽂은 형태
㉯ 넓은 수반에 조화류를 꽂은 형태
㉰ 경사지게 꽂은 산화 형태
㉱ 반월형 삼존 형식으로 꽂은 형태

해설 조선 시대의 꽃꽂이는 고려 시대의 화려함보다는 간결하고 깨끗해졌으며 삼존 양식과 함께 일지화, 기명절지화 등의 꽃꽂이 형태가 두드러지며 다양하게 발전되었다.

- 일지화 : 조선 시대 유학 사상을 기반으로 생긴 형태로 병에 한 가지의 꽃을 꽂은 형태이다.
- 기명절지화 : 조선 시대 화원들이 그린 그림에 나타난 양식이며, 진귀한 그릇 등에 꽃가지나 과일, 채소, 문구류 등을 짜임새 있게 배치한 그림으로 한 가지에 두 송이 꽃의 양식이 표현된다.

정답 4. ㉯   5. ㉮   6. ㉮

7 다음 구근류 중 구경(Corm)으로만 묶인 것은?
㉮ 튤립, 칼라, 글라디올러스
㉯ 나리, 원추리, 산마늘
㉰ 글라디올러스, 프리지어, 크로커스
㉱ 꽃생강, 칼라, 수선

해설
• 인경(비늘줄기) : 튤립, 나리, 산마늘, 수선화
• 괴경(덩이줄기) : 칼라
• 근경(뿌리줄기) : 꽃생강
• 숙근초(여러해살이풀) : 원추리

8 식물의 영양 기관 중에서 줄기의 기능에 관한 설명으로 옳지 않은 것은?
㉮ 줄기는 양분과 수분을 저장한다.
㉯ 체관은 주로 수분의 이동 기관이다.
㉰ 식물을 지탱(지지)하게 해 준다.
㉱ 식물의 잎, 꽃, 눈 등을 착생한다.

해설 ㉯ 체관은 잎에서 만든 유기 양분의 이동 통로이고, 수분의 이동 통로는 물관이다.

9 라벤더, 로즈메리, 레몬밤 등의 식물에 관한 설명으로 옳은 것은?
㉮ 꽃이 아름다운 꽃나무 종류들이다.
㉯ 잎을 주로 감상하는 초본성 화훼이다.
㉰ 향기가 좋은 방향성 식물이다.
㉱ 벌레잡이를 하는 식충 식물이다.

해설 모두 꿀풀과의 향기가 좋은 허브 식물이다. 이외에도 베르가모트, 민트, 카밀러(캐모마일) 등이 있다.

10 다음 중 가을에 씨를 뿌려 봄 화단에 이용하는 한해살이 화초가 아닌 것은?
㉮ 팬지   ㉯ 메리골드
㉰ 데이지   ㉱ 프리뮬러

해설 ㉯ 메리골드는 춘파 1년초로 대표적인 여름, 가을 화단용 식물이다.

정답 7. ㉰   8. ㉯   9. ㉰   10. ㉯

11 다음 중 난과 식물의 일종인 호접란이 속하는 속(屬)은?
㉮ 심비디움 ㉯ 덴드로비움
㉰ 온시디움 ㉱ 팔레놉시스

[해설] ㉱ 호접란이라 불리는 팔레놉시스(Phalaenopsis)는 난초과 팔레놉시스속에 속한다.

12 다음 중 주로 매년 종자 파종에 의해서 번식하는 것으로 가장 적합한 것은?
㉮ 관엽 식물 ㉯ 구근류
㉰ 1년 초화류 ㉱ 숙근 초화류

[해설] ㉰ 1년 초화류는 종자가 발아해서 1년 이내에 생육하고 개화·결실하여 일생을 마치는 화초이다.

13 식물의 일장 반응에 있어 야간 동안에 광을 쪼여 주면 긴 밤의 효과가 없어진다. 이때 야간 동안에 광 처리를 해 주는 것을 무엇이라고 하는가?
㉮ 전조 처리 ㉯ 온탕 처리
㉰ 멀칭 ㉱ 춘화 처리

[해설] ㉯ 온탕 처리 : 파종할 종자나 교배할 식물체 제웅 시 일정한 시간 동안 따뜻한 물에 담가 병균의 포자나 유해한 미생물을 제거해 주고 꽃가루의 제 기능을 상실시켜 주는 일
㉰ 멀칭(Mulching) : 작물의 잎이나 줄기, 짚, 기타 유기물이나 폴리에틸렌 필름 등을 덮어 주는 것
㉱ 춘화 처리 : 작물의 개화를 유도하기 위하여 생육 기간 중의 일정 시기에 온도 처리(고온이나 저온 처리)를 하는 것

14 다음 중 붉은 줄기를 소재(素材)로 이용하는 식물로 가장 적당한 것은?
㉮ 서양미역취 ㉯ 흰말채나무
㉰ 글라디올러스 ㉱ 스톡

[해설] ㉯ 줄기를 소재로 이용하는 흰말채나무는 나무껍질이 붉은색이라 홍서목이라고도 불리며 흰색 열매가 열린다.
㉮ 서양미역취, ㉰ 글라디올러스, ㉱ 스톡은 꽃을 소재로 이용한다.

[정답] 11. ㉱ 12. ㉰ 13. ㉮ 14. ㉯

15 다음 중 화훼 원예의 주요 특징으로 가장 거리가 먼 것은?
㉮ 종류와 품종수가 극히 적은 편이다.
㉯ 고도의 생산 기술을 요구한다.
㉰ 문화생활 수준의 향상과 더불어 발전한다.
㉱ 경영상 시설을 이용한 연중 집약 재배를 실시한다.

> **해설** 화훼 원예는 다품종·다종류를 취급하며 정신적·문화적·집약적이고, 고도의 기술을 요구하며 국제성을 지닌다.

16 다음 중 늘어지는 부케를 만들기 위해 라인 플라워로 이용되는 관엽성의 덩굴 식물로 가장 적당한 것은?
㉮ 골드하트아이비   ㉯ 사계장미
㉰ 개나리   ㉱ 백목련

> **해설** ㉮ 골드하트아이비는 잎이 아름다운 덩굴 식물이다.

17 신부 부케 제작에 필요한 테크닉적인 조건으로 틀린 것은?
㉮ 오래 들어도 피로하지 않도록 적당한 무게로 마무리한다.
㉯ 시각상의 중심이 되는 꽃은 제일 작은 꽃으로 선택한다.
㉰ 손잡이의 각도, 길이, 두께에 유의해야 한다.
㉱ 결혼식이 끝날 때까지 싱싱하고, 흐트러짐이 없도록 마무리 처리를 잘해야 한다.

> **해설** ㉯ 시각상의 중심인 포컬 포인트가 되는 꽃은 명확하게 시선이 집중될 수 있는 화려한 꽃으로 선택해야 한다.

18 종교 의식을 위한 화훼 장식에서 우선적으로 고려되어야 할 것은?
㉮ 대상 종교의 특성과 의식, 전례에 관한 이해
㉯ 대상 종교 의식 집전 건물의 규모
㉰ 대상 종교 의식 집전 공간의 색채
㉱ 대상 종교 의식 집전 공간 마감 재료들의 특성

> **해설** 화훼 장식을 할 때에는 먼저 대상을 이해하고 때와 장소, 주제에 맞게 정신적·구조적 특성을 고려해서 조화롭게 만들어야 한다.

정답 15. ㉮   16. ㉮   17. ㉯   18. ㉮

19. 다음 중 화훼 장식 소재로 줄기 또는 잎을 주로 사용하는 소재가 아닌 것은?

㉮ 접란 ㉯ 시네라리아
㉰ 아이비 ㉱ 아스파라거스

해설 ㉯ 국화과의 시네라리아(Cineraria)는 아름다운 꽃을 소재로 사용한다.

20. 다음 중 저온에 가장 강한 초화류는?

㉮ 해바라기
㉯ 프리뮬러
㉰ 샐비어
㉱ 나팔꽃

해설 ㉯ 프리뮬러(앵초)는 온대나 아한대 원산의 저온성 화훼로 내한성이 강한 추파 1년초이다. 이 밖에 추파 1년초에는 금어초, 데이지, 팬지, 스타티스 등이 있다.
㉮ 해바라기, ㉰ 샐비어, ㉱ 나팔꽃은 춘파 1년초이다.

21. 다음 중 암수가 다른 그루인 자웅 이주 식물은?

㉮ 왕벚나무 ㉯ 호랑가시나무
㉰ 장미 ㉱ 국화

해설
• 자웅 이주(암수딴그루) : 암수가 서로 다른 그루(예 호랑가시나무, 식나무, 은행나무, 뽕나무 등)
• 자웅 동주(암수한그루) : 암수가 한 그루(예 밤나무, 졸참나무 등)

22. 다음 중 코르사주에 관한 설명으로 거리가 먼 것은?

㉮ 사용되는 꽃은 크고 중량감이 있는 것으로 화려하게 장식한다.
㉯ 신체의 장식뿐만 아니라 모자 등에도 사용한다.
㉰ 이용할 목적이나 대상을 고려하여 제작한다.
㉱ 프랑스어로 상반신을 뜻하는 말로, 여성의 옷이나 몸을 장식하는 작은 꽃다발이다.

해설 코르사주(Corsage)란 여인의 허리를 중심으로 상반신이나 의복에 직접 또는 간접적으로 장식하는 작은 꽃을 의미한다. 사용되는 꽃은 작고 가벼워야 하며, 수분 조절이 잘되는 것으로 선택해야 한다.

정답 19. ㉯ 20. ㉯ 21. ㉯ 22. ㉮

23 다음 중 장일성 식물로 가장 적당한 것은?
㉮ 카네이션   ㉯ 칼랑코에
㉰ 장미   ㉱ 포인세티아

해설 장일 식물 : 낮의 길이가 길어야 개화하는 식물로 카네이션, 데이지, 루드베키아, 아이리스 등이 있다.

24 실내 식사용 테이블 장식에 관한 설명으로 가장 거리가 먼 것은?
㉮ 일반적으로 중앙 테이블 장식에서의 꽃의 높이는 앉은 눈높이 아래로 한다.
㉯ 식욕을 떨어뜨리는 장식용 재료는 사용해서는 안 된다.
㉰ 장소의 특성 및 이용자의 요구 사항에 따라 디자인이 달라질 수 있다.
㉱ 플로럴 폼을 덮기 위해 자연 이끼(생이끼)를 이용해서 마무리한다.

해설 ㉱ 식사용 테이블 장식에 미생물이 존재하는 자연 이끼는 피해야 한다.

25 다음 중 식물 구조 및 식물의 생장 과정을 자연스럽게 표현해 주는 자연적 스타일의 조형 형태를 가리키는 것은?
㉮ 평행적 스타일   ㉯ 보태니컬 스타일
㉰ 정원식 스타일   ㉱ 자연 장식적 스타일

해설 ㉮ 평행적 스타일 : 각 소재의 줄기를 평행으로 하여 독자적 출발점을 갖도록 배치하는 스타일. 복수 생장점을 갖는다.
㉰ 정원식 스타일 : 넓은 정원을 그대로 옮겨 놓은 것 같은 디자인이다.
㉱ 자연 장식적 스타일 : 자연적 디자인과 장식적·인위적 구성을 합친 스타일이다.

26 다음 중 토양 수분의 과잉 장해 현상과 관련된 내용으로 가장 거리가 먼 것은?
㉮ 세포의 비대 생장이 억제된다.
㉯ 뿌리의 활력이 떨어진다.
㉰ 식물이 도장한다.
㉱ 토양 내 미생물의 활동이 억제된다.

해설 토양에 수분이 많으면 통기성이 나빠져 뿌리의 호흡이 곤란해지고, 토양 내 미생물의 활동이 억제되며 식물이 도장(헛자라기)한다.

정답 23. ㉮   24. ㉱   25. ㉯   26. ㉮

27 다음 중 장례용 화훼 장식에 속하지 않는 것은?

㉮ 캐스켓 스프레이 ㉯ 이젤 스프레이
㉰ 이젤 엠블럼 ㉱ 케이크 테이블

해설 ㉱ 케이크 테이블(Cake table)은 생일, 결혼식, 전시회, 졸업식, 승진 등의 축하용으로 많이 쓰인다.

28 코누코피아(Cornucopia)의 설명으로 틀린 것은?

㉮ 풍요의 의미를 갖고 있다.
㉯ 원뿔 모양의 바구니(화기)이다.
㉰ 크리스마스 장식에 어울린다.
㉱ 그리스·로마 신화에서 유래되었다.

해설 풍요의 상징인 코누코피아는 꽃, 과일, 채소들로 장식한 원뿔 모양의 용기로 추수감사절 장식에 어울린다.

29 다음 중 유리 용기에 도마뱀, 개구리, 거북 등과 식물을 함께 생육시키는 식물 장식으로 가장 적당한 것은?

㉮ 아쿠아리움 ㉯ 테라리움
㉰ 비바리움 ㉱ 디시 가든

해설 ㉮ 아쿠아리움(Aquarium) : 식물과 물과 물고기를 식재하는 방법이다.
㉯ 테라리움(Terrarium) : 밀폐된 투명 용기에 꾸며진 축소된 정원이다.
㉱ 디시 가든(Dish garden) : 얕고 넓은 접시 위에 구성하는 작은 정원 모양의 식물 장식이다.

30 꽃다발 등을 만들 때 철사 대신에 묶는 용도로 이용하거나 장식용으로 쓰이는 자연 소재는?

㉮ 다래 덩굴 ㉯ 라피아
㉰ 플로럴 테이프 ㉱ 방수 테이프

해설 ㉯ 라피아(Raffia)는 식물의 껍질로 만든 자연 소재이다.

정답 27. ㉱ 28. ㉰ 29. ㉰ 30. ㉯

31 다음 중 소형 테라리움에 이용할 수 있는 식물로 가장 적당한 것은?
- ㉮ 아스파라거스
- ㉯ 파리지옥
- ㉰ 칼라
- ㉱ 몬스테라

해설 ㉮ 아스파라거스는 1.5m 정도, ㉰ 칼라는 1m 정도로 자라는 식물이고, ㉱ 몬스테라는 덩굴성으로 몇 m 이상 자라는 식물이기 때문에 소형 테라리움에는 적합하지 않다.

32 다음 중 방사형 구성의 화훼 장식으로 가장 적당한 것은?
- ㉮ 포멀 리니어
- ㉯ 패럴렐 디자인
- ㉰ 트라이앵글
- ㉱ 교차선 배열

해설 방사형 구성은 모든 선이 한 점으로부터 출발하고 있는 것이다.
㉮ 포멀 리니어(Formal linear), ㉯ 패럴렐 디자인(Parallel design), ㉱ 교차선 배열(Crossing design)은 복수 초점, 복수 생장점을 갖거나 구성이 가능하다.

33 꽃의 크기, 모양, 질감에 대하여 다양한 변화를 주기 위해 하나의 꽃을 몇 개로 분해하여 다시 조립하는 기법은?
- ㉮ 번들링
- ㉯ 펀칭
- ㉰ 페더링
- ㉱ 밴딩

해설 ㉮ 번들링(Bundling) : 유사하거나 동일한 소재를 다발로 묶는 방법이다.
㉯ 펀칭(Punching) : 구멍을 뚫는 방법이다.
㉱ 밴딩(Banding) : 시각적, 장식적 효과를 주기 위해 묶는 방법이다.

34 다음 화훼 식물의 분류 중 옳지 않은 것은?
- ㉮ 군자란은 난과 식물이다.
- ㉯ 팔손이나무는 관엽 식물이다.
- ㉰ 아이리스, 크로커스는 구근류에 속한다.
- ㉱ 숙근류는 다년생으로 자라는 것을 말한다.

해설 ㉮ '군자란'이라는 이름으로 불리지만 '난과'와는 관계가 없는 수선화과의 숙근초(여러해살이풀)이다.

정답 31. ㉯   32. ㉰   33. ㉰   34. ㉮

35
다음 중 식물의 성숙 및 노화를 일으키며, 화학 구조가 매우 단순한 식물 호르몬은?
- ㉮ 옥신
- ㉯ 지베렐린
- ㉰ 에틸렌
- ㉱ ABA

해설 ㉮ 옥신(Auxin) : 식물 생장 및 뿌리 발달에 관여한다.
㉯ 지베렐린(Gibberellin) : 길이 생장에 관여한다.
㉱ ABA(Abscissic acid_아브시스산) : 식물 성숙, 노화에 관여하는 호르몬이나 화학 구조가 복잡하다.

36
꽃의 줄기 또는 줄기와 평행으로 꽃 머리 등에 와이어를 꽂아 넣어 주는 방법으로 줄기가 약하거나 속이 비어 있는 상태의 줄기에 사용되는 철사 처리법은?
- ㉮ 헤어핀 메서드
- ㉯ 후킹 메서드
- ㉰ 피어싱 메서드
- ㉱ 인서션 메서드

해설 질문에서 설명한 철사 처리법은 ㉱ 인서션 메서드(Insertion method)이다. 이를 이용하는 꽃에는 거베라, 라넌큘러스, 수선화, 칼라 등이 있다.

37
다음 중 배양토에 대한 설명으로 틀린 것은?
- ㉮ 식물 생육에 필요한 영양분이 함유되도록 한다.
- ㉯ 사용할 식물에 맞게 적정 비율로 경량토들을 혼합해서 사용한다.
- ㉰ 토양이 무거워야 식물의 뿌리를 잘 눌러 고정할 수 있다.
- ㉱ 통기성, 보수력, 보비력이 양호해야 한다.

해설 ㉰ 토양이 무거우면 뿌리가 가늘거나 약한 식물은 뻗어 나가기 힘들고, 물 빠짐이 나쁘며 이동이 힘들어서 현재 분 식물용으로는 많이 사용되지 않는다.

38
절화의 물올림을 위한 방법 중 물리적 방법이 아닌 것은?
- ㉮ 수중 절단법
- ㉯ 탄화법
- ㉰ 온수 침지법
- ㉱ 지베렐린(GA) 처리법

해설 ㉱ 지베렐린(GA) 처리법은 호르몬을 이용한 화학적 방법이다.

정답 35. ㉰ 36. ㉱ 37. ㉰ 38. ㉱

39 다음 중 피트모스에 대한 설명으로 옳은 것은?
㉮ 물이끼를 건조시킨 것으로서 물을 저장할 수 있다.
㉯ 보수성이 높고, 공극이 크며 암갈색으로 산성을 띤다.
㉰ 낙엽 활엽수의 잎이 완전히 부숙된 것이다.
㉱ 고온으로 가열하여 만든 pH 7 정도의 중성이다.

해설 수태가 퇴적되어 탄화된 상태를 피트모스(Peat moss)라 하며 공극이 크고 보수성과 보비력이 좋은 산성 토양이다.
㉰는 부엽토에 대한 설명이고, ㉱ 고온으로 가열하여 만든 것은 광물질 재료의 특성이다.

40 식물의 종류, 색, 질감 등이 유사한 소재들을 같은 방향, 구역에 배열하여 두드러지게, 강조되게 하는 꽃꽂이로 소재 각각의 개성을 존중하며 서로 넉넉한 공간을 갖는 표현 기법은?
㉮ 프레이밍
㉯ 그루핑
㉰ 레이어링
㉱ 섀도잉

해설 ㉯ 그루핑(Grouping) : 동일 소재나 같은 색상의 소재를 집단적으로 모아서 배치하여 형태, 색상, 질감을 강조하는 방법이며 그룹과 그룹 사이에는 반드시 공간이 필요하다.

41 다음 중 화훼 장식을 바르게 설명한 것은?
㉮ 실외 공간의 기능과 미적 효율성을 높여 주는 장식물을 제작하는 것을 말한다.
㉯ 절화 장식에는 꽃꽂이, 갈런드, 포푸리, 행잉바스켓, 테라리움, 화환, 건조화 등이 해당한다.
㉰ 분 식물은 절화와 같이 일시적으로 이용될 때 주로 사용한다.
㉱ 주소재인 화훼 식물은 관상을 대상으로 하는 초본 식물과 목본 식물을 총칭한다.

해설 화훼 장식은 초본 식물과 목본 식물을 주소재로 시간, 장소, 목적에 맞게 디자인 요소와 원리를 적용하여 공간의 기능과 미적 효율성을 높여 주는 장식물을 제작, 설치, 유지, 관리하는 것을 말한다.

정답 39. ㉯ 40. ㉯ 41. ㉱

42. 아래 설명이 의미하는 양식은?

꽃들을 촘촘히 구성하여 양감(Mass)을 강조하는 돔(Dome)형의 어레인지먼트(Arrangement)를 압축한 양식으로 1815~1848년 독일, 오스트리아에서 사용되었던 양식이다.

㉮ 비더마이어 ㉯ 플레미시
㉰ 핸드타이드 ㉱ 보태니컬

해설 ㉮ 비더마이어(Biedermeier)는 '소시민적 실리주의자'를 뜻하며 가구, 실내 장식 분야에서 사용된 말로 간결하고 실용적 디자인과 밝은 색조가 특징이다. 촘촘하고 둥근 돔형으로 디자인되며 열매, 잎, 작은 채소를 사용하여 대조와 흥미를 돋우는 디자인이다.

43. 먼셀(Munsell)의 색입체의 기본 모형이다. Ⓐ, Ⓑ, Ⓒ축이 각각 의미하는 것은?

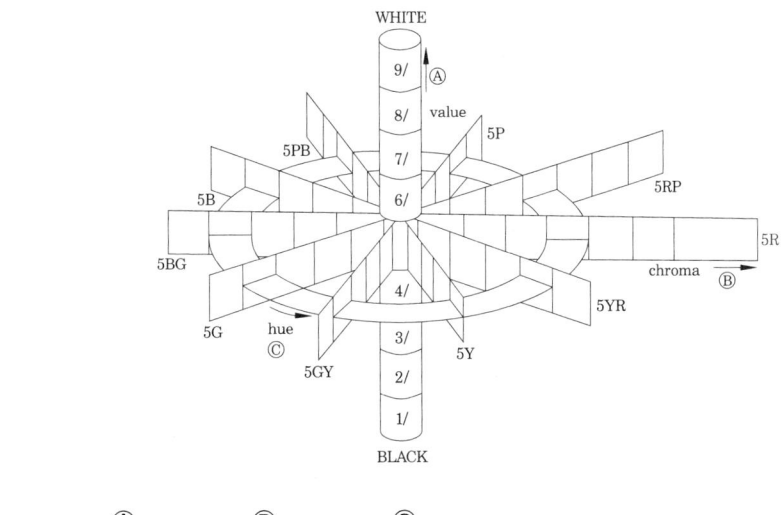

	Ⓐ	Ⓑ	Ⓒ
㉮	색상	명도	채도
㉯	명도	색상	채도
㉰	채도	명도	색상
㉱	명도	채도	색상

해설
• 수직 : 무채색으로 명도 단계
• 수평 : 유채색으로 채도 단계

정답 42. ㉮ 43. ㉱

44 동양식 꽃꽂이에서 제1주지의 길이는 화기의 길이(가로)와 높이(세로)를 더한 길이의 몇 배가 적당한가?
- ㉮ 1배
- ㉯ 1.5~2배
- ㉰ 2.5~3배
- ㉱ 상관없다.

해설 • 1주지의 길이 : 화기 크기(가로 + 세로)의 1.5~2배
• 2주지의 길이 : 1주지의 3/4
• 3주지의 길이 : 2주지의 3/4

45 건조 소재로서 포푸리(Potpourri)의 설명으로 가장 거리가 먼 것은?
- ㉮ 병 속에 향기를 가꾼다는 의미이다.
- ㉯ 꽃, 잎, 열매 등에서 자연적으로 향기가 나는 식물을 지칭한다.
- ㉰ 용기, 주머니 등 다양한 형태로 장식되며 방향 요법에 사용된다.
- ㉱ 이집트 시대, 시체의 부패를 방지하기 위해 사용되었다.

해설 ㉯ 포푸리는 꽃, 잎, 과일 껍질, 향료 등에 에센셜 오일 등을 첨가하여 가공한 소재이다.

46 물체의 형태를 더욱 강하게 표현하며, 면적은 없지만 방향이 있으며, 방향에 따라 감정을 표현할 수 있는 요소는?
- ㉮ 점
- ㉯ 선
- ㉰ 면
- ㉱ 명암

해설 ㉯ 선은 디자인의 본질을 결정하는 가장 중요한 요소로 여러 형태의 움직임을 통하여 정서나 분위기, 다양한 감정적 특성을 지닌다.

47 다음 중 먼셀의 색 표기법에서 '5Y8/10'의 의미로 적합한 것은?
- ㉮ 명도는 5Y, 색상은 8, 채도는 10이라는 색을 나타낸다.
- ㉯ 색상은 5Y, 채도는 8, 명도는 10이라는 색을 나타낸다.
- ㉰ 채도는 5Y, 명도는 8, 색상은 10이라는 색을 나타낸다.
- ㉱ 색상은 5Y, 명도는 8, 채도는 10이라는 색을 나타낸다.

해설 색상 H, 명도 V, 채도 C로 표기하며 표기 순서는 'HV/C'이다.

정답 44. ㉯ 45. ㉯ 46. ㉯ 47. ㉱

48 고전적 형태의 하나로 양끝이 서로 이어지려는 느낌으로 곡선과 공간의 균형이 아름다워 동적인 느낌을 주는 디자인은?
㉮ 나선형　　　　　　　　㉯ 초승달형
㉰ 수직형　　　　　　　　㉱ 둥근형

해설 ㉮ 나선형 : 소라껍데기처럼 한 점을 중심으로 감기는 듯한 부드러운 곡선을 그리는 디자인이다.
㉰ 수직형 : 수직의 높이가 강조된 형태로 위쪽으로 상승하는 듯한 느낌의 디자인이다.
㉱ 둥근형 : 원형 디자인으로 각 길이가 같게 디자인하며 방사상 모양이 잘 이루어져야 한다.

49 일본의 화훼 장식에 대한 설명으로 옳은 것은?
㉮ 전위화 양식에서 입화 양식으로 발전되었다.
㉯ 불전공화 양식에서 기원하였다.
㉰ 분재의 형식을 도입한 것을 입화 양식이라 칭한다.
㉱ 생화 양식은 사각형의 구도이다.

해설 ㉯ 일본의 화훼 장식은 불전공화로부터 시작되어 삼존 형식의 꽃꽂이 형태가 최초로 보인다.

50 조선 시대 강희안이 지은 대표적인 원예 서적은?
㉮ 조선왕조실록　　　　　㉯ 양화소록
㉰ 산림경제　　　　　　　㉱ 임원십육지

해설 ㉯ 양화소록 : 조선 시대 세조 때 강희안이 지은 원예 서적으로 꺾꽂이, 접목법, 접화법 등, 꽃을 기르는 법을 자세히 소개했다.

51 가법 혼색(Additive color mixture)의 3원색에 속하는 색이 아닌 것은?
㉮ 노랑　　　　　　　　　㉯ 파랑
㉰ 빨강　　　　　　　　　㉱ 녹색

해설 가법 혼색(가산 혼색)은 빛의 혼합으로 섞을수록 명도가 높아지며, 가법 혼색의 3원색은 파랑, 빨강, 녹색이다.

정답 48. ㉯　49. ㉯　50. ㉯　51. ㉮

52 삼국 시대의 꽃꽂이에 관한 기록으로 옳지 않은 것은?
㉮ 강서대묘 현실 북벽의 비천상
㉯ 해인사 대적광전의 벽화
㉰ 무용총의 벽화
㉱ 안악 2호분 동벽의 비천상

해설 ㉯ 해인사 대적광전의 벽화는 고려 시대 것이며, 꽃들이 가득 담겨 있는 꽃바구니 그림이다.

53 일반적인 동양과 서양의 전통 화훼 장식의 작품 비교가 바르게 된 것은?
㉮ 동양은 정신적 수양을 강조하고, 서양은 생활공간 장식의 실용성을 강조한다.
㉯ 동양은 꽃의 색과 모양을 강조하고, 서양은 선과 여백을 강조한다.
㉰ 동양의 주재료는 꽃이고, 서양은 나뭇가지가 주재료가 된다.
㉱ 동양은 기하학적인 이론을 이해하고, 서양은 정신적인 요소를 이해해야 한다.

해설 • 동양 : 선과 여백, 정신적 철학에 중점을 두고 정적이며 단순하다.
• 서양 : 색채, 기하학적 형태, 상업적, 실용적인 것에 중점을 두고 화려함을 추구한다.

54 영국 조지 시대(A.D. 1714~1760)에 꽃향기가 전염병을 예방해 주는 것으로 인식되어 손에 들고 다녔던 것은?
㉮ 포푸리　　　　　　　　　㉯ 코르사주
㉰ 노즈게이　　　　　　　　㉱ 갈런드

해설 목욕이나 청결함이 현대처럼 일반화되지 못한 당시에는 꽃향기가 오염된 공기나 전염병 등 불결함을 예방해 준다고 믿어, 손에 들고 다닐 수 있는 작은 노즈게이(Nosegay)와 작은 꽃다발 형태인 터지머지(Tussie-mussie)가 널리 이용되었다.

55 우리나라와 같은 동양권에서 방위를 표시할 때 음양오행설에 따른 오방색으로 표현했을 때 그 연결이 옳은 것은?
㉮ 적(赤) - 북쪽　　　　　　㉯ 청(靑) - 서쪽
㉰ 황(黃) - 중앙　　　　　　㉱ 흑(黑) - 남쪽

해설 ㉮ 적 - 남쪽, ㉯ 청 - 동쪽, ㉱ 흑 - 북쪽

정답　52. ㉯　53. ㉮　54. ㉰　55. ㉰

56 분 식물은 기본적으로 용기와 토양, 식물, 첨경물로 구성되는데 다음 중 디시 가든 장식에 적합하지 않은 것은?
㉮ 접시처럼 넓고 얕은 용기
㉯ 키가 작은 식물
㉰ 생육 속도가 빠른 식물
㉱ 뿌리가 깊게 뻗지 않은 식물

[해설] 디시 가든은 접시처럼 얕고 넓은 용기에 구성하는 작은 정원 모양의 식물 장식으로 토양층이 얕아 뿌리가 깊게 뻗지 않는 식물을 선택하고, 배수구가 없어 과습하기 쉬워 습기에도 강한 식물을 선택해야 하며, 생육 속도가 느린 식물을 선택해야 오래 즐길 수 있다.

57 디자인의 골격이 되어 선을 구성하거나 윤곽을 잡는 데 이용되는 것은?
㉮ 라인 플라워
㉯ 매스 플라워
㉰ 폼 플라워
㉱ 필러 플라워

[해설] ㉯ 매스 플라워는 꽃송이가 큰 식물로 디자인의 중심이다.
㉰ 폼 플라워는 극락조화와 같이 꽃이 특이한 식물이다.
㉱ 필러 플라워는 안개꽃처럼 작은 꽃이 풍성하게 피는 식물을 사용한다.

58 다음 설명이 의미하는 것은?

빨간색에 둘러싸인 주황색은 노란색 기미를 띠고, 같은 주황색이라도 노란색에 둘러싸이면 빨간색 기미를 띤다.

㉮ 색상 대비
㉯ 보색 대비
㉰ 명도 대비
㉱ 계시 대비

[해설] ㉮ 색상 대비 : 바탕색의 영향으로 색상 차이가 크게 보이는 현상으로 색상이 다른 두 색을 같이 볼 때 둘레의 다른 빛깔 때문에 색상 차이가 두드러지게 나는 현상이다.

[정답] 56. ㉰ 57. ㉮ 58. ㉮

59 화훼 장식에서 통일감의 표현을 위해 사용하는 방법으로 가장 거리가 먼 것은?

㉮ 근접 ㉯ 연속
㉰ 반복 ㉱ 강조

해설 통일감은 근접, 연속(연계), 반복의 표현으로 나타낼 수 있다.
㉱ 강조는 작품을 더욱 돋보이게 하는 요소이다.

60 화훼 장식에 영향을 미친 미술 양식의 연대순으로 옳은 것은?

㉮ 바로크 → 비잔틴 → 로코코 → 르네상스
㉯ 비잔틴 → 르네상스 → 바로크 → 로코코
㉰ 고딕 → 비잔틴 → 로코코 → 르네상스
㉱ 비잔틴 → 르네상스 → 로코코 → 바로크

해설 이집트 → 그리스 → 로마 → 비잔틴 → 르네상스 → 바로크 → 로코코 → 조지 왕조 시대 → 빅토리아 시대 순서이다.

정답 59. ㉱   60. ㉯

2007년 7월 15일 시행

1 다음 중 봄 화단용으로 사용되는 초화류로 알맞지 않은 것은?
- ㉮ 금잔화
- ㉯ 데이지
- ㉰ 튤립
- ㉱ 루드베키아

해설 가을에 파종하여 봄, 여름에 개화하는 추파 1년초가 봄 화단용으로 어울리며, ㉱ 루드베키아는 숙근초이다.

2 다음 중 구근 초화류에 속하는 화훼로만 연결된 것은?
- ㉮ 수선 – 나리 – 루드베키아
- ㉯ 꽃창포 – 튤립 – 프리지어
- ㉰ 칸나 – 글라디올러스 – 석죽
- ㉱ 라넌큘러스 – 아네모네 – 시클라멘

해설 구근 초화류(알뿌리 식물) : 구근 초화류는 다년생 초화류의 일종으로 식물의 잎, 줄기, 뿌리 중 일부가 지하에서 비대해져 구근이 된 초화류를 말한다. 예 수선, 나리, 튤립, 프리지어, 칸나, 글라디올러스, 라넌큘러스, 아네모네, 시클라멘 등

3 꽃꽂이 소재로 이용 시 숙근 안개초가 속하는 꽃 형태상의 분류군으로 옳은 것은?
- ㉮ 선형 꽃(라인 플라워)
- ㉯ 덩어리 꽃(매스 플라워)
- ㉰ 형태 꽃(폼 플라워)
- ㉱ 채우기 꽃(필러 플라워)

해설 ㉱ 자잘한 꽃인 숙근 안개초는 공간을 메워 주는 채우기 꽃으로 쓰인다.

4 다음 중 아스파라거스(Asparagus)속이 아닌 식물의 '종(種)'명은?
- ㉮ 미리오클라두스(myriocladus)
- ㉯ 스프렌게리(sprengeri)
- ㉰ 메이리(meyerii)
- ㉱ 코모숨(comosum)

해설 ㉱ 코모숨(comosum)은 접란속(Chlorophytum)인 접란의 종명이다. 접란의 학명은 *Chlorophytum comosum* (Thunb.) Baker이다.

정답 1. ㉱ 2. ㉱ 3. ㉱ 4. ㉱

5 녹색(Green)으로 이용되는 관엽 식물(觀葉植物)이 아닌 것은?

㉮ 보스톤고사리(*Nephrolepis exaltata* var. *bostoniensis*)
㉯ 드라세나 골든킹(*Dracaena dermensis* N. E. Br. 'Glden King')
㉰ 필로덴드론 셀로움(*Philodendron selloum* C. Koch)
㉱ 델피니움(*Delphinium* spp.)

해설 관엽 식물은 잎의 모양과 색의 아름다움을 즐기는 식물을 말하며, ㉱ 북반구 온대 원산의 델피니움은 꽃이 아름다운 식물이다.

6 다음 중 난과 식물이 아닌 것은?

㉮ 카틀레야
㉯ 칼라데아
㉰ 덴파레
㉱ 온시디움

해설 ㉯ 칼라데아는 아름다운 색의 잎을 보고 즐기는 생강목 울금과의 관엽 식물이다.

7 다음 중 포인세티아에 관한 설명으로 틀린 것은?

㉮ 멕시코 원산의 대극과 식물이다.
㉯ 학명은 *Euphorbia pulcherrima* Willd.이다.
㉰ 내한성이 약하다.
㉱ 상업적 생산을 위해서 종자 번식을 한다.

해설 대극과의 포인세티아는 멕시코에서 중앙아메리카에 걸쳐 자생하는 열대성 상록 활엽 관목으로 크리스마스 시즌에 개화하는 특성 때문에 크리스마스 장식으로 많이 사용되며 삽목 번식을 한다.

8 표토를 차폐하기 위한 피복용 식물로 가장 거리가 먼 것은?

㉮ 스파티필룸 왈리시
㉯ 이끼류
㉰ 꽃잔디
㉱ 톱풀

해설 차폐는 '가려 막아 덮는다'라는 뜻으로 차폐를 위한 피복용 식물로는 꽃잔디나 이끼류처럼 키가 작고 바닥에 붙어 자라는 것이나 스파티필룸 왈리시처럼 잎이 크고 넓은 식물 등을 들 수 있다.
㉱ 톱풀은 우리나라에서 흔히 자라는 여러해살이풀로 50~110cm 정도 자라며 톱날 같은 폭 좁은 잎이 뾰족하게 자라 차폐용으로 적합하지 않다.

정답 5. ㉱ 6. ㉯ 7. ㉱ 8. ㉱

9 다음 중 습기가 많은 토양 조건에서 잘 자라는 식물이 아닌 것은?
㉮ 바위솔　　　　　　　㉯ 알로카시아
㉰ 낙우송　　　　　　　㉱ 토란

해설 ㉮ 바위솔은 돌나물과의 여러해살이풀로 와송(瓦松)이라고도 부른다. 햇볕이 잘 드는 바위 겉이나 기와 틈새에서 자라며 건조하고 척박한 환경에 강한 식물이다.

10 용기에서 자라는 식물을 전정하여 형태를 만들거나, 철사나 나뭇가지 등으로 틀을 만들어 그 위에 덩굴 식물 등을 감거나 부착하여 그 형태를 감상하는 것은?
㉮ 걸이 분　　　　　　　㉯ 수경 재배
㉰ 토피어리　　　　　　㉱ 테라리움

해설 ㉰ 토피어리는 식물을 동물, 하트, 별 등의 원하는 형태로 전정하거나 임의로 만든 형태대로 키우는 방법이다.

11 다음 절지류와 관련된 설명 중 틀린 것은?
㉮ 절지류는 절화를 주소재로 만든 디자인에서 변화와 마무리, 배경 표현을 위해 이용한다.
㉯ 절화 장식물의 소재 이용률은 절엽류와 절지류에 비해 절화류가 많다.
㉰ 전통적인 한국 꽃꽂이에서는 꽃가지나 나뭇가지를 주소재로 사용한다.
㉱ 절지류는 산야에서 채취하여 판매하는 경우가 많아 자생 식물이 대부분이다.

해설 목본의 가지를 잘라서 꽃꽂이 소재로 쓰는 것을 통틀어서 절지라고 하며, 선이나 디자인의 골격 공간을 장식하는 주소재로 쓰인다.

12 화훼 장식용 용기에 대한 설명으로 틀린 것은?
㉮ 이동, 운반이 쉽고 재질이 견고해야 한다.
㉯ 사용 목적에 따라 크기, 형태, 색상 등을 고려한다.
㉰ 곡선적이며 원추형의 작품에는 콤포트 용기가 어울린다.
㉱ 용기 중 도자기는 토분에 비하여 내구성과 방수성은 낮으나 통기성이 좋다.

해설 ㉱ 도자기보다 토분이 내구성과 방수성은 낮으나 통기성이 좋다. 도자기는 토분과 플라스틱 화분의 중간 정도의 성질을 갖는다.

정답 9. ㉮　10. ㉰　11. ㉮　12. ㉱

13 다음 중 초본성 절화의 줄기를 으깨지 않고 깨끗하게 자르는 도구로 가장 좋은 것은?
㉮ 가위
㉯ 철사 절단기
㉰ 칼
㉱ 톱

해설 ㉰ 칼은 식물의 절구를 예리하고 가장 깨끗하게 자를 수 있는 도구이다.

14 국화, 장미, 동백과 같은 겹꽃에 관한 설명으로 틀린 것은?
㉮ 수술이 변해서 꽃잎처럼 되었다.
㉯ 꽃받침이 변해서 꽃잎처럼 되었다.
㉰ 작은 꽃(소화)들이 뭉쳐서 피기 때문에 겹꽃처럼 보인다.
㉱ 작은 줄기나 잎이 모여서 꽃잎처럼 되었다.

해설 겹꽃은 수술, 암술 등의 화엽이 변화하여 꽃잎이 많아져 겹치는 형태의 꽃이다.

15 벽걸이 분(Wall hanging basket)의 장점이 아닌 것은?
㉮ 공간 활용도가 효율적이다.
㉯ 공중걸이 분보다 고정이 용이하다.
㉰ 장식품의 시선을 확대할 수 있다.
㉱ 사방에서 관상할 수 있다.

해설 벽걸이 분은 한쪽 벽면에 고정시키는 걸이 분으로 시야가 한정적이다.

16 줄기 배열에 따른 꽃꽂이의 형태에 있어서 연결이 옳지 않은 것은?
㉮ 방사선 배열 – 한 개의 초점에서부터 다방면으로 전개되는 방법
㉯ 감는선 배열 – 서로 구부러져서 휘감기는 유연한 선의 흐름으로 이루어진 방법
㉰ 병렬선 배열 – 여러 개의 초점으로부터 나온 줄기를 수직 방향으로만 배열하는 방법
㉱ 교차선 배열 – 여러 개의 초점으로부터 나온 줄기의 선이 여러 각도의 방향으로 뻗어서 엇갈리게 배열하는 방법

해설 ㉰ 병렬선 배열 : 여러 개의 초점으로부터 나온 줄기의 배열이 병행을 이루는 것으로 수직, 수평, 사선의 직선상에서뿐만 아니라 곡선상에서도 가능한 배열 방법이다.

정답 13. ㉰ 14. ㉱ 15. ㉱ 16. ㉰

17 다음 중 화훼의 정의에 대한 설명으로 가장 적합한 것은?
- ㉮ 관상을 위한 관엽류만을 화훼라 한다.
- ㉯ 화단을 장식하는 초화류만을 화훼라 한다.
- ㉰ 관상을 목적으로 장식하거나 기르는 식물을 총칭하여 화훼라 한다.
- ㉱ 꽃과 가지를 적절히 배열하여 미적 가치를 재창조하는 것을 화훼라 한다.

해설 ㉰ 화훼란 관상을 목적으로 화초와 화목을 집약적이고 기술적으로 재배하는 것을 말한다.

18 다음 관수 방법 중 화분 재배 관수 방법으로 가장 거리가 먼 것은?
- ㉮ 이랑 관수
- ㉯ 저면 관수
- ㉰ 매트(Mat) 관수
- ㉱ 점적 관수

해설 ㉮ 이랑은 고추나 배추 등의 식물 재배에 이용된다.

19 다음 중 절화의 수확 후 저온 처리 효과가 아닌 것은?
- ㉮ 에틸렌 발생 촉진
- ㉯ 절화 수명 연장
- ㉰ 생리 대사 억제
- ㉱ 호흡 억제

해설 온도가 낮아지면 식물의 생장에 관여하는 대사 활동 및 호흡이 억제되고, 에틸렌 또한 저온 처리 시 발생이 억제된다.

20 다음 중 결혼식용 화훼 장식의 설명으로 틀린 것은?
- ㉮ 신랑의 부토니어는 신부 부케와는 다른 소재로 디자인하여 화려하게 만든다.
- ㉯ 신부 부케의 제작 방법은 부케 홀더, 철사 감기, 갈런드, 핸드타이드 등이 있다.
- ㉰ 하객석 양측 옆에 꽃길로 장식을 하고, 꽃길이 시작되는 부분에 아치 장식을 하기도 한다.
- ㉱ 신부용 몸 장식은 작은 꽃다발이나 갈런드를 만들어서 어깨, 허리 뒤, 손목 등에 부착시킨다.

해설 ㉮ 부토니어는 신랑이 다는 코르사주를 의미하며, 신부의 부케에서 꽃 한 송이를 뽑아 만드는 장식이다.

정답 17. ㉰ 18. ㉮ 19. ㉮ 20. ㉮

21 절화 보존제에 첨가하는 자당(Sucrose)에 관한 설명으로 틀린 것은?
㉮ 수확 후 일어나는 대사 작용에 이용된다.
㉯ 첨가 농도는 화훼류에 관계없이 일정하다.
㉰ 가정용 설탕으로 대체가 가능하다.
㉱ 절화에 광합성 산물을 인위적으로 첨가하는 효과가 있다.

해설 ㉯ 첨가 농도는 화훼류에 따라 변하며, 국화 같은 식물은 자당 사용 시 해를 입는다.

22 다음 중 식물 생육에 가장 큰 영향을 미치는 광선은?
㉮ 자외선
㉯ 가시광선
㉰ 적외선
㉱ 근적외선

해설 ㉯ 식물은 가시광선을 통하여 광합성을 하므로 가시광선이 생육에 가장 큰 영향을 미친다.

23 다음 중 0~4°C로 저장하면 저온 장해를 받는 것은?
㉮ 국화   ㉯ 장미
㉰ 카네이션   ㉱ 안수리움

해설 ㉱ 열대 원산의 안수리움(Anthurium)은 저온에 약하며 온실 재배된다. 열대, 아열대 원산의 절화는 8~15°C 전후로 유지시켜 주어야 냉해를 피할 수 있다.

24 특정한 공간에 화훼 장식을 하고자 할 때 사전에 고려해야 할 점이 아닌 것은?
㉮ 공간의 면적이나 인테리어와의 적합성을 고려한다.
㉯ 장식물의 계속적인 유지 관리 방법과 보존 기간을 미리 염두에 둔다.
㉰ 장식물의 장식 효과나 기능이 전체 이미지에 적절한지 고려한다.
㉱ 장식물의 견고성과 안정성은 중요하지 않다.

해설 ㉱ 장식물은 안정적이고 견고하게 제작, 장식해야 하며 특히 이는 사람의 이동이 많은 곳에서는 더욱 중시된다.

정답 21. ㉯   22. ㉯   23. ㉱   24. ㉱

25 다음 절화에 나타난 현상 중 에틸렌과 관계가 없는 것은?

㉮ 글라디올러스의 꽃대가 구부러진다.
㉯ 델피니움의 꽃과 꽃잎이 떨어진다.
㉰ 장미 꽃봉오리의 개화가 억제된다.
㉱ 카네이션의 꽃잎이 오그라든다.

해설 ㉮ 꽃목굽음 또는 꽃대가 구부러지는 현상은 물올림과 관계된다.

26 동양식 꽃꽂이에서 자연 묘사에 따른 형태의 설명으로 틀린 것은?

㉮ 부화형 : 수반에 물을 채우고 연꽃 모양으로 꽃을 꽂는 형
㉯ 방사형 : 중심축을 중심으로 사방으로 균일하게 꽂는 형
㉰ 분리형 : 한 개 혹은 두 개의 수반에 분리하여 꽂는 형
㉱ 복합형 : 두 개 이상의 수반을 복합적으로 배치하여 꽂는 형

해설 ㉮ 부화형은 물에 띄우는 형태이다.

27 코르사주나 부케를 만들 때 식물 종류별 철사 감기 방법으로 틀린 것은?

㉮ 프리지어 - 트위스팅 메서드
㉯ 칼라 - 인서트 메서드
㉰ 장미 - 피어스 메서드
㉱ 아이비 - 헤어핀 메서드

해설 ㉮ 트위스팅 메서드는 꽃이나 잎, 줄기 등을 철사로 감아 내리는 방법으로 국화, 거베라, 카네이션 등에 쓰이고, 프리지어는 시큐어링 메서드를 이용한다.

28 다음 중 리스(Wreath)의 유래로 옳은 것은?

㉮ 천(天), 지(地), 인(人)의 삼재 사상에서 비롯되었다.
㉯ 음양오행 사상이 구성 원리에 많은 영향을 미쳤다.
㉰ 충성과 헌신의 상징으로 신이나 영웅에게 바쳤다.
㉱ 불전공화(佛前供花)의 양식에서 비롯되었다.

해설 리스는 그리스 시대에 충성과 헌신의 상징으로 신이나 영웅들을 칭송하는 데 널리 활용되었다. ㉮, ㉯, ㉱는 동양 꽃꽂이에 대한 설명이다.

정답 25. ㉮ 26. ㉮ 27. ㉮ 28. ㉰

29 다음 중 테이블 장식을 할 때 고려 사항으로 틀린 것은?
㉮ 사방에서 감상할 수 있도록 꽂는다.
㉯ 꽃이나 잎이 잘 떨어지는 소재는 피한다.
㉰ 진한 향과 색의 꽃을 꽂는다.
㉱ 장식물이 시야를 가리지 않도록 한다.

해설 ㉰ 진한 향은 식욕을 떨어뜨릴 수 있기 때문에 피해야 한다.

30 다음 중 원예용 특수 토양이 아닌 것은?
㉮ 피트모스 ㉯ 펄라이트
㉰ 버미큘라이트 ㉱ 찰흙

해설 ㉱ 찰흙은 자연 토양으로 배수성이 좋지 않아 일부 식물을 제외하고 식물 재배에 적합하지 않다.

31 다음 중 원예용 배양토의 조건으로 적합하지 않은 것은?
㉮ 배수성과 통기성이 좋아야 한다.
㉯ 보수력과 보비력이 높아야 한다.
㉰ 일반적으로 산도가 높아야 한다.
㉱ 병충해가 없는 무병 토양이어야 한다.

해설 ㉰ 일반적으로 수목 생육에 적합한 토양 산도는 pH 5~7이다.

32 다음 중 전통 유럽식 꽃꽂이의 화형으로 볼 수 없는 것은?
㉮ 비더마이어 디자인(Biedermeier design)
㉯ 밀 드 플레 디자인(Mille de Fleur design)
㉰ 폭포형 디자인(Waterfall design)
㉱ 풍경식 디자인(Landscape design)

해설 전통 유럽식 화형으로는 비더마이어, 밀 드 플레, 워터폴(폭포형), 피닉스 디자인(Phoenix design)이 있다.
㉱ 풍경식 디자인은 자연적 디자인 스타일로 넓은 정원을 옮겨 놓은 것 같은 디자인이다.

정답 29. ㉰   30. ㉱   31. ㉰   32. ㉱

33 절화와 절엽 등을 길게 엮은 장식물로 고대 이집트와 로마 시대부터 행사에서 경축의 용도로 벽이나 천장에 드리우거나 기둥의 둘레를 감는 목적으로 사용된 장식물은?

㉮ 리스 ㉯ 갈런드
㉰ 부케 ㉱ 형상물

해설 ㉯ 갈런드는 꽃과 잎을 이용하여 길게 엮어 만든 체인 모양의 꽃 줄이다. 유연성이 좋아 화관, 목걸이, 팔찌나 늘어지는 장식으로 실내외의 벽이나 천장을 장식하기도 한다.

34 다음 중 대칭 균형에 대한 설명으로 가장 거리가 먼 것은?

㉮ 중심축을 기준으로 양쪽에 같은 요소로 동일하게 배열한다.
㉯ 질서가 있어 안정된 느낌이다.
㉰ 공식적이고 위엄이 있어 보인다.
㉱ 자연스럽고 비정형적이며 생동감이 있다.

해설 ㉱는 비대칭 균형에 관한 설명이다. 대칭 균형은 안정감이 있고 근엄해 보인다.

35 강조하고자 하는 소재에 장식적인 목적으로 라피아, 리본 등을 이용하여 가볍게 묶는 기법은?

㉮ 바인딩(Binding) ㉯ 밴딩(Banding)
㉰ 번들링(Bundling) ㉱ 조닝(Zoning)

해설 ㉮ 바인딩 : 줄기의 고정을 목적으로 기능적으로 묶어 주는 방법이다.
㉰ 번들링 : 유사, 동일 재료를 다발로 만들기 위해 묶는 법(짚단, 밀 등)이다.
㉱ 조닝 : 유사, 동일 재료를 특정 지역에 제한하여 구역화해 주는 방법이다.

36 다음 중 줄기를 잘랐을 때 하얀색 유액이 나오는 식물 소재는?

㉮ 장미 ㉯ 달리아
㉰ 포인세티아 ㉱ 국화

해설 ㉰ 포인세티아는 잘랐을 때 흰색 유액이 나오는 대극과의 식물이다.

정답 33. ㉯ 34. ㉱ 35. ㉯ 36. ㉰

37
철사 처리법 중 인서션(Insertion) 법으로 처리하는 소재끼리 짝지어진 것은?
㉮ 안개초, 백합
㉯ 거베라, 장미
㉰ 나팔수선, 칼라
㉱ 카네이션, 라넌큘러스

해설 인서션은 철사를 줄기의 속 아래에서 위쪽으로 수직으로 꽂아 주는 방법으로 줄기를 보강하거나 구부릴 필요가 있을 때 활용하며 거베라, 수선화, 칼라, 라넌큘러스, 스위트피 등에 사용한다.

38
철사 처리법 중 낚싯바늘 모양으로 구부린 철사를 꽃 중심에 꽂아 줄기 안으로 밀어 넣는 방법은?
㉮ 피어싱 메서드(Piercing method)
㉯ 인서션 메서드(Insertion method)
㉰ 후킹 메서드(Hooking method)
㉱ 크로싱 메서드(Crossing method)

해설 ㉰ 후킹 메서드는 거베라, 국화, 라넌큘러스, 스카비오사 등에 쓰인다.

39
클러스터링(Clustering)에 대한 설명으로 옳은 것은?
㉮ 디자인의 입체적 깊이를 위한 그림자주기 기법
㉯ 작은 소재들을 색상과 질감이 유사한 것끼리 모아서 사용하는 뭉치기 기법
㉰ 작품의 아랫부분을 강조하기 위한 계단식 포개기 기법
㉱ 소재를 작은 것에서 큰 것끼리 순차적으로 사용하는 변화주기 기법

해설 ㉮는 섀도잉(Shadowing) 기법, ㉰는 테라싱(Terracing) 기법, ㉱는 시퀀싱(Sequencing) 기법에 대한 설명이다.

40
식물학적 디자인에 대한 설명으로 틀린 것은?
㉮ 식물학적 분류상 환경 조건이 같은 종류를 선택하는 것이 좋다.
㉯ 꽃봉오리, 개화, 만개, 결실 단계의 식물을 이용하여 그 식물의 일생을 표현한다.
㉰ 환경적 생육 조건을 벗어난 소재를 선택한다.
㉱ 주변 환경에서 볼 수 있는 돌, 이끼 등을 사용하여 지면을 연출한다.

해설 ㉰ 환경적 생육 조건에 맞춰 소재를 선택해야 한다.

정답 37. ㉰ 38. ㉰ 39. ㉯ 40. ㉰

41 다음 중 테라싱(Terracing) 기법에 대한 설명으로 옳은 것은?
- ㉮ 동일한 소재들을 어느 정도의 공간을 두며 계단처럼 층층이 쌓는다.
- ㉯ 줄기가 짧은 재료들을 한데 모아 쿠션 또는 언덕의 효과를 내는 것이다.
- ㉰ 소재를 서로 간의 공간 없이 겹겹이 차곡차곡 쌓는다.
- ㉱ 소재를 유연하게 만드는 기법이다.

[해설] ㉯는 필로잉(Pillowing) 기법, ㉰는 스태킹(Stacking) 기법, ㉱는 마사징(Massaging) 기법에 관한 설명이다.

42 다음 중 건조화 및 건조법에 대한 설명으로 틀린 것은?
- ㉮ 여러 가지 건조법을 통해 형태와 색상을 유지하며 건조시킬 수가 있다.
- ㉯ 건조법 중에서 냉동 건조법이 가장 일반적인 건조법이다.
- ㉰ 자연 건조를 하기에 적당한 장소는 통풍이 잘되고 반그늘인 곳이다.
- ㉱ 건조 소재는 가볍게 제작이 가능하다는 장점을 가지고 있다.

[해설] ㉯ 가장 일반적이고 편리한 것은 자연 건조법이다.

43 자연 건조 시 꽃색과 형태의 변화가 적어 건조화를 만들기 가장 적합한 꽃은?
- ㉮ 장미꽃
- ㉯ 글라디올러스
- ㉰ 카네이션
- ㉱ 밀짚꽃

[해설] ㉱ 수분을 많이 포함하지 않고 화형이 작으며 줄기가 얇은 꽃이 건조화에 적합하다.

44 벽지가 분홍색인 방을 로맨틱한 분위기로 연출하고자 할 때 화훼 장식의 색상 조화로 적합한 것은?
- ㉮ 노란색을 중심으로 한 유사색 조화
- ㉯ 노랑과 보라의 보색 조화
- ㉰ 빨간색의 단일색 조화
- ㉱ 파란색의 단일색 조화

[해설] 단일색 조화(동일색 조화) : 한 가지 색에 틴트, 톤, 셰이드의 변화만을 표현한 것으로 단정하고 통일된 느낌을 주지만 자칫 지루하고 시각적 흥미를 잃기 쉽다. 빨간색의 단일색 조화를 통해 로맨틱한 분홍색 방을 연출할 수 있다.

[정답] 41. ㉮   42. ㉯   43. ㉱   44. ㉰

45. 다음 중 화훼 장식의 정의로 가장 적절한 것은?

㉮ 담이나 울타리가 있는 땅 안에서 화훼 식물을 재배하는 것
㉯ 식물을 심고 가꾸고 이용하는 것
㉰ 화훼 식물을 주소재로 미적인 장식물을 제작, 설치, 유지, 관리하는 것
㉱ 절화와 분 식물을 이용하여 실내를 장식하는 것

해설 ㉰ 화훼 장식은 화훼 식물을 주소재로 시간, 장소, 목적에 맞게 공간의 기능과 미적 효율성을 높여 주는 장식물을 제작하거나 설치, 유지, 관리하는 것을 말한다.

46. 다음 중 디자인의 요소가 아닌 것은?

㉮ 선
㉯ 질감
㉰ 형태
㉱ 화기

해설 디자인의 요소 : 선, 질감, 형태, 깊이, 색채, 향기, 공간

47. 다음 중 천일홍이 가지고 있는 질감을 가장 잘 나타낸 것은?

㉮ 매끈한 질감
㉯ 광택이 있는 질감
㉰ 거친 질감
㉱ 부드러운 질감

해설 ㉮ 매끈한 질감 : 나팔나리, 수련, 히아신스, 부바르디아
㉯ 광택이 있는 질감 : 안수리움, 크로톤
㉱ 부드러운 질감 : 팬지, 부들, 아네모네

48. 다음 중 강조점에 대한 설명으로 틀린 것은?

㉮ 강조점과 초점은 상호 밀접한 관계가 있다.
㉯ 강조점은 한 가지 특성에 관심을 모으고 나머지는 모두 부수적으로 만드는 것을 말한다.
㉰ 강조점을 만들기 위해서는 여러 요소의 결합보다는 색상을 강조한다.
㉱ 강조점을 잘 사용하면 꽃꽂이 내부에 질서를 잡을 수 있다.

해설 강조는 작품을 더욱 돋보이게 하는 요소로 크기의 변화, 색 대비, 질감 대비로 효과를 거둘 수 있으며 폼 플라워를 활용하고 무게 중심을 잡아 주는 초점(Focal point)과 밀접한 관계가 있다.

정답 45. ㉰ 46. ㉱ 47. ㉰ 48. ㉰

49 다음 중 화훼 장식의 기능이 아닌 것은?
㉮ 장식적 기능
㉯ 건축적 기능
㉰ 언어적 기능
㉱ 교육적 기능

해설 화훼 장식의 기능 : 장식적, 건축적, 교육적, 심리적, 환경적, 치료적, 경제적 기능이 있다.

50 먼셀(Albert H. Munsell) 색표계의 색을 표시하는 기호로 바른 것은?
㉮ HC/V
㉯ VH/C
㉰ CV/H
㉱ HV/C

해설 먼셀 색표계 : 색상(H), 명도(V), 채도(C)로 표기하며 표기 순서는 HV/C이다.

51 보색 조화에 대한 설명으로 가장 알맞은 것은?
㉮ 색상환에서 서로 반대편에 대립하는 색으로, 강한 느낌을 주는 색채 조화이다.
㉯ 색채의 대비가 가장 부드럽게 나타나는 색채 조화이다.
㉰ 인상적인 색채 효과를 낼 수 있으며 통일감을 줄 수 있다.
㉱ 강한 결속을 나타내며 조화롭게 화려한 느낌을 나타낸다.

해설 보색 조화 : 색상환에서 서로 마주한 두 색의 조화로 화려하고 극적이며 강렬한 느낌을 준다.

52 평면 작품과는 달리 3차원 화훼 장식 디자인에 대한 설명으로 틀린 것은?
㉮ 작품을 주목받게 하는 요인은 작품 자체이므로 놓이는 공간은 고려의 요소가 아니다.
㉯ 3차원 작품에서 가장 분명하게 드러나는 디자인 요소는 형태(Form)이다.
㉰ 3차원 작품에서는 실제로 작품에 빛이 비추어지면서 극적인 효과를 발휘할 수도 있다.
㉱ 평범한 오브제의 스케일에 변화를 주어 예술적 표현을 할 수 있다.

해설 ㉮ 장식품이 놓일 공간, 주변의 구조는 작품 전체의 분위기와 공간, 주변과의 조화를 결정하는 매우 중요한 요소이다.

정답 49. ㉰ 50. ㉱ 51. ㉮ 52. ㉮

53. 물체를 둘러싸고 있는 시지각의 영역이며, 어떤 물체의 외형선을 뜻하는 것은?
㉮ 크기 ㉯ 질감
㉰ 형태 ㉱ 비례

해설 ㉮ 크기 : 작품의 외형적 비율
㉯ 질감 : 보이거나 느껴지는 재료 표면의 느낌
㉱ 비례 : 전체에서 느끼는 각각의 상대적 양이나 크기의 관계

54. 다음 중 삼국 시대의 화훼 장식 역사를 알 수 있는 것은?
㉮ 쌍영총의 부부도 ㉯ 수월관음도
㉰ 수덕사 대웅전 벽화 ㉱ 기명절지화

해설 ㉮ 쌍영총의 부부도 : 고구려 시대
㉯ 수월관음도, ㉰ 수덕사 대웅전 벽화 : 고려 시대
㉱ 기명절지화 : 조선 시대

55. 바로크 시대에 직선보다는 곡선을 중시하면서 나타난 꽃꽂이 형태와 관련이 가장 깊은 것은?
㉮ S자형 ㉯ 원추형
㉰ 대칭 삼각형 ㉱ 일자형

해설 ㉮ 바로크 시대의 화가인 윌리엄 호가스에 의해 호가스 라인 또는 S라인이라 불리는 S자 화형이 만들어졌다.

56. 다음 중 디자인 원리에 대한 설명으로 틀린 것은?
㉮ 화훼 장식에서는 물리적, 시각적 균형 사이에 조화가 이루어져야 한다.
㉯ 작품의 상관 요소들을 선택, 정리하여 하나의 완성체로 단일화하는 것이 통일이다.
㉰ 주가 되는 것을 강하게 표현함으로써 단조로움을 벗어나게 하는 것이 강조이다.
㉱ 균형은 단위 형태가 주기성과 규칙성을 가지고 흐르거나 움직이는 상태를 말한다.

해설 ㉱ 균형은 물리적, 시각적인 안정감을 말한다.

정답 53. ㉰ 54. ㉮ 55. ㉮ 56. ㉱

57 화훼 장식 디자인의 원리 중 리듬에 대한 설명으로 틀린 것은?

㉮ 시선의 시각적인 움직임을 유도할 수 있다.
㉯ 생명감, 존재성을 강하게 표현한다.
㉰ 직선보다 곡선적 형태가 부드럽고 자연스러운 느낌이 있다.
㉱ 색깔로 리듬감을 연출하기는 어렵다.

해설 ㉱ 색의 반복이나 점진적인 변화로 리듬감을 연출할 수 있다.

58 화훼 식물의 재배와 관리에 대한 강희안 저서는?

㉮ 임원십육지
㉯ 양화소록
㉰ 동국세시기
㉱ 오주연문장전산고

해설 ㉯ 조선 시대 강희안의 원예서 양화소록 : 꺾꽂이, 접목법, 접화법 등, 꽃을 기르는 법을 자세히 소개했다.

59 용기 위에 꽃다발을 얹은 것처럼 구성한 디자인으로 줄기와 꽃이 자연스럽게 연결되어 있는 것처럼 보이도록 양쪽에서 연결하여 꽂는 디자인의 형태는?

㉮ 대각선형(Diagonal style)
㉯ 나선형(Spiral style)
㉰ 스프레이형(Spray style)
㉱ 수평형(Horizontal style)

해설 ㉮ 대각선형 : 대각선으로 꽂은 모양이다.
㉯ 나선형 : 소라껍데기 모양처럼 휘감아 올라가는 형태이다.
㉱ 수평형 : 높이보다 너비를 강조하는 형태로, 테이블 장식에 많이 사용된다.

60 화훼 장식의 환경 조절 기능에 대한 설명으로 틀린 것은?

㉮ 휘발성 물질을 방출하여 유해한 병균의 발생을 억제시킨다.
㉯ 식물의 광합성 능력으로 인해 오염된 공기를 정화시킬 수 있다.
㉰ 식물의 호흡 작용에 의해 실내의 산소 부족 현상을 초래할 수 있다.
㉱ 증산 작용에 의한 기화열을 통해서 주변의 온도 상승을 막는 효과가 있다.

해설 식물은 호흡 작용을 하여 밤낮으로 산소를 흡수하고 이산화탄소를 배출하지만 이는 산소 부족 현상을 초래할 정도는 아니며, 낮에 이루어지는 광합성량이 호흡량보다 많기 때문에 산소를 공급하여 공기를 정화하고 실내를 쾌적하게 해 준다.

정답 57. ㉱ 58. ㉯ 59. ㉰ 60. ㉰

2008년도 출제 문제

2008년 3월 30일 시행

1 12~3월에 꽃이 피는 상록성 활엽수인 소재는?
- ㉮ 노각나무
- ㉯ 생강나무
- ㉰ 동백나무
- ㉱ 사스레피나무

해설 ㉰ 차나뭇과에 속하는 상록 활엽 교목인 동백나무는 겨울에서 이른 봄 사이에 꽃이 핀다.
㉮ 노각나무는 차나뭇과 낙엽 활엽 교목, ㉯ 생강나무는 녹나뭇과 작은 낙엽 활엽 교목, ㉱ 사스레피나무는 차나뭇과 상록 활엽 교목으로 3~4월에 개화한다.

2 추파 1년초이며 호랭성인 것은?
- ㉮ 시네라리아
- ㉯ 메리골드
- ㉰ 미모사
- ㉱ 백일홍

해설 그 외에 추파 1년초에는 금어초, 데이지, 금잔화, 팬지, 스타티스, 프리뮬러 등이 있다.
㉯ 메리골드, ㉰ 미모사, ㉱ 백일홍은 내한성이 약한 춘파 1년초이다.

3 플로럴 폼의 사용에 관한 설명으로 옳은 것은?
- ㉮ 플로럴 폼은 완전히 물에 적시기 위해 강제로 밀어 넣어 포화시키면 도움이 된다.
- ㉯ 플로럴 폼을 물에 포화시킬 때 보존 용액을 이용하면 절화 수명 연장에 효과가 있다.
- ㉰ 플로럴 폼을 용기에 꽉 채울 수 있도록 칼로 잘라 낸다.
- ㉱ 한번 사용한 플로럴 폼은 구멍 난 부분만 제거하고 재사용한다.

해설 플로럴 폼은 1회성이기 때문에 재사용이 불가하고 물에 띄워 천천히 물을 흡수시켜야 한다.

정답 1. ㉰   2. ㉮   3. ㉯

4 자연 건조가 잘되어 건조 소재로 이용되는 주요 소재가 아닌 것은?
- ㋤ 숙근 안개초
- ㋯ 밀짚꽃
- ㋥ 팔레놉시스
- ㋭ 스타티스

해설 ㋥ 서양란의 일종인 팔레놉시스는 호접란이라고도 불리며 꽃잎에 즙액이 많아서 건조 소재로는 이용하지 않는다.

5 식재 시기의 구분에 따라 추식 구근류인 것은?
- ㋤ 칸나
- ㋯ 크로커스
- ㋥ 달리아
- ㋭ 글라디올러스

해설
- 추식 구근 : 크로커스, 나리, 수선, 튤립, 무스카리, 히아신스, 구근아이리스 등
- 춘식 구근 : 칸나, 달리아, 글라디올러스, 수련, 구근베고니아, 글로리오사 등

6 화훼 장식에 대한 설명으로 틀린 것은?
- ㋤ 채소나 과일은 화훼 장식 재료로 부적합하다.
- ㋯ 화훼 식물을 이용하여 우리 생활환경을 보다 아름답고 쾌적하게 조성할 수 있다.
- ㋥ 감상이나 가꾸는 것 외에 원예 치료의 효과도 거둘 수 있다.
- ㋭ 생활환경을 아름답게 하기 위해 절화류, 분화류, 관엽 식물 및 건조화 등의 이용 폭이 넓다.

해설 ㋤ 채소, 과일 외에도 다양한 식물 재료를 화훼 장식에 쓸 수 있다.

7 식물 소재의 선택 시 주의 사항으로 틀린 것은?
- ㋤ 식물의 신선도를 살펴야 한다.
- ㋯ 전체적인 색의 배합을 고려해야 한다.
- ㋥ 절화의 수명이 비슷한 것을 선택해야 유지하기 편리하다.
- ㋭ 작품에 강한 인상을 주기 위하여 폼 플라워를 여러 종류로 많이 선택한다.

해설 ㋭ 폼 플라워는 크고 개성적 특징이 분명한 형태의 꽃으로 시각적 포인트의 역할을 하여 초점 꽃(포컬 포인트)으로 많이 사용한다. 여러 종류로 많이 사용하면 감상할 때 혼란을 줄 수 있으므로 자제하는 것이 좋다.

정답 4. ㋥ 5. ㋯ 6. ㋤ 7. ㋭

8 다음 중 절화의 줄기 절단용 도구로 절단면이 가장 깨끗하게 잘려져 세포의 파괴에 의한 부패를 늦출 수 있는 것은?
㉮ 가위
㉯ 칼
㉰ 스님
㉱ 가시 제거기

해설 ㉯ 날카롭고 예리한 칼이 절단면을 가장 깨끗하게 자를 수 있다.

9 실내 공간 장식에서 관목(Shrubs)으로 이용되는 식물은?
㉮ 아글라오네마
㉯ 필로덴드론 옥시카르디움
㉰ 알로카시아 오도라
㉱ 스킨답서스

해설 ㉰ 알로카시아 오도라는 잎이 크고 아름다우며 줄기가 목질화되는 식물로 관목으로 이용한다.

10 다음 난과 식물 중 원산지가 열대 지방이며 나무줄기나 바위에 착생하며 자라는 것은?
㉮ 한란
㉯ 온시디움
㉰ 보춘화
㉱ 풍란

해설 열대와 아열대에 자생하며 나무나 바위에 붙어 고착 생활을 하는 착생란에는 팔레놉시스, 덴드로비움, 카틀레야, 에피덴드럼, 풍란, 반다, 온시디움 등이 있다.

11 숙근초에 대한 설명으로 옳은 것은?
㉮ 꽃이 핀 다음 씨가 맺힌 후 말라 죽는 식물이다.
㉯ 종자를 파종한 후 발아되어 뿌리나 줄기가 여러 해 동안 살아남아 매년 꽃을 피우는 식물이다.
㉰ 식물의 일부인 줄기 또는 뿌리의 일부분이나 배축이 비대해져 알뿌리 모양으로 변형된 식물이다.
㉱ 주로 씨앗으로 번식되며 내한성이 약한 편이다.

해설 ㉮는 1년초, ㉰는 구근류, ㉱는 춘파 1년초에 대한 설명이다.

정답 8. ㉯ 9. ㉰ 10. ㉯ 11. ㉯

12 리스 등을 제작할 때 이용되는 것으로 못, 진주핀 등을 이용하여 고정과 동시에 디자인을 가미하는 기술은?
- ㉮ 와이어링(Wiring)
- ㉯ 밴딩(Banding)
- ㉰ 피닝(Pinning)
- ㉱ 클러스터링(Clustering)

해설 ㉮ 와이어링 : 잎과 줄기 등에 와이어를 이용한 모든 기법
㉯ 밴딩 : 시각적, 장식적인 효과를 위해 묶는 방법
㉱ 클러스터링 : 소재들을 모아서 질감이나 색상이 돋보이도록 무리화시켜 주는 방법

13 꽃보다 열매가 아름다운 절지용 소재로 가장 거리가 먼 것은?
- ㉮ 노박덩굴
- ㉯ 살구나무
- ㉰ 좀작살나무
- ㉱ 청미래덩굴

해설 ㉯ 살구나무는 열매보다 꽃이 아름다운 수목으로 과수로 취급된다.

14 크리스마스 무렵에 빨간색의 꽃을 피우는 게발선인장의 원산지는?
- ㉮ 아프리카
- ㉯ 동남아시아
- ㉰ 브라질
- ㉱ 미국

해설 ㉰ 선인장과의 다년생 식물인 게발선인장은 브라질의 리우데자네이루가 원산지이다.

15 식물 소재의 손질 방법으로 틀린 것은?
- ㉮ 구입된 절화 소재에서 시들거나 손상된 부위의 꽃잎과 잎은 제거하고 잎이 너무 무성하면 솎아 준다.
- ㉯ 절화 줄기나 나뭇가지 아랫부분의 잎은 깨끗하게 제거한다.
- ㉰ 비슷한 길이의 서로 평행으로 자란 나뭇가지는 모양이 좋으므로 가지를 자르지 않고 잘 살리는 것이 좋다.
- ㉱ 대칭으로 자란 잔가지는 번갈아 쳐내어 공간을 살리는 것이 좋다.

해설 ㉰ 가지를 잘라 주어 공간을 확보해야 마디가 생기지 않고 길고 곧게 잘 자랄 수 있다.

정답 12. ㉰ 13. ㉯ 14. ㉰ 15. ㉰

16. 우리나라에서 원예학적 분류상 다년생이 아닌 것은?

㉮ 카네이션
㉯ 알스트로메리아
㉰ 금어초
㉱ 거베라

해설 금어초는 종자가 발아해서 1년 이내 생육하고 개화·결실하여 일생을 마치는 1년초이며 가을에 파종하는 추파 1년초이다.

17. 식공간 연출(테이블 데커레이션)을 제작할 때 주의할 사항으로 거리가 먼 것은?

㉮ 화분(꽃가루)이 떨어지는 꽃을 사용하지 않는다.
㉯ 화형의 높이는 시선을 방해하지 않게 한다.
㉰ 향이 진한 꽃은 사용하지 않는다.
㉱ 한 방향에서만 감상할 수 있도록 한다.

해설 식공간 연출 시 가운데 놓이는 센터피스(Centerpiece)의 형태로 이용되며 테이블에 앉은 모든 사람이 사방에서 감상할 수 있도록 제작해야 한다.

18. 신부 부케 제작에 관한 설명으로 가장 거리가 먼 것은?

㉮ 절화를 이용하여 고리 모양으로 만들어 머리에 쓴다.
㉯ 꽃의 줄기를 잘라 철사로 대체하여 줄기를 구부려 만들기도 한다.
㉰ 줄기를 나선형 또는 직렬형 등으로 모아서 묶어 준다.
㉱ 플로럴 폼이 들어 있는 홀더를 사용하여 원형이나 폭포형 등의 조형이 되도록 만들기도 한다.

해설 ㉮는 화관에 관한 설명이다.

19. 선형 디자인에 대한 설명으로 틀린 것은?

㉮ 수직선, 수평선, 사선 및 곡선 등을 이용할 수 있다.
㉯ 소재는 항상 대칭으로 배치하여야 한다.
㉰ 식물 소재의 형태와 선의 특성을 대비시켜서 표현한다.
㉱ 여백을 이용하여 소재의 아름다움을 강조한다.

해설 ㉯ 선형 디자인(Formal linear)에서는 대칭 혹은 비대칭적 배치도 가능하다.

정답 16. ㉰ 17. ㉱ 18. ㉮ 19. ㉯

20 칼라의 부드러운 줄기를 지탱하기 위한 철사 처리 방법으로 적합한 것은?
- ㉮ 소잉(Sewing)
- ㉯ 크로싱(Crossing)
- ㉰ 인서션(Insertion)
- ㉱ 시큐어링(Securing)

해설 ㉰ 인서션 기법은 줄기를 보강할 때 활용되며 칼라, 거베라, 라넌큘러스 등에 이용한다.

21 절화의 호흡에 대한 설명으로 틀린 것은?
- ㉮ 절화의 호흡량은 종과 품종에 따라 차이가 있다.
- ㉯ 온도에 따라서 현저하게 달라진다.
- ㉰ 29℃에 저장한 꽃은 2℃에 저장한 것보다 호흡량이 많다.
- ㉱ 모든 식물체는 온도가 올라감에 따라 호흡량이 감소한다.

해설 ㉱ 식물체는 온도가 올라감에 따라 호흡량이 증가하고 증산 작용이 활발해진다.

22 식물의 발근을 촉진시키는 호르몬은?
- ㉮ 시토키닌
- ㉯ 지베렐린
- ㉰ 옥신
- ㉱ 아브시스산

해설 ㉮ 시토키닌(Cytokinin)은 분지를 촉진, ㉯ 지베렐린(Gibberellin)은 성장 촉진, ㉱ 아브시스산(ABA)은 식물체의 눈의 휴면에 관여한다.

23 보석 알을 촘촘히 박아 놓은 듯 동일한 높이로 꽂는 기법은?
- ㉮ 베이싱(Bassing)
- ㉯ 그루핑(Grouping)
- ㉰ 파베(Pave)
- ㉱ 시퀀싱(Sequencing)

해설 ㉮ 베이싱 : 플로럴 폼을 가리기 위해 작품의 아랫부분을 마무리하는 기법
㉯ 그루핑 : 동일 소재나 같은 색상 소재들을 집단적으로 모아 형태, 색상, 질감을 강조하는 방법. 집단과 집단 사이에 공간 유지를 해 주어야 한다.
㉱ 시퀀싱 : 차례 기법으로 그러데이션, 크기, 색상, 높이를 점차적으로 변화시킴으로 시각적 효과를 주는 방법

정답 20. ㉰ 21. ㉱ 22. ㉰ 23. ㉰

24 장미의 꽃목굽음이 일어나는 주요 요인으로 옳은 것은?
㉮ 기온이 떨어지는 겨울에 채화할 때 일어나는 현상이다.
㉯ 조기 채화 시 전처리를 해 주어 일어나는 현상이다.
㉰ 절화의 수분 균형이 깨져 발생하는 현상이다.
㉱ 수분 공급이 지나치게 되면 발생하는 현상이다.

해설 장미, 거베라처럼 꽃이 크고 무거운 식물들은 물올림이 약할 경우 꽃목굽음 현상이 일어난다.

25 절화 보존제의 주성분이 아닌 것은?
㉮ 당류
㉯ 살충제
㉰ 에틸렌 작용 억제제
㉱ 식물 생장 조절제

해설 절화 보존제에는 미생물 증식을 억제하는 살균제가 사용된다.

26 원예용 특수 토양에 관한 설명으로 틀린 것은?
㉮ 수태는 이끼를 건조시켜 만든 것이다.
㉯ 부엽토는 낙엽을 썩힌 것으로 만든 것이다.
㉰ 나무껍질로 만든 것을 질석이라고 한다.
㉱ 진주암을 고온에서 가열하여 만든 것을 펄라이트라고 한다.

해설 ㉰ 소나무, 전나무 등의 나무껍질을 분쇄해서 만든 것은 바크(Bark)라고 한다.

27 교차선 배열에 대한 설명으로 틀린 것은?
㉮ 교차선 배열은 자연의 식물 모습에서도 볼 수 있는 배열이다.
㉯ 선이 엇갈리며 여러 각도로 표현된다.
㉰ 여러 개의 생장점이 있으며 구조적 구성에는 활용되지 않는다.
㉱ 꽃을 꽂는 한 지점에 여러 개의 소재가 겹치지 않아야 한다.

해설 ㉰ 다양한 초점이나 생장점에서 나온 선이 다양한 각도에서 각각의 방향으로 뻗어 나가 줄기의 교차가 이루어진 경우이며 구조적 구성에 활용된다.

정답 24. ㉰ 25. ㉯ 26. ㉰ 27. ㉰

28 다음 중 분 식물의 관수 방법으로 틀린 것은?

㉮ 6~8월에는 햇빛이 뜨거운 낮에 물을 주는 것이 좋다.
㉯ 겨울에는 오전 10시경 미지근한 물을 이용한다.
㉰ 겨울은 식물의 휴면기이므로 물을 적게 준다.
㉱ 싹이 날 때는 수분이 마르지 않도록 물을 준다.

해설 분 식물의 관수 방법
- 봄, 가을 : 오전 9~10시 사이
- 여름 : 건조 상태를 보아 햇빛이 강한 더운 시간대를 피해 1일 1~2회 주기도 한다.
- 겨울 : 너무 추운 시간대를 피하여 오전 10~11시 사이에 주며, 흙이 마르지 않으면 관수 주기를 조절한다.

29 방사선 배열에 대한 설명으로 옳은 것은?

㉮ 한 개의 초점에서 부챗살처럼 사방으로 펼쳐지는 배열이다.
㉯ 여러 개의 줄기가 같은 방향으로 뻗어 가는 배열이다.
㉰ 여러 개의 초점에서 나온 선이 각각 여러 각도 방향으로 뻗어 나가는 배열이다.
㉱ 교차선 배열에서 발전된 형으로 선의 흐름이 구부러지고 휘감기는 배열이다.

해설 ㉯ 평행선 배열, ㉰ 교차선 배열, ㉱ 감는선 배열에 대한 설명이다.

30 절화를 수확한 후 물올림 작업에 사용하는 물의 pH로 가장 적당한 것은?

㉮ pH 1~2   ㉯ pH 3~4
㉰ pH 6~7   ㉱ pH 8~9

해설 ㉯ pH 3~6 정도의 물이 미생물 억제를 위해 좋다.

31 과꽃이나 소국 등으로 부케를 제작할 때 와이어 끝을 1cm가량 구부려서 제작하는 철사 처리 방법은?

㉮ 후킹(Hooking)   ㉯ 소잉(Sewing)
㉰ 피어싱(Piercing)   ㉱ 트위스팅(Twisting)

해설 ㉮ 후킹(Hooking)은 와이어의 한쪽을 갈고리 모양으로 구부려 꽃 위에서 꽃받침 쪽으로 꽂아 내리는 방법으로 거베라, 라넌큘러스, 국화, 스카비오사 등에 쓰인다.

정답 28. ㉮ 29. ㉮ 30. ㉯ 31. ㉮

32 우리나라 꽃꽂이의 기본 형태는 식물이 자연에서 자라는 형태를 기준으로 한다. 다음 중 기본 형태에 대한 설명으로 틀린 것은?
㉮ 직립형 – 위로 곧게 뻗는 형
㉯ 경사형 – 비스듬히 뻗는 형
㉰ 하수형 – 아래로 늘어지는 형
㉱ 평면형 – 사방으로 퍼지는 형

해설 ㉱는 사방화형에 관한 설명이다.

33 수태를 이용하여 식재한 공중걸이 분의 관수에 대한 설명으로 가장 적합한 것은?
㉮ 분무기로 하루 2~3회 분무해 준다.
㉯ 매일 욕실 등에 옮겨 물을 충분히 준다.
㉰ 수태가 바싹 마르면 한 번씩 흠뻑 준다.
㉱ 수태는 수분을 많이 함유하도록 처음 심을 때 한 번만 많이 준다.

해설 ㉮ 수태(물이끼)는 보수력이 좋아 처음에 충분히 물을 준 후 하루에 2~3회 분무해 주면 된다.

34 에틸렌 발생의 원인에 대한 설명으로 틀린 것은?
㉮ 좁은 공간 내 열원이 가까이 있으면 발생한다.
㉯ 통풍이 너무 잘되어도 발생한다.
㉰ 오래되고 시든 절화가 있으면 발생한다.
㉱ 포장 시 취급하는 폴리에틸렌 필름, 플라스틱 조화, 포장용 끈 등이 원인이 된다.

해설 에틸렌은 온도가 높거나 노화된 식물, 과일, 화학 물질 등이 원인이 되어 발생한다.

35 다음 화훼 장식에 사용되는 소재 중 가장 고운 질감에 속하는 것은?
㉮ 아킬레아   ㉯ 리아트리스
㉰ 알스트로메리아   ㉱ 카네이션

해설
• 거친 질감 : 아킬레아, 리아트리스, 카네이션, 스타티스, 해바라기
• 딱딱한 질감 : 안수리움, 헬리코니아, 극락조화
• 부드러운 질감 : 장미, 수국, 동백, 양귀비

정답 32. ㉱   33. ㉮   34. ㉯   35. ㉰

36 디펜바키아 마리안느와 같은 잎에 적합한 철사 처리 방법은?
㉮ 크로싱(Crossing)
㉯ 소잉(Sewing)
㉰ 피어싱(Piercing)
㉱ 인서션(Insertion)

해설 ㉯ 잎이 넓고 부드러운 디펜바키아 마리안느(Dieffenbachia Marrianne)에는 잎이나 꽃잎 등의 소재를 바느질하듯 꿰매는 소잉 철사 처리가 적합하다.

37 갈런드 제작 시 주의 사항으로 틀린 것은?
㉮ 꽃가루나 잎이 떨어지지 않는 재료로 선정한다.
㉯ 절화, 절엽 소재들은 모두 인서션법으로 철사 처리한다.
㉰ 묶거나 꽂은 재료가 빠지거나 떨어지지 않게 한다.
㉱ 갈런드의 끈은 재료의 무게를 충분히 견딜 수 있는 것으로 한다.

해설 ㉯ 각 소재에 맞는 철사 처리법을 이용해야 한다.

38 일반적으로 리스에 적용되는 본체와 안쪽 지름의 황금 비율(A : B : C)은?

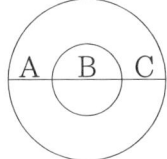

㉮ 1 : 1 : 1
㉯ 1 : 1.6 : 1
㉰ 1 : 2 : 1
㉱ 1 : 2.5 : 1

해설 ㉯ 영원불멸성을 상징하는 리스(Wreath)의 황금 비율은 1 : 1.6 : 1이다.

39 색의 3원색이 아닌 것은?
㉮ Green
㉯ Magenta
㉰ Yellow
㉱ Cyan

해설 색의 3원색 : 자홍(Magenta), 노랑(Yellow), 청록(Cyan)

정답 36. ㉯ 37. ㉯ 38. ㉯ 39. ㉮

40 비더마이어에 대한 설명으로 틀린 것은?
㉮ 클래식 스타일이다.
㉯ 소재를 적게 쓰는 장점이 있다.
㉰ 비더마이어 디자인은 부케에도 사용된다.
㉱ 빽빽하고 둥글게 장식한다.

해설 ㉯ 비더마이어는 일반적인 돔 형태보다 촘촘하게 디자인되기 때문에 소재가 더 많이 쓰인다.

41 테라리움의 관리 요령으로 틀린 것은?
㉮ 충분한 광합성을 위하여 직사광선을 받는 곳에 둔다.
㉯ 과다한 관수를 피해야 한다.
㉰ 토양을 적당히 건조한 상태로 유지시켜 식물의 생장을 억제시킨다.
㉱ 뚜껑을 가끔 열어 주어 공기 순환과 함께 수분을 증발시키다.

해설 ㉮ 광합성은 가시광선으로 하며, 직사광선을 받게 되면 밀폐된 용기의 내부 온도가 상승하여 식물에 해를 끼치기 때문에 피해야 한다.

42 토양의 특성이 아닌 것은?
㉮ 뿌리의 호흡과 양분, 수분 흡수에 관여한다.
㉯ 식물의 생육에 관여한다.
㉰ 식물체를 지지한다.
㉱ 고온에서 가공되며 균이 없다.

해설 ㉱ 고온에서 가공되고 무균 상태인 것은 모든 토양의 특성이 아닌 광물질 재료를 사용한 인공 토양의 특성이다. 인공 토양에는 펄라이트, 버미큘라이트 등이 있다.

43 색채가 화사하고 안정적이며 흥분을 가라앉히는 색으로 가장 적합한 것은?
㉮ 순색   ㉯ 파스텔 색조
㉰ 무채색   ㉱ 탁색

해설 ㉯ 파스텔 색조는 빨강, 노랑, 파랑 등의 순색에 흰색을 섞은 것으로 고명도, 저채도의 화사하고 안정적인 색조이다.

정답 40. ㉯ 41. ㉮ 42. ㉱ 43. ㉯

44 볏단, 밀짚다발, 옥수숫대 등을 이용하여 같은 재료 또는 비슷한 재료를 단단히 묶는 기법은?
㉮ 조닝　　　　　　　　㉯ 시퀀싱
㉰ 번들링　　　　　　　㉱ 테라싱

해설　㉮ 조닝(Zoning) : 구역화 기법으로 반드시 음화적 공간을 둔다.
　　　㉯ 시퀀싱(Sequencing) : 점강법, 점차법 등을 이용하는 차례 기법이다.
　　　㉱ 테라싱(Terracing) : 계단 느낌으로 쌓아 올리는 기법이다.

45 다음 중 난색에 대한 설명으로 틀린 것은?
㉮ 무채색에서는 고명도의 색이 더 따듯하게 느껴진다.
㉯ 색상환에서 빨강, 주황, 노랑 주위의 색을 말한다.
㉰ 난색은 주로 빨강 위주의 색일 때 따뜻하게 느껴진다.
㉱ 색상 중에서 흰색보다 검정색이 따듯하게 느껴진다.

해설　㉮ 무채색에서는 저명도의 색이 더 따뜻하게 느껴진다. 즉, 흰색보다 검정색이 따뜻하게 느껴진다.

46 염색화 제작 시에 사용되는 표백제가 아닌 것은?
㉮ 하이포아염소산염　　　㉯ 구연산
㉰ 아염소산나트륨　　　　㉱ 과산화수소

해설　㉯ 구연산은 절화 보존제에 쓰이는 구성 성분 중 하나이다.

47 화훼 장식 디자인에서 색채의 분포에 대해 바르게 기술한 것은?
㉮ 눈을 자극하는 재료는 넓은 면적에 분배한다.
㉯ 현란한 색은 많이, 엷고 부드러운 색은 적게 사용한다.
㉰ 대립되는 색은 주조색보다 적어야 강렬한 느낌을 주게 된다.
㉱ 화훼 디자인에서 꽃과 용기의 색은 일치해야 한다.

해설　눈을 자극하는 재료는 포컬 포인트(Focal point)로 작은 면적이나 한곳에 써야 강조의 효과를 얻을 수 있고, 색채의 표현은 일반적으로 주조색 60~70%, 보조색 20~30%, 강조색 5~10%를 썼을 때 가장 아름답다.

정답　44. ㉰　45. ㉮　46. ㉯　47. ㉰

48 고려 시대 꽃 문화의 특징에 해당하는 것은?

㉮ 꽃 문화가 생활 속에 정착하고 발전하였으며, 불전에 바치는 공양으로 꽃이 많이 사용되었다.
㉯ 이 시대에 들어 꽃꽂이는 획기적인 발전을 이루었으며, 꽃에 관한 다양한 전문 서적이 저술되었다.
㉰ 서양으로부터 다양한 양식이 도입되었다.
㉱ 꽃꽂이가 실용적인 목적으로 사용되기 시작하였으며, 주로 여성들의 여가 활동으로 각광을 받았다.

해설 고려 시대에는 불교문화가 융성하고 궁중 문화의 화려함이 더해져 꽃꽂이의 표현 영역이 크게 넓어졌다.
㉯는 조선 시대, ㉰는 근대, ㉱는 현대에 관한 설명이다.

49 강조에 대한 설명으로 틀린 것은?

㉮ 작품 전체에 통일감을 주면서 특정 부분을 강하게 표현하는 것이다.
㉯ 다른 작품들과 대비를 이룰 때 이루어진다.
㉰ 디자인에서 필수적인 요소이며 디자인의 크기, 모양에 상관없이 한 개만 존재한다.
㉱ 디자인의 일부로 남아 있어야 한다.

해설 디자인 원리 중 하나인 강조는 색, 크기, 형태 등의 대비 효과로 나타낼 수 있고, 초점(Focal point)처럼 한 개만 존재할 수도 있고 초점 지역(Focal area)처럼 강조되는 지역이 있을 수도 있으므로 한 개만 존재한다고는 볼 수 없다.

50 건조화에 대한 설명으로 옳은 것은?

㉮ 꽃이 빨리 마를수록 밝고 섬세한 색을 잃기 쉽다.
㉯ 압화는 평면 건조화이다.
㉰ 실리카겔은 일회용 건조제이다.
㉱ 글리세린은 대표적인 고체 건조제이다.

해설 ㉯ 압화는 꽃이나 잎을 눌러 평면적으로 건조시키는 방법이다.
㉮ 꽃이 빨리 마를수록 밝고 섬세한 색을 얻을 수 있고, ㉰ 실리카겔은 건조시켜 재사용할 수 있으며, ㉱ 글리세린은 액체 건조제이다.

정답 48. ㉮ 49. ㉰ 50. ㉯

51 보색을 서로 합치면 무슨 색이 되는가?
- ㉮ 유채색
- ㉯ 무채색
- ㉰ 중성색
- ㉱ 난색

해설 빨강 – 청록, 노랑 – 남색 등의 보색을 섞으면 회색, 검정 같은 무채색이 된다.

52 조선 시대의 화훼 장식에 대한 저자와 책이 바르게 짝지어진 것은?
- ㉮ 강희안 – 임원십육지
- ㉯ 홍만선 – 산림경제
- ㉰ 허균 – 양화소록
- ㉱ 서유구 – 성소부부고

해설 ㉮ 강희안은 양화소록, ㉰ 허균은 성소부부고, ㉱ 서유구는 임원십육지의 저자이다.

53 화훼 장식에 대한 설명으로 틀린 것은?
- ㉮ 화훼 장식은 조화 소재를 주로 사용하여 실내 공간을 장식하는 것이다.
- ㉯ 화훼 장식이란 장식물을 제작, 설치, 유지 및 관리하는 기술을 말한다.
- ㉰ 화훼 장식 중 실내 장식의 형태는 절화 장식, 분 식물 장식, 실내 정원으로 나뉜다.
- ㉱ 화훼 장식의 재료에서 화훼는 관심의 대상이 되는 초본 식물과 목본 식물을 총칭한다.

해설 화훼 장식은 화훼 식물인 초본 식물과 목본 식물을 주소재로 공간의 기능과 미적 효율성을 높여 주는 장식물을 제작하거나 설치, 유지, 관리하는 기술을 말한다.

54 빅토리아 시대의 화훼 장식에 대한 설명으로 틀린 것은?
- ㉮ 디자인과 테크닉이 체계화되었다.
- ㉯ 화훼 디자인 교육을 받을 수 있었다.
- ㉰ 화훼 디자인이 예술로 인정받았다.
- ㉱ 주로 종교적으로 쓰이기 시작했다.

해설 빅토리아 시대
꽃과 식물, 원예가 대단히 번성했던 시기로 플라워 디자인이 예술로 자리 잡았고, 전문 서적과 잡지가 출간되는 등 플라워 디자인의 규칙이 연구, 확립되었다. 포지 홀더(Posy holder)를 이용한 작은 꽃다발을 사적인 모임에도 소지하고 다녔다.

정답 51. ㉯ 52. ㉯ 53. ㉮ 54. ㉱

55. 다음 중 화훼 장식의 기능으로 거리가 먼 것은?
㉮ 공간 장식
㉯ 메시지 전달
㉰ 정서 불안
㉱ 환경 조절

해설 ㉰ 생명력이 있는 자연으로부터의 효과가 사람의 심리를 안정시켜 주는 정서 함양 기능이 있다.

56. 다양한 구성 요소가 모여 아름다운 전체 구성을 이루어 내는 것은?
㉮ 균형
㉯ 강조
㉰ 비례
㉱ 조화

해설 ㉱ 조화란 둘 이상의 요소가 서로 어울려 각 요소가 통합된 감각적 효과를 발휘할 때 일어나는 미적 원리이다.

57. 화훼 디자인의 요소 중 만져서 느낄 수 있는 촉각과 덩어리감을 느낄 수 있는 뭉치, 중량감, 부피감을 말하는 것은?
㉮ 공간
㉯ 양감
㉰ 비례
㉱ 질감

해설 ㉮ 공간은 디자인의 가장 기본적인 요소로 디자인 요소들의 안팎에 위치한 입체적인 부분을 말한다.
㉰ 비례는 작품을 디자인할 때 구성 요소 간의 상대적 크기와의 관계를 말한다.
㉱ 질감은 소재의 표면적 특성을 말한다.

58. 균형에 대한 설명으로 옳은 것은?
㉮ 대칭 균형만이 완전한 균형을 이룬다.
㉯ 균형은 형태나 색채상으로 평형 상태인 것을 말한다.
㉰ 비대칭 균형은 엄숙하고 정중한 느낌을 준다.
㉱ 비대칭 균형은 동적인 화훼 장식을 표현할 수 없다.

해설 균형은 물리적, 시각적으로 평형을 이루어 안정감을 주는 상태를 말한다. 중심축 좌우에 다른 요소가 배열되어도 시각적인 요소, 중량이 동등하게 주어지는 비대칭 균형은 자연스럽고 시각적 흥미를 이끌 수 있으며 생동감이 있다.

정답 55. ㉰   56. ㉱   57. ㉯   58. ㉯

59 디자인의 원리를 설명한 것으로 옳은 것은?
㉮ 균형은 소재들 간의 상대적 크기이다.
㉯ 리듬은 움직임이 연속적으로 되풀이되는 것이다.
㉰ 구성은 특정 부분을 강하게 표현한다.
㉱ 비율은 공간과 질감의 상호 관계이다.

해설 ㉯ 리듬은 형태, 선, 색, 질감, 밀도의 반복이나 연계성으로 율동감을 느끼게 하여 작품에 활력을 불어넣는 역할을 한다.

60 화훼 장식에 있어서 디자인의 전체적인 틀과 골격을 형성하는 요소는?
㉮ 방향 ㉯ 크기
㉰ 선   ㉱ 면

해설 ㉰ 선은 모든 디자인에 있어 가장 기초가 되는 구성 요소로 여러 형태의 움직임을 통하여 다양한 감정적 특성을 지니며 디자인의 형태를 결정짓는 윤곽이 되기도 한다.

정답 59. ㉯   60. ㉰

2008년 7월 13일 시행

1 다음 중 사계절 행사용 테이블을 장식하는 데 사용하기 가장 어려운 소재는?

㉮ 팬지
㉯ 장미
㉰ 국화
㉱ 카네이션

해설 ㉮ 팬지는 가을에 파종하는 추파 1년초로 내한성은 강하나 고온 건조에 약하여 사계절용으로 적합하지 않고 화분, 화단용으로 사용된다.

2 구경(Corm)에 대한 설명으로 틀린 것은?

㉮ 줄기가 비대해져 알뿌리 모양으로 된 것이다.
㉯ 모구가 소실되고 신구가 형성된다.
㉰ 매년 내부에 인편이 형성된다.
㉱ 줄기의 몇 마디가 단축 비대하여 구상을 이루고 잎의 변형인 외피가 덮여 있다.

해설 ㉰ 내부에 인편이 형성되는 것은 인경(비늘줄기)이다. 인경은 줄기가 변형된 저장 기관으로 여러 쪽의 인편이 모여서 하나의 알뿌리를 형성한다.

3 선인장 품종 중 접목용 대목(臺木)으로 이용되지 않는 것은?

㉮ 삼각주
㉯ 용신목
㉰ 비모란
㉱ 와룡

해설 접목 선인장이란 두 개의 개체를 접목시킨 것이고, 접붙일 때 바탕이 되는 대목으로는 기둥 형태의 선인장을 이용한다.
㉰ 둥근 형태의 선인장인 비모란은 위에 얹는 접수용으로 이용되며 대목용으로는 적절하지 않다.

4 게발선인장이나 가재발선인장의 원산지(기원지)는?

㉮ 중남미
㉯ 한국
㉰ 아프리카
㉱ 동남아시아

해설 ㉮ 선인장 종류는 주로 중남미 원산이 많다.

정답 1. ㉮ 2. ㉰ 3. ㉰ 4. ㉮

5. 난꽃의 특징에서 나타나는 용어가 아닌 것은?
㉮ 꽃술대(예주) ㉯ 순판
㉰ 약모 ㉱ 통상화

해설 ㉱ 통상화는 화관의 형태가 가늘고 긴 관 또는 통 모양인 꽃으로 관상화라고도 하며, 국화나 해바라기 등의 두상 화서를 지니는 꽃의 안쪽에 위치한 작은 꽃을 일컫는 말이다.

6. 다음 구근 식물 중 비늘줄기인 것은?
㉮ 아네모네 ㉯ 나리
㉰ 글라디올러스 ㉱ 칸나

해설 ㉮ 아네모네 : 괴경(덩이줄기)
㉰ 글라디올러스 : 구경(알줄기)
㉱ 칸나 : 근경(뿌리줄기)

7. 우리나라에서 노지 숙근 초화류가 아닌 것은?
㉮ 국화 ㉯ 제라늄
㉰ 꽃창포 ㉱ 옥잠화

해설 ㉯ 제라늄은 열대, 아열대 원산으로 내한성이 약해 온실 내에서 재배해야 하는 온실 숙근초로 노지에서는 월동할 수 없다.

8. 화훼 원예의 형태에 관한 설명으로 틀린 것은?
㉮ 화훼는 이용 목적 및 기능에 따라 생산 화훼, 취미 화훼, 후생 화훼로 나눌 수 있다.
㉯ 생산 화훼의 절엽은 주로 작품의 외곽, 골격, 선을 표현하는 주소재로 쓰인다.
㉰ 생산 화훼는 절화, 절엽, 절지, 분화, 종묘, 구근, 지피 식물 등을 생산 및 공급하는 것이다.
㉱ 취미 화훼와 후생 화훼는 상품의 판매가 목적이 아니다.

해설 ㉯ 절엽은 플로럴 폼을 가려 주는 기법이나 색의 다양함, 깊이를 표현하는 데 이용된다.

정답 5. ㉱ 6. ㉯ 7. ㉯ 8. ㉯

9 실내 장식에 주로 이용되는 장식물에 대한 설명으로 틀린 것은?

㉮ 비바리움(Vivarium)은 밀폐된 용기 속에서 여러 가지 식물만 자라도록 만든 것이다.
㉯ 디시 가든(Dish garden)은 접시와 같이 넓고 깊이가 얕은 용기에 식물을 심어 놓은 작은 정원을 말한다.
㉰ 토피어리(Topiary)란 철사나 나뭇가지로 틀을 만들어 덩굴 식물을 감아서 동물이나 여러 가지 모양을 만든 것이다.
㉱ 공중걸이 분(Hanging basket)은 바구니나 플라스틱 화분에 덩굴 식물 등을 심어서 아래로 늘어뜨리고 매다는 것이다.

해설 ㉮ 비바리움은 테라리움이 변형된 형태로 유리 용기 속에 식물과 뱀, 도마뱀, 개구리 같은 작은 동물을 넣어 식물의 정적 아름다움과 작은 동물들의 동적 요소를 가미한 분 식물 장식이다.

10 다음 중 광이 약한 거실에 배치할 분 식물로 가장 부적당한 것은?

㉮ 스파티필룸   ㉯ 분화 장미
㉰ 테이블야자   ㉱ 필로덴드론

해설 ㉮ 스파티필룸, ㉰ 테이블야자, ㉱ 필로덴드론은 관엽 식물로 내음성이 강하여 광이 약한 실내 관상용으로 적합하다.

11 건조 소재로서 주로 줄기를 이용하는 재료는?

㉮ 등나무   ㉯ 장미
㉰ 홍화   ㉱ 거베라

해설 ㉮ 등나무는 휘어지는 줄기가 멋있는 덩굴 식물이다.

12 잎보다 꽃이 먼저 피는 식물은?

㉮ 회양목   ㉯ 모란
㉰ 산수유   ㉱ 배롱나무

해설 잎보다 꽃이 먼저 피는 선화후엽 식물로는 산수유, 생강나무, 미선나무, 진달래, 조팝나무 등이 있다.

정답 9. ㉮   10. ㉯   11. ㉮   12. ㉰

13. 생화의 기계적 지지물로 사용하는 플로럴 폼을 적시는 가장 적절한 방법은?

㉮ 수돗물을 위에서 떨어뜨린다.
㉯ 용기에 담긴 물에 눌러서 가라앉힌다.
㉰ 물뿌리개로 물을 위에서 준다.
㉱ 용기에 담긴 물 위에 띄워서 저절로 가라앉게 한다.

해설 플로럴 폼은 강제로 누르거나 물을 뿌리면 제대로 물을 흡수하지 못한다. 물 위에 띄워 저절로 천천히 물을 흡수하게 해야 한다.

14. 꽃다발 완성 후 마무리 방법에 대한 설명으로 틀린 것은?

㉮ 꽃다발이 완성된 후에는 줄기 끝을 사선으로 잘라 준다.
㉯ 묶이는 부분 아래에 있는 모든 잎은 제거해 준다.
㉰ 묶을 때는 단단하게 마무리한다.
㉱ 줄기는 철사로 단단하게 묶는다.

해설 ㉱ 철사로 묶으면 줄기가 상하기 때문에 자연 소재인 노근이나 라피아 등으로 단단하게 묶어 주어야 한다.

15. 건조화를 사용하여 화훼 장식을 하였을 때의 장점은?

㉮ 신선함으로 생동감을 느낀다.
㉯ 반영구적으로 보관할 수 있다.
㉰ 물 처리가 쉽다.
㉱ 곡선 형태의 장식이 어렵다.

해설 건조화는 디자인 작업이 편리하고, 연중 내내 사용이 가능하여 실용적이며, 관리나 환경에 따라 반영구적으로 감상할 수 있다. 물이 필요 없으며, 염색과 박피, 가공 등의 방법을 통하여 재창조될 수 있다.

16. 다음 중 철사의 굵기가 가장 굵은 것은?

㉮ #18　　　　　　　　　㉯ #20
㉰ #24　　　　　　　　　㉱ #30

해설 ㉮ 철사의 번호가 낮을수록 굵다.

정답 13. ㉱　14. ㉱　15. ㉯　16. ㉮

17 실내에 살아 있는 식물을 장식했을 때 실내 환경에 미치는 영향으로 틀린 것은?
㉮ 광합성 활동으로 산소를 발생시켜 공기를 정화한다.
㉯ 잎의 증산 작용으로 실내 습도를 높인다.
㉰ 휘발성 유기 물질을 흡수하므로 공기를 정화시킨다.
㉱ 양이온을 발생하여 사람의 신진대사를 촉진시킨다.

해설 ㉱ 식물은 양이온이 아닌 음이온을 발생시켜 신진대사를 촉진시킨다.

18 리스(Wreath)에 대한 설명으로 틀린 것은?
㉮ 원형을 이루면서 디자인의 요소와 원리에 맞게 제작한다.
㉯ 크기와 두께의 비율이 적절해야 아름답게 제작될 수 있다.
㉰ 정적인 장식이며, 둥근 모양에 어울리게 느슨하게 제작해야 한다.
㉱ 리스의 몸체는 리스 장식과 조화롭게 어울려야 한다.

해설 ㉰ 리스는 섬세하고 견고하게 제작해야 한다.

19 웨딩 부케에 대한 설명으로 틀린 것은?
㉮ 모든 부케의 기본 형태는 원형이다.
㉯ 캐스케이드형(Cascade) 부케란 상부의 원형 부케와 하부의 흐름을 갈런드로 연결한 것이다.
㉰ 초승달형(Crescent) 부케는 선의 흐름을 최대한 돋보이게 하고 대칭적, 비대칭적 제작 구성이 가능하다.
㉱ 트라이앵글형(Triangular) 부케는 두 개의 갈런드를 중심부에 연결하여 아름다운 곡선이 돋보이는 형태이다.

해설 ㉱ 트라이앵글형 부케는 삼각형 모양의 부케로 원형을 중심으로 두 개의 갈런드를 양쪽에서 중심부에 연결하여 비대칭 삼각형 형태로 완성한다.

20 화아 분화 및 개화에 영향을 미치는 온도와 가장 거리가 먼 것은?
㉮ 춘화 처리 온도
㉯ 휴면 온도
㉰ 꽃눈 분화 한계 온도
㉱ 운송 온도

해설 ㉱ 운송 온도는 이동 중 절화의 보존을 위해 조절해 주는 것이다.

정답 17. ㉱ 18. ㉰ 19. ㉱ 20. ㉱

21 절화 수명 연장제로 사용되는 것이 아닌 것은?
- ㉮ 알루미늄 설페이트(Aluminum Sulfate)
- ㉯ 질산은(Silver Nitrate)
- ㉰ STS(Silver Thiosulfate)
- ㉱ KNO_3

해설 ㉱ KNO_3(질산칼륨)은 칼륨을 공급하는 무기염이다.

22 분화의 급수에 대한 설명으로 옳은 것은?
- ㉮ 냉수를 급수한다.
- ㉯ 온수를 급수한다.
- ㉰ 실온의 물을 급수한다.
- ㉱ 염분을 함유한 물을 급수한다.

해설 ㉰ 분화는 실온(25℃) 정도의 물을 급수해 주는 것이 좋다.

23 재배 식물의 분류와 명명법에 대한 설명으로 틀린 것은?
- ㉮ 재배 식물의 학명은 속-종-품종의 순으로 구성된다.
- ㉯ 속(Genus)은 유사성을 가진 종(Species)의 모임이다.
- ㉰ 식물의 학명은 속명과 종명의 이명법을 쓴다.
- ㉱ 식물의 품종명은 이탤릭체로 쓴다.

해설 ㉱ 재배 식물의 품종명은 인쇄체로 쓴다.

24 웨딩 부케 제작 시 부케의 형태나 컬러를 결정하기 위하여 사전에 신부와 충분한 정보를 교환해야 하는데, 그중 고려할 사항으로 가장 거리가 먼 것은?
- ㉮ 신부의 나이, 피부색, 체형 등 외형을 고려한다.
- ㉯ 제작자의 취향이나 의견을 가장 우선한다.
- ㉰ 드레스의 형태나 컬러를 고려한다.
- ㉱ 신부가 특별히 선호하는 색이나 형태를 고려한다.

해설 부케는 결혼식을 하는 신부의 나이와 외형, 취향과 의견, 드레스 등에 맞추어 제작되어야 한다.

정답 21. ㉱ 22. ㉰ 23. ㉱ 24. ㉯

25 에틸렌(Ethylene)에 대한 설명으로 옳은 것은?
㉮ 무색, 무취의 액체상 호르몬이다.
㉯ 국화보다 카네이션이 에틸렌에 민감하게 반응한다.
㉰ 식물의 노화 억제 호르몬이다.
㉱ 에틸렌에 대한 민감도는 고온에서 감소된다.

해설 에틸렌은 기체로 된 식물의 노화 촉진 호르몬으로 저온에서 감소된다.
㉯ 에틸렌에 민감한 꽃에는 카네이션, 알스트로메리아, 튤립, 금어초, 델피니움 등이 있다.

26 화훼 장식의 표현 기법 중 조닝(Zoning)에 해당하는 설명으로 가장 적합한 것은?
㉮ 특정 소재를 다른 소재와 분리시킴으로써 제작 시 빈 공간이 존재하게 연출하는 기법이다.
㉯ 소재를 한 겹 한 겹 쌓거나 말뚝박기하듯 쌓는 기법이다.
㉰ 줄기가 짧은 소재를 한데 모아 언덕의 효과를 내는 기법이다.
㉱ 입체감과 깊이감을 주기 위해 유사한 소재를 앞뒤에 꽂는 기법이다.

해설 ㉯는 스태킹 기법, ㉰는 필로잉 기법, ㉱는 섀도잉 기법에 관한 설명이다.

27 화훼 장식에서 철사를 꽃의 줄기 속으로 집어넣어 눈에 보이지 않도록 하는 기법은?
㉮ 시큐어링(Securing) 법
㉯ 소잉(Sewing) 법
㉰ 인서션(Insertion) 법
㉱ 헤어핀(Hair-pin) 법

해설 ㉮ 시큐어링 : 줄기 보강이나 구부리기 위해 줄기에 철사를 감아 주는 기법
㉯ 소잉 : 잎이나 꽃잎을 바느질하듯 꿰매는 기법
㉱ 헤어핀 : 철사를 잎맥에 꽂아 U자 모양으로 구부려 주는 기법

28 우리나라의 분 식물 장식과 관련이 없는 전문 서적은?
㉮ 양화소록
㉯ 산림경제
㉰ 색경증집
㉱ 부생육기

해설 ㉱ 부생육기는 청나라 화가 심복의 서적으로 꽃꽂이의 기술적인 면에서부터 예술적인 분야까지 설명한 책이다.

정답 25. ㉯ 26. ㉮ 27. ㉰ 28. ㉱

29 실내의 분화 장식물에 있어서 우선적으로 고려해야 하는 사항이 아닌 것은?
㉮ 유행하는 식물의 선택
㉯ 실내의 기능적인 면과 이용자의 기호도
㉰ 실내의 환경 조건
㉱ 바닥 재료, 벽지 등 실내 분위기

해설 ㉮ 유행하는 식물을 선택하기보다는 실내 분위기나 이용자의 기호, 환경 조건 등에 맞춰 제작해야 한다.

30 원형(Round) 형태의 꽃다발 제작에서 고려할 점으로 가장 거리가 먼 것은?
㉮ 라운드 형태를 유지하는 것이 중요하다.
㉯ 스톡, 금어초와 같은 상승하는 운동성이 있는 소재를 주로 사용한다.
㉰ 완성된 꽃다발이 기울어지지 않고 균형감이 어우러져야 한다.
㉱ 폼(Form), 매스(Mass), 필러 플라워(Filler flower)를 고루 사용하여 제작한다.

해설 ㉯ 스톡, 금어초 같은 수직적 느낌의 선을 강조하기 좋은 소재보다 뭉치 꽃을 사용하여 원형 느낌을 살려 주어야 한다.

31 줄기 배열 방식 중 교차(Cross)의 설명으로 가장 거리가 먼 것은?
㉮ 평행의 변형, 발전된 형태이다.
㉯ 적은 소재를 써서 큰 스케일의 디자인이 가능하다.
㉰ 줄기를 꽂는 점이 겹쳐도 방향성이 좋으면 관계없다.
㉱ 구조적 구성에서 많이 나타난다.

해설 교차(Cross)는 여러 생장점으로부터 나온 선이 각각 여러 각도의 방향으로 뻗어서 서로 엇갈리고 있는 상태를 말하며, 줄기를 꽂는 점이 겹치지 않아야 한다.

32 다음 중 장미꽃의 와이어링 처리법으로 가장 적합한 것은?
㉮ 트위스트(Twist) 법
㉯ 피어스(Pierce) 법
㉰ 루핑(Looping) 법
㉱ 후크(Hook) 법

해설 ㉯ 피어스 기법은 꽃받침이나 씨방, 줄기 등에 와이어를 직각이 되게 관통시켜 아래로 구부려 주는 법으로 장미, 카네이션, 금잔화, 달리아 등의 꽃에 사용한다.

정답 29. ㉮ 30. ㉯ 31. ㉰ 32. ㉯

33 오랜 옛날부터 꽃꽂이에서 가장 일반적으로 이용되어 왔던 줄기 배열로서 모든 꽃줄기의 선이 한 개의 초점에서부터 부챗살처럼 다방면으로 전개되는 방식의 줄기 배열은?
㉮ 방사선 배열   ㉯ 병행선 배열
㉰ 교차선 배열   ㉱ 감는선 배열

해설 ㉯ 병행선 : 여러 개의 초점으로부터 나온 줄기의 배열이 평행을 이루는 것이다.
㉰ 교차선 : 다양한 초점이나 생장점으로부터 나온 선이 다양한 각도에서 뻗어 나가 줄기의 교차가 이루어진 경우를 말한다.
㉱ 감는선 : 뚜렷한 각각의 선의 흐름은 보이지 않지만 서로 엉긴 부드러운 곡선의 흐름이다.

34 절화와 절엽을 길게 엮은 장식물로 길고 유연성이 있어 어깨에 걸치거나 기둥의 둘레, 벽이나 천장에 드리우는 장식에 이용된 것은?
㉮ 갈런드   ㉯ 리스
㉰ 콜라주   ㉱ 레이

해설 ㉯ 리스(Wreath) : 중앙이 비어 있는 둥근 고리 모양의 장식물로 성탄절 현관 장식, 장례식용으로 많이 쓰인다.
㉰ 콜라주(Collage) : 상관관계가 없는 이질적인 소재들을 접착하여 평면 구성하는 장식이다.
㉱ 레이(Lei) : 꽃목걸이를 말한다.

35 친환경적인 실내 환경의 조성을 위한 노력으로 틀린 것은?
㉮ 방향성 식물이나 방향성 꽃은 휘발성 물질을 방출하여 인체에 해롭기 때문에 되도록 실외에 배치하였다.
㉯ TV 옆에 파키라 화분을 배치하였다.
㉰ 건조한 겨울철에 베란다에서 식물들을 거실 공간으로 끌어들여 자동 가습기의 역할을 할 수 있도록 하였다.
㉱ 스파티필룸을 집 안 구석구석에 놓아 공기 중의 유해 성분을 제거하도록 하였다.

해설 ㉮ 향수나 향료의 원료가 되기도 하는 방향성 식물에는 허브 종류도 있고 방향성이라서 모두 나쁜 것은 아니다. 아로마는 인체에 집중력 향상, 피로 회복과 같은 효과를 줄 수 있기 때문에 종류를 선별하여 실내에 배치하면 좋다.

정답 33. ㉮   34. ㉮   35. ㉮

36 오브제적 구성(Objective composition)의 설명으로 틀린 것은?
㉮ 생물과 무생물의 조화로 새로운 대상을 탄생시키는 방법이다.
㉯ 디스플레이용이나 전시 작품용으로 많이 이용한다.
㉰ 서로 다른 물체들의 조화와 대비가 중요하다.
㉱ 사실적 기법으로만 표현하여야 한다.

해설 오브제적 구성은 자연적이고 전통적인 것에 반하여 형태, 질감, 색상의 대비에 의해 비사실적 기법이 주로 사용되며 실험적 경향이 강한 형태이다.

37 구조적 디자인(Structured design)의 설명으로 가장 옳은 것은?
㉮ 꽃, 잎 그리고 줄기의 표면 질감을 중요한 요소로 사용하는 디자인이다.
㉯ 한 가지 주요 소재로만 디자인하여 강조한다.
㉰ 식생적 디자인의 일종이다.
㉱ 식물의 생리와 생태적인 면을 고려한 디자인이다.

해설 ㉯, ㉰, ㉱는 보태니컬 디자인에 관한 설명이다.

38 묶는 기법 중에서 기능적인 것보다 장식적인 목적으로 특정한 소재를 강조하거나 관심을 집중시키기 위해 사용되는 기법은?
㉮ 바인딩(Binding)　　㉯ 래핑(Wrapping)
㉰ 번들링(Bundling)　　㉱ 밴딩(Banding)

해설 ㉮ 바인딩 : 줄기의 고정을 목적으로 묶어 주어 기능적인 효과를 주는 방법
㉯ 래핑 : 리본, 철사, 라피아, 직물 등으로 싸거나 덮어 장식적인 효과를 주는 방법
㉰ 번들링 : 유사, 동일 소재로 다발을 만들기 위해 묶는 방법

39 서로 보색 관계인 것은?
㉮ Yellow(노랑) – Blue(파랑)
㉯ Red(빨강) – Blue Green(청록)
㉰ Yellow Red(주황) – Purple(보라)
㉱ White(흰색) – Black(검정)

해설 ㉮ 노랑 – 남색, ㉰ 주황 – 파랑, ㉱ 무채색

정답 36. ㉱　37. ㉮　38. ㉱　39. ㉯

40. 플로럴 폼을 가려 주거나 꽃꽂이의 기초가 되는 밑부분을 아름답고 세밀하게 꾸미는 기법은?

㉮ 그루핑(Grouping)
㉯ 베이싱(Basing)
㉰ 시퀀싱(Sequencing)
㉱ 번칭(Bunching)

해설 ㉮ 그루핑 : 동일, 유사 소재들을 집단적으로 모아 각각의 특성이 돋보이게 하는 기법(공간 유지)이다.
㉰ 시퀀싱 : 차례 기법. 점강법 혹은 점차법을 이용하기도 한다.
㉱ 번칭 : 비슷한 재료를 함께 고정시켜 꽂기 좋게 묶는 기법이다.

41. 절화에 사용되는 물의 온도는 수명 연장에 중요한 요인이 된다. 수돗물을 끓여서 식힌 후 온수 상태일 때 사용하면 좋은 이유에 대한 설명으로 틀린 것은?

㉮ 냉수에 비하여 공기가 적게 함유되어 있기 때문에
㉯ 냉수에 비하여 줄기에 빠르게 흡수되기 때문에
㉰ 냉수에 비하여 끓인 물인 온수는 산소 함량이 높아 분비물의 산화를 억제시키기 때문에
㉱ 냉수에 비하여 약간 시든 꽃에 사용하면 좋기 때문에

해설 ㉰ 끓인 물인 온수는 산소 함량이 적어 산화를 억제시키는 효과가 있다.

42. 절화의 물올림 촉진법에 대한 설명으로 틀린 것은?

㉮ 재절단이란 줄기 끝의 잘린 부분을 물에 꽂기 전에 다시 한 번 자르는 것을 말한다.
㉯ 탄화 처리란 줄기 절단면의 1~2cm 정도를 불에 태운 다음 찬물에 넣는 것이다.
㉰ 열탕 처리는 절화 줄기의 중간까지 50~60℃의 물에 수초간 담갔다가 꺼내서 찬물에서 물올림하는 방법이다.
㉱ 재수화는 수분 스트레스를 받은 절화에 물올림을 촉진하여 절화의 팽만성을 회복시키는 것이다.

해설 ㉰ 열탕 처리 : 수분 장력을 이용하는 방법으로 끓는 물에 줄기의 하단을 담갔다가 꺼내어 처리하는 방법이다. 줄기 끝이 잘 갈라지는 절화에 효과적이다.

정답 40. ㉯ 41. ㉰ 42. ㉰

43. 황갈색의 가벼운 종려 섬유질로 매듭 또는 보를 만들어 장식하거나 묶는 용도로 사용되는 것은?
㉮ 지철사
㉯ 플로럴 테이프
㉰ 라피아
㉱ 카파 와이어

해설 ㉮ 지철사 : 철사에 플로럴 테이프를 감아 놓은 것이다.
㉯ 플로럴 테이프 : 끈적임이 있는 종이테이프로 꽃이나 철사에 사용한다.
㉱ 카파 와이어 : 장식용으로 쓰이는 동선이다.

44. 화훼 장식 디자인의 원리와 구성 요소에 대한 설명으로 틀린 것은?
㉮ 색(Color)은 유일하게 촉각에 호소하는 요소로서 균형, 깊이, 강조, 리듬, 조화와 통일을 이루는 데 사용된다.
㉯ 균형(Balance)은 물리적 균형과 시각적 균형이 모두 존재할 때 안정감을 준다.
㉰ 디자인을 완성시키는 데 있어서는 시간, 장소, 목적을 충족시킬 수 있는 구성이 필요하다.
㉱ 초점은 디자인의 압도적인 느낌을 주도하며 흥미를 유발하는 시각적 활동의 중심을 의미한다.

해설 ㉮ 색은 빛의 파장에 의해 시각적으로 지각되는 것이다.

45. 균형에 대한 설명으로 틀린 것은?
㉮ 시각적 균형은 대칭적 균형과 비대칭적 균형으로 나누어진다.
㉯ 대칭적 균형을 이룰 때 편안하고 형식적이며 위엄 있어 보이지만 딱딱하고 인위적으로도 보일 수 있다.
㉰ 균형이란 화훼 장식물이 견고하고 안정되어 보이도록 디자인의 모든 요소가 구성되는 것을 말한다.
㉱ 모든 작품에 있어서 물리적 균형이 이루어지면 시각적 균형은 항상 안정감을 유지한다.

해설 ㉱ 균형이란 물리적, 시각적 안정감을 말하며 물리적 균형이 이루어졌더라도 시각적 균형감이 다르면 안정감을 주지 못한다.

정답 43. ㉰ 44. ㉮ 45. ㉱

46. 형과 선을 강조하는 디자인으로 하이스타일 디자인으로 아르데코라 불리는 비대칭형 어레인지먼트에서 강조되어 사용하는 것은?

㉮ 보케(Boeket)
㉯ 스트라우스(Strauss)
㉰ 부케(Bouquet)
㉱ 포멀 리니어(Formal linear)

해설 ㉮ 보케 : 꽃다발의 네덜란드식 표현이다.
㉯ 스트라우스 : 핸드타이드 부케의 독일식 표현이다.
㉰ 부케 : 꽃다발의 미국식 표현으로 프랑스어에서 어원을 찾을 수 있다.

47. 테라싱(Terracing) 기법에 대한 설명으로 틀린 것은?

㉮ 베이싱(Basing) 기법 중 하나이다.
㉯ 동일한 소재를 계단처럼 수평으로 배치하는 기법이다.
㉰ 디자인 유형에서 초점 지역에 바닥 처리 용도로 주로 활용된다.
㉱ 재료를 공간이 없이 촘촘하게 겹쳐서 사용한다.

해설 ㉱는 레이어링 기법에 관한 설명이다.

48. 다음 중 온도감이 가장 낮은 색은?

㉮ 노랑　　　　　　　　　　㉯ 주황
㉰ 빨강　　　　　　　　　　㉱ 파랑

해설 • 따뜻한 색(난색) : 노랑, 주황, 빨강
• 차가운 색(한색) : 파랑, 남색, 청록

49. 명도에 관한 설명 중 옳은 것은?

㉮ 색채에 빨강, 파랑 등 이름을 부여하여 구별한 것이다.
㉯ 같은 색이라도 바탕색에 따라 명도가 달라 보인다.
㉰ 색의 맑고 탁한 정도이다.
㉱ 어떤 색에 흰색을 섞으면 명도가 낮아진다.

해설 ㉮는 색상, ㉰는 채도에 관한 설명이며, ㉱에서 흰색을 섞으면 명도는 높아진다.

정답 46. ㉱　47. ㉱　48. ㉱　49. ㉯

50 화훼 장식의 목적으로 볼 수 없는 것은?
㉮ 지적 욕구를 충족시키며, 예술적 기능을 가진다.
㉯ 사회, 문화적 질을 향상시키다.
㉰ 심리적 효과와 휴식 장소를 제공한다.
㉱ 상업 공간 및 공공장소 등의 화훼 장식은 경제적 기능이 없다.

해설 ㉱ 상업 공간 및 공공장소에서의 화훼 장식은 쾌적한 분위기 연출과 함께 시각적 즐거움을 주어 사람들을 모이게 하고 구매 욕구를 유발한다.

51 오늘날에도 많이 이용되는 화관, 리스, 갈런드, 칼라 등의 절화 장식물이 일상적으로 이용되기 시작한 시대는?
㉮ 고대 이집트 ㉯ 고대 그리스
㉰ 로마 ㉱ 중세

해설 ㉯ 고대 그리스 : 리스, 갈런드가 유행하고 월계관, 코누코피아가 이용되기 시작했다.
㉰ 로마 : 그리스의 전통을 계승, 리스와 갈런드는 보다 화려하고 정교해졌다.
㉱ 중세 : 꽃을 식용, 음료, 약재로 사용하였고, 향기 있는 꽃을 선호하였다.

52 흘러내리는 형태가 나타나지 않는 부케는?
㉮ 샤워(Shower) 부케
㉯ 워터폴(Waterfall) 부케
㉰ 캐스케이드(Cascade) 부케
㉱ 비더마이어(Biedermeier) 부케

해설 ㉱ 비더마이어 부케는 동심원에 빽빽하게 꽃을 꽂아 만드는 부케로 원형, 돔형이다.

53 절화 보존제의 역할이 아닌 것은?
㉮ 에틸렌 발생 억제 ㉯ 에너지원 제공
㉰ 수분 증발 촉진 ㉱ 미생물 증식 억제

해설 ㉰ 수분 증발이 촉진되면 수분 부족 현상이 일어나 꽃이 시드는 원인이 된다. 이는 노화 지연, 수명 연장의 역할을 하는 절화 보존제와는 관련이 없다.

정답 50. ㉱ 51. ㉮ 52. ㉱ 53. ㉰

54 리듬에 대한 설명으로 옳은 것은?
㉮ 조형상의 색, 형태, 질감, 선 등이 반복적으로 나타나는 것을 말한다.
㉯ 시선을 유도하는 데는 옅은 색에서 강한 색을 표현한다.
㉰ 꽃의 크기, 길이의 변화, 굵고 가늚, 간격은 리듬을 나타내지 못한다.
㉱ 강약이 반복될 때는 리듬을 나타내기 어렵다.

해설 ㉮ 리듬은 색, 형태, 질감, 선, 밀도의 반복이나 연계성으로 율동을 느끼게 하여 자연스럽게 시각적 움직임을 만들어 준다.

55 화훼 장식 디자인 원리에서 강조에 대한 설명으로 옳은 것은?
㉮ 여러 종류의 움직임에 의해 나타난다.
㉯ 꽃이나 화기를 모두 강조할 때 나타난다.
㉰ 다른 재료들과 대비를 이룰 때 나타난다.
㉱ 서로 같은 색, 같은 형태일 때 나타난다.

해설 강조는 작품 일부분에 초점이나 흥미를 조성하는 것으로 색, 크기, 모양, 질감, 액세서리, 리듬, 색의 대비나 질감의 대비 효과를 주어 나타낼 수 있다.

56 화훼 장식에 대한 설명으로 틀린 것은?
㉮ 생명이 있는 신선한 재료만을 가지고 미적 가치를 높이는 것이다.
㉯ 꽃꽂이에서부터 오브제에 이르는 다원적인 개념의 형상 과정이다.
㉰ 화훼 장식의 주요 구성 요소로서 꽃이 강조되는 이유는 장식의 주된 미적 가치를 꽃에 두어 왔던 전통에 유래한다.
㉱ 미적이고 정서적인 창조 활동이다.

해설 ㉮ 생명이 있는 신선한 재료만이 아니라 건조 소재나 액세서리 등의 다양한 재료를 가지고 장식할 수 있다.

57 다음 중 표면 질감이 가장 거친 꽃은?
㉮ 백합   ㉯ 연꽃
㉰ 치자꽃   ㉱ 방크시아

해설 ㉮ 백합, ㉯ 연꽃, ㉰ 치자꽃은 부드러운 질감의 꽃이다.

정답 54. ㉮   55. ㉰   56. ㉮   57. ㉱

58 화병에 꽂아 두기 위한 꽃다발을 제작할 경우 작품의 크기와 형태를 결정하는 요소로 가장 거리가 먼 것은?
㉮ 화병의 크기　　　　　㉯ 화병의 색상
㉰ 화병의 무게　　　　　㉱ 화병의 재질감

해설 화병에 작품을 제작할 때는 화기의 크기에 따라 작품의 크기가 결정되며, 화기의 색상이나 재질에 어울리도록 제작해야 한다. 디자인 요소인 선, 형태, 공간, 색상, 질감을 충족하도록 제작한다.

59 화훼 육묘용토가 지녀야 할 특징으로 옳은 것은?
㉮ 병충해나 잡초 종자가 있어도 무방하다.
㉯ 보수력과 통기성이 좋아야 한다.
㉰ 보비력과는 상관이 없다.
㉱ 토양 pH가 5.0 미만인 것이 좋다.

해설 육묘용토는 병충해나 잡초 종자가 없고 보수력과 통기성, 보비력이 좋은 pH 5~7 정도의 토양이 좋다.

60 편안하고 안정된 느낌을 주므로 테이블 장식에 많이 사용되는 방향은?
㉮ 수직 방향　　　　　㉯ 수평 방향
㉰ 사선 방향　　　　　㉱ 하수 방향

해설 ㉯ 수평 방향은 안정감과 평화로움, 너그러움을 느끼게 해 주며 식사 때 편안한 느낌을 살릴 수 있어 테이블 장식으로 많이 활용된다.

정답　58. ㉰　59. ㉯　60. ㉯

2009년도 출제 문제

2009년 3월 29일 시행

1 잎의 구조가 단엽인 식물은?
㉮ 칠엽수 ㉯ 장미
㉰ 팔손이 ㉱ 남천

해설 잎이 하나의 엽신으로 되어 있으면 단엽(홑잎), 두 개 이상의 엽신으로 되어 있으면 복엽(겹잎)이라고 한다.

2 원예용 토양에 대한 설명으로 틀린 것은?
㉮ 통기성, 배수성, 흡수성이 좋아야 한다.
㉯ 질석은 진주암을 고온에서 가열하여 만든 특수 토양이다.
㉰ 토양 3상인 기상, 액상, 고상은 각각 25%, 25%, 50%가 이상적인 비율이다.
㉱ 배양토는 식물이 요구하는 수분, 통풍, 비료의 양에 따라 혼합 비율 및 원료가 달라진다.

해설 ㉯는 펄라이트에 관한 설명이며, 질석을 고온에서 팽창시킨 광물질 토양은 버미큘라이트이다.

3 화훼 장식물을 이용한 공간 장식에 대한 설명으로 적합하지 않은 것은?
㉮ 장소와 목적에 적절한 조명, 색채, 음향을 활용할 수 있다.
㉯ 공간의 기능을 고려하여 효과적으로 장식한다.
㉰ 행사 규모와 계획, 설계를 통해 장식 공간을 적절히 표현해야 한다.
㉱ 상업적 공간 장식은 건물 구조나 고객의 의견보다는 메시지 전달 효과를 높이는 데 주력해야 한다.

해설 ㉱ 공간 장식을 할 때는 건물의 구조나 환경, 조명, 색상, 고객의 의견을 모두 고려하여 장식해야 한다.

정답 1. ㉰ 2. ㉯ 3. ㉱

4 협과(Legume)를 가지고 있는 식물로만 이루어진 것은?
- ㉮ 등나무, 스위트피, 박태기나무
- ㉯ 백합, 아스파라거스, 드라세나
- ㉰ 코레옵시스, 달리아, 아게라툼
- ㉱ 심비디움, 반다, 팔레놉시스

해설 협과는 열매가 꼬투리로 맺히는 콩과 식물의 열매를 말하며 팥, 콩, 완두 등이 있다.
㉮ 등나무, 스위트피, 박태기나무는 모두 콩과 식물로 협과를 맺는다.
㉯ 백합, 아스파라거스 : 백합과, 드라세나 : 용설란과
㉰ 크레옵시스, 달리아, 아게라툼 : 국화과
㉱ 심비디움, 반다, 팔레놉시스 : 난초과

5 작품 구성에서 균형의 종류가 아닌 것은?
- ㉮ 무게의 균형
- ㉯ 색채의 균형
- ㉰ 재질의 균형
- ㉱ 가격의 균형

해설 균형은 물리적, 시각적인 안정감을 말하는 것으로 무게, 모양, 색채, 질감, 명도 등을 통해 얻을 수 있다.

6 작품을 제작한 후 올바른 관리 방법이 아닌 것은?
- ㉮ 절화 보존제를 사용한다.
- ㉯ 주기적으로 수분을 공급한다.
- ㉰ 균형 면에서 안정성을 확인한다.
- ㉱ 더울 때는 에어컨 바람을 직접 쐬어 온도를 낮춰 준다.

해설 ㉱ 에어컨 바람이 직접 닿는 것은 좋지 않다.

7 12월에서 1월 사이에 꽃을 피우는 동양란으로서 우리나라에 자생하는 종류는?
- ㉮ 보춘화
- ㉯ 건란
- ㉰ 석곡
- ㉱ 한란

해설 ㉮ 보춘화는 3~4월, ㉯ 건란은 7~8월 ㉰ 석곡은 5~6월에 개화한다.

정답 4. ㉮ 5. ㉱ 6. ㉱ 7. ㉱

8 용도에 따라 절화용, 절지용, 절엽용으로 구분할 때, 다음 중 절화용(切花用)으로만 짝지어지지 않은 것은?
㉮ 프리지어, 꽃창포, 장미
㉯ 칼라, 용담, 델피니움
㉰ 공작초, 산수유, 유칼립투스
㉱ 튤립, 국화, 알스트로메리아

해설 ㉰ 산수유는 절지용, 유칼립투스는 절엽용으로 쓰인다.

9 내한성 숙근초에 속하지 않는 식물은?
㉮ 군자란   ㉯ 작약
㉰ 원추리   ㉱ 접시꽃

해설 내한성 숙근초(노지 숙근초)는 내한성이 강해 노지에서 월동이 가능한 다년초로 정원의 화단용으로 많이 이용된다. ㉮ 작약, 원추리, 접시꽃, 패랭이꽃, 국화, 아이리스 등
㉮ 군자란은 남아프리카 원산의 온실 숙근초이다.

10 분화로 이용되는 난과(蘭科) 식물이 아닌 것은?
㉮ 심비디움(Cymbidium cv.)   ㉯ 온시디움(Oncidium cv.)
㉰ 팔레놉시스(Phalaenopsis cv.)   ㉱ 유칼립투스(Eucalyptus spp.)

해설 ㉱ 유칼립투스는 도금양과의 상록 교목 또는 관목이다.

11 평행이나 수직적인 디자인에서 디자인의 골격을 만들거나 선을 표현하는 주소재로 가장 적합한 것은?
㉮ 말채나무   ㉯ 스킨답서스
㉰ 피라칸타   ㉱ 엽란

해설 ㉮ 말채나무는 디자인의 골격을 만들거나 선을 표현하는 절지용 소재이다.
㉯ 스킨답서스는 덩굴성 관엽 식물이고, ㉰ 피라칸타는 열매가 아름다운 상록 관목이며, ㉱ 백합과의 관엽 식물인 엽란은 잎의 크기, 색상, 패턴 등이 대비를 이루며 깊이감과 안정감을 표현하는 절엽용으로 이용한다.

정답 8. ㉰   9. ㉮   10. ㉱   11. ㉮

12 덩굴성인 관엽 식물은?
- ㉮ 몬스테라(Monstera deliciosa)
- ㉯ 드라세나 산데리아나(Dracaena sanderiana)
- ㉰ 아마릴리스(Hippeastrum hybridum)
- ㉱ 알로카시아 아마조니카(Alocasia amazonica)

해설 ㉮ 몬스테라는 천남성과에 속하는 열대성 관엽 식물이다. 덩굴성 또는 반덩굴성 식물로 저온에도 비교적 강하고 반음지에서도 장기간 관상할 수 있으며, 잎은 절엽으로 꽃꽂이 재료로 쓰인다.

13 줄기 면에 부착하는 잎의 배열 양식이 바르게 연결된 것은?
- ㉮ 호생 – 카네이션
- ㉯ 대생 – 회양목
- ㉰ 윤생 – 제비꽃
- ㉱ 근생 – 둥굴레

해설 ㉮ 카네이션 – 대생, ㉰ 제비꽃 – 근생, ㉱ 둥굴레 – 호생

잎차례(엽서)
- 호생(어긋나기) : 잎이 마디에 하나씩 서로 어긋나게 나 있는 형태. 예 감나무, 국화, 장미, 진달래, 벚나무, 해바라기 등
- 대생(마주나기) : 같은 마디에서 잎 두 장이 마주 나 있는 형태. 예 개나리, 백일홍, 메타세쿼이아, 패랭이, 식나무, 아카시아, 단풍나무 등
- 윤생(돌려나기) : 한 마디에서 세 개 이상의 잎이 돌아가며 나는 형태. 예 검정말, 돌나물, 유칼립투스 등
- 속생(모여나기) : 마디 사이가 짧고, 짧은 마디에서 여러 개의 잎의 총채처럼 한 곳에서 모여나는 형태. 예 소나무, 은행나무, 잣나무 등
- 근생(뿌리에서 바로나기) : 뿌리 바로 윗부분의 지상부에서 잎들이 모여나는 형태. 예 거베라, 민들레, 보스톤고사리 등

14 장미나 카네이션과 같이 꽃받침이 큰 꽃에 대한 철사 꽂기 방법으로 가장 적합한 것은?
- ㉮ 피어스(Pierce) 법
- ㉯ 인서션(Insertion) 법
- ㉰ 후크(Hook) 법
- ㉱ 헤어핀(Hairpin) 법

해설 ㉮ 장미나 카네이션처럼 꽃받침이 큰 꽃에는 꽃받침이나 씨방, 줄기 등에 철사를 직각이 되게 관통시켜 구부려 사용하는 피어스 법이 적합하다.

정답 12. ㉮   13. ㉯   14. ㉮

15 학명이 일치하지 않는 것은?

㉮ *Forsythia koreana* – 개나리
㉯ *Althaea rosea* – 접시꽃
㉰ *Dendranthema grandiflorum* – 국화
㉱ *Pelargonium x hortorum* – 거베라

해설 ㉱ 거베라의 학명은 *Gerbera jamesonii*이다.

16 숙근류가 아닌 것은?

㉮ 카네이션
㉯ 거베라
㉰ 능소화
㉱ 벌개미취

해설 숙근류(다년초, 여러해살이풀)는 파종 후 여러 해 동안 죽지 않고 식물의 전체나 일부가 살아남아 개화·결실하는 화초이다.
㉰ 능소화는 화목류의 덩굴 식물이다.

17 향기가 강한 백합 품종인 카사블랑카를 디자인한 공간에 꽃을 교체하려 한다. 카사블랑카와 비슷한 무게감과 색채, 우아하고 공식적인 느낌의 절화로 가장 적합한 것은?

㉮ 크림색 안수리움
㉯ 크림색 장미
㉰ 흰색 국화
㉱ 흰색 글라디올러스

해설 카사블랑카는 폼 플라워이므로 교체하는 꽃도 폼 플라워이어야 한다. 폼 플라워는 크고 개성적 특징이 있는 분명한 형태의 꽃으로 시각적 포인트인 포컬 포인트로 많이 사용되며 안수리움, 칼라, 카틀레야, 극락조화, 백합, 심비디움, 해바라기 등이 있다.

18 화훼 장식 디자인 기법 중 플로럴 폼을 가려 주는 베이싱(Basing) 기법이 아닌 것은?

㉮ 밴딩(Banding)
㉯ 레이어링(Layering)
㉰ 필로잉(Pillowing)
㉱ 테라싱(Terracing)

해설 ㉮ 밴딩은 시각적 효과와 장식적인 목적으로 끈을 묶어 표현하는 것이다.

정답 15. ㉱   16. ㉰   17. ㉮   18. ㉮

19 일반적으로 온대산 절화의 품질을 오래 보존할 수 있는 저장 온도 조건으로 가장 적당한 것은?
㉮ −5~0℃
㉯ 0~5℃
㉰ 10~15℃
㉱ 18~20℃

해설
• 온대 지역 원산의 절화 : 0~5℃(장미, 카네이션, 국화 등)
• 열대, 아열대 원산의 절화 : 8~15℃(안수리움, 극락조화, 반다 등)

20 식물의 식생적인 모습을 보여 주기보다는 디자이너의 의도로 소재를 자유롭게 인위적으로 구성하여 장식성이 높은 자유로운 형태를 구축하는 화훼 장식의 구성 형식은?
㉮ 장식적 구성
㉯ 식생적 구성
㉰ 구조적 구성
㉱ 선형적 구성

해설
㉯ 식생적 구성 : 식물의 생태적인 면을 고려하여 자연에 가깝게 구성한다.
㉰ 구조적 구성 : 소재의 질감이나 구조가 돋보이도록 구성한다.
㉱ 선형적 구성 : 선과 형태의 대비를 통해 돋보이게 구성한다.

21 그루핑(Grouping) 제작 기법에 대한 설명으로 가장 적절한 것은?
㉮ 한 가지의 소재를 분류해 놓은 것이다.
㉯ 같거나 비슷한 재료를 함께 무리지어 꽂는 기법이다.
㉰ 비슷한 꽃과 색상, 모양을 모아 차례대로 이어 가는 기법이다.
㉱ 각 소재를 그룹으로 타이트하게 모아야 한다.

해설 ㉮는 조닝(Zoning), ㉰는 시퀀싱(Sequencing), ㉱는 클러스터링(Clustering)에 관한 설명이다.

22 코르사주를 만들 때 아이비의 와이어링 기법으로 가장 적합한 것은?
㉮ 피어스(Pierce) 법
㉯ 후크(Hook) 법
㉰ 루핑(Looping) 법
㉱ 헤어핀(Hairpin) 법

해설 ㉱ 아이비 등의 잎류에 주로 활용되는 것은 헤어핀 법으로, 철사를 잎의 주맥과 직각으로 한 땀을 뜨고 U자형으로 구부려 주는 방법이다.

정답 19. ㉯ 20. ㉮ 21. ㉯ 22. ㉱

23 분 식물인 아프리칸 바이올렛에 대기 온도보다 낮은 찬물을 급수하고 직사광선을 쬐면 일어나는 현상은?

㉮ 잎이 싱싱해진다.
㉯ 꽃이 싱싱해진다.
㉰ 잎에 흰 반점이 생긴다.
㉱ 잎이 병에 걸린다.

해설 물은 실온과 같은 온도의 물을 급수해야 좋고, 지나치게 낮은 온도의 물을 주면 흰 반점이 생기는 해를 입는다.

24 핸드타이드 꽃다발(Handtied bouquet) 제작 시 주의 사항이 아닌 것은?

㉮ 줄기는 반드시 직선으로 자른다.
㉯ 묶는 점 아래의 잎은 깨끗하게 정리한다.
㉰ 묶는 점은 줄기가 모두 모이는 지점으로 한다.
㉱ 묶는 점은 되도록 가늘게 필요한 만큼의 폭으로 묶는다.

해설 ㉮ 줄기는 사선으로 잘라 물올림이 좋게 해야 한다.

25 줄기 배열에서 평행(Parallel) 형태에 관한 설명으로 틀린 것은?

㉮ 두 줄 이상의 소재가 평행을 유지하여야 한다.
㉯ 곡선과 직선 중 직선의 형태에서만 가능하다.
㉰ 수직, 수평, 사선 등 어느 방향이든지 평행할 수 있다.
㉱ 소재 또는 재료들의 선들이 반 이상 압도적으로 같은 방향으로 향해야 한다.

해설 ㉯ 평행 배열은 수직, 수평, 사선의 직선상뿐 아니라 곡선상에서도 가능하다.

26 리스(Wreath)의 설명으로 틀린 것은?

㉮ 장례용으로만 쓰인다.
㉯ 독일에서는 크란츠라고 한다.
㉰ 고대 그리스에서는 충성과 헌신의 상징이었다.
㉱ 생화는 물론 조화와 드라이플라워 등 사용할 수 있는 소재가 다양하다.

해설 ㉮ 리스는 장례용 이외에 테이블 장식, 성탄절 현관 장식 등 다양하게 쓰인다.

정답 23. ㉰ 24. ㉮ 25. ㉯ 26. ㉮

27 소재에 따른 철사 처리법이 가장 적합하게 짝지어진 것은?
- ㉮ 거베라 – 인서션(Insertion) 법
- ㉯ 소국 – 크로싱(Crossing) 법
- ㉰ 카네이션 – 헤어핀(Hairpin) 법
- ㉱ 프리지어 – 후크(Hook) 법

해설 ㉯ 소국 : 후크(Hook) 법, ㉰ 카네이션 : 피어스(pierce) 법, ㉱ 프리지어 : 시큐어링(Securing) 법

28 화훼 디자인의 조형 형태 중 선형적(Formal linear) 구성과 관계없는 것은?
- ㉮ 최소한의 소재로도 표현할 수 있다.
- ㉯ 형태와 선이 강조된다.
- ㉰ 선은 동적이며 형태는 정적이다.
- ㉱ 엄격한 질서를 요구하며 풍만하다.

해설 선형적 구성은 식물이 가진 형태와 선을 살려 명확하게 표현하는 방법으로 소재와 양을 최소한으로 하고 상호 간의 긴장감을 높여 대비를 강하게 표현한다.

29 생화인 절화 줄기의 고정 방법이 아닌 것은?
- ㉮ 격자(Grid)
- ㉯ 침봉
- ㉰ 글루포트
- ㉱ 철망

해설 ㉰ 글루포트(Glue pot)는 글루를 녹이는 용기를 말한다.

30 통일감을 이루는 방법이 아닌 것은?
- ㉮ 동일 질감의 재료 선택
- ㉯ 유사색의 사용
- ㉰ 대조되는 선의 이용
- ㉱ 일관된 기술의 사용

해설 ㉰는 대비에 관한 설명이다.

통일(Unity)
- 반복성 : 반복된 모양이나 소재, 크기, 질감, 색 등으로 통일감을 표현한다.
- 근접성 : 규칙성 있게 서로 가까운 거리에 표현한다.
- 연계성 : 점차적인 변화, 공통된 요소의 연결 관계를 줌으로써 통일성을 느끼게 한다.

정답 27. ㉮ 28. ㉱ 29. ㉰ 30. ㉰

31 화훼 장식 디자인 기법의 설명으로 옳은 것은?

㉮ 바인딩(Binding) – 옥수수, 계피 막대 등 비슷한 소재를 다발로 묶어 장식하는 기법
㉯ 그루핑(Grouping) – 동일한 소재를 크기에 따라 일정 간격으로 배치하여 계단처럼 연속적인 층으로 배치하는 기법
㉰ 클러스터링(Clustering) – 같은 종류 혹은 같은 색의 소재를 두드러지게 보이도록 뭉치로 꽂아 주는 기법
㉱ 레이어링(Layering) – 디자인한 부위를 강조하기 위해 그 주위를 둘러싸 그 속이 바라보이도록 구성하는 기법

해설 ㉮는 번들링(Bundling), ㉯는 테라싱(Terracing), ㉱는 프레이밍(Framing)에 대한 설명이다.

32 식충 식물이 아닌 것은?

㉮ 세이지
㉯ 사라세니아
㉰ 끈끈이주걱
㉱ 파리지옥

해설 식충 식물은 벌레를 잡아 영양을 섭취하는 식물로 사라세니아, 끈끈이주걱, 파리지옥, 벌레잡이통풀 등이 있다.
㉮ 세이지는 꿀풀과의 샐비어 종류 중 하나인 허브이다.

33 화훼 장식의 정의에 대한 설명으로 틀린 것은?

㉮ 화훼를 이용하여 공간의 기능이나 미적 효율성을 높여 주는 장식물의 제작, 설치, 유지, 관리 기술을 말한다.
㉯ 화훼 장식은 실내 공간의 미적 표현으로 이루어지고 있으며 실외 공간은 제외된다.
㉰ 국내에는 화훼 장식과 유사한 의미로 쓰이는 꽃꽂이, 꽃 예술, 화예 디자인 등의 용어가 있다.
㉱ 화훼 장식은 화훼 식물을 주소재로 인간의 창의력과 표현 능력이 이용된다.

해설 화훼 장식은 실내외 다양한 공간을 때와 목적과 장소에 따라 공간의 기능과 미적 효율성을 높여 주는 장식물을 제작, 설치, 유지, 관리하는 것을 말한다.

정답 31. ㉰ 32. ㉮ 33. ㉯

34 절화 보존제의 구성 성분 중 에너지원으로 공급되는 것은?
- ㉮ 단백질
- ㉯ 자당
- ㉰ 지방
- ㉱ 무기질

[해설] 당은 가장 효과적인 에너지원으로 기공의 기능성을 높여 주고, 수명을 연장, 꽃잎의 세포 팽압 유지, 화색을 선명하게 하며 엽록소의 분해, 특히 봉오리 개화에 필요하나 단독 사용은 불가하다. 종류로는 자당(Sucrose), 포도당(Glucose), 과당(Fructose)이 있다.

35 꽃다발(Bouquet)의 제작 방법에 대한 설명으로 틀린 것은?
- ㉮ 핸드타이드 부케는 절화, 절지, 절엽의 자연 줄기가 모이는 부분을 끈으로 묶어 주는 제작 방법이다.
- ㉯ 부케 홀더를 이용한 부케는 플로럴 폼이 있는 홀더에 꽃꽂이하듯이 꽃을 꽂아 꽃다발 형태를 만드는 방법이다.
- ㉰ 와이어링 부케는 절화 줄기를 자르고 그 대신 철사를 꽂아 넣어 다발로 만들거나 엮어 만드는 방법이다.
- ㉱ 꽃줄기 대신에 철사 줄기를 대체하여 만든 꽃다발은 가장 빠르게 만들 수 있으나 오래 가지 못하는 특징이 있다.

[해설] ㉱ 철사 줄기를 이용한 꽃다발은 제작 시간이 오래 걸리지만 가볍다는 장점이 있다.

36 화훼 장식의 환경 조절 기능에 속하지 않는 것은?
- ㉮ 오염된 공기를 정화
- ㉯ 적당한 습도를 유지
- ㉰ 실내 공간 분할
- ㉱ 음이온을 발생

[해설] ㉰는 화훼 장식의 건축적 기능에 관한 설명이다.

37 절화의 성숙과 노화에 가장 많은 영향을 미치는 것은?
- ㉮ 에틸렌
- ㉯ 예랭
- ㉰ 저온
- ㉱ 습도

[해설] ㉮ 에틸렌은 식물의 노화 촉진 호르몬이다.

정답 34. ㉯ 35. ㉱ 36. ㉰ 37. ㉮

38 베이싱(Basing) 제작 기법에 대한 설명으로 가장 적합한 것은?

㉮ 병렬식 구성에서 밑처리 과정에 선과 공간을 제공해 주는 기본 재료로 사용된다.
㉯ 작품의 밑부분을 섬세하게 표현하여 강한 시각적인 강조를 주는 기법이다.
㉰ 초점(Focal area)으로 정해진 곳에 선을 이용한 수평 또는 수직 공간을 구성해 주는 기법이다.
㉱ 덩어리를 강조하기 위하여 소재들 사이의 공간을 제거하고 빈틈없이 모아 주는 기법이다.

해설 ㉯ 작품의 밑부분을 세밀하고 아름답게 마무리하는 베이싱(Basing) 기법에는 필로잉, 파베, 스태킹, 클러스터링 등이 있다.

39 화훼 장식 디자인 요소인 공간에 대한 설명으로 틀린 것은?

㉮ 화훼 장식물을 중심으로 볼 때 공간은 물리적인 공간과 화훼 장식물의 공간으로 나뉠 수 있다.
㉯ 화훼 장식 작품 안에서 공간은 양성적 공간과 음성적 공간으로 나뉠 수 있다.
㉰ 음성적 공간은 양성적 공간에 비하여 디자이너가 의도적으로 계획한 적극적 공간이다.
㉱ 양성적 공간은 재료가 꽉 채워진 공간이다.

해설 ㉰ 재료가 차지하지 않은 부분, 디자이너가 의도적으로 계획한 양성적인 공간들 사이에 만들어지는 공간을 음성적 공간이라 하며, 음성적 공간은 양성적 공간을 더욱 돋보이게 한다.

40 소나무와 전나무 껍질을 잘게 부수어 만든 것으로 서양란의 식재 재료로 많이 이용되는 것은?

㉮ 펄라이트(Pearlite)   ㉯ 피트모스(Peat moss)
㉰ 질석(Vermiculite)   ㉱ 바크(Bark)

해설 ㉮ 펄라이트 : 진주암을 고온에서 팽창시킨 것으로 통기성, 보수력, 보비력이 좋다.
㉯ 피트모스 : 초본의 식물, 특히 수태가 습지에 퇴적되어 탄화된 것으로 보수성, 보비력이 좋은 산성 토양이다.
㉰ 질석(버미큘라이트) : 질석을 고온에서 팽창시킨 것으로 무게가 가볍고 보수력, 보비력이 좋다.

정답 38. ㉯   39. ㉰   40. ㉱

41 화훼 장식 기법 중 절화나 절엽 등을 줄처럼 길게 이어서 만든 장식물은?
- ㉮ 리스(Wreath)
- ㉯ 갈런드(Garland)
- ㉰ 형상물(Figure)
- ㉱ 콜라주(Collage)

해설 ㉮ 리스 : 영원불멸성을 상징하고 크란츠라고 불리며 원형의 둥근 고리 형태가 기본형이다.
㉰ 형상물 : 절화를 이용하여 다양한 형상을 반평면적이거나 입체적으로 만들어 이용하는 형태이다.
㉱ 콜라주 : 상관관계가 없는 다양한 재료들을 결합시켜 만들어 내는 방법이다.

42 자극을 주어 색자극이 생긴 후 해당 자극을 제거해도 그 흥분이 남아 원자극의 형상과 닮았지만 밝기는 반대로 되는 현상은?
- ㉮ 정의 잔상
- ㉯ 색 순응
- ㉰ 부의 잔상
- ㉱ 명암 순응

해설 ㉮ 정의 잔상 : 자극으로 생긴 상의 밝기와 색이 똑같은 느낌으로 계속해서 보이는 현상이다.
㉯ 색 순응 : 동일한 색광을 오래 보고 있으면 그 색은 선명해지나 밝기가 낮아지는 현상이다.
㉱ 명암 순응 : 어두운 곳에서 밝은 곳으로 이동한 경우에 안정된 감수성을 회복하기까지의 순응이다.

43 일상적으로 꽃과 식물이 애호되고 전문 도서와 화훼 장식 기술학교가 설립되는 등 서양의 화훼 장식이 체계화되기 시작한 시대는?
- ㉮ 르네상스 시대
- ㉯ 바로크 시대
- ㉰ 로코코 시대
- ㉱ 빅토리아 시대

해설 ㉮ 르네상스 시대 : 인본주의를 지향, 꽃의 상징성을 강조하고 대칭적 디자인 형태로 빽빽한 디자인이 성행하였다.
㉯ 바로크 시대 : 화려하고 풍성한 디자인, 곡선적인 형태, S선 형태가 선호되었고 다양한 종류의 꽃과 새둥지, 조개, 과일, 곤충 등의 재료들도 함께 사용되었다.
㉰ 로코코 시대 : 우아하고 세련되고 가벼운 디자인과 엷은 파스텔 색을 선호하였다. 바로크 시대의 곡선 디자인과 함께 부채형, 삼각형, 방사 형태가 주를 이룬다.

정답 41. ㉯ 42. ㉰ 43. ㉱

44 교차(Cross)에 관한 설명으로 틀린 것은?

㉮ 여러 개의 선이 여러 각도의 방향으로 서로 엇갈리고 있는 경우를 말한다.
㉯ 꽃이나 식물의 꽂는 지점이 겹쳐야 하므로 그룹으로 꽂아 준다.
㉰ 대칭이나 비대칭에 상관없이 배열이 분명해야 한다.
㉱ 평행 형태에서 변형된 형태이다.

해설 ㉯ 꽂는 지점이 겹치면 안 된다. 교차는 모든 줄기가 복수의 생장점을 갖고 나오면서 다양한 각도로 각각의 방향으로 뻗어 나가 줄기의 교차가 이루어진 경우이다.

45 화훼 장식에 색채를 응용할 경우 고려할 점으로 틀린 것은?

㉮ 통일성과 조화미를 갖는 색과 명도를 제공하는 것이 좋다.
㉯ 작품의 전체적인 명도가 높을수록 커 보이고, 낮을수록 작아 보인다.
㉰ 꽃색을 안정감 있게 배색하려면 명도가 높은 꽃을 아래쪽에 배치하는 것이 좋다.
㉱ 시선의 주의력을 집중적으로 드러나게 할 경우 따듯한 계통의 색을 이용한다.

해설 ㉰ 명도란 색상의 밝기로 안정감 있는 배색을 위해 명도가 낮은 꽃을 아래쪽에 배치하는 것이 좋다.

46 가법 혼색과 감법 혼색에 대한 설명으로 틀린 것은?

㉮ 가법 혼색의 3원색은 Red, Green, Blue이다.
㉯ 감법 혼색인 3원색을 모두 섞으면 Black이 된다.
㉰ 감법 혼색에서 Yellow와 Cyan을 섞으면 Blue가 된다.
㉱ 가법 혼색에서 Red와 Blue를 섞으면 Magenta가 된다.

해설 ㉰ 감법 혼색에서 Yellow + Cyan = Green이 된다.

47 동양식 꽃꽂이에서 두 개 이상의 화기와 화형을 선택하여 꽂는 꽃꽂이형은?

㉮ 부화형(浮花型)   ㉯ 분리형(分離型)
㉰ 복형(複型)   ㉱ 배합형(配合型)

해설 ㉮ 부화형 : 수반에 물을 채워 물에 띄우는 형이다.
㉯ 분리형 : 하나의 화기에서 주지를 나누어 꽂는 형이다.
㉱ 배합형 : 여러 가지 형을 배합하여 꽂는 형이다.

정답 44. ㉯   45. ㉰   46. ㉰   47. ㉰

48 색의 대비에 관한 설명으로 틀린 것은?

㉮ 색상 대비는 두 가지 이상의 색을 동시에 볼 때 각 색상의 차이가 크게 느껴지는 현상이다.
㉯ 한난 대비는 우리의 오랜 경험에 의해서 형성된 이미지를 색채와 연관시켜 색채들 간의 온난의 감정 차이를 느끼게 하는 현상이다.
㉰ 면적 대비는 면적이 커지면 명도 및 채도가 감소되어 그 색은 실제보다 밝거나 또는 선명하게 보이는 현상이다.
㉱ 계시 대비는 어떤 색을 본 후에 시간적인 간격을 두고 다른 색을 차례로 볼 때 일어나는 색채 대비로서 먼저 본 색의 영향으로 나중에 본 색이 시간적인 간격에 따라서 다르게 보이는 현상이다.

해설 ㉰ 면적 대비는 같은 색이라도 면적이 클수록 명도와 채도가 높아 보이는 현상이다. 면적이 크면 실제보다 더 밝고 선명해 보이고 면적이 작으면 실제보다 어둡고 옅게 보인다.

49 압화의 재료로 사용하기 가장 어려운 소재는?

㉮ 주름이 많은 꽃
㉯ 색상의 선명도가 높은 꽃
㉰ 구조가 간단한 꽃
㉱ 수분 함량이 적은 꽃

해설 압화는 색이 선명하고 꽃잎이 많지 않으며 두껍지 않고, 구조가 간단하며 수분 함량이 적은 꽃이 좋다.

50 색채에 관한 설명으로 옳은 것은?

㉮ 색의 3속성은 색도, 명도, 채도이다.
㉯ 명도는 유채색에만 있으며, 무채색의 명도는 0이다.
㉰ 명도는 색의 밝고 어두운 정도를 가리킨다.
㉱ 채도는 광도(光度)라고도 한다.

해설 ㉮ 색의 3속성은 색상, 명도, 채도이다.
㉯ 명도는 색의 밝기를 말하며 유채색, 무채색 모두를 포함한다.
㉱ 채도는 색의 선명도, 포화도라고 하며 섞을수록 점점 흐려진다.

정답 48. ㉰   49. ㉮   50. ㉰

51. 화훼 장식 디자인 요소 중 선(Line)에 대한 설명으로 틀린 것은?

㉮ 선은 표현된 재료에 따라서 직선적인 재료와 곡선적인 재료로 나눌 수 있다.
㉯ 선은 윤곽선이나 윤곽선의 표면을 따라 움직이고 율동적인 동세의 느낌을 결정한다.
㉰ 선은 방향성을 나타내지만 선의 종류에 따라 정서나 분위기를 표현하기에는 부족하다.
㉱ 선은 눈에 보이지 않는 심리적인 선도 있다.

해설 ㉰ 선은 방향성과 함께 정서나 분위기를 표현할 수 있다. 정적인 선은 조용함을, 동적인 선은 움직임과 율동감을, 곡선은 부드럽고 여성적인 느낌을 준다.

52. 화훼 장식의 디자인 요소에 관련된 설명으로 옳은 것은?

㉮ 선의 종류는 방향에 따라 수직선, 수평선, 허선으로 구분된다.
㉯ 선은 기하학적 의미로 크기가 없고 위치만 있다.
㉰ 크기는 장식물에 요철(凹凸)과 같은 깊이감을 주어 생동감을 주게 한다.
㉱ 질감은 재료가 가진 구조적인 질과 느낌이다.

해설 ㉮ 선의 종류에는 직선, 곡선, 수직선, 수평선, 사선이 있다.
㉯ 선은 디자인의 골격과 구조가 되어 화형을 결정짓는다.
㉰ 깊이에 관한 설명이다.

53. 1년초에 대한 설명으로 틀린 것은?

㉮ 종자로부터 발아하여 1년 이내에 개화 및 결실하여 일생을 마치는 화훼를 말한다.
㉯ 춘파 1년초와 추파 1년초로 나뉜다.
㉰ 봄에 파종하여 가을이나 그 이전에 꽃을 피우고 열매를 맺는 종류를 추파 1년초라고 한다.
㉱ 추파 1년초는 팬지, 시네라리아, 칼세올라리아가 있다.

해설
• 춘파 1년초 : 봄에 파종하여 여름, 가을에 개화·결실하는 종류. 고온 건조에 강하고 내한성이 약하다.
• 추파 1년초 : 가을에 파종하여 봄, 여름에 개화·결실하는 종류. 고온 건조에 약하고 내한성이 강한 저온성 화훼이다.

정답 51. ㉰ 52. ㉱ 53. ㉰

54 화훼 장식에서 많이 사용되는 황금 비율로 옳은 것은?

㉮ 1 : 1.115 ㉯ 1 : 1.618
㉰ 1 : 2.137 ㉱ 1 : 3.358

해설 황금 비율은 짧은 길이와 긴 길이의 비율, 긴 길이와 전체 길이와의 관계로 3 : 5 : 8 : 13 : 21 : 34 : …의 연속적인 분할이다.

55 먼셀의 색 표기법에서 '5Y8/10'의 의미로 옳은 것은?

㉮ 명도는 5Y, 색상이 8, 채도는 10이라는 색을 나타낸다.
㉯ 색상은 5Y, 채도가 8, 명도는 10이라는 색을 나타낸다.
㉰ 색상은 5Y, 명도가 8, 채도가 10이라는 색을 나타낸다.
㉱ 채도는 5Y, 명도가 8, 색상은 10이라는 색을 나타낸다.

해설 ㉰ 먼셀의 색 표기법은 (색상)(명도)/(채도), HV/C의 순서대로 쓴다.

56 화훼 장식을 통해 인간과 환경에 주어지는 효과에 대한 설명으로 틀린 것은?

㉮ 정서 안정과 스트레스 해소의 효과가 있다.
㉯ 식물을 통해 학습적인 효과를 얻을 수 있다.
㉰ 공동체의 주거 환경을 개선시켜 구성원의 정신적 건강과 작업 능률을 증진시킨다.
㉱ 미학적인 효과는 높게 나타나지만 심리적, 치료적인 효과를 기대하기 어렵다.

해설 ㉱ 화훼 장식을 통하여 정서적 안정과 일의 능률 증대, 창조의 즐거움, 자아 발견, 스트레스 해소 등의 심리적, 치료적 효과를 얻을 수 있다.

57 쌍영총 벽화에 나타난 꽃 그림에 대한 설명으로 틀린 것은?

㉮ 고구려 시대의 고분 벽화이다.
㉯ 수반에 꽂은 S자 모양의 곡선 구성이다.
㉰ 묘주 부부 좌상의 벽화에서 볼 수 있다.
㉱ 좌우 대칭적인 형태를 갖추고 있다.

해설 ㉯는 고구려 시대의 선과 공간 처리가 두드러지는 안악 2호분 동벽에 그려진 비천상에 관한 설명이다.

정답 54. ㉯ 55. ㉰ 56. ㉱ 57. ㉯

58

아래 그림은 작물의 기본적인 생활 순환(Life cycle)을 나타낸 것이다. 도표의 A부분에 들어갈 용어로 가장 적합한 것은?

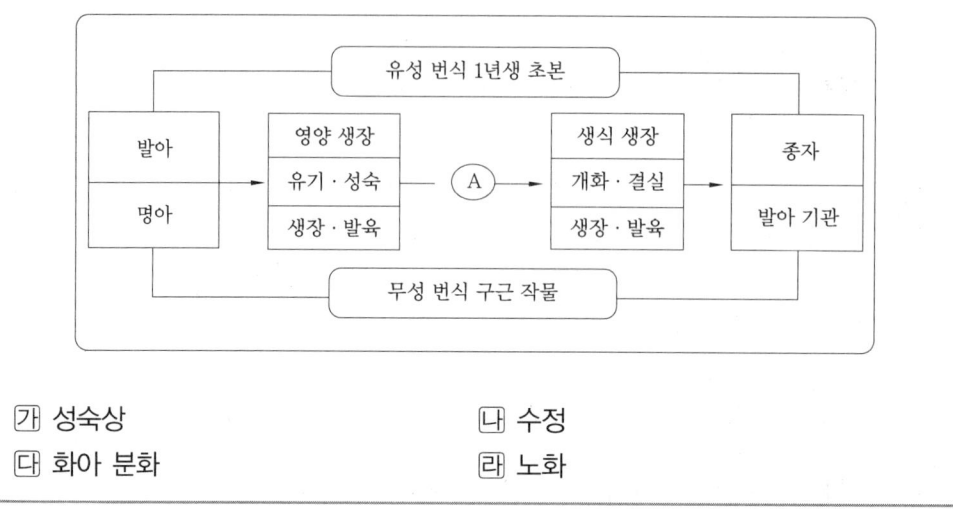

㉮ 성숙상 ㉯ 수정
㉰ 화아 분화 ㉱ 노화

해설 ㉰ 화아 분화는 식물이 생육하는 중에 식물체의 영양 조건·생육 연수 또는 일수·기온 및 일조 시간 등, 필요한 조건이 만족되어 꽃눈을 형성하는 일을 말하며, 꽃눈 분화라고도 한다.

59

방향성 식물의 꽃, 잎, 줄기, 열매 등의 방향성 부위를 건조시켜 용기에 담거나 주머니에 넣어 공간에 배치하거나 몸에 지니기도 하는 장식물은?

㉮ 드라이플라워 ㉯ 포푸리
㉰ 허브 ㉱ 아로마세러피

해설 ㉮ 드라이플라워(Dry flower) : 화훼 재료를 건조시킨 것이다.
㉰ 허브(Herb) : 방향 성분을 얻을 수 있는 식물을 말한다.
㉱ 아로마세러피(Aromatherapy) : 치료의 목적으로 향기를 이용하는 것이다.

60

서양식 꽃꽂이에 대한 설명으로 틀린 것은?

㉮ 일반적으로 미국식 꽃꽂이와 유럽식 꽃꽂이로 크게 나눌 수 있다.
㉯ 대부분의 형태가 선과 여백을 중요시한다.
㉰ 디자인 요소와 원리를 표현한다.
㉱ 주요 골격은 직선 구성, 매스 구성, 곡선 구성, 입체 구성 등이다.

해설 ㉯ 선과 여백을 중시하는 것은 동양 꽃꽂이의 특징이다.

정답 58. ㉰ 59. ㉯ 60. ㉯

2009년 7월 12일 시행

1. 흙에 심지 않고 나무나 돌 등에 붙여 재배하는 난의 종류는?
- ㉮ 반다
- ㉯ 심비디움
- ㉰ 춘란
- ㉱ 한란

해설 착생란은 열대, 아열대에 자생하는 것으로 나무나 바위에 붙어 고착 생활을 하며, 공중에 있는 습도를 흡수하여 생장한다. 예 반다, 팔레놉시스, 카틀레야, 풍란, 온시디움 등

2. 덩이줄기에 속하는 화훼는?
- ㉮ 히아신스
- ㉯ 크로커스
- ㉰ 아네모네
- ㉱ 프리지어

해설 덩이줄기(괴경)는 땅속의 줄기가 비대해져 알뿌리 모양으로 된 것으로 아네모네, 칼라, 시클라멘, 구근베고니아 등이 있다.
㉮ 히아신스는 인경(비늘줄기), ㉯ 크로커스와 ㉱ 프리지어는 구경(알줄기)이다.

3. 절화 장식품을 완성한 후 점검해야 할 사항으로 거리가 먼 것은?
- ㉮ 작품의 견고성 여부를 확인한다.
- ㉯ 소재의 생리적 특성을 파악한다.
- ㉰ 수분의 흡수 상태를 파악한다.
- ㉱ 플로럴 폼이 완전히 가려졌는지 확인한다.

해설 ㉯ 소재의 생리적 특성은 완성한 후가 아닌 제작 전에 점검해야 한다.

4. 유도화라고도 불리는 관상 수목으로 내한성(耐寒性)이 약해 우리나라 중부 이북의 노지에서는 월동이 어려운 식물은?
- ㉮ 목련
- ㉯ 은행나무
- ㉰ 협죽도
- ㉱ 산수유

해설 ㉰ 협죽도는 인도 원산이며 양지에서 잘 자라고 건조에 견디는 힘이 강하다. 우리나라에서는 제주도 및 남부 지방에서 식재한다.

정답 1. ㉮ 2. ㉰ 3. ㉯ 4. ㉰

5. 화훼 장식에서 매스 플라워(Mass flower)의 뜻과 용도에 대해 설명으로 틀린 것은?

㉮ 기다란 꽃대에 꽃이 하나씩 달려 있다.
㉯ 국화, 달리아, 장미, 카네이션이 대표적인 꽃이다.
㉰ 꽃꽂이 전체에서 주로 중심이 되는 부분에 꽂힌다.
㉱ 작품에서 매스 플라워의 큰 꽃들은 주로 바깥쪽에 꽂고 중심으로 갈수록 작은 꽃들을 꽂아야 안정감이 든다.

해설 ㉱ 매스 플라워의 큰 꽃들은 중심에 꽂고 바깥쪽으로 갈수록 작은 꽃들을 꽂아야 한다.

6. 밀폐된 유리 용기 속에 토양층을 형성하여 식물이 자라도록 만든 것은?

㉮ 디시 가든 ㉯ 테라리움
㉰ 토피어리 ㉱ 수경 재배

해설 ㉮ 디시 가든 : 접시 또는 낮고 평평한 용기에 흙을 채워 정원 형태로 연출하는 것이다.
㉰ 토피어리 : 식물을 하트, 별, 동물 모양 등으로 전정하거나 임의의 형태대로 키우는 방법이다.
㉱ 수경 재배 : 토양 대신 식물을 지지할 수 있는 배지와 물을 넣어 인위적으로 양분을 공급하면서 식물을 재배하는 것이다.

7. 홍만선의 「산림경제」에서 다룬 내용으로 옳은 것은?

㉮ 조선 초기에 발간되어 분 식물의 감상법과 이용법이 설명되어 있다.
㉯ 조선 중기에 발간되어 분 식물의 종류, 가꾸는 방법, 관리 시 주의 사항이 설명되어 있다.
㉰ 조선 초기에 발간되어 식물에 따른 어울리는 수형, 심는 법, 분 놓는 법이 설명되어 있다.
㉱ 조선 후기에 발간되어 식물의 재배 요령과 분토에 이끼를 생기게 하는 요령이 설명되어 있다.

해설 ㉯ 산림경제는 조선 중기 숙종 때 실학자 홍만선이 엮은 농서 겸 가정 생활서로 화초, 화목을 가꾸는 방법, 원예 작물의 재배법이나 관리 방법들에 관하여 자세히 설명되어 있다.

정답 5. ㉱ 6. ㉯ 7. ㉯

8. 화훼 원예에 대한 설명으로 틀린 것은?

㉮ 영어로 Floriculture인데 꽃을 의미하는 Flori와 재배를 나타내는 Culture의 합성어이다.
㉯ 형태 및 목적에 따라 생산 화훼, 전시 화훼, 취미 원예로 구분한다.
㉰ 절화, 분화, 화단묘 등의 화훼를 생산, 유통, 이용, 가공, 판매하는 것이다.
㉱ 이용 방향에 따라 과수, 채소로 나뉜다.

해설 ㉱ 화훼 원예는 이용 방향에 따라 절화용, 절엽용, 절지용, 분 식물용, 정원용, 건조 소재용으로 나뉜다.

9. 잎 표면의 특색과 특징을 가지고 식물 분류 시 형태에 따른 연결이 바르지 않은 것은?

㉮ 엽선(葉先) – 예두(銳頭)
㉯ 엽저(葉底) – 의저(歪底)
㉰ 엽연(葉緣) – 원형(圓形)
㉱ 엽형(葉形) – 타원형(楕圓形)

해설 ㉰ 엽연은 잎의 가장자리를 말하며 엽면의 발달 방법이나 엽맥의 분포 상태 등에 따라 세모거치, 둔거치, 예거치 등 여러 가지 형으로 나뉜다.

10. 벤자민고무나무(Ficus benjamina)의 원산지는?

㉮ 칠레
㉯ 브라질
㉰ 아프리카
㉱ 인도

해설 ㉱ 벤자민고무나무는 뽕나뭇과의 아열대성 관엽 식물로 원산지는 인도이고, 잎이 타원형으로 늘어져서 관상용으로 좋으며 실내에서 공기 정화 등의 목적으로 많이 키운다.

11. 절화 장식에 사용되는 화기로 적절하지 않은 것은?

㉮ 병
㉯ 테라리움 용기
㉰ 수반
㉱ 콤포트

해설 ㉯ 테라리움 용기는 밀폐된 용기가 대부분이므로 절화 장식에 적합하지 못하다.

정답 8. ㉱　9. ㉰　10. ㉱　11. ㉯

12 화훼 장식에 사용되는 도구에 대한 설명으로 틀린 것은?
㉮ 플로럴 테이프는 쭉 펴서 감아 주면 잘 들러붙도록 다양한 색상의 종이에 접착제 성분이 있다.
㉯ 철사는 지름에 따라 번호가 매겨지며, 수가 증가할수록 굵은 철사이다.
㉰ 워터튜브는 절화의 줄기가 짧아 플로럴 폼에 바로 꽂을 수 없을 때 사용한다.
㉱ 글루건은 전기를 이용하여 글루스틱을 녹여 접착제로 이용하는 기구이다.

해설 ㉯ 철사 번호가 증가할수록 얇은 철사이다.

13 열매를 보는 장식용 소재로 가장 거리가 먼 것은?
㉮ 피라칸타
㉯ 낙상홍
㉰ 박태기나무
㉱ 호랑가시나무

해설 ㉰ 박태기나무는 중국에서 들어온 콩과의 낙엽 활엽 관목으로 꽃이 아름다워 공원이나 정원에 많이 이용한다.

14 반드시 세워서 저장 및 수송해야 하는 것은?
㉮ 숙근 안개초
㉯ 개나리
㉰ 글라디올라스
㉱ 국화

해설 ㉰ 수상 화서인 글라디올러스는 잎 사이에서 잎보다 긴 꽃줄기가 나와 하부에서 상부로 차례로 10~20개의 꽃이 피며, 눕히면 줄기에 달린 꽃들이 상할 수 있고 굴지성이 있기 때문에 세워서 저장 및 수송을 해야 한다.

15 화훼 장식에서 사용되는 용어인 생장점에 대한 설명으로 틀린 것은?
㉮ 무(無) 생장점의 디자인도 가능하다.
㉯ 식물의 뿌리와 같은 것으로 근원적인 점이다.
㉰ 식생 디자인에서는 복수 생장점의 작품을 만들 수 있다.
㉱ 기하학적 형태에서는 한 점에 모이는 부분을 초점과 구분하여 생장점이라고 한다.

해설 ㉱ 중심의 한 점으로부터 방사 형태를 이루는 기하학적 형태에서는 초점과 생장점이 같다.

정답 12. ㉯ 13. ㉰ 14. ㉰ 15. ㉱

16 일반적으로 우리나라의 노지 화단에서 튤립 꽃을 볼 수 있는 시기는?
㉮ 1~2월 ㉯ 4~5월
㉰ 7~8월 ㉱ 10~11월

해설 ㉯ 튤립은 내한성이 강해 노지 월동이 가능한 추식 구근으로 가을에 심어 4~5월에 개화한다. 이 외에도 크로커스, 나리, 수선, 무스카리, 히아신스 등이 추식 구근에 속한다.

17 난에서 줄기가 다육화한 양분 저장 기관을 뜻하는 것은?
㉮ 괴근 ㉯ 인경
㉰ 구근 ㉱ 위구경

해설 ㉮ 괴근(덩이뿌리) : 뿌리가 비대해져 저장 기관으로 발달된 것을 말한다.
㉯ 인경(비늘줄기) : 줄기가 변형된 저장 기관으로 인편이 모여 하나의 알뿌리를 형성한다.
㉰ 구근 : 알뿌리를 말한다.

18 진주암을 1000℃ 정도의 고온에서 가열한 무균 인조 토양으로 공극량이 많은 토양은?
㉮ 피트모스 ㉯ 질석
㉰ 펄라이트 ㉱ 훈탄

해설 ㉮ 피트모스 : 수태가 습지에 퇴적되어 완전히 분해되지 않고 탄화된 것을 말한다.
㉯ 질석(버미큘라이트) : 질석을 1000℃ 정도로 가열하여 입자 내 공극을 팽창시킨 것이다.
㉱ 훈탄 : 왕겨를 탄화한 것으로 무균 상태의 재료이다. 미세 공극이 많다.

19 선인장과(科)에 해당하는 것은?
㉮ 용설란 ㉯ 비모란
㉰ 알로에 ㉱ 칼랑코에

해설 ㉮ 용설란과의 용설란, ㉰ 백합과의 알로에, ㉱ 돌나물과의 칼랑코에는 다육식물이다.

정답 16. ㉯ 17. ㉱ 18. ㉰ 19. ㉯

20 식물체 내의 수분의 역할 중 식물 체온 조절에 대한 설명으로 가장 적합한 것은?
㉮ 공기 습도가 포화되면 엽온은 안정된다.
㉯ 증산 작용을 통해 식물 체온의 상승을 막는다.
㉰ 세포 내의 팽압 유지로 식물의 체온을 유지시킨다.
㉱ 각종 효소의 활성을 증대시켜 식물 체온이 상승하도록 한다.

해설 식물은 온도 조건에 따라 여러 대사 활동이 크게 달라진다. 온도 조건이 좋지 않으면 양분이 적게 만들어지거나 잎이 탈수되어 시드는 등 정상적인 생장이 어렵다. 온도가 상승하면 광합성의 양이 증가하고 호흡률과 증산 작용이 활발해진다. 지나친 호흡률과 증산 작용의 증가는 양분과 수분을 소모시키고 이는 생장 감소, 개화 불능 등 식물의 생장에 영향을 끼친다.

21 핸드타이드 부케 제작 시 주의 사항으로 거리가 먼 것은?
㉮ 바인딩 포인트는 단단히 묶는다.
㉯ 줄기의 끝은 예리한 칼로 일자로 자른다.
㉰ 줄기는 나선형 또는 평행형으로 제작한다.
㉱ 바인딩 포인트를 기준으로 아랫부분의 줄기는 깨끗이 다듬어 준다.

해설 ㉯ 줄기의 끝은 사선으로 잘라 주어야 물올림이 좋다.

22 색의 온도감은 난색, 한색, 중성색으로 나뉘는데, 다음 중 가장 차가운 한색에 속하는 것은?
㉮ 빨강   ㉯ 노랑
㉰ 보라   ㉱ 파랑

해설 ㉱ 파랑은 차가운 느낌을 주는 한색이다.
㉮ 빨강과 ㉯ 노랑은 난색이고, ㉰ 보라는 중성색이다.

23 소재를 선택할 때 고려해야 할 사항이 아닌 것은?
㉮ 디자인 형태   ㉯ 장식할 공간
㉰ 작가가 선호하는 색상   ㉱ 화기와의 조화

해설 화훼 장식에 있어 소재를 선택할 때는 작가 본인의 선호도보다 시간(Time), 목적(Occasion), 장소(Place)에 맞추어 선택해야 한다.

정답 20. ㉯   21. ㉯   22. ㉱   23. ㉰

24
클러스터링(Clustering)에 대한 설명으로 옳은 것은?

㉮ 디자인의 입체적 깊이를 위한 그림자주기 기법
㉯ 작은 소재들을 색상과 질감이 유사한 것끼리 모아서 사용하는 뭉치기 기법
㉰ 작품의 아랫부분을 강조하기 위한 계단식 포개기 기법
㉱ 소재를 작은 것에서 큰 것까지 순차적으로 사용하는 변화주기 기법

해설 ㉮는 섀도잉 기법, ㉰는 테라싱 기법, ㉱ 시퀀싱 기법에 대한 설명이다.

25
화훼 장식의 디자인 기법 중 비슷한 종류나 색상의 재료를 한곳에 모아 주면서 서로의 길이를 다르게 표현하는 것은?

㉮ 그루핑 ㉯ 스태킹
㉰ 번들링 ㉱ 프레이밍

해설 ㉯ 스태킹 : 장작처럼 쌓아 가는 기법
㉰ 번들링 : 많은 양을 다발로 묶는 기법
㉱ 프레이밍 : 테두리화 기법으로 내용물을 강조할 때 쓰는 기법

26
강조하고자 하는 소재에 장식적인 목적으로 라피아, 리본 등을 이용하여 가볍게 묶는 기법은?

㉮ 바인딩(Binding) ㉯ 밴딩(Banding)
㉰ 번들링(Bundling) ㉱ 조닝(Zoning)

해설 ㉮ 바인딩 : 줄기의 고정을 목적으로 기능적으로 묶어 주는 방법
㉰ 번들링 : 많은 양을 다발로 묶는 방법
㉱ 조닝 : 구역화해 주는 방법

27
절화 수명의 연장을 위한 목표와 해당 처리의 연결이 틀린 것은?

㉮ 미생물 증식 억제 - 8HQC 처리
㉯ 에틸렌 가스 억제 - 구연산 처리
㉰ 영양 공급 - 2~5% 설탕 처리
㉱ 수분 공급 - 45° 물속 자르기

해설 ㉯ 에틸렌 가스 억제 - AOA, AVG 처리

정답 24. ㉯ 25. ㉮ 26. ㉯ 27. ㉯

28. 한국의 분 식물 장식에 대한 역사적인 설명으로 가장 거리가 먼 것은?

㉮ 한국의 전통적인 분 식물은 자생 목본 식물이 주종을 이룬 분재나 분경이었다.
㉯ 고려 후기에는 소나무를 비롯한 매화나무와 대나무가 주종이 되었다.
㉰ 1970년대 경제 발전으로 인한 생활의 여유와 주거양식의 변화로 분 식물 장식에 대한 관심이 높아졌다.
㉱ 오늘날 실내 공간에서 가장 일반적으로 이용되고 있는 식물은 자생 식물이다.

해설 ㉱ 내음성이 강한 열대·아열대 원산의 관엽 식물이 가장 일반적으로 이용되고 있다.

29. 절화 장식의 분류 중 구성 형식에 의한 분류에서 꽃 소재를 인위적으로 재구성하여 다른 형태로 구성하는 것은?

㉮ 장식적 구성
㉯ 선형적 구성
㉰ 평행적 구성
㉱ 자연적 구성

해설 ㉯ 선형적 구성 : 선과 형태의 대비를 통해 명확하게 표현하는 디자인이다.
㉰ 평행적 구성 : 소재의 70% 이상을 평행적으로 배치하여 구성하는 방법이다.
㉱ 자연적 구성 : 식물의 생태적인 면을 고려하여 자연에 가깝게 비대칭적으로 디자인한다.

30. 식물의 가지의 수를 증가시키는 데 기여하는 광의 파장 범위는?

㉮ 400~450nm
㉯ 500~600nm
㉰ 600~700nm
㉱ 700nm 이상

해설 ㉮ 청색광(400~450nm) : 식물의 발육을 강화시키고 분지를 증가시킨다.
• 적색광(650~700nm) : 발육을 촉진시키며 분지를 적게 한다.
• 유효 파장(640~670nm) : 가시광선의 영역 중 광합성 효율이 가장 높고 탄산가스의 흡수량도 증가하는 파장이다.

31. 한국의 결혼식장에서 주로 이용되는 화훼 장식으로 가장 거리가 먼 것은?

㉮ 주례 단상 장식
㉯ 화관
㉰ 화동의 꽃바구니
㉱ 십자가 장식

해설 ㉱ 십자가 장식은 장례식에 많이 사용된다.

정답 28. ㉱ 29. ㉮ 30. ㉮ 31. ㉱

32 부케 홀더를 이용해 부케를 제작했다. 아이비 잎을 이용하여 뒷면을 마감하려고 할 때 아이비 잎에 처리할 적당한 철사 처리 방법은?
㉮ 후크(Hook) 법　　　　　㉯ 피어스(Pierce) 법
㉰ 트위스트(Twist) 법　　　㉱ 헤어핀(Hairpin) 법

해설 ㉮ 후크(Hook) 법 : 철사로 갈고리를 만들어 위에서부터 꽂아 주는 방법
㉯ 피어스(Pierce) 법 : 꽃받침이나 씨방에 철사를 통과시킨 후 직각으로 구부려 주는 방법
㉰ 트위스트(Twist) 법 : 꽃이나 잎, 줄기 등을 철사로 감아 내리는 가장 기본적인 방법

33 최소한의 소재를 사용하여 소재의 형과 선 그리고 각도를 강조한 방사선 줄기 배열의 꽃꽂이는?
㉮ 형-선적 구성의 꽃꽂이
㉯ 풍경식 디자인의 꽃꽂이
㉰ 비더마이어 디자인의 꽃꽂이
㉱ 구조적 구성의 꽃꽂이

해설 ㉮ 형-선적 구성은 식물이 갖고 있는 형태와 선을 살려 대비감을 주어 명확하게 구성하는 방법으로 소재의 양을 최소한으로 하고 소재 상호 간의 긴장감을 높이는 디자인 방법이다.

34 걸이 화분용 소재로 가장 적당한 것은?
㉮ 안수리움　　　　㉯ 구즈마니아
㉰ 러브체인　　　　㉱ 테이블야자

해설 걸이 화분용 소재로는 덩굴 식물인 스킨답서스나 아이비, 러브체인 등의 늘어지는 소재가 관상용으로 좋다.

35 화훼 장식에 사용되는 소재 중 가장 부드러운 질감에 속하는 것은?
㉮ 아킬레아　　　　㉯ 리아트리스
㉰ 알스트로메리아　㉱ 카네이션

해설 ㉮ 아킬레아, ㉱ 카네이션 : 거친 재질, ㉯ 리아트리스 : 나무 같은 재질

정답 32. ㉱　33. ㉮　34. ㉰　35. ㉰

36 절화의 수명을 연장하기 위한 방법으로 옳은 것은?
㉮ 열대성 절화는 0~4℃의 온도에서 저온 저장한다.
㉯ 절화의 관상 가치를 위해 꽃 냉장고에 과일과 함께 보관한다.
㉰ 보존 용액은 pH 5 정도의 약산성 용액을 사용한다.
㉱ 절화 수명 연장을 위한 최적 습도는 95% 이상이다.

해설 ㉮ 열대성 절화는 8~15℃, 온대성 절화는 0~5℃의 온도가 좋다.
㉯ 과일에서 에틸렌 가스가 많이 배출되므로 함께 보관하면 안 된다.
㉱ 절화 수명 연장을 위한 최적 습도는 80~90%로 하는 것이 좋다.

37 낚싯줄 같은 끈으로 꽃을 꿰어 행사 때나 송영식(送迎式) 때 목에 걸어 주는 것으로 리스와 유사한 형태는?
㉮ 펜던트(Pendant)   ㉯ 레이(Lei)
㉰ 리스틀릿(Wristlet)   ㉱ 코르사주(Corsage)

해설 ㉮ 펜던트(Pendant) : 목걸이, 귀고리 등과 같이 아래로 늘어뜨린 장신구이다.
㉰ 리스틀릿(Wristlet) : 팔목에 다는 꽃장식이다.
㉱ 코르사주(Corsage) : 여성의 허리를 중심으로 상반신에 다는 꽃장식이다.

38 한국 전통 꽃꽂이 화형 구성에서 적합하지 않은 것은?
㉮ 1주지는 제일 긴 가지로 작품의 화형을 결정한다.
㉯ 2주지는 중간 길이로 작품의 넓이를 구성한다.
㉰ 3주지는 전체적인 조화를 찾아 흐름을 마무리해 주는 역할을 한다.
㉱ 종지는 주지를 보완해 주는 역할을 하며 주지보다 더 길게 꽂는다.

해설 ㉱ 1주지가 제일 긴 가지이고, 종지는 주지보다 낮게 꽂아야 한다.

39 베란다 및 발코니 장식을 위한 계절별 분 식물로 부적합한 것은?
㉮ 3~5월의 시네라리아   ㉯ 6~8월의 페튜니아
㉰ 9~10월의 프리뮬러   ㉱ 10~12월의 꽃양배추

해설 ㉰ 프리뮬러는 가을에 파종하여 봄~여름에 개화하는 추파 1년초이다.

정답 36. ㉰   37. ㉯   38. ㉱   39. ㉰

40 분화류 관수 방법으로 가장 부적합한 것은?

㉮ 흙의 표면이 약간 말라 보일 때 관수한다.
㉯ 화분 바닥으로 충분히 물이 흘러나오도록 관수한다.
㉰ 겨울철 관수 시 수돗물을 틀어서 즉시 관수한다.
㉱ 봄, 가을에는 오전 9~10시에 한 번 관수한다.

해설 ㉰ 겨울철 관수는 너무 추운 때를 피하여 오전 10~11시 사이에 관수하며, 수돗물은 온도가 낮기 때문에 물을 받아 실온의 온도를 맞추어 관수한다.

41 속이 비었거나 연한 꽃의 자연 줄기를 그대로 살리고 싶을 때 철사를 줄기 속에 넣어 제작하는 테크닉은?

㉮ 소잉(Sewing) 법
㉯ 피어스(Pierce) 법
㉰ 인서션(Insertion) 법
㉱ 시큐어링(Securing) 법

해설 ㉮ 소잉(Sewing) 법 : 여러 개의 꽃잎이나 잎을 겹쳐 바느질하듯 활용하는 법
㉯ 피어스(Pierce) 법 : 꽃받침이나 씨방, 줄기에 철사를 통과시킨 후 직각으로 구부려 사용하는 법
㉱ 시큐어링(Securing) 법 : 줄기 보강을 위해 나선형으로 철사를 감아 내리는 법

42 카네이션, 장미와 같이 꽃받침 부위가 발달하여 단단한 꽃 종류에 사용하는 방법으로, 꽃받침 기부에 철사를 관통시켜 구부리는 철사 처리 방법은?

㉮ 후크(Hook) 법
㉯ 인서션(Insertion) 법
㉰ 헤어핀(Hairpin) 법
㉱ 피어스(Pierce) 법

해설 ㉮ 후크(Hook) 법 : 갈고리 만들기
㉯ 인서션(Insertion) 법 : 줄기에 철사 끼우기
㉰ 헤어핀(Hairpin) 법 : U자 지르기

43 변이, 반복, 확산 등으로 표현되는 디자인의 원리는?

㉮ 대비
㉯ 통일
㉰ 리듬
㉱ 비례

해설 ㉰ 리듬은 색, 선, 형태의 반복이나 연계성을 통해서 만들어진다.
• 디자인의 원리 : 규모, 조화, 비율, 균형, 통일, 리듬, 강조, 대비

정답 40. ㉰   41. ㉰   42. ㉱   43. ㉰

44 소재의 바로 뒤와 아래에 똑같은 소재를 하나 더 가깝게 꽂아서 입체적으로 보이게 하는 기법은?
㉮ 파베(Pave) ㉯ 필로잉(Pillowing)
㉰ 섀도잉(Shadowing) ㉱ 베이싱(Basing)

해설 ㉮ 파베 : 보석처럼 촘촘하게 꽂아 주는 방법
㉯ 필로잉 : 둥근 언덕이나 베개 모양으로 입체적으로 아랫부분을 마무리하는 방법
㉱ 베이싱 : 플로럴 폼을 감추기 위해 작품의 아랫부분을 마무리하는 기법

45 디자인 구성 원리 중 다른 재료들과의 구성을 하는 데 있어서 일정한 한부분에 시선을 집중시키게 하는 원리는 무엇인가?
㉮ 비례 ㉯ 강조
㉰ 대비 ㉱ 조화

해설 ㉮ 비례 : 구성 요소 간의 상대적 크기이다.
㉰ 대비 : 서로 다른 성질을 가진 형태나 질감, 색상을 강조하는 방법이다.
㉱ 조화 : 주어진 환경과 소재와의 어우러짐이다.

46 다음은 화훼 장식의 디자인 요소 중 무엇에 대한 설명인가?

> 재료의 표면이 갖는 독특한 성질로서 촉각적인 것과 시각적인 것, 복합 재료에 의한 것과 표현 기법에 의한 것이 있으며, 공간의 성격이나 중량감, 양감의 감각적인 면을 결정한다.

㉮ 균형 ㉯ 질감
㉰ 색상 ㉱ 면

해설 ㉯ 지문은 질감에 대한 설명으로, 질감은 보이거나 느껴질 수 있는 표면의 느낌을 말한다.

47 화훼 장식의 디자인 요소로 거리가 먼 것은?
㉮ 선(Line) ㉯ 구조(Structure)
㉰ 형태(Form) ㉱ 색(Color)

해설 디자인의 요소에는 선, 형태, 색채, 공간, 질감, 깊이, 향기가 있다.

정답 44. ㉰ 45. ㉯ 46. ㉯ 47. ㉯

48 유럽의 신부용 부케에서 사용된 벼이삭의 의미는?
㉮ 행복
㉯ 다산
㉰ 약속
㉱ 순종

해설 ㉯ 유럽에서 벼이삭은 다산의 의미가 있다.

49 선에 대한 설명으로 가장 거리가 먼 것은?
㉮ 형태와 구조를 만드는 데 기초가 된다.
㉯ 면적은 없지만 방향감을 느낄 수 있다.
㉰ 크기는 없고 위치만 있지만 디자인 요소로서 최소의 존재이다.
㉱ 대상을 표현하는 동시에 독자적인 시각 대상이 된다.

해설 선은 점이 연속되어 이루어진 것으로 디자인의 본질을 결정하는 가장 중요한 요소이다. 단순한 평행적 이동을 통하여 면을 구성할 수 있고, 여러 형태의 움직임을 통하여 다양한 감정적 특성을 지닌다. 운동감, 방향감, 속도감, 면적 분할을 나타내며 어떠한 형상을 한정하기도 한다.
㉰는 점에 대한 설명이다.

50 바로크 시대 화훼 장식의 특징에 대한 설명으로 거리가 먼 것은?
㉮ 향기가 있는 꽃다발
㉯ 곡선이면서 화려함
㉰ 비대칭적인 형태
㉱ 호가스형

해설 ㉮ 꽃향기가 전염병 등 불결함을 예방해 준다는 믿어, 손에 들고 다닐 수 있는 노즈게이와 작은 꽃다발 형태인 터지머지가 널리 이용된 것은 영국 조지 왕조 시대이다.

51 화훼 장식의 대칭 균형(Symmetrical balance)에 대한 설명으로 틀린 것은?
㉮ 자연스럽고 비정형적이며 시각적 움직임으로 인한 생동감이 느껴진다.
㉯ 상상에 의한 중앙의 수직축을 기준으로 양쪽 요소를 동일하게 배열한다.
㉰ 단조롭거나 인위적인 것처럼 보이기도 한다.
㉱ 편안하고 안정된 느낌과 공식적이고 위엄이 있는 듯이 보인다.

해설 ㉮는 비대칭 균형에 대한 설명이다.

정답 48. ㉯ 49. ㉰ 50. ㉮ 51. ㉮

52 건조 가공한 장식물과 거리가 먼 것은?
㉮ 포푸리   ㉯ 갈런드
㉰ 드라이플라워   ㉱ 프레스플라워

해설 ㉯ 갈런드는 꽃과 잎을 이용하여 길게 엮어 만든 체인 모양의 꽃 줄이다.

53 화훼 장식의 디자인 요소인 질감에 대한 설명으로 틀린 것은?
㉮ 거친 질감과 울퉁불퉁하거나 광택이 없는 표면은 형식적이며 우아한 느낌을 준다.
㉯ 고운 질감의 식물은 시각적으로 멀어지는 느낌이 있으므로 가깝게 배치한다.
㉰ 칼라는 카네이션이나 맨드라미와 대조적인 질감의 강조를 표현할 수 있다.
㉱ 무거운 색채의 단단하고 품위 있는 질감으로 화분을 선택하였다면 화분 받침이나 식물도 그와 같은 느낌을 갖는 것으로 선택한다.

해설 ㉮ 거친 질감과 울퉁불퉁하고 광택이 없는 표면은 토속적이고 둔탁해 보이며 육중한 느낌을 준다.

54 색채가 갖는 감정 효과로 거리가 먼 것은?
㉮ 팽창과 수축   ㉯ 성글고 조밀함
㉰ 가볍고 무거움   ㉱ 따뜻하고 차가움

해설 색채는 여러 가지 대비나 혼합, 조화를 이용하여 팽창과 수축, 가벼움과 무거움, 따뜻하고 차가운 감정을 나타낼 수 있다.

55 두 가지 이상의 디자인 요소가 서로 분리하거나 배척하지 않고 각 요소가 통합되어 감각적 효과를 발휘할 때 일어나는 미적 원리는?
㉮ 비례   ㉯ 균형
㉰ 조화   ㉱ 대비

해설 ㉮ 비례 : 전체에서 느끼는 각각의 상대적 양이나 크기의 관계이다.
㉯ 균형 : 물리적, 시각적인 안정감을 말한다. 균형이 깨지면 불안감이 조성된다.
㉱ 대비 : 성질이나 상이한 둘 이상의 소재가 접근할 때 나타나는 현상이다.

정답 52. ㉯ 53. ㉮ 54. ㉯ 55. ㉰

56 화훼 장식에 있어서 절화 장식이나 분 식물이 환경 개선에 미치는 영향으로 틀린 것은?
㉮ 공기 정화
㉯ 습도 유지
㉰ 음이온 발생
㉱ 이산화탄소(CO_2) 발생

해설 화훼 장식의 환경적 기능에는 광합성 작용으로 이산화탄소를 흡수하고 산소를 공급하여 공기를 정화하고, 증산 작용으로 실내의 공중 습도를 유지시켜 주며, 직사광선을 약화시키는 빛의 조절 효과, 휘발성 유해 물질을 흡수하고 음이온을 발생시키는 공기 정화의 효과가 있다.

57 화훼 장식의 디자인 원리에 대한 설명으로 옳게 짝지어진 것은?
㉮ 구성 – 일치감, 동질성과 관련된 구성 요소들을 배합하여 나타내는 미적 본질
㉯ 조화 – 물리적, 시각적 안정감을 주는 배치에 의해 이루어지는 원리
㉰ 균형 – 소재들 간의 상대적인 크기의 관계
㉱ 강조 – 부분적이고 소극적으로 특정 부분을 강하게 표현

해설 ㉮ 조화, ㉯ 균형, ㉰ 비례에 관한 설명이다.

58 다음 그림의 형태로 작품을 구성할 경우 ①~⑦ 위치의 외곽선을 표현하기에 가장 적합한 소재는?

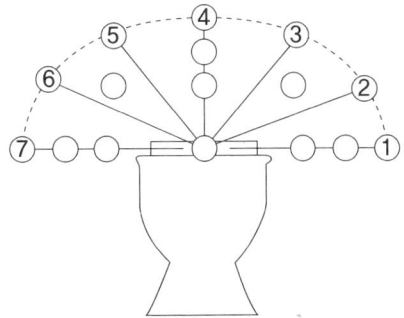

㉮ 스프레이 카네이션
㉯ 스프레이 장미
㉰ 리아트리스
㉱ 나리

해설 디자인의 외곽선이나 골격, 뻗어 나가는 표현에 이용하는 것은 선의 꽃(라인 플라워)으로 리아트리스, 글라디올러스, 스톡, 락스퍼, 용담, 금어초 등이 이에 속한다.

정답 56. ㉱   57. ㉱   58. ㉰

59 전후좌우 어느 방향에서도 감상할 수 있는 디자인 형태는?
㉮ 피라미드형 ㉯ L형
㉰ 역T형 ㉱ 직립 기본형

해설 ㉮ 피라미드형은 입체형 올라운드 디자인으로 어느 방향에서도 감상할 수 있다.
㉯ L형, ㉰ 역T형, ㉱ 직립 기본형은 한쪽 방향에서만 감상할 수 있는 일방화이다.

60 절화를 물에 꽂았을 때 줄기 기부가 잘 갈라지는 종류가 아닌 것은?
㉮ 아마릴리스 ㉯ 상사화
㉰ 칼라 ㉱ 아이리스

해설 ㉱ 아이리스는 물속에서도 줄기 기부가 잘 갈라지지 않으므로 물속 재절단을 한다.

정답 59. ㉮ 60. ㉱

2010년도 출제 문제

2010년 3월 28일 시행

1 철사의 표준 치수 중 가장 굵은 것은?
- ㉮ #24 철사
- ㉯ #22 철사
- ㉰ #20 철사
- ㉱ #18 철사

해설 ㉱ 철사 번호가 낮을수록 굵다.

2 가을에 씨를 뿌려 봄 화단에 이용하는 한해살이 화초가 아닌 것은?
- ㉮ 팬지
- ㉯ 메리골드
- ㉰ 데이지
- ㉱ 프리뮬러

해설 ㉮ 팬지, ㉰ 데이지, ㉱ 프리뮬러는 가을에 파종하는 추파 1년초이고, ㉯ 메리골드는 봄에 파종하는 춘파 1년초이다.

3 절엽 또는 분화용으로 주로 이용되는 식물이 아닌 것은?
- ㉮ 아스파라거스
- ㉯ 알로카시아
- ㉰ 회양목
- ㉱ 엽란

해설 ㉰ 회양목은 상록 활엽 관목 또는 소교목으로 절엽이나 분화용보다는 화단용, 정원용으로 많이 이용된다.

4 형태에 따른 분류에서 선형(Line) 꽃에 속하지 않는 것은?
- ㉮ 글라디올러스
- ㉯ 리아트리스
- ㉰ 스톡
- ㉱ 카틀레야

해설 ㉱ 카틀레야는 다른 것을 압도할 만한 개성을 가진 크고 화려한 색상의 꽃으로 형태 꽃인 폼 플라워(Form flower)이다.

정답 1. ㉱ 2. ㉯ 3. ㉰ 4. ㉱

5. 절지용으로 이용되지 않는 식물은?
㉮ 버드나무 ㉯ 철쭉
㉰ 삼지닥나무 ㉱ 홍화

해설 ㉱ 홍화는 절화용이다.

6. 달리아에 대한 설명으로 옳은 것은?
㉮ 추식 구근이다.
㉯ 내한성이 강한 편이다.
㉰ 구근류의 분류상 괴근에 속한다.
㉱ 줄기가 비대해져 알뿌리 모양으로 된 것이다.

해설 달리아는 내한성이 약한 춘식 구근으로 봄철에 심고, 뿌리가 비대해져 저장 기관으로 발달한 괴근(덩이뿌리)이다.

7. 상업적인 디스플레이용 화훼 장식의 특징으로 거리가 먼 것은?
㉮ 고객으로 하여금 상품을 구입하도록 동기를 만들어 준다.
㉯ 예술가로서 또는 화훼 장식 전문가로서의 홍보와 아이디어를 선보인다.
㉰ 단순한 공간 장식보다는 상업 공간의 이미지 전달과 홍보를 위한 시선 집중을 유도한다.
㉱ 계절별 주제를 잡아 이에 어울리는 화훼 식물을 도입하는 경우가 많다.

해설 ㉯는 작품 전시회용 화훼 장식의 특징으로 상업적 목적이 아닌, 화훼 장식의 예술적 가치와 예술가 또는 화훼 장식 전문가 각자의 기량을 선보이는 용도이다.

8. 건조 등 환경 적응력이 강한 식물로 독특한 모양으로 인해 실내 분 식물 장식에서 관엽 식물 다음으로 많이 이용되는 식물은?
㉮ 고산 식물 ㉯ 구근류
㉰ 화목류 ㉱ 다육 식물

해설 화훼 식물 중 내음성이 강한 관엽 식물이나 다육 식물이 실내용 식물로 많이 이용된다. 1년초, 숙근초, 구근류나 난같이 아름다운 꽃이 관상의 주 대상인 식물은 주로 개화기에 이용된다.

정답 5. ㉱ 6. ㉰ 7. ㉯ 8. ㉱

9 꽃꽂이 소재로 주로 열매를 관상 대상으로 이용하는 것은?
㉮ 좀작살나무
㉯ 수국
㉰ 꽝꽝나무
㉱ 개나리

해설 ㉮ 좀작살나무의 열매는 둥근 핵과로 10월에 진한 자주색으로 익는다.
㉯ 수국과 ㉱ 개나리는 꽃이 아름다운 식물이고, ㉰ 꽝꽝나무는 잎을 관상 대상으로 이용한다.

10 화훼 식물의 정의로 가장 적합한 것은?
㉮ 아름다운 꽃을 의미한다.
㉯ 꽃과 화목류를 의미한다.
㉰ 꽃과 풀 그리고 나무를 의미한다.
㉱ 아름다운 꽃과 열매 등 미적인 관상을 목적으로 기르는 식물이다.

해설 화훼 식물이란 꽃, 잎, 줄기, 열매 등 관상 가치가 있는 모든 초본 식물과 목본 식물을 말한다.

11 다육 식물로만 나열된 것은?
㉮ 꽃잔디, 원추리, 국화
㉯ 크로톤, 드라세나, 옥잠화
㉰ 바위솔, 알로에, 용설란
㉱ 관음죽, 종려, 벤자민

해설 다육 식물은 잎과 줄기가 건조에 견딜 수 있도록 비대해져 수분 저장을 용이하게 다육화한 것으로 바위솔, 알로에, 용설란, 칼랑코에, 세듐, 산세베리아 등이 있다.

12 도구 및 부재료의 보관 방법으로 적합하지 않은 것은?
㉮ 리본 및 포장지는 광선에 의해 변색되기 쉬우므로 광과 습기가 들어가지 않는 장소에 보관한다.
㉯ 스프레이는 화재 위험이 없는 곳에 보관한다.
㉰ 플로럴 테이프는 접착성 물질이 굳지 않도록 따뜻한 곳에 보관한다.
㉱ 플로럴 폼은 상자에 넣은 채로 건조한 곳에 보관한다.

해설 ㉰ 플로럴 테이프는 따뜻한 곳에 보관하면 접착성 물질이 녹아 끈끈해지므로 실온에서 보관하면 된다.

정답 9. ㉮ 10. ㉱ 11. ㉰ 12. ㉰

13 화훼 식물의 분류에 대한 설명으로 틀린 것은?
㉮ 군자란은 난과 식물이다.
㉯ 팔손이는 관엽 식물이다.
㉰ 아이리스, 크로커스는 구근류에 속한다.
㉱ 숙근류는 다년생으로 자라는 것을 말한다.

해설 ㉮ 군자란이라는 이름으로 불리지만 '난과'와는 관계가 없는 수선화과의 다년초로 남아프리카 원산이다.

14 건조용 소재별 주요 이용 부위로 틀린 것은?
㉮ 장미 – 꽃 ㉯ 아킬레아 – 잎
㉰ 라그러스 – 이삭 ㉱ 연밥 – 열매

해설 ㉯ 서양톱풀이라고도 불리는 국화과의 아킬레아는 주로 꽃을 건조시켜 이용한다.

15 학명의 표기 방법 중 명명자의 표기에 관한 설명으로 틀린 것은?
㉮ 명명자와 기재자가 다를 경우, 영어의 form에 해당하는 al을 붙인다.
㉯ 명명자의 표기는 약자로 표기할 수 있다.
㉰ 명명자가 2~3명일 경우, 접속사 et를 사용하여 Sied. et Zucc.와 같이 표기한다.
㉱ Tagg ex Nakai et Koidz는 Nakai와 Koidz가 기재하여 Tagg의 명명을 유효화했을 경우이다.

해설 ㉮ 명명자와 기재자가 다를 경우에는 ex를 붙인다.

16 테라싱(Terracing) 기법에 대한 설명으로 옳은 것은?
㉮ 동일한 소재들을 크기에 따라 앞뒤 수평이 되게 일정한 간격으로 계단처럼 배치한다.
㉯ 특수한 요소를 강조하거나 주의를 끌 필요가 있을 때 사용하는 기법이다.
㉰ 동일한 단위로 알아볼 수 있도록 모아 시각적인 효과를 거두도록 하는 기법이다.
㉱ 보석박기, 작은 돌들을 가능한 빽빽하게 모으는 것처럼 소재를 구성하는 것이다.

해설 ㉯ 프레이밍 기법, ㉰ 클러스터링 기법, ㉱ 파베 기법에 관한 설명이다.

정답 13. ㉮ 14. ㉯ 15. ㉮ 16. ㉮

17. 절화의 노화를 촉진하는 요인이 아닌 것은?
- ㉮ 적당한 저온 상태의 보관
- ㉯ 호흡에 의한 양분의 소모
- ㉰ 수분 흡수 불량에 의한 수분 결핍
- ㉱ 성숙한 꽃에서 발생한 에틸렌 가스

해설 ㉮ 적당한 저온을 유지하여 신선도를 높여 줌으로써 수명을 연장시킬 수 있다.

18. 방사선 배열로 된 꽃꽂이 형태에 대한 설명으로 옳은 것은?
- ㉮ 원형, 평행형, 폭포형, 수평형 등이 있다.
- ㉯ 교차선 배열에서 발전된 형으로 유연한 선의 흐름이다.
- ㉰ 모든 줄기의 선이 한 개의 초점에서 사방으로 전개되는 배열이다.
- ㉱ 일정한 규칙 없이 배열되거나 줄기를 짧게 잘라 꽃송이나 꽃잎만을 사용하여 구성한다.

해설 ㉰ 방사 배열 : 모든 줄기를 한 개의 초점에서 사방으로 펼쳐지듯 꽂는 방법
- 병행 배열 : 각각의 생장점이나 복수 초점을 가지고 나온 줄기의 배열이 같은 방향으로 평행을 유지하는 방법
- 교차 배열 : 복수 초점, 복수 생장점으로부터 나온 선이 다양한 각도에서 각각의 방향으로 뻗어 나가 줄기의 교차가 이루어진 경우

19. 화훼 장식 디자인의 조형 형태에 대한 설명 중 틀린 것은?
- ㉮ 장식적 구성은 식물이 자연의 식생에서 보여 주고 있는 모습과는 관계없이 디자이너의 의도로 소재를 자유롭게 구성하는 방법이다.
- ㉯ 식생적 구성은 식물의 생리, 생태적인 면을 고려하여 식물이 자연 상태에서 살아 있는 것과 같은 형태로 조형하는 방법이다.
- ㉰ 형-선적 구성은 형 또는 매스를 최소로 표현하고 여백을 이용하여 꽃, 잎, 줄기의 아름다움을 강조한다.
- ㉱ 꽃꽂이의 입체적인 형태는 측면에서 바라본 모습을 기준으로 하여 조형 형태를 구분한다.

해설 ㉱ 측면이 아닌 정면을 기준으로 조형 형태를 구분한다.

정답 17. ㉮ 18. ㉰ 19. ㉱

20 대칭형 방사선 줄기 배열의 장식적 구성 양식에서 깊이감 혹은 입체감을 강조하는 방법으로 사용되기에 적합하지 않은 기법은?

㉮ 섀도잉(Shadowing) ㉯ 시퀀싱(Sequencing)
㉰ 조닝(Zoning) ㉱ 레이어링(Layering)

해설 ㉰ 조닝은 동일하거나 유사한 소재를 특정 지역에 제한하여 구역화하는 기법으로 반드시 음화적 공간을 둔다.

21 낚싯바늘 모양으로 구부린 철사를 꽃 중심에 꽂아 줄기 안으로 밀어 넣는 철사 처리법은?

㉮ 피어싱(Piercing) 법 ㉯ 인서션(Insertion) 법
㉰ 후킹(Hooking) 법 ㉱ 크로싱(Crossing) 법

해설 ㉮ 피어싱법 : 꽃받침, 씨방, 줄기에 철사를 통과시킨 후 직각으로 구부리는 방법
㉯ 인서션법 : 철사를 줄기 안에 아래에서 위쪽으로 통과시키는 방법
㉱ 크로싱법 : 피어싱법과 교차되도록 한 번 더 철사를 활용하는 방법

22 테이블 장식에서 고려할 사항으로 틀린 것은?

㉮ 진한 향과 색의 꽃을 꽂는다.
㉯ 사방에서 감상할 수 있도록 꽂는다.
㉰ 장식물이 시야를 가리지 않도록 꽂는다.
㉱ 꽃이나 잎이 잘 떨어지는 소재는 피한다.

해설 ㉮ 진한 향은 식욕을 저하시킬 수 있어 테이블 장식에서는 피해야 한다.

23 자생지가 온대산인 식물의 화분갈이 시기로 가장 적절한 때는?

㉮ 낙엽이 지는 가을철
㉯ 생장이 완료되어 휴면이 시작되기 전
㉰ 겨울철 휴면 기간
㉱ 휴면이 끝나고 생장 직전

해설 ㉱ 온대산 식물의 화분갈이 시기는 3~4월로 휴면이 끝나고 생장을 시작하기 전에 해 준다.

정답 20. ㉰ 21. ㉰ 22. ㉮ 23. ㉱

24 작은 보석들을 바탕 금속이 보이지 않도록 빽빽하게 모아 배치하는 데서 유래한 형식으로 편평한 용기에 소재들을 조밀하게 배치하여 색과 질감을 대비시켜 구성하는 화훼 장식 디자인은?

㉮ 파베 디자인　　　　　　　㉯ 뉴 컨벤션 디자인
㉰ 풍경식 디자인　　　　　　㉱ 밀 드 플레 디자인

해설 ㉯ 뉴 컨벤션 디자인 : L자형에 근거를 둔 새로운 양식으로 수직선과 수평선이 동시에 강조된 디자인이다. 수평선은 수직선보다 길이가 짧아야 하며 같은 시각적 무게를 주면 안 된다.
　㉰ 풍경식 디자인 : 넓은 정원을 그대로 옮겨 놓은 것 같은 느낌의 조경적 디자인으로 생육 환경을 그대로 따르지는 않으며 자연의 경관을 표현하듯 구성한다.
　㉱ 밀 드 플레 디자인 : '수천 송이의 꽃'이라는 의미로 여러 가지 종류나 색의 꽃을 한꺼번에 꽂아 풍성하게 표현하는 디자인이다.

25 철사 처리법 중 주로 인서션(Insertion) 법으로 처리하는 소재로 나열된 것은?

㉮ 안개초, 백합
㉯ 거베라, 장미
㉰ 나팔수선, 칼라
㉱ 카네이션, 라넌큘러스

해설 인서션 기법은 줄기 보강이나 구부릴 필요가 있을 때 활용하며 철사를 줄기의 속 아래에서 위쪽으로 수직으로 꽂아 주는 방법으로 나팔수선, 칼라, 거베라, 라넌큘러스 등에 쓰인다.

26 절화 수확 후 절화의 수분 흡수를 증진하는 방법으로 적절하지 않은 것은?

㉮ 물속에서 줄기를 자른다.
㉯ 줄기의 절단 부위를 삶는다.
㉰ 줄기의 절단 부위를 태운다.
㉱ 줄기 절단 부위를 95% 알코올에 오래 담근다.

해설 절화의 물올림 촉진법에는 수중 절단, 열탕 처리, 탄화 처리, 줄기 두드림, 화학 처리법이 있으며, 자연적 방법으로 처리가 어려운 식물에 알코올을 매개물로는 이용하나 오래 담그는 것은 수분 흡수를 증진하는 방법으로 적절하지 않다.
　㉮ 수중 절단, ㉯ 열탕 처리, ㉰ 탄화 처리이다.

정답 24. ㉮　25. ㉰　26. ㉱

27. 토양 수분 중 식물의 흡수 및 생육에 가장 관계가 깊은 것은?
㉮ 흡착수 ㉯ 모관수
㉰ 지하수 ㉱ 중력수

해설 ㉯ 모관수(모세관수)는 토양 입자 사이의 모관 인력에 의하여 작은 공극 사이로 상승하는 수분으로 식물의 흡수와 생장에 이용된다.

28. 절화의 수명 단축에 관여하는 요인과 수명 연장 방법에 대한 설명으로 틀린 것은?
㉮ 공기 중의 에틸렌 가스 농도가 높아지면 잎의 황화와 노화가 촉진된다.
㉯ 공중 습도가 90% 이상으로 지나치게 높은 상태에서 기온이 상승하면 꽃이 부패하기 쉽다.
㉰ 물의 흡수 면적을 넓혀 주기 위해 절단면이 90°가 되도록 자른다.
㉱ 질산은($AgNO_3$)과 티오황산은(Silver thiosulfate) 용액은 에틸렌 가스 발생을 억제시킨다.

해설 ㉰ 물의 흡수 면적을 넓혀 물올림이 좋게 하기 위해 사선으로 잘라 줘야 한다.

29. 자연적인 구성 형식으로 보기 어려운 것은?
㉮ 장식적(Decorative) 구성 ㉯ 식물학적(Botanical) 구성
㉰ 식생적(Vegetative) 구성 ㉱ 풍경식(Landscape) 구성

해설 자연적인 구성 형식에는 ㉯ 식물학적, ㉰ 식생적, ㉱ 풍경식 구성이 있다.

30. 절화 보존 용액의 효과로 거리가 먼 것은?
㉮ 절화의 관상 기간을 연장시킨다.
㉯ 절화의 물올림을 원활하게 해 준다.
㉰ 조기 채화되어 봉오리인 꽃의 개화를 돕는다.
㉱ 상온에서도 절화를 장시간 저장할 수 있게 한다.

해설 ㉱ 절화 보존제는 노화를 지연하고 수명을 연장하는 역할을 하지만 상온에서는 절화의 호흡 속도가 빨라져 양분이 소모되고 노화 호르몬이 나오므로 장기간 저장이 어려워 저온 유지를 해 주어야 한다.

정답 27. ㉯ 28. ㉰ 29. ㉮ 30. ㉱

31. 증산의 대부분은 잎의 어느 부위에서 이루어지는가?
㉮ 해면 조직
㉯ 책상 조직
㉰ 기공
㉱ 상표피

해설 ㉰ 증산 작용이란 잎의 뒷면에 있는 기공을 통해 물이 기체 상태로 식물체 밖으로 빠져나가는 작용을 말한다.

32. 형-선적(Formal Linear) 구성에서 고려할 요소가 아닌 것은?
㉮ 소재의 양은 가능한 많이 사용한다.
㉯ 색채의 뚜렷한 대비가 이루어지도록 표현한다.
㉰ 각 소재의 형태와 운동성을 선명하게 표현한다.
㉱ 선들 간의 명확한 대조가 이루어지도록 표현한다.

해설 ㉮ 형-선적 구성에서는 식물이 가진 선과 형을 살려 대비감을 주어 명확하게 표현하며, 소재의 양은 최소로 사용한다.

33. 밴딩(Banding)의 제작 기법에 대한 설명으로 틀린 것은?
㉮ 작품의 특정 부분에 시선을 끌기 위해 울타리 역할의 소재를 배치하는 기술이다.
㉯ 장식적인 목적으로 강조하기 위하여 묶는 기술이다.
㉰ 질감과 색감을 부여해서 주의를 끌기 위한 기술이다.
㉱ 주로 라피아(Raffia), 색상 철사, 리본, 잎을 이용한다.

해설 ㉮는 프레이밍 기법에 대한 설명이다.

34. 절화를 꽂는 물에 구연산을 넣어 주는 주된 이유는?
㉮ 화색을 좋게 하기 위하여
㉯ 꽃에 영양분을 주기 위하여
㉰ 줄기의 갈라짐을 방지하기 위하여
㉱ 물을 산성화하여 미생물의 증식을 억제하기 위하여

해설 절화 보존제의 주요 성분은 당, 살균제, 에틸렌 억제제, 생장 조절 물질, 유기산, 무기염 등으로, 유기산으로 구연산을 사용하며 pH 3~6 정도의 산성을 유지하여 미생물 증식을 억제한다.

정답 31. ㉰ 32. ㉮ 33. ㉮ 34. ㉱

35. 다음 중 에틸렌에 가장 민감한 화훼류는?
가 튤립
나 거베라
다 카네이션
라 안수리움

해설
- 에틸렌에 민감한 화훼 : 카네이션, 알스트로메리아, 델피니움, 금어초 등
- 에틸렌에 둔감한 화훼 : 거베라, 안수리움, 극락조화, 국화 등

36. 절화의 수명 연장 방법으로 적당하지 않은 것은?
가 목본성 줄기를 가진 절화는 90~100℃ 물에 약 60초간 담근다.
나 유액이 나오는 절화는 절단면을 강한 불에 약 5분간 그을린다.
다 1~2일마다 절단면을 물속에서 2~3m 정도 재절단하며, 물도 갈아 준다.
라 물을 끓여서 식힌 후 침전물을 제거하여 사용한다.

해설 나 유액이 나오는 국화 같은 절화는 수분 장력을 이용하여 끓는 물에 수초간 담갔다 꺼내어 처리해 주는 열탕 처리법을 사용한다.

37. 분 식물의 제작 과정에 대한 설명으로 틀린 것은?
가 화분 밑의 배수구는 망사나 돌로 막는다.
나 잔돌이나 굵은 모래를 용기 높이의 1/5 정도까지 깐다.
다 배수층 위에 혼합된 토양을 깔고 식물을 심어 나간다.
라 풍성한 느낌이 나도록 분토를 화분 높이보다 높게 돋운다.

해설 라 분토는 너무 높으면 수분 공급 시 표토가 흘러내릴 수 있으므로 화분 높이보다 2cm 정도 낮게 돋운다.

38. 화훼 장식의 디자인 원리 중 비례에 대한 설명으로 틀린 것은?
가 자연에서 식물의 꽃, 잎, 가지의 배열 등은 황금 분할에 해당하는 것이 많다.
나 황금 분할은 유클리드에 의해 알려진 이상적인 비율이다.
다 주 그룹, 대항 그룹, 보조 그룹의 크기는 3 : 5 : 8의 비율이 적절하다.
라 비례는 전체 구성에 대한 부분 구성의 비율로 나타낸다.

해설 다 그룹 나누기의 기본적인 방법은 주 그룹 8 : 대항 그룹 5 : 보조 그룹 3의 비율인 세 개의 그룹으로 구성한다.

정답 35. 다 36. 나 37. 라 38. 다

39. 냉장 보관하지 않아야 하는 꽃은?
㉮ 히아신스
㉯ 나팔수선
㉰ 튤립
㉱ 안수리움

해설 ㉱ 아메리카의 열대 지역이 원산지인 안수리움은 추위에 약한 식물이다.

40. 핸드타이드 부케를 만들 때 지켜야 할 사항으로 거리가 먼 것은?
㉮ 줄기 끝을 사선으로 자른다.
㉯ 소재 줄기는 나선형으로 돌리거나 직렬로 모아 묶는다.
㉰ 소재나 색상은 반드시 그루핑으로 해야 한다.
㉱ 바인딩 포인트 아래 줄기의 잎은 모두 떼어 낸다.

해설 ㉰ 소재나 색상을 반드시 그루핑해야 하는 것은 아니다.

41. 화훼류 재배 배양토의 가장 적정한 pH 범위는?
㉮ pH 3.0~3.5
㉯ pH 4.0~4.6
㉰ pH 5.0~7.0
㉱ pH 8.0~9.0

해설 배양토는 화훼류를 재배하기 위해 적합한 흙을 가공하여 인위적으로 만든 흙으로, 화훼류에 적합한 pH의 범위는 5.0~7.0의 약산성 배양토가 좋으며, 이는 식물의 종류에 따라서 차이가 있다.

42. 색(Color)에 대한 설명으로 옳은 것은?
㉮ 장파장의 색상은 따뜻한 색이다.
㉯ 명도가 낮은 색은 높은 색보다 가벼워 보인다.
㉰ 동일 면적에서 주황색은 노란색보다 커 보인다.
㉱ 배경이 어두울 때는 밝은 색보다 어두운 색이 진출되어 보인다.

해설 ㉮ 명도가 같을 때 붉은색 계통(빨강, 주홍 등의 따뜻해 보이는 난색)의 장파장의 색은 진출해 보이고, 청색 계통의 단파장의 색은 후퇴해 보인다.
㉯ 명도가 낮은 색은 높은 색보다 무거워 보인다.
㉰ 동일 면적에서 주황색은 노란색보다 작아 보인다.
㉱ 배경이 어두울 때는 밝은 색이 어두운 색보다 진출되어 보인다.

정답 39. ㉱ 40. ㉰ 41. ㉰ 42. ㉮

43 화훼 장식품의 제작 기법에 대한 설명으로 틀린 것은?

㉮ 번들링(Bundling)은 유사한 재료를 다발로 묶어 장식하는 기법이다.
㉯ 레이어링(Layering)은 포기나 덩어리를 둘 이상 나누어 꽂는 기법이다.
㉰ 그루핑(Grouping)은 같은 종류, 색, 질감 등의 소재를 함께 모아 소재가 두드러져 보이도록 하는 기법이다.
㉱ 시퀀싱(Sequencing)은 크기, 색 등의 요소에 점진적인 변화를 주어 꽂는 기법이다.

해설 ㉯ 레이어링은 유사한 소재를 비늘같이 겹치고 포개어 표면을 수평으로 덮는 방법이고, 포기나 덩어리를 둘 이상 나누어 꽂는 기법은 디바이딩(Dividing)이다.

44 화훼 장식의 디자인 요소 중 무엇에 관한 설명인가?

> 형태의 윤곽, 즉 모양과 구조, 넓이, 높이, 깊이를 분명하게 제공해 주며, 방향성을 지니고 있는 특성이 있다.

㉮ 선(Line)　　　　　　　㉯ 형태(Form)
㉰ 공간(Space)　　　　　㉱ 질감(Texture)

해설 ㉯ 형태(Form) : 외곽을 한정짓는 선이나 색상, 명암의 변화로 구획되는 시지각적 영역으로 플라워 디자인의 형태는 외형적으로 보이는 모양이라고 할 수 있으며, 각각의 재료들이 나타내는 2차원적 혹은 3차원적 모양을 일컫는다.
㉰ 공간(Space) : 디자인의 가장 기본적인 요소로 양화적 공간, 음화적 공간, 열린 공간이 있다.
㉱ 질감(Texture) : 보이거나 느껴질 수 있는 표면의 느낌을 말한다.

45 화훼 장식의 디자인 원리 중 균형의 원리를 적용한 것은?

㉮ 같은 색을 반복할 경우 명도나 채도를 다르게 배열한다.
㉯ 현관문을 기준으로 양쪽에 동일한 크기의 벤자민고무나무를 배치한다.
㉰ 주황색 꽃을 이용하여 빨강과 노랑꽃을 시각적으로 연결시켜 시선의 흐름을 부드럽게 만든다.
㉱ 현관에서 로비로 통하는 길에 반구형의 꽃꽂이 디자인을 반복적으로 배치하여 방문객을 로비로 안내한다.

해설 ㉮, ㉰, ㉱는 반복과 연계를 이용하여 리듬감을 주는 방법이다.

정답 43. ㉯　44. ㉯　45. ㉯

46. 장미를 건조시킬 때 적합하지 않은 방법은?
㉮ 자연 건조
㉯ 실리카겔 건조
㉰ 열풍 건조
㉱ 탄화 건조

해설 건조 방법에는 자연 건조, 열풍 건조, 동결 건조, 글리세린 건조, 실리카겔을 이용한 매몰 건조가 있다.

47. 화훼 가공에 관한 설명으로 옳은 것은?
㉮ 자연 건조에 적합한 꽃은 튤립이다.
㉯ 향이 좋은 식물체를 건조하여 감상하는 것은 토피어리라 한다.
㉰ 글리세린 건조법에서 물과 글리세린의 혼합 비율은 1 : 5가 적합하다.
㉱ 수산화칼륨(KOH)은 망사 잎(Skeletonizing leaves)의 가공에 사용되는 약제이다.

해설 ㉮ 자연 건조에 적합한 꽃은 섬유질이 많고 수분이 적은 꽃으로 밀짚꽃, 로단세, 튤립, 아킬레아 등이 있다.
㉯ 향이 좋은 식물체를 여러 가지 재료들과 혼합하여 건조·가공한 것은 포푸리라고 한다.
㉰ 물과 글리세린의 혼합 비율은 6 : 4가 적합하다.

48. 깊이감을 주는 방법이 아닌 것은?
㉮ 줄기 선의 각도를 조절한다.
㉯ 꽃을 부분적으로 겹치게 배열한다.
㉰ 색, 크기, 질감의 변화를 이용한다.
㉱ 선명하고 짙은 색은 뒷부분에 높게, 옅고 가벼운 색은 앞부분에 낮게 배치한다.

해설 ㉱ 깊이는 입체감을 나타내는 것으로 선명하고 짙은 색은 앞부분에 낮게, 옅고 가벼운 색은 뒷부분에 높게 배치한다.

49. 화훼 장식 디자인 요소로 거리가 먼 것은?
㉮ 형태
㉯ 깊이
㉰ 움직임
㉱ 색

해설 디자인의 요소에는 형태, 깊이, 색채, 공간, 선, 질감, 향기가 있다.

정답 46. ㉱ 47. ㉱ 48. ㉱ 49. ㉰

50 화훼 장식의 기능 및 효과로 거리가 먼 것은?
㉮ 노인의 재활 치료 효과
㉯ 화훼 재료에 대한 교육 효과
㉰ 상업 공간에서 나타나는 경제적 효과
㉱ 심리적 편안함에 따른 작업 기피 효과

해설 ㉱ 심리적으로 편안하고 안정됨으로 작업 효율이 올라간다.

51 어떤 두 색이 맞붙어 있을 경우, 그 경계의 언저리가 경계로부터 멀리 떨어져 있는 부분보다 3속성 대비가 강하게 일어나는 현상은?
㉮ 연변 대비   ㉯ 계시 대비
㉰ 동시 대비   ㉱ 색상 대비

해설 ㉯ 계시 대비 : 어떤 색을 계속 보다가 다른 색을 보면 먼저 본 색의 잔상으로 색이 달라져 보이는 현상
㉰ 동시 대비 : 두 가지 이상의 색을 동시에 볼 때 색이 달라져 보이는 현상
㉱ 색상 대비 : 색상이 다른 두 색을 대비하여 볼 때 색상 차를 보다 크게 느끼고, 대비하는 색의 보색 방향으로 색상이 변화해 보이는 현상

52 황갈색의 가벼운 종려 섬유질로 매듭 또는 보를 만들어 장식하거나 묶는 용도로 사용되는 것은?
㉮ 지철사   ㉯ 플로럴 테이프
㉰ 라피아   ㉱ 카파 와이어

해설 ㉮ 지철사 : 색지가 테이핑된 철사
㉯ 플로럴 테이프 : 끈적임이 있는 종이테이프로 철사를 감싸거나 고정용으로 활용한다.
㉱ 카파 와이어 : 구리로 만든 아주 섬세한 철사

53 농업 서적과 관련된 저자 또는 역자의 연결로 틀린 것은?
㉮ 산림경제 – 정다산   ㉯ 성소부부고 – 허균
㉰ 양화소록 – 강희안   ㉱ 임원십육지 – 서유구

해설 ㉮ 산림경제는 조선 시대 홍만선의 서적이다.

정답 50. ㉱ 51. ㉮ 52. ㉰ 53. ㉮

54. 누름 건조에 대한 설명으로 틀린 것은?

㉮ 압화라고도 불리며 입체적인 장식에 주로 이용된다.
㉯ 누구나 손쉽게 할 수 있으며 다양한 표현이 가능하다.
㉰ 꽃이나 잎을 흡습지 사이에 넣고, 눌러서 건조시킨다.
㉱ 식물의 잎과 줄기, 채소, 과일, 해초 등 재료가 다양하다.

해설 ㉮ 압화는 프레스플라워라고 하며, 꽃이나 잎을 평면적으로 건조시키는 방법이다.

55. 색의 속성에 관한 설명으로 틀린 것은?

㉮ 색상은 색채의 이름을 말한다.
㉯ 색은 혼합할수록 채도는 높아진다.
㉰ 유채색의 구성 요소는 색상, 명도, 채도이다.
㉱ 무채색과 유채색은 모두 명도를 가진다.

해설 ㉯ 채도란 색의 선명도 또는 포화도를 말하며, 색을 섞을수록 채도는 낮아진다.

56. 노랑(Yellow) 색상의 특성과 이미지에 관한 설명으로 거리가 먼 것은?

㉮ 노란색의 보색은 남색(PB)이다.
㉯ 노랑은 빨강이나 주황과 같이 난색이며, 후퇴색이므로 크게 보인다.
㉰ 가시스펙트럼에서 570~580nm 사이의 색으로 색상 중 가장 밝은 기본색이다.
㉱ '조심'의 뜻을 지니고 있어 주의 또는 방사능 표지 등에 사용된다.

해설 ㉯ 노랑은 빨강이나 주황과 같은 난색이며, 장파장의 진출색이다.

57. 서양의 시대별 화훼 장식의 특징으로 틀린 것은?

㉮ 고대 이집트 – 질서 있고 간결한 디자인으로 리스나 갈런드가 있었다.
㉯ 바로크 – 화려한 꽃장식으로 선명한 색을 많이 사용하였다.
㉰ 로코코 – 엘레강스한 디자인으로 파스텔보다 원색을 주로 사용하였다.
㉱ 빅토리아 – 채소와 과일을 곁들인 디자인으로 아트플라워도 사용하였다.

해설 ㉰ 로코코 시대의 화훼 장식은 바로크 시대의 지나치게 과장된 화려함에서 벗어나 우아하고 세련되어졌으며 가볍고 부드러워졌다. 바로크 시대의 곡선 디자인과 함께 부채형과 삼각형, 방사 형태가 유행하였고, 파스텔 색을 선호하였다.

정답 54. ㉮ 55. ㉯ 56. ㉯ 57. ㉰

58 동양식 꽃꽂이의 화형 중 제1주지가 화기의 입구 아래로 늘어지는 형은?
㉮ 직립형   ㉯ 경사형
㉰ 중간형   ㉱ 하수형

해설 ㉮ 직립형 : 1주지가 바로 서 있는 형태, 0~15° 정도로 꽂아 준다.
㉯ 경사형 : 1주지가 기울어져 있는 형태, 40~60° 정도로 꽂아 준다.
㉱ 하수형 : 1주지가 아래로 늘어져 있는 형태, 90° 이상으로 꽂아 준다.

59 화훼 장식 디자인의 조화를 이루기 위한 방법으로 적당하지 않은 것은?
㉮ 중심 테마를 반복하면서도 대비적 요소를 만든다.
㉯ 디자인에서 각 요소들 간의 유사한 요소를 반복한다.
㉰ 디자인의 시각적인 균형을 맞추기 위해서 비대칭 균형의 사용을 피한다.
㉱ 사람의 시선을 끌어당기는 하나의 초점을 만들어 디자인을 통합시킨다.

해설 ㉰ 디자인의 시각적인 균형을 맞추기 위해서 비대칭 균형을 피할 필요는 없다. 비대칭 균형으로도 충분히 시각적인 균형을 맞출 수 있다.

60 화훼 장식의 디자인 요소인 선의 종류별 효과로 바르게 짝지어진 것은?
㉮ 수직선 – 느리고 여유 있는 움직임
㉯ 수평선 – 직접적이고 강직
㉰ 사선 – 평화적이고 안정감
㉱ 곡선 – 부드러움

해설 ㉮ 수직선은 도전적이며 솟아오르는 힘과 근엄함, 긴장감을 준다.
㉯ 수평선은 평화롭고 조용하며 안정감을 준다.
㉰ 사선은 율동감과 힘찬 에너지, 방향감을 느끼게 한다.

정답 58. ㉱   59. ㉰   60. ㉱

2010년 7월 11일 시행

1 화훼 장식의 부재료에 대한 설명으로 옳은 것은?
  ㉮ 철사는 재료를 지탱할 수 있는 범위 내에서 가장 가는 것을 선택한다.
  ㉯ 흡수성 플로럴 폼 사용 시 제조 회사의 상표명이 하부에 오도록 하여 사용한다.
  ㉰ 유리 용기를 사용할 경우 반드시 접착 점토를 이용한다.
  ㉱ 글루건은 글루팬에 비해 여러 사람이 공용으로 사용하기 용이하다.

  해설 ㉯ 플로럴 폼 사용 시 제조 회사의 상표명이 상부에 오도록 하여 사용한다.
  ㉰ 반드시 접착 점토를 이용할 필요는 없다.
  ㉱ 글루팬이 여럿이 공용으로 사용하기 용이하다.

2 수경 재배 식물 소재로 가장 적합한 것으로 나열된 것은?
  ㉮ 반다, 수레국화
  ㉯ 사라세니아, 스킨답서스
  ㉰ 히아신스, 싱고니움
  ㉱ 러브체인, 온시디움

  해설 수경 재배는 토양 대신 식물을 지지할 수 있는 배지와 물을 넣어 인위적으로 양분을 공급하면서 식물을 재배하는 것으로 적합한 식물로는 히아신스, 싱고니움, 물상추, 수선화, 크로커스, 아마릴리스 등이 있다.

3 봄에 심는 알뿌리 화초로만 나열된 것은?
  ㉮ 칸나, 달리아, 글라디올러스
  ㉯ 칸나, 튤립, 수선화
  ㉰ 글록시니아, 백합, 크로커스
  ㉱ 칼라, 수선화, 글라디올러스

  해설 구근류(알뿌리)는 내한성과 정식 시기에 따라 춘식 구근, 추식 구근으로 나뉜다.
  • 춘식 구근 : 봄에 심고 내한성이 약하다. 예 칸나, 달리아, 글라디올러스, 수련, 글로리오사 등
  • 추식 구근 : 가을에 심고 내한성이 강하다. 예 수선화, 나리, 튤립, 히아신스, 크로커스, 무스카리 등

정답 1. ㉮   2. ㉰   3. ㉮

4 줄기가 곧게 외대로 직립하는 성향의 식물로만 나열된 것은?

㉮ 아이비, 스킨답서스, 옥시카르디움
㉯ 클레마티스, 바위취, 접란
㉰ 종려죽, 관음죽, 세이프리지 야자
㉱ 프리지어, 칼라데아, 보스톤고사리

해설 ㉰ 종려죽, 관음죽, 세이프리지 야자의 줄기는 곧게 외대로 직립하는 성향이 있다.

5 아마릴리스의 학명 표기가 바르게 된 것은?

㉮ Hippeastrum hybridum Hort.
㉯ Hippeastrum Hybridum Hort.
㉰ *Hippeastrum Hybridum* Hort.
㉱ *Hippeastrum hybridum* Hort.

해설 학명은 라틴어로 쓰이고 이명법에 따라 '속명 + 종명 + 명명자'로 표기한다. 속명은 이탤릭체로 쓰되 첫 글자는 대문자로 쓰며 종명은 소문자 이탤릭체로 쓴다. 명명자는 인쇄체로 첫 글자는 대문자로 쓰고, 변종은 var. 또는 v.를 붙여 주고 품종은 for. 또는 f.로 표기한다.

6 절화용 용기의 조건으로 거리가 먼 것은?

㉮ 물과 꽃줄기를 충분히 담글 수 있어야 한다.
㉯ 전체 꽃의 무게를 지탱할 수 있는 무게를 가져야 한다.
㉰ 줄기를 고정하기 위한 어떤 도구도 감출 수 있어야 한다.
㉱ 장식 목적과 효과에 따라 배수구가 있는 경우가 일반적이다.

해설 ㉱ 배수구가 있는 것은 주로 관수가 필요한 분 식물용으로 이용되고, 절화용 용기는 일반적으로 수분 저장을 위해 배수구가 없는 경우가 많다.

7 갖춘꽃이 준비해야 할 필수적 기관이 아닌 것은?

㉮ 암술과 수술   ㉯ 꽃받침
㉰ 꽃잎   ㉱ 불염포

해설 갖춘꽃(완전화)은 암술과 수술, 꽃받침, 꽃잎을 모두 가지고 있는 꽃을 말한다.

정답 4. ㉰   5. ㉱   6. ㉱   7. ㉱

8 숙근초에 해당하는 설명으로 맞는 것은?

㉮ 종자로부터 발아하여 1년 이내에 모든 영양 및 생식 생장, 즉 생활환을 마치는 초본성 식물이다.
㉯ 식물체의 일부인 뿌리, 지하경이 남아서 월동하고, 2년 이상 생장과 개화를 반복하는 목본류 이외의 식물이다.
㉰ 개화에 춘화 처리를 필요로 하고 파종 후 개화, 결실 등의 모든 생육을 마치는 데에만 1~2년 소요되는 식물이다.
㉱ 대부분 종자 번식을 하는 식물이다.

해설 숙근초(다년초)는 파종 후 여러 해 동안 죽지 않고 식물의 전체나 일부가 살아남아 개화·결실하는 화초이다.
㉮와 ㉱는 1년초, ㉰는 2년초에 대한 설명이다.

9 가을에 파종하여 이듬해 꽃을 피우는 식물은?

㉮ 샐비어
㉯ 맨드라미
㉰ 프리뮬러
㉱ 해바라기

해설 추파 1년초는 가을에 파종하여 봄, 여름에 개화하는 온대, 아한대 원산의 초화류를 말한다. 예 금어초, 프리뮬러(앵초), 데이지, 양귀비, 팬지, 스타티스 등
㉮ 샐비어, ㉯ 맨드라미, ㉱ 해바라기는 봄에 파종하는 춘파 1년초이다.

10 주로 절화용으로 사용되는 화훼류가 아닌 것은?

㉮ 숙근 안개초
㉯ 극락조화
㉰ 칼랑코에
㉱ 오리엔탈나리

해설 ㉰ 칼랑코에는 다육 식물로 분화용으로 이용한다.

11 화훼의 생태학적 분류 방식이 아닌 것은?

㉮ 기후형에 따른 분류
㉯ 광도에 따른 분류
㉰ 광주기에 따른 분류
㉱ 형태에 따른 분류

해설 화훼의 생태학적 분류에는 기후형에 따른 분류, 광도에 따른 분류, 광주기에 따른 분류, 광합성 양식에 따른 분류, 수분 요구도에 따른 분류가 있다.

정답 8. ㉯ 9. ㉰ 10. ㉰ 11. ㉱

12 동양란으로 분류되는 것은?
㉮ 춘란
㉯ 심비디움
㉰ 카틀레야
㉱ 팔레놉시스

해설 동양란(온대산)은 소박한 꽃과 은근한 향기, 곡선의 미가 특징적이고 춘란, 한란, 건란, 풍란, 보세란, 옥화란, 중국춘란 등이 있다.
㉯ 심비디움, ㉰ 카틀레야, ㉱ 팔레놉시스는 서양란이다.

13 잎의 형태가 원형인 식물은?
㉮ 소나무
㉯ 팬지
㉰ 콜레우스
㉱ 한련화

해설 ㉮ 소나무는 침형, ㉯ 팬지는 긴 타원형, ㉰ 콜레우스는 심장형의 잎을 가지고 있다.

14 다육 식물의 특성이 아닌 것은?
㉮ 잎이나 줄기가 다육질화되어 있다.
㉯ 수분을 저장하기 위해 몸이 비대해진다.
㉰ 거칠고 가시나 털이 있기도 하다.
㉱ 물속에 잠겨서 생육하는 식물이다.

해설 다육 식물은 건조한 환경에서 견딜 수 있도록 잎과 줄기가 다육화한 것이다.
㉱는 수생 식물 중 침수 식물의 특성이다.

15 식물 구조 및 식물의 생장 과정을 자연스럽게 표현해 주는 자연적 스타일의 조형 형태는?
㉮ 평행적 스타일
㉯ 식물학적 스타일
㉰ 정원식 스타일
㉱ 자연 장식적 스타일

해설 ㉮ 평행적 스타일 : 소재나 재료의 다수가 서로 병행으로 배치되어 나란히 되도록 디자인한다.
㉰ 정원식 스타일 : 넓은 정원을 옮겨 놓은 것 같은 디자인으로 그루핑 기법과 원근감을 주어 표현한다.
㉱ 자연 장식적 스타일 : 자연적인 모습에 인위적인 장식성을 첨가하여 표현한다.

정답 12. ㉮ 13. ㉱ 14. ㉱ 15. ㉯

16 화훼의 용어에 대한 정의가 틀린 것은?
㉮ 화는 꽃을 의미한다.
㉯ 훼는 생산되는 울타리 안을 의미한다.
㉰ 절화, 분화, 종묘, 구근, 지피 식물 등을 포함한다.
㉱ 꽃, 줄기, 잎, 열매 등 관상 가치가 있는 초본과 목본 식물을 의미한다.

[해설] ㉯ '훼(卉)'는 '풀 훼'자로 꽃의 배경을 이루는 초본, 목본 식물을 말한다.

17 코르사주나 부케를 만들 때 식물 종류별 철사 감기 방법으로 틀린 것은?
㉮ 프리지어 – 트위스팅 법(Twisting method)
㉯ 칼라 – 인서션 법(Insertion method)
㉰ 장미 – 피어스 법(Pierce method)
㉱ 아이비 – 헤어핀 법(Hairpin method)

[해설] ㉮ 프리지어는 나선형으로 줄기를 감아 내리는 시큐어링 법(Securing method)을 이용한다.

18 배양토의 종류 중 광물질 재료에 대한 설명으로 틀린 것은?
㉮ 버미큘라이트 – 질석을 약 1,000℃ 정도로 가열하여 입자 내의 공극을 팽창시킨 것
㉯ 펄라이트 – 진주암을 약 1,000℃ 정도에서 부풀게 한 것
㉰ 암면 – 약 1,500℃에서 응용된 암석을 섬유상으로 가공한 것
㉱ 하이드로 볼 – 1,800℃ 전후의 온도에서 현무암을 구운 다공질의 소재

[해설] ㉱ 하이드로 볼은 점토를 800℃ 전후에서 구운 것으로 다공질의 소재이고 통기성, 보수성이 좋다.

19 절화의 신선도를 높이고 수명을 연장하기 위하여 처리하는 약제의 명칭으로 가장 거리가 먼 것은?
㉮ 장기 처리제   ㉯ 절화 보존제
㉰ 수명 연장제   ㉱ 선도 유지제

[해설] ㉯ 절화 보존제, ㉰ 수명 연장제, ㉱ 선도 유지제는 같은 명칭이다.

[정답] 16. ㉯   17. ㉮   18. ㉱   19. ㉮

20 다음 중 공간 장식 계획에서 가장 먼저 고려해야 하는 것은?
㉮ 화훼 장식의 양감 구성
㉯ 화훼 장식을 할 대상 공간의 특징 및 규모 파악
㉰ 화훼 장식 재료의 색채와 질감 선택
㉱ 화훼 장식의 형태 결정

해설 공간 장식을 할 때에는 '대상 공간의 특징 및 규모 파악 → 형태 결정 → 재료의 색채와 질감 선택 → 양감 구성'의 순서로 해야 한다.

21 꽃다발에 대한 설명으로 가장 거리가 먼 것은?
㉮ 꽃을 모아 줄기가 모이는 부분을 묶어 다발로 만든 형태이다.
㉯ 실생활에 꽃꽂이와 함께 많이 이용되는 절화 장식물이다.
㉰ 종류로는 노즈게이, 리스, 갈런드가 있다.
㉱ 화형의 디자인에 따라 여러 가지 형태가 만들어질 수 있다.

해설 ㉰ 리스와 갈런드는 꽃다발이 아니다.

22 그 자체만으로는 구성 요소로 인식하기에 너무 작은 소재들을 색, 질감, 형태 단위로 모아 빈틈없이 덩어리를 만들어 꽂는 기술은?
㉮ 바인딩(Binding)   ㉯ 프레이밍(Framing)
㉰ 클러스터링(Clustering)   ㉱ 그루핑(Grouping)

해설 ㉮ 바인딩 : 줄기의 고정을 목적으로 세 개 이상의 줄기를 기능적으로 묶어 주는 것
㉯ 프레이밍 : 울타리를 만들어 안쪽의 소재를 강조하는 기법
㉱ 그루핑 : 같은 종류의 소재들을 집단적으로 모아 각각의 특성이 돋보이게 하는 기법

23 벽면을 장식하기에 부적합한 형태는?
㉮ 리스(Wreath)   ㉯ 갈런드(Garland)
㉰ 사방화(四方花)   ㉱ 콜라주(Collage)

해설 ㉰ 사방화는 모든 방향에서 감상할 수 있기 때문에 벽면 장식에는 부적합하다.

정답 20. ㉯   21. ㉰   22. ㉰   23. ㉰

24 구성의 밑부분에 색다른 질감과 시각적인 비중을 더해 줌으로써 좀 더 강한 흥미와 외형적 안정성의 기반이 되는 화훼 장식 표현 기법으로 거리가 먼 것은?
㉮ 테라싱(Terracing) ㉯ 파베(Pave)
㉰ 필로잉(Pillowing) ㉱ 섀도잉(Shadowing)

해설 ㉮ 테라싱, ㉯ 파베, ㉰ 필로잉은 작품의 아랫부분을 마무리하는 베이싱 기법이다.
㉱ 섀도잉은 그림자처럼 소재의 뒤쪽이나 아래쪽에 같은 소재를 하나 더 배치하는 기법으로 주로 작품의 윗부분에 사용된다.

25 플라워 디자인 기법 중에서 작품의 밑부분에 비슷한 소재를 계단식으로 꽂는 기법은?
㉮ 클러스터링(Clustering) ㉯ 프레이밍(Framing)
㉰ 테라싱(Terracing) ㉱ 조닝(Zoning)

해설 ㉮ 클러스터링 : 무리화 기법. 소재들을 모아서 뭉치의 느낌이 하나를 이루게 하는 기법
㉯ 프레이밍 : 시선을 이끌기 위해 틀, 윤곽의 느낌으로 내용물을 강조하는 기법
㉱ 조닝 : 소재의 색상이나 종류를 구역화해 주는 기법으로 반드시 음화적 공간을 둔다.

26 장식적(Decorative) 구성에 대한 설명으로 옳은 것은?
㉮ 좌우 비대칭의 구성으로 식물의 생태적 특성을 고려한다.
㉯ 사실적이고 자유로운 질서가 있다.
㉰ 식물의 생태적 특성보다는 주어진 형태 안에서 장식 효과를 높이는 데 주안점을 둔다.
㉱ 선과 면의 강한 대비를 통해 긴장감과 고조를 유도하다.

해설 ㉮와 ㉯는 식생적 구성, ㉱는 그래픽적 구성에 대한 설명이다.

27 한국 전통 꽃꽂이 형태는?
㉮ 원추형 ㉯ 경사형
㉰ 폭포형 ㉱ 더치 플레시미형

해설 한국 전통 꽃꽂이 형태에는 직립형, 경사형, 하수형, 분리형, 복형이 있다.

정답 24. ㉱ 25. ㉰ 26. ㉰ 27. ㉯

28 핸드타이드 부케(Hand-tied bouquet)를 제작할 때 모든 줄기들이 교차하는 묶음점에 적용되는 기법으로 물리적·기능적으로 소재를 결합하기 위한 기법은?
㉠ 밴딩(Banding) ㉡ 프레이밍(Framing)
㉢ 그루핑(Grouping) ㉣ 바인딩(Binding)

해설 ㉠ 밴딩 : 시각적, 장식적인 목적으로 묶는 방법
㉡ 프레이밍 : 틀, 윤곽의 느낌으로 내용물을 강조하는 기법
㉢ 그루핑 : 같은 종류의 소재들을 집단적으로 모아 각각의 특성이 돋보이게 하는 기법

29 다음 괄호에 들어갈 단어는?

> 절화에 사용되는 물은 (　　)일 때, 수분 흡수력이 좋고 미생물 발생을 억제하며 살균력이 강하다.

㉠ 알칼리성 ㉡ 약알칼리성
㉢ 중성 ㉣ 산성

해설 ㉣ 절화에는 pH 3~6 정도의 산성이 가장 좋다.

30 대칭 디자인에 대한 설명이 아닌 것은?
㉠ 매우 안정된 형태이다.
㉡ 견고하고 균형 잡힌 느낌을 준다.
㉢ 기하학적인 중심축과 대칭축은 일치하지 않는다.
㉣ 좌우 대칭이 되도록 시각적인 무게감이 균등하게 배열한다.

해설 ㉢ 대칭 디자인에서는 기하학적인 중심축과 대칭축이 일치한다.

31 그리스·로마 시대에 유행했던 화훼 장식물이 아닌 것은?
㉠ 리스 ㉡ 갈런드
㉢ 화관 ㉣ 노즈게이

해설 ㉣ 노즈게이는 터지머지와 더불어 영국 조지 왕조 시대에 향기가 불결함을 예방해 준다는 데서 유행한 장식물이다.

정답 28. ㉣ 29. ㉣ 30. ㉢ 31. ㉣

32 작품을 제작한 후 올바른 관리 방법이 아닌 것은?
㉮ 절화 보존제를 사용한다.
㉯ 주기적으로 수분을 공급한다.
㉰ 균형 면에서 안정성을 확인한다.
㉱ 더울 때는 에어컨 바람을 직접 쐬어 온도를 낮춰 준다.

해설 ㉱ 에어컨 바람을 직접 쐬게 되면 저온 현상으로 식물이 피해를 입는다.

33 교차선의 아름다움을 강조한 디자인에 대한 설명으로 거리가 먼 것은?
㉮ 복수 생장점을 갖는다.
㉯ 그루핑(Grouping)의 기술을 이용할 수 있다.
㉰ 장식적 구성이 가능하다.
㉱ 일초점을 갖는다.

해설 ㉱ 교차선 구성은 다초점, 복수 생장점으로 구성된다.

34 절화, 절엽 등을 길게 엮어 만든 인공 줄기의 장식물을 뜻하는 용어는?
㉮ 고블릿(Goblet)   ㉯ 갈런드(Garland)
㉰ 고블랭(Gobelin)   ㉱ 그리드(Grid)

해설 ㉯ 갈런드는 꽃과 잎을 길게 엮어 만든 체인 모양의 꽃 줄로 이집트 시대부터 축하용으로 사용되었으며 유연성이 좋아 화관, 목걸이, 팔찌나 기둥, 난간, 문 등을 장식할 때 이용되었다.

35 꽃다발을 만들 때 같은 종류나 같은 색끼리 대칭적이며, 둥근 공 모양 또는 원추 모양으로 원형이나 나선형의 모양으로 배열해 나가는 것은?
㉮ 비더마이어(Biedermeier)
㉯ 크레센트(Crescent)
㉰ 암(Arm) 부케
㉱ 캐스케이드(Cascade) 부케

해설 ㉮ 비더마이어는 오스트리아와 독일에서 1815~1848년 전후에 유행하던 디자인으로 꽃을 공간 없이 빽빽하게 꽂아 돔형 또는 원뿔형으로 디자인한 것이다.

정답 32. ㉱   33. ㉱   34. ㉯   35. ㉮

36 리스(Wreath)에 대한 설명으로 틀린 것은?
㉮ 원형을 이루면서 디자인의 요소와 원리에 맞게 제작한다.
㉯ 크기와 두께의 비율이 적절해야 아름답게 제작될 수 있다.
㉰ 정적인 장식이며, 둥근 모양에 어울리게 느슨하게 제작해야 한다.
㉱ 리스의 몸체는 리스 장식과 조화롭게 어울려야 한다.

해설 ㉰ 이동 시 흔들림, 장식했을 때와 보존을 위해 리스는 단단하고 섬세하게 제작해야 한다.

37 식사 초대를 위한 유럽 스타일의 테이블 장식에 관한 설명으로 가장 거리가 먼 것은?
㉮ 아침 식사 테이블은 상쾌한 햇살에 어울리는 흰색이나 파란색 또는 악센트로 색상이 조금 있는 것을 살짝 곁들인다.
㉯ 점심 테이블은 짙고 옅은 색의 배합으로 고상하게 장식하거나 특별한 손님이나 관심이 가는 손님 앞에는 특별한 색을 하나 더하여 정성을 곁들인다.
㉰ 가든(Garden) 테이블은 뜰에 피는 작은 꽃을 모아 꽂아 친숙한 느낌을 주고, 꽃이나 잎을 조금 높게 꽂아 바람에 살랑거리게 하여 시원함을 준다.
㉱ 테이블은 초청자가 선호하는 꽃으로 장식하되, 꽃향기가 강하고 형태가 큰 꽃과 짙은 색 한 종류로 대범하게 연출한다.

해설 ㉱ 테이블 장식은 시야를 가리지 않는 높이로 장식하며, 꽃향기가 강하면 식욕을 저하시킬 수 있어 꽃향기가 강한 꽃은 피해야 한다.

38 에틸렌의 설명으로 틀린 것은?
㉮ 에틸렌은 무색무취의 기체로서 식물의 노화 호르몬이다.
㉯ 에틸렌은 공기 중 불완전 연소의 부산물로서 발생하거나 성숙한 과일, 노화된 꽃에서 발생된다.
㉰ 에틸렌에 대한 민감도는 고온에서 감소되기 때문에 보관 시 고온 처리가 효과적이다.
㉱ 에틸렌은 꽃봉오리와 꽃의 개화를 막고 시들게 하며, 꽃잎의 탈리를 일으킨다.

해설 에틸렌 발생 억제 방법으로는 저온 유지, 노화된 식물과 숙성된 과일 제거, 환기를 통한 공기 중의 에틸렌 제거, 에틸렌 억제제 사용 등이 있다.

정답 36. ㉰   37. ㉱   38. ㉰

39 우리나라의 전통 화훼 장식에 대한 설명으로 옳은 것은?
㉮ 압화사는 고려 시대의 꽃을 거두는 벼슬아치이다.
㉯ 꽃꽂이 방법이 소개된 임원십육지는 홍석모의 저서이다.
㉰ 한 화기에 두 개의 침봉을 사용한 것을 복형이라 한다.
㉱ 주지의 삼각 구성 이론은 동양 사상인 천지인의 삼재(三才) 사상에 근거를 두고 있다.

해설 ㉮ 압화사는 꽃을 운반하는 것을 감독하는 벼슬이고, ㉯ 임원십육지는 서유구의 저서이며, ㉰ 한 화기에 두 개의 침봉을 사용한 것은 분리형이라 한다.

40 방사선 배열의 사방화 꽃꽂이 작품으로 테이블 센터피스(Table centerpiece) 장식으로 많이 활용되는 화형은?
㉮ 초승달형 ㉯ 수평형
㉰ 부채형   ㉱ 호가스형

해설 ㉯ 수평형은 높이보다는 넓이가 강조된 디자인으로 모든 방향에서 감상할 수 있는 사방화이며 테이블 장식용으로 많이 이용된다.

41 철사 처리법 중 후킹(Hooking method)에 적합하지 않은 꽃은?
㉮ 데이지   ㉯ 국화
㉰ 금잔화   ㉱ 장미

해설 ㉱ 장미는 피어싱 기법을 이용한다.

42 색에 의해서 사람의 관심을 끄는 주목성의 특징으로 옳은 것은?
㉮ 명시성이 낮은 색은 주목성이 높아지게 된다.
㉯ 따뜻한 난색은 차가운 한색보다 주목성이 높다.
㉰ 명도와 채도가 높은 색은 주목성이 낮다.
㉱ 빨강, 노랑 등과 같은 원색일수록 주목성이 낮다.

해설 ㉮ 명시성이 낮은 색은 주목성이 낮아지고, ㉰ 명도와 채도가 높은 색은 주목성이 높으며, ㉱ 빨강, 노랑 등과 같은 원색일수록 주목성이 높다.

정답 39. ㉱   40. ㉯   41. ㉱   42. ㉯

43 식물이 사람에게 필요한 산소를 공급하고 이산화탄소를 흡수하여 공기를 정화시키는 기능은?

㉮ 장식성 기능   ㉯ 환경적 기능
㉰ 건축적 기능   ㉱ 심리적 기능

해설 ㉯ 화훼의 환경적 기능 : 공기 정화, 습도 조절, 빛의 조절 효과, 유해 물질 흡수, 음이온 발생

44 화훼 장식의 정의로서 가장 거리가 먼 것은?

㉮ 식물을 주재료로 하여 장식한다.
㉯ 실내 공간만을 대상으로 효율적으로 장식한다.
㉰ 꽃과 식물을 이용한 입체 조형 활동이다.
㉱ 절화 장식, 분 식물 장식, 실내 정원 등을 포함한다.

해설 ㉯ 화훼 장식은 실내 공간, 실외 공간 모두를 대상으로 한다.

45 디자인에서 색채의 영향으로 틀린 것은?

㉮ 색채는 시각적 균형을 유지시켜 준다.
㉯ 한색과 난색을 같이 사용하여 시각적 깊이감을 강조한다.
㉰ 색을 반복하여 사용하면 색의 통일감이나 조화의 기능이 떨어진다.
㉱ 색채는 디자인의 원리들을 완성하기 위해 효과적으로 이용된다.

해설 ㉰ 반복을 통하여 통일감과 리듬감이 형성된다.

46 오스트발트 색상환의 색상 배치에 기본이 된 이론은?

㉮ 먼셀의 5원색설
㉯ 헤링의 4원색설
㉰ 영-헬름홀츠의 3원색설
㉱ 뉴턴의 프리즘설

해설 ㉯ 오스트발트 표색계는 헤링의 4원색설을 기준으로 노랑 – 파랑 – 빨강 – 초록을 기본으로 하여 중간에 주황 – 청록 – 보라 – 연두를 더하여 8색상으로 만들고 이것을 다시 나눠 24색상으로 구성한다.

정답 43. ㉯   44. ㉯   45. ㉰   46. ㉯

47. 선(Line)에 대한 설명으로 거리가 먼 것은?

㉮ 곡선은 유동적인 연속성을 가지고 있다.
㉯ 수평선은 안정돼 보이는 반면 권태로운 단점도 있다.
㉰ 사선은 강한 에너지의 운동성을 지닌다.
㉱ 수직선은 높이가 강조되며 여성적이며 유연한 느낌을 준다.

해설 ㉱ 수직선은 높이가 강조되며 솟아오르는 듯한 강한 남성적 힘을 느낄 수 있고 근엄하며 긴장감을 나타낸다.

48. 빈민가에 아름다운 화단을 조성하여 생활의 활력을 일으키려는 노력 등이 있다. 이는 화훼 장식의 어떤 기능을 이용한 것인가?

㉮ 교육적 기능
㉯ 장식적 기능
㉰ 환경적 기능
㉱ 심리적 기능

해설 ㉱ 화훼의 심리적 기능 : 식물의 녹색은 심리적, 시각적으로 안정감을 준다. 또한 원예 활동을 통해 자연의 아름다움을 인식하고 성취감, 책임감, 자신감이 고양되어 자아성찰의 효과를 얻을 수도 있으며, 업무 스트레스가 줄고 능률과 창의성이 높아진다.

49. 광원에 따라 물체의 색이 달라지는 광원의 특성을 무엇이라 하는가?

㉮ 연색성
㉯ 광도
㉰ 전광속
㉱ 조도

해설 ㉯ 광도 : 단위 시간 동안에 광원이 내는 빛(에너지)의 양
㉰ 전광속 : 하나의 광원에서 방출되는 광속을 공간적으로 적분한 것
㉱ 조도 : 표면의 단위 면적에 비추는 빛의 양 또는 광속

50. 병치 혼합의 특징에 해당하지 않는 것은?

㉮ 회전 혼합과 같은 평균 혼합이므로 명도와 채도가 평균값으로 지각된다.
㉯ 병치 혼합의 원리를 이용한 베졸드(Willheln von Bzold) 효과라고 한다.
㉰ 색료 자체의 혼합이 아니기 때문에 가법 혼색에 속한다.
㉱ 채도가 떨어진 상태에서 중간색을 얻을 수 있다.

해설 ㉱ 중간색은 채도가 높은 상태에서 얻을 수 있다.

정답 47. ㉱ 48. ㉱ 49. ㉮ 50. ㉱

51. 건조시키는 도중에 꽃의 크기 변화가 가장 적은 건조법은?

㉮ 열풍 건조 ㉯ 동결 건조
㉰ 매몰 건조 ㉱ 자연 건조

해설 ㉯ 동결 건조는 꽃을 순간 동결시켜 수분을 승화시키는 방법으로 꽃의 형태와 색상이 그대로 유지된다. 습기 노출 시 쉽게 변색되므로 코팅제를 사용하거나 밀폐시켜 장식한다.

52. 화훼 장식품 제작 시 배색의 유의점으로 거리가 먼 것은?

㉮ 색의 이미지와 기호, 계절, 유행을 고려하여 적용한다.
㉯ 작품이 놓일 환경과 목적에 부합되어야 한다.
㉰ 작품은 인공조명의 영향을 거의 받지 않으므로 조명의 영향은 배제한다.
㉱ 화기와 리본의 색도 전체 작품의 색과 고려하여 선택한다.

해설 ㉰ 작품은 조명의 영향을 받으므로 고려하여 제작하여야 한다.

53. 건조 소재의 보존 방법으로 적절한 것은?

㉮ 다습한 곳에서 보관한다.
㉯ 직사광선이 비춰지는 곳에서 보관한다.
㉰ 매몰 건조에 의해 건조된 소재는 압력에 의한 손상에 유의해야 한다.
㉱ 매몰 건조에 의해 건조된 소재는 저장 중 습기를 제거할 필요가 없다.

해설 건조 소재는 다습한 곳에서 변색이나 형태 변형이 일어나므로 코팅제로 처리하거나 밀폐 보존해야 하고, 그늘지고 통기성이 좋아야 한다. 실리카겔을 이용한 매몰 건조에 의해 건조된 소재도 저장 중 습기를 제거해 주어야 한다.

54. 통일성을 나타낼 수 있는 방법이 아닌 것은?

㉮ 근접성 ㉯ 반복성
㉰ 연계성 ㉱ 대비

해설 통일은 하나가 되는 결집력으로 서로의 연대가 필요하다. 규칙성 있게 가까이 표현하는 근접, 반복된 모양이나 소재와 크기, 질감, 색 등을 표현하는 반복, 점차적인 변화나 연결 관계를 주는 연계를 통하여 통일성을 나타낼 수 있다.
㉱ 대비는 서로 상반되는 소재를 나란히 배치하여 차이를 밝히는 것이다.

정답 51. ㉯ 52. ㉰ 53. ㉰ 54. ㉱

55 서양의 화훼 장식 역사에 대한 설명으로 옳은 것은?

㉮ 르네상스 시대에 코누코피아가 만들어졌다.
㉯ 바로크 시대의 꽃은 용기 높이 2~3배로 고딕 건축물과 같이 꽂았다.
㉰ 1600년대에 빅토리아 스타일이 만들어졌다.
㉱ 다수의 출판 서적, 기술을 지도하는 전문가 및 전문학교는 빅토리아 시대에 등장하였다.

해설 ㉮ 풍요의 상징 코누코피아는 고대 그리스 시대에 만들어졌다.
㉯ 바로크 시대에는 곡선 형태의 디자인과 S자 화형인 호가스 라인을 선호하였고, 풍성하고 화려한 디자인을 추구하였다.
㉰ 1800년대에 빅토리아 스타일이 만들어졌다.

56 비례는 폭, 길이, 높이 등의 수치와 비교되는 분량의 측정 관계이다. 가장 기본적인 비율로 3 : 5 : 8 : 13…의 연속적인 분할 비율을 나타내는 것은?

㉮ 황금 비율
㉯ 정상 비율
㉰ 과소 비율
㉱ 과대 비율

해설 ㉮ 황금 비율은 부분과 부분, 전체와 부분의 상호 비율로 연속적인 분할이며 3 : 5 : 8 : 13…의 가장 안정감 있는 비율이다.

57 디자인 요소에 대한 설명으로 옳은 것은?

㉮ 색채 – 반사된 광선들에 대한 눈의 시각적 반응으로 심리적 호소력이 없다.
㉯ 선 – 디자인을 구성하기 위한 기본 단위로 작가의 감정을 전달하기 어렵다.
㉰ 형태 – 높이와 넓이의 2차원적 모양으로 디자인의 중요한 요소다.
㉱ 질감 – 사용되는 꽃 소재나 재료의 느낌으로 심미적인 시각적 전달 효과가 있다.

해설 ㉮ 색채 : 여러 가지 대비나 조화를 통하여 심리적 호소력을 줄 수 있다.
㉯ 선 : 최소한의 노력으로 여러 종류의 정서나 분위기를 나타낼 수 있어 작가의 감정을 전달하기 쉽다.
㉰ 형태 : 형태는 외형적으로 보이는 모양을 말한다. 각각의 재료들이 나타내는 2차원적 또는 3차원적 모양으로 디자인의 중요한 요소이다.

정답 55. ㉱ 56. ㉮ 57. ㉱

58 조선 시대 강희안의 대표적인 원예 서적은?
- ㉮ 조선왕조실록
- ㉯ 양화소록
- ㉰ 산림경제
- ㉱ 임원십육지

해설 ㉮ 조선왕조실록은 조선 왕조에 관한 역사 기록물이며, ㉰ 산림경제는 홍만선, ㉱ 임원십육지는 서유구의 서적이다.

59 다음 중 보광시(補光時) 작물의 반응이 가장 민감한 생육 시기는?
- ㉮ 발아기
- ㉯ 본엽이 출현하기 시작하는 생육 초기
- ㉰ 생육 최성기
- ㉱ 결실기

해설 보광(補光)이란 식물의 생육에 필요한 태양광의 양을 보충하기 위하여 인공 광원으로 조명하는 것을 말한다.

60 화훼 장식의 속성으로 가장 거리가 먼 것은?
- ㉮ 예술성
- ㉯ 철학성
- ㉰ 실용성
- ㉱ 모방성

해설 화훼 장식은 디자이너의 예술성과 철학성, 창의성이 돋보여야 하며 실용적이어야 한다.

정답 58. ㉯ 59. ㉯ 60. ㉱

2011년도 출제 문제

2011년 2월 13일 시행

1 관엽 식물류가 아닌 것은?
- ㋐ 아네모네
- ㋑ 행운목
- ㋓ 디펜바키아
- ㋒ 팔손이

해설 관엽 식물이란 잎의 색과 모양이 아름다운 실내 관상용 식물을 말한다.
㋐ 아네모네는 괴경의 숙근류이다.

2 와이어에 플로럴 테이프를 감고 다시 그 위에 리본을 감은 후 와이어의 양 끝을 꼬아 숫자나 이니셜 모양을 만들어 활용할 수 있는 리본 작업은?
- ㋐ 컬리큐즈(Curlicues)
- ㋑ 레인보우 워크(Rainbow work)
- ㋓ 롤드 리본(Rolled ribbon)
- ㋒ 스파클 보(Sparkle bow)

해설 ㋑ 레인보우 워크 : 리본 보 몇 개를 겹쳐 스테이플러로 처리하여 무지개처럼 보이도록 만든 보
㋓ 롤드 리본 : 리본을 적당한 길이로 잘라 나선형으로 말아서 양 끝을 묶는 기법
㋒ 스파클 보 : 리본의 한쪽을 사선으로 자른 후 한쪽으로 돌리면서 감아 내려와 고정시키고 불꽃 형태로 만드는 기법

3 화훼의 원예학적 분류가 바르게 짝지어진 것은?
- ㋐ 1, 2년생 초화 – 거베라, 카네이션, 원추리
- ㋑ 다년생 숙근초화 – 석죽, 라넌큘러스, 접시꽃
- ㋓ 화목류 – 재스민, 익소라, 부겐빌레아
- ㋒ 관엽 식물 – 해마리아, 카틀레야, 온시디움

해설 ㋐ 거베라, 원추리는 숙근초(다년초)이다.
㋑ 석죽, 접시꽃은 2년초, 라넌큘러스는 구근류 괴근이다.
㋒ 난과 식물이다.

정답 1. ㋐ 2. ㋐ 3. ㋓

4 실내에서 분 식물로 널리 사용되는 *Ficus benjamina* L.의 일반명은?
　㉮ 호야　　　　　　　　　　　㉯ 싱고니움
　㉰ 벤자민고무나무　　　　　　㉱ 디펜바키아

해설　㉮ 호야 : *Hoya carnosa* (L.f.) R.Br.
　　　　㉯ 싱고니움 : *Syngonium podophyllum* Schott
　　　　㉱ 디펜바키아 : *Dieffenbachia* spp.

5 플로럴 폼에 대한 설명으로 틀린 것은?
　㉮ 오아시스(Oasis)는 플로럴 폼의 상품명이다.
　㉯ 생화용 플로럴 폼은 물을 충분히 흡수하도록 해야 하며 줄기를 꽂을 때 플로럴 폼에 한 번에 꽂도록 한다.
　㉰ 생화용 플로럴 폼은 우레탄, 스티로폼으로 만들어진다.
　㉱ 생화용 플로럴 폼은 물이 빨리 흡수되도록 강제로 밀어 포화시켜서는 안 된다.

해설　㉰ 우레탄, 스티로폼으로 만들어지는 것은 건조화용 플로럴 폼이다.

6 식물 소재를 철사 등에 엮어서 길게 늘어뜨린 장식물로 기둥의 둘레를 감거나 문을 장식하는 데 이용되는 화훼 장식물을 무엇이라고 하는가?
　㉮ 오브제적 구성　　　　　　　㉯ 부토니어
　㉰ 갈런드　　　　　　　　　　㉱ 콜라주

해설　㉮ 오브제적 구성 : 식물과 다른 소재와의 조합으로 비사실적 기법에 의해 새로운 형태를 탄생시키는 구성
　　　　㉯ 부토니어 : 신부의 부케에서 꽃 한 송이를 뽑아 신랑의 버튼홀에 다는 코르사주
　　　　㉱ 콜라주 : 2차원적 입체 구성으로 마른 꽃이나 나무, 열매, 금속 등 여러 가지 재료를 조합하여 디자인의 요소와 원리에 의해 구성하는 것

7 강조를 위한 소재로 가장 거리가 먼 것은?
　㉮ 극락조화　　　　　　　　　㉯ 안수리움
　㉰ 헬리코니아　　　　　　　　㉱ 소국

해설　㉱ 소국은 자잘한 꽃들이 밀집되어 있는 꽃으로 공간을 연결하거나 채워 주는 소재이다.

정답　4. ㉰　5. ㉰　6. ㉰　7. ㉱

8 숙근초로 내한성이 있는 것은?
㉮ 거베라
㉯ 군자란
㉰ 아퀼레지아
㉱ 아프리칸 바이올렛

해설 숙근류
- 노지 숙근초 : 온대, 아한대 원산으로 내한성이 강해 노지 월동이 가능하며 화단용으로 이용한다. 예 아퀼레지아(매발톱꽃), 패랭이꽃, 금낭화, 원추리, 작약 등
- 반노지 숙근초 : 온대 원산의 내한성이 비교적 약해 겨울에 짚을 덮어 주거나 온실 월동시키며 화단용, 화분용, 절화용으로 이용한다. 예 국화 등
- 온실 숙근초 : 열대, 아열대 원산으로 내한성이 약해 온실 내 재배하며 연중 온실 개화가 가능하다. 화분용, 절화용으로 이용된다. 예 거베라, 군자란, 아프리칸 바이올렛, 제라늄, 숙근 안개초 등

9 1년초에 대한 설명으로 틀린 것은?
㉮ 종자로부터 발아하여 1년 이내에 개화 및 결실하여 일생을 마치는 화훼를 말한다.
㉯ 춘파 1년초와 추파 1년초로 나뉜다.
㉰ 봄에 파종하여 가을이나 그 이전에 꽃을 피우고 열매를 맺는 종류를 추파 1년초라고 한다.
㉱ 추파 1년초는 팬지, 시네라리아, 칼세올라리아가 있다.

해설 ㉰ 춘파 1년초에 관한 설명이다.

10 작은 보석을 빽빽하게 배치하는 데서 유래하여, 편평한 용기에 꽃, 잎, 줄기 등을 플로럴 폼이 보이지 않도록 조밀하게 배치하여 색과 질감을 대비시켜 구성하는 방법은?
㉮ 뉴 컨벤션 디자인
㉯ 파베 디자인
㉰ 폭포형 디자인
㉱ 비더마이어 디자인

해설 ㉮ 뉴 컨벤션 디자인 : L자형에 근거를 둔 새로운 양식으로 수직선과 수평선이 동시에 강조된 디자인이다. 수평선은 수직선보다 길이가 짧아야 하며 같은 시각적 무게를 주면 안 된다.
㉰ 폭포형 디자인 : 폭포가 쏟아져 내려오듯 표현하는 디자인이다.
㉱ 비더마이어 디자인 : 꽃을 촘촘하게 꽂아 돔형이나 원추형으로 표현하는 것이다.

정답 8. ㉰ 9. ㉰ 10. ㉯

11 열매를 감상할 수 있는 내음성 식물은?
㉮ 철쭉
㉯ 백량금
㉰ 모란
㉱ 군자란

해설 ㉯ 백량금은 자금우과의 상록 활엽 관목으로 섬 골짜기나 숲의 그늘에서 서식하며, 열매는 핵과로 지름 1cm의 붉은색으로 익으며 다음 해 새 꽃이 필 때까지 달려 있다.

12 덩굴성이 아닌 것은?
㉮ 클레마티스
㉯ 후박나무
㉰ 인동덩굴
㉱ 능소화

해설 ㉯ 후박나무는 녹나뭇과의 상록 활엽 교목으로 높이는 20m, 지름은 1m에 달한다.

13 분화 장식의 설명으로 틀린 것은?
㉮ 천남성과 식물이나 접란 등의 관엽 식물의 뿌리를 토양 대신에 물속에 넣어 키우는 것을 수경 재배(Water culture)라 한다.
㉯ 유리 용기에 수생 식물을 심고 한쪽으로 물고기를 넣어서 같이 키우는 것을 비바리움(Vivarium)이라 한다.
㉰ 접시처럼 넓고 깊이가 얕은 용기에 식물을 심어 작은 정원을 만드는 것을 디시 가든(Dish garden)이라고 한다.
㉱ 바구니나 플라스틱 분 등의 용기에 덩굴 식물을 심어 아래로 늘어뜨리는 것을 걸이 분(Hanging basket)이라고 한다.

해설 ㉯는 아쿠아리움(Aquarium)에 관한 설명이다. 비바리움은 테라리움에서 변형된 형태로 유리 용기 속에 도마뱀, 개구리나 곤충 등을 함께 넣어 감상하는 것을 말한다.

14 화훼 장식에서 통일감의 표현을 위해 사용하는 방법으로 가장 거리가 먼 것은?
㉮ 근접
㉯ 연속
㉰ 반복
㉱ 강조

해설 통일감은 근접성, 연속(연계)성, 반복성을 이용하여 얻을 수 있다.

정답 11. ㉯ 12. ㉯ 13. ㉯ 14. ㉱

15 화훼 장식용 도구의 사용에 대한 설명으로 틀린 것은?

㉮ 플로럴 테이프란 식물에 철사를 연결하여 줄기를 지지하였을 경우, 접착성으로 줄기와 철사의 접합을 돕는다.
㉯ 라피아는 꽃다발을 단단하게 묶는 데 사용한다.
㉰ 워터픽은 플라스틱 제품으로서 그 속에 물을 넣어 식물을 꽂아 묶음 작업에 많이 사용한다.
㉱ 전지가위는 리본, 직물, 종이의 절단에 사용한다.

해설 ㉱ 전지가위(나무가위, 가지가위)는 나무 등 식물의 가지를 자를 때 이용한다.

16 다음의 상황에서 분 식물에 시비하는 방법으로 가장 적합한 것은?

- 뿌리의 기능이 약해졌을 때
- 기온이 낮을 때
- 이식하였을 때
- 미량 원소 결핍 현상이 나타났을 때

㉮ 엽면시비(葉面施肥)
㉯ 저면시비(底面施肥)
㉰ 탄산시비(炭酸施肥)
㉱ 표면시비(表面施肥)

해설 ㉯ 저면시비 : 뿌리 밑에 미리 유기질 비료를 넣어 관수할 때마다 비료 성분이 천천히 공급되도록 하는 방법이다.
㉰ 탄산시비 : 작물을 재배할 때 공기 중의 탄산가스 농도를 인위적으로 높게 하여 생육의 촉진, 과수량 증대, 품질 향상 등을 목적으로 저온기에 이루어진다.
㉱ 표면시비 : 식물의 생장 단계에서 부족한 성분을 토양 표면에 뿌린 후 흙을 살짝 덮어 주어 부족한 성분의 흡수를 돕는 방법이다.

17 바로크 시대의 특징이 아닌 것은?

㉮ 꽃꽂이는 직선보다 곡선이 많이 이용되었다.
㉯ 윌리엄 호가스에 의해 S선의 형태가 만들어졌다.
㉰ 비대칭 형태가 주를 이루었다.
㉱ 원추형 디자인이 등장했다.

해설 ㉱ 원추형 디자인은 비잔틴 시대에 등장했고, 비잔틴 콘을 통해 알 수 있다.

정답 15. ㉱ 16. ㉮ 17. ㉱

18 화훼에 대한 설명으로 틀린 것은?

㉮ 관상 가치가 있는 모든 초본과 목본 식물을 포함한다.
㉯ 노동과 자본 집약적이고 토지 생산성이 높다.
㉰ 종류와 품종이 다양하며 한 품종의 인기가 길다.
㉱ 국내 수요가 크게 증가하고 있으나 일인당 꽃 소비액은 일본과 유럽보다 낮다.

해설 ㉰ 다국의 다문화, 다인종의 여러 사람의 취향과 요구가 다 다르기 때문에 여러 품종의 인기 품목이 있다.

19 다음 중 지생란이 아닌 것은?

㉮ 건란
㉯ 풍란
㉰ 보세란
㉱ 심비디움

해설 지생란은 땅속에 뿌리를 내리고 살아가는 난과 식물을 말한다.
㉯ 풍란은 나무나 바위에 붙어 고착 생활을 하고 공중의 습도를 흡수하여 생장하는 착생란이다.

20 후크(Hook) 기법을 사용하는 소재로 가장 적합한 것은?

㉮ 국화
㉯ 스프레이 카네이션
㉰ 나리
㉱ 장미

해설 ㉯ 스프레이 카네이션과 ㉱ 장미는 피어싱 기법, ㉰ 나리는 크로싱 기법을 사용한다.

21 신부 장식에서 신부가 부케를 들 때의 내용으로 가장 거리가 먼 것은?

㉮ 부케의 손잡이는 몸 선과 나란히 포컬 포인트(Focal point)를 다소 위로 향하게 하면 아름답다.
㉯ 부케는 양손으로 힘 있게 잡고 꽃의 표정은 아래를 보도록 한다.
㉰ 자연 줄기로 만든 부케나 소품으로 만든 부케는 편안한 모습으로 자연스럽게 드는 것이 매력적이다.
㉱ 프레젠테이션(Presentation) 부케는 한 손으로 꽃을 안은 듯 들고 나머지 손은 꽃다발 줄기를 잡은 듯 가볍게 든다.

해설 ㉯ 부케는 가볍게 잡고 꽃의 표정은 위쪽이나 앞을 보도록 해야 한다.

정답 18. ㉰ 19. ㉯ 20. ㉮ 21. ㉯

22 분 식물 장식에 대한 설명으로 틀린 것은?

㉮ 분 식물 장식은 지속적으로 유지되어야 하기 때문에 배치될 공간의 환경 조건을 고려하여 식물을 선택해야 한다.
㉯ 분 식물 장식 시 1년초, 숙근초 등의 초화류는 햇빛을 충분히 보아야 꽃이 오래가므로 적절한 장소에 배치한다.
㉰ 관엽 식물을 이용한 분 식물 장식은 여름에 직사광선 등 햇빛이 잘 비치는 베란다에 배치한다.
㉱ 분 식물 장식에도 부가 가치를 높이기 위해 식물뿐만 아니라 다양한 조형물, 나뭇가지, 돌, 섬유 등을 이용한다.

해설 ㉰ 관엽 식물은 내음성이 강한 식물로 직사광선은 좋지 않으며, 통풍이 잘되는 따뜻하고 밝은 곳에 두는 것 좋다.

23 원예용 특수 토양으로 거리가 먼 것은?

㉮ 피트모스
㉯ 펄라이트
㉰ 버미큘라이트
㉱ 찰흙

해설 배양토는 원예 식물을 재배하기 위해 적합한 흙을 가공하여 인위적으로 만든 원예용 특수 토양으로 무기질 재료(사토, 점토, 양토), 유기질 재료(피트모스, 부엽토, 훈탄, 바크 등), 광물질 재료(펄라이트, 버미큘라이트, 하이드로 볼 등)로 나눌 수 있다.

24 꽃꽂이 형태 중 줄기 배열에 의한 분류가 아닌 것은?

㉮ 교차선 배열
㉯ 수직선 배열
㉰ 감는선 배열
㉱ 병행선 배열

해설 줄기 배열의 종류에는 교차선, 감는선, 병행선, 방사선 배열과 줄기 배열이 없는 구성이 있다.

25 알뿌리 화초 중 덩이뿌리(괴근)로 번식하는 종류는?

㉮ 칸나
㉯ 튤립
㉰ 수선화
㉱ 달리아

해설 ㉮ 칸나는 뿌리줄기(근경), ㉯ 튤립과 ㉰ 수선화는 비늘줄기(인경)이다.

정답 22. ㉰ 23. ㉱ 24. ㉯ 25. ㉱

26 다음 설명하는 화훼 장식의 주요 기능은?

> 철근과 콘크리트로 이루어진 건물 내 딱딱한 공간에 배치된 절화 장식물이나 분 식물은 꽃과 잎의 아름다운 형태와 색, 향기, 신선함으로 아름다운 분위기를 만들어 낸다.

㉮ 장식적 기능 ㉯ 심리적 기능
㉰ 환경적 기능 ㉱ 교육적 기능

해설 ㉯ 심리적 기능 : 생명력이 있는 자연으로부터의 장식 효과가 심리적 긴장감을 완화시켜 안정감을 얻을 수 있고, 쾌적한 환경 조성은 일의 능률을 높이고 상호 간의 교감을 부드럽게 한다.
㉰ 환경적 기능 : 이산화탄소를 흡수하고 산소를 공급하며, 증산 작용으로 공중 습도를 유지시켜 주고, 빛을 조절하는 효과가 있으며, 휘발성 유해 물질을 흡수하여 공기를 정화하고 음이온을 발생시킨다.
㉱ 교육적 기능 : 자연과 환경, 식물에 대한 이해를 증진시키고 미적 감각을 높여 준다.

27 백합처럼 봉오리에서 만개한 꽃까지 점차적으로 변화하는 모습을 화훼 장식 작품에 도입하였다. 어떤 제작 기법을 이용한 것인가?

㉮ 시퀀싱(Sequencing) ㉯ 테라싱(Terracing)
㉰ 클러스터링(Clustering) ㉱ 바인딩(Binding)

해설 ㉮ 시퀀싱 : 차례 기법. 그러데이션, 크기, 색상, 높이를 점차적으로 변화시킴으로 시각적 효과를 주는 방법

28 평행 디자인의 형태에 관한 설명으로 틀린 것은?

㉮ 수직, 수평, 사선의 평행 테크닉이 표현된다.
㉯ 평행 그래픽 디자인(Parallel graphic design)에서는 소재의 가치와 효과를 반드시 고려하지 않아도 가능하다.
㉰ 평행 장식적 디자인(Parallel decorative design)은 풍성하고 화려하며 닫힌 윤곽을 표현한다.
㉱ 평행 시스템 디자인(Parallel system design)은 평행 그룹으로 음화적 공간을 갖지 않는 매스 구성이다.

해설 ㉱ 평행 시스템 디자인은 평행 그룹으로 음화적 공간을 갖는다.

정답 26. ㉮ 27. ㉮ 28. ㉱

29 종자의 발아에 필수적인 환경 조건은 아니지만 식물의 종류에 따라서는 발아에 중요한 영향을 미치는 것은?
㉮ 충분한 산소
㉯ 충분한 광선
㉰ 충분한 수분 공급
㉱ 알맞은 온도

해설 ㉮ 충분한 산소와 ㉰ 충분한 수분 공급, ㉱ 알맞은 온도는 종자 발아에 필수적인 환경 조건이다.

30 절화의 기부를 물속에서 자르는 가장 큰 이유는?
㉮ 도관 내 기포 발생 방지
㉯ 절단면의 세균 번식 방지
㉰ 절단면의 상처를 최소화
㉱ 도관의 면적 증대

해설 ㉮ 수중 절단은 절단면에 공기의 유입 대신 물을 제공함으로 흡수력을 증진시키는 방법이다.

31 작품에 입체적인 깊이를 주기 위해 먼저 꽂은 소재의 근처에 똑같은 소재를 하나 더 꽂아 작품에 통일감과 입체감을 주는 기법은?
㉮ 섀도잉(Shadowing)
㉯ 베일링(Bailing)
㉰ 번칭(Bunching)
㉱ 번들링(Bundling)

해설 ㉯ 베일링 : 재료를 건초나 짚단처럼 기하학적 모양으로 눌러 묶는 방법
㉰ 번칭 : 비슷한 재료를 함께 고정시켜 꽂기 좋게 묶은 기법
㉱ 번들링 : 유사한 재료를 짚단처럼 다발로 만들기 위해 묶는 방법

32 건조화에 대한 설명으로 틀린 것은?
㉮ 건조에 적합한 장소는 공기의 유입과 순환이 자유로운 곳이 좋다.
㉯ 자연 건조법은 건조 방법 중에서 가장 특별한 기술과 재료를 요구하는 방법이다.
㉰ 건조 소재는 가벼운 중량감으로 반영구적으로 사용할 수 있는 장점을 가지고 있다.
㉱ 식물의 장식을 위한 건조에는 관상 가치가 높은 꽃과 잎, 줄기, 열매에 이르는 모든 부위가 가능하다.

해설 ㉯ 자연 건조법은 가장 편리하고 돈이 적게 들어 널리 쓰인다.

정답 29. ㉯ 30. ㉮ 31. ㉮ 32. ㉯

33 식물의 대사, 호흡에 이용되는 당의 역할에 대한 설명으로 가장 거리가 먼 것은?
㉮ 노화를 지연시킨다.
㉯ 기공을 폐쇄하여 수분 손실을 적게 한다.
㉰ 삼투압을 높여서 영양분을 공급한다.
㉱ 에틸렌을 합성한다.

해설 당은 절화의 노화 지연, 수명 연장 역할을 하는 절화 보존제의 구성 성분이고, 에틸렌은 식물의 노화를 촉진하는 자연 호르몬으로 당이 합성하지 않는다.

34 전통 유럽식 꽃꽂이의 디자인으로 가장 거리가 먼 것은?
㉮ 비더마이어 디자인(Biedermeier design)
㉯ 밀 드 플레 디자인(Mille de fleur design)
㉰ 폭포형 디자인(Waterfall design)
㉱ 풍경식 디자인(Landscape design)

해설 ㉱ 풍경식 디자인은 넓은 정원을 그대로 옮겨 놓은 것 같은 디자인이며 자연적 디자인 스타일이다.

35 100ppm의 IBA 용액 250mL를 조제하기 위해서 순도 100%인 IBA를 넣는 양으로 옳은 것은? (단, 비중은 1이다.)
㉮ 100mg
㉯ 75mg
㉰ 50mg
㉱ 25mg

해설 1ppm은 1mg/L이다. 100ppm은 100mg/1000mL이므로 25mg/250mL이다.

36 절화 장식의 기본 기술인 절화 줄기 고정에 사용하는 방법이 아닌 것은?
㉮ 용기 안에 철망을 말아 넣어 철망의 구멍 사이로 꽃과 나뭇가지를 고정하는 방법
㉯ 소형 개별 워터큐브나 유리 시험관을 이용하여 필요한 곳에 고정하는 방법
㉰ 절화 줄기에 방수 테이프를 붙여서 용기에 고정하는 방법
㉱ 용기 내에 돌, 구슬, 자갈 등을 넣고 줄기를 그 사이에 넣어 고정하는 방법

해설 ㉰ 방수 테이프 사용 시 수분 흡수가 어려워 줄기 고정에 사용하지 않는다.

정답 33. ㉱ 34. ㉱ 35. ㉱ 36. ㉰

37 절화 수명 단축의 원인으로 가장 거리가 먼 것은?
㉮ 높은 온도 ㉯ 높은 습도
㉰ 에틸렌 발생 ㉱ 박테리아 등의 미생물 번식

해설 ㉯ 습도가 높을 시 절화가 수분을 충분히 흡수하여 수명 연장에 도움이 된다.

38 토양의 종류와 그의 특성이 옳게 연결된 것은?
㉮ 모래 – 배수성과 통기성이 좋고 보비력이 우수하다.
㉯ 피트모스 – 물이끼를 건조시킨 것으로 난류의 재배에 이용된다.
㉰ 배양토 – 나뭇잎을 완전히 썩힌 것으로 보수력과 보비력이 높다.
㉱ 바크 – 나무껍질을 이용하여 발효, 살균 처리한 것으로 양난의 식재에 이용된다.

해설 ㉮ 모래 : 염분이 없는 것을 사용하며 배수성과 통기성이 좋으나 완충 능력이 떨어지고 보온성이 약하다.
㉯ 피트모스 : 초본 식물 중 특히 수태가 습지에 퇴적되어 완전히 분해되지 않고 탄화된 것으로 보수성, 보비력이 좋은 산성 토양이다.
㉰ 배양토 : 식물을 재배하기에 적합한 흙을 가공하여 인위적으로 만든 흙으로 비료분이 풍부하고 다공성이며 보수력, 보비력이 있고 병해충이 없는 등의 특징이 있다.

39 절화 보존제의 주성분이 아닌 것은?
㉮ 살균제 ㉯ 살충제
㉰ 당류 ㉱ 생장 조절제

해설 절화 보존제의 구성 성분에는 살균제, 당, 식물 생장 조절 물질, 에틸렌 억제제, 비타민, 무기염 등이 있다.
㉯ 살충제는 벌레를 잡는 데 쓰인다.

40 주황색의 나리(Lily)를 주소재로 하여 꽃다발을 제작할 때, 꽃을 보다 강하고 뚜렷하게 보이고자 할 때 포장지의 색상으로 가장 적당한 것은?
㉮ 빨강 ㉯ 노랑
㉰ 파랑 ㉱ 자주

해설 ㉰ 서로 보색 관계인 주황과 파랑은 같이 배합했을 때 차이가 강조되어 보인다.

정답 37. ㉯ 38. ㉱ 39. ㉯ 40. ㉰

41. 에틸렌(Ethylene)에 대한 설명으로 옳은 것은?

㉮ 무색무취의 액체상 호르몬이다.
㉯ 국화보다 카네이션이 에틸렌에 민감하게 반응한다.
㉰ 식물의 노화 억제 호르몬이다.
㉱ 에틸렌에 대한 민감도는 고온에서 감소된다.

해설 에틸렌은 식물의 노화를 촉진하는 무색무취의 기체상 호르몬으로 에틸렌에 대한 민감도는 저온에서 감소한다.

42. 다음 설명하는 관수 방법으로 가장 적합한 것은?

- 화분의 배수공을 통해 모세관 현상을 이용해서 수분을 흡수시키는 방법이다.
- 비용이 저렴하고 화분의 크기에 상관없이 이용할 수 있는 방법이다.

㉮ 파이프 관수 ㉯ 저면 관수
㉰ 스프링클러 관수 ㉱ 점적 관수

해설 ㉮ 파이프 관수 : 플라스틱 파이프에 구멍을 내어 직접 살수하는 방법으로 내구성이 강하고 넓은 면적에 이용된다.
㉰ 스프링클러 관수 : 높은 압력을 이용하여 노즐이 회전하면서 주위로 물이 분사되어 관수하는 방법이다.
㉱ 점적 관수 : 튜브 끝에서 물방울이 떨어지거나 천천히 흐르게 하여 원하는 부위에만 관수하는 방법이다.

43. 다음이 설명하는 화훼 장식 디자인 요소는?

디자인의 구성 요소 중 물체나 공간의 3차원적 측면을 뜻하며, 완성된 디자인은 이것의 다양한 조합이다.

㉮ 선(Line) ㉯ 형태(Form)
㉰ 공간(Space) ㉱ 색(Color)

해설 ㉮ 선 : 디자인에서 가장 기본적인 요소로 운동감, 방향감, 속도감, 면적을 나타내며 어떠한 형상을 한정하기도 한다.
㉰ 공간 : 디자인 요소들의 안팎에 위치한 입체적인 부분을 말하며 양화적, 음화적, 열린 공간이 있다.
㉱ 색 : 빛의 파장에 의해 시각적으로 지각되는 모든 색을 말한다.

정답 41. ㉯ 42. ㉯ 43. ㉯

44 장식적인 목적으로 강조하거나 주의를 끌 필요가 있을 때 꽃 재료를 묶는 꽃꽂이 기법은?

㉮ 밴딩(Banding)   ㉯ 바인딩(Binding)
㉰ 번들링(Bundling)   ㉱ 레이어링(Layering)

해설 ㉯ 바인딩 : 줄기의 고정을 목적으로 세 개 이상의 줄기를 기능적으로 묶어 주는 방법
㉰ 번들링 : 유사, 동일 소재를 짚단처럼 다발을 만들기 위해 묶는 방법
㉱ 레이어링 : 유사, 동일 소재를 비늘처럼 포개어 표면을 수평으로 덮는 방법

45 질감(Texture)에 관한 설명으로 틀린 것은?

㉮ 조화와 생화의 질감은 다르다.
㉯ 질감에서 느끼는 감정은 모든 사람이 동일하다.
㉰ 일반적으로 거친 질감은 남성적이고, 고운 질감은 여성적이다.
㉱ 질감은 물체의 표면이 촉각적으로나 시각적으로 느껴지는 감각이다.

해설 ㉯ 질감에서 느끼는 감정은 모든 사람이 동일하지 않다.

46 색에 대한 설명으로 틀린 것은?

㉮ 빨간색은 활력이 넘치는 색으로 따뜻하고 강한 느낌을 준다.
㉯ 흰색은 색상환의 제일 앞에 위치하며, 화훼 디자인에 있어서 일반적인 색이라 할 수 있다.
㉰ 분홍색은 빨강에 흰색을 혼합한 색으로 낭만적이고 여성스러운 느낌을 준다.
㉱ 색상환에서 빨강(R)과 청록(BG)은 보색 관계에 있다.

해설 ㉯ 흰색은 색이 없는 무채색으로 색상환에 위치하지 않는다.

47 화훼 장식용 철사에 관한 내용으로 틀린 것은?

㉮ 소재에 맞는 철사 규격을 선정한다.
㉯ 철사가 굵을수록 철사의 표준 치수 수치는 커진다.
㉰ 철사 지름의 크기에 따라 다양한 규격을 가지고 있다.
㉱ 철사 규격은 꽃의 무게와 용도에 따라 선정한다.

해설 ㉯ 철사 번호와 굵기는 반비례한다(철사가 굵을수록 치수 수치는 낮아진다).

정답 44. ㉮   45. ㉯   46. ㉯   47. ㉯

48 리듬에 대한 설명으로 틀린 것은?
㉮ 리듬은 형태의 동일한 크기가 점진적으로 변화할 때만 나타난다.
㉯ 리듬은 동일하거나 유사한 요소들의 반복 속에서 시작된다.
㉰ 어떤 단위 형태가 계속 교차, 반복됨으로써 규칙적인 결과를 낳는 것을 말한다.
㉱ 리듬은 눈의 흐름을 만드는 동세와 관련이 있다.

[해설] ㉮ 리듬은 점진적 변화인 연계 외에도 색이나 모양, 선의 반복을 통해서도 율동감을 느끼게 하여 나타낼 수 있다.

49 화훼에 대한 설명으로 틀린 것은?
㉮ 식용 가치가 중요하다.
㉯ 환경의 장식에 이용된다.
㉰ 종류와 품종수가 많다.
㉱ 고도의 생산 기술을 요한다.

[해설] ㉮ 관상 가치가 중요하다.

50 채도에서 파스텔 색조의 설명으로 옳은 것은?
㉮ 화사하고 안정적이며 흥분이 덜하다.
㉯ 무겁고 단단하며 완벽한 느낌을 준다.
㉰ 백색, 회색, 흑색 계통이다.
㉱ 탁한 색으로 무채색에 이를수록 명도가 낮아진다.

[해설] ㉮ 파스텔 색조는 순색에 흰색을 섞은 것으로 화사하고 부드러우며 안정적이다.

51 서양의 디자인 양식 중 작품 안에 음화적 공간을 요구하며 명확한 선(Line)이 강조되어 동양 꽃꽂이와 가장 유사한 디자인 양식은?
㉮ 플레미시(Flemish)　　㉯ 워터폴(Waterfall)
㉰ 포멀 리니어(Formal linear)　　㉱ 비더마이어(Biedermeier)

[해설] ㉮ 플레미시 : 풍성하고 다양한 꽃과 함께 새둥지, 조개, 과일, 곤충 등을 사용한 디자인
㉯ 워터폴 : 폭포에서 물이 쏟아져 내리듯 표현하는 디자인
㉱ 비더마이어 : 꽃을 빽빽하게 꽂아 돔형이나 원추형으로 디자인하는 것

[정답] 48. ㉮　49. ㉮　50. ㉮　51. ㉰

52. 공기 중 습도와 기온의 조절, 공기 정화 능력을 하는 화훼 장식의 기능으로 가장 적합한 것은?

㉮ 치료 효과
㉯ 정서 함양
㉰ 환경 조절
㉱ 공간 장식

해설 ㉰ 화훼의 환경 조절 기능 : 공기 정화, 습도 조절, 빛 조절, 휘발성 유해 물질 흡수, 음이온 발생 등

53. 먼셀 표색계에 대한 설명으로 옳은 것은?

㉮ 4가지 색을 기본색으로 사용하였다.
㉯ 색상, 명도, 채도의 기호는 각각 H, C, V이다.
㉰ 색상, 명도, 채도를 표기하는 순서는 HC/V이다.
㉱ 채도 단계에서 회색을 시작점으로 놓고 00이라 표기한다.

해설 먼셀 표색계에서는 기본색을 빨강, 노랑, 초록, 파랑, 보라로 5등분하고 다시 해당색의 간색을 주황, 연두, 청록, 남색, 자주로 5등분하여 총 10가지 대표색을 만들었다. 색상(H), 명도(V), 채도(C)로 표기하며 표기 순서는 HV/C이다.

54. 수덕사 대웅전의 벽화 가운데 야생화도(野生畵圖)에 그려진 좌우 대칭 형태는 어느 시대의 불전 헌공화인가?

㉮ 삼국 시대
㉯ 고구려 시대
㉰ 신라 시대
㉱ 고려 시대

해설 ㉱ 수덕사 대웅전의 야생화도(수화도, 야화도)는 고려 시대의 불전 헌공화이고, 이외에 해인사 대적광전의 벽화도 있다.

55. 건조 소재의 보존 방법으로 적합하지 않은 것은?

㉮ 건조하고 어두운 곳에 보관한다.
㉯ 가능하면 피막 처리하여 보관한다.
㉰ 햇빛이 잘 닿는 곳에 걸어 놓아둔다.
㉱ 아크릴 상자 속에 건조제와 함께 보관한다.

해설 건조 소재는 건조하고 어둡고 서늘하며, 통풍이 잘되는 곳에 보관해야 한다.

정답 52. ㉰ 53. ㉱ 54. ㉱ 55. ㉰

56. 다음 그림의 화형에서 ①소재와 ②소재의 길이 비율로 가장 적합한 것은? (단, ① 소재의 길이는 90cm이다.)

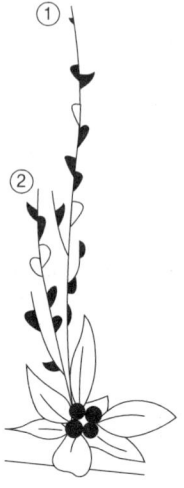

㉮ 90cm : 30cm
㉯ 90cm : 60cm
㉰ 90cm : 90cm
㉱ 90cm : 120cm

해설 1주지가 바로 세워진 직립형의 제3응용으로 ①소재가 1주지, ②소재가 2주지이다. 2주지의 길이=1주지의 3/4이므로 1주지=90cm이면 1주지의 3/4=67.5cm이기 때문에 가장 적합한 2주지의 길이는 60cm이다.

57. 다음과 같은 고려 사항이 요구되는 유러피언 스타일(European style)의 디자인은?

- 세 개의 서로 다른 크기의 그룹(주·역·부)으로 구성되는 비대칭적 질서가 일반적이다.
- 자연에서 보듯 생장점(출발점)이 종종 화기 안에 한 점에 있는 듯이 보인다.
- 꽃의 가치 효과와 운동성, 색상, 용기 선택 등을 고려해야 한다.

㉮ 식생형(Vegetative)
㉯ 장식형(Decorative)
㉰ 형-선형적 구성(Formal-linear)
㉱ 병행형(Parallel)

해설 ㉯ 장식형 : 자연의 질서와는 관계없는 인위적 구성이며 대부분 대칭형이다.
㉰ 형-선형적 구성 : 식물이 가진 형태와 선을 대비시켜 소재의 특징이 잘 어우러지게 표현한다.
㉱ 병행형 : 다초점, 복수 생장점이며 병행으로 꽂는다.

정답 56. ㉯ 57. ㉮

58 디자인의 원리에 대한 설명으로 틀린 것은?

㉮ 화훼 장식에서는 물리적 균형과 시각적 균형 사이에 조화가 이루어진다.
㉯ 작품의 상관 요소들을 선택, 정리하여 하나의 완성체로 단일화하는 것이 통일이다.
㉰ 주가 되는 것을 강하게 표현함으로써 단조로움을 벗어나게 하는 것이 강조이다.
㉱ 균형은 단위 형태가 주기성과 규칙성을 가지고 흐르거나 움직이는 상태를 말한다.

해설 ㉱ 균형은 물리적, 시각적인 안정감을 말하며 균형이 깨지면 불안감이 조성된다.

59 작품에 깊이를 주는 방법으로 옳은 것은?

㉮ 같은 질감으로만 배치한다.
㉯ 줄기를 모두 같은 각도로 꽂는다.
㉰ 큰 꽃은 아래에 꽂고 작은 꽃은 위에 꽂는다.
㉱ 꽃을 배열할 때 다른 꽃잎과 겹치지 않게 나란히 꽂는다.

해설 깊이는 디자인을 할 때 재료를 여러 다른 높이나 공간에 넣어서 생기는 효과로 일종의 입체감을 나타낸다. 디자인의 표면과 안쪽의 크기를 달리하거나 색상의 차이를 이용하거나 질감의 대비 효과로 깊이감을 표현할 수 있고, 소재를 겹치거나 각도의 변화를 이용하여 공간감을 얻을 수 있다.

60 자연 소재로 연중 구입이 가능하고, 염색이나 박피 등의 가공을 쉽게 할 수 있으며, 장식할 때 물이 필요 없는 소재로 가장 적당한 것은?

㉮ 절화   ㉯ 절지
㉰ 절엽   ㉱ 건조 소재

해설 ㉮ 절화, ㉯ 절지, ㉰ 절엽은 계절에 따라 나오는 소재가 다르므로 연중 구입이 힘들고, 염색이나 박피 등의 가공을 쉽게 할 수 없으며, 장식할 때 물이 필요하다.

정답 58. ㉱   59. ㉰   60. ㉱

2011년 4월 17일 시행

1 화훼 장식 소재로 줄기 또는 잎을 주로 사용하는 소재가 아닌 것은?
㉮ 접란
㉯ 시네라리아
㉰ 아이비
㉱ 아스파라거스

해설 ㉯ 시네라리아는 꽃이 아름다워 절화용으로 쓰인다.

2 절화 장식에 사용되는 화기로 적절하지 않은 것은?
㉮ 병
㉯ 테라리움 용기
㉰ 수반
㉱ 콤포트

해설 ㉯ 테라리움 용기는 밀폐된 용기가 대부분이므로 절화 장식에 적합하지 않다.

3 동양 꽃꽂이에 주로 사용하는 침봉에 대한 설명으로 틀린 것은?
㉮ 핀이 촘촘하게 꽂혀 있어야 한다.
㉯ 가능하면 안정감을 가질 무게를 선택한다.
㉰ 물에 오래 담가 두어도 녹슬지 않아야 한다.
㉱ 핀의 끝부분은 다치지 않도록 둥글게 만든다.

해설 ㉱ 핀의 끝부분은 고정을 위해 침처럼 뾰족하게 만든다.

4 형-선적(Formal linear) 구성에 대한 설명으로 틀린 것은?
㉮ 각 소재가 갖고 있는 형과 선을 뚜렷한 선과 각도로 대비시켜 표현하는 것을 말한다.
㉯ 작품 소재의 종류와 양을 최소화하여 최대의 효과를 얻을 수 있는 형태이다.
㉰ 매스(Mass)가 되는 꽃을 길게 사용하면 작품의 선을 더욱 강조하게 되어 형태를 더 뚜렷하게 나타낼 수 있다.
㉱ 수직선, 수평선, 사선, 곡선을 모두 이용하여 소재의 형태를 작품에 잘 활용한다.

해설 ㉰ 덩어리 꽃인 매스가 되는 꽃을 길게 사용하면 무거워 보이고 안정감을 잃을 수 있다.

정답 1. ㉯ 2. ㉯ 3. ㉱ 4. ㉰

5 식물학적 분류에 대한 설명으로 틀린 것은?
㉮ 종이 기본 단위로 되며, 속과 과의 계급이 중요하게 취급되고 있다.
㉯ 학명은 속명과 종명으로, 이명법으로 표기한다.
㉰ 식물의 자연 분류에서 계(Kingdom)는 속씨식물과 겉씨식물로 분류한다.
㉱ 시중에 유통되고 있는 나리는 나팔나리, 아시아틱나리, 오리엔탈나리의 3계통이 있다.

해설 ㉰ 계(Kingdom)는 식물계와 동물계로 분류한다.

6 절화 장식용으로 사용되는 꽃에 대한 설명으로 가장 거리가 먼 것은?
㉮ 일반적으로 줄기가 초본성인 것들이 물올림이 좋은 경우가 많다.
㉯ 심비디움처럼 꽃잎이 두꺼운 것들이 수명이 길다.
㉰ 자생 붓꽃도 꽃꽂이하면 3~4일은 꽃을 충분히 볼 수 있다.
㉱ 꽃꽂이용의 절화는 공기 정화에 크게 기여한다.

해설 ㉱ 꽃꽂이용 절화보다 분화 장식이 공기 정화에 좋다.

7 화훼에 대한 정의로 가장 거리가 먼 것은?
㉮ 화훼는 관상을 대상으로 하는 초본 식물을 포함한다.
㉯ 화훼는 이용 목적에 따라 절화 식물, 분 식물, 정원 식물 등으로 나눌 수 있다.
㉰ 화훼는 목본 식물을 제외한 관상용 식물을 말한다.
㉱ 화훼의 분류는 식물학적 분류 및 원예학적 분류 등으로 구분된다.

해설 ㉰ 화훼는 관상을 목적으로 하는 초본과 목본 식물을 말한다.

8 학명의 표기법 중 var.의 표기에 대한 설명으로 옳은 것은?
㉮ variety의 약자로서 재래종을 표시한 것이다.
㉯ 변종이란 뜻이다.
㉰ 재래 품종이란 뜻이다.
㉱ 새로운 명명자를 뜻한다.

해설 ㉯ 변종은 variety를 줄여서 var. 또는 v.라고 표기한다.

정답 5. ㉰ 6. ㉱ 7. ㉰ 8. ㉯

9 선형 잎(Line foliage)으로 사용하기에 적당하지 않은 것은?
㉮ 잎새란 ㉯ 소철
㉰ 산세베리아 ㉱ 아스파라거스

해설 ㉱ 아스파라거스는 공간을 메워 주는 필러 소재로 쓰인다.

10 꽃을 구성하는 여러 기관 중 성숙하여 종자로 발달하는 기관은?
㉮ 암술머리 ㉯ 화탁
㉰ 자방 ㉱ 배주

해설 ㉮ 암술머리(주두)는 화분을 받아들이는 표면을 말한다.
㉯ 화탁(꽃받침)은 꽃의 모든 기관이 달려 있는 꽃자루 맨 끝부분이다.
㉰ 자방(씨방)은 배주(밑씨)를 내장하는 자루 모양의 기관이다.

11 L자형 꽃꽂이를 제작할 때 골격을 형성하는 소재로서 다음 중 가장 적당한 것은?
㉮ 스프레이 카네이션 ㉯ 델피니움
㉰ 달리아 ㉱ 소국

해설 ㉮ 스프레이 카네이션과 ㉱ 소국은 자잘한 필러 플라워로 공간을 메워 줄 때 적당하고, ㉰ 달리아는 매스 플라워로 디자인의 양감을 표현하고 면을 만들어 주는 역할을 한다.

12 다육 식물이 아닌 것은?
㉮ 피토니아 ㉯ 돌나물
㉰ 바위솔 ㉱ 크라슐라

해설 ㉮ 피토니아는 잎을 관상하는 관엽 식물이다.

13 우리나라 주요 절화의 속명으로 틀린 것은?
㉮ 장미 : *Rosa* ㉯ 국화 : *Dendranthema*
㉰ 거베라 : *Gerbera* ㉱ 금어초 : *Zantedeschia*

해설 ㉱ 금어초의 속명은 *Antirrhinum*이다.

정답 9. ㉱ 10. ㉱ 11. ㉯ 12. ㉮ 13. ㉱

14 화훼 장식의 용도별 화훼 장식물의 종류로 옳은 것은?

㉮ 화단 장식 – 꽃꽂이, 테라리움
㉯ 분 식물 장식 – 디시 가든, 꽃바구니
㉰ 절화 장식 – 화환, 꽃다발
㉱ 분 식물 장식 – 갈런드, 비바리움

[해설] ㉰ 절화는 화환이나 꽃다발, 꽃바구니, 리스, 갈런드 등에 다양하게 이용된다.

15 건조화(Dry flower)로 이용되는 꽃이 아닌 것은?

㉮ 밀짚꽃(*Helichrysum bracteatum*)
㉯ 스톡(*Matthiola incana*)
㉰ 두모사 스타티스(*Limonium tataricum* 'Dumosa')
㉱ 천일홍(*Gomphrena globosa*)

[해설] 건조화로 이용되는 꽃은 수분이 적고 규산질이 많은 꽃이 좋다. 예 로단세, 밀짚꽃, 메리골드, 수레국화, 데이지, 스타티스, 델피니움, 천일홍, 장미, 맨드라미 등

16 화훼의 특성에 대한 설명으로 옳은 것은?

㉮ 국제성이 높기 때문에 문화적 차이가 크게 나타나지 않는다.
㉯ 문화 수준이 낮을수록 수요가 증가하게 된다.
㉰ 미적인 효과는 높지만 치료적 효과는 볼 수 없다.
㉱ 미적 만족을 위해 재배되는 것으로 향기, 정서 등의 가치 기준을 중요시한다.

[해설] 화훼는 정신적, 문화적, 집약적이며 다품종, 다종류를 취급하고 고도의 기술을 요하며 국제성을 지닌다. 또한 장식적, 심리적, 환경적, 교육적, 치료적, 경제적 기능 등을 가지고 있다.

17 동양식 꽃꽂이에서 작품의 크기를 결정하는 주지(主枝)는?

㉮ 1주지　　　　　　㉯ 2주지
㉰ 3주지　　　　　　㉱ 종지

[해설] 동양 꽃꽂이에서 1주지는 작품의 크기, 2주지는 넓이, 3주지는 부피, 종지는 작품의 조화를 나타낸다.

정답 14. ㉰　15. ㉯　16. ㉱　17. ㉮

18. 화훼 장식물 제작 시 사용되는 기법의 설명으로 옳은 것은?

㉮ 클러스터링(Clustering) 기법은 소재의 형태적 특징을 포인트로 꽂는다.
㉯ 포컬 에어리어(Focal area)는 작은 꽃, 가지 또는 옅은 색 꽃을 집단으로 꽂는다.
㉰ 패럴렐리즘(Parallelism) 기법은 두 개 이상의 선들을 수평, 수직, 사선으로 배열한다.
㉱ 시퀀싱(Sequencing) 기법은 비슷한 소재끼리 옆으로 나란히 포개 나가는 방법으로 질감을 표현한다.

해설 ㉮ 클러스터링 : 무리화 기법. 뭉치의 느낌이 하나를 이루게 한다.
㉯ 포컬 에어리어 : 초점보다는 좀 더 넓게 강조하는 초점 지역이다.
㉱ 시퀀싱 : 차례 기법. 점진적인 변화로 효과를 줄 수 있다.

19. 핸드타이드 부케 제작 시 일반적으로 사용되는 테크닉으로서, 줄기를 나선형으로 가지런하게 배열하여 꽃과 소재의 위치와 방향을 조절하고, 시각적으로도 깔끔하게 보이도록 하는 테크닉 기법은?

㉮ 패럴렐
㉯ 갈런드
㉰ 스파이럴
㉱ 바인딩

해설 ㉮ 패럴렐은 평행 기법, ㉯ 갈런드는 꽃이나 잎을 엮는 기법, ㉱ 바인딩은 줄기의 고정을 목적으로 묶어 주는 기법이다.

20. 품질 관리를 위한 수확 후 처리 방법에 대한 설명으로 틀린 것은?

㉮ 모든 절화는 끓는 물에 수초간 기부를 담그는 열탕 처리가 수명 연장에 가장 효과적이다.
㉯ 절화는 온도가 높으면 호흡량이 많아지므로 가능한 저온에 보관한다.
㉰ 절화에 STS 처리는 Ag 이온이 에틸렌 작용을 억제하기 때문에 효과가 있다.
㉱ 미생물이 증식하여 절화의 도관을 막으면 수분 흡수가 억제되므로 미생물의 증식을 억제시킨다.

해설 ㉮ 절화의 특성에 따라 물올림 방법이 다르며, 수중 절단, 열탕 처리, 탄화 처리, 줄기 두드림, 화학 처리 방법 등이 있다.

정답 18. ㉰   19. ㉰   20. ㉮

21. 자연적 디자인 양식이라 볼 수 없는 것은?

㉮ 보태니컬 디자인(Botanical design)
㉯ 베지테이티브 디자인(Vegetative design)
㉰ 뉴 컨벤션 디자인(New convention design)
㉱ 랜드스케이프 디자인(Landscape design)

해설 ㉰ 뉴 컨벤션 디자인은 선 스타일 디자인 양식에 속한다.

22. 자연적 구성에서 고려해야 할 요소로 틀린 것은?

㉮ 같은 종류끼리 단짓기를 한다.
㉯ 대칭형과 비대칭형이 모두 가능하다.
㉰ 식물의 생태학적 성격에 가깝게 표현한다.
㉱ 시각적으로 모든 재료는 화기 밖에서 출발하여 나온다.

해설 ㉱ 모든 재료가 화기 밖에서 출발해야 할 필요가 없으며, 일반적으로 재료는 화기 안에 구성한다.

23. 절화 줄기의 고정 방법으로 적합하지 않은 것은?

㉮ 플로럴 폼을 이용하여 특정한 형태를 만들어 낸다.
㉯ 줄기를 얽거나 Grid를 만들어 고정한다.
㉰ 디자인한 후 무거운 침봉을 이용하여 눌러 준다.
㉱ 워터튜브나 유리관을 이용하여 필요한 곳에 배열한다.

해설 ㉰ 무거운 침봉을 이용하여 줄기를 눌러 주면 줄기가 망가진다.

24. 자생지가 온대산인 식물의 화분갈이 시기로 가장 적절한 때는?

㉮ 낙엽이 지는 가을철
㉯ 생장이 완료되어 휴면이 시작되기 전
㉰ 겨울철 휴면 기간
㉱ 휴면이 끝나고 생장 직전

해설 ㉱ 3~4월, 휴면이 끝나고 생장을 시작하기 전에 화분갈이를 해 준다.

정답 21. ㉰ 22. ㉱ 23. ㉰ 24. ㉱

25. 양지성 식물을 음지에서 재배했을 때 나타나는 현상은?
㉮ 잎이 작아진다.
㉯ 줄기 길이가 짧아진다.
㉰ 단위 면적당 잎의 수가 적어진다.
㉱ 꽃의 색상이 짙어진다.

해설 양지 식물을 음지에서 재배하면 잎의 크기가 커지고 두께가 얇아지며, 줄기 마디 사이가 길어지고 단위 면적당 잎의 수가 감소한다. 또한 아래 잎부터 떨어지는 낙엽 현상이 발생한다.

26. 물과 살충제를 희석해서 만든 1000배액은?
㉮ 물 1L, 살충제 10mL
㉯ 물 1L, 살충제 1mL
㉰ 물 1L, 살충제 0.1mL
㉱ 물 1L, 살충제 0.01mL

해설 물 1L = 1000mL이므로 살충제 1mL에 물 1L를 희석해야 1000배액이 된다.

27. 소재를 차곡차곡 쌓아 놓듯이 표현하는 기법은?
㉮ 시퀀싱(Sequencing)   ㉯ 스태킹(Stacking)
㉰ 클러스터링(Clustering)   ㉱ 파베(Pave)

해설 ㉮ 시퀀싱 : 차례 기법. 그러데이션, 크기, 색상, 높이를 점차적으로 변화시킴으로 시각적 효과를 주는 방법으로 점강법 혹은 점차법을 이용하기도 한다.
㉰ 클러스터링 : 작은 소재들을 모아서 하나의 느낌이 나도록 무리화시켜 준다.
㉱ 파베 : 보석을 박아 놓은 듯 빽빽하게 디자인한다.

28. 결혼식에 필요한 화훼 장식물 중 신부에게 필요한 것은?
㉮ 코르사주   ㉯ 부토니어
㉰ 부케와 머리 장식   ㉱ 엠블럼

해설 ㉮ 코르사주는 부모님과 주례자, ㉯ 부토니어는 신랑에게 필요하고, ㉱ 엠블럼은 상징적인 이미지를 나타낸다.

정답 25. ㉰   26. ㉯   27. ㉯   28. ㉰

29. 관수 요령에 대한 설명으로 틀린 것은?

㉮ 관수 전에는 손으로 배양토를 만져 본다.
㉯ 겨울철에는 오전 중 춥지 않은 시간에 관수하는 것이 좋다.
㉰ 대부분 식물에서는 배양토 위에 관수한다.
㉱ 물을 조금씩 여러 번에 나누어 자주 준다.

해설 ㉱ 관수는 수분과 양분 및 산소를 공급하는 과정으로 물을 줄 때는 한 번에 충분히 주고 여분의 물이 밖으로 흘러나오도록 관수한다.

30. 오브제적(Objective) 구성의 설명으로 틀린 것은?

㉮ 사실적 기법으로 표현해야만 한다.
㉯ 디스플레이용이나 전시용으로 많이 이용한다.
㉰ 서로 다른 물체들의 조화와 대비가 중요하다.
㉱ 생물과 무생물의 조화로 새로운 대상을 탄생시키는 방법이다.

해설 ㉮ 오브제적 디자인은 비사실적 기법이 주로 사용되는 실험적 경향이 강한 형태이다. 오브제로 쓰이면 본래의 용도나 기능은 상실되고, 보는 이에게 경험하지 못했던 영감을 불러일으키며, 새로운 이미지의 연상 작용을 일으킨다.

31. 관리에 편리한 분화류 모아심기의 요령으로 옳은 것은?

㉮ 연약한 식물만 골라 심는다.
㉯ 여러 가지 다양한 식물을 골고루 심는다.
㉰ 생육 정도가 빠른 것만 골라 심는다.
㉱ 환경 조건이 비슷한 것을 골라 심는다.

해설 ㉱ 분화류를 모아서 심을 때는 비슷한 환경 조건이어야 관리하기 편리하다.

32. 잎의 기공이 주로 하는 일은?

㉮ 흡수 작용
㉯ 광합성 작용
㉰ 증산 작용
㉱ 분해 작용

해설 기공은 공기의 이동 통로이며, 이곳에서 잎에 있는 물이 기체 상태로 내보내지는 증산 작용이 일어난다.

정답 29. ㉱   30. ㉮   31. ㉱   32. ㉰

33 웨딩 부케의 제작 순서로 가장 적합한 것은?
㉮ 신부에 대한 정보 파악 → 선호도와 디자인 파악 → 전문가로서의 의견 제시 → 디자인 결정 → 제작 → 상품 전달
㉯ 신부에 대한 정보 파악 → 전문가로서의 의견 제시 → 선호도와 디자인 파악 → 디자인 결정 → 제작 → 상품 전달
㉰ 디자인 결정 → 신부에 대한 정보 파악 → 전문가로서 의견 제시 → 선호도와 디자인 파악 → 제작 → 상품 전달
㉱ 전문가로서의 의견 제시 → 선호도와 디자인 파악 → 신부에 대한 정보 파악 → 디자인 결정 → 제작 → 상품 전달

해설 ㉮ 부케를 들게 될 신부에 대한 정보와 선호도, 디자인을 파악한 후에 전문가로서의 의견을 제시하여 조율하고, 디자인을 결정한 다음 제작하여 전달해야 한다.

34 에틸렌 피해 증상이 아닌 것은?
㉮ 꽃잎의 청색화
㉯ 꽃잎 탈리
㉰ 꽃잎 말림
㉱ 꽃잎의 잿빛곰팡이병

해설 에틸렌 피해 증상 : 꽃잎의 청색화와 흑변, 꽃잎 탈리, 꽃잎 말림, 소화 탈리, 기형화, 꽃잎 위조 등
㉱ 떨어진 꽃잎이나 시든 꽃잎 등의 잔해물에서 왕성하게 번식하여 전염원이 되는 잿빛곰팡이균은 저온 다습한 환경이 가장 큰 발생 원인이다.

35 암흑 상태에 계속 보관하면 잎의 황화가 가장 빨리 촉진되는 것은?
㉮ 카네이션   ㉯ 거베라
㉰ 장미   ㉱ 국화

해설 황화란 녹색 식물을 어두운 곳에서 발육시킬 때 나타나는 현상으로서 줄기는 신장 생장을 계속하지만 잎은 발달하지 않고 엽록소가 형성되지 않아서 카로티노이드의 황색이 나타나는 경우를 말한다.
㉱ 국화는 암흑 상태에서 빠른 생장을 하기 때문에 암흑 상태에서 계속 보관하면 잎의 황화가 촉진된다.

정답 33. ㉮   34. ㉱   35. ㉱

36. 핸드타이드 부케(Hand-tied bouquet)에 대한 설명으로 틀린 것은?

㉮ 다양한 꽃과 소재의 줄기가 모이는 점을 중심으로 나선형으로 가지런하게 배열하여 묶어 준다.
㉯ 줄기를 잘라 세웠을 때 반듯하게 설 수 있도록 하여 증정받은 후 바로 용기에 꽂을 수 있다.
㉰ 꽃의 줄기를 잘라 철사로 대체하여 줄기를 마음대로 구부릴 수 있게 한 뒤 배열하여 묶어 준다.
㉱ 핸드타이드 부케 제작 시 줄기를 모으는 방법은 두 가지가 있다.

해설 ㉰ 철사를 이용한 와이어 부케에 대한 설명이다.

철사를 이용한 부케
- 철사를 이용해 인공 줄기를 만들어 주어 다양한 디자인의 섬세한 꽃다발을 제작할 수 있다.
- 가벼워서 신부가 장시간 들기에도 적합하다.
- 인공 줄기로 인한 수분 부족으로 신선도를 유지하는 지속 시간이 짧아 꽃 선택에 주의해야 한다.
- 제작 시간이 오래 걸린다.

37. 전시, 진열 등과 같이 펼쳐 보이는 소통의 수단으로 작품이나 물체를 전시 공간에 잘 구성하고 배치하여 돋보이게 하는 기술을 가리키는 용어로 적합한 것은?

㉮ 디스플레이
㉯ 배식 디자인
㉰ 꽃포장 디자인
㉱ 형상 디자인

해설 ㉮ 디스플레이는 상품 진열장이나 진열실, 전람회장 따위에 특정 계획과 목적에 따라 상품과 작품을 구성하고 배치하여 돋보이게 하는 기술을 말한다.

38. 빨강색 카네이션과 몬스테라 잎으로 어버이날 테이블 장식을 하려 할 때 어떤 종류의 꽃을 더하는 것이 가장 효과적인가?

㉮ 형태(Form) 꽃
㉯ 덩어리(Mass) 꽃
㉰ 선형(Line) 꽃
㉱ 채우기(Filler) 꽃

해설 매스 플라워인 카네이션과 절엽 소재인 몬스테라만 있기 때문에 ㉱ 채우기 꽃인 필러 플라워를 이용하여 공간을 메워 주고 풍성함을 더해야 한다.

정답 36. ㉰ 37. ㉮ 38. ㉱

39 바인딩에 대한 설명으로 옳은 것은?
㉮ 기능적인 목적보다는 특수한 요소를 강조할 때 사용한다.
㉯ 밀집이나 옥수수다발 같은 다량의 소재들을 함께 묶는 기법이다.
㉰ 장식적인 목적과 동시에 수직적 표현을 하기 위한 것이다.
㉱ 세 줄기 이상의 많은 줄기들을 함께 묶고, 묶은 끈으로 소재가 지탱되는 기법이다.

해설 ㉱ 바인딩은 줄기의 고정이라는 기능적 목적으로 세 개 이상의 줄기를 묶어 주는 것이다.

40 pH 5 이하의 산성 토양에서 가장 잘 자라는 식물은?
㉮ 백일초   ㉯ 독일붓꽃
㉰ 거베라   ㉱ 철쭉류

해설 pH 5 이하의 산성 토양에서 잘 자라는 식물에는 철쭉, 은방울꽃, 클레마티스, 아게라툼, 보스톤고사리, 치자나무 등이 있다.

41 식공간 연출(Table decoration)에 적합하지 않은 꽃은?
㉮ 색이 진한 꽃   ㉯ 색이 연한 꽃
㉰ 계절감이 있는 꽃   ㉱ 향기가 진한 꽃

해설 ㉱ 향기가 진한 꽃은 식욕을 저하시키고, 음식 고유의 향기를 방해한다.

42 그리스어인 '흐르다(rheo)'에서 유래한 말이며, 유사한 요소가 반복, 배열됨으로써 시각적 인상이 강화되는 미적 형식 원리는?
㉮ 균형   ㉯ 조화
㉰ 리듬   ㉱ 강조

해설 ㉮ 균형 : 시각적인 무게의 평형 상태를 말하는 것으로 형태, 질감, 색채 등을 통해 얻을 수 있다.
㉯ 조화 : 주어진 환경과 소재와의 어우러짐으로 각 요소들이 어울려 통합된 감각적 효과를 발휘할 때 나타나는 미적 원리이다.
㉱ 강조 : 작품을 돋보이게 하는 요소로 초점, 초점 지역을 통해 나타낼 수 있다.

정답 39. ㉱   40. ㉱   41. ㉱   42. ㉰

43 화훼 장식의 디자인 원리 중 비례에 대한 설명으로 틀린 것은?
㉮ 자연에서 식물의 꽃, 잎, 가지의 배열 등은 황금 분할에 해당하는 것이 많다.
㉯ 황금 분할은 유클리드에 의해 알려진 이상적인 비율이다.
㉰ 주 그룹, 대항 그룹, 보조 그룹의 크기는 8 : 3 : 5의 비율이 적절하다.
㉱ 비례는 전체 구성에 대한 부분 구성의 비율을 나타낸다.

해설 ㉰ 주 그룹, 대항 그룹, 보조 그룹은 8 : 5 : 3의 비율이 적절하다.

44 초등학교 교실에 화분 키우기를 하여 식물의 이름과 생육 모습을 관찰하게 함으로써 아이들에게 얻을 수 있는 교육적 효과에 해당하지 않는 것은?
㉮ 식물 생장의 이해
㉯ 전자파 차단, 방음 등의 환경 개선
㉰ 꽃과 식물을 이용한 생활환경에 대한 관심
㉱ 식물에 대한 식물학적 이해와 애정의 감정적 승화

해설 ㉮, ㉰, ㉱는 화훼의 교육적 효과이고, ㉯는 환경적 효과이다.

45 이집트 시대(B.C. 2800~28) 화훼 장식의 특징을 알 수 있는 단어가 아닌 것은?
㉮ 반복   ㉯ 단순함
㉰ 명쾌함   ㉱ 우아함

해설 고대 이집트의 화훼 장식은 반복적이고 단순하며 원색적 색감이 돋보인다.
㉱ 우아함은 로코코 시대의 특징이다.

46 강조에 대한 설명으로 틀린 것은?
㉮ 작품 전체에 통일감을 주면서 특정 부분을 강하게 표현하는 것이다.
㉯ 다른 작품과 대비를 이룰 때 이루어진다.
㉰ 디자인에서 필수적인 요소이며 디자인의 크기, 모양에 상관없이 한 개만 존재한다.
㉱ 디자인의 일부로 남아 있어야 한다.

해설 ㉰ 강조는 디자인의 원리 중 하나이며, 크고 개성적인 폼 플라워를 이용한 초점과 초점 지역을 이용해 효과를 나타낼 수 있다.

정답 43. ㉰   44. ㉯   45. ㉱   46. ㉰

47 테이블 장식물을 제작할 때 유의할 사항이 아닌 것은?
㉮ 행사의 장소 확인이 필요하다.
㉯ 테이블의 모양과 크기를 확인한다.
㉰ 좌식, 서식은 고려하지 않는다.
㉱ 행사장의 분위기에 통일성 있는 구성이 되도록 한다.

해설 ㉰ 테이블 장식물 제작 시 좌식과 서식도 고려하여 제작해야 한다.

48 원색에 대한 설명으로 틀린 것은?
㉮ 그 색을 다른 색으로 더 이상 분해할 수 없다.
㉯ 어떠한 다른 색들의 혼합에 의하여 만들 수 없다.
㉰ 스펙트럼의 3원색을 전부 혼합하면 흑색이 된다.
㉱ 모든 색광의 근원이 되는 색이다.

해설 ㉰ 빛의 3원색을 혼합하면 흰색이 된다.

49 화훼 장식 디자인 원리에 대한 설명으로 틀린 것은?
㉮ 전체를 구성하는 부분 사이의 조화를 창조하기 위한 방법이다.
㉯ 디자인 원리는 절대적인 규칙과 법칙에 따라 이루어진다.
㉰ 디자인 원리는 기준으로서의 가치를 가진다.
㉱ 디자인 원리들은 독립적으로 나타나는 것이 아니고 상호 보완적인 관계를 갖고, 형식적이나 감각적 요소의 영향에 의해 총체적으로 나타난다.

해설 ㉯ 디자인 원리는 절대적인 규칙이나 기준으로서의 가치는 아니다.

50 화훼 장식의 역할에 대한 설명으로 가장 거리가 먼 것은?
㉮ 아름다운 실내 공간을 만들어 준다.
㉯ 꽃과 식물이 있는 공간은 휴식 공간으로 제공된다.
㉰ 식물은 산소를 흡수하고 이산화탄소를 방출함으로써 공기를 정화해 준다.
㉱ 화훼 장식은 사람들을 불러 모으는 역할을 해 준다.

해설 ㉮, ㉯, ㉱는 화훼 장식의 장식적 기능이고, ㉰는 환경적 기능이다.

정답 47. ㉰ 48. ㉰ 49. ㉯ 50. ㉰

51 압화 제작에 관한 설명으로 틀린 것은?

㉮ 누름 건조 시 적색 꽃은 짙게 변색되므로 주의한다.
㉯ 압화 본드에 의해 압화가 변색될 수 있으므로 주의한다.
㉰ 압화 시 식물이 부서지지 않도록 일정 기간 수분을 공급한다.
㉱ 팬지와 같은 납작한 꽃이 압화 제작에 좋다.

해설 ㉰ 압화 시 수분 공급을 하지 않는다.

---

52 조선 시대 화훼 장식이나 묵화에서 속세를 떠나 고고하게 살아가는 은사에 비유되었던 식물은?

㉮ 매화
㉯ 대나무
㉰ 난
㉱ 국화

해설 ㉮ 매화는 굽힐 줄 모르는 선비 정신, ㉯ 대나무는 강직성과 절개, ㉰ 난은 충성심과 절개의 상징이다.

---

53 글리세린 용액 1000mL를 만들 때 필요한 글리세린의 양은? (단, 글리세린 용액에서 물과 글리세린 비율은 3 : 2)

㉮ 300mL
㉯ 400mL
㉰ 500mL
㉱ 600mL

해설 ㉯ 글리세린의 양은 물의 양의 2/5이다. 그러므로 1000(전체의 양) × 2/5 = 400mL가 된다.

---

54 화훼 장식의 기능과 관련된 내용으로 가장 거리가 먼 것은?

㉮ 공간을 장식하는 건축적 기능이 있다.
㉯ 화훼 장식물은 보는 사람의 마음을 즐겁게 하는 심리적 기능이 있다.
㉰ 복잡한 현대 생활에 지친 몸과 마음을 치료해 주는 기능이 있다.
㉱ 화훼 장식에 필요한 소재를 구하기 위해 꽃과 가지를 자르기 때문에 자연 파괴적 기능이 있다.

해설 화훼 장식의 기능에는 장식적, 건축적, 심리적, 환경적, 교육적, 치료적, 경제적 기능 등이 있다.

정답 51. ㉰ 52. ㉱ 53. ㉯ 54. ㉱

55 색채의 조화에서 배색을 하기 위한 조건으로 가장 거리가 먼 것은?
㉮ 유행을 고려하지 않는 배색이 되어야 한다.
㉯ 목적과 기능에 맞는 배색이 되어야 한다.
㉰ 색의 심리적인 작용을 고려해야 한다.
㉱ 주관적인 배색은 배제해야 한다.

해설 ㉮ 디자인은 유행에 민감하기 때문에 유행을 고려한 배색이 되어야 한다.

56 서양의 화훼 장식 역사 중 종교적 상징성이 강한 한 송이의 백합이나 긴 원추형의 좌우 대칭 디자인 및 삼각형, 원형 등의 형태를 주로 사용하던 시대는?
㉮ 고대 로마   ㉯ 비잔틴 시대
㉰ 중세 시대   ㉱ 르네상스 시대

해설 ㉱ 르네상스 시대에는 꽃의 상징성이 강조되었고(장미 : 희생과 세속적 사랑, 백합 : 고결함과 풍요의 상징) 삼각형, 원형, 원추형과 같은 대칭적 디자인 형태가 성행하였다.

57 조선 시대 분 식물 장식과 관련된 문헌이 아닌 것은?
㉮ 산림경제(山林經濟)
㉯ 동국이상국집(東國李相國集)
㉰ 양화소록(養花小錄)
㉱ 임원십육지(林園十六志)

해설 ㉯ 동국이상국집은 고려 고종 때 펴낸 이규보의 문집이다.

58 화훼 장식의 시각적 균형에 대한 설명으로 틀린 것은?
㉮ 무게 중심을 기준으로 좌우의 무게가 시각적으로 동일해야 한다.
㉯ 중심을 기준으로 좌우의 식물 소재의 종류는 반드시 동일하지 않아도 무방하다.
㉰ 매우 안정적이고 차분한 분위기를 표현한다.
㉱ 좌우의 무게가 실제로 같아야 한다.

해설 ㉱ 시각적 균형이란 실제 중량감은 다르더라도 시각적으로 보았을 때 균형을 이루는 것을 말하며 모양, 질감, 색상의 조절에 의해 좌우된다.

정답 55. ㉮ 56. ㉱ 57. ㉯ 58. ㉱

59 다음 중 채도가 가장 높은 색은?
㉮ 순색
㉯ 회색
㉰ 배색
㉱ 흑색

해설 채도는 색의 선명도를 말하며 섞을수록 흐려진다.
㉮ 순색은 흰색 또는 검정색이 섞이지 않은 채도가 가장 높은 색이다. 순색에 무채색을 많이 섞을수록 채도가 낮아지며 적게 섞을수록 채도가 높아진다.

60 색상과 그 효과로 바르게 나열된 것은?
㉮ 빨강 – 주목성이 높고 시인성(Color visibility)도 우월하다.
㉯ 주황 – 주목성은 노란색에 비하여 낮으나 생리적 영향은 중성으로 안전색이다.
㉰ 파랑 – 생리적으로 중성이며 고귀, 우아, 평안, 신비 등을 연상할 수 있다.
㉱ 보라 – 생리적으로 혈압을 낮추고 냉담, 평정, 소극, 진실 등을 연상할 수 있다.

해설 ㉯ 주황은 난색이고, 생리적 영향이 중성으로 안전색인 것은 녹색이다.
㉰ 보라에 대한 설명이다.
㉱ 파랑에 대한 설명이다.

정답 59. ㉮   60. ㉮

2011년 7월 31일 시행

1. 꽃의 형태에 따른 분류 중 폼 플라워(Form flower)에 사용되지 않는 것은?
㉮ 안개꽃   ㉯ 백합
㉰ 수선   ㉱ 안수리움

해설 ㉮ 안개꽃은 자잘한 꽃인 필러 플라워로 공간을 메워 주거나 연결하는 데 쓰인다.

2. 이른 봄철 잎이 나기 전에 꽃부터 먼저 피어서 화훼 재료로 이용되는 우리나라 자생 수종은?
㉮ 조팝나무   ㉯ 모란
㉰ 수수꽃다리   ㉱ 황매화

해설 ㉮ 조팝나무는 장미과의 낙엽 활엽 관목으로 이른 봄 하얀 꽃이 잎보다 먼저 피는 선화후엽이며 양지 바른 산기슭이나 산야에서 자란다.

3. 밀폐된 투명한 플라스틱이나 유리 용기 속에 식물을 심어 재배·관상하는 화훼 장식의 이용 형태는?
㉮ 디시 가든   ㉯ 토피어리
㉰ 수경 재배   ㉱ 테라리움

해설 ㉮ 디시 가든 : 접시같이 얕고 넓은 용기에 구성하는 작은 정원 모양의 장식
㉯ 토피어리 : 식물을 별, 하트, 동물 모양 등 원하는 형태로 전정하거나 키우는 방법
㉰ 수경 재배 : 토양 대신 배지와 물을 넣어 인위적으로 양분을 공급하면서 식물을 재배하는 것

4. 건조 소재 장식과 가장 거리가 먼 것은?
㉮ 포푸리   ㉯ 분경
㉰ 압화   ㉱ 망사 잎

해설 ㉯ 분경은 분에다 돌이나 모래로 산 모양을 만들거나 나무, 화초를 심어 자연의 풍경을 만들어 관상하는 것이다.

정답 1. ㉮   2. ㉮   3. ㉱   4. ㉯

5 원예용 배양토의 조건으로 적합하지 않은 것은?
㉮ 배수성 및 통기성이 좋아야 한다.
㉯ 보수력과 보비력이 높아야 한다.
㉰ 일반적으로 산도가 높아야 한다.
㉱ 병충해가 없는 무병 토양이어야 한다.

해설 ㉰ 식물의 종류나 특성에 따라 요구되는 토양의 산도가 다르다.

6 토피어리에 관한 설명으로 옳은 것은?
㉮ 어항과 같이 유리 용기에 수생 식물을 심고, 거북이나 물고기를 넣어 기르는 것을 말한다.
㉯ 파인애플과 식물이나 착생란 등을 나무, 돌, 숯 등에 붙여 심고 관상하는 것을 말한다.
㉰ 식물의 가지를 전정하여 동물 모양이나 기하학적 형태 등으로 디자인하는 것을 말한다.
㉱ 접시와 같이 넓고 얕은 용기에 식물을 심어 작은 정원을 꾸미는 것을 말한다.

해설 ㉮ 아쿠아리움, ㉯ 착생 식물 장식, ㉱ 디시 가든에 대한 설명이다.

7 꽃의 건조 방법에 대한 설명으로 틀린 것은?
㉮ 열풍 건조는 열풍 건조기를 이용하여 많은 건조화를 생산하며, 꽃을 빠르게 건조시키면서 변색이 적고 형태 유지가 가능하다.
㉯ 동결 건조는 형태와 색상이 그대로 유지되고, 공기 중에서 수분 흡수가 적어 밀폐되지 않은 공간 장식에 많이 이용된다.
㉰ 실리카겔을 이용한 매몰 건조는 형태와 색상 변화가 적으나 공기 중 수분을 쉽게 흡수하므로 밀폐 공간이나 피막 처리하여 장식해야 한다.
㉱ 누름 건조를 이용한 건조화를 누름꽃이라 하고, 밀폐용 액자와 평면 장식에 이용된다.

해설 ㉯ 동결 건조는 꽃을 순간 동결시켜 수분을 승화시키는 방법으로 꽃의 형태와 색상이 그대로 유지되며, 공기 중 습기에 노출 시 쉽게 변색하여 코팅제를 사용하거나 밀폐시켜 장식한다.

정답 5. ㉰ 6. ㉰ 7. ㉯

8 내한성이 강한 노지 숙근 초화류는?
㉮ 군자란 ㉯ 칼랑코에
㉰ 원추리 ㉱ 거베라

해설 온대, 아한대 원산이며 내한성이 강해 노지에서 월동이 가능하고 대부분 정원의 화단용으로 이용되는 숙근 초화류에는 원추리, 매발톱꽃, 금계국, 패랭이꽃, 작약, 금낭화 등이 있다.

9 온대 지방에서 겨울나기가 가능하고, 가을에 심어야 하는 알뿌리 식물은?
㉮ 칸나 ㉯ 글라디올러스
㉰ 달리아 ㉱ 수선화

해설 ㉮ 칸나, ㉯ 글라디올러스, ㉰ 달리아는 봄철에 심는 춘식 구근으로 내한성이 약하다.

10 학명의 표시 방법으로 옳은 것은?
㉮ 학명은 반드시 영어나 영어화된 단어를 사용한다.
㉯ 속명의 첫 글자는 소문자로 쓴다.
㉰ 변종은 이탤릭체를 사용하고, var.나 v.로 표시한다.
㉱ 명명자는 이탤릭체로 쓰고, 첫 글자는 대문자로 쓴다.

해설 ㉮ 학명은 라틴어로 쓴다.
㉯ 속명의 첫 글자는 대문자로 쓴다.
㉱ 명명자는 인쇄체로 쓰고, 첫 글자는 대문자로 쓴다.

11 구근의 형태에 따른 분류에서 구경(corm)류로만 나열된 것은?
㉮ 튤립, 칼라, 글라디올러스
㉯ 나리, 원추리, 산마늘
㉰ 글라디올러스, 프리지어, 크로커스
㉱ 꽃생강, 칼라, 수선화

해설 구경(구슬줄기, 알줄기)은 줄기가 변형되어 알뿌리를 형성한 것으로, ㉰ 글라디올러스, 프리지어, 크로커스 외에 익시아 등이 있다.

정답 8. ㉰ 9. ㉱ 10. ㉰ 11. ㉰

12 작품을 강조하고 지배적인 형태를 이루어 표현 효과가 큰 꽃으로 넓은 공간을 필요로 하는 소재로 가장 적당한 것은?
㉮ 튤립
㉯ 극락조화
㉰ 안개초
㉱ 황매화

해설 ㉯ 극락조화는 크고 개성적인 특징이 분명하며 작품을 강조하고 표현 효과가 큰 꽃으로 넓은 공간을 필요로 하는 형태 꽃, 폼 플라워이다.

13 속명의 연결이 틀린 것은?
㉮ 단풍나무속 – *Acer*
㉯ 수련속 – *Nymphaea*
㉰ 진달래속 – *Aconitum*
㉱ 장미속 – *Rosa*

해설 ㉰ *Aconitum*은 투구꽃속이고, 진달래속은 *Rhododendron*이다.

14 화목류 중 주로 잎을 관상하는 종류로만 나열된 것은?
㉮ 단풍나무, 은행나무, 향나무
㉯ 단풍나무, 좀작살나무, 은행나무
㉰ 은행나무, 구상나무, 산딸나무
㉱ 주목, 수수꽃다리, 모과나무

해설 ㉯ 좀작살나무, ㉰ 산딸나무, ㉱ 수수꽃다리와 모과나무는 꽃과 열매가 아름다운 화목류이다.

15 평면적인 화면에 입체적인 생화나 건조 소재 등의 소재를 반평면적으로 배치하여 표현하는 장식물은?
㉮ 갈런드
㉯ 콜라주
㉰ 리스
㉱ 형상물

해설 ㉮ 갈런드 : 꽃이나 잎을 체인 모양으로 엮은 장식물로 유연성이 좋다.
㉰ 리스 : 크란츠라고도 불리는 둥근 고리 모양의 장식물이다.
㉱ 형상물 : 어떠한 형상을 본떠 만든 제작물이다.

정답 12. ㉯　13. ㉰　14. ㉮　15. ㉯

16 화훼 식물의 분류에 대한 설명으로 틀린 것은?
㉮ 군자란은 난과 식물이다.
㉯ 팔손이는 관엽 식물이다.
㉰ 아이리스, 크로커스는 구근류에 속한다.
㉱ 숙근류는 다년생으로 자라는 것을 말한다.

해설 ㉮ 군자란은 백합목 수선화과의 다년초이다.

17 절화 보관 중 에틸렌 가스 발생을 억제하는 데 가장 효과적인 것은?
㉮ 질산은(AgNO₃)   ㉯ 8HQC
㉰ 구연산   ㉱ 탄산음료

해설 ㉮ 질산은(AgNO₃)은 식물의 노화 촉진 호르몬인 에틸렌 가스의 발생을 억제하여 절화의 노화를 지연시키고 수명을 연장하는 절화 보존제의 구성 성분이다.

18 물주기에 대한 설명으로 가장 적합한 것은?
㉮ 겨울철에도 신선한 찬물을 준다.
㉯ 겉흙이 약간 마른 듯할 때 물을 준다.
㉰ 항상 토양을 촉촉하게 유지한다.
㉱ 건조해지지 않도록 조금씩 자주 물을 준다.

해설 겨울에는 너무 차갑지 않도록 물 온도를 조절해서 주고, 물을 조금씩 자주 줄 경우에는 산소가 부족해져 뿌리가 썩을 수 있으므로 겉흙이 마른 듯할 때 관수를 해 주고 한 번에 흠뻑 주어야 한다.

19 테이블 장식을 할 때 고려할 점으로 틀린 것은?
㉮ 식욕을 돋우기 위해 향기가 진한 소재를 주로 사용한다.
㉯ 장식물의 높이는 시선보다 낮게 한다.
㉰ 장소, 동기, 환경을 고려하여 제작한다.
㉱ 음식 문화에 따른 소재를 선택한다.

해설 ㉮ 진한 꽃향기는 식욕을 저해하고 음식 고유의 향을 떨어뜨리기 때문에 피해야 한다.

정답 16. ㉮   17. ㉮   18. ㉯   19. ㉮

20. 다음 중 압화의 소재로 이용하기 가장 어려운 것은?
㉮ 극락조화
㉯ 팬지
㉰ 숙근 안개초
㉱ 코스모스

해설 압화는 규산질이 많고 수분 함량이 적으며, 두께가 얇고 구조가 간단하고, 꽃잎이 작으며 화색이 선명한 꽃이 적합하다.

21. 꽃줄기 속이 비어 있거나 잘 부러지는 소재의 경우 줄기 기부에서 철사를 끼워 넣는 방법은?
㉮ 인서션 메서드(Insertion method)
㉯ 크로스 메서드(Cross method)
㉰ 피어스 메서드(Pierce method)
㉱ 소잉 메서드(Sewing method)

해설 ㉯ 크로스 메서드 : 피어싱법과 교차되도록 십자로 한 번 더 철사를 활용하는 방법
㉰ 피어스 메서드 : 꽃받침이나 씨방, 줄기에 철사를 통과시킨 후 직각으로 구부려 사용하는 방법
㉱ 소잉 메서드 : 여러 개의 꽃잎이나 잎을 겹쳐 바느질하듯 활용하는 방법

22. 비슷한 소재들을 계단식으로 꽂는 기법은?
㉮ 레이어링(Layering)
㉯ 테라싱(Terracing)
㉰ 스태킹(Stacking)
㉱ 시퀀싱(Sequencing)

해설 ㉮ 레이어링 : 유사, 동일 소재를 비늘처럼 포개어 표면을 수평으로 덮는 기법
㉰ 스태킹 : 장작을 쌓는 것처럼 공간 없이 차곡차곡 위로 쌓아 가는 기법
㉱ 시퀀싱 : 차례 기법. 그러데이션, 크기, 색상, 높이를 점차적으로 변화시킴으로 시각적 효과를 주는 기법

23. 동양란에 속하는 것은?
㉮ 파피오페딜룸
㉯ 반다
㉰ 한란
㉱ 카틀레야

해설 ㉮ 파피오페딜룸, ㉯ 반다, ㉱ 카틀레야는 서양란이다.

정답 20. ㉮   21. ㉮   22. ㉯   23. ㉰

24 꽃다발(Hand-tied bouquet)에 대한 설명으로 옳은 것은?

㉮ 묶음점 아랫부분 줄기에도 싱싱한 잎을 붙여 둔다.
㉯ 묶음점은 단단하게 하기 위하여 최대한 넓은 폭으로 묶는다.
㉰ 줄기 끝은 직선으로 자른 후 세울 수 있게 한다.
㉱ 줄기는 나선형(Spiral) 또는 평행형(Parallel) 기법으로 제작한다.

해설 ㉮ 묶음점 아래는 잎 소재나 불순물이 없어야 하고, ㉯ 좁은 폭으로 단단하게 묶어야 하며, ㉰ 줄기 끝은 사선으로 잘라 물올림이 좋게 해야 한다.

25 웨딩 부케에 대한 설명으로 틀린 것은?

㉮ 일반적으로 모든 부케의 기본 형태는 원형이다.
㉯ 캐스케이드형(Cascade) 부케는 상부의 원형 부케를 하부의 갈런드와 연결한 것이다.
㉰ 초승달형(Crescent) 부케는 선의 흐름을 최대한 돋보이게 하고 대칭적, 비대칭적 제작 구성이 가능하다.
㉱ 트라이앵글형(Triangular) 부케는 두 개의 갈런드를 중심부에 연결하여 아름다운 곡선이 돋보이는 형태이다.

해설 ㉱ 트라이앵글형(삼각형) 부케는 원형을 중심으로 하고 양쪽에 갈런드를 연결하여 비대칭 삼각형의 형태로 구성하는 부케이다.

26 다음 설명하는 디자인 원리는?

> 하나의 디자인이 갖고 있는 여러 요소들 속에 어떤 조화나 일치감이 존재하고 있음을 의미하며, 유사한 선적인 요소, 형태, 색상 등의 반복 속에서 비롯되고 있다.

㉮ 강조 ㉯ 균형
㉰ 통일 ㉱ 비례

해설 ㉮ 강조 : 디자인에서 폼 플라워 등으로 초점을 주거나 초점 지역을 주고 시각적 흥미를 유발시켜 작품을 돋보이게 하는 방법이다.
㉯ 균형 : 시각적인 무게의 평형 상태로 형태, 질감, 색 등을 통해 균형을 이룰 수 있다.
㉱ 비례 : 전체에서 느끼는 구성 요소 간의 상대적 양이나 크기의 관계이다.

정답 24. ㉱ 25. ㉱ 26. ㉰

27 병렬형(Parallel) 디자인에 대한 설명으로 틀린 것은?

㉮ 꽃줄기들이 수직의 선들로 무한정 확장되다가 한곳에서 만나게 되는 디자인이다.
㉯ 규칙적으로 수평, 수직 또는 규칙적인 대각선을 이루면서 평행으로 배치되는 디자인이다.
㉰ 용기 안의 서로 다른 점으로부터 뻗어 나온 디자인이다.
㉱ 경직되고 구조적으로 보이기는 하나 높이를 달리하면 부드러워 보인다.

해설 ㉮ 병렬형 디자인은 다초점, 복수 생장점으로 서로 평행을 이루기 때문에 선들이 만나지 않는다.

28 다음에서 설명하고 있는 디자인 기법은?

> 색상이 밝고 작은 소재들은 바깥쪽에, 어둡고 무거운 소재들은 중앙을 향해 배치하여 시각적 균형과 점진적 변화를 창조하였다.

㉮ 시퀀싱(Sequencing) ㉯ 섀도잉(Shadowing)
㉰ 그루핑(Grouping) ㉱ 클러스터링(Clustering)

해설 ㉯ 섀도잉 : 그림자 기법. 동일한 소재를 뒤쪽이나 아랫부분에 배치하여 깊이감을 주는 기법
㉰ 그루핑 : 같은 종류의 소재들을 집단적으로 모아 각각의 특성이 돋보이게 하는 기법
㉱ 클러스터링 : 무리화 기법. 소재들을 모아서 뭉치의 느낌이 하나를 이루게 하는 기법

29 리스에 대한 설명으로 틀린 것은?

㉮ 리스는 화훼 소재를 이용하여 고리(Ring) 모양으로 만든 장식물이다.
㉯ 리스는 리스 고리의 크기에 비해 두께가 가늘수록 모양이 좋다.
㉰ 리스는 나무덩굴이나 짚, 로프, 철사, 철망, 이끼 등으로 만든 둥근 고리 모양의 틀에 소재를 부착시켜 만들 수 있다.
㉱ 리스는 플로럴 폼이 있는 고리 모양의 틀에 꽃꽂이하듯 소재를 꽂아 만들 수 있다.

해설 ㉯ 리스는 황금 비율(1 : 1.618 : 1)에 맞춰 제작한 것이 안정감이 있고 모양이 좋다.

정답 27. ㉮ 28. ㉮ 29. ㉯

30. 식물이 자연 상태에서 살아 있는 모습과 같은 형태로 조형하는 구성은?

㉮ 그래픽 구성
㉯ 구조적 구성
㉰ 식생적 구성
㉱ 장식적 구성

해설 ㉮ 그래픽 구성 : 선이나 형태의 극단적 대비를 통해 간결하고 추상적으로 도형화된 구성 방법이다.
㉯ 구조적 구성 : 구조적인 표현이나 구조물을 토대로 한 구성 방법이다.
㉱ 장식적 구성 : 자연의 질서와는 관계없는 인위적 구성 방법으로 장식을 목적으로 디자인한다.

31. 그루핑(Grouping)에 대한 설명으로 틀린 것은?

㉮ 소재를 모으고 분류하며 강한 인상을 줄 수 있다.
㉯ 소재를 분산시켜 구성하는 것보다 소재의 다양성 및 형태 등이 뚜렷이 구별되고 여백의 미를 강조할 수 있다.
㉰ 각각의 요소가 모여서 조화로운 형태를 이루면 그루핑이라 하며 공통점이 없어도 된다.
㉱ 색상, 질감, 형태 등이 비슷하여 조화를 이루고 통일되도록 한다.

해설 ㉰ 그루핑은 같은 종류의 소재들을 집단적으로 모아 각각의 특성이 돋보이게 하는 기법이다.

32. 서양의 꽃 문화에 대한 설명으로 옳은 것은?

㉮ 르네상스 시대는 종교적 의미를 담은 꽃꽂이를 하거나 줄기가 보이지 않을 정도로 꽃을 가득 채운 원추형, 원형 등의 꽃꽂이 형태가 일반적이었다.
㉯ 영국의 화가 윌리엄 호가스에 의한 초승달형 화훼 장식이 유행하였다.
㉰ 빅토리아 시대는 암울한 시대 상황으로 꽃 문화가 융성하지 않았다.
㉱ 미국 초창기의 꽃 문화는 빅토리아 양식에 영향을 받아 부채 모양이 일반적이었다.

해설 ㉯ 윌리엄 호가스에 의해 유행한 장식은 호가스 라인(S선)이라 불리는 S자형이다.
㉰ 빅토리아 시대에는 꽃꽂이가 예술로 인식되면서 크게 번성하였다.
㉱ 미국 초창기에는 식민지 양식이라 하는 원형, 부채형의 캐주얼하고 개방적이며 소박한 장식이 일반적이었다.

정답 30. ㉰ 31. ㉰ 32. ㉮

33 장미꽃의 관리 요령으로 가장 적합한 것은?
㉮ 줄기의 잎을 될 수 있는 한 많이 떼어 낸다.
㉯ 물속에 잠기는 잎과 노화된 잎은 떼어 낸다.
㉰ 잎과 가시는 모두 물속에 그대로 둔다.
㉱ 보관 용기 안에 빽빽하게 많이 넣을수록 좋다.

해설 ㉯ 물속에 잠기는 잎과 가시, 노화된 잎은 제거하고 빽빽하지 않도록 넣어 준다.

34 직선의 위치와 효과에 대한 설명으로 가장 거리가 먼 것은?
㉮ 일반적으로 직선은 억제된 역동성을 갖고 있다.
㉯ 수직으로 놓인 선은 대부분의 경우 수동적이며 아래로 떨어지는 효과를 갖고 있다.
㉰ 조형 작업의 경우처럼 선들에 있어서도 양의 비례와 분배가 중요한 의미를 갖고 있다.
㉱ 모든 방향의 선들을 한 작품 속에 같은 양으로 사용하게 되면 일반적으로 작품의 긴장감을 상실하게 된다.

해설 ㉯ 수직선은 위로 솟아오르는 듯한 효과와 근엄함, 긴장감을 나타낸다.

35 다음은 무엇에 관한 설명인가?

• 참나무, 밤나무, 상수리나무와 같은 활엽수 낙엽을 쌓아 충분히 썩혀 만든 토양이다.
• 가볍고 보수력과 배수력이 있으며 통기성이 좋고 양분을 오래 간직하여 원예 식물 재배용으로 널리 이용한다.

㉮ 바크
㉯ 수태
㉰ 부엽토
㉱ 마사토

해설 ㉮ 바크 : 소나무, 전나무 등의 껍질을 분쇄한 것으로 통기성, 배수성이 좋다.
㉯ 수태 : 이끼를 건조시킨 것으로 보수력, 보비력, 배수성이 좋아 난류에 이용한다.
㉱ 마사토 : 화강암이 풍화되어 생긴 흙을 말한다.

정답 33. ㉯ 34. ㉯ 35. ㉰

36 페더링(Feathering) 기법에 대한 설명으로 틀린 것은?
㉮ 코르사주나 터지머지(Tuzzy muzzy) 등과 같은 섬세한 디자인을 할 때 사용된다.
㉯ 카네이션, 국화 등의 꽃잎을 여러 장 겹쳐서 감아 주는 기법이다.
㉰ 하나하나의 꽃잎을 여러 장 겹쳐서 감아 주는 기법이다.
㉱ 꽃잎을 분해하여 새의 깃털처럼 처리한다고 하여 붙여진 이름이다.

해설 페더링은 꽃잎을 분해하여 겹쳐 새의 깃털처럼 처리하는 섬세한 기법이다.
㉰는 멜리아 기법에 대한 설명이다.

37 절화 장식품 제작 후 배치 장소로서 가장 적당한 곳은?
㉮ 겨울철 난방기 옆
㉯ 직사광선을 피한 밝은 곳
㉰ 여름철 에어컨 앞
㉱ 햇빛을 들며 바람이 부는 창문 앞

해설 ㉮, ㉰, ㉱처럼 난방기 옆이나 에어컨 앞, 창문 앞 등 직접적으로 온도의 변화를 주는 장소와 직사광선을 바로 받는 햇빛이 드는 배치 장소는 적당하지 않다.

38 화훼 장식 디자인을 할 때 우선적으로 구체적인 용도에 맞도록 몇 가지 고려 사항이 있는데 그중 포함되지 않는 것은?
㉮ 시간
㉯ 장소
㉰ 목적 및 동기
㉱ 독창성

해설 화훼 장식은 ㉮ T(시간), ㉯ P(장소), ㉰ O(목적 및 동기)에 맞게 디자인해야 한다.

39 앉아서 좌담하는 테이블 장식용으로 주로 활용되는 화형은?
㉮ 높은 삼각형   ㉯ 수평형
㉰ 수직형   ㉱ 폭포형

해설 ㉯ 테이블 장식 시 서로의 시야를 가리지 않는 낮은 디자인인 수평형이 선호된다.

정답 36. ㉰ 37. ㉯ 38. ㉱ 39. ㉯

40 색채에 대한 설명으로 틀린 것은?
㉮ 단파장의 색은 차가운 색이다.
㉯ 스펙트럼에 나타나는 빨강, 파랑, 노랑 등의 유채색을 종류별로 나눌 수 있는 색깔을 말한다.
㉰ 3차색은 서로 다른 2차색을 같은 양으로 혼합한 것이다.
㉱ 먼셀은 빨강, 노랑, 파랑, 초록, 보라의 다섯 색을 중심으로 각각의 중간색을 택하여 10색을 기본색으로 정했다.

해설 ㉰ 3차색은 1차색과 2차색을 혼합한 것이다.

41 실내의 한 벽면에 커다란 소파를 놓고 그 벽면에 그림 한 장을 걸었을 때, 그 그림이 너무 크다거나 작다거나 또는 아주 적당하다는 느낌을 주는 것은 디자인의 원리 중 주로 무엇에 의한 것인가?
㉮ 조화(Harmony)
㉯ 비례(Proportion)
㉰ 통일(Unity)
㉱ 리듬(Rhythm)

해설 ㉯ 비례는 전체에서 느끼는 구성 요소들의 상대적 양이나 크기의 관계이다.

42 에틸렌 발생 원인으로 가장 거리가 먼 것은?
㉮ 썩은 사과
㉯ 자동차 배기가스
㉰ 카네이션의 노화
㉱ 오존

해설 에틸렌 발생 원인으로는 성숙한 과일, 노화된 꽃, 연기, 냉난방 기구 등이 있다.

43 꽃다발(Hand-tied bouquet)을 제작할 때 사용할 부소재로 가장 적합한 것은?
㉮ 플로럴 폼   ㉯ 라피아
㉰ 용기   ㉱ 침봉

해설 ㉯ 꽃다발 제작 후 줄기를 묶어 줄 때 자연 소재인 라피아를 이용한다.

정답 40. ㉰   41. ㉯   42. ㉱   43. ㉯

44 다음 설명하는 동양식 절화 장식은?

> • 화기를 2개 이상 반복적으로 배치하여 하나의 작품이 되도록 구성한다.
> • 하나하나 독립된 특성과 완성미를 나타낸다.
> • 같이 연결되어 있을 때 더욱 효과적인 조화의 미를 표현할 수 있다.

㉮ 분리형
㉯ 경사형
㉰ 전개형
㉱ 복합형

해설 ㉮ 분리형 : 하나의 화기에서 주지를 나누어 독특한 공간미를 나타내는 형태
㉯ 경사형 : 1주지의 각도가 40~60°로 기울어져 있는 형태
㉰ 전개형 : 위로 퍼져 있는 형태

45 한색(寒色)과 난색(暖色)에 관한 설명으로 틀린 것은?

㉮ 파란색의 차가운 색을 배경으로 한 녹색은 따뜻하게 보인다.
㉯ 오렌지색의 따뜻한 색을 배경으로 한 녹색은 차갑게 느껴진다.
㉰ 빨간색, 갈색, 연두색은 난색이고, 녹색, 노란색, 청보라색은 한색이다.
㉱ 색을 보면서 따뜻하거나 차갑다고 느끼는 감정은 색채와 사물의 경험적인 현상으로 서로 다른 감각 세계의 느낌을 말한다.

해설 • 난색 : 빨강, 주황, 노랑
• 한색 : 파랑, 청록, 남색
• 중성색 : 연두, 보라, 자주, 녹색

46 화훼 장식의 정의로 가장 적절한 것은?

㉮ 울타리가 있는 땅 안에서 화훼 식물을 재배하는 것
㉯ 식물을 심고 가꾸고 이용하는 것
㉰ 화훼 식물을 주소재로 미적인 장식물을 제작, 설치, 유지, 관리하는 것
㉱ 절화와 분 식물을 이용하여 실내를 장식하는 것

해설 화훼 장식은 화훼 식물인 초본 식물과 목본 식물을 주소재로 시간, 장소, 목적에 맞게 디자인 요소와 원리를 적용하여 공간의 기능과 미적 효율성을 높여 주는 장식물을 제작하거나 설치, 유지, 관리하는 것을 말한다.

정답 44. ㉱ 45. ㉰ 46. ㉰

47 대칭 균형에 대한 설명으로 가장 거리가 먼 것은?
㉮ 중심축을 기준으로 양쪽에 같은 요소로 동일하게 배열한다.
㉯ 질서가 있어 안정된 느낌이다.
㉰ 공식적이고 위엄이 있어 보인다.
㉱ 자연스럽고 비정형적이며 생동감이 있다.

해설 ㉱ 자연스럽고 비정형적이며 생동감을 주는 것은 비대칭 균형이다.

48 화훼 장식에 색채를 응용할 경우 고려할 점으로 틀린 것은?
㉮ 통일성과 조화미를 갖는 색과 명도를 제공하는 것이 좋다.
㉯ 작품의 전체적인 명도가 높을수록 크게 보이고, 낮을수록 작게 보인다.
㉰ 꽃색을 안정감 있게 배색하려면 명도가 높은 꽃을 아래쪽에 배치하는 것이 좋다.
㉱ 시선의 주의력을 집중적으로 드러나게 할 경우 따뜻한 계통의 색을 이용한다.

해설 ㉰ 명도는 색의 밝기로 명도가 높으면 밝고 낮으면 어둡기 때문에 꽃색을 안정감 있게 배색하려면 명도가 낮은 꽃을 아래쪽에 배치하는 것이 좋다.

49 대비(對比)에 의한 강조 효과를 가장 얻기 어려운 것은?
㉮ 대부분의 것이 어두울 때 하나의 밝은 형태인 것
㉯ 대부분의 것들이 수직일 때 사선인 것
㉰ 대부분의 것들이 비슷한 크기일 때 의외로 작은 것
㉱ 형태의 대부분이 평행사변형일 때 직선인 것

해설 ㉱ 형태의 대부분이 직선으로 이루어진 평행사변형일 때 직선은 대비에 의한 강조 효과를 얻기 어렵다.

50 절화 수명 연장 방법으로 틀린 것은?
㉮ 줄기는 예리한 칼로 자른 즉시 물에 담가야 한다.
㉯ 영양을 공급해 준다.
㉰ 물통에 꽂을 때 줄기의 아랫잎을 보존한다.
㉱ 에틸렌에 민감한 꽃은 분리하여 저장한다.

해설 ㉰ 물에 들어가는 부분에 불순물이 없도록 잎을 제거해 주어야 한다.

정답 47. ㉱ 48. ㉰ 49. ㉱ 50. ㉰

51 토양에 수분이 과다할 경우 발생하는 현상이 아닌 것은?
㉮ 토양 속의 공기 함량이 감소한다.
㉯ 통기 불량으로 뿌리가 썩는다.
㉰ 유기물의 분해를 촉진한다.
㉱ 토양 미생물의 활동을 억제한다.

해설 토양에 수분이 과다할 경우 유기물의 분해 속도가 감소되며, 뿌리가 호흡을 못하게 되어 생육 부진, 꽃눈 고사 등이 일어난다.

52 공간 장식을 하는 데 있어서 직접적으로 고려해야 할 사항으로 가장 거리가 먼 것은?
㉮ 공간의 전체적인 구도
㉯ 장식할 공간의 전체적인 분위기
㉰ 공간 내부의 주 색상
㉱ 장식 공간의 주변 외부 환경

해설 ㉱ 장식 공간이 아닌 주변의 외부 환경은 직접적인 고려 사항이 아니다.

53 건조 소재에 관한 설명으로 틀린 것은?
㉮ 열매와 꼬투리는 꽃과 다른 느낌으로 아름다워서 많이 이용된다.
㉯ 이삭을 이용할 때 완전히 성숙한 단계에서 채취하는 것이 좋다.
㉰ 나뭇가지와 덩굴은 특별한 처리가 없어도 이용할 수 있다.
㉱ 최근에는 독특한 모양과 향을 가지고 있는 허브류가 건조 소재로 많이 사용된다.

해설 ㉯ 보편적으로 건조하면서 개화가 진행되기도 하므로 완전히 성숙하거나 활짝 피기 전 상태가 가장 아름답다.

54 유럽의 신부용 부케에서 다산의 의미로 사용된 것은?
㉮ 장미
㉯ 벼이삭
㉰ 월계수 잎
㉱ 올리브 열매

해설 ㉯ 유럽에서 벼이삭은 다산의 의미가 있다.

정답 51. ㉰ 52. ㉱ 53. ㉯ 54. ㉯

55 우리나라 화훼 장식의 역사에 관한 설명으로 옳은 것은?
㉮ 고려 시대부터 화훼 식물을 이용한 장식이 시작되었다.
㉯ 고려 초기에는 꽃꽂이의 형태적인 구성이 자연스럽고 부드러운 반월형 삼존 형식으로 나타났다.
㉰ 조선 시대 초기의 그림에 병에 꽃가지를 꽂아 책상 위에 올려 두는 일지화가 많이 나타난다.
㉱ 고려 및 조선 시대는 절화를 이용한 화훼 장식은 활발하게 이루어졌으나, 화분에 심어서 이용하는 형태는 거의 이루어지지 않았다.

해설 ㉰ 조선 시대에는 고려 시대의 화려함보다는 간결하고 깨끗해졌으며 삼존 양식과 함께 일지화, 기명절지화 등의 꽃꽂이 형태가 다양하게 발전되었다.

56 분 식물 장식에 대한 설명으로 틀린 것은?
㉮ 테라리움 – 라틴어로 흙이라는 의미의 Terra와 용기라는 의미의 Arium의 합성어이다.
㉯ 비바리움 – 유리 용기 속에 도마뱀, 개구리 등의 동물과 식물이 공생하는 자연의 모습을 연출한다.
㉰ 아쿠아리움 – 물고기 등을 넣고 수생 식물을 띄워 키운다.
㉱ 디시 가든 – 깊이가 얕은 분에 목본 식물을 인공적으로 생장 억제시켜 축소, 묘사한 것이다.

해설 ㉱는 분재에 관한 설명이다. 디시 가든은 접시와 같이 얕고 넓은 용기에 구성하는 작은 정원 모양의 식물 장식을 말한다.

57 소재의 형, 선, 각도를 강조하고, 형과 선이 두드러지게 대비되며 여백을 이용하여 소재의 아름다움을 강조한 형식은?
㉮ 장식적 구성
㉯ 식생적 구성
㉰ 구조적 구성
㉱ 형–선적 구성

해설 ㉮ 장식적 구성 : 자연 질서에 관계없이 인위적으로 장식을 구성하는 형식
  ㉯ 식생적 구성 : 식물의 생육 환경을 고려하여 자연에 가깝게 디자인하는 형식
  ㉰ 구조적 구성 : 구조물을 토대로 하거나 소재의 구조가 돋보이도록 구성하는 형식

정답 55. ㉰ 56. ㉱ 57. ㉱

58 조화(Harmony)의 특징으로 가장 거리가 먼 것은?
㉮ 서로 다른 요소들이 통합되어 상호 관계를 이루는 것을 말한다.
㉯ 일정한 크기의 비율로 증가 또는 감소된 상태를 말한다.
㉰ 소재끼리 갖는 색상의 유사나 보색 대비를 통하여 이루어지기도 한다.
㉱ 다양함 속의 통일을 지향한다.

해설 ㉯는 리듬에 대한 특징이다. 리듬은 일정한 크기의 비율의 증가나 감소로 율동감을 느끼게 하여 작품에 활력을 불어넣어 준다.

59 다음 중 꽃꽂이의 특징에 대한 설명으로 가장 거리가 먼 것은?
㉮ 꽃을 잘라 줄기가 물을 흡수할 수 있도록 용기에 꽂는 데서 시작하였다.
㉯ 고정용 소재로는 반드시 플로럴 폼만 사용해야 한다.
㉰ 장소의 특성, 이용자의 요구사항에 따라 디자인이 달라질 수 있다.
㉱ 다양한 식물 외에 부소재와 조형물을 함께 응용할 수 있다.

해설 ㉯ 고정용 소재로는 침봉 등의 여러 소재가 있고, 반드시 플로럴 폼만 사용해야 하는 것은 아니다.

60 열매를 감상할 수 있으며 행잉용으로 이용하기 가장 적합한 것은?
㉮ 아나나스   ㉯ 팔손이
㉰ 백리향   ㉱ 산호수

해설 ㉱ 산호수는 제주도 저지의 숲 밑이나 골짜기에 나는 상록 소관목으로 높이는 5~8cm 정도이며 6월에 흰색 꽃이 산형 꽃차례로 피고 9월에 붉은 열매가 익는다.

정답 58. ㉯ 59. ㉯ 60. ㉱

2012년도 출제 문제

2012년 2월 12일 시행

1 꽃의 기능에 대한 설명으로 틀린 것은?
㉮ 꽃의 근본 기능은 생식이다.
㉯ 풍매화의 꽃은 대부분 형태가 아름답다.
㉰ 충매화는 꽃잎의 형태를 복잡하게 하여 곤충을 유혹한다.
㉱ 꽃가루의 수분은 암술머리에서 이루어진다.

해설 ㉯ 풍매화는 바람에 의하여 수분이 이루어지는 꽃이다. 화려하지 않은 작은 꽃이 피며, 향기와 꿀샘이 없는 것이 많다.
㉰ 충매화는 곤충의 도움으로 꽃가루가 운반되는 꽃이다. 곤충을 유인하기 위해 꽃이 화려하고 향기가 진하다.
㉱ 수분은 종자식물에서 수술의 화분이 암술머리에 붙는 것을 말한다.

2 서양란이 아닌 것은?
㉮ 보세란　　　　　　　㉯ 심비디움
㉰ 온시디움　　　　　　㉱ 팔레놉시스

해설 동양란에는 보세란, 한란, 건란, 석곡, 풍란, 춘란 등이 있다.

3 플로럴 폼에 대한 설명으로 틀린 것은?
㉮ 플로럴 폼을 칼, 가위, 철사를 이용하여 자르면 표면이 매끄럽게 잘린다.
㉯ 플로럴 폼은 물에 담가 충분히 흡수시켜 사용해야 한다.
㉰ 시중에서 오아시스라고 부르는 것은 플로럴 폼을 말하는 것이다.
㉱ 플로럴 폼에 물을 빨리 흡수시키기 위해서는 손으로 눌러 준다.

해설 ㉱ 플로럴 폼은 물에 띄워 천천히 물을 흡수시켜야 하며, 손으로 누르면 내부 압력 때문에 물이 제대로 흡수되지 않는다.

정답　1. ㉯　2. ㉮　3. ㉱

4 꽃의 형태별 분류에 따른 설명으로 옳은 것은?
㉮ 매스 플라워는 만개 시 별 모양, 삼각형 모양으로 개화한다.
㉯ 안개초, 스타티스, 카스피아는 라인 플라워에 속한다.
㉰ 칼라, 튤립, 아이리스는 매스 플라워에 속한다.
㉱ 폼 플라워는 작품의 중심부에 꽂아 강조하는 역할을 한다.

해설 • 라인 플라워(선의 꽃) : 디자인의 골격이 되는 꽃으로 선의 구성, 윤곽을 잡는 작업, 위로 뻗어 나가는 표현에 이용한다. 예 글라디올러스, 스톡, 리아트리스, 금어초 등
• 폼 플라워(형태의 꽃) : 크고 개성적 특징이 있는 분명한 형태의 꽃으로 시각적 포인트의 역할을 하여 초점 꽃으로 많이 사용한다. 예 안수리움, 극락조화, 칼라 등
• 매스 플라워(덩어리 꽃) : 많은 꽃잎이 모여서 덩어리 상태의 한 송이 꽃이 되어 있는 크고 둥근 꽃으로 라인 플라워와 폼 플라워의 중간 역할을 한다. 예 장미, 국화, 수국, 카네이션 등
• 필러 플라워(자잘한 꽃) : 자잘한 꽃들이 밀집되게 붙어 있는 꽃으로 공간을 메우거나 연결 또는 율동감을 준다. 예 안개꽃, 스타티스, 춘국, 마타리 등

5 식물이 상처를 입거나 부패와 같은 스트레스를 받으면 증가하는 가장 대표적인 물질은?
㉮ 엽록소   ㉯ 에틸렌
㉰ 단백질   ㉱ 포도당

해설 ㉯ 에틸렌은 식물의 노화를 촉진하는 자연 호르몬으로 식물 자체에서 생성되기도 하고 노화된 식물, 숙성된 과일, 손상된 잎, 질병에 걸린 세포 등에 의해 발생된다.

6 병문안용으로 꽃을 고를 때 적합하지 않은 것은?
㉮ 환자의 기분이 되어 꽃을 선택한다.
㉯ 수명이 길고 계절감을 느낄 수 있는 꽃이 좋다.
㉰ 꽃가루가 있는 꽃은 피한다.
㉱ 향기가 강한 꽃을 선택한다.

해설 ㉱ 꽃가루가 있거나 향이 강한 꽃은 불쾌감을 주거나 건강에 좋지 않으므로 피해야 한다.

정답 4. ㉱   5. ㉯   6. ㉱

7 서양 디자인에서 전통 스타일을 제작할 때 플로럴 폼을 화기에 고정하는 방법으로 가장 적합한 것은?

㉮ 밖으로 보이지 않도록 화기보다 낮게 고정한다.
㉯ 화기 가운데만 플로럴 폼을 고정하고 주변으로 여유가 있도록 한다.
㉰ 화기 바깥으로 충분히 넘치도록 고정시킨다.
㉱ 화기보다 약간 높게 고정시킨다.

해설 ㉱ 플로럴 폼을 고정하는 방법은 꽃의 형태나 줄기 배열에 따라 다르며, 일반적으로는 화기보다 약간 높게 고정시킨다.

8 식물 화기의 특징에 대한 설명으로 틀린 것은?

㉮ 팬지는 보통의 꽃으로 바깥쪽부터 꽃받침, 꽃잎, 수술, 암술의 순으로 배치된다.
㉯ 백합은 꽃받침편이 꽃잎화하여 꽃잎과 공존하며 꽃을 형성한다.
㉰ 안수리움의 꽃잎은 소형화 또는 장상이지만 포엽이 꽃잎화하여 눈에 띈다.
㉱ 튤립의 꽃잎은 소형화이며 꽃받침이 꽃잎화하여 눈에 띈다.

해설 ㉱ 튤립은 꽃받침과 꽃잎의 구별이 어려울 뿐, 꽃받침이 꽃잎화한 것은 아니다.

9 화훼의 특성으로 가장 거리가 먼 것은?

㉮ 대표적 집약 작물이다.
㉯ 종과 품종이 많은 작물이다.
㉰ 높은 재배 기술이 필요한 작물이다.
㉱ 국제성이 낮은 작물이다.

해설 화훼의 특성 : 정신적, 문화적, 집약적이고 다품종, 다종류를 취급하며 고도의 기술을 요구하고 국제성을 지닌다.

10 화훼 장식물을 제작할 때 주로 많이 사용하는 꽃 테이프의 폭은?

㉮ 0.25cm ㉯ 1.25cm
㉰ 2.25cm ㉱ 3.25cm

해설 꽃 테이프는 철사나 줄기를 감싸거나 고정용으로 이용한다. 폭이 너무 넓거나 좁지 않은 것을 선택해야 하며 1.25cm 정도가 알맞다.

정답 7. ㉱ 8. ㉱ 9. ㉱ 10. ㉯

11. 화훼 장식에 대한 설명으로 틀린 것은?

㉮ 채소나 과일은 화훼 장식 재료로 부적합하다.
㉯ 화훼 식물을 이용하여 우리 생활환경을 보다 아름답고 쾌적하게 조성할 수 있다.
㉰ 감상이나 가꾸는 것 외에 원예 치료의 효과도 거둘 수 있다.
㉱ 생활환경을 아름답게 하기 위해 절화류, 분화류, 관엽 식물 및 건조화 등의 이용 폭이 넓다.

해설 ㉮ 채소나 과일은 계절감이나 풍요로움을 나타내기 좋은 소재이며, 이외에도 다양한 재료들을 이용하여 장식할 수 있다.

12. 구근의 형태 중 줄기가 아닌 뿌리가 변형된 것은?

㉮ 괴근　　　　　　　　㉯ 인경
㉰ 괴경　　　　　　　　㉱ 근경

해설 한자로 근(根)은 뿌리, 경(莖)은 줄기를 의미한다.
㉮ 괴근(덩이뿌리) : 뿌리가 비대해져서 저장 기관으로 발달한 것
㉯ 인경(비늘줄기) : 줄기가 변형된 저장 기관
㉰ 괴경(덩이줄기) : 땅속줄기가 비대해져 알뿌리 모양으로 된 것
㉱ 근경(뿌리줄기) : 땅속줄기가 비대해져 양분 저장 기관으로 발달한 것
그 외에 줄기가 변형되어 알뿌리를 형성한 구경(구슬줄기, 알줄기)이 있다.

13. 테라리움에 관한 설명으로 틀린 것은?

㉮ 테라리움은 밀폐 또는 반밀폐된 유리 용기 속에 토양층을 형성하여 식물이 자라도록 만든 것이다.
㉯ 테라리움 안의 식물은 물을 하루에 한 번 충분히 주어 적당한 습도를 유지시킨다.
㉰ 테라리움 안의 배수층에 물이 오래 고여 있지 않도록 한다.
㉱ 식물을 심을 때에는 내음성 식물로 키가 작은 식물을 선택하여 조화롭게 배치한다.

해설 ㉯ 테라리움은 밀폐된 투명 용기에 꾸며진 축소된 정원이다. 빛, 수분, 공기의 순환 원리에 따라 식물이 생장하는 장식물로 잦은 관수는 과습되기 쉬우므로 1주일에서 열흘 정도에 한 번 주는 것이 좋다.

정답　11. ㉮　12. ㉮　13. ㉯

14. 열매에 대한 설명으로 틀린 것은?

㉮ 모과, 죽절초, 남천 등의 열매는 관상 가치가 높다.
㉯ 핵과는 장과와 비슷하지만 내과피가 얇고 부드럽다.
㉰ 진과는 자방 벽이 발달한 열매이다.
㉱ 밤, 호두, 개암 등은 대표적인 견과이다.

해설 내과피란 과피의 가장 안쪽 씨를 싸고 있는 층을 말한다.
㉯ 복숭아, 살구 등의 핵과는 내과피가 두껍고 딱딱하며, 귤, 수박 등의 장과는 내과피가 액질이다.

15. 화훼 원예에 대한 설명으로 틀린 것은?

㉮ 영어로 Floriculture이며, 꽃을 의미하는 Flori와 재배를 나타내는 Culture의 합성어이다.
㉯ 형태 및 목적에 따라 생산 화훼, 전시 화훼, 취미 화훼로 구분한다.
㉰ 절화, 분화, 화단묘 등의 화훼를 생산, 유통, 이용. 가공, 판매하는 것이다.
㉱ 이용 방향에 따라 과수, 채소로 나뉜다.

해설 ㉱ 화훼 원예는 과수 원예, 채소 원예와 함께 원예의 한 분야이다.

16. 자연적인 디자인 양식(Natural design style)에 속하는 디자인으로 가장 적당한 것은?

㉮ 삼각형(Triangular shape)
㉯ 타원형(Oval shape)
㉰ 비더마이어(Biedermeier)
㉱ 가든 양식(Garden style)

해설 ㉮ 삼각형, ㉯ 타원형, ㉰ 비더마이어는 전통적, 고전적 스타일의 디자인 양식이다.

17. 줄기 또는 뿌리가 변형된 구근의 종류와 해당 식물의 연결로 옳은 것은?

㉮ 인경 – 글라디올러스
㉯ 구경 – 튤립
㉰ 괴경 – 라넌큘러스
㉱ 괴근 – 달리아

해설 ㉮ 글라디올러스는 구경, ㉯ 튤립은 유피 인경, ㉰ 라넌큘러스는 괴근이다.

정답 14. ㉯ 15. ㉱ 16. ㉱ 17. ㉱

18 클러스터링(Clustering)에 대한 설명으로 가장 적당한 것은?

㉮ 덩어리를 강조하기 위하여 소재들 사이의 공간을 제거하고 빈틈없이 모아 덩어리 모양을 만드는 것
㉯ 유사한 꽃, 유사한 색, 유사한 모양들을 결합하여 사용하는 방법
㉰ 수평적인 평면이나 복잡한 구조상의 세부적인 묘사를 하고, 땅 표면에 장식적인 기초를 만들어 주는 것
㉱ 식물 부분들을 촘촘하게 평행으로 배열하고, 각 그룹들은 비대칭으로 구성하는 것

해설 ㉮ 클러스터링은 색상, 형태, 질감의 대비를 이루며 모아 뭉치의 느낌이 하나를 이루게 하는 무리화 기법이다.

19 분 식물 장식의 기본 기술에 관한 설명으로 거리가 먼 것은?

㉮ 착생 식물은 토양 없이 공간 장식에 이용될 수 있다.
㉯ 분 식물 장식은 기본적으로 용기, 토양, 식물로 이루어진다.
㉰ 두 종류 이상의 식물을 심을 때는 생육 습성이 비슷한 종류끼리 심는다.
㉱ 관엽 식물은 비교적 더디게 자라는 종류가 많으므로 작은 용기에 가득 심어 여유 공간을 두지 않는다.

해설 ㉱ 관엽 식물은 열대, 아열대 원산의 아름다운 잎을 감상하는 식물로 공간을 두어 통풍이 잘되게 해 주어야 병충해를 예방할 수 있다.

20 폭포형 부케에 대한 설명으로 옳은 것은?

㉮ 원형의 본체에 갈런드를 조립하여 만드는 부케로 원형이 자연스럽게 길어진 형태이다.
㉯ 세 개의 다른 갈런드를 조립하여 삼각형 형식으로 구성한 부케이다.
㉰ 세 개의 둥근 꽃다발을 조립해 한 개의 가지에 여러 송이의 꽃이 핀 것 같은 부케이다.
㉱ 팔에 걸쳐서 사용하는 부케로 앞면에서 꽃이 차례대로 보이게 만든 부케이다.

해설 ㉮ 폭포형 부케는 원형 부케에 갈런드를 아래로 내려뜨려 구성하는 부케로 꽃이나 잎을 폭포수가 흘러내리듯 자연스럽게 연출한다.

정답 18. ㉮　19. ㉱　20. ㉮

21 같은 종류의 재료를 모아 꽂음으로써 재료의 형태나 색채, 양감, 질감 등을 강조하는 기법은?

㉮ 테라싱(Terracing)   ㉯ 시퀀싱(Sequencing)
㉰ 밴딩(Banding)   ㉱ 그루핑(Grouping)

해설 ㉮ 테라싱 : 유사 소재를 수평이나 앞뒤로 계단 느낌으로 쌓아 올리는 방법
㉯ 시퀀싱 : 차례 기법. 그러데이션, 크기, 색상, 높이의 점진적 변화로 시각적 효과를 주는 방법
㉰ 밴딩 : 시각적, 장식적 효과를 주기 위해 묶는 방법

22 국화, 거베라와 같이 납작한 꽃에 사용하는 방법으로 철사를 갈고리 모양으로 만들어 구부린 끝 부분이 꽃 속에 묻혀 보이지 않을 때까지 아래로 당겨 사용하는 방법은?

㉮ 피어스(Pierce) 법   ㉯ 후크(Hook) 법
㉰ 인서트(Insert) 법   ㉱ 트위스팅(Twisting) 법

해설 ㉮ 피어스법 : 꽃받침, 씨방, 줄기에 철사를 통과시킨 후 직각으로 구부리는 방법
㉰ 인서트법 : 철사를 줄기 안에 아래에서 위쪽으로 통과시키는 방법
㉱ 트위스팅법 : 꽃이나 잎줄기 등을 철사로 감아 내리는 방법

23 다음 설명하는 디자인 형태는?

> 꽃들을 빈 공간 없이 촘촘하게 배열하여 원추형이나 반구형으로 조형하는 데 같은 꽃이나 같은 색의 꽃을 모아 상면에서 볼 때 동심원 무늬를 이루도록 배열하거나 꼭대기에서 나선형으로 내려오도록 배열하는 방식

㉮ 밀 드 플레 디자인   ㉯ 폭포형 디자인
㉰ 더치 플레미시 디자인   ㉱ 비더마이어 디자인

해설 ㉮ 밀 드 플레 디자인 : '수천 송이의 꽃'이라는 의미로 다양한 종류와 색의 꽃을 한꺼번에 꽂아 주는 방식으로 풍성한 느낌을 준다.
㉯ 폭포형 디자인 : 폭포가 쏟아지는 형태의 자연적 미를 나타내는 디자인이다.
㉰ 더치 플레미시 : 17세기 화가들이 즐겨 사용하던 양식으로 수많은 종류의 꽃들을 하나의 화기에 사용한 것이다. 꽃 외에도 조개, 과일, 벌레와 같이 연출한 것이 특징이다.

정답 21. ㉱ 22. ㉯ 23. ㉱

24 꽃을 사용한 센터피스 제작 시 주의 사항으로 거리가 먼 것은?
㉮ 장소, 목적, 공간, 음식 등의 조건에 따라 다르게 구성되어야 한다.
㉯ 지나치게 향기가 진한 꽃은 사용을 자제한다.
㉰ 눈높이에 맞게 높이 디자인하여 시야에 작품이 잘 보이게 한다.
㉱ 가까이에서 보게 되기 때문에 세밀하게 처리되어야 한다.

해설 ㉰ 테이블 센터피스는 시야가 가려지지 않도록 눈높이보다 낮게 제작해야 한다.

25 노즈게이 혹은 터지머지라는 이름으로 불리며, 18세기에는 외출 시 손에 들고 다녔던 것은?
㉮ 리스   ㉯ 콜라주
㉰ 형상물   ㉱ 꽃다발

해설 ㉱ 꽃향기로부터 불결함을 보호받을 수 있다고 믿었던 영국 조지 왕조 시대에는 손에 들고 다닐 수 있는 작은 노즈게이와 작은 꽃다발 형태의 터지머지가 널리 이용되었다.

26 트위스팅법을 사용하여 꽃의 줄기를 보강하기에 가장 적합한 소재로만 나열된 것은?
㉮ 아이비, 심비디움   ㉯ 숙근 안개초, 미스티블루
㉰ 수선화, 칼라   ㉱ 장미, 카네이션

해설 트위스팅법은 주로 철사를 찔러 넣을 수 없는 꽃이나 가는 가지 또는 꽃잎을 모아서 묶거나 줄기를 보강할 때 사용하는 방법이다.

27 베이싱 기법에 대한 설명으로 가장 거리가 먼 것은?
㉮ 디자인의 아래쪽을 시각적인 흥미를 위해 장식하는 방법이다.
㉯ 필로잉, 테라싱, 파베 같은 기술을 사용한다.
㉰ 플로럴 폼을 가려 주는 기술이다.
㉱ 접착제 또는 핀을 이용하여 각각의 꽃잎이나 잎사귀로 화기 등 둥근 표면을 덮는 방법이다.

해설 베이싱 기법은 디자인에서 베이스가 되는 부분인 플로럴 폼에 필로잉, 테라싱, 파베 등의 기법을 사용하여 시각적 흥미를 주고 세밀하고 아름답게 작품의 아랫부분을 마무리하는 방법이다.

정답 24. ㉰   25. ㉱   26. ㉯   27. ㉱

28. 갈런드에 대한 설명으로 틀린 것은?

㉮ 절화를 원형의 고리 모양으로 만들어 낸 장식물이다.
㉯ 고대 이집트와 로마 시대부터 행사에서 경축의 용도로 사용하였다.
㉰ 어깨에 걸치거나 기둥의 둘레를 감거나 난간, 문 등을 장식할 수도 있다.
㉱ 절화와 절엽 등을 길게 엮은 장식물이다.

해설 ㉮는 리스에 대한 설명이다.

29. 절화를 수확한 후 절화의 수명과 품질을 유지하기 위하여 실시하는 것으로 가장 적당한 것은?

㉮ 예랭
㉯ 포장
㉰ 에틸렌 처리
㉱ 수송

해설 ㉮ 예랭이란 수확 직후에 신속히 온도를 낮추는 과정으로 저장성과 운송 기간 중 품질을 유지하는 효과를 증대시키고 증산과 부패를 억제하며 신선도를 유지해 준다.

30. 저장이나 운송 시 절화의 호흡 작용으로 인한 품질 저하로 틀린 것은?

㉮ 열 발생 및 양분의 소실
㉯ 절화의 표면에 수분 응축
㉰ 포장 안에 에틸렌의 집적
㉱ 포장 내의 호흡 작용으로 인한 온도 저하

해설 ㉱ 절화의 호흡 작용으로 온도가 저하되지는 않으며, 온도를 낮춰 주면 호흡 작용이 감소되어 품질을 높일 수 있다.

31. 절화 장미의 수확 후 품질 특성에 관한 설명으로 옳은 것은?

㉮ 장미는 수분 보유력이 강해 수확 후 물올림 작업이 필요 없다.
㉯ 물올림이 잘되지 않으면 꽃목굽음이 발생한다.
㉰ 저온에 민감하여 저온 장해를 일으키므로 10℃ 이상에서 수송 및 유통을 한다.
㉱ 카네이션에 비해 수확 후 에틸렌 발생이 많은 편이다.

해설 ㉯ 물올림이 잘되지 않으면 수분 부족으로 위조 현상이 일어나 꽃목굽음 현상이 동반된다.

정답 28. ㉮ 29. ㉮ 30. ㉱ 31. ㉯

32 화훼 장식의 구성 형식 중 식물이 자연 상태에서 살아 있는 것과 같은 형태로 조형하는 것은?
㉮ 구조적 구성
㉯ 선형적 구성
㉰ 식생적 구성
㉱ 장식적 구성

해설 ㉮ 구조적 구성 : 구조적 표현이나 구조물을 토대로 한 구성 방법
㉯ 선형적 구성 : 식물의 양을 최소한으로 억제하면서 형태와 선을 살려 표현하는 방법
㉱ 장식적 구성 : 식물의 식생과는 관계없는 인위적 구성 방법

33 서양 꽃꽂이의 화형을 기하학적인 형태를 기초로 하여 직선적 구성과 곡선적 구성으로 구분할 때 다음 중 곡선적 구성에 해당하는 것은?
㉮ L자형
㉯ 역T자형
㉰ 초승달형
㉱ 수직형

해설 ㉮ L자형, ㉯ 역T자형, ㉱ 수직형은 직선적 구성이다. 곡선적 구성에는 초승달형, 원형, S자형 등이 있다.

34 다음 형태 중 음성(음화)적 공간이 가장 적게 나타나는 것은?
㉮ 부채형
㉯ 호가스형
㉰ 초승달형
㉱ L자형

해설 ㉮ 부채형은 전통적인 형태로 부채 모양으로 가득 채워지게 디자인되며 양성(양화)적 공간만 있다.

35 절화 장식 디자인 과정에서 주제를 결정할 때 가장 먼저 해야 할 것은?
㉮ 소재의 구입과 준비
㉯ 양식과 예산 및 공간의 특성 조사 분석
㉰ 장식물 장식 공간의 용도나 목적 파악
㉱ 구체적 구상과 스케치

해설 ㉰ 장식물 장식 공간의 용도나 목적 파악 → ㉯ 양식과 예산 및 공간의 특성 조사 분석 → ㉱ 구체적 구상과 스케치 → ㉮ 소재의 구입과 준비 순서이다.

정답 32. ㉰ 33. ㉰ 34. ㉮ 35. ㉰

36. 로즈 멜리아와 같은 멜리아형 꽃다발을 만들기 위한 소재로 부적합한 것은?

㉮ 튤립
㉯ 나리
㉰ 칼라
㉱ 글라디올러스

해설 멜리아는 한 송이의 꽃이나 봉오리에 같은 꽃잎을 한 장씩 연속으로 겹쳐 대어 하나의 큰 꽃으로 구성하는 것을 말한다.
㉰ 긴 통꽃 형태의 칼라는 멜리아형 꽃다발로는 적합하지 않다.

37. 장미, 솔리다스터, 아이비로 코르사주를 만들 때 와이어링 방법이 틀린 것은?

㉮ 장미꽃잎 – 헤어핀법
㉯ 장미꽃 – 피어스법
㉰ 아이비 – 헤어핀법
㉱ 솔리다스터 – 인서트법

해설 ㉱ 가는 줄기에 작은 꽃이 달린 솔리다스터에는 트위스팅법을 사용한다.

38. 테라싱 기법의 특징으로 틀린 것은?

㉮ 동일한 소재들을 크기 순서대로 반복적 효과를 부여하는 것으로 작품의 밑부분에서 주로 사용한다.
㉯ 소재들 사이에 공간을 주며 계단처럼 서로 수평 또는 수직으로 배치한다.
㉰ 작품의 특정 지역을 부각시키고 시선을 끌기 위한 평면적인 기법이다.
㉱ 자연에 있는 식물들이 생장하는 모습을 재현하는 것으로서 식생적인 디자인을 표현할 수 있다.

해설 테라싱 기법은 계단의 느낌으로 유사한 종류의 것을 수평, 혹은 앞뒤로 쌓아 올리는 방법으로 작품의 아랫부분을 마무리하는 베이싱 기법의 하나이고 입체감을 주기 위해 재료 사이에 공간을 준다.

39. 관엽 식물에 대한 일반적 설명으로 틀린 것은?

㉮ 원산지는 대부분 온대 지역이다.
㉯ 그늘에 강해 실내 장식용으로 많이 쓰인다.
㉰ 수분을 많이 필요로 하고 건조에 약하다.
㉱ 주로 포기나누기나 꺾꽂이에 의해 번식된다.

해설 ㉮ 관엽 식물은 열대 및 아열대 원산의 잎을 감상하기 위한 식물이다.

정답 36. ㉰ 37. ㉱ 38. ㉰ 39. ㉮

40 건조화 제작 시 흡습제로 부적당한 것은?
㉮ 글리세린 ㉯ 염화마그네슘
㉰ 옻칠 ㉱ 염화칼슘

해설 ㉰ 옻은 옻나무에서 얻는 천연 수지 유성 도료로 금속이나 목재에 칠해 광택과 보존력을 높인다.

41 로코코 양식에 대한 설명으로 가장 거리가 먼 것은?
㉮ 약 18세기경에 나타난 양식이다.
㉯ 가볍고 회화적이다.
㉰ 남성적이고 무게감이 있는 풍만한 형태가 특징이다.
㉱ 로코코 시대 화기 디자인의 대표적 형태는 라운드형, 부채형, C자형이다.

해설 ㉰ 로코코 양식은 바로크 시대의 화려함과 풍성함에서 벗어나 가볍고 부드러우며 우아한 세련미가 돋보이는 디자인이 특징이다.

42 채도에 대한 설명으로 틀린 것은?
㉮ 색의 포화도라고 한다.
㉯ 먼셀 표색계에서는 채도를 C로 표기한다.
㉰ 색을 혼합할수록 채도가 높다.
㉱ 빨강과 노랑이 14단계로 가장 높다.

해설 채도는 색의 선명도를 말하며 포화도라고도 한다.
㉰ 채도는 백과 흑에 관계없이 섞을수록 낮아진다.

43 화훼 장식 구성 내의 시각적인 평형감과 평정의 느낌을 주는 것으로 가장 적당한 것은?
㉮ 강조 ㉯ 균형
㉰ 비례 ㉱ 리듬

해설 ㉮ 강조 : 초점이나 초점 지역을 두어 작품을 더욱 돋보이게 하는 요소이다.
㉰ 비례 : 디자인 전체와 한 부분의 비교 관계(양, 크기, 색)를 말한다.
㉱ 리듬 : 반복, 연계를 통하여 율동감과 시각적 움직임을 만들어 주는 것이다.

정답 40. ㉰ 41. ㉰ 42. ㉰ 43. ㉯

44 대칭 구성에 대한 설명으로 틀린 것은?
㉮ 대칭은 자유로운 질서이다.
㉯ 장식적 구성에 자주 사용한다.
㉰ 좌우 양쪽의 무게가 시각적 균형을 이루어야 한다.
㉱ 안정적이고 차분한 분위기를 연출하므로 연회용 헤드테이블 장식에 어울린다.

해설 대칭은 중심축 좌우에 같은 요소가 동일하게 배열된 구성으로 안정감 있고 근엄해 보이지만 시각적 흥미 요소가 적고 경직되어 보일 수 있으며 엄격한 질서이다.

45 공간의 유형 중 양성적 공간에 대한 설명으로 옳은 것은?
㉮ 소재로 채워진 구심적 공간은 의도적으로 계획한 적극적 공간이다.
㉯ 꽃과 꽃 사이에 생기는 공간을 뜻한다.
㉰ 소재들은 다른 디자인 부분과 연결하는 선명하고 뚜렷한 선들이다.
㉱ 계획적으로 만들어진 공간 사이에서 우연히 발생할 수 있는 공간이다.

해설
• 양성적(양화적) 공간 : 소재가 차지하는 의도적인 공간을 말한다.
• 음성적(음화적) 공간 : 소재가 차지하지 않는 공간을 말한다.
• 열린 공간 : 그룹과 그룹 사이의 공간을 말한다. 소재와 소재를 연결해 주는 공간으로 양화적, 음화적 공간을 더욱 돋보이게 해 준다.

46 색의 3속성과 거리가 먼 것은?
㉮ 명도 ㉯ 색도
㉰ 채도 ㉱ 색상

해설 색의 3속성은 ㉮ 명도, ㉰ 채도, ㉱ 색상이다.

47 정적인 선에 해당하며, 일반적으로 힘 있는 느낌과 위엄 그리고 엄격함을 표현하는 데 효과적인 것은?
㉮ 포물선 ㉯ 나선
㉰ 사선 ㉱ 수직선

해설 ㉱ 수직선은 위로 뻗어 오르는 듯한 강한 남성적인 힘을 느낄 수 있고, 근엄함과 긴장감을 나타낸다.

정답 44. ㉮ 45. ㉮ 46. ㉯ 47. ㉱

48 디자인의 원리를 이용하여 화훼 장식을 한 것으로 적합하지 않은 것은?
㉮ 통일감을 주기 위하여 작품을 반복적으로 배치하였다.
㉯ 꽃꽂이를 할 때 강조점을 두기 위해 시각적인 무게가 어두운 색의 꽃은 중앙에 두고 주위를 옅은 색의 꽃으로 배치하였다.
㉰ 꽃이 가지고 있는 화려함을 살리기 위해 폼 플라워를 되도록 많이 사용하였다.
㉱ 작품을 놓을 공간과 작품의 비율을 고려하여 디자인의 비가 효과적으로 선택되도록 한다.

해설 ㉰ 폼 플라워(Form flower)는 크고 화려하고 개성적인 특징이 있는 형태의 꽃으로 시각적 포인트의 역할을 하는 초점 꽃으로 사용되어 작품을 더욱 돋보이게 한다. 폼 플라워를 많이 사용하면 초점이 분산되어 작품의 시각적 흥미가 떨어진다.

49 건조 소재로서 갖추어야 할 요소로 가장 거리가 먼 것은?
㉮ 기호성
㉯ 희귀성
㉰ 경제성
㉱ 관상 가치

해설 건조화는 디자인 작업이 편리하고 연중 내내 사용이 가능하며 실용적이어야 한다.

50 다음은 화훼 장식의 어떠한 기능을 이용하여 효과를 본 것인가?

A기업의 사장이 사무실 공간에 관엽 식물 화분을 배치한 이후 직원들의 업무 스트레스가 줄어 일의 효율성과 창의성이 높아졌다.

㉮ 장식적 기능
㉯ 심리적 기능
㉰ 경제적 기능
㉱ 교육적 기능

해설 ㉯ 화훼 장식의 심리적 기능 : 자연으로부터의 장식 효과가 안정감을 주고, 쾌적한 환경의 조성은 일의 능률을 높이고 상호 간의 교감을 부드럽게 한다.

51 식물체 내의 수용성 색소의 중요 성분이 아닌 것은?
㉮ 플라보노이드류
㉯ 화청소
㉰ 탄닌
㉱ 카로틴

해설 ㉱ 카로틴은 식물체 내의 유용성 색소군의 대표적인 카로티노이드계이다.

정답 48. ㉰　49. ㉯　50. ㉯　51. ㉱

52 비대칭 균형에 대한 설명으로 틀린 것은?

㉮ 양쪽에 구성되는 소재의 양이 똑같지 않아야만 한다.
㉯ 자연스럽고 비정형적이며 시각적 움직임으로 인한 생동감을 만들어 낸다.
㉰ 다양한 요소가 여러 가지 방법으로 배열되어 있어 오래 흥미를 끈다.
㉱ 중심축을 기준으로 양면에 다른 요소가 배치되지만 동등한 시각적 무게감을 주어야 한다.

해설 비대칭 균형은 중심축 좌우로 각기 다른 형태와 크기가 배치되지만 시각적인 요소가 동등하게 주어지는 균형을 말하며, 자연스럽고 시각적 흥미를 이끌 수 있고 생동감이 있다.

53 색의 대비에 관한 설명으로 옳은 것은?

㉮ 채도 대비는 원근 암시 요소를 포함하고 있다.
㉯ 보색인 두 색이 나란히 있으면 각각의 채도가 더 낮아 보인다.
㉰ 명도 대비는 명도 차가 작을수록 강해진다.
㉱ 청색과 보라색은 노란색과 주황색보다 수축되어 보인다.

해설 ㉮ 채도 대비는 바탕색의 채도에 따라 원색이 선명하거나 탁해 보이는 현상이다.
㉯ 보색 대비는 보색끼리의 배색으로 상대의 색이 더 선명해 보이는 현상으로 한난 대비를 동반하는 경우도 있다.
㉰ 명도 대비는 바탕색의 명도에 따라 원색의 명도가 다르게 보이는 현상으로 어두운 바탕 위의 색이 실제보다 더 밝아 보인다.

54 오스트발트 색체계에 대한 설명으로 옳은 것은?

㉮ 노랑, 빨강, 파랑, 초록을 4원색으로 설정한다.
㉯ 4원색의 사이 색으로 자주, 남보라, 청록, 연두의 네 가지 색을 합하여 8색을 기본으로 하고 있다.
㉰ 8가지 기본색을 각각 3단계씩 나누어 각 색상명 앞에 1, 2, 3 번호를 붙이고 이중 3번이 중심 색상이 되도록 한다.
㉱ 총 28가지 색상으로 이루어진다.

해설 오스트발트 24색상환
노랑, 빨강, 파랑, 초록을 4원색으로 설정하고, 그 사이에 주황, 보라, 청록, 연두의 네 가지 색을 더하여 8색상을 만들고, 이것을 다시 나눠 24색상으로 구성한다.

정답 52. ㉮ 53. ㉱ 54. ㉮

55 매몰 건조 시 주의해야 할 사항으로 적절하지 않은 것은?

㉮ 꽃이 지나치게 개화하기 전에 건조시킬 꽃을 채화해야 한다.
㉯ 건조 전, 꽃에 물방울을 완전히 제거한다.
㉰ 겹꽃의 경우는 꽃잎 사이에 물기가 적당히 있어야 한다.
㉱ 건조될 꽃이 골고루 압력을 받도록 매몰시켜야 한다.

[해설] ㉰ 건조 시 물기가 있으면 안 되고, 겹꽃의 경우에는 더 주의하여 꽃잎 사이의 물기를 제거해 주어야 한다.

56 다음 설명하는 화훼 장식 디자인 원리는?

- 통일과 변화를 조성하는 원리
- 많고 적음, 길고 짧음, 부분과 전체의 차이 비

㉮ 리듬   ㉯ 조화
㉰ 강조   ㉱ 비례

[해설] ㉮ 리듬 : 반복, 연계를 통하여 율동감과 시각적 움직임을 만들어 주는 것이다.
㉯ 조화 : 주어진 환경과 소재와의 어우러짐으로 미적 판단에 의한 감각적 효과로 발휘할 때 일어나는 미적 현상이다.
㉰ 강조 : 초점이나 초점 지역을 두어 작품을 더욱 돋보이게 하는 요소이다.

57 우리나라와 같은 동양권에서 방위를 표시할 때 음양오행설에 따른 오방색으로 표현할 수 있다. 그 연결이 옳은 것은?

㉮ 적 – 북쪽
㉯ 청 – 서쪽
㉰ 황 – 중앙
㉱ 흑 – 남쪽

[해설] 한국의 전통색인 오방색은 음양오행의 우주관에 근거를 두고 있다.
㉮ 적색 – 남쪽 – 여름
㉯ 청색 – 동쪽 – 봄
㉰ 황색 – 중앙
㉱ 흑색 – 북쪽 – 겨울
• 백색 – 서쪽 – 가을

[정답] 55. ㉰   56. ㉱   57. ㉰

58. 영국 조지 왕조 시대에 애용된 노즈게이에 대한 설명으로 틀린 것은?

㉮ 꽃향기는 전염병을 예방해 준다고 믿어 향기가 나는 것으로 만들었다.
㉯ 후에 머리, 목, 허리, 가슴 등의 몸 장식으로 이용되기 시작했다.
㉰ 작은 원형 디자인으로 코누코피아라고 불리기도 하였다.
㉱ 터지머지라고 불리었다.

해설 ㉰ 코누코피아는 풍요의 상징으로 고대 그리스에서 뿔 모양의 용기 안에 꽃과 함께 과일과 채소를 장식하여 사용했다.

59. 이색 3조화에 대한 설명으로 옳은 것은?

㉮ 12개의 색상환에서 1색상씩 건너뛰어 3색이 조화될 수 있게 한다.
㉯ 색상환이 마주 보는 반대쪽에 대립하는 색이다.
㉰ 색상환에서 120° 위치에 있는 색과 함께 조화를 이루는 것이다.
㉱ 유사색 조화보다 좀 더 약한 색채 조화 효과를 얻을 수 있다.

해설 ㉮ 12색상환에서 1칸씩 건너뛰면 4색 조화가 된다. 이색 3조화는 4칸씩 건너뛴 색의 조화이다. ㉯ 색상환에서 마주 보는 반대쪽에 대립하는 색은 보색이고, ㉱ 유사색 조화보다 강렬한 조화 효과를 얻을 수 있다.

60. 식물 염색에 사용하는 방법이 아닌 것은?

㉮ 대량 염색할 때는 염료가 첨가된 물에 식물을 넣고 삶은 후 건조시킨다.
㉯ 염색은 표백 후 하는 것이 좋고, 염료 혼합 시에는 증류수를 사용하는 것이 좋다.
㉰ 염료가 섞여 있는 물에 식물을 꽂아 도관을 통해 물을 흡수시킨다.
㉱ 스프레이 염료는 분무해서 염색시키는 것으로 건조화에서만 가능하다.

해설 ㉱ 스프레이 염료 중에는 생화용 스프레이 염료도 있어 건조화뿐 아니라 생화에도 사용할 수 있다.

정답 58. ㉰ 59. ㉰ 60. ㉱

2012년 4월 8일 시행

1 구근 식물 중에서 인경(Bulb)류에 속하지 않는 것은?
㉮ 아마릴리스   ㉯ 칸나
㉰ 수선   ㉱ 히아신스

해설 ㉯ 칸나는 근경(뿌리줄기)이다.
- 근경(뿌리줄기) : 칸나, 수련, 꽃창포, 은방울꽃 등
- 인경(비늘줄기) : 아마릴리스, 수선, 히아신스, 튤립, 스노드롭, 백합, 프리틸라리아 등

2 화훼 장식에 사용되는 철사에 관한 설명으로 틀린 것은?
㉮ 화훼 장식 디자인에 사용하는 철사는 무게와 지름의 크기에 따라 다양한 규격을 가지고 있다.
㉯ 화훼 장식용 철사는 표준 규격의 수치가 높을수록 철사의 굵기는 굵어진다.
㉰ 너무 굵은 철사를 사용하면 재료를 손상시키고 너무 가는 철사를 사용하면 지지 역할을 제대로 못하게 된다.
㉱ 재료를 받쳐서 제자리에 지탱시킬 수 있는 범위 내에서 가장 가는 철사를 사용하는 것이 좋다.

해설 ㉯ 화훼 장식용 철사는 표준 규격의 수치가 높을수록 철사의 굵기가 얇아진다.

3 화훼의 이용 형태 중에서 생산 화훼에 관한 설명으로 틀린 것은?
㉮ 생산 화훼는 영리를 목적으로 절화, 절엽, 절지, 분화, 종묘, 화단묘, 구근을 생산하고 공급하는 것이다.
㉯ 절엽은 꽃장식에 있어서 배경 식물로 이용하기 위해 잎을 자른 것을 말한다.
㉰ 한국에서는 분화, 종묘, 구근 등의 생산 비율이 높지만 유럽과 미국에서는 절화의 생산 비율이 높은 편이다.
㉱ 분화는 식물체를 용기에 심어서 판매하는 형태로 식물을 기르는 것을 말한다.

해설 생산 화훼(Commercial floriculture)는 영리를 목적으로 절화, 분 식물, 종묘, 구근, 분재 등을 재배·생산하는 것을 말한다. 난류는 대중화되었으며, 새로운 종묘 사업이 해마다 늘어나고 있다.

정답 1. ㉯   2. ㉯   3. ㉰

4 화훼 장식에서 건조용 소재의 설명으로 틀린 것은?

㉮ 국내에서 가장 많이 이용된 건조 소재는 다래 덩굴이다.
㉯ 건조화는 꽃에만 국한되지 않고 꽃, 잎, 줄기, 뿌리, 나무껍질, 버섯, 이끼 등이 이용되고 있다.
㉰ 수분이 적고 꽃잎과 줄기가 딱딱하여 건조 후 변형이 잘되지 않는 절화를 채집한다.
㉱ 홍화, 밀, 양귀비는 열매를 건조 소재로 이용한다.

해설 ㉱ 홍화는 꽃, 밀은 이삭, 양귀비는 종자와 열매를 건조 소재로 이용한다.

---

5 다음 절화의 형태 분류 중 필러 플라워(Filler flower)에 속하지 않는 것은?

㉮ 카스피아
㉯ 안개초
㉰ 공작초
㉱ 안수리움

해설 필러 플라워는 자잘한 꽃들이 밀집되게 붙어 있는 꽃으로 공간을 메우거나 연결해 주고 율동감을 주며 색감을 부드럽게 해 주는 역할을 한다.
㉱ 안수리움은 크고 개성적 특징이 있는 형태 꽃인 폼 플라워(Form flower)이다.

---

6 뿌리의 형태와 기능에 관한 설명으로 틀린 것은?

㉮ 뿌리는 수염뿌리와 덩이뿌리로 나눌 수 있다.
㉯ 뿌리에서 흡수된 양수분은 목부를 통해 줄기와 잎으로 운반된다.
㉰ 체관은 양분을 잎에서 뿌리로 수송한다.
㉱ 괴경은 뿌리가 비대하여 양분의 저장 기관으로 변태한 것이다.

해설 ㉱ 괴경(덩이줄기)은 땅속에 있는 줄기가 비대해져 알뿌리 모양으로 된 것으로 칼라, 칼라디움, 아네모네, 시클라멘 등이 이에 속한다.

---

7 다음 중 아스파라거스(Asparagus)속이 아닌 식물의 종(種)명은?

㉮ myriocladus
㉯ sprengeri
㉰ meyerii
㉱ comosum

해설 ㉱ 코모숨(comosum)은 접란속(Chlorophytum)인 접란의 종명이다. 접란의 학명은 *Chlorophytum comosum* (Thunb.) Baker이다.

정답 4. ㉱　5. ㉱　6. ㉱　7. ㉱

8 생산 화훼의 용도별 분류와 그에 사용되는 식물의 연결로 옳지 않은 것은?

㉮ 절화 – 스마일락스, 글라디올러스
㉯ 절엽 – 동백, 몬스테라
㉰ 절지 – 조팝나무, 개나리
㉱ 분화 – 포인세티아, 아잘레아

해설 ㉮의 스마일락스는 절화용이 아닌 절엽용 소재로 쓰인다.

생산 화훼의 용도별 분류
- 절화 : 꽃을 관상할 목적으로 자른 식물. 예 장미, 튤립, 카네이션, 수국, 작약 등
- 절엽 : 잎을 관상할 목적으로 자른 식물. 예 아이비, 엽란, 네프로레피스, 몬스테라 등
- 절지 : 나뭇가지 상태로 자른 식물. 예 용버들(곱슬버들), 다래 덩굴, 조팝나무, 화살나무 등
- 분화 : 화분 상태로 유통되는 뿌리가 있는 식물. 예 행운목, 안수리움, 다육 식물, 허브류 등

이외에도 정원용, 건조 소재 등이 있다.

9 다음 중 붉은 줄기를 소재(素材)로 이용하는 식물로 가장 적당한 것은?

㉮ 미국미역취(*Solidago serotina* Ait)
㉯ 흰말채나무(*Cornus alba* L.)
㉰ 글라디올러스(*Gladiolus grandavensis* Van Houtte)
㉱ 스톡(*Mathiola incana* R. Br.)

해설 ㉯ 5~6월경 하얀 꽃이 피어 흰말채나무라고 하며, 줄기가 붉은색이라 홍서목(紅瑞木)이라고도 한다.

10 공간 연출을 위한 디자인 과정으로 옳은 것은?

㉮ 기획 – 조사 분석 – 구상 – 계획 – 시공 – 관리
㉯ 조사 분석 – 기획 – 계획 – 구상 – 시공 – 관리
㉰ 계획 – 기획 – 구상 – 조사 분석 – 시공 – 관리
㉱ 구상 – 기획 – 계획 – 조사 분석 – 시공 – 관리

해설 ㉮ 공간 연출을 위한 디자인 과정은 기획 → 조사 분석 → 구상 → 계획 → 시공 → 관리의 순서로 해야 한다.

정답 8. ㉮ 9. ㉯ 10. ㉮

11. 다음 중 화훼의 특징을 잘못 설명한 것은?
㉮ 높은 재배 기술이 필요한 작물이다.
㉯ 국제성이 상당히 높은 작물이다.
㉰ 대표적인 분산 작물이다.
㉱ 종과 품종이 많고 다양하다.

해설 ㉰ 화훼 작물은 대표적인 토지, 노동, 자본의 집약 작물이다.

12. 다음 중 잎의 착생 양식이 대생(對生)하는 식물이 아닌 것은?
㉮ 개나리 ㉯ 거베라
㉰ 숙근 안개초 ㉱ 용담

해설 대생(마주나기)은 줄기의 마디에 잎이 두 장씩 마주 붙어 나는 엽서로 개나리, 소철, 용담, 숙근 안개초, 카네이션, 아카시아나무 등이 있다.
㉯ 거베라는 근생으로 뿌리 윗부분의 지상부에서 잎들이 모여나는 엽서이다.

13. 다음 중 일반적으로 열매가 자주색으로 나타나는 식물은?
㉮ 피라칸타 ㉯ 백량금
㉰ 남천 ㉱ 좀작살나무

해설 ㉱ 좀작살나무의 열매는 핵과로 10월에 진한 자주색으로 익으며 둥근 모양이다.
㉮ 피라칸타, ㉯ 백량금, ㉰ 남천의 열매는 붉은색이다.

14. 동양식 꽃꽂이를 위한 화기의 크기가 너비 40cm × 높이 5cm일 때, 제1주지의 표준 길이로 가장 적합한 것은?
㉮ 약 30~40cm ㉯ 약 45~65cm
㉰ 약 70~90cm ㉱ 약 95~105cm

해설 동양 꽃꽂이 주지의 길이
- 1주지 : 화기의 크기(가로+세로)의 1.5~2배
- 2주지 : 1주지의 3/4
- 3주지 : 2주지의 3/4

정답 11. ㉰ 12. ㉯ 13. ㉱ 14. ㉰

15. 생화인 절화 줄기의 고정 방법이 아닌 것은?
㉮ 격자(Grid)
㉯ 침봉
㉰ 글루포트
㉱ 철망

해설 ㉰ 글루포트는 실리콘 접착제인 글루를 녹여 찍어서 사용하는 용기이며, 글루건에 비해 여럿이 쓰기에 좋다.

16. 다음 중 선인장에 속하지 않는 것은?
㉮ 네펜테스
㉯ 금호
㉰ 월하미인
㉱ 비모란

해설 ㉮ 네펜테스는 벌레잡이풀과의 식충 식물이다.

17. 테라리움에 대한 설명으로 옳지 않은 것은?
㉮ 라틴어의 Terra(흙)와 Arium(작은 용기)의 합성어에서 그 용어가 유래되었다.
㉯ 밀폐된 투명한 작은 용기 속에 흙을 채우고 각종 식물을 배치하여 기르면서 감상하는 원예 활동을 말한다.
㉰ 주로 건조한 환경을 좋아하는 식물, 온도 변화에 민감하지 않고 잘 견디는 식물이 적합하다.
㉱ 바닥에 물이 흐르지 않기 때문에 인테리어 효과가 뛰어나다.

해설 ㉰ 테라리움은 밀폐된 투명 용기에 꾸며진 축소된 정원이다. 빛, 수분, 공기의 순환 원리에 따라 식물이 생장하는 장식물로 잦은 관수는 과습되기 쉬우므로 주의해야 한다. 습한 환경을 좋아하고 온도 변화에 민감하지 않고 잘 견디는 식물이 적합하다.

18. 절화의 물올림 방법으로 적절하지 않은 것은?
㉮ 물속에서 재절단하며, 재절단 시 가위보다 예리한 칼을 사용한다.
㉯ 같은 종 또는 같은 품종 단위로 동일한 용기에 넣고 물올림시킨다.
㉰ 유액이 나오는 줄기는 재절단 후 끓는 물에 수초간 담근다.
㉱ 수분 흡수를 좋게 하기 위해서 줄기 기부를 수평으로 절단한다.

해설 ㉱ 줄기 기부를 사선을 절단해야 흡수 면적이 넓어져 물올림에 좋다.

정답 15. ㉰ 16. ㉮ 17. ㉰ 18. ㉱

19 압화의 재료로 사용하기 어려운 꽃은?
㉮ 주름이 많은 꽃
㉯ 색이 선명한 꽃
㉰ 꽃잎의 수분 함량이 적은 꽃
㉱ 구조가 간단하고 꽃잎이 작은 꽃

해설 압화의 소재는 색이 선명하고 변화가 많은 꽃, 구조가 단순하고 꽃잎이 작으며 겹치지 않는 꽃, 두껍지 않고 주름이 적으며 수분 함량이 적은 꽃이 적당하다.

20 식물의 생장 형태 혹은 앞으로 생장하게 될 형태를 사실적으로 표현하는 조형 형태로 옳은 것은?
㉮ 식생적 구성   ㉯ 장식적 구성
㉰ 형-선적 구성   ㉱ 도형적 구성

해설 ㉮ 식생적 구성은 식물이 자연 속에서 자라나고 있는 모습을 부분 또는 전체적으로 표현한 것으로 식물이 자라나는 것같이 식생적 관점에서 생육 환경을 고려하여 구성하는 방법이다.

21 에틸렌 발생의 요인으로 거리가 먼 것은?
㉮ 시든 절화   ㉯ 익어 가는 과일
㉰ 질병에 감염된 분 식물   ㉱ 저온

해설 에틸렌 발생 억제 방법 : 저온 유지, 노화된 식물과 숙성된 과일 제거, 미생물과 곰팡이 제거, 환기를 통한 에틸렌 제거, 에틸렌 억제제 사용

22 웨딩 부케를 제작할 때 가장 중요하게 고려해야 할 사항은?
㉮ 신부이므로 화려하게 제작하는 것이 원칙이다.
㉯ 가볍고 들기 쉽게 만들어야 한다.
㉰ 멋스럽고 크게 만드는 것이 좋다.
㉱ 신부의 체형보다도 예식장 전체 분위기에 맞게 하는 것이 좋다.

해설 웨딩 부케는 신부가 들기에 무겁지 않고 결혼식이 끝날 때까지 신선도가 유지되어야 하며, 신부의 취향과 체형, 드레스, 예식장 분위기에 맞게 견고하게 제작되어야 한다.

정답 19. ㉮   20. ㉮   21. ㉱   22. ㉯

23 주간 온도가 16°C, 야간 온도가 23°C일 때의 DIF값은?

㉮ +39 ㉯ +7
㉰ −7 ㉱ −39

해설 주야간 온도차를 나타내는 DIF는 '주간 온도 − 야간 온도'로 계산하며 주간 온도가 야간 온도보다 높을 때는 +, 낮을 때는 −로 표시한다.
㉰ 주간 온도(16)가 야간 온도(26)보다 7이 낮으므로 −7이다.

24 수직적인 디자인의 주소재로 가장 어울리는 것은?

㉮ 스킨답서스
㉯ 개나리
㉰ 말채
㉱ 스마일락스

해설 수직적 디자인은 곧고 솟아오르는 이미지를 가진 소재가 어울린다.
㉮ 스킨답서스와 ㉱ 스마일락스는 덩굴성 식물이고, ㉯ 개나리는 늘어지는 소재이다.

25 액체 글리세린 건조법에 대한 설명으로 틀린 것은?

㉮ 건조된 재료의 저장에 폴리에틸렌 필름을 사용한다.
㉯ 수분이 글리세린으로 교환되어 좋은 질감과 유연함을 갖는다.
㉰ 수분 흡수 능력이 있는 계절에 이용 가능하다.
㉱ 글리세린의 농도와 처리 시간에 따라서 색깔에 차이가 있다.

해설 글리세린 건조법은 글리세린을 흡수시킴으로 유연성을 증대시켜 잘 부서지는 단점을 보완할 수 있는 방법으로 수확 후 즉시 처리하는 것이 좋으며, 주로 잎 소재의 건조에 많이 사용된다.

26 콜라주(Collage)에 대한 설명으로 틀린 것은?

㉮ 20세기에 등장한 독특한 시각 예술이다.
㉯ 평면적 구성이다.
㉰ 천, 금속, 돌 등의 재료를 붙여서 구성하는 표현 기법 중 하나이다.
㉱ 벽장식(Wall decoration)으로만 이용한다.

해설 ㉱ 콜라주 기법을 이용하여 벽장식 외에도 다양한 장식물을 제작할 수 있다.

정답 23. ㉰ 24. ㉰ 25. ㉮ 26. ㉱

27 진주암을 1000°C 정도의 고온에서 가열한 무균 인조 토양으로 공극량이 많은 토양은?

㉮ 피트모스
㉯ 질석
㉰ 펄라이트
㉱ 훈탄

해설 ㉮ 피트모스 : 초본 식물, 특히 수태가 퇴적하여 분해되지 않고 탄화된 상태로 쌓여 있는 것을 말하며 보수성, 보비력이 좋은 산성 토양이다.
㉯ 질석 : 버미큘라이트라고 하며, 질석을 고온에서 팽창시킨 것으로 가볍고 보수력, 보비력이 좋은 무균 상태의 인공 토양이다.
㉱ 훈탄 : 왕겨를 탄화한 것으로 미세 공극이 많은 무균 상태의 토양이다.

28 시큐어링(Securing) 기법을 바르게 설명한 것은?

㉮ 사용한 철사가 약하거나 짧을 때 더욱 단단하게 보강하기 위해 사용하는 방법
㉯ 꽃의 약한 줄기를 보강해 주거나 줄기를 구부릴 때 그 줄기를 보강하기 위해 사용하는 방법
㉰ 와이어 줄기를 한 개로 하는 방법으로 굵은 와이어의 끝을 갈고리 모양으로 구부려서 줄기에 따라 감아 내린 방법
㉱ 씨방이나 꽃받침 부분의 줄기에 철사를 직각이 되게 찔러 넣고 두 가닥이 되게 구부리는 방법

해설 ㉮ 익스텐션, ㉰ 후킹, ㉱ 피어싱 기법이다.

29 현대의 꽃꽂이에 대한 설명으로 옳은 것은?

㉮ 일제 시대의 잔재로 전통 꽃꽂이가 계승되지 못했던 시절이 있었다.
㉯ 세계화의 추세로 전통적인 꽃꽂이가 완전히 없어졌다.
㉰ 서양식 디자인의 도입으로 소재는 다양해졌으나 형태적인 다양성을 이루지 못하고 있다.
㉱ 오늘날의 화훼 장식은 실용적인 의미보다는 화도(花道)로서의 의미가 더 크다.

해설 전통적인 꽃꽂이는 일제의 잔재로 계승되지 못했던 시절이 있었으나 현대에도 계승되어 오고 있으며, 서양 디자인으로부터 다양한 소재와 형태가 도입되었고, 오늘날에는 화도로서의 의미보다 실용적인 화훼 장식이 이용되고 있다.

정답 27. ㉰   28. ㉯   29. ㉮

30. 절화 장식에 속하는 것은?
㉮ 콜라주(Collage)
㉯ 테라리움(Terrarium)
㉰ 디시 가든(Dish garden)
㉱ 비바리움(Vivarium)

해설 ㉯ 테라리움, ㉰ 디시 가든, ㉱ 비바리움은 대표적인 분 식물 장식이다.

31. 화훼류의 개화 조절 방법에 속하지 않는 것은?
㉮ 춘화 처리
㉯ 생장 조절제 처리
㉰ 전조 또는 차광
㉱ 멀칭(Mulching)

해설 ㉱ 멀칭은 작물을 재배할 때 토양의 표면을 덮어 주는 것으로 잎이나 줄기, 짚, 기타 유기물이나 폴리에틸렌 필름 등을 지상에 덮어 우적 침식을 방지하고 토양 수분 보존, 온도 조절, 표면 고결 억제, 잡초 방지, 유익한 박테리아의 번식 촉진 등의 효과를 얻는 방법이다.

32. 분 식물의 용기에 대한 설명으로 틀린 것은?
㉮ 용기는 배수구가 있는 것이 관수, 관리하기 용이하다.
㉯ 일반적으로 키가 큰 식물은 낮고 넓은 용기가 적절하다.
㉰ 배수구가 있는 용기는 물받침이 충분하지 않으면 바닥에 물이 넘칠 수 있어 주의한다.
㉱ 배수구가 없는 용기는 관찰용 파이프를 묻어 용기 바닥의 물을 관찰해 준다.

해설 분 식물의 용기는 식물의 뿌리 발달, 식물체 지지, 관수나 배수에 용이한 것이 좋다.
㉯ 일반적으로 키가 큰 식물은 깊이 있는 용기가 적절하다.

33. 고전적 형태의 하나로 양끝이 서로 이어지려는 듯이 곡선과 공간의 균형이 아름다우며 동적인 느낌을 주는 디자인은?
㉮ 나선형
㉯ 초승달형
㉰ 수직형
㉱ 둥근형

해설 ㉯ 초승달형은 양끝이 서로 이어질 듯한 아름다운 곡선이 돋보이는 형태로 3 : 5 : 8의 황금 비율이 가장 적합한 형태이며 동적인 느낌을 준다.

정답 30. ㉮ 31. ㉱ 32. ㉯ 33. ㉯

34 하나로 묶어서 결합시키는 기법이 아닌 것은?
㉮ 바인딩(Binding)
㉯ 래핑(Wrapping)
㉰ 그루핑(Grouping)
㉱ 밴딩(Banding)

해설 ㉰ 그루핑은 동일 소재나 유사한 소재들을 모아 꽂아 주는 공간 유지 기법이다.

35 자연 줄기 그대로를 표현해서 꽃다발을 연상하게 만든 꽃꽂이 형태는?
㉮ L자형
㉯ 스프레이형
㉰ 크레센트형
㉱ 패럴렐 스트라우스

해설 ㉯ 스프레이형은 바구니나 용기 위에 꽃다발을 얹은 것처럼 줄기와 꽃이 자연스럽게 연결되게 양쪽에서 연결해서 구성하는 디자인이다.

36 다음 중 굴지성이 가장 잘 나타나는 절화는?
㉮ 스프레이 국화
㉯ 거베라
㉰ 글라디올러스
㉱ 장미

해설 굴지성이란 식물이 중력에 반응해 줄기는 광합성을 위해 위로, 뿌리는 영양분 흡수를 위해 밑으로 자라는 현상을 말하며 글라디올러스, 스톡, 금어초 등이 굴지성이 잘 나타나는 절화이다.

37 분 식물 장식에 대한 설명으로 틀린 것은?
㉮ 테라리움(Terrarium)은 밀폐된 용기 속에 식물을 심고 연못을 만들어 거북이나 물고기를 넣어 키우는 것이다.
㉯ 디시 가든(Dish garden)은 용기에 키가 작고 생육 속도가 느린 식물을 심는 분 식물 장식이다.
㉰ 걸이 분(Hanging basket)은 바구니를 비롯한 가벼운 용기에 식물을 심어 매달아 키우는 형태이다.
㉱ 수경 재배(Hydro culture)는 토양 대신 식물을 지지할 수 있는 배지와 물을 넣어 재배하는 것을 말한다.

해설 ㉮는 아쿠아리움에 대한 설명이다.

정답 34. ㉰ 35. ㉯ 36. ㉰ 37. ㉮

38 식물 소재의 손질 방법으로 틀린 것은?

㉮ 구입한 절화 소재에서 시들거나 손상된 부위의 꽃잎과 잎은 제거하고 잎이 너무 무성하면 솎아 준다.
㉯ 절화 줄기나 나뭇가지 아랫부분의 잎은 깨끗하게 제거한다.
㉰ 비슷한 길이의 서로 평행으로 자란 나뭇가지는 모양이 좋으므로 가지를 자르지 않고 잘 살리는 것이 좋다.
㉱ 대칭으로 자란 잔가지는 번갈아 쳐내어 공간을 살리는 것이 좋다.

해설 ㉰ 가지치기를 하여 공간을 만들어 주어야 가지의 평행선도 명확하게 표현된다.

39 토양의 수분 항수와 관련하여 수분이 포화된 상태의 토양에서 증발을 방지하면서 중력수를 완전히 배제하고 남은 수분 상태를 무엇이라고 하나?

㉮ 최대 용수량
㉯ 포장 용수량
㉰ 초기 위조점
㉱ 영구 위조점

해설 ㉮ 최대 용수량 : 부피의 토양이 담을 수 있는 물의 최대량
㉰ 초기 위조점 : 생육이 정지하고 하엽이 위조하기 시작하는 토양의 수분 상태
㉱ 영구 위조점 : 토양의 수분이 감소되면, 습도로 포화된 공기 중에 놓아도 시든 식물은 회복되지 못하게 되는데 이때의 수분량을 말한다.

40 간단한 가족 모임을 위해 꽃을 꽂으려 한다. 장식물을 식탁 위에 둔다면 다음 중 어느 형태로 계획하는 것이 가장 적합한가?

㉮ 피닉스형
㉯ 피라미드형
㉰ 수평형
㉱ 부채형

해설 ㉰ 테이블 센터피스로는 시야를 가리지 않는 수평형이 많이 사용된다.

41 다음 중 비대칭적인 균형을 가장 효과적으로 나타낼 수 있는 디자인은?

㉮ 라운드
㉯ 초승달형
㉰ 원추형
㉱ 다이아몬드형

해설 ㉮ 라운드, ㉰ 원추형, ㉱ 다이아몬드형은 대칭 균형의 디자인이다.

정답 38. ㉰ 39. ㉯ 40. ㉰ 41. ㉯

42 볏단, 밀짚다발, 옥수숫대 등을 이용하여 같은 재료 또는 비슷한 재료를 단단히 묶는 기법은?
㉮ 조닝(Zoning) ㉯ 시퀀싱(Sequencing)
㉰ 번들링(Bundling) ㉱ 테라싱(Terracing)

해설 ㉮ 조닝 : 동일 소재나 유사 소재들을 일정 지역에 모아 구역화하는 방법
㉯ 시퀀싱 : 차례 기법. 그러데이션, 크기, 색상, 높이를 점차적으로 변화시킴으로 시각적 효과를 주는 방법
㉱ 테라싱 : 계단 느낌으로 유사 소재들을 수평, 앞뒤로 쌓아 올리는 방법

43 줄기를 나선상으로 조합하여 둥근형으로 만드는 신부화는?
㉮ 캐스케이드 부케 ㉯ 바스켓 부케
㉰ 비더마이어 부케 ㉱ 트라이앵글러 부케

해설 ㉮ 캐스케이드 부케 : 폭포수처럼 꽃이나 잎을 자연스럽게 흘러내리도록 구성하는 부케
㉯ 바스켓 부케 : 바구니 또는 바구니 모양의 용기에 꽃이 넘쳐흐르는 것처럼 구성하는 부케
㉱ 트라이앵글러 부케 : 원형을 중심으로 양쪽에 갈런드를 붙여 비대칭 삼각형의 형태로 구성하는 부케

44 검정색과 노란색을 사용하는 교통 표지판은 색채의 어떠한 특성을 이용한 것인가?
㉮ 색채의 연상 ㉯ 색채의 이미지
㉰ 색채의 명시성 ㉱ 색채의 심리

해설 ㉰ 명시성은 물체의 색이 얼마나 뚜렷하게 보이는지를 나타내는 정도로 명시성을 높이려면 명도 차를 두어 배색한다. 명시성이 가장 높은 배색은 노란색 배경에 검정색 글씨이다.

45 황금 비율을 가장 바르게 나열한 것은?
㉮ 8 : 4 : 1 ㉯ 8 : 5 : 1
㉰ 8 : 5 : 3 ㉱ 8 : 6 : 3

해설 황금 비율은 3 : 5 : 8 : 13 : 21…, 부분과 부분, 전체와 부분의 상호 비율로 연속적인 분할이다.

정답 42. ㉰ 43. ㉰ 44. ㉰ 45. ㉰

46 다음과 같은 고려 사항이 요구되는 화훼 장식의 조형 형태는?

> • 세 개의 서로 다른 크기의 그룹(주, 역, 부)으로 구성되는 비대칭적 질서가 일반적이다.
> • 자연에서 보듯 생장점(출발점)이 종종 화기 안에서 한 점 또는 그 이상 있는 듯이 보인다.
> • 꽃의 가치 효과와 운동성, 색상, 용기 선택 등을 고려해야 한다.

㉮ 식생적(Vegetative) 구성   ㉯ 장식적(Decorative) 구성
㉰ 형-선적(Fomal-linear) 구성   ㉱ 병행적(Parallel) 구성

해설 ㉯ 장식적 구성 : 식물의 자연 질서와는 관계없는 인위적 구성 방법으로 전체가 한 무리가 되어 형태를 표현하는 것에 중점을 두는 구성 방법이다.
㉰ 형-선적 구성 : 식물이 갖고 있는 형태와 선을 살려 명확하게 표현하는 방법으로 소재의 양을 최소한으로 억제하고 강한 대비를 주어 긴장감을 표현한다.
㉱ 병행적 구성 : 꽃 소재를 서로 평행으로 배치하여 구성하는 방법으로 복수 초점, 복수 생장점을 갖는다.

47 화훼 장식 정의와 가장 거리가 먼 것은?

㉮ 식물을 주소재로 시간, 장소, 목적에 적합한 아름다운 조형물을 설치하는 것이다.
㉯ 화훼 장식의 넓은 의미는 화훼 장식물을 유지 및 관리하는 영역도 포함된다.
㉰ 식물에 인간의 창의력이 첨가된 조형 예술이다.
㉱ 화훼 장식은 식물 생명의 유한성이 배제된 조형 예술이다.

해설 화훼 장식은 화훼 식물인 초본, 목본 식물을 주소재로 시간, 장소, 목적에 맞게 디자인의 요소와 원리를 적용하여 공간의 기능과 미적 효율성을 높여 주는 장식물을 제작하거나 설치, 유지, 관리하는 것을 말한다.

48 다음 중 상대적으로 깊이감(Depth)이 덜 요구되는 기법은?

㉮ 섀도잉 기법
㉯ 그루핑 기법
㉰ 파베 기법
㉱ 테라싱 기법

해설 ㉰ 파베 기법은 보석을 박듯이 촘촘하게 줄기의 느낌이 없이 꽂아 주는 방법으로 깊이감은 거의 느껴지지 않는다.

정답 46. ㉮   47. ㉱   48. ㉰

49 절화 보존 용액의 효과로 거리가 먼 것은?

㉮ 절화의 관상 기간을 연장시킨다.
㉯ 절화의 물올림을 원활하게 해 준다.
㉰ 조기 채화된 봉오리의 개화를 돕는다.
㉱ 절화의 색상과 향기를 증진시킨다.

해설 절화 보존제는 절화의 노화를 지연시키고 수명을 연장하는 역할을 하며, 구성 성분으로는 당, 살균제, 에틸렌 억제제, 생장 조절 물질 이외에 구연산, 아스코르브산, 황산, 칼슘 등이 있다. 이중 당은 가장 효과적인 에너지원으로 기공의 기능성을 높여 주고 꽃잎의 세포 팽압을 유지하며 화색을 선명하게 하여 엽록소의 분해 억제, 봉오리의 개화에 영향을 주지만 향기를 증진시키지는 않는다.

50 화훼 장식 소재와 표면 구조의 특성으로 옳게 짝지어진 것은?

㉮ 안수리움 – 나무와 같은
㉯ 팬지 – 금속과 같은
㉰ 클레마티스 열매 – 솜털 같은
㉱ 아킬레아 – 실크와 같은

해설 ㉮ 안수리움 : 금속과 같은 질감
㉯ 팬지 : 벨벳과 같은 질감
㉱ 아킬레아 : 거친 질감

51 우리나라 분 식물 장식의 역사로 틀린 것은?

㉮ 문인, 문객들의 문집에 수록된 시에서 그 흔적을 찾아볼 수 있다.
㉯ 고려 말기의 자수 병풍에서 분 식물을 찾아볼 수 있다.
㉰ 한국의 전통적인 분 식물은 매화나무나 소나무 등 자생 목본 식물이 주종을 이룬다.
㉱ 홍만선의 산림경제에는 노송을 비롯한 만년송 등에 대한 내용을 수록하고, 어울리는 수형과 분토에 이끼를 생겨나게 하는 요령 등이 자세히 소개되어 있다.

해설 ㉱ 산림경제는 조선 숙종 때 홍만선이 쓴 책으로 종자를 심는 시기, 토양 조건, 원예 작물과 나무의 재배법, 화목을 가꾸는 법 등이 자세히 소개되어 있다.

정답 49. ㉱ 50. ㉰ 51. ㉱

52 화훼 장식의 주재료인 생화는 지속 시간이 짧은 단점을 가지고 있다. 이 단점을 보완할 수 있는 것은?
㉮ 콜라주 ㉯ 종이
㉰ 건조화 ㉱ 염색화

해설 ㉰ 건조화는 디자인 작업이 편리하고 연중 내내 사용이 가능하여 실용적인 면이 있다. 그러나 처리 방법에 따라 형태, 색상 등의 품질 차이가 있어 재료에 따라 바른 건조 방법과 보관 방법을 알아야 한다.

53 유럽의 절화 장식에서 꽃의 자연 건조나 누름 건조, 꽃그림 그리기, 조개, 왁스, 깃털, 구슬 등으로 조화를 만드는 기술이 교육되었던 시기로 옳은 것은?
㉮ 르네상스 시대 ㉯ 빅토리아 시대
㉰ 바로크 시대 ㉱ 영국 조지 시대

해설 ㉯ 빅토리아 시대는 꽃과 식물, 원예가 대단히 번성했던 시기로 플라워 디자인이 예술로 자리 잡았고, 전문 서적과 잡지가 출간되어 플라워 디자인의 규칙이 연구되고 처음으로 확립된 시기이며, 드라이플라워와 아트플라워, 프레스플라워가 제작되었고 포지 홀더가 등장하였다.

54 디자인에 대한 설명으로 옳은 것은?
㉮ 빨간색 장미와 주황색 극락조화를 오렌지색 화기에 디자인하면 분열 보색 조화를 꾀할 수 있다.
㉯ 디자인의 주류를 이루는 색에 대립되는 색을 사용하여 강렬한 느낌을 줄 수 있는데, 이때 대립되는 색의 분량이 주조색만큼 되어야 그 효과를 볼 수 있다.
㉰ 식물을 이용한 질감의 변화는 빛과 그림자를 혼합하면서 디자인에 변화와 깊이를 부여한다.
㉱ 비슷한 질감의 소재를 적절히 혼합하여 조화를 얻을 수 있고, 다양한 질감, 상반되는 질감을 배열하여 통일감을 얻을 수 있다.

해설 ㉮ 빨강과 주황은 유사색 조화를 꾀할 수 있다.
㉯ 주조색은 배색의 기본이 되는 색으로 약 60~70% 면적을 차지하는 가장 넓은 부분의 색을 말하며 대립되는 색의 분량은 주조색보다 적어야 효과를 볼 수 있다.
㉱ 다양한 질감, 상반되는 질감을 배열하면 대비 효과를 얻을 수 있다.

정답 52. ㉰ 53. ㉯ 54. ㉰

55 건조화에 대한 설명으로 틀린 것은?

㉮ 전시 방법, 장소, 위치에 덜 구애받는다.
㉯ 쉽게 부패되는 소재는 방부제 처리를 해 준다.
㉰ 꽃이 만개하였을 때 건조하는 것이 효과적이다.
㉱ 보관 시에는 햇빛을 적게 받는 곳에 둔다.

해설 ㉰ 보편적으로 건조하면서 개화가 진행되기도 하므로 활짝 피기 전의 개화 정도에 건조하는 것이 효과적이다.

56 건조화가 최적의 소재가 되기 위한 특성이 아닌 것은?

㉮ 유연성이 있어야 한다.
㉯ 지속성이 있어야 한다.
㉰ 원하는 색을 유지해야 한다.
㉱ 건조나 가공 후 변형이 있어야 한다.

해설 ㉱ 건조나 가공 후 부서짐 등의 변형이 없어야 하며, 유연성과 지속성이 있고, 선명한 색상을 유지하는 것이 좋다.

57 리듬을 만드는 방법에 해당하지 않는 것은?

㉮ 색의 규칙적인 반복 사용
㉯ 같은 형태의 꽃을 반복 사용
㉰ 색의 연계(Transition)
㉱ 이질적인 색을 동일 양으로 사용

해설 리듬은 선, 형태, 색, 질감, 밀도의 반복이나 연계성으로 율동을 느끼게 하여 작품에 활력을 불어넣어 주는 역할을 한다.

58 화훼 장식 디자인에 이용되는 3가지 선의 분류에 해당하지 않는 것은?

㉮ 실제적 선(Actual line)   ㉯ 함축된 선(Implied line)
㉰ 정적인 선(Static line)   ㉱ 심적인 선(Psychic line)

해설 ㉰ 정적인 선은 동적인 선과 함께 움직임에 관한 선의 성질에 해당한다.

정답 55. ㉰   56. ㉱   57. ㉱   58. ㉰

59 다음 설명은 화훼 장식의 기능 중 어느 부분에 속하는가?

> 공기 중의 오염 물질을 흡수하여 공기를 정화시키며, 수분을 방출하여 습도를 조절해 주고, 전자파 차단과 방음 효과가 있다.

㉮ 치료적 기능 ㉯ 심리적 기능
㉰ 환경적 기능 ㉱ 건축적 기능

해설 ㉰ 환경적 기능 : 공기 정화, 온도 조절, 습도 유지, 공기 중 오염 물질 제거, 음이온 발생 효과

60 다음 색상환에서 유사 색상 배색을 나타낸 것은?

㉮ 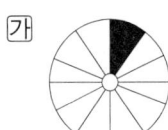 ㉯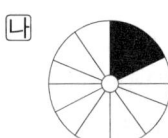

㉰ 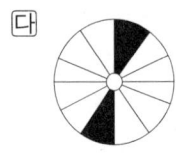 ㉱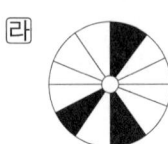

해설 유사 색상 배색은 색상환에서 한 색의 양옆에 위치한 두 색을 함께 배색하는 방법이다.
㉮ 단일색 배색, ㉰ 보색 배색, ㉱ 인접 보색 배색

정답 59. ㉰ 60. ㉯

2012년 7월 22일 시행

1 다음 괄호 안에 들어갈 표기가 바르게 나열된 것은?

학명 = (ㄱ) – (ㄴ) – (ㄷ)

	ㄱ	ㄴ	ㄷ
㉮	종명	– 속명	– 명명자
㉯	속명	– 종명	– 명명자
㉰	종명	– 명명자	– 속명
㉱	명명자	– 속명	– 종명

해설 ㉯ 학명은 이명법에 따라 속명 + 종명 + 명명자 순서로 표기한다.

2 다음 중 화훼 식물의 정의로 가장 알맞은 것은?
㉮ 아름다운 꽃을 의미한다.
㉯ 꽃과 화목류를 의미한다.
㉰ 꽃과 풀 그리고 나무를 의미한다.
㉱ 아름다운 꽃과 열매 등 미적인 관상을 목적으로 기르는 식물이다.

해설 ㉱ 화훼는 관상을 목적으로 화초와 화목을 집약적이고 기술적으로 재배하는 것을 말한다.

3 다음 중 관엽 식물에 대한 설명으로 틀린 것은?
㉮ 대부분 열대 및 아열대 원산의 사철 푸른 식물이다.
㉯ 그늘에 약하며 높은 습도를 싫어한다.
㉰ 잎의 모양이나 색을 감상하는 식물이다.
㉱ 페페로미아(Peperomia), 칼라데아(Calathea), 몬스테라(Monstera) 등이 이에 속한다.

해설 관엽 식물은 열대, 아열대 원산으로 아름다운 잎을 관상하기 위한 식물로 내음성이 강한 음생 식물이 많아 실내 관상용으로 적합하다. 건조에 약하고 많은 수분을 요구하며 저온에 약하여 실외 월동용으로는 부적합하다.

정답 1. ㉯ 2. ㉱ 3. ㉯

4 다음 그림의 형태로 작품을 구성할 경우 ①~⑦의 위치에 외각선을 표현하기에 가장 적합한 소재는?

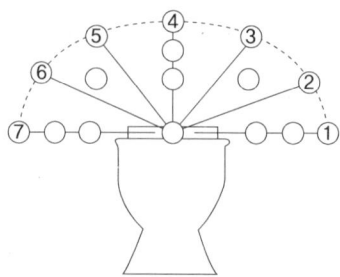

㉮ 스프레이 카네이션 ㉯ 스프레이 장미
㉰ 리아트리스 ㉱ 나리

해설 디자인의 골격과 윤곽을 잡거나 위로 뻗어 나가는 표현에 이용되는 선의 꽃에는 리아트리스, 글라디올러스, 금어초, 스톡 등이 있다.

5 다음 재료 중 디자인의 형태를 고려해 표현할 경우, 다양한 형태의 조형이 어려워 제약이 많이 따르는 것은?
㉮ 철망 ㉯ 격자
㉰ 침봉 ㉱ 플로럴 폼

해설 ㉰ 동양 꽃꽂이에서 가지나 줄기를 꽂아 고정해 주는 역할을 하는 침봉은 다양한 디자인 형태에 사용하기는 어렵다.

6 다음 중 절화와 절엽 등을 길게 엮은 장식물로 길고 유연성이 있어 어깨에 걸치거나 기둥의 둘레를 감거나 난간, 문 등을 장식할 수 있는 것은?
㉮ 리스 ㉯ 형상물
㉰ 갈런드 ㉱ 콜라주

해설 ㉮ 리스 : 원형 고리 모양의 장식물로 영원불멸성을 상징한다.
㉯ 형상물 : 어떠한 형상을 본떠 만든 장식물이다.
㉱ 콜라주 : 2차원적 입체 구성으로 마른 꽃이나 나무, 열매, 금속 등 여러 가지 재료를 디자인의 요소와 원리에 의해 조성하는 것이다.

정답 4. ㉰ 5. ㉰ 6. ㉰

7. 다음 중 늘어지는 식물이 아닌 것은?
㉮ 코르딜리네
㉯ 스킨답서스
㉰ 스마일락스
㉱ 빈카

해설 ㉮ 코르딜리네(Cordyline)는 용설란과의 열대성 또는 아열대성의 교목 또는 관목이며 대표적인 관엽 식물이다.

8. 다음 중 꽃에 대한 설명으로 틀린 것은?
㉮ 튤립은 꽃받침과 꽃잎의 구분이 불분명하다.
㉯ 홑꽃과 겹꽃은 한 겹 또는 두 겹 이상의 꽃잎 배열로 구분한다.
㉰ 난초과 식물은 현화 식물 중 가장 진화한 식물이다.
㉱ 무한 화서는 선단 또는 중심부의 꽃이 먼저 핀다.

해설
- 무한 화서 : 꽃이 화축의 아래에서 위, 또는 가장자리에서 중심 부분으로 피는 것을 말한다.
- 유한 화서 : 꽃이 화축의 위에서 아래, 또는 중앙 부분에서 가장자리로 피는 것을 말한다.

9. 다음 중 테이프의 용도로 틀린 것은?
㉮ 플로럴 테이프 – 철사를 감싸거나 소재를 묶기
㉯ 플로럴 테이프 – 코르사주, 부토니어 만들 때 사용
㉰ 방수 테이프 – 용기에 플로럴 폼을 고정
㉱ 양면테이프 – 줄기 고정용 격자를 만들 때 사용

해설 ㉱ 양면테이프는 양면에 접착 성분이 있어 얇은 잎을 서로 붙일 때 효과적이다.

10. 다음 중 리본에 대한 설명으로 틀린 것은?
㉮ 소재의 줄기가 모이는 부분에 달아 주는 것이 무난하다.
㉯ 작품의 크기에 비례하여 리본의 폭이 적절하여야 한다.
㉰ 리본색의 선정은 전체 작품의 색과 전혀 관계가 없다.
㉱ 사용한 리본의 부피만큼 꽃의 사용을 줄일 수 있다.

해설 ㉰ 리본색은 작품의 분위기에 맞게 통일감과 조화를 고려하여 선정해야 한다.

정답 7. ㉮ 8. ㉱ 9. ㉱ 10. ㉰

11 다음 중 천남성과 식물인 것은?
㉮ 나리 ㉯ 칼라
㉰ 무스카리 ㉱ 산세베리아

해설 천남성과 식물에는 칼라, 안수리움, 몬스테라, 알로카시아, 스파티필룸 등이 있다.
㉮ 나리, ㉰ 무스카리, ㉱ 산세베리아는 백합과이다.

12 다음 중 화훼 장식물 제작 과정에 사용되는 도구에 대한 설명으로 옳은 것은?
㉮ 철사는 번호가 작을수록 굵다.
㉯ 플로럴 테이프는 풀이나 본드를 사용하여 감아 준다.
㉰ 칼은 너무 예리하므로 줄기를 자르는 데 적당하지 않다.
㉱ 디자인에 상관없이 화기는 도자기 재질이 가장 좋다.

해설 ㉯ 플로럴 테이프는 끈적임이 있는 종이테이프로 그대로 감아 주면 된다.
㉰ 칼은 꽃의 줄기나 가지를 뭉개지지 않게 가장 예리하게 자를 수 있는 도구이다.
㉱ 디자인과 소재에 따라 어울리는 화기의 재질과 모양 등을 고려해야 한다.

13 다음 중 분류학상 미선나무가 해당하는 과는?
㉮ 천남성과
㉯ 물푸레나뭇과
㉰ 장미과
㉱ 차나뭇과

해설 ㉯ 미선나무는 물푸레나뭇과에 속하는 낙엽 활엽 관목으로 우리나라에서만 자라는 한국 특산 식물이다.

14 다음 중 절화의 줄기를 사선으로 자르는 가장 큰 이유는?
㉮ 잘 꽂아지게 하기 위해
㉯ 절단면의 면적을 늘려 수분 흡수 면적을 넓히기 위해
㉰ 키가 커 보이게 하기 위해
㉱ 세균의 번식을 줄이기 위해

해설 ㉯ 절화의 줄기를 사선으로 절단하는 이유는 절단면의 면적을 늘려 물올림을 좋게 하여 절화의 수명을 연장하기 위해서이다.

정답 11. ㉯ 12. ㉮ 13. ㉯ 14. ㉯

15 다음 중 서양식 꽃꽂이에서 형태의 잎(Form foliage)으로 장식하기에 가장 적당한 것은?
㉮ 엽란
㉯ 필로덴드론
㉰ 극락조화 잎
㉱ 산세베리아

해설 형태의 잎은 필로덴드론, 칼라디움, 안수리움 잎, 팔손이, 몬스테라 같은 형태가 분명하고 시각적 특징이 있는 잎들이 해당한다.

16 다음 중 마사징(Massaging) 제작 기법에 가장 적합하지 않은 소재는?
㉮ 장미　　㉯ 칼라
㉰ 버들　　㉱ 튤립

해설 마사징은 가지나 줄기를 부드럽게 마사지하듯 만져 굽히거나 곡선을 만들어 주는 방법으로, ㉮ 장미의 줄기는 구부리기에 적당하지 않다.

17 다음 중 줄기 배열이 없는 구성의 설명으로 옳지 않은 것은?
㉮ 절화의 줄기가 어떤 일정한 규칙 없이 배열되어 있다.
㉯ 줄기를 짧게 잘라 꽃송이나 꽃잎만을 사용하여 구성하는 방식이다.
㉰ 구형으로 감은 모양, 둥글게 돌려놓은 모양 등의 여러 가지 변형이 있다.
㉱ 플로럴 콜라주(Floral collage)와 같이 편평한 물체에 붙인 것 등의 구성이 이에 해당한다.

해설 ㉰의 구형으로 감은 모양, 둥글게 돌려놓은 모양 등은 줄기 배열이 있는 구성이며 감는선 배열에 해당한다.

18 다음 중 르네상스 시대의 대표적인 화훼 장식 형태가 아닌 것은?
㉮ 피라미드형　　㉯ 원추형
㉰ 플레미시형　　㉱ 대칭 삼각형

해설 ㉰ 플레미시형은 더치 플레미시 양식의 예술가들에 의해 나타난 것으로 화려하고 풍성한 디자인이다. S커브 등의 곡선적인 형태가 선호되고, 꽃과 함께 새 둥지, 조개, 과일, 곤충 등의 재료도 사용되었다.

정답 15. ㉯　16. ㉮　17. ㉰　18. ㉰

19 다음 중 실내 공간 장식을 위한 식물 모아심기를 할 때 고려되어야 할 사항이 아닌 것은?

㉮ 선택한 식물군의 생장 속도
㉯ 적절한 배양토의 선택
㉰ 선택한 식물군이 동일한 정도의 수분 요구도를 가지는가의 여부
㉱ 선택한 식물군이 동일한 색상으로 통일되어 있는지 여부

해설 식물을 모아심기할 때는 동일 조건에서 생장할 식물군의 생장 속도나 배양토, 수분 요구도 여부 등을 고려해야 하며, 동일한 색상으로 통일되어야 할 필요는 없다.

20 다음 중 전후좌우 어느 방향에서도 감상할 수 있는 입체적인 디자인 형태는?

㉮ 피라미드형　　㉯ L형
㉰ 역T형　　㉱ 직립 기본형

해설 ㉯ L형, ㉰ 역T형, ㉱ 직립 기본형은 일방화이며, ㉮ 피라미드형은 어느 방향에서도 감상할 수 있는 입체적인 디자인의 사방화이다.

21 다음 중 개화가 진행된 상태에서 절화해야 하는 것은?

㉮ 거베라　　㉯ 작약
㉰ 아이리스　　㉱ 나리

해설 ㉮ 거베라는 시간의 흐름에 따라 꽃잎이 개화하는 소재가 아니기 때문에 70% 정도 개화하고 꽃자루가 2~3줄 보일 때 절화해야 한다.

22 다음 중 코누코피아(Cornucopia)의 설명으로 틀린 것은?

㉮ 풍요의 의미를 갖고 있다.
㉯ 원뿔 모양의 바구니(화기)이다.
㉰ 크리스마스 장식에 어울린다.
㉱ 그리스·로마 신화에서 유래되었다.

해설 풍요의 여신 코피아의 뿔이라는 뜻으로 그리스·로마 신화에서 유래한 코누코피아는 풍요를 상징하는 뿔 모양 용기로 과일과 채소를 꽃과 함께 장식한다.
㉰ 크리스마스 장식에 주로 사용되는 것은 리스이다.

정답　19. ㉱　20. ㉮　21. ㉮　22. ㉰

23 다음 중 크리스마스 디스플레이에 주로 이용되는 소재가 아닌 것은?
㉮ 포인세티아 ㉯ 전나무
㉰ 백합 ㉱ 조팝나무

해설 ㉱ 이른 봄에 잎보다 먼저 백색의 꽃을 피우는 선화후엽인 조팝나무는 크리스마스 디스플레이로 이용하기 어렵다.

24 다음 중 스트링잉(Stringing) 제작 기법에 사용되는 소재인 것은?
㉮ 집게, 망치 ㉯ 끈, 줄, 실
㉰ 파이프, 철판 ㉱ 통나무, 유리

해설 ㉯ 스트링잉은 끈, 줄, 실 등을 이용하여 일렬로 꿰매는 화훼 장식 기법이다.

25 다음 중 결혼식에서 남성의 상의 칼라 단춧구멍에 꽂는 몸 장식용 꽃은?
㉮ 갈런드 ㉯ 코르사주
㉰ 부토니어 ㉱ 에폴렛

해설 ㉰ 부토니어는 신부 꽃다발에서 꽃 한 송이를 뽑아 만든 코르사주로 신랑의 예복에 다는 코르사주를 말하며 버튼홀 플라워라고도 한다.

26 다음 중 채우기 꽃으로 가장 많이 사용되는 것은?
㉮ 리아트리스 ㉯ 숙근 안개초
㉰ 장미 ㉱ 극락조화

해설 채우기 꽃(Filler flower)은 한 대의 줄기로부터 많은 줄기가 나오고 자잘한 꽃들이 밀집되게 붙어 있는 꽃으로 공간을 메우거나 연결하는 역할을 한다. ㉘ 안개초, 스타티스, 마가렛, 춘국, 마타리 등

27 다음 중 염색화 제작 시에 사용되는 표백제가 아닌 것은?
㉮ 하이포아염소산염 ㉯ 구연산
㉰ 아염소산나트륨 ㉱ 과산화수소

해설 ㉯ 구연산은 절화 보존제의 구성 요소이다.

정답 23. ㉱ 24. ㉯ 25. ㉰ 26. ㉯ 27. ㉯

28 다음 중 비더마이어 디자인에 대한 설명으로 틀린 것은?
㉮ 1700년대 낭만주의 시대의 디자인이다.
㉯ 로맨틱하고 향기로운 꽃이 소재에 포함되어 낭만적인 느낌을 준다.
㉰ 피라미드 모양의 나선형은 스위스 스타일이다.
㉱ 단단하고 촘촘하게 구성되어서 손으로 묶는 부케로 많이 사용된다.

해설 비더마이어 디자인은 오스트리아와 독일에서 1800년대 유행했던 스타일로 촘촘하고 돔형이 많으며, 원뿔형으로도 디자인되고 나선형의 흐름을 표현하기도 한다. 열매, 잎, 작은 채소를 사용하여 대조와 흥미를 돋우는 디자인으로 장미 같은 향기가 있는 꽃을 주로 정상에 꽂아 장식한다.

29 분 식물인 아프리칸 바이올렛에 대기 온도보다 낮은 찬물을 급수하고 직사광선을 쬐면 일어나는 현상으로 알맞은 것은?
㉮ 잎이 싱싱해진다.
㉯ 꽃이 싱싱해진다.
㉰ 잎에 흰 반점이 생긴다.
㉱ 잎이 병에 걸린다.

해설 아프리카 열대 원산의 아프리칸 바이올렛은 고온성 식물로 실온의 물을 관수해 주는 것이 좋고, 대기 온도보다 낮은 찬물을 관수하면 잎에 얼룩무늬가 생기며, 직사광선은 잎이 탈 수 있어 좋지 않다.

30 다음 중 절화 장식의 구성 형식에 의한 분류에서 형-선적 구성에 대한 설명으로 옳은 것은?
㉮ 디자이너의 의도로 소재를 자유롭고 인위적으로 구성하는 형태
㉯ 식물의 생리, 생태적인 면을 고려하여 식물이 자연 상태에서 살아 있는 것과 같은 형태로 조형
㉰ 각 식물의 소재가 가지고 있는 형태와 동적인 특성이 잘 나타나도록 형과 선을 정확히 표현
㉱ 식물을 다른 소재와 동일 조합하여 그 형이나 색채, 질감의 대비나 조화 등을 비사실적 기법에 의해 순수한 구성미를 가진 형태로 표현

해설 ㉮ 장식적 구성, ㉯ 식생적 구성, ㉱ 오브제적 구성에 대한 설명이다.

정답 28. ㉮ 29. ㉰ 30. ㉰

31 다음 중 피어스 메서드(Pierce method)를 이용할 수 없는 식물은?

㉮ 장미 ㉯ 카네이션
㉰ 달리아 ㉱ 국화

해설 피어스 메서드는 꽃받침이나 씨방, 줄기에 철사를 직각이 되게 관통시켜 구부려 사용하는 방법이다. 장미, 카네이션, 달리아, 금잔화 등에 이용한다.
㉱ 국화는 후킹 메서드를 이용한다.

32 식물 체내의 수분 역할 중 식물 체온 조절에 대한 설명으로 가장 적합한 것은?

㉮ 공기 습도가 포화되면 엽온은 안정된다.
㉯ 증산 작용을 통해 식물 체온의 상승을 막는다.
㉰ 세포 내의 팽압 유지로 식물의 체온을 유지시킨다.
㉱ 각종 효소의 활성을 증대시켜 식물 체온이 상승하도록 한다.

해설 ㉯ 식물은 호흡과 증산 작용을 통해 수분 조절과 체온 조절을 한다.

33 다음 중 절화의 수명을 연장하기 위한 설명으로 틀린 것은?

㉮ 온대성 절화인 경우 상온(15~25℃)에서 유지한다.
㉯ 공중 습도는 80~90% 수준으로 유지하는 것이 좋다.
㉰ 서늘하고 바람이 들지 않는 곳에 보관한다.
㉱ 수돗물을 끓인 후 식혀 침전물을 제거한 후에 사용하는 것이 수명 연장에 유리하다.

해설 ㉮ 열대, 아열대 원산의 절화는 8~15℃, 온대 원산의 절화는 0~4℃

34 다음 중 밀 드 플레 디자인의 설명으로 옳지 않은 것은?

㉮ 19세기 중반 유럽에서 시작되었다.
㉯ 다양한 꽃과 잎, 과일이나 채소를 밀집되게 장식하는 형태이다.
㉰ 1000송이 꽃 또는 많은 꽃이라는 뜻이다.
㉱ 둥근형 모양이 일반적이지만 삼각형이나 사각형과 같은 형도 있다.

해설 ㉯는 비더마이어 디자인에 관한 설명이다.

정답 31. ㉱ 32. ㉯ 33. ㉮ 34. ㉯

35
다음 중 장미꽃 한 송이에 다른 장미 꽃잎을 한 장 한 장 겹쳐서 커다란 장미꽃으로 만든 것은?

㉮ 빅토리안 로즈(Victorian rose) ㉯ 피어니 로즈(Peony rose)
㉰ 롤드 로즈(Rolled rose) ㉱ 카멜리아 로즈(Camellia rose)

해설 ㉮ 빅토리안 로즈는 로즈 멜리아라고도 하며 장미꽃 한 송이에 다른 장미 꽃잎을 한 장 한 장 겹쳐서 커다란 장미꽃으로 만든 것을 말한다. 백합으로 구성한 경우 릴리 멜리아, 글라디올러스를 사용했을 경우 글라 멜리아, 튤립을 사용하면 더치스 튤립, 유칼립투스를 사용한 경우 유칼리 로즈로 불린다.

36
줄기 배열 방식 중 교차의 설명으로 가장 거리가 먼 것은?

㉮ 평행의 변형, 발전된 형태이다.
㉯ 적은 소재를 써서 큰 스케일의 디자인이 가능하다.
㉰ 줄기를 꽂는 점이 겹쳐도 방향성이 좋으면 관계없다.
㉱ 구조적 구성에서 많이 나타난다.

해설 ㉰ 줄기를 꽂는 점이 겹치면 안 된다.

37
다음 중 동양식 꽃꽂이에서 자연 묘사에 따른 형태의 설명으로 옳지 않은 것은?

㉮ 부화형 : 수반에 물을 채우고 연꽃 모양으로 꽃을 꽂는 형
㉯ 방사형 : 중심축을 중심으로 사방으로 균일하게 꽂는 형
㉰ 분리형 : 한 개 혹은 두 개의 수반에 분리하여 꽂는 형
㉱ 복합형 : 두 개 이상의 수반을 복합적으로 배치하여 꽂는 형

해설 ㉮ 부화형은 물에 띄우는 형태이다.

38
화훼 장식 작품 제작 시 사용되는 기법 중 그 성격이 다른 하나는?

㉮ 밴딩 ㉯ 바인딩
㉰ 번들링 ㉱ 시퀀싱

해설 ㉱ 시퀀싱 : 차례 기법, 그러데이션, 크기, 색상, 높이를 점차적으로 변화시킴으로 시각적 효과를 주는 방법이다.
㉮ 밴딩, ㉯ 바인딩, ㉰ 번들링은 묶는 방법이다.

정답 35. ㉮ 36. ㉰ 37. ㉮ 38. ㉱

39. 다음 중 구성 형식에 의한 분류에서 장식적 구성의 특징이 아닌 것은?
㉮ 디자이너의 의도로 소재를 자유롭게 인위적으로 구성할 수 있다.
㉯ 소재의 독자적인 매력보다는 전체적으로 풍성한 부피감과 역동적인 효과를 나타낼 수 있다.
㉰ 전형적인 형태로는 대칭형의 방사선 줄기 배열이 있다.
㉱ 식물의 생리, 생태적인 면을 고려하여 식물이 자연 상태에 살아 있는 형태로 조형한다.

해설 ㉱는 식생적 구성에 관한 설명이다.

40. 꽃꽂이 형태에서 줄기 배열을 구분할 때 한 개의 초점에서 사방으로 전개되는 줄기 배열은?
㉮ 방사선 배열   ㉯ 교차선 배열
㉰ 수직선 배열   ㉱ 평행선 배열

해설 ㉮ 방사선 배열은 일생장점, 한 개의 초점에서 여러 방향으로 선이 나가는 것으로 주로 전통적인 디자인의 줄기 배열 방법이 이에 속한다.

41. 다음 중 분 식물 장식에 속하지 않는 것은?
㉮ 갈런드   ㉯ 테라리움
㉰ 디시 가든   ㉱ 걸이 분

해설 ㉮ 갈런드는 꽃이나 잎을 엮어 체인 모양으로 만든 장식물로 유연성이 좋고 늘어지는 장식으로 이용한다.

42. 다음 중 직선과 곡선, 딱딱함과 부드러움, 강하고 약함에 대한 균형은 어디에 속하는가?
㉮ 무게의 균형   ㉯ 재질의 균형
㉰ 크기의 균형   ㉱ 색채의 균형

해설 질감, 재질로 느껴지는 균형은 보이거나 느껴질 수 있는 재료 표면의 느낌에 따라 다른 무게감을 갖기 때문에 양을 다르게 하여 균형감을 맞춰 안정감을 주는 것을 재질의 균형이라고 한다.

정답 39. ㉱   40. ㉮   41. ㉮   42. ㉯

43 화훼 장식의 디자인 요소인 공간에 대한 설명으로 틀린 것은 어느 것인가?
㉮ 화훼 장식물을 중심으로 볼 때 공간은 물리적인 공간과 화훼 장식 공간으로 나눌 수 있다.
㉯ 화훼 장식 작품 안에서 공간은 양성적 공간, 음성적 공간으로 나눌 수 있다.
㉰ 음성적 공간은 양성적 공간에 비하여 디자이너가 의도적으로 계획한 적극적 공간이다.
㉱ 양성적 공간은 재료가 꽉 채워진 공간이다.

해설 공간은 작품이 놓이는 전체 공간과 순수하게 작품이 차지하는 디자인할 공간으로 나뉘는데, 디자인할 공간은 재료가 차지하는 공간인 양성적 공간, 재료가 차지하지 않는 부분인 음성적 공간, 그룹과 그룹 사이의 공간·소재와 소재를 연결해 주는 열린 공간으로 나뉜다.
㉰ 디자이너가 의도적으로 계획한 적극적 공간은 양성적 공간이다.

44 다음 중 화훼 장식의 기능으로 거리가 먼 것은?
㉮ 공기 정화, 습도 유지, 산소 발생 기능
㉯ 차폐 효과를 이용한 사생활 보호 기능
㉰ 상업 공간에서 나타나는 경제적 기능
㉱ 심리적 편안함에 따른 작업 기피 효과

해설 ㉱ 심리적 편안함에 따른 안정감과 작업 능률 향상 등의 심리적 기능이 있다.

45 다음 중 강조에 대한 설명으로 틀린 것은?
㉮ 주가 되는 것을 강하게 표현하는 것으로 전달 내용의 주제와 핵심을 확인하고 유도하여 개성과 특성을 나타낸다.
㉯ 대비되는 요소에 의하여 시선을 집중시킨다.
㉰ 단색에서는 복합색의 부분이 강조되고, 명암의 대비는 약 2배 이상 차이가 날 경우 강조 효과를 볼 수 있다.
㉱ 반복에 의해서는 강조 효과를 볼 수 없기 때문에 특정 부위를 강조하기 위해서는 반복 기법을 사용하지 않는 것이 좋다.

해설 강조는 크기의 변화나 색의 대비, 질감의 대비를 통해 나타낼 수 있으며 초점, 초점 지역을 통하여 시각을 이끌어 흥미를 유발시킨다. 또한 소재나 색상의 반복 사용으로도 강조를 줄 수 있다.

정답 43. ㉰   44. ㉱   45. ㉱

46 명도에 관한 일반적인 설명으로 가장 옳은 것은?
㉮ 검은색을 많이 사용하면 명도는 높아진다.
㉯ 검정을 0, 흰색을 9로 하여 10단계로 명도를 구분한다.
㉰ 채도의 높고 낮음에 따라 명암 효과가 나타난다.
㉱ 명도는 빛의 반사율을 척도화하여 나타낸 것이다.

해설 ㉱ 명도는 색상의 밝기를 나타내는 성질로 밝음의 감각을 척도화한 것을 말하며, 흰색에 가까울수록 높고 검은색에 가까울수록 낮다.

47 다음 중 화훼 장식 대상물에 따른 질감의 표현으로 가장 잘못된 것은?
㉮ 루나리아, 스위트피 : 유리 화기처럼 투명하다.
㉯ 팜파스그라스, 목화솜 : 순모의 털처럼 포근하다.
㉰ 아킬레아, 솔리다고 : 벨벳 같은 질감으로 부드럽다.
㉱ 안수리움, 베고니아 : 크롬, 알루미늄처럼 금속의 질감이 느껴진다.

해설 ㉰ 아킬레아, 솔리다고는 거친 질감이다. 벨벳 같은 질감의 꽃에는 장미, 팬지, 부들, 에델바이스, 아네모네 등이 있다.

48 식물이 이산화탄소를 흡수할 때 공기 중의 벤젠, 포름알데히드 등의 오염 물질을 흡수하여 공기를 정화하는 것은 화훼 장식의 어떤 기능인가?
㉮ 심리적 기능
㉯ 환경적 기능
㉰ 치료적 기능
㉱ 교육적 기능

해설 ㉯ 환경적 기능 : 산소를 공급하여 공기를 정화하고, 공중 습도를 유지시켜 주며 빛을 조절하고, 공기 중의 휘발성 유해 물질을 흡수하고 음이온을 발생시킨다.

49 다음 화훼 장식을 나타내는 역사물 중 고려 시대의 작품이 아닌 것은?
㉮ 수덕사 대웅전의 수화도
㉯ 해인사 대적광전의 벽화
㉰ 강서대묘 현실 북벽 비천상의 꽃을 흩뿌리는 산화도
㉱ 수월관음도

해설 ㉰는 고구려 시대의 작품이고, 이외에 무용총 벽화와 안악 2호분 동벽의 비천상이 있다.

정답 46. ㉱   47. ㉰   48. ㉯   49. ㉰

50 화훼 장식 디자인에서 유사한 색을 연속적으로 반복하는 변화를 주어 시각적인 즐거움을 주는 것은 다음 디자인 원리 중 어느 것과 관계있는가?
㉮ 리듬   ㉯ 강조
㉰ 균형   ㉱ 비례

해설 ㉯ 강조 : 작품을 돋보이게 하는 요소로 초점, 초점 지역을 통해 나타낼 수 있다.
㉰ 균형 : 시각적인 무게의 평형 상태를 말하는 것으로 형태, 질감, 색채 등을 통해 얻을 수 있다.
㉱ 비례 : 전체에서 느끼는 각각의 상대적 양이나 크기의 관계이다.

51 오늘날에도 많이 이용하는 화관, 리스, 갈런드 등의 절화 장식물이 일상적으로 이용되기 시작한 시대는?
㉮ 고대 이집트   ㉯ 고대 그리스
㉰ 로마   ㉱ 중세

해설 ㉮ 고대 이집트 시대에는 좌우 대칭형의 균형과 조화를 이루고 질서 있는 디자인을 하였고 빨강, 노랑, 파랑의 3원색을 주로 사용하였으며 화관, 꽃목걸이, 리스, 갈런드 등이 장식되었다.

52 아래 설명이 의미하는 것으로 가장 알맞은 것은?

> 빨간색에 둘러싸인 주황색은 노란색 기미를 띠고, 같은 주황색이라도 노란색에 둘러싸이면 빨간색 기미를 띤다.

㉮ 색상 대비   ㉯ 보색 대비
㉰ 명도 대비   ㉱ 계시 대비

해설 ㉮ 색상 대비 : 색상이 다른 두 색을 동시에 이웃하여 놓았을 때 두 색이 서로의 영향으로 색상 차가 나는 현상
㉯ 보색 대비 : 서로 보색 관계인 두 색을 나란히 놓으면 서로의 영향으로 각각의 채도가 더 높아져 보이는 현상
㉰ 명도 대비 : 명도가 다른 두 색을 이웃하거나 배색하였을 때, 밝은 색은 더욱 밝게, 어두운 색은 더욱 어둡게 보이는 현상
㉱ 계시 대비 : 어떤 색을 계속해서 본 후에 다른 색을 보면, 앞 색의 영향으로 뒤의 색이 다르게 보이는 현상

정답 50. ㉮   51. ㉮   52. ㉮

53 다음 중 압화의 재료로 사용하기 가장 적합하지 않은 것은?
㉮ 주름이 많은 꽃
㉯ 색상의 선명도가 높은 꽃
㉰ 구조가 간단한 꽃
㉱ 수분 함량이 적은 잎

해설 압화는 프레스플라워라고도 하며 꽃이나 잎을 눌러 평면적으로 건조시키는 방법이다. 압화의 재료는 구조가 단순하고 색이 선명하며 두껍지 않고 수분 함량이 적은 것이 적합하다.

54 다음 중 화훼 장식에 대한 일반적인 설명으로 틀린 것은?
㉮ 화훼는 관상을 대상으로 하는 초본 식물과 목본 식물을 총괄하는 식물을 말한다.
㉯ 꽃꽂이, 꽃 예술, 화훼 디자인 등에서는 절화보다는 분 식물을 이용한 장식이 주류를 이루고 있다.
㉰ 장식물의 배치 공간에 따라 실내 장식과 실외 장식으로 나눌 수 있다.
㉱ 화훼 장식은 화훼 식물을 주소재로 인간의 창의력과 표현 능력을 이용하여 공간의 기능과 미적 효율성을 높여 주는 장식물을 제작, 설치, 유지, 관리하는 기술을 말한다.

해설 ㉯ 꽃꽂이, 꽃 예술, 화훼 디자인 등에는 분 식물보다 절화, 절엽, 절지 소재 등을 이용한 장식이 주류를 이루고 있다.

55 압화 재료의 채집 시 유의 사항에 대한 설명으로 잘못된 것은?
㉮ 여름 한낮에는 온도가 높아 수분 증발 속도가 빠르고 곧 위축되므로 한낮을 피한다.
㉯ 손으로 거칠게 뽑아서 재료가 손상되지 않도록 하고, 꽃과 잎을 따로 담아 꽃이 눌리는 것을 방지한다.
㉰ 비닐 주머니를 밀봉하기 전에 공기를 채워 재료가 눌리지 않게 한다.
㉱ 채집 후 담은 비닐 주머니는 양지 바른 곳에 둬서 충분히 광합성을 할 수 있도록 한다.

해설 ㉱ 압화를 채집한 후 서늘하고 어두운 곳에 두어야 한다.

정답 53. ㉮ 54. ㉯ 55. ㉱

56 다음 중 변형된 잎이 아닌 것은?
㉮ 선인장의 가시
㉯ 생이가래의 잎
㉰ 네펜테스의 포충낭
㉱ 금잔화의 잎

해설 ㉮ 선인장의 가시는 잎이 변형되어 생긴 것이다.
㉯ 생이가래의 잎은 물 아래로 잠겨 물과 양분을 흡수하는 뿌리 구실을 한다.
㉰ 네펜테스의 포충낭은 잎이 주머니 모양으로 변형된 것으로 곤충을 포획한다.

57 다음 중 통일감을 이루는 방법이 아닌 것은?
㉮ 동일 질감의 재료 선택
㉯ 유사색의 사용
㉰ 대조되는 선의 이용
㉱ 일관된 기술의 사용

해설 통일감은 하나가 되는 결집력으로 근접, 반복, 연계를 통해 나타낼 수 있으며, ㉰ 대조는 서로 다른 성질을 가진 형태나 질감, 색상을 강조하는 방법으로 긴장감과 흥미를 유발한다.

58 특별한 기술이나 도구 없이 꽃을 건조시키는 방법 중 가장 비용이 적게 들고 대량으로 만들 수 있는 방법은?
㉮ 동결 건조
㉯ 열풍 건조
㉰ 자연 건조
㉱ 실리카겔 건조

해설 ㉮ 동결 건조 : 꽃을 순간 동결시켜 수분을 승화시키는 방법으로 꽃의 형태와 색이 그대로 유지된다.
㉯ 열풍 건조 : 온도가 가장 중요한 요인이며 호흡으로 인한 양분 손실이 생기기 전에 열풍 건조를 하면 아름다운 색을 유지할 수 있다.
㉱ 실리카겔 건조 : 매몰 건조라고 하며 흡수력이 큰 건조제에 식물을 매몰시켜 건조하는 방법으로 건조 후 꽃의 수축과 형태 변화가 적다.

정답 56. ㉱ 57. ㉰ 58. ㉰

59 다음 중 형태(Form)의 특징과 거리가 먼 것은?

㉮ 형태는 3차원적인 입체 공간을 말한다.
㉯ 자연적 형태는 사실적이며 동적이다.
㉰ 기하학적 형태는 안정, 간결, 명료한 느낌을 준다.
㉱ 비기하학적 형태는 아름답고 매력적이며 우아하고 여성적인 느낌을 준다.

해설 ㉯ 자연적 형태는 자연을 그대로 옮겨 놓은 듯한, 자연의 식생을 고려한 형태로 대칭, 비대칭, 비정형적 형태이다.

60 채송화, 맨드라미, 선인장류, 소나무 등은 광도 요구도에 따른 식물 분류 중 어디에 속하는가?

㉮ 양지 식물
㉯ 반음지 식물
㉰ 음지 식물
㉱ 수생 식물

해설 ㉮ 양지 식물은 양지에서 잘 자라는 식물로 광포화점이 높다. 예 채송화, 맨드라미, 국화, 데이지, 루드베키아, 백일홍, 코스모스 등

정답 59. ㉯ 60. ㉮

2013년도 출제 문제

2013년 1월 27일 시행

1 다음 중 한해살이 초화류가 아닌 것은?
- ㉮ 과꽃
- ㉯ 천일홍
- ㉰ 아게라툼
- ㉱ 디기탈리스

해설 ㉱ 디기탈리스는 파종한 후 싹이 터서 한 해 겨울을 넘긴 이듬해 꽃을 피우고 열매를 맺는 2년초(두해살이풀)이다. 두해살이풀에는 접시꽃, 석죽, 종꽃 등이 있다.

2 철사의 표준 치수 중 가장 굵은 것은?
- ㉮ #24
- ㉯ #22
- ㉰ #20
- ㉱ #18

해설 ㉱ 철사의 표준 치수는 낮을수록 굵다.

3 다음 중 백합과 식물인 나리가 속하는 구근류의 형태는?
- ㉮ 알줄기(球莖)
- ㉯ 뿌리줄기(根莖)
- ㉰ 비늘줄기(鱗莖)
- ㉱ 덩이뿌리(塊根)

해설 ㉰ 인경(비늘줄기)은 줄기가 변형된 저장 기관으로 여러 쪽의 인편이 모여 하나의 알뿌리를 형성하는 것으로 튤립, 히아신스, 아마릴리스, 수선 등의 유피 인경과 백합(나리), 프리틸라리아 등의 무피 인경이 있다.

4 식물의 기관 중 줄기의 일반적인 역할로 옳은 것은?
- ㉮ 광합성과 증산 작용
- ㉯ 양분과 수분 흡수
- ㉰ 식물체 지탱
- ㉱ 과실과 종자 형성

해설 줄기는 식물의 영양 기관의 하나로 식물체를 지탱하고 뿌리에서 흡수한 수분과 양분을 수송하는 통로이자 저장하는 역할을 한다.

정답 1. ㉱ 2. ㉱ 3. ㉰ 4. ㉰

5 다음 중 일장 반응에 따른 화훼 식물의 분류에서 장일 식물에 속하는 것은?
- ㉮ 금어초
- ㉯ 포인세티아
- ㉰ 맨드라미
- ㉱ 코스모스

해설
- 장일성 식물 : 낮의 길이가 길어야 개화하는 식물로 금어초, 데이지, 카네이션, 백합, 루드베키아, 마가렛, 메리골드 등이 이에 속한다.
- 단일성 식물 : 낮의 길이가 짧아야 개화하는 식물로 포인세티아, 줄맨드라미, 코스모스, 국화, 나팔꽃, 칼랑코에, 천일홍 등이 이에 속한다.
- 중일성 식물 : 일장과는 관계없이 개화하는 식물로 장미, 군자란, 시클라멘, 제라늄 등이 이에 속한다.

6 식물을 '보통명'으로 사용 시 단점으로 보기 어려운 것은?
- ㉮ 학명에 비해 부적합한 것이 많다.
- ㉯ 전 세계 사람이 통용어로 사용할 수 없다.
- ㉰ 다른 나라 언어로 되어 있어서 부르거나 기억하기 어렵다.
- ㉱ 같은 식물을 다른 이름으로 부르거나 다른 식물을 같은 이름으로 부르는 사례가 있어 혼돈을 가져온다.

해설 ㉰ 보통명은 자국어로 되어 있어 부르기 편하고 일반적으로 통용되는 이름으로 식물의 형태, 특징, 환경, 지명 등에서 유래된 것이 많아 외우기 쉽고 고유한 특성이 있다.

7 절화 보존제의 구성 성분 중 에너지원으로 공급되는 것은?
- ㉮ 단백질
- ㉯ 자당
- ㉰ 지방
- ㉱ 무기질

해설 ㉯ 절화 보존제의 구성 성분 중 에너지원으로 공급되는 것은 당으로 기공의 기능성을 높여 주고 수명을 연장하며 종류에는 자당, 포도당, 과당이 있다.

8 소재를 묶어 주는 기법과 관계없는 것은?
- ㉮ 밴딩
- ㉯ 그루핑
- ㉰ 번들링
- ㉱ 바인딩

해설 ㉯ 그루핑은 동일 소재나 유사한 소재들을 모아 꽂아 주는 공간 유지 기법이다.

정답 5. ㉮ 6. ㉰ 7. ㉯ 8. ㉯

9 도구 및 부재료의 보관 방법으로 적합하지 않은 것은?
㉮ 리본 및 포장지는 광선에 의해 변색되기 쉬우므로 광과 습기가 들어가지 않는 장소에 보관한다.
㉯ 스프레이는 화재 위험이 없는 곳에 보관한다.
㉰ 플로럴 테이프는 접착성 물질이 굳지 않도록 따뜻한 곳에 보관한다.
㉱ 플로럴 폼은 상자에 넣은 채로 건조한 곳에 보관한다.

해설 ㉰ 플로럴 테이프는 접착성이 있는 종이테이프로 따뜻한 곳에서는 끈끈해질 수 있으므로 실온에 보관한다.

10 화훼를 용도에 따라 절화용, 절지용, 절엽용으로 구분할 때, 다음 중 절화용(切花用)으로 짝지어지지 않은 것은?
㉮ 프리지어, 꽃창포, 장미
㉯ 칼라, 용담, 델피니움
㉰ 공작초, 산수유, 유칼립투스
㉱ 튤립, 국화, 알스트로메리아

해설 ㉰ 공작초는 절화용, 산수유는 절지용, 유칼립투스는 절엽용이다.

11 다음 중 섬유질과 규산질이 많고 수분이 적어 자연 건조 후 변형이 잘되지 않는 식물은?
㉮ 밀짚꽃
㉯ 작약
㉰ 아이리스
㉱ 카네이션

해설 ㉮ 밀짚꽃은 수분이 적어 마른 꽃잎처럼 바삭바삭하며, 오랜 기간에도 꽃색이 변하지 않아 건조화로 많이 이용된다.

12 다음 중 압화 소재로 적합한 꽃은?
㉮ 꽃잎이 나팔 모양인 꽃
㉯ 색이 선명하고 변화가 많은 꽃
㉰ 주름이 많은 꽃
㉱ 꽃잎이 두텁고 수분 함량이 많은 꽃

해설 압화 소재로는 두껍지 않고 수분 함량이 낮고 크기가 작은 꽃이 좋으며 구조가 간단하고 꽃잎이 겹치지 않고 주름이 많지 않으며 색이 선명하고 변화가 많은 꽃이 적당하다.

정답 9. ㉰ 10. ㉰ 11. ㉮ 12. ㉯

13 다음 중 학명의 연결이 틀린 것은?

㉮ 금잔화 : *Calendula arvensis* L.
㉯ 봉선화 : *Impatiens balsamina* L.
㉰ 팬지 : *Viola tricolor* L.
㉱ 과꽃 : *Vinca rosea* L.

해설 ㉱ 과꽃의 학명 : *Callistephus chinensis* (L.) Ness

14 디자인으로 본 잎의 형태에서 안정감과 무게감을 주는 역할을 하는 덩어리 잎(Mass foliage)으로 볼 수 없는 것은?

㉮ 고무나무
㉯ 드라세나
㉰ 크로톤
㉱ 스킨답서스

해설 덩어리 잎은 형태가 뚜렷하거나 개성적이지 않지만 부피감이 있어 작품에 무게감을 줄 때 사용한다.
㉯ 드라세나는 잎 끝이 뾰족하고 긴 옥수숫잎 모양으로 사방으로 벌어져 나오는 소재로 덩어리 잎으로 사용하기엔 적합하지 않다.

15 상업적인 디스플레이용 화훼 장식의 특징으로 거리가 먼 것은?

㉮ 고객으로 하여금 상품을 구입하도록 동기를 만들어 준다.
㉯ 예술가로서 또는 화훼 장식 전문가로서의 홍보와 아이디어를 선보인다.
㉰ 단순한 공간 장식보다는 상업 공간의 이미지 전달과 홍보를 위한 시선 집중을 유도한다.
㉱ 계절별 주제를 잡아 이에 어울리는 화훼 식물을 도입하는 경우가 많다.

해설 ㉯는 상업적 목적이 아닌 예술적 가치와 각자의 기량을 선보이는 작품 전시회용 화훼 장식의 특징이다.

16 소재를 선택할 때 고려해야 할 사항으로 가장 거리가 먼 것은?

㉮ 디자인 형태
㉯ 장식할 공간
㉰ 작가가 선호하는 색상
㉱ 화기와의 조화

해설 ㉰ 소재를 선택할 때는 작가가 선호하는 색상보다 디자인의 요소와 원리에 따라 형태나 규모, 공간, 조화를 우선적으로 고려해야 한다.

정답 13. ㉱ 14. ㉯ 15. ㉯ 16. ㉰

17 다음 중 화훼 재료의 분류에 대한 설명으로 옳지 않은 것은?

㉮ 파종 후 1년 이내 개화·결실하여 일생을 마치는 화초를 한해살이 초화라 한다.
㉯ 겨울이 되면 지상부의 잎, 줄기는 말라죽지만 지하부의 뿌리는 계속 남아 이듬해 생육을 계속하는 초본성 화훼를 숙근초라 한다.
㉰ 식물체의 잎, 줄기, 뿌리 등에 영양분이 저장되어 비대해진 화초를 다육 식물이라 한다.
㉱ 잎의 모양, 색, 무늬 등의 아름다움을 관상하는 식물은 관화 식물이라 한다.

해설 ㉱ 잎의 모양, 색, 무늬 등의 아름다움을 관상하는 식물은 관엽 식물이라 한다.

18 다음 중 매스 플라워(Mass flower)로 볼 수 없는 것은?

㉮ 글라디올러스　　　　㉯ 장미
㉰ 카네이션　　　　　　㉱ 수국

해설 ㉮ 글라디올러스는 한 줄기에 많은 꽃들이 이삭 모양으로 붙어 있는 선상의 꽃으로 디자인의 골격과 윤곽을 잡거나 위로 뻗어 나가는 표현에 이용되는 선의 꽃(Line flower)이다.

19 테이블 장식품 제작 시 유의 사항으로 옳지 않은 것은?

㉮ 테이블의 모양과 크기를 확인한다.
㉯ 콘셉트에 맞추어 꽃 소재를 선택하고 화형을 정한다.
㉰ 마주 앉은 사람의 시선을 가리지 않게 디자인한다.
㉱ 테이블의 정중앙에만 용기가 위치해야 한다.

해설 ㉱ 테이블 센터피스는 물리적인 정중앙의 위치가 아닌 시각적 균형에 맞는 중심 장소를 의미하므로 반드시 정중앙에만 위치할 필요는 없다.

20 동양식 꽃꽂이에서 제1주지의 길이는 화기의 길이(가로)와 높이(세로)를 더한 길이의 몇 배가 적당한가?

㉮ 1배　　　　　　　　㉯ 1.5~2배
㉰ 2.5~3.5배　　　　　㉱ 5~7배

해설 ㉯ 동양 꽃꽂이의 1주지의 길이는 화기의 길이(가로) + 높이(세로)의 1.5~2배가 적당하다.

정답 17. ㉱　18. ㉮　19. ㉱　20. ㉯

21 화분 밑의 배수공을 통해 물이 모세관 현상으로 스며들어 상부로 올라가게 하는 관수 방법은?
㉮ 점적 관수   ㉯ 저면 관수
㉰ 살수 관수   ㉱ 지중 관수

해설 ㉮ 점적 관수 : 튜브 끝에서 물방울이 떨어지거나 천천히 흐르게 하여 원하는 부위에만 관수하는 방법
㉰ 살수 관수 : 일정한 수압을 가진 물을 송수관으로 보내고 그 선단에 부착한 각종 노즐을 이용하여 다양한 각도와 범위로 물을 뿌리는 방법
㉱ 지중 관수 : 지하 20~30cm 깊이에 관수 호스를 묻어 물을 주는 방법

22 크기, 색, 질감 등의 요소에 점진적인 변화를 주어 배열하는 기법으로 꽃을 배치할 때 중심에서 바깥으로 벗어나면서 어두운 색에서 점진적으로 밝은 색으로 비치하는 방법은?
㉮ 프레이밍   ㉯ 섀도잉
㉰ 시퀀싱   ㉱ 조닝

해설 ㉮ 프레이밍 : 특정한 부분을 강조하기 위해 소재를 이용하여 틀, 윤곽의 느낌으로 둘러싸는 방법
㉯ 섀도잉 : 그림자 기법. 동일 소재를 뒤쪽이나 아랫부분에 배치하여 깊이감을 주는 방법
㉱ 조닝 : 동일 소재나 유사 소재들을 일정 지역에 모아 구역화하는 방법

23 양을 강조하기 위해 소재를 그룹으로 타이트하게 모아 공간이 없게 작은 소재들을 빽빽하게 꽂는 것을 말하는 것은?
㉮ 클러스터링(Clustering)
㉯ 프레이밍(Framing)
㉰ 조닝(Zoning)
㉱ 베이싱(Basing)

해설 ㉯ 프레이밍 : 특정한 부분을 강조하기 위해 소재를 이용하여 틀, 윤곽의 느낌으로 둘러싸는 기법
㉰ 조닝 : 동일 소재나 유사 소재들을 일정 지역에 모아 구역화하는 기법
㉱ 베이싱 : 작품의 아랫부분을 장식적으로 표현하고 플로럴 폼을 가리는 기법

정답 21. ㉯   22. ㉰   23. ㉮

24
과꽃이나 소국 등으로 부케(Bouquet)를 제작할 때 와이어 끝을 1cm가량 구부려서 제작하는 철사 처리의 방법은?

㉮ 후킹(Hooking) ㉯ 소잉(Sewing)
㉰ 피어싱(Piercing) ㉱ 트위스팅(Twisting)

해설 ㉯ 소잉 : 여러 개의 꽃잎이나 잎을 겹쳐 바느질하듯 활용하는 방법
㉰ 피어싱 : 꽃받침이나 씨방, 줄기에 철사를 관통시켜 직각으로 구부려 사용하는 방법
㉱ 트위스팅 : 필러 플라워나 작은 가지 등을 철사로 감아 내리는 방법

25
식물의 뿌리 흡수 기능이 약해져서 초세를 빨리 회복하기 위해 액체 비료를 식물 지상부에 살포하려고 한다. 다음 중 시비 방법으로 적당한 것은?

㉮ 엽면시비 ㉯ 전면시비
㉰ 부분시비 ㉱ 이산화탄소시비

해설 ㉮ 엽면시비는 뿌리의 기능이 약해졌을 때, 기온이 낮을 때, 이식하였을 때, 미량 원소 결핍 현상이 나타났을 때 쓰이는 방법이다.

26
에틸렌이 절화에 미치는 영향으로 가장 적당한 것은?

㉮ 생장을 돋는다.
㉯ 잎을 진한 녹색으로 만들어 준다.
㉰ 줄기를 튼튼하게 한다.
㉱ 노화를 촉진한다.

해설 ㉱ 에틸렌은 식물의 노화를 촉진시키는 자연 호르몬이다.

27
화훼 장식을 구성할 때 디자인은 원리와 요소로 구분된다. 그중 디자인의 요소에 해당하는 것은?

㉮ 조화 ㉯ 질감
㉰ 통일 ㉱ 균형

해설
• 디자인의 원리 : 조화, 통일, 균형, 규모, 비율, 강조, 리듬, 대비
• 디자인의 요소 : 질감, 선, 형태, 색채, 깊이, 공간, 향기

정답 24. ㉮   25. ㉮   26. ㉱   27. ㉯

28 다음 중 절화 생리에 대한 설명으로 옳지 않은 것은?
㉮ 증산량이 흡수량보다 적을 경우 절화가 쉽게 시들 수 있다.
㉯ 증산량은 엽면적, 온도, 광, 바람 등에 의해 크게 영향을 받는다.
㉰ 절화 장미의 꽃목굽음은 절화의 수분 균형이 깨져서 발생하는 대표적인 예이다.
㉱ 유관속 폐쇄의 원인으로는 도관에 펙틴, 폴리페놀, 단백질 등의 점착 물질이 쌓여 막히는 것이 있다.

해설 ㉮ 증산량이 흡수량에 비해 많을 경우 수분 부족으로 절화가 시든다.

29 제작 후 확인하여야 할 항목 중 옳지 않은 것은?
㉮ 냉방기 가까이에 두면 수명 연장에 도움이 된다.
㉯ 사용한 철사의 끝은 작품 안쪽으로 넣어 주어야 한다.
㉰ 플로럴 폼은 모두 가려졌는지 확인한다.
㉱ 측면, 뒷면에 마감 처리도 확인하여야 한다.

해설 ㉮ 냉방기의 바람에 직접 노출되면 수분 스트레스를 겪을 수 있으며 온도에 민감한 식물에 좋지 않고 수명 연장에 도움이 되지 않는다.

30 다음 중 유리 용기에 도마뱀, 개구리, 거북 등과 식물을 함께 생육시키는 식물 장식으로 가장 적당한 것은?
㉮ 토피어리 ㉯ 테라리움
㉰ 비바리움 ㉱ 디시 가든

해설 ㉮ 토피어리 : 하트, 동물, 별 등 원하는 형태로 식물을 전정하거나 키우는 방법
㉯ 테라리움 : 밀폐된 투명 용기에 꾸며진 축소된 정원
㉱ 디시 가든 : 접시 같은 얕고 넓은 용기에 구성하는 작은 정원 모양의 식물 장식

31 노지 화단에서 재배할 수 있는 숙근성 초화류 식물로만 나열된 것은?
㉮ 패랭이, 마가렛 ㉯ 샐비어, 시네라리아
㉰ 꽃창포, 원추리 ㉱ 거베라, 디기탈리스

해설 노지 숙근초는 내한성이 강해 노지에서 월동이 가능하며 정원 화단용으로 이용된다. 예 꽃창포, 원추리, 금계국, 매발톱꽃, 작약, 국화, 꽃잔디, 패랭이꽃 등

정답 28. ㉮ 29. ㉮ 30. ㉰ 31. ㉰

32 다음 중 식물이 휴면(Dormancy)을 하는 이유로 가장 적합한 것은?
㉮ 스스로 불량 환경을 극복하기 위해서
㉯ 병충해를 방지하기 위해서
㉰ 자손을 남기기 위하여
㉱ 생산된 에너지를 저장하기 위하여

해설 휴면은 식물이 생장 활동을 일시적으로 멈추는 현상으로 주로 겨울에 식물의 씨앗에서 보인다. 건조하고 척박한 환경에서 죽지 않도록 버티기 위하여 딱딱한 껍질로 몸을 잘 보호하고 대사를 최소화시켜 에너지 낭비를 줄여 물과 양분이 충분할 때를 기다리기 위해 휴면을 한다.

33 줄기 배열에 따른 꽃꽂이의 형태에 관한 설명으로 옳지 않은 것은?
㉮ 방사선 배열 – 모든 줄기의 선이 한 개의 초점에서부터 전개된다.
㉯ 병행선 배열 – 여러 개의 초점으로부터 나온 줄기의 배열이 모두 같은 방향으로 병행을 이룬다.
㉰ 교차선 배열 – 여러 개의 초점으로부터 나온 줄기의 선이 여러 각도의 방향으로 뻗어 배열된다.
㉱ 감는선 배열 – 방사선 배열에서 발전된 형으로 직선적인 선의 흐름이 특징이다.

해설 ㉱ 감는선 배열 : 개개의 선의 흐름은 보이지 않지만 서로 엉겨 붙은 부드러운 곡선의 흐름이 특징이다.

34 서양 꽃장식의 시대별 특징에 관한 설명 중 옳지 않은 것은?
㉮ 비잔틴 시대에는 수직형의 좌우 대칭으로 선단이 뾰족한 원추 형태가 발달하였다.
㉯ 르네상스 시대의 디자인에 과일과 채소들이 종종 꽃과 조화를 이루었다.
㉰ 바로크 시대는 복잡하게 흘러넘치는 것이 전형이며 대부분 운율적인 비대칭 균형을 보여 준다.
㉱ 로코코 시대는 비더마이어 양식이 주를 이루었다.

해설 ㉱ 로코코 시대에는 바로크 시대의 지나치게 과장된 화려함에서 벗어나 우아하고 세련되고 가벼우며 부드러운 디자인이 유행하였고, 바로크 시대의 곡선 디자인과 함께 부채형, 삼각형, 방사 형태가 주를 이루었다. 비더마이어 양식은 비더마이어 시대에 유행한 디자인이다.

정답 32. ㉮ 33. ㉱ 34. ㉱

35 줄기 속에 철사(Wire)를 삽입하여 자연 줄기를 보강해 주거나 구부리기 쉽게 하는 기법은?
㉮ 루핑(Looping)
㉯ 크로싱(Crossing)
㉰ 익스텐딩(Extending)
㉱ 인서션(Insertion)

해설 ㉱ 인서션 기법은 줄기가 약하거나 속이 비어 있는 꽃을 자연 줄기 그대로 살리고 싶을 때 철사를 줄기의 속 아래에서 위로 꽂아 주는 방법이다. 줄기를 보강하거나 구부릴 필요가 있을 때, 줄기가 굽는 것을 방지하기 위한 기법으로 거베라, 라넌큘러스, 칼라 등에 사용한다.

36 곡선을 가느다랗게 강조한 율동감 있고 세련미 넘치는 공간 구성으로 시대적 감각을 풍부하게 하며 가냘프고 신비한 느낌을 주는 화형은?
㉮ 초승달형
㉯ 수평형
㉰ 부채형
㉱ 대각선형

해설 ㉮ 초승달형(크레센트형)은 바로크 시대부터 유행한 형태로 끝이 점점 가늘어지며 율동감이 있고 세련된 곡선 구성이 특징이다.

37 다음 플라워 디자인용 자재들의 사용 용도나 사용 설명으로 옳지 않은 것은?
㉮ 플로럴 폼 : 빠른 시간 안에 사용할 수 있도록 강제로 물속에 밀어 넣는다.
㉯ 철사 : 굵기를 나타내는 번호가 높을수록 가늘다.
㉰ 플로럴 테이프 : 사용 시 사선으로 당기면서 겹치는 부분이 가늘고 매끄럽게 감기도록 한다.
㉱ 방수 테이프 : 플로럴 폼과 수반을 고정할 때 사용한다.

해설 ㉮ 플로럴 폼은 물에 띄워 스스로 충분히 물을 흡수하게 해야 하며, 강제로 밀어 넣으면 내부 기포 때문에 물을 제대로 흡수할 수 없다.

38 여성들의 의복이나 신체를 꾸미는 꽃 장식물을 나타내는 용어는?
㉮ 코르사주
㉯ 부토니어
㉰ 갈런드
㉱ 레이

해설 ㉮ 코르사주는 여성의 허리를 중심으로 상반신이나 의복에 직간접적으로 장식하는 작은 꽃다발을 의미한다.

정답 35. ㉱ 36. ㉮ 37. ㉮ 38. ㉮

39 식생적 구성(Vegetative)의 설명으로 옳지 않은 것은?
㉮ 소재의 가치 효과와 운동성, 표면 구조를 살펴서 그룹별로 배치한다.
㉯ 대칭형으로 구성하기도 하나 일반적으로는 비대칭형으로 구성한다.
㉰ 반드시 하나의 생장점을 갖도록 한다.
㉱ 식물의 생리, 생태적인 면을 고려하여 식물이 자연 상태에서 살아 있는 것과 같은 형태로 조형하는 것이다.

해설 식생적 구성은 식물이 자연 속에서 자라나고 있는 모습을 표현하며 식물의 생육 환경을 고려한 구성 방법이다. 하나의 생장점 또는 복수 생장점을 가지고 다양하고 자유로운 배열로 자연적 구성을 하게 된다.

40 소매상(화원)에서의 절화 취급 요령 중 잘못된 것은?
㉮ 도착 즉시 포장을 풀고 선별 과정은 저온에서 행한다.
㉯ 저온 처리된 절화는 상온에서 선별하면 결로가 발생하거나 건조 피해를 입기 쉽다.
㉰ 줄기가 딱딱한 절화일수록 보존 용액 사용 전에 물올림을 한다.
㉱ 질산은제가 함유된 전처리제를 사용했다면 반드시 재절단해 주어야 한다.

해설 ㉱ 질산은제는 절화 보존제 구성 성분으로 살균제로 이용되는 성분이며, 반드시 재절단해 줄 필요는 없다.

41 장례 의식에서 사용되는 화훼 장식품에 관한 설명으로 옳지 않은 것은?
㉮ 리스는 일반적으로 원형의 형태로 시작과 끝이 없다는 의미를 지니며 영원성, 불멸, 영원한 인생 등의 의미를 지닌다.
㉯ 십자가 장식은 종교적인 의미가 강하므로 기독교, 천주교식 장례 행사에서 볼 수 있다.
㉰ 동서양 모두 장례용 꽃다발은 화려한 색상의 꽃들은 피하고 국화 등 흰색의 꽃을 이용하여 제작하는 것이 보통이다.
㉱ 우리나라 전통의 장례 문화에서는 관을 노출시키지 않고 병풍으로 가리었기 때문에 특별한 경우를 제외하고는 대부분 관을 장식하지 않는다.

해설 ㉰ 일반적으로는 흰색을 많이 사용하지만 분위기를 해치지 않는 선에서 지나치게 화려하지 않은 다양한 색의 꽃을 사용해도 되고, 고인이 선호했던 색상이나 꽃을 사용하는 경우도 있다.

정답 39. ㉰ 40. ㉱ 41. ㉰

42 토양 산도가 강산성(pH 5.0 이하)에서 잘 자라기 힘든 화훼는?
㉮ 아게라툼 ㉯ 철쭉
㉰ 은방울꽃 ㉱ 제라늄

해설 ㉱ 제라늄은 pH 7.5 이상의 알칼리성 토양에서 잘 자라는 식물이다.

43 절화의 수확 후 수명과 품질 유지를 위하여 처리하는 방법으로 적절하지 않은 것은?
㉮ 수확 후 예랭 ㉯ 보존 용액으로 촉진제 처리
㉰ 수분 증발 촉진제 처리 ㉱ 보관 용수의 살균제 처리

해설 ㉰ 수분 증발 촉진제는 절화의 수분을 증발하게 하여 품질을 떨어뜨리므로 적절하지 않다.

44 화훼 장식 기법 중 절화나 절엽 등을 줄처럼 길게 이어서 만든 장식물은?
㉮ 리스(Wreath) ㉯ 갈런드(Garland)
㉰ 형상물(Figure) ㉱ 콜라주(Collage)

해설 ㉮ 리스 : 원형 고리 모양의 장식물로 영원불멸의 상징성을 가진다.
㉰ 형상물 : 어떠한 형상을 본떠 만든 장식물이다.
㉱ 콜라주 : '풀로 붙이다'라는 뜻의 2차원적 입체 구성으로 꽃이나 나무, 열매, 금속 등 여러 가지 재료를 디자인의 요소와 원리에 의해 조성하는 것이다.

45 고려 시대 꽃 문화의 특징에 해당하는 것은?
㉮ 꽃 문화가 생활 속에 정착하고 발전하였으며, 불전에 바치는 공양으로 꽃이 많이 사용되었다.
㉯ 이 시대에 들어 꽃꽂이는 획기적인 발전을 이루었으며, 꽃에 관한 다양한 전문 서적이 저술되었다.
㉰ 서양으로부터 다양한 양식이 도입되었다.
㉱ 꽃꽂이는 실용적인 목적으로 사용되기 시작하였으며, 주로 여성들의 여가 활동으로 각광을 받았다.

해설 고려 시대는 불교문화의 융성과 궁중 문화의 화려함이 더해져 꽃꽂이의 표현 영역이 크게 넓어진 때로 초기에는 삼존 형식, 후기에는 반월형 삼존 형식으로 부드럽게 변화하였다.

정답 42. ㉱ 43. ㉰ 44. ㉯ 45. ㉮

46 조형 형태(장식적, 식생적, 선형적, 병렬적, 도형적)에 관련된 설명으로 옳은 것은?
㉮ 평행적 형태는 1초점 구성이다.
㉯ 식생적 형태는 장식적인 형태와는 달리 자연적인 성장 형태에 어긋나지 않게 사실적으로 표현한 것이다.
㉰ 도형적 형태는 자연적인 디자인을 추구하는 형태이다.
㉱ 식생적 형태는 각 소재가 갖고 있는 형과 선을 뚜렷한 선과 각도로 대비시켜 표현하는 것을 말한다.

해설 ㉮ 평행적 형태는 다초점 구성이며, ㉰ 도형적 형태는 장식적인 디자인을 추구하는 형태이다. ㉱는 형-선적 구성에 대한 설명이다.

47 화훼 장식에 관련된 설명으로 가장 옳지 않은 것은?
㉮ 주로 절화 장식은 장식 기간이 일시적이다.
㉯ 절화 장식은 생화와 건조화를 함께 사용할 수 없다.
㉰ 분 식물은 기본적으로 용기, 토양 그리고 식물, 첨경물로 구성된다.
㉱ 실내 정원은 분 식물을 반복적으로 배치하거나, 고정된 플랜터에 꾸밀 수 있다.

해설 ㉯ 절화 장식은 생화와 더불어 건조화나 조화 등 다양한 소재를 사용하여 장식할 수 있다.

48 다음 중 화훼 소재의 건조법에 대한 설명으로 옳지 않은 것은?
㉮ 여러 가지 건조법을 통해 형태와 색상을 유지하며 건조시킬 수가 있다.
㉯ 건조법 중에서 냉동 건조법이 가장 일반적인 건조법이다.
㉰ 자연 건조를 하기에 적당한 장소는 통풍이 잘되고 직사광선이 없는 곳이다.
㉱ 건조 소재는 가볍게 제작할 수 있다는 장점을 가지고 있다.

해설 ㉯ 가장 일반적이고 경제적이며 편리한 건조법은 자연 건조법이다.

49 다음 중 색의 3속성으로만 나열된 것은?
㉮ 빨강, 파랑, 초록   ㉯ 빨강, 노랑, 초록
㉰ 색상, 명도, 채도   ㉱ 색상, 명도, 순도

해설 ㉰ 색의 3속성 : 색상, 명도, 채도

정답 46. ㉯ 47. ㉯ 48. ㉯ 49. ㉰

50. 화훼 장식의 기능에 관한 설명 중 경제적 기능에 관한 설명으로 적합한 것은?
㉮ 화훼 장식물이나 화훼 장식 공간은 아름다운 생활환경에 대한 관심을 유도한다.
㉯ 도시 환경 아이들에게 자연 학습의 기회를 제공한다.
㉰ 지속적으로 유지되는 분 식물을 통해 관리에 대한 지식을 습득하게 된다.
㉱ 화훼 장식물이 장식된 공간은 아름답고 편안한 이미지를 주며, 볼거리를 제공하여 많은 사람들을 불러 모으는 효과가 있다.

해설 ㉮ 장식적 기능, ㉯와 ㉰는 교육적 기능에 관한 설명이다.

51. 화훼 장식 디자인의 원리 중 리듬에 대한 설명으로 옳지 않은 것은?
㉮ 음악과 같이 연결성을 갖고 흘러가는 것을 말한다.
㉯ 계절의 변화와 같이 규칙적으로 반복되어 일어난다.
㉰ 색상이나 명암 또는 텍스처에 변화를 줄 수도 있다.
㉱ 정적인 느낌의 안정감을 주는 디자인 원리이다.

해설 리듬은 반복과 연계를 통해 율동감을 느끼게 하여 작품에 활력을 불어넣어 주는 디자인 원리이다.

52. 비(比, Proportion)에 대한 설명으로 옳지 않은 것은?
㉮ 디자인할 때 상대적인 크기와의 관계를 의미한다.
㉯ 폭, 길이, 두께, 높이에 의한 치수와 관계가 있다.
㉰ 균형과 밀접한 관계가 있다.
㉱ 장식 재료인 화기의 크기와는 관계가 없다.

해설 비율은 전체에서 느끼는 각각의 상대적 양이나 크기의 관계로 화기의 크기와 밀접한 관련이 있으며, 황금 비율을 기준으로 일반적으로 화기 크기의 1.5~2배 정도로 작품을 구성한다.

53. 흘러내리는 형태가 나타나지 않는 부케는?
㉮ 샤워(Shower) 부케
㉯ 워터폴(Waterfall) 부케
㉰ 캐스케이드(Cascade) 부케
㉱ 비더마이어(Biedermeier) 부케

해설 ㉱ 비더마이어 부케는 꽃이나 소재를 촘촘히 꽂아, 주로 돔 형태로 구성하는 부케이다.

정답 50. ㉱   51. ㉱   52. ㉱   53. ㉱

54 화훼 디자인의 요소 중 만져서 느낄 수 있는 촉각과 더불어 덩어리감을 느낄 수 있는 뭉치, 중량감, 부피감을 말하는 것은?
- ㋐ 공간(Space)
- ㋑ 양감(Volume)
- ㋒ 비례(Proportion)
- ㋓ 질감(Texture)

해설 ㋐ 공간 : 공간은 디자인이 놓일 공간, 디자인할 공간, 전체의 공간 모두를 의미한다.
㋒ 비례 : 전체에서 느끼는 각각의 상대적 양이나 크기의 관계이다.
㋓ 질감 : 시각적, 촉각적인 재료 표면의 느낌을 의미한다.

55 고대 그리스 시대 및 로마 시대의 화훼 장식에 대한 설명으로 옳지 않은 것은?
- ㋐ 고대 그리스와 로마의 화훼 장식은 이집트 문명의 영향을 받았다.
- ㋑ 갈런드나 리스와 같은 화훼 장식이 그리스 시대에서 처음 출현하였다.
- ㋒ 바구니 디자인으로는 코누코피아(Cornucopia)라는 뿔 모양의 바구니 디자인이 있었다.
- ㋓ 연회나 축제 때 꽃이나 꽃잎을 뜯은 것으로 산화(Loose flowers and petals)하기도 하였다.

해설 ㋑ 갈런드나 리스와 같은 화훼 장식은 고대 이집트 시대에 처음 출현하였다.

56 건조 소재로 이용되는 잎 소재 중 비교적 얇고 수분 함량이 적은 종류로만 나열된 것은?
- ㋐ 엽란, 종려, 조릿대, 포플러
- ㋑ 엽란, 종려, 포플러, 동백
- ㋒ 엽란, 포플러, 야자류, 태산목
- ㋓ 엽란, 떡갈나무, 양치류, 비파

해설 건조 소재로는 수분이 적고 규산질이 많은 소재가 적당하며, ㋐의 소재들이 이에 속한다.

57 채도(彩度, Chroma)를 가장 잘 설명한 것은?
- ㋐ 색채의 이름
- ㋑ 색채의 선명도
- ㋒ 색채의 밝기
- ㋓ 색채의 배합

해설 ㋑ 채도는 색의 선명도를 말하며 포화도라고도 하고 섞을수록 점점 흐려진다.

정답 54. ㋑ 55. ㋑ 56. ㋐ 57. ㋑

58 대칭과 비대칭을 결정짓는 디자인의 원리는?
- ㉮ 균형
- ㉯ 강조
- ㉰ 리듬
- ㉱ 조화

해설 ㉮ 균형 : 중심축 좌우가 물리적, 시각적으로 안정감을 이루는 것을 말한다.
- 대칭 균형 : 중심축 좌우에 같은 요소가 동일하게 배열된 균형으로 안정감이 있고 근엄해 보이지만 시각적 흥미 요소가 적고 경직되어 보일 수 있다.
- 비대칭 균형 : 중심축 좌우로 다른 요소가 배열되지만 시각적인 요소가 동등하게 주어지는 균형으로 자연스럽고 생동감이 있으며 시각적 흥미를 이끌 수 있다.

59 다음 설명하는 화훼 장식의 효과는?

> 인간의 지각 기능을 적절히 자극해 창조성을 높이거나 스트레스를 해소시켜 준다.

- ㉮ 정서 함양과 치료 효과
- ㉯ 교육 효과
- ㉰ 환경 조절 효과
- ㉱ 공간 장식 효과

해설 ㉯ 교육 효과 : 식물에 대한 기본 지식 습득, 관찰력, 집중력을 높일 수 있고 미적 감각을 증진시킬 수 있다.
㉰ 환경 조절 효과 : 공기 정화, 온도 조절, 습도 유지, 공기 중 오염 물질 제거, 음이온 발생 효과가 있다.
㉱ 장식 효과 : 쾌적한 분위기를 연출하고 시각적 즐거움을 제공하며, 공간의 질적 향상으로 좋은 이미지를 창출한다.

60 탈색과 염색에 대한 설명으로 옳은 것은?
- ㉮ 식물의 잎, 줄기, 열매를 염색시킨 후 탈색시킨다.
- ㉯ 표백제로는 주로 티오황산은이 사용된다.
- ㉰ 염색할 경우 알코올과 물의 비율을 1 : 2 비율에 용액을 넣는다.
- ㉱ 탈색 대상 식물은 섬유소가 많이 함유되어 있고 잘 부서지지 않는 식물이 좋다.

해설 식물에서 볼 수 없는 특수한 색을 원하거나 말린 이후 변색된 식물에 특정한 색을 첨가하고 싶을 때 꽃을 염색하여 사용하는데, 탈색시킨 후 염색하며 섬유질이 많고 잘 부서지지 않는 식물이 좋다.

정답 58. ㉮ 59. ㉮ 60. ㉱

2013년 4월 14일 시행

1 줄기가 곧게 외대로 직립하는 성향의 식물로만 나열된 것은?
㉮ 아이비, 스킨답서스, 옥시카르디움
㉯ 클레마티스, 바위취, 접란
㉰ 종려죽, 관음죽, 세이프리지야자
㉱ 프리지어, 칼라데아, 보스톤고사리

해설 아이비, 스킨답서스, 클레마티스는 덩굴성 식물이고, 보스톤고사리는 늘어지는 식물로 걸이 분으로 많이 이용한다.

2 다음 중 낮 시간이 밤 시간의 길이보다 짧을 때 꽃이 피는 단일성 식물이 아닌 것은?
㉮ 포인세티아
㉯ 페튜니아
㉰ 코스모스
㉱ 칼랑코에

해설 단일성 식물은 낮의 길이가 짧아야 개화하는 식물로 포인세티아, 코스모스, 칼랑코에, 국화, 나팔꽃, 맨드라미 등이 있다.
㉯ 페튜니아는 낮의 길이가 길어야 개화하는 장일성 식물이다.

3 다음의 자생화류 중에서 걸이 화분(Hanging basket)용으로 적합한 것은?
㉮ 도라지
㉯ 죽절초
㉰ 산호수
㉱ 범부채

해설 걸이 화분(Hanging basket)은 선반이나 천장 등 실내 곳곳에 바구니나 가벼운 용기에 식물을 늘어뜨리는 것으로 좁은 공간에 효과적이다. 주로 덩굴 식물인 스킨답서스, 아이비, 러브체인, 산호수, 달개비 등의 소재를 사용하며 늘어지는 관상을 즐기기 좋다.
㉮ 도라지, ㉯ 죽절초, ㉱ 범부채는 상향으로 직립하는 소재로 걸이 화분용으로는 적합하지 않다.

정답 1. ㉰ 2. ㉯ 3. ㉰

4 식물과 해당 보통명의 유래에 대한 연결이 틀린 것은?
- ㉮ 종꽃 – 시각
- ㉯ 생강나무 – 시각
- ㉰ 꿀풀 – 미각
- ㉱ 향나무 – 후각

해설 ㉯ 생강나무 – 후각이다. 생강나무라는 이름은 잎이나 줄기에서 나는 향 때문에 붙은 이름으로 후각에서 유래되었다.

5 다음 중 관엽 식물에 대한 설명으로 틀린 것은?
- ㉮ 잎이 넓거나 크고 독특한 무늬가 있어 주로 잎을 보고 감상하는 식물이다.
- ㉯ 대부분 열대 지방이 원산으로 추위에 약하다.
- ㉰ 그늘에서 잘 자라고, 연중 푸른 잎을 감상할 수 있다.
- ㉱ 공기가 건조해도 잘 자라며, 시기적으로 휴면이 있는 장점이 있다.

해설 ㉱ 관엽 식물은 건조에 약하여 수분을 많이 요구하며, 휴면기가 짧거나 없기 때문에 항상 잎이 푸른 것이 특징이다.

6 화훼 식물에 대한 설명으로 가장 적합한 것은?
- ㉮ 미적인 관상을 목적으로 하는 초본과 목본 식물
- ㉯ 먹거리를 제공하는 채소류
- ㉰ 열매를 수확하는 과수류
- ㉱ 관상을 목적으로 하는 조화

해설 ㉮ 화훼 식물은 원예 작물의 한 부류로 관상을 목적으로 심어지는 모든 초본 식물과 목본 식물을 말한다.

7 다음 중 토양의 종류 중에서 피트모스(Peat moss)에 대한 설명으로 옳지 않은 것은?
- ㉮ 초본의 식물이 습지에 퇴적되어 완전히 분해되지 않고 탄화된 것이다.
- ㉯ 온대에서는 퇴적되는 양이 적지만 아한대, 한대 지역에서는 넓게 분포한다.
- ㉰ 참나무나 플라타너스와 같은 낙엽 활엽수의 섬유질이 많은 나뭇잎이 충분히 퇴적되어 만들어진 토양이다.
- ㉱ 약 pH 4.0인 산성이다.

해설 ㉰는 낙엽이 자연적, 인위적으로 퇴적되어 부숙된 토양인 부엽토에 대한 설명이다.

정답 4. ㉯ 5. ㉱ 6. ㉮ 7. ㉰

8 화훼 장식 디자인에서는 외관적 특성이나 영향력 등에 따라 식물을 분류하는데, 꽃의 형태별 분류로 잘못 연결된 것은?

㉮ Line flower – 글라디올러스, 금어초, 델피니움
㉯ Mass flower – 장미, 수국, 국화
㉰ Form flower – 극락조화, 리아트리스, 프리지어
㉱ Filler flower – 스타티스, 카스피아, 안개꽃

해설 ㉰ 극락조화는 Form flower, 리아트리스는 선의 꽃인 Line flower이고, 프리지어는 Filler flower로 크고 개성적 특징이 있는 분명한 형태의 꽃인 Form flower로는 적합하지 않다.

9 종자를 파종한 당년에 꽃을 피우며 열매를 맺고 고사하는 생활사를 가진 식물이 아닌 것은?

㉮ 루드베키아 ㉯ 팬지
㉰ 맨드라미 ㉱ 데이지

해설 ㉮ 루드베키아는 북아메리카 원산의 초화류로 숙근성이다.
㉯ 팬지와 ㉱ 데이지는 추파 1년초이고, ㉰ 맨드라미는 춘파 1년초이다.

10 다육 식물로만 나열된 것은?

㉮ 꽃잔디, 원추리, 국화 ㉯ 크로톤, 드라세나, 옥잠화
㉰ 바위솔, 알로에, 용설란 ㉱ 관음죽, 종려, 벤자민

해설 다육 식물은 잎이나 줄기가 비대하여 건조에 견딜 수 있도록 수분 저장을 용이하게 다육화한 것으로 바위솔, 알로에, 용설란, 칼랑코에, 세듐, 산세베리아, 돌나물 등이 있다.

11 절화를 자를 때 사용하며 줄기의 물리적 손상이 적으며 수분 흡수가 유리한 장점이 있는 도구는?

㉮ 플로리스트 나이프 ㉯ 꽃가위
㉰ 와이어가위 ㉱ 핑킹가위

해설 ㉮ 플로리스트 나이프 : 식물의 절구를 예리하게 자를 수 있어 줄기의 물리적 손상이 적어 물올림을 원활하게 해 주는 역할을 한다.

정답 8. ㉰ 9. ㉮ 10. ㉰ 11. ㉮

12. 다음 중 목련의 학명을 올바르게 표시한 것은?

㉮ *Paeonia lactiflora*
㉯ *Paeonia Lactiflora*
㉰ *Magnolia kobus*
㉱ *Magnolia Kobus*

해설 ㉰ 목련의 학명은 *Magnolia kobus*이다.
'학명 = 속명 + 종명 + 명명자'로 속명의 첫 글자는 대문자, 종명은 소문자, 명명자의 첫 글자는 대문자로 쓰고, 속명과 종명은 이탤릭체로, 명명자는 인쇄체로 쓴다.

13. 다음 중 관상하는 주된 부위가 꽃인 식물은?

㉮ 포인세티아
㉯ 안수리움
㉰ 스타티스
㉱ 스파티필룸

해설 ㉮ 포인세티아는 열대성 상록 관목이고, ㉯ 안수리움은 천남성과의 관엽 식물이며, ㉱ 스파티필룸은 천남성과로 꽃처럼 보이는 한 장의 화포가 있고 공기 정화 식물로 많이 이용된다.

14. 꽃꽂이 형태 중 비대칭 삼각형의 특징이 아닌 것은?

㉮ 대칭 삼각형보다 정숙하고 안정감이 있어 보인다.
㉯ 중심은 좌우 대칭축에서 벗어나 있다.
㉰ 균등하지 않으며, 자율적인 배열을 이룬다.
㉱ 밝고 활동적이며 긴장감을 유발시켜 자유로운 이미지가 강하다.

해설 ㉮ 정숙하고 안정감이 있어 보이는 것은 대칭 삼각형의 특징이며, 비대칭 삼각형은 생동감이 있고 자유로운 이미지를 준다.

15. 토양 수분의 과잉 장해 현상과 관련된 내용으로 가장 거리가 먼 것은?

㉮ 세포의 비대 생장이 억제된다.
㉯ 뿌리의 활력이 떨어진다.
㉰ 식물이 도장한다.
㉱ 토양 내 미생물의 활동이 억제된다.

해설 토양에 수분이 많으면 통기성이 나빠져 뿌리의 호흡이 곤란해지고, 토양 내 미생물의 활동이 억제되며 식물이 도장(헛자라기)한다.

정답 12. ㉰ 13. ㉰ 14. ㉮ 15. ㉮

16. 축하용으로 사용되는 화훼 장식이 아닌 것은?
㉮ 부토니어(Butonniere)　　㉯ 코르사주(Corsage)
㉰ 부케(Bouquet)　　㉱ 디스플레이(Display)

해설 ㉱ 디스플레이는 선전을 목적으로 실시하는 전시, 진열 장식으로 상품 판매나 구매 욕구를 유발할 수 있는 상업적 목적에 의한 디자인도 있고, 공간의 성격과 이용 목적에 따라 다양한 연출을 할 수 있다.

17. 장식적으로 잘라 낸 정원수로부터 유래한 것으로 장대 위에 구형으로 디자인한 장식은?
㉮ 돔(Dorm)형　　㉯ 토피어리형
㉰ 원추형　　㉱ 밀 드 플레

해설 ㉯ 토피어리는 자연 그대로의 식물을 여러 가지 동물이나 별, 하트 등의 임의적 형태로 전정하고 다듬거나 키우는 기술 또는 작품을 말하며, 로마 시대 정원을 관리하던 한 정원사가 자신이 만든 정원의 나무에 '가다듬다'라는 뜻의 라틴어 이니셜 토피아(Topia)를 새겨 넣은 데서 유래하였다.

18. 절화 보존제(절화 수명 연장제)의 구성 성분이 아닌 것은?
㉮ 당분　　㉯ 살균제
㉰ 개화 촉진제　　㉱ 에틸렌 발생 억제제

해설 절화 보존제의 구성 성분 : 당, 살균제, 에틸렌 억제제, 생장 조절 물질, 기타 물질(구연산, 아스코르브산, 황산, 칼슘)

19. 절화의 수명과 품질에 대한 설명으로 가장 적당한 것은?
㉮ 절화의 수명에 가장 근본적인 영향을 미치는 것은 수분이다.
㉯ 절화를 저장하는 장소의 상대 습도는 품질과 수명에 영향을 주지 않는다.
㉰ 절화의 품질과 수명은 수확의 전처리와는 상관없다.
㉱ 절화를 저장할 때 절화 주위의 온도는 영향을 주지 않고 식물체 내의 온도만 관여한다.

해설 수확 후의 전처리와 저장 장소의 상대 습도, 주위의 온도는 절화의 품질과 수명에 영향을 준다.

정답 16. ㉱　17. ㉯　18. ㉰　19. ㉮

20 절화 장식의 기본 기술인 절화 줄기의 고정에 사용하는 방법이 아닌 것은?

㉮ 용기 안에 철망을 말아 넣어 철망의 구멍 사이로 꽃과 나뭇가지를 고정하는 방법
㉯ 소형 개별 워터튜브나 유리 시험관을 이용하여 필요한 곳에 고정하는 방법
㉰ 절화 줄기에 방수 테이프를 붙여서 용기에 고정하는 방법
㉱ 용기 내에 돌, 구슬, 자갈 등을 넣어 줄기를 그 사이에 넣고 고정하는 방법

해설 ㉰ 방수 테이프는 용기에 플로럴 폼을 고정하는 데 사용한다.

21 화훼 디자인 중 특정 부분에 시선을 두도록 꽃이나 가지를 이용하여 안에 있는 소재를 감싸 주는 기법은?

㉮ 프레이밍(Framing)
㉯ 테라싱(Terracing)
㉰ 커버링(Covering)
㉱ 파베(Pave)

해설 ㉮ 프레이밍은 특정한 부분을 강조하기 위해 소재를 이용하여 틀, 윤곽의 느낌으로 둘러싸는 것을 말한다.

22 근조용 헌화 장식은 조형 예술로서 화훼 장식의 구체적인 효과 중 어디에 해당하는가?

㉮ 의료적 효과
㉯ 교육적 효과
㉰ 심리적 효과
㉱ 의사 전달 효과

해설 ㉱ 화훼 장식의 의사 전달 효과 : 꽃은 축하, 감사, 애도, 사랑 고백, 위로 등의 의미를 전달하는 수단으로 많이 이용된다.

23 색채가 주는 감각적 효과로 옳지 않은 것은?

㉮ 백색보다는 흑색이 무겁게 느껴진다.
㉯ 명도가 높은 색은 가볍고 진출되어 보인다.
㉰ 색채의 강약은 색상에 의해 주로 생긴다.
㉱ 저명도 색은 고명도 색보다 후퇴되어 보인다.

해설 ㉰ 색채의 강약은 채도와 관련이 있으며, 채도가 높은 색은 강한 느낌을 주고 낮은 색은 약한 느낌을 준다.

정답 20. ㉰ 21. ㉮ 22. ㉱ 23. ㉰

24 우리나라의 전통 색채는 생활 속에서 아름다움을 추구하는 요소로 또는 음양오행 사상을 표현하는 상징적 의미의 표현 수단으로 이용되었다. 이때 오행에 상응하는 오색은?

㉮ 황(黃), 청(靑), 백(白), 적(赤), 흑(黑)
㉯ 황(黃), 백(白), 흑(黑), 홍(紅), 녹(綠)
㉰ 녹(綠), 청(靑), 홍(紅), 자(紫), 남(藍)
㉱ 청(靑), 백(白), 홍(紅), 적(赤), 녹(綠)

해설 한국의 전통색인 오방색(五方色)은 음양오행의 우주관에 근거를 두고 있으며, 중앙을 포함한 사방을 오방으로 설정하여 색과 방위와 계절을 연관지어 생각한다.
황 : 중앙, 청 : 봄 – 동쪽, 백 : 가을 – 서쪽, 적 : 여름 – 남쪽, 흑 : 겨울 – 북쪽

25 절화 물 올리기의 일반적인 방법으로 옳지 않은 것은?

㉮ 수분 차단 현상을 방지하기 위해 물속에서 칼로 줄기 끝을 자른다.
㉯ 손상된 잎이나 물에 잠기는 잎을 제거한다.
㉰ 절화 보존제를 첨가한 물에 절화를 담가 둔다.
㉱ 한 용기에 다양한 소재를 빽빽하게 넣어 서로 기대게 하여 줄기가 휘어지지 않도록 한다.

해설 ㉱ 한 용기에 다양한 소재를 빽빽하게 넣으면 통기성이 나빠지고, 서로 기대게 하는 것도 좋지 않다.

26 다음은 디자인(조형) 원리 중 무엇을 설명한 것인가?

> 하나의 디자인이 갖고 있는 여러 요소들 속에서 어떤 조화나 일치감이 존재하고 있음을 의미하며, 서로가 유사한 것, 선적인 요소, 형태, 색상 등의 반복 속에서 비롯되고 있다.

㉮ 강조　　　　　　　　　㉯ 균형
㉰ 통일　　　　　　　　　㉱ 비례

해설 ㉮ 강조 : 초점, 초점 지역, 악센트를 통하여 작품을 더욱 돋보이게 하는 요소이다.
㉯ 균형 : 물리적, 시각적인 안정감을 말한다. 균형이 깨지면 불안감이 조성된다.
㉱ 비례 : 전체에서 느끼는 각각의 상대적 양이나 크기의 관계이다.

정답 24. ㉮　25. ㉱　26. ㉰

27 결혼식 꽃장식에 대한 설명이 잘못된 것은?

㉮ 제단의 테이블이나 주례 단상은 낮고 긴 꽃꽂이 형태로 장식하는 경우가 많다.
㉯ 꽃길은 하객석 의자 옆에 꽃다발을 달거나 꽃길을 따라 양측으로 꽃기둥을 반복해서 세워 주는 경우가 많다.
㉰ 신부의 꽃다발은 신부의 키를 고려하여 적당한 크기로 만드는 것이 중요하다.
㉱ 부토니어는 주례와 양가 부모만 가슴에 꽂는 것이다.

해설 ㉱ 부토니어는 신랑의 양복 옷깃 단춧구멍에 꽂는 코르사주이다.

28 원예용 토양에 대한 설명으로 옳지 않은 것은?

㉮ 통기성, 배수성, 흡수성이 좋아야 한다.
㉯ 질석은 진주암을 고온에서 가열하여 만든 특수 토양이다.
㉰ 토양 3상인 기상, 액상, 고상은 각각 25%, 25%, 50%가 이상적인 비율이다.
㉱ 배양토는 식물이 요구하는 수분, 통풍, 비료의 양에 따라 혼합 비율 및 원료가 달라진다.

해설 ㉯ 진주암을 고온에서 가열하여 만든 것은 펄라이트이고, 질석을 고온에서 팽창시킨 것은 버미큘라이트이다.

29 절화를 이용한 장식물 중 다양한 행사에서 가슴에 다는 용도로 이용되는 것은?

㉮ 꽃바구니
㉯ 핸드타이드 부케
㉰ 화환
㉱ 코르사주

해설 ㉱ 코르사주는 여인의 허리를 중심으로 상반신이나 의복에 직간접적으로 장식하는 작은 꽃다발로, 다양한 행사에서 가슴에 다는 용도로 이용된다.

30 공통 요소가 연속적으로 되풀이되는 율동의 변화에 속하지 않는 것은?

㉮ 점이
㉯ 반복
㉰ 계조
㉱ 대칭

해설 ㉱ 대칭은 균형과 관련이 있으며, 중심축 좌우로 양쪽에 같은 요소가 배열되었을 때의 균형이다.

정답 27. ㉱ 28. ㉯ 29. ㉱ 30. ㉱

31 절화와 절엽을 길게 엮은 장식물로 길고 유연성이 있어 어깨에 걸치거나 기둥의 둘레, 벽이나 천장에 드리우는 장식에 이용된 것은?

㉮ 갈런드 ㉯ 리스
㉰ 콜라주 ㉱ 레이

해설 ㉯ 리스 : 크란츠라고도 불리는 둥근 고리 모양의 장식물로 영원불멸성을 나타내며 성탄절 장식, 장례식 등에 쓰인다.
㉰ 콜라주 : '풀로 붙이다'라는 뜻의 2차원적 입체 구성으로 꽃이나 나무, 열매, 금속 등 여러 가지 재료를 디자인의 요소와 원리에 의해 조성하는 것이다.
㉱ 레이 : 행사 및 취임식 등에 자주 쓰이는 꽃목걸이를 말한다.

32 실내 정원을 구성할 때 사용되는 인공 토양에 관한 설명으로 옳은 것은?

㉮ 펄라이트(Pearlite)는 화강암 속의 흑운모를 1,100℃ 정도의 고온에서 수증기를 가하여 팽창시킨 것이다.
㉯ 버미큘라이트(Vermiculite)는 황토와 톱밥을 섞어서 둥글게 뭉쳐 고온 처리한 것이다.
㉰ 하이드로 볼(Hydro ball)은 진주암을 870℃ 정도의 고온으로 가열하여 팽창시켜 만든 백색의 가벼운 입자로 만든 것으로 무균 상태이다.
㉱ 피트모스(Peat moss)는 습지의 수태가 퇴적하여 만들어진 것으로 유기질 용토이다.

해설 ㉮ 펄라이트 : 진주암을 1000℃ 이상의 고온에서 팽창시킨 것이다.
㉯ 버미큘라이트 : 질석을 고온에서 팽창시킨 것이다.
㉰ 하이드로 볼 : 점토를 고온에서 구운 것으로 다공질의 소재이다.

33 광합성을 위한 이산화탄소(CO_2)의 흡수량과 호흡에 의한 방출량이 같게 되는 광도는?

㉮ 광포화점 ㉯ 광보상점
㉰ 한계일장 ㉱ 총동화량

해설 ㉮ 광포화점 : 식물의 광합성 속도가 한계에 이르러 더 이상 증가하지 않는 시점에서의 빛의 세기
㉰ 한계일장 : 식물의 일장 반응에서 경계나 기준이 되는 낮의 길이
㉱ 총동화량(총광합성량) : 순광합성량 + 호흡량

정답 31. ㉮ 32. ㉱ 33. ㉯

34. 다음 중 아쿠아리움의 설명으로 가장 거리가 먼 것은?

㉮ 유리 용기 속의 연못이라 할 수 있다.
㉯ 거북이나 물고기도 함께 키운다.
㉰ 워터 레터스 등의 부유 수생 식물을 배치하기도 한다.
㉱ 수생 식물은 고광성과 변온에 견딜 수 있는 힘이 있어야 한다.

해설 아쿠아리움은 유리 용기 속에 실제와 가까운 연못을 만들어 수생 식물을 심고 물고기, 거북이 등을 넣어서 키우는 것을 말하며, 수면에는 물에 떠서 자라는 수생 식물들을 넣어서 키우고, 물속에 수중 식물을 배치하면 더욱 자연스러운 연못으로 연출할 수 있다.

35. 크기의 비율에 대한 원리로 틀린 것은?

㉮ 과소 비율(Under proportion)은 1 : 0.9 이하이다.
㉯ 정상 비율(Normal proportion)은 1 : 1 ~ 1 : 60이다.
㉰ 과대 비율(Over proportion)은 1 : 3 이상이다.
㉱ 황금 비율(Golden section)은 3 : 5 : 8 : 13…의 연속적인 분할이다.

해설 ㉰ 과대 비율은 1 : 8 정도로, 화기보다 작품의 높이가 8배가량 큰 비율로 제작하는 것을 말한다.

36. 웨딩 부케 제작 시 다양한 철사 처리 방법에 관한 설명으로 옳지 않은 것은?

㉮ 꿰뚫는 방법(피어스법, Pierce method) – 장미, 카네이션 등과 같이 꽃송이가 크고, 씨방이 발달된 꽃에 많이 사용된다.
㉯ 줄기 속에 삽입하는 방법(인서션법, Insertion method) – 거베라, 칼라 등과 같이 줄기가 약하거나 속이 비어 있는 꽃의 중심에 삽입하는 방법이다.
㉰ 안전하게 보강하는 방법 (시큐어링법, Securing method) – 줄기가 가늘거나 구부러진 줄기를 바로 펴고 싶을 때 줄기에 나선형으로 감아 내리는 방법이다.
㉱ U자형으로 꽂는 방법(헤어핀법, Hairpin method) – 철사를 꽃줄기에 평행으로 꽃 중심을 향하여 꽂아 올린 다음 1cm가량 구부려 줄기의 끝까지 오도록 잡아 당긴다.

해설 ㉱ U자형으로 꽂는 헤어핀법은 주로 잎류에 활용되는 방법으로 잎의 주맥과 직각으로 한 땀을 뜨고 헤어핀 모양인 U자형으로 구부려 주는 방법이다.

정답 34. ㉱ 35. ㉰ 36. ㉱

37. 테라싱(Terracing) 기법에 대한 설명으로 옳은 것은?

㉮ 동일한 소재들을 크기에 따라 앞뒤, 수평이 되게 일정한 간격으로 계단처럼 배치한다.
㉯ 특수한 요소를 강조하거나 주의를 끌 필요가 있을 때 사용하는 기법이다.
㉰ 동일한 단위로 알아볼 수 있도록 모아 시각적인 효과를 거두도록 하는 기법이다.
㉱ 보석박기, 작은 알돌들을 가능한 빡빡하게 모으는 것처럼 소재를 구성하는 것이다.

해설 ㉮ 테라싱은 깊이감 있는 베이싱을 위해 거베라 같은 면적인 소재를 수평 또는 앞뒤로 쌓아 올려 계단 모양으로 차례로 배치하는 것을 말한다.

38. 다음 중 절화 장미의 꽃목굽음이 잘 생기는 조건으로 가장 관계가 없는 것은?

㉮ 너무 조기(어린 봉오리)에 수확했을 때
㉯ 꽃목의 경화가 덜된 시기에 수확했을 때
㉰ 늦게(개화된 것) 수확했을 때
㉱ 수분 균형이 불량할 때

해설 너무 이른 시기의 수확이나 박테리아 등의 미생물 증식으로 도관 폐쇄와 함께 수분 부족으로 인한 위조 현상이 일어나 꽃목굽음 현상이 동반된다.

39. 염료 수용액을 직접 흡수시켜 다양한 색상의 염색화를 만들기에 가장 적합한 꽃은?

㉮ 밀짚꽃
㉯ 붉은색 카네이션
㉰ 스타티스
㉱ 흰색 카네이션

해설 ㉱ 무채색인 흰색 카네이션이 도관을 통해 직접 염료를 흡수하여 선명한 착색 결과를 얻을 수 있다.

40. 다음 중 디자인의 요소가 아닌 것은?

㉮ 선
㉯ 질감
㉰ 조화
㉱ 형태

해설 디자인의 요소 : 선, 질감, 형태, 색, 깊이, 향기, 공간
㉰ 조화는 디자인의 원리이다.

정답 37. ㉮ 38. ㉰ 39. ㉱ 40. ㉰

41 다음 중 일반적인 건조 공기의 성분비로 옳은 것은?
㉮ 질소 78.1%, 산소 21.0%, 탄산가스 0.03%이다.
㉯ 질소 0.03%, 산소 78.1%, 탄산가스 21.0%이다.
㉰ 질소 21.0%, 산소 78.1%, 탄산가스 0.03%이다.
㉱ 아르곤 78.1%, 산소 21.0%, 탄산가스 1.0%이다.

해설 ㉮ 일반적인 건조 공기의 성분비는 질소 78.1% : 산소 21.0% : 탄산가스 0.03%이다.

42 절화의 생리를 이용한 수명 연장 방법 설명 중 옳은 것은?
㉮ 노화를 막기 위하여 상온 저장한다.
㉯ 시드는 것을 막기 위하여 70% 이하의 상대 습도를 유지한다.
㉰ 저장 양분의 소모를 최소화하기 위하여 암흑 상태로 저장한다.
㉱ 실내 인공 조명하에서 관리한다.

해설 ㉮ 노화를 막기 위해서는 저온 저장을 해야 하고, ㉯ 80~90%의 상대 습도를 유지해 주며, ㉰ 광합성을 위해 광선이 필요하다(암 조건하에서는 식물의 착색이 안 된다).

43 다음 중 건조 소재의 조건으로 적절한 것은?
㉮ 건조나 가공 후 변형되어도 된다.
㉯ 많이 바삭거리는 소재가 좋다.
㉰ 원하는 색을 유지해야 한다.
㉱ 쉽게 부패할수록 좋다.

해설 건조 소재의 조건
건조나 가공 후 변형이 없어야 하고, 유연성이 있어야 하며, 원하는 색을 유지해야 하고, 지속성이 있어야 한다.

44 다음 중 여러해살이 식물인 것은?
㉮ 나팔꽃 ㉯ 맨드라미
㉰ 국화   ㉱ 과꽃

해설 ㉮ 나팔꽃, ㉯ 맨드라미, ㉱ 과꽃은 춘파 1년초이다.

정답 41. ㉮   42. ㉱   43. ㉰   44. ㉰

45 우리나라 꽃꽂이의 기본 형태는 식물이 자연에서 자라는 형태를 기준으로 한다. 다음 중 기본 형태에 대한 설명으로 옳지 않은 것은?
㉮ 직립형 – 위로 곧게 뻗는 형
㉯ 경사형 – 비스듬히 뻗는 형
㉰ 하수형 – 아래로 늘어지는 형
㉱ 평면형 – 사방으로 퍼지는 형

해설 ㉱는 사방화에 대한 설명이다.

46 다음 중 화훼 장식에 대한 설명으로 틀린 것은?
㉮ 화훼 장식은 모양, 색채, 질감 등의 시각적 요소가 주를 나타내는 조형 예술이다.
㉯ 화훼 장식은 식물만을 이용하여 제작, 설치, 관리, 유지하는 종합적 조형 예술이다.
㉰ 화훼 장식은 때와 장소, 목적에 따라 조형 원리에 맞게 장식되어야 한다.
㉱ 화훼 장식물은 인간의 창의력과 표현 능력을 이용한 미적 감각을 볼 수 있다.

해설 화훼 장식은 초본, 목본 식물을 주소재로 하여 이외 다양한 소재들과 함께 시간, 장소, 목적에 맞게 디자인의 요소와 원리를 적용하여 제작, 설치, 관리, 유지하는 것을 말한다.

47 조선 시대의 화훼 장식과 관련이 없는 것은?
㉮ 산림경제의 양화편
㉯ 성소부부고의 병화인
㉰ 수덕사 대웅전의 수화도
㉱ 오주연문장전산고의 당화병화변증설

해설 ㉰ 수덕사 대웅전의 수화도는 고려 시대의 화훼 장식과 관련이 있다.

48 다음 중 두 개 이상의 소재 줄기를 묶어서 줄기끼리 기계적으로 고정하는 기법은?
㉮ 밴딩   ㉯ 클러스터링
㉰ 래핑   ㉱ 바인딩

해설 ㉱ 바인딩 : 줄기의 고정을 목적으로 세 개 이상의 줄기를 묶어 주는 방법

정답 45. ㉱　46. ㉯　47. ㉰　48. ㉱

49 꽃다발을 나선형으로 묶는 방법이 아닌 것은?
㉮ 구조물을 이용한 핸드타이드
㉯ 자연적 소재를 이용한 핸드타이드
㉰ 나뭇가지를 이용한 핸드타이드
㉱ 평형적인 조형 형태를 만들 때

해설 핸드타이드 꽃다발 제작 시 줄기 배열에는 나선형과 평행형이 있으며, ㉱ 평형적인 조형 형태를 만들 때는 평행형 배열로 묶어 준다.

50 다음 중 시퀀싱(Sequencing) 기법을 적용한 것은?
㉮ 장미 잎을 따서 줄에 꿰어 라인을 만들었다.
㉯ 칼라의 줄기를 가볍게 휘어 유연한 곡선을 만들어 꽂았다.
㉰ 여러 가지 색깔의 소국을 짧게 꽂아 언덕 모양을 만들었다.
㉱ 튤립을 핀 꽃은 아래로 꽂고 덜 핀 것을 차례로 위쪽으로 꽂았다.

해설 시퀀싱 : 차례 기법. 그러데이션, 크기, 색상, 높이를 점차적으로 변화시킴으로 시각적 효과를 주는 방법

51 디자인의 원리를 설명한 것으로 가장 옳은 것은?
㉮ 균형은 소재들 간의 상대적 크기이다.
㉯ 리듬은 움직임이 연속적으로 되풀이되는 것이다.
㉰ 구성은 특정 부분을 강하게 표현한다.
㉱ 비율은 공간과 질감의 상호 관계이다.

해설 ㉯ 리듬은 반복과 연계를 통해 율동감을 느끼게 하여 작품에 활력을 불어넣어 주는 디자인 원리이다.

52 수덕사 대웅전에 그려진 야화도에 나타나지 않은 식물은?
㉮ 치자   ㉯ 작약
㉰ 부들   ㉱ 계관화

해설 고려 시대의 수덕사 대웅전 수화도와 야화도 : 치자, 작약, 맨드라미(계관화), 연꽃, 수초와 모란, 어송화, 들국화 등이 수반에 가득 담겨 있는 그림이다.

정답 49. ㉱   50. ㉱   51. ㉯   52. ㉰

53
'수천 송이의 꽃', '많은 꽃'이라는 의미로 여러 가지 질감, 색, 꽃을 한꺼번에 꽂아 주는 기법으로 19세기 유럽에서 유행한 것으로 가장 적당한 것은?

㉮ 밀 드 플레(Mille de fleur)
㉯ 워터폴(Waterfall)
㉰ 비더마이어(Bidermeier)
㉱ 보태니컬(Botanical)

해설 ㉯ 워터폴 : 폭포가 쏟아져 내려오듯 자연스럽고 로맨틱한 디자인이다.
㉰ 비더마이어 : 오스트리아와 독일에서 유행한 스타일로 촘촘한 돔형이나 원뿔형으로 디자인되며, 열매나 잎, 작은 채소들을 사용하여 대조와 흥미를 돋우는 디자인이다.
㉱ 보태니컬 : 식물의 자연적 성장 과정을 표현한 식물의 일대기적인 디자인이다.

54
에틸렌에 대한 설명으로 옳지 않은 것은?

㉮ 식물 호르몬의 일종이다.
㉯ 식물의 생장을 촉진시킨다.
㉰ 잎 등의 기관 탈리를 촉진시킨다.
㉱ 꽃의 개화를 촉진시킨다.

해설 에틸렌은 식물의 노화를 촉진시키는 자연 호르몬으로 에틸렌 피해를 입게 되면 꽃잎이나 잎 등의 기관 탈리와 꽃잎 말림, 기형화, 꽃잎 위조 현상 등이 나타난다.

55
다음 중 화훼 장식의 치료적 기능에 해당하는 말은?

㉮ 아름다운 화훼 장식물은 생활의 미적 감각을 증진시키는 데 효과가 있다.
㉯ 화훼 장식물 관리를 위한 신체적 움직임으로 육체적 건강을 유도하며 식물에 대한 애정 어린 보살핌으로 정서적 안정을 유도한다.
㉰ 식물의 잎 뒷면의 기공을 통한 이산화탄소의 흡수는 실내 환경의 개선에 기여한다.
㉱ 건물 내부 아트리움의 실내 장식은 건물에 대한 뚜렷한 이미지를 갖게 한다.

해설 ㉮는 교육적 기능, ㉰는 환경 조절 기능, ㉱는 장식적 기능에 속한다.

정답 53. ㉮ 54. ㉯ 55. ㉯

56 꽃 예술 작업 시 깊이감(Depth : 심도)을 주는 방법으로 옳은 것은?
㉮ 줄기의 각도에 따라서 깊이감을 줄 때 똑같은 길이로 꽂는다.
㉯ 꽃색의 명도에 따라서 어두운 꽃은 위 또는 바깥쪽으로 꽂는다.
㉰ 꽃색의 채도에 따라서 밝은 색 꽃은 아래 또는 안쪽으로 꽂는다.
㉱ 꽃의 크기에 따라서 큰 꽃은 아래 또는 안쪽으로 꽂는다.

해설 깊이는 일종의 입체감을 나타내는 것으로 디자인의 표면과 안쪽을 달리하거나 색상의 차이를 이용하여 큰 꽃이나 어두운 꽃은 아래쪽이나 안쪽, 작은 꽃이나 밝은 꽃은 위쪽이나 바깥쪽으로 꽂아 준다. 질감의 대비 효과나 겹치거나 각도의 변화를 이용하여 깊이감을 얻을 수 있다.

57 일반적인 압화의 설명으로 적당하지 않은 것은?
㉮ 꽃, 잎, 줄기 등을 흡수지 사이에 넣고 눌러 평면적으로 건조시킨다.
㉯ 건조시킬 때에 40℃로 온도를 높여 주면 어느 정도 변색을 막을 수 있다.
㉰ 액자와 같은 평면 장식에 이용한다.
㉱ 꽃잎이 두껍고 선인장과 같은 다육성 식물이 압화용으로 적당하다.

해설 압화는 꽃이나 잎을 눌러서 평면적으로 건조시키는 방법으로 프레스플라워라고 불리며 꽃의 구조가 단순하고 꽃잎의 수가 적은 꽃, 수분이 적고 두껍지 않은 꽃, 색이 선명하고 변화가 많은 꽃이 좋으며, 수분이 많고 두꺼운 다육 식물은 적당하지 않다.

58 디자인에 있어 소재의 색은 매우 중요한 부분이다. 색에 대한 설명으로 옳은 것은?
㉮ 색은 색상, 명도, 채도의 세 가지 성질이 있다.
㉯ 순색에 흰색을 혼합하여 나온 색을 톤(Tone)이라 한다.
㉰ 주황, 빨강, 노랑 등 난색은 실제 위치보다 멀리 있는 것처럼 보여 후퇴색이라 한다.
㉱ 색은 채도에 따라 무겁거나 가볍게 느껴진다.

해설 ㉯ 순색 + 흰색 = 틴트(Tint)이다.
㉰ 난색은 실제 위치보다 가까이 있는 것처럼 보여 진출색이라 한다.
㉱ 색은 명도에 따라 무겁거나 가볍게 느껴진다.

정답 56. ㉱ 57. ㉱ 58. ㉮

59 건조화를 만들기 전에 글리세린을 처리하는 주된 이유는?
㉮ 건조된 후 좋은 향이 나도록 하기 위해서
㉯ 건조 소재의 부서짐을 방지하고 유연성을 증가시켜 보관되도록 하기 위해서
㉰ 건조가 잘되도록 하기 위해서
㉱ 건조 시 색이 변하는 것을 방지하기 위해서

해설 글리세린 건조
글리세린을 흡수시킴으로 유연성을 증대시켜 건조 소재의 잘 부서지는 단점을 보완할 수 있는 방법으로 수확하자마자 처리하는 것이 좋고 주로 잎 소재의 건조에 많이 사용된다.

60 프랑스에서 로코코 시대(A.D. 1600~1814)에 유행한 디자인은?
㉮ 노즈게이(Nosegay)
㉯ 터지머지(Tussie-mussies)
㉰ 크레센트(Crescent)
㉱ 코누코피아(Cornucopia)

해설 로코코 시대에는 바로크 시대의 지나친 화려함에서 벗어나 우아하고 세련되고 가벼워졌다. 크레센트형, 부채형, 원형, 타원형, 삼각형, S커브형의 플라워 디자인 형태와 밝은 파스텔 색조가 유행하였고, 우아하고 화려한 색채의 화기들이 사용되었다.

정답 59. ㉯ 60. ㉰

2013년 7월 21일 시행

1 1년초의 설명으로 옳은 것은?

㉮ 씨를 뿌리면 싹이 터서 꽃이 피고 열매를 맺은 뒤 1년 이내에 생을 마치는 식물이다.
㉯ 1년초의 씨뿌리기는 봄에만 가능하다.
㉰ 봄에 뿌리는 대표적인 초화는 팬지, 프리뮬러, 데이지 등이 있다.
㉱ 1년초는 대부분 화단에 심으며 용기에 심어 이용하지는 않는다.

해설 1년초는 종자가 발아해서 1년 이내에 생육하고 개화·결실하여 일생을 마치는 화초로 봄에 파종하는 춘파 1년초, 가을에 파종하는 추파 1년초가 있으며, 봄에 파종하는 대표적인 초화에는 꽃베고니아, 임파첸스, 천일홍, 샐비어, 맨드라미, 해바라기, 나팔꽃 등이 있다.

2 형태에 따른 분류에서 선형(Line) 꽃에 해당하지 않는 것은?

㉮ 글라디올러스
㉯ 리아트리스
㉰ 스톡
㉱ 카틀레야

해설 ㉱ 카틀레야는 크고 개성적인 특징이 있는 꽃으로 형태의 꽃(Form flower)에 해당한다.

3 음지 식물에 대한 설명으로 틀린 것은?

㉮ 5천~1만 Lux에서 잘 자라는 식물이다.
㉯ 주로 꽃을 감상하기 위해 식재하는 식물이다.
㉰ 열대 원산의 관엽 식물이 대부분을 차지한다.
㉱ 디펜바키아, 네프로레피스, 스킨답서스가 대표적이다.

해설 음지 식물(음생 식물)은 열대 지방이 원산지인 식물이 대부분으로 빛을 좋아하지 않아 음지에서 자라고 광포화점이 낮으며 디펜바키아, 네프로레피스, 스킨답서스, 드라세나, 싱고니움 등이 이에 속한다.
㉯ 음지 식물은 주로 잎을 감상하는 종류가 많고 광요구도가 낮으며, 양지 식물은 꽃을 감상하는 종류가 많고 대부분 광요구도가 높은 편이다.

정답 1. ㉮ 2. ㉱ 3. ㉯

4 꽃의 기관 중 가장 먼저 분화되는 것은?
㉮ 꽃받침
㉯ 꽃잎
㉰ 수술
㉱ 암술

해설 ㉮ 바깥쪽부터 순서대로 분화되기 때문에 꽃받침이 가장 먼저 분화된다.

5 화훼 장식용 도구의 사용에 대한 설명으로 틀린 것은?
㉮ 플로럴 테이프는 식물에 철사를 연결하여 줄기를 지지하였을 경우, 접착성으로 줄기와 철사의 접합을 돕는다.
㉯ 라피아는 꽃다발을 단단하게 묶는 데 사용한다.
㉰ 워터픽은 플라스틱 제품으로 그 속에 물을 넣어 식물을 꽂아 묶음 작업에 많이 사용한다.
㉱ 전지가위는 리본, 직물, 종이의 절단에 사용한다.

해설 ㉱ 전지가위는 가지류를 자를 때 사용하는 가위이다.

6 여러해살이 화초로만 짝지어진 것은?
㉮ 코스모스, 국화, 금잔화
㉯ 옥잠화, 샐비어, 알로에
㉰ 구절초, 원추리, 분꽃
㉱ 옥잠화, 국화, 원추리

해설 여러해살이 화초(숙근초, 다년초)는 파종 후 여러 해 동안 죽지 않고 식물체 전체 또는 일부가 살아남아 개화·결실하는 화초로 옥잠화, 국화, 원추리, 구절초, 카네이션, 작약, 거베라 등이 있다. 보기에서 코스모스, 샐비어, 분꽃은 춘파 1년초, 금잔화는 추파 1년초, 알로에는 다육 식물이다.

7 화훼 장식용으로 이용되고 있거나 이용 가능한 백합과 식물 중 울릉도 특산 식물인 것은?
㉮ 말나리
㉯ 섬말나리
㉰ 참나리
㉱ 틈나리

해설 ㉯ 섬말나리는 백합과의 여러해살이풀로 울릉도에서 자생하는 한국의 특산종이다.

정답 4. ㉮ 5. ㉱ 6. ㉱ 7. ㉯

8 European 꽃꽂이를 잘 이해하려면 소재를 분류하고 관찰하는 능력이 필요하다. 다음에서 분류 관찰 능력에 해당하지 않는 것은?

㉮ 식물의 모양, 즉 자라는 모습이나 주변 환경
㉯ 오브제를 이용한 비사실적 구성 능력
㉰ 꽃이 생장하는 방향, 즉 움직이는 특성
㉱ 감각으로 느끼는 식물의 표면 구조

해설 ㉯ 오브제적 구성은 절화 장식에서 꽃의 역할을 종래의 방식에서 벗어나 다른 소재와 조합하여 형태, 색채, 질감의 대비 등 비사실적 기법에 의해 순수한 구성미를 가진 형태로 표현한 것으로 디자이너의 창의력이나 독창성이 요구되며, 소재를 분류하고 관찰하는 능력은 해당하지 않는다.

9 분화류의 관리 및 환경에 대한 설명으로 틀린 것은?

㉮ 관엽류는 대부분 저온 다습한 조건에서 생육이 왕성하다.
㉯ 관엽류는 겨울철에 동해나 저온 장해를 받지 않도록 주의해야 한다.
㉰ 분화류는 실내나 실외로 이동될 때 환경의 급격한 변화로 인해 스트레스를 많이 받는다.
㉱ 관엽류는 잎 청소를 해 주지 않으면 병충해 발생이 쉬워진다.

해설 ㉮ 관엽류는 열대 및 아열대 원산으로 고온 다습한 환경에서 생육이 왕성하고, 저온에 약하여 실외 월동용으로 부적합하다.

10 화훼 원예학에 대한 설명으로 거리가 먼 것은?

㉮ 집약적이며 기술적인 재배가 요구되는 화초와 화목을 대상으로 연구한다.
㉯ 화훼 식물의 분류 특징과 재배 관리를 연구한다.
㉰ 화훼 식물의 번식과 품종 개량, 병충해 방제를 연구한다.
㉱ 화훼 식물의 이용과 장식에 관한 것만 연구한다.

해설 화훼 원예란 원예의 한 분야로서 관상의 대상이 되는 식물을 집약적으로 재배하여 그 가치를 높이는 재배 기술과 그 생산물의 관리, 관상, 이용, 판매, 가공하는 것을 총괄하여 말한다. 화훼 원예학은 화훼 원예를 학문적으로 다루는 것을 말하며, 생산물의 이용은 물론 화훼의 역사, 분류, 번식, 재배 환경, 생리, 생태, 육종, 병충해 방제, 경영 등을 연구한다.

정답 8. ㉯ 9. ㉮ 10. ㉱

11 절화용 용기의 조건으로 거리가 먼 것은?
㉮ 물과 꽃줄기를 충분히 담을 수 있어야 한다.
㉯ 전체 꽃의 무게를 지탱할 수 있는 무게를 가져야 한다.
㉰ 줄기를 고정하기 위한 어떤 도구도 감출 수 있어야 한다.
㉱ 장식 목적과 효과에 따라 배수구가 있는 경우가 일반적이다.

해설 ㉱ 일반적으로 배수구가 있는 경우는 분화용 용기이다.

12 데코라고무나무의 학명 표기법으로 옳은 것은?
㉮ *Ficus elastica* Roxb. cv. Decora
㉯ *Ficus elastica* Roxb. cv. 'Decora'
㉰ *Ficus elastica* Roxb. cv. Decora
㉱ *Ficus elastica* Roxb. cv. 'Decora'

해설 학명은 이명법에 따라 '속명 + 종명 + 명명자' 순서로 표기되는데, 속명의 첫 글자는 대문자(이탤릭체), 종명은 소문자(이탤릭체), 명명자는 첫 글자는 대문자(인쇄체)로 쓴다. 재배 품종 표시는 cv.로 표시하거나 cv.를 쓰지 않을 경우에는 ' '로 기록한다. 재배 품종명은 인쇄체로 쓰되 첫 글자는 대문자로 쓴다.

13 개나리의 학명이 바르게 표기된 것은?
㉮ *Cercis chinensis*　　㉯ *Magnolia denudata*
㉰ *Forsythia koreana*　　㉱ *Hibiscus syriacus*

해설 ㉮는 박태기나무, ㉯는 백목련, ㉱는 무궁화의 학명이다.

14 화훼 장식물 제작을 위해 절화를 선택할 때 고려 사항으로 틀린 것은?
㉮ 꽃, 잎, 줄기의 균형이 맞아야 한다.
㉯ 성숙도가 적당하고 상처가 없어야 한다.
㉰ 각 묶음이 정확한 본수를 가져야 한다.
㉱ 줄기는 될수록 긴 것이 다루기에 편리하다.

해설 ㉱ 줄기가 너무 길면 흡수한 물이 꽃송이까지 도달하는 시간이 길어져 물올림이 좋지 않으므로 적당한 길이를 유지해야 한다.

정답　11. ㉱　12. ㉮　13. ㉰　14. ㉱

15 분화 장식에 대한 설명으로 틀린 것은?

㉮ 천남성과 식물이나 접란 등의 관엽 식물의 뿌리를 토양 대신에 물속에 넣어 키우는 것을 수경 재배(Water culture)라 한다.
㉯ 유리 용기에 수생 식물을 심고 한쪽으로 물고기를 넣어서 같이 키우는 것을 비바리움(Vivarium)이라 한다.
㉰ 접시처럼 넓고 깊이가 얕은 용기에 식물을 심어 작은 정원을 만드는 것을 디시 가든(Dish garden)이라고 한다.
㉱ 바구니나 플라스틱분 등의 용기에 덩굴 식물을 심어 아래로 늘어뜨리는 것을 걸이 분(Hanging basket)이라고 한다.

해설 ㉯는 아쿠아리움에 관한 설명이다. 비바리움은 테라리움에서 변형된 형태로 유리 용기 속에 식물과 함께 도마뱀, 이구아나, 곤충, 파충류 등과 같은 작은 동물들이 함께 살아가는 자연의 형태를 연출한 것이다.

16 잎의 크기가 큰 열대 원산의 식물로서 천남성과 식물은?

㉮ 몬스테라 ㉯ 팔손이
㉰ 종려 ㉱ 엽란

해설 ㉮ 몬스테라는 천남성과에 속하는 열대성의 덩굴성 대형 관엽 식물로 20m까지 자라며, 잎의 크기는 지름이 큰 것은 1m 정도 되는 것도 있으며 광택이 나고 진녹색이다.

17 다음 설명하는 관수 방법으로 가장 적합한 것은?

- 화분의 배수공을 통해 모세관 현상을 이용해서 수분을 흡수시키는 방법이다.
- 비용이 저렴하고 화분의 크기에 상관없이 이용할 수 있는 방법이다.

㉮ 파이프 관수 ㉯ 저면 관수
㉰ 스프링클러 관수 ㉱ 점적 관수

해설 ㉮ 파이프 관수 : 플라스틱 파이프에 구멍을 내어 직접 살수하는 방법
㉰ 스프링클러 관수 : 노즐이 회전하면서 수평으로 물이 분사되어 관수하는 방법
㉱ 점적 관수 : 튜브 끝에서 물방울이 떨어지거나 천천히 흐르게 하여 부분적으로 관수하는 방법

정답 15. ㉯ 16. ㉮ 17. ㉯

18 절화 수명에 대한 설명으로 틀린 것은?
㉮ 일반적으로 국화는 카네이션보다 절화 수명이 길다.
㉯ 극락조화는 3~4℃에서는 저온해를 받는다.
㉰ 델피니움은 습식 저장하는 것이 좋다.
㉱ 금어초는 에틸렌에 의한 피해를 거의 받지 않는다.

해설 에틸렌에 민감한 식물 : 금어초, 카네이션, 알스트로메리아, 델피니움 등

19 절화 보존제에 첨가하는 자당(Sucrose)에 대한 설명으로 틀린 것은?
㉮ 수확 후 일어나는 대사 작용에 이용된다.
㉯ 첨가 농도는 화훼류에 관계없이 일정하다.
㉰ 가정용 설탕으로 대체가 가능하다.
㉱ 절화에 광합성 산물을 인위적으로 첨가하는 효과가 있다.

해설 ㉯ 당의 첨가 농도는 화훼류 각각의 특성에 따라 농도를 달리 넣어 주어야 한다.

20 결혼식에서 신랑 상의의 칼라에 있는 단춧구멍에 다는 코르사주(Body corsage)의 명칭은?
㉮ 부토니어(Boutonniere)   ㉯ 브레이슬릿(Bracelet)
㉰ 숄더(Shoulder)   ㉱ 헤어 오너먼트(Hair ornament)

해설 ㉯ 브레이슬릿은 팔목에 장식하는 코르사주, ㉰ 숄더는 어깨에 장식하는 코르사주 ㉱ 헤어 오너먼트는 머리를 장식하는 코르사주

21 화훼 장식에서 철사를 꽃의 줄기 속으로 집어넣어 눈에 보이지 않도록 하는 기법은?
㉮ 시큐어링(Securing) 법   ㉯ 소잉(Sewing) 법
㉰ 인서션(Insertion) 법   ㉱ 헤어핀(Hair-pin) 법

해설 ㉮ 시큐어링법 : 줄기 보강을 위해 나선형으로 철사를 감아 내리는 기법
㉯ 소잉법 : 여러 개의 꽃잎이나 잎을 겹쳐 바느질하듯 활용하는 기법
㉱ 헤어핀법 : 주로 잎류에 활용하며 철사를 잎의 주맥과 직각으로 한 땀을 뜨고 헤어핀 모양을 U자형으로 구부려 주는 기법

정답 18. ㉱   19. ㉯   20. ㉮   21. ㉰

22 실내의 분화 장식물에 있어서 우선적으로 고려해야 하는 사항이 아닌 것은?
- ㉮ 유행하는 식물의 선택
- ㉯ 실내의 기능적인 면과 이용자의 기호도
- ㉰ 실내의 환경 조건
- ㉱ 바닥 재료, 벽지 등 실내 분위기

해설 분화 장식은 절화와 달리 일시적이기보다 지속적이고 장기적인 목적으로 사용되는 것이 일반적이며, 장식물이 놓일 실내의 물리적 환경 조건과 생육 조건, 실내의 분위기, 이용자들의 기호를 고려하여 시간, 장소, 목적에 맞게 디자인의 요소와 원리를 적용하여 장식해야 한다.

23 용기 위에 꽃다발을 얹은 것처럼 구성한 디자인으로 줄기와 꽃이 자연스럽게 연결되어 있는 것처럼 보이도록 양쪽에서 연결하여 꽂는 디자인 형태는?
- ㉮ 대각선형(Diagonal style)
- ㉯ 나선형(Spiral style)
- ㉰ 스프레이형(Spray style)
- ㉱ 수평형(Horizontal style)

해설 ㉮ 대각선형 : 수직형 디자인을 비스듬하게 대각선으로 맞추어서 놓은 형태의 디자인
㉯ 나선형 : 원추형을 기본으로 소라껍데기처럼 올라가는 모양으로 꽂는 디자인
㉱ 수평형 : 수직축보다 수평으로 길게 뻗는 형태의 디자인

24 식물이 자연의 식생에서 보여 주는 모습과는 관계없이 디자이너의 의도로 소재를 자유롭게 인위적으로 구성하는 스타일의 조형 형태는?
- ㉮ 평행적 스타일
- ㉯ 장식적 스타일
- ㉰ 정원식 스타일
- ㉱ 구조적 스타일

해설 ㉮ 평행적 스타일 : 꽃 소재를 서로 평행적으로 같은 방향으로 배치하여 구성하는 방법으로 복수 초점, 복수 생장점을 갖는다.
㉰ 정원식 스타일 : 넓은 정원을 그대로 옮겨 놓은 것 같은 느낌의 조경적 디자인으로 넓은 지역의 자연의 모습을 묘사하되 생식적 구성처럼 생육 환경을 그대로 따르지는 않는다.
㉱ 구조적 스타일 : 구조적인 표현이나 구조물을 토대로 한 구성 방법으로 의식적인 표면 구성과 배치에 의하여 소재의 구조 효과를 전면에 표현한다.

정답 22. ㉮ 23. ㉰ 24. ㉯

25 핸드타이드 부케를 만들 때 유의해야 할 점이 아닌 것은?
㉮ 줄기는 한 방향으로 나선형이 되도록 구성한다.
㉯ 묶음점은 느슨하게 묶어야 줄기가 잘 펼쳐지고 상하지 않는다.
㉰ 묶음점은 되도록 가늘게 필요한 만큼의 폭으로 묶는다.
㉱ 묶음점 아랫부분의 줄기는 깨끗이 다듬어 준다.

해설 ㉯ 핸드타이드 부케에서 묶음점은 줄기가 상하지 않도록 라피아를 사용하여 단단하게 묶어 흐트러짐이 없어야 한다.

26 순화에 대한 설명으로 옳은 것은?
㉮ 생산자에서 소비자에 이르기까지 분화 식물의 신선도를 유지하기 위해서는 한 단계의 순화 과정이면 충분하다.
㉯ 순화란 식물이 새로운 환경에 적응하는 것을 말한다.
㉰ 순화가 이루어진 식물과 그렇지 않은 식물은 외형적인 특성 차이가 없다.
㉱ 순화가 이루어진 식물과 그렇지 않은 식물은 광합성 능력에 큰 차이가 없다.

해설 ㉯ 순화란 식물이 다른 토지로 옮겨진 경우에 그 기후 조건에 적응하거나, 또는 동일 지역에서의 기후 조건 변동에 점차 적응하는 것, 또는 익숙해지는 과정을 말한다.

27 춘화 작용(Vernalization)에 대한 설명으로 틀린 것은?
㉮ 가을뿌림 한해살이 화초의 경우 종자 단계에서 저온에 감응하여 개화하는데 이것을 종자 춘화라고 한다.
㉯ 식물체의 상태에 따라 저온에 대한 감응이 다르다.
㉰ 저온 처리 직후에 고온을 겪게 되면 저온에 의한 춘화 현상이 진행되는 경우가 있다.
㉱ 춘화의 유효한 온도 범위는 −5~15℃ 사이이다.

해설 한대나 온대 원산의 1~2년 초화류, 다년생 초화류, 구근류, 화목류 등은 대부분 겨울의 저온 조건을 겪어야만 꽃눈이 형성되고 개화하게 되는데 이것을 춘화 현상이라고 한다. 식물의 상태에 따라 저온에 대한 감응(반응)이 다르며 종자 춘화형에는 추파 1년초류 등이 속하고, 일정 기간 생장 후 저온에 감응하여 개화하는 녹식물 춘화형에는 두해살이 화초, 알뿌리 화초, 다년초 등이 해당한다.

정답 25. ㉯   26. ㉯   27. ㉰

28 줄기 배열에 따른 꽃꽂이의 형태에 대한 설명으로 틀린 것은?

㉮ 방사선 배열은 한 개의 초점에서부터 다방면으로 전개되는 방법이다.
㉯ 감는선 배열은 서로 구부러져서 휘감기는 유연한 선의 흐름으로 이루어진 방법이다.
㉰ 병렬선 배열은 여러 개의 초점으로부터 나온 줄기를 수직 방향으로만 배열하는 방법이다.
㉱ 교차선 배열은 여러 개의 초점으로부터 나온 줄기의 선이 여러 각도의 방향으로 뻗어서 엇갈리게 배열하는 방법이다.

해설 ㉰ 병렬선 배열은 여러 개의 초점으로부터 나온 줄기를 수직, 수평, 사선의 직선상에서뿐 아니라 곡선상에서도 가능한 배열이다.

29 신부 부케의 제작 방법에 따른 분류로 가장 적합한 것은?

㉮ 프레젠테이션 부케, 웨딩 부케
㉯ 스테이지 부케, 프렌치 부케
㉰ 스프레이 부케, 핸드타이드 부케, 스파이럴 부케, 패럴렐 부케
㉱ 철사를 이용하는 와이어링 부케, 핸드타이드 부케, 플로럴 폼을 이용하는 부케

해설 ㉱ 신부 부케는 제작 방법에 따라 자연 줄기를 이용한 부케, 철사를 이용한 와이어링 부케, 플로럴 폼이 들어 있는 부케 홀더를 이용한 홀더 부케로 분류한다. 스파이럴 부케나 패럴렐 부케는 꽃다발의 줄기 배열 방법을 말하는 것이며, 프레젠테이션 부케나 스테이지 부케, 프렌치 부케는 부케의 스타일이다.

30 누름꽃(압화)을 이용한 장식물 제작에 대한 설명으로 가장 거리가 먼 것은?

㉮ 생화를 이용한 장식물이 일시적인 것에 비해 반영구적으로 보존이 가능하다.
㉯ 액세서리, 열쇠고리 등에 누름꽃을 장식한 후 자외선 경화 수지로 매몰시켜 영구적으로 보존한다.
㉰ 디자인 요소와 원리를 적용하여 작품을 구성해야 한다.
㉱ 유리를 이용한 액자 제작과 같은 밀폐되는 압화 장식물을 제작할 경우에는 뒷면에 흡습제를 부착시키지 않아도 된다.

해설 ㉱ 밀폐되는 압화 장식물이지만 흡습제를 부착하는 것이 장기간 보존을 위해 좋다.

정답 28. ㉰ 29. ㉱ 30. ㉱

31 주지(主枝) 방향에 의한 분류에 해당하지 않는 것은?
㉮ 부화형(浮花形) ㉯ 경사형(傾斜形)
㉰ 직립형(直立形) ㉱ 하수형(下垂形)

해설 ㉮ 부화형은 물에 띄우는 형태를 말한다.

32 절화의 수확 후 저온 처리 효과가 아닌 것은?
㉮ 에틸렌 발생 촉진
㉯ 절화 수명 연장
㉰ 생리 대사 억제
㉱ 호흡 억제

해설 ㉮ 저온 처리 시 에틸렌 발생을 억제할 수 있다.

33 공간 장식 계획에서 가장 먼저 고려해야 하는 것은?
㉮ 도면 및 서류 작성
㉯ 작품의 형태 결정
㉰ 이미지 구축 및 디자인
㉱ 대상 공간의 특징 및 규모 파악

해설 ㉱ 장식품을 제작하기 전에 놓일 공간, 주변의 구조나 규모를 가장 먼저 고려해야 한다.

34 교차(Cross)에 대한 설명으로 틀린 것은?
㉮ 여러 개의 선이 여러 각도의 방향으로 서로 엇갈리고 있는 경우를 말한다.
㉯ 꽃이나 식물의 꽂는 지점이 겹쳐야 하므로 그룹으로 꽂아 준다.
㉰ 대칭이나 비대칭에 상관없이 배열이 분명해야 한다.
㉱ 평행 형태에서 변형된 형태이다.

해설 ㉯ 교차 배열 시 다초점, 복수 생장점으로부터 나온 선이 다양한 각도와 방향으로 뻗어 나가 교차되지만 꽂는 지점이 겹치면 안 된다.

정답 31. ㉮   32. ㉮   33. ㉱   34. ㉯

35. 바인딩에 대한 설명으로 옳은 것은?

㉮ 기능적인 목적보다는 특수한 요소를 강조할 때 사용한다.
㉯ 밀짚이나 옥수수다발 등과 같은 다량의 소재들을 함께 묶는 기법이다.
㉰ 장식적인 목적과 동시에 수직적 표현을 하기 위한 것이다.
㉱ 세 줄기 이상의 많은 줄기들을 함께 묶고, 묶은 끈으로 소재가 지탱되는 기법이다.

해설 ㉱ 바인딩은 줄기의 고정이라는 기능적인 목적으로 세 개 이상의 줄기를 묶어 주는 방법이다.

36. 화훼류 재배 배양토의 가장 적정한 pH 범위는?

㉮ pH 3.0~3.5
㉯ pH 4.0~4.5
㉰ pH 5.0~7.0
㉱ pH 8.0~9.0

해설 ㉰ pH 5.0~7.0의 산성 토양이 식물에 가장 적합하다.

37. 0~4°C로 저장하면 저온 장해를 받는 것은?

㉮ 국화
㉯ 장미
㉰ 카네이션
㉱ 안수리움

해설 ㉱ 안수리움은 열대, 아열대 원산의 식물로 저온 저장 시 냉해를 입는다.

38. 다음은 무엇에 대한 설명인가?

> 순색에 다른 색을 혼합하면 색의 명탁이 달라지고, 다른 어떤 색이라도 혼합하면 선명도가 떨어져 탁하게 보인다.

㉮ 명도
㉯ 채도
㉰ 색상
㉱ 색채

해설 ㉮ 명도는 색의 밝고 어두움을 말하고, ㉯ 채도는 색의 선명도 또는 포화도를 말하며 순색에 다른 색을 섞을수록 흐려진다.

정답 35. ㉱ 36. ㉰ 37. ㉱ 38. ㉯

39
디자인에서 어떤 부위를 강조하거나 아름답게 보이게 하기 위하여 그 주위를 둘러싸 그 속을 바라보도록 구성하는 방법은?
㉮ 섀도잉
㉯ 프레이밍
㉰ 시퀀싱
㉱ 클러스터링

해설 ㉮ 섀도잉 : 그림자 기법. 동일 소재를 뒤쪽이나 아랫부분에 그림자의 느낌으로 배치하여 깊이감을 주는 방법
㉰ 시퀀싱 : 차례 기법. 그러데이션, 크기, 색상, 높이를 점차적으로 변화시킴으로 시각적 효과를 주는 방법
㉱ 클러스터링 : 무리화 기법. 소재들을 색상, 형태, 질감의 대비를 이루어 모아 뭉치의 느낌이 하나를 이루게 하는 방법

40
구조적 구성에 대한 설명으로 가장 적합한 것은?
㉮ 전통적이며 우아하고 여성적이다.
㉯ 아크릴이나 나무로 만들어진 틀이나 골조 안에 생화 또는 보존화의 다양한 소재를 붙여서 평면으로 구성한다.
㉰ 소재의 표면 구조를 강조하기 위해 천, 털실, 깃털 등의 인공 소재와 식물 소재를 조합하기도 한다.
㉱ 비사실적이며 순수한 구성미의 창작 작품이다.

해설 구조적 구성은 구조적인 표현이나 구조물을 토대로 한 구성 방법으로 의식적인 표면 구성과 배치에 의하여 소재의 구조 효과를 전면에 표현한다.

41
건조된 방향성 식물의 꽃과 잎, 열매 등에 정유(Essential oil)를 첨가시켜 숙성시키는 것으로 좋은 향기와 하계 실내 장식용으로 좋은 건조 소재 장식은?
㉮ 리스
㉯ 갈런드
㉰ 콜라주
㉱ 포푸리

해설 ㉱ 포푸리는 프랑스어로 '발효시킨 항아리'라는 뜻이다. 좋은 향기를 오랫동안 유지하기 위해 만든 것으로 말린 꽃, 향기가 있는 식물, 잎, 과일 껍질, 향료 등을 정유를 조금 첨가한 후 용기에 숙성시켜 사용한다. 17~18세기 유럽에서 유행하기 시작하였고 그 기원은 이집트 시대에서부터 찾아볼 수 있다.

정답 39. ㉯ 40. ㉰ 41. ㉱

42. 그루핑(Grouping)의 대상으로 가장 거리가 먼 것은?

㉮ 같은 색
㉯ 같은 높이
㉰ 같은 종류
㉱ 같은 질감

해설 그루핑은 동일한 소재나 유사한 소재들을 모아 꽂아 주는 공간 유지 기법이다.

43. 다음 괄호 ( ) 안의 용어로 바르게 짝지어진 것은?

사막이나 건조 지방에서 잘 자라는 식물로 잎이 가시로 변한 식물은 (a)이고, 잎이나 줄기가 육질화된 식물은 (b)이라 한다.

	a	b
㉮	다육 식물	선인장
㉯	선인장	다육 식물
㉰	선인장	수생 식물
㉱	고산 식물	다육 식물

해설 ㉯ 잎이 가시화된 것은 선인장, 잎이나 줄기가 육질화된 식물은 다육 식물이라 한다.

44. 다음 설명하는 건조 방법은?

수분 함량이 많은 줄기와 꽃에 효과적으로 이용 가능한 건조 방법으로 소재의 수축과 쭈그러짐이 거의 없으며, 자연적인 형태와 색상이 유지되어 수명이 연장되는 장점이 있다.

㉮ 자연 건조
㉯ 동결 건조
㉰ 누름 건조
㉱ 열풍 건조

해설 ㉮ 자연 건조 : 가장 편리하고 경제적인 방법으로, 인위적 방법을 가하지 않고 자연 그대로 건조시키는 방법이다.
㉰ 누름 건조 : 꽃이나 잎을 흡습지를 이용하여 눌러서 평면적으로 건조시키는 방법으로 압화, 프레스플라워라고 하며 평면 장식에 활용된다.
㉱ 열풍 건조 : 온도가 가장 중요한 요인으로 열을 가하여 신속한 수분의 증발을 유도하여 건조시키는 방법으로 아름다운 색을 유지할 수 있다.

정답 42. ㉯ 43. ㉯ 44. ㉯

45
자연의 작품 속에서 사실적으로 표현하는 것으로, 식물 소재 개개의 생태적 모습이나 특성을 고려하는 형태는?

㉮ 장식적 구성
㉯ 기하학적 구성
㉰ 선형적 구성
㉱ 식생적 구성

해설 ㉱ 식생적 구성은 식물이 마치 자라나는 것같이 식생적 관점에서 생육 환경을 고려하여 구성하는 방법이다.

46
다음 설명하는 통일의 표현 방법은?

> 통일성을 이루어 내는 가장 간단한 방법으로 구성 요소들을 서로 밀착시키는 것이다. 화훼 장식에서는 꽃과 잎, 식물들을 한 용기 안에 같이 넣어 형태와 크기, 질감, 색에 대한 통일감을 줄 수 있다.

㉮ 근접
㉯ 반복
㉰ 전이
㉱ 균형

해설 통일은 근접과 반복, 연계를 통해 나타낼 수 있는데, 위 지문에서 구성 요소들을 서로 밀착시켜 통일감을 이루어 내는 것은 통일의 표현 방법 중 ㉮ 근접에 대한 설명이다.

47
로코코 시대의 미학적인 특징에 대한 설명으로 옳은 것은?

㉮ 화려하면서도 여성스러운 스타일이 주를 이루었으며, 아름다운 기품을 표현하기 위해 파랑, 자줏빛의 색상을 많이 사용하였다.
㉯ 조화(造花)가 가장 많이 유행했던 시대이다.
㉰ 모방에서 창조로 넘어가는 대표적인 시대이다.
㉱ 루이 14세의 검소한 궁중 생활을 위해 단순한 꽃장식이 주로 행해졌던 시대이다.

해설 로코코 시대는 바로크 시대의 지나치게 과장된 화려함에서 벗어나 우아하고 세련돼졌으며 가볍고 부드러워진 디자인 양식을 보인다. S커브형과 크레센트형, 원형, 부채형, 타원형, 삼각형의 플라워 디자인이 유행하였고 도자기, 크리스털, 은으로 만든 화려하고 우아한 화기 등 다양한 화기가 유행하였으며, 꽃의 색이 밝은 파스텔 색으로 바뀌었다.

정답 45. ㉱ 46. ㉮ 47. ㉮

48 화훼 장식 디자인 원리 중 반복에 대한 설명은?
㉮ 일정한 간격을 두고 되풀이되는 것을 말한다.
㉯ 미적 질서의 근본으로 근접, 전이로 표현된다.
㉰ 형태나 색채상으로 움직이는 느낌을 준다.
㉱ 많고 적음, 길고 짧음, 부분과 부분에 대한 차이다.

해설 ㉯는 통일, ㉰는 리듬, ㉱는 비율에 대한 설명이다.

49 화훼 장식의 설명으로 틀린 것은?
㉮ 화훼 장식을 구성하는 시각적 특성을 디자인 요소라고 한다.
㉯ 화훼 장식의 범위는 실내외 공간에 해당된다.
㉰ 화훼 장식은 절화만 이용한다.
㉱ 화훼 장식의 기원의 종교 의식에서 출발하였다.

해설 ㉰ 화훼 장식은 절화, 절지, 절엽, 분화류, 건조 소재 외에도 다양한 가공품과 소재들을 이용하여 구성할 수 있다.

50 깊이감을 주는 방법으로 적합하지 않은 것은?
㉮ 줄기 선의 각도를 조절한다.
㉯ 꽃을 부분적으로 겹치게 배열한다.
㉰ 색, 크기, 질감의 변화를 이용한다.
㉱ 선명하고 짙은 색은 뒷부분에 높게, 옅고 가벼운 색은 앞부분에 낮게 배치한다.

해설 ㉱ 선명하고 짙은 색은 뒷부분에 낮게, 옅고 가벼운 색은 앞부분에 높게 배치한다.

51 조선 시대 강희안이 집필한 화훼에 관한 전문 서적은?
㉮ 양화소록
㉯ 산림경제
㉰ 임원십육지
㉱ 성소부부고

해설 ㉯ 산림경제 : 홍만선, ㉰ 임원십육지 : 서유구, ㉱ 성소부부고 : 허균

정답 48. ㉮ 49. ㉰ 50. ㉱ 51. ㉮

52 화훼 장식의 심리적 기능은 창작 과정의 기능과 감상 과정의 기능으로 나눌 수 있다. 심리적 기능에 대한 설명으로 옳은 것은?

㉮ 삼국 시대에는 화훼 장식이 정신 수양의 주요 수단이었다.
㉯ 창작 과정의 기능에는 전위와 승화의 과정을 통해 부정적인 감정 반응들을 완화시키는 것이 있다.
㉰ 감상 과정의 기능에는 자립 능력 배양이 있다.
㉱ 감상 과정의 기능에는 자아 정체감 향상이 있다.

해설 ㉯ 화훼 장식은 생명력이 있는 자연으로부터의 장식 효과가 심리적 안정감을 유발해 부정적, 감정적 반응의 완화 및 스트레스 해소에 도움이 된다.

53 화훼 장식 디자인의 원리 중 비례(Proportion)에 대한 설명으로 틀린 것은?

㉮ 비례는 균형과 밀접한 관계를 가지고 있다.
㉯ 비례는 통일과 변화를 쉽게 조절할 수 있는 원리이기도 하다.
㉰ 화훼 장식물을 테이블에 놓을 때 반드시 한가운데 놓아야 하며, 이는 가장 자연스러운 시각적 효과를 가져다준다.
㉱ 디자인의 비례가 적절하지 못하면 조화롭지 못하고 균형이 이루어지지 않는다.

해설 ㉰ 테이블 센터피스는 물리적인 정중앙의 위치가 아닌 시각적 균형에 맞는 중심 장소를 의미하므로 반드시 한가운데에 위치할 필요는 없다.

54 다음 설명하는 화훼 장식의 기능으로 가장 적합한 것은?

> 최근 연구 결과에 따르면 건물의 외부 유입 공기의 감소와 실내 화학 물질의 발생이 급격해짐에 따라 '병든빌딩증후군', '새집증후군' '복합화학물질증후군' 등으로 고통받고 있는 현대인들에게 실내 공간의 식물 유입으로 유해 물질을 정화하고, 실내의 온도, 습도 등의 환경을 조절하여 쾌적성을 향상시킬 수 있다고 한다.

㉮ 환경적 기능   ㉯ 치료적 기능
㉰ 장식적 기능   ㉱ 건축적 기능

해설 ㉮ 화훼 장식의 환경적 기능 : 산소 공급, 온도 조절 효과, 습도 유지 효과, 공기 중 오염 물질의 제거, 음이온 발생

정답 52. ㉯   53. ㉰   54. ㉮

55. 누름 건조에 대한 설명으로 옳은 것은?

㉮ 압화라고도 불리며 입체적인 장식에 주로 이용된다.
㉯ 고가의 장비와 시설이 필요하다.
㉰ 꽃이나 잎을 흡습지 사이에 넣고, 눌러서 건조시킨다.
㉱ 채소와 과일 등은 건조가 불가능하다.

해설 ㉰ 압화(프레스플라워)는 꽃이나 잎을 흡습지를 이용하여 눌러서 평면적으로 건조시키는 방법으로 일상생활의 채소, 과일도 활용할 수 있으며 주로 평면 장식에 이용된다.

56. 화훼 장식 디자인 요소에 대한 설명으로 틀린 것은?

㉮ 직선은 이성적이며 굳건한 느낌을 준다.
㉯ 선은 사람의 시선을 움직여 전체 구성을 통합하는 골격이 된다.
㉰ 점의 이동이 선으로 느껴지기 위해서는 점의 크기보다 이동량이 적어야 한다.
㉱ 사선은 움직임과 흥분의 느낌을 준다.

해설 점이 일정한 방향과 거리로 이동하였을 때 이동한 흔적들을 선이라고 부르며, ㉰ 점의 이동이 선으로 느껴지기 위해서는 점의 크기보다 이동량이 많아야 한다.

57. 그리스 로마 시대에 유행했던 화훼 장식물이 아닌 것은?

㉮ 리스   ㉯ 갈런드
㉰ 비더마이어   ㉱ 화관

해설 ㉰ 비더마이어는 독일어권에서 나타난 시민 풍속 및 정신적 문화 성향을 일컫는 용어로 '소시민적인 실리주의자'라는 뜻이며, 꽃은 촘촘한 돔형으로 디자인되고 원뿔형으로도 활용되었다.

58. 보색 대비가 아닌 것은?

㉮ 빨강(R) - 청록(BG)   ㉯ 노랑(Y) - 남색(PB)
㉰ 파랑(B) - 주황(YR)   ㉱ 녹색(G) - 보라(P)

해설 ㉱ 녹색의 보색은 자주(RP)이고, 보라의 보색은 연두(GY)이다.

정답 55. ㉰   56. ㉰   57. ㉰   58. ㉱

59 초점에 몰렸던 집중적인 시선을 디자인의 다른 모든 부분으로 옮겨 가게 하는 특성이 있으며, 반복적으로 표현될 수 있는 디자인 요소는?
㉮ 강조   ㉯ 조화
㉰ 리듬   ㉱ 통일

해설 ㉰ 리듬은 형태, 선, 색, 질감의 반복과 점진적 변화를 주는 연계를 통해 율동감을 느끼게 하여 작품에 활력을 불어넣어 주는 디자인 원리이다.

60 화훼 장식의 목적별 분류에 해당하는 것은?
㉮ 절화 장식, 분화 장식
㉯ 실내 장식, 실외 장식
㉰ 상업용, 혼례용, 근조용, 장식용
㉱ 꽃꽂이, 꽃다발, 꽃바구니, 테이블 장식, 식물 심기

해설 ㉰는 이용 용도와 목적이 분명한 화훼 장식이다.

정답 59. ㉰   60. ㉰

2014년도 출제 문제

2014년 1월 26일 시행

1 절화 장식에 사용되는 화기로 적절하지 않은 것은?
- ㉮ 병
- ㉯ 테라리움 용기
- ㉰ 수반
- ㉱ 콤포트

해설 ㉯ 테라리움 용기 : 밀폐된 용기 속에 식물이 자랄 수 있는 환경을 만들어 식물을 키우는 형태로 빛, 수분, 공기의 순환 원리에 따라 식물이 계속 성장할 수 있도록 하는 것이다.

2 연회장 화훼 장식을 위한 배치 방법으로 가장 거리가 먼 것은?
- ㉮ 연회장 테이블 위에는 절화나 소형 분 식물을 이용한 장식물을 배치한다.
- ㉯ 연회장 출입구에는 화환이나 대형 관엽 식물을 배치한다.
- ㉰ 연회장 주변 테이블 앞에는 칼랑코에(kalanchoe blossfeldiana poelln)를 이용한 갈런드(garland)를 늘어뜨린다.
- ㉱ 연회장 테이블 위에는 상대방의 눈을 가리지 않는 높이의 장식물을 배치한다.

해설 ㉰ 칼랑코에는 분화용 다육 식물로 갈런드로는 적절치 않으며 연회장의 화려한 분위기와도 맞지 않다.

3 숙근류에 대한 설명으로 틀린 것은?
- ㉮ 파종해서 여러 해 동안 식물체가 살아남아 매년 개화, 결실하는 것을 말한다.
- ㉯ 국내 자생 식물은 숙근류가 상대적으로 많다.
- ㉰ 거베라와 카네이션은 숙근류에 포함된다.
- ㉱ 가을에 파종하여 겨울을 난 후 봄에 꽃이 핀 다음 죽는 것도 숙근류로 볼 수 있다.

해설 국내에서 자생하는 숙근류는 다년초로 파종하여 여러 해 동안 살아남아 매년 개화, 결실한다.

정답 1. ㉯ 2. ㉰ 3. ㉱

4 분류상 칸나(canna)가 속하는 과(科)명은?
- ㉮ 분꽃과
- ㉯ 홍초과
- ㉰ 백합과
- ㉱ 십자화과

해설 ㉯ 칸나는 홍초과의 단일 속(屬)인 홍초속에 속하는 500여 종(種)의 다년생초이다.

5 소재를 자르는 데 사용하는 도구에 대한 설명으로 틀린 것은?
- ㉮ 칼은 가위보다 소재를 플로럴 폼에 단단히 고정되도록 한다.
- ㉯ 칼은 가위보다 물을 빨아올리는 조직이 덜 파괴되게 한다.
- ㉰ 칼은 목본류를 자르는 전정용 도구로 사용된다.
- ㉱ 서양에서는 소재를 자를 때 대부분 가위보다 칼을 많이 사용한다.

해설 ㉰ 목본류는 줄기가 단단한 나무류로 전정용 가위를 사용하여 자른다.

6 한국의 결혼식장에서 주로 이용되는 화훼 장식으로 가장 거리가 먼 것은?
- ㉮ 주례단상 장식
- ㉯ 화관
- ㉰ 화동의 꽃바구니
- ㉱ 십자가 장식

해설 ㉱ 십자가 장식은 주로 기독교적으로 특별한 경우에 사용한다.

7 다육 식물이 아닌 것은?
- ㉮ 용설란
- ㉯ 유카
- ㉰ 칼랑코에
- ㉱ 맥문동

해설 ㉱ 맥문동은 백합목의 숙근류이다.

8 화훼 식물이 장식에 이용되는 주요 형태로 가장 거리가 먼 것은?
- ㉮ 절화 장식
- ㉯ 도시 조경
- ㉰ 분 식물 장식
- ㉱ 실내 정원

해설 ㉯ 도시 조경으로 화훼 식물이 장식에 사용되기에는 적합하지 않다. 도시의 조경은 도시의 외관 환경으로 화훼 장식보다는 큰 개념의미이다.

정답 4. ㉯ 5. ㉰ 6. ㉱ 7. ㉱ 8. ㉯

9. 분류의 가장 하위 단위는?
㉮ 종 ㉯ 속
㉰ 과 ㉱ 목

해설 분류의 계급(계급이 가장 큰 단위는 '계'이고 가장 작은 단위는 '종'이다.)
• 계(Kingdom : 식물계, 동물계와 같이 분류되는 생물의 세계) – 문(Pylum, Division : 현화식물, 은화식물) – 강(Class : 겉씨식물, 속씨식물) – 목(Orden : 생식 기관으로 분류) – 과(Family : 형태적, 유전적으로 분류) – 속(Genus : 같은 종류를 말하며 보통 한 무리의 근연종(近緣種)으로 이루어짐) – 종(Species : 식물계, 동물계와 같이 분류되는 생물의 세계)

10. 물을 흡수할 수 있는 것과 흡수하지 못하는 것이 있고, 식물에게 수분을 공급해 주는 역할과 고정시켜 주는 역할을 하는 것은?
㉮ 플로럴 폼 ㉯ 침봉
㉰ 플라스틱 망 ㉱ 라피아

해설 ㉯ 침봉 : 동양 꽃꽂이에 사용한다.
㉰ 플라스틱 망 : 플로럴 폼이 움직이지 않도록 고정해 주는 역할을 한다.
㉱ 라피아 : 꽃다발이나 장식품을 묶어 주는 역할로 나무껍질을 얇게 벗겨 만든 끈이다.

11. 실내 공간 내 유해 휘발성 물질, 특히 포름알데히드의 제거 효과가 매우 큰 식물로 보스톤고사리로도 불리는 것은?
㉮ 스파티필룸(Spathiphyllum Wallisii)
㉯ 개맥문동(Liriope Spicata)
㉰ 벤자민고무나무(Ficus Benjamina)
㉱ 네프로레피스(Nephrolepis Exaltata)

해설 ㉮ 스파티필룸 : 천남성과로 순백의 불염포가 특징인 대표적 관엽 식물이다. 알코올, 아세톤, 트리클로로에틸렌, 벤젠, 포름알데히드 등의 오염물질 냄새 제거 기능이 뛰어난 대표적인 공기정화 식물이다.
㉯ 개맥문동 : 백합과의 맥문동속의 상록 여러해살이풀이다. 약용으로도 재배한다.
㉰ 벤자민고무나무 : 뽕나무과로 광택이 나는 작은 식물이 빽빽하게 자라는 고무나무 종류이며 새순을 따내 다양한 수형으로 재배할 수 있다.

정답 9. ㉮ 10. ㉮ 11. ㉱

12 포엽(Bract : 苞葉)이 꽃처럼 보이는 식물이 아닌 것은?
- ㉮ 범부채
- ㉯ 포인세티아
- ㉰ 플라밍고 안수리움
- ㉱ 부겐빌레아 글라브라

해설 포엽이란 잎이 변하여 꽃이나 꽃받침을 둘러싸고 있는 작은 잎 또는 꽃봉오리를 싸서 보호하는 작은 잎을 말한다.
㉮ 범부채는 붓꽃과 식물로 꽃받침이 없는 식물을 말한다.

13 화훼에 대한 정의로 가장 거리가 먼 것은?
- ㉮ 화훼는 관상을 대상으로 하는 초본 식물을 포함한다.
- ㉯ 화훼는 이용 목적에 따라 절화 식물, 분 식물, 정원 식물 등으로 나눌 수 있다.
- ㉰ 화훼는 목본 식물을 제외한 관상용 식물을 말한다.
- ㉱ 화훼의 분류는 식물학적 분류 및 원예학적 분류 등으로 구분된다.

해설 화훼(花卉)의 화(花)는 꽃을 말하며 관상용 초본과 목본을 가리키고 훼(卉)는 풀을 의미하며 꽃과 함께 그 배경이 되는 초화를 말한다.

14 잎의 구조에 대한 설명으로 틀린 것은?
- ㉮ 잎은 잎 새, 잎자루, 턱잎 세 부분으로 구성되어 있다.
- ㉯ 쌍떡잎식물의 잎맥은 나란히맥이다.
- ㉰ 잎새는 잎의 중심 부분이다.
- ㉱ 턱잎은 잎자루의 기부에 있는 일종의 부속 기관이다.

해설
- 나란히맥 : 외떡잎식물에서 주로 관찰되며 잎맥이 나란히 뻗은 형태를 말한다.
- 잎자루 : 잎이 줄기 또는 가지에 붙어 있게 이어 주는 부분을 말한다.
- 그물맥 : 쌍떡잎식물에서 주로 관찰되는 잎맥이 그물처럼 퍼져 있는 형태를 말한다.

15 리본의 용도로 틀린 것은?
- ㉮ 철사 처리 및 테이프 감은 부분을 마무리할 때 사용한다.
- ㉯ 작품 제작 및 포장에 리본뿐만 아니라 리본 보우를 만들어 사용한다.
- ㉰ 철사에 리본을 감아 독특한 모양으로 만들어 장식적으로 사용한다.
- ㉱ 상품을 안전하게 보호하는 기능을 하는 데 주로 사용한다.

해설 ㉱ 리본은 상품을 보호하는 기능보다는 돋보이게 하는 데 사용한다.

정답 12. ㉮ 13. ㉰ 14. ㉯ 15. ㉱

16 방향성 식물을 주로 이용하는 화훼 장식품은?
㉮ 콜라주
㉯ 포푸리
㉰ 테라리움
㉱ 토피어리

해설 ㉮ 콜라주 : 1910년경 브라크가 창시한 큐비즘(입체파)의 한 표현 형식을 말한다. 그림물감으로 그리는 대신 포장지, 신문지, 우표, 기차표, 상표, 인쇄물 등의 작은 것에서부터 모래, 깃털, 철사 등에 이르기까지 모두 붙여서 만드는 작품이다.
㉰ 테라리움 : 밀폐된 용기 속에 식물이 자랄 수 있는 환경을 만들어 식물을 키우는 형태로 빛, 수분, 공기의 순환 원리에 따라 식물이 계속 성장할 수 있도록 하는 것이다.
㉱ 토피어리 : 식물을 전정하거나 나뭇가지 또는 철사로 틀을 만들어 그 형태에 맞게 덩굴 식물을 감거나 키워서 동물이나 하트, 별 등의 모양을 만드는 것이다.

17 클러스터링(Clustering) 기법을 사용한 것은?
㉮ 주의를 끌기 위해 밀짚을 다발로 묶었다.
㉯ 아이비 잎을 조금씩 겹치게 여러 겹 배열했다.
㉰ 솔리다스터를 모아 짧게 잘라 뭉치로 모아 꽂았다.
㉱ 장미를 밝은색에서 어두운색으로 배열하여 꽂았다.

해설 ㉮ 번들링(Bundling) 기법 : 유사한 재료나 동일한 소재를 다발을 만들기 위하여 묶는 방법으로 밀, 짚단 등이 있다.
㉯ 레이어링(Layening) 기법 : 유사한 소재나 동일한 잎 소재를 겹겹이 포개어 사이사이 공간이 없이 층을 만드는 기법이다.
㉱ 그루핑(Grouping) 기법 : 비슷하거나 같은 재료끼리 모아서 꽂는 방법으로 소재들을 집단별로 밝은색과 어두운색으로 나누어 정리된 느낌을 주는 기법이다.

18 전통 한국식 꽃꽂이의 특성이 아닌 것은?
㉮ 자연에서 식물이 자라는 모습을 화기에 재현한 자연적인 구성이다.
㉯ 나뭇가지 선의 아름다움을 강조한다.
㉰ 대부분 사방형으로 제작한다.
㉱ 자연에서 식물이 자라는 형태는 직립형, 경사형, 하수형으로 나눌 수 있다.

해설 동양 꽃꽂이 : 작품의 구성은 천(天), 지(地), 인(人) 세 개의 주지로 높이, 넓이, 부피가 결정되며 부주지로 나머지 공간을 구성한다.

정답 16. ㉯   17. ㉰   18. ㉰

19 물이 흐르는 모습과 가장 거리가 먼 디자인은?
㉮ 워터폴(Waterfall) 스타일
㉯ 호가스(Hogarth) 스타일
㉰ 캐스케이드(Cascade) 스타일
㉱ 샤워(Shower) 스타일

해설 ㉯ 호가스 스타일 : 길고 짧은 두 개의 갈런드를 S자형으로 연결한 형태이다. 비대칭의 구성이 아름답다. 황금 비율(3 : 5 : 8)

20 화훼를 삽목할 때에 많이 사용하며 배수가 가장 잘되는 토양은?
㉮ 참흙(양토)
㉯ 자갈(역토)
㉰ 모래(사토)
㉱ 질흙(점토)

해설 ㉮ 참흙(양토) : 무기질 재료로 사토+점토가 혼합되어 있는 토양으로 보수력, 보비력, 통기성이 좋다.
㉯ 자갈(역토) : 광물질 입자로 대부분 석력으로 되어 있어 사용하기 부적합하다.
㉱ 질흙(점토) : 보수력, 보비력은 좋으나 배수가 잘 안되고 통기성이 좋지 않아 다른 재료와 섞어서 사용한다.

21 식물의 노화 촉진 호르몬은 무엇인가?
㉮ GA
㉯ IAA
㉰ Ethylene
㉱ Daminozide

해설 ㉰ Ethylene : 에틸렌은 식물의 노화를 촉진하는 기체 상태의 자연 호르몬이다.

22 더치 플레미시(Duch-flemish) 양식에 대한 설명으로 틀린 것은?
㉮ 과일과 새둥지, 조개껍질을 포함한 다양한 액세서리를 사치스러운 부케 주변에 장식하였다.
㉯ '천 송이 꽃'이라는 의미로 풍요로운 인상을 표현한다.
㉰ 17세기 네덜란드와 벨기에 화가들의 그림에서 보이는 양식이다.
㉱ 이들 어레인지먼트는 헐겁거나 바로크 스타일처럼 개방적이지는 않지만 비율이 적용되었고 더욱 콤팩트하게 만들었다.

해설 밀 드 플레(Mille de fleur) : 19세기 낭만주의를 대표하는 스타일이며 "수천 송이의 꽃"이라는 의미를 가지고 있다.

정답 19. ㉯ 20. ㉰ 21. ㉰ 22. ㉯

23 화훼 장식을 위한 식물 소재의 관리에 대한 설명으로 틀린 것은?
㉮ 절화는 구입 후 충분히 물을 흡수하여 신선하면서 적절하게 개화되도록 한다.
㉯ 분 식물은 구입 후 적절한 온도와 광선 환경을 유지해 주고 적절한 관수를 한다.
㉰ 절화는 수명 연장을 위해 가능한 절화보존제 처리를 해 주도록 한다.
㉱ 분 식물은 장식 후 잘 견딜 수 있도록 물을 주지 않으면서 순화를 시킨다.

해설 ㉱ 분 식물은 장식 후 잘 견딜 수 있도록 물을 충분히 보충해 준다.

24 서양식 절화 장식의 구성 형식 중 가장 먼저 만들어진 구성 형식은?
㉮ 선형적 구성   ㉯ 평행적 구성
㉰ 장식적 구성   ㉱ 자연적 구성

해설 ㉰ 장식적 구성 → ㉱ 자연적 구성 → ㉯ 평행적 구성 → ㉮ 선형적 구성의 순으로 이루어졌다.

25 압화 장식에 대한 설명으로 틀린 것은?
㉮ 꽃잎, 나뭇잎, 가지, 줄기 등을 본래의 색은 유지하면서 누르고 건조시켜 장식하는 것을 말한다.
㉯ 대상 장식물에 대해 입체적인 느낌이 강조된다.
㉰ 식물의 표본을 만들기 위해 만든 것이 그 기원으로 영국의 빅토리아 여왕 시대에 장식문화로서 본격적으로 시작되었다.
㉱ 압화 장식의 기법에는 꽃 염료 올리기 기법, 필름지를 이용한 코팅 기법, 액자를 이용한 기법 등이 있다.

해설 프레스플라워(Press flower)라고 하며 식물체의 꽃이나 잎, 줄기를 흡습지를 이용하여 눌러서 평면적으로 건조시키는 방법이다.

26 화훼 식물의 수분 부족 현상이 아닌 것은?
㉮ 기공이 닫힌다.   ㉯ 뿌리털이 감소한다.
㉰ 영양 결핍이 생긴다.   ㉱ 잎이 시들고 심하면 말라죽는다.

해설 식물은 체내에 80~90%의 수분을 함유하고 있으며 지속적으로 물을 흡수하고 배출한다. 수분이 부족해지면 기공이 닫혀 영양 결핍으로 잎이 시들고 말라 고사하게 된다. ㉯의 뿌리털 감소와는 관계가 없다.

정답 23. ㉱   24. ㉰   25. ㉯   26. ㉯

27 선, 모양, 색, 질감 등의 요소에 점진적인 변화를 주어 디자인의 한 부분에서 다른 부분으로 시선을 유도하는 기법은?

㉮ 섀도잉(Shadowing)
㉯ 프레이밍(Framing)
㉰ 시퀀싱(Sequencing)
㉱ 클러스터링(Clustering)

해설 ㉮ 섀도잉 : 반복의 방법으로 시각적인 깊이를 더하고 동일 소재의 뒤쪽이나 아래쪽에 똑같은 소재를 하나 더 꽂아 그림자 효과를 주어 입체적으로 보이게 하는 기법이다.
㉯ 프레이밍 : 시각적 강조를 꾀하기 위하여 작품을 에워싸듯 액자의 틀처럼 외곽 테두리를 만드는 기법으로 내용물을 특별히 강조할 때 사용하는 기법이다.
㉱ 클러스터링 : 색상, 형태, 질감의 대비를 이루며 모아서 뭉치의 느낌이 하나를 이루게 하는 무리화 기법이다.

28 꽃을 가득 모아 줄기가 모이는 부분을 끈으로 묶어 다발로 묶은 형태를 무엇이라 하는가?

㉮ 부케
㉯ 리스
㉰ 갈런드
㉱ 콜라주

해설 ㉯ 리스(Wreath) : 크란츠(Kranz)라고도 불리는 리스는 원형을 기본으로 기독교 사상의 영원불멸의 사랑을 의미하며 시작과 끝이 하나임을 의미한다.
㉰ 갈런드(Garland) : 꽃과 잎을 사용하여 길게 엮어 만든 체인 모양의 꽃 줄이다.
㉱ 콜라주(Collage) : 1910년경 피카소, 브라크가 창시한 큐비즘(입체파)의 표현 형식을 말한다.

29 조형 형태의 분류에서 형-선적 구성에 대한 설명으로 틀린 것은?

㉮ 각 소재가 가지고 있는 형과 선을 뚜렷한 선과 각도로 대비시킨다.
㉯ 소재 종류를 최소화한다.
㉰ 소재의 양을 최소화한다.
㉱ 작품의 윤곽이 명확하지 않아서 선과 형을 강조하기 위한 공간이 넓을 필요는 없다.

해설 작품의 윤곽이 명확하게 표현되며 선과 형이 강조되어 대칭 또는 비대칭도 가능하고 방사, 평행의 배열도 가능하기 때문에 공간이 넓을수록 편리하다.

정답 27. ㉰ 28. ㉮ 29. ㉱

30 개더링(Gathering) 기법으로 한 송이 장미꽃에 다른 장미의 꽃잎을 붙여 큰 송이의 장미꽃처럼 만드는 것은?
- ㉮ 빅토리안 로즈(Victorian Rose)
- ㉯ 더치스 튤립(Dutchess Tulip)
- ㉰ 유칼립투스 로즈(Eucalytus Rose)
- ㉱ 릴리 멜리아(Lilimellia)

해설 개더링 기법은 카멜리아(겹동백)에서 유래되어 한 송이의 꽃 또는 봉오리에 같은 꽃잎을 연속으로 겹쳐 대어 한 송이의 큰 꽃으로 구성하는 기법이다.

카멜리아의 종류
- 빅토리안 로즈 : 장미
- 더치스 튤립 : 튤립
- 릴리 멜리아 : 백합

31 구성 형태 중 식물의 생태학적, 식물 사회학적인 것을 고려하여 디자인한 것은?
- ㉮ 장식적 형태
- ㉯ 선형적 형태
- ㉰ 도형적 형태
- ㉱ 식생적 형태

해설 ㉮ 장식적 형태(Decorative) : 식물의 자라나는 생태, 자연적 질서와는 관계없이 인위적인 구성으로 디자인한다.
㉯ 선형적 형태(Formal-linear) : 형태와 선이 명확하게 표현되며 모든 요소가 대비를 이루어 강한 효과를 주는 디자인이다.
㉰ 도형적 형태(Diagram) : 식물의 선이나 형태가 도형적으로 구성된 것이다.

32 식물의 광합성은 잎의 엽록체에서 대기 중으로부터 기공을 통해 흡수한 (a)와 뿌리로부터 흡수한 (b)을(를) 재료로 광에너지를 이용해 탄수화물을 합성하는 것이다. (a)와 (b)에 알맞은 것은?
- ㉮ (a) 산소, (b) 질소
- ㉯ (a) 이산화 탄소, (b) 물
- ㉰ (a) 수소, (b) 붕소
- ㉱ (a) 아황산 가스, (b) 칼륨

해설 광합성은 탄소 동화 작용이라고도 하는데 광에너지를 이용하여 잎의 기공을 통해 흡수한 이산화 탄소와 뿌리에서 흡수한 물로 포도당을 합성시키는 작용이다.

정답 30. ㉮ 31. ㉱ 32. ㉯

33 분 식물은 기본적으로 용기와 토양, 식물, 첨경물로 구성되는데 다음 중 디시 가든 장식에 적합하지 않은 것은?
㉮ 접시처럼 넓고 얇은 용기
㉯ 키가 작은 식물
㉰ 생육 속도가 빠른 식물
㉱ 뿌리가 깊게 뻗지 않은 식물

해설 디시 가든에 적합한 식물은 돌, 고목, 선인장, 다육 식물과 같이 빨리 성장하지 않거나 장식적인 것이 편리하다.

34 신부 부케에 대한 설명으로 가장 거리가 먼 것은?
㉮ 신부의 외적 요인과 결혼식의 형식 등 여러 조건에 영향을 받아 디자인한다.
㉯ 신부 부케는 워형, 폭포형, 삼각형, 초승달형, S자형, 링형 등 다양한 형태로 만들 수 있다.
㉰ 신부 부케의 수명은 하루이므로 꽃의 증산 작용이 활발해야 한다.
㉱ 철사로 만들어지는 신부 부케에는 난류와 다육질의 꽃이 선호된다.

해설 ㉰ 신부 부케는 이미 최상으로 개화된 것을 주로 사용하기 때문에 증산 작용이 활발할 필요가 없다.

35 중심축을 기준으로 사방으로 균일하게 꽂는 형으로 가장 적합한 것은?
㉮ 분리형
㉯ 복합형
㉰ 방사선형
㉱ 부화형

해설 ㉮ 분리형 : 하나의 화기에서 주지를 나누어 독특한 공간미를 나타내는 형태로 두 개 이상의 침봉을 사용한다.
㉯ 복합형 : 두 개 이상의 화기를 사용하여 하나의 독립된 통일감을 이루는 형태이다.
㉱ 부화형 : 수반에 물을 채워 물에 띄우는 형태이다.

36 절화 보존제의 효과로 볼 수 없는 것은?
㉮ 양분의 공급
㉯ 에틸렌 발생 억제
㉰ 노화 촉진
㉱ 미생물 등의 발생 억제

해설 에틸렌은 식물의 노화를 촉진하는 기체 상태의 자연 호르몬이므로 절화 보존제의 효과를 기대할 수 없다.

정답 33. ㉰ 34. ㉰ 35. ㉰ 36. ㉰

37 소재를 끈이나 여러 가지 묶는 재료를 사용하여 함께 감는 기법으로 주로 장식적 목적으로 사용되는 기법으로 맞는 것은?
㉮ 바인딩(Binding) ㉯ 레이어링(Layering)
㉰ 스테킹(Stacking) ㉱ 밴딩(Banding)

해설 ㉮ 바인딩 : 소재의 줄기가 늘어지거나 흩어지는 것을 방지하기 위하여 세 가지 이상의 줄기를 기능적으로 묶는 방법이다.
㉯ 레이어링 : 유사한 소재나 동일한 소재를 겹겹이 포개어 사이사이 공간이 없이 층을 만드는 기법이다.
㉰ 스테킹 : 유사한 크기의 재료를 공간을 주지 않고 쌓아 올리는 기법으로 물건을 쌓아 놓듯이 나란히 또는 계속 위쪽으로 차곡차곡 쌓아 나가는 방법이다.

38 아이비 잎에 철사를 사용하여 머리핀 모양으로 구부려서 잎이나 꽃에 꽂아 보강하는 방법은?
㉮ 헤어핀 방법 ㉯ 피어싱 방법
㉰ 크로싱 방법 ㉱ 후킹 방법

해설 ㉯ 피어싱 방법(Piercing method) : 꽃받침 등에 와이어를 직각이 되게 관통하고 관통된 양쪽 철사를 아래로 구부려 주는 방법이다.
㉰ 크로싱 방법(Crossing method) : 피어싱한 철사와 수직이 되게 철사를 십자로 관통하여 교차시켜 한 번 더 철사를 활용하는 방법이다.
㉱ 후킹 방법(Hooking method) : 와이어의 한 쪽을 갈고리 모양으로 구부려 꽃의 위부터 꽃받침 쪽으로 꽂아 내리는 방법이다.

39 화훼 식물의 이용에 대한 설명으로 옳은 것은?
㉮ 분 식물은 용기와 토양, 식물, 첨경물을 기본으로 구성된다.
㉯ 분 식물 장식은 배치되는 장소와 환경 조건은 중요하지 않다.
㉰ 관엽 식물과 관화 식물은 개화기에 일시적으로만 이용된다.
㉱ 분 식물 표현양식은 동양식과 서양식으로 나눌 수 없다.

해설 ㉯ 분 식물의 장식은 배치되는 장소와 환경 조건에 따라 성장에 영향을 주므로 중요하다.
㉰ 관엽 식물과 관화 식물은 개화기 때와 관계없이 화훼 식물로 수시로 이용된다.
㉱ 분 식물 표현양식은 동, 서양과 관계가 없다.

정답 37. ㉱ 38. ㉮ 39. ㉮

40 소매상(화원)에서의 절화 취급 요령으로 가장 거리가 먼 것은?

㉮ 구입한 절화는 구입 즉시 재절단한다.
㉯ 구입 즉시 신선한 수돗물을 받아 절화를 꽂은 후 실온에 보관한다.
㉰ 보존제를 처리할 때는 어떤 전처리제를 사용했는지 확인한다.
㉱ 절화는 저온 저장고에 보관한다.

해설 ㉯ 절화를 구입 후 신선한 물을 받아 줄기를 절단하여 담근 후 보존제를 사용하여 저온 저장고에 보관한다.

41 온주성(溫周性)의 설명으로 옳은 것은?

㉮ 열대 식물이 갖는 독특한 온도 반응
㉯ 따뜻한 기온이 식물의 생육에 좋은 영향을 미치는 현상
㉰ 기온이 변화하는 주기가 생육에 영향을 미치는 형상
㉱ 싸늘한 기온이 식물의 생육에 좋은 영향을 미치는 현상

해설 ㉰ 기온이 변화하는 주기가 생육에 영향을 미치는 현상이다.

42 먼셀(Albert H. Munsell) 색표계의 색을 표시하는 기호로 바른 것은?

㉮ H C/V
㉯ V H/C
㉰ C V/H
㉱ H V/C

해설 ㉱ 색상(H), 명도(V), 채도(C)의 세 가지 속성으로 나눠 H V/C라는 형식에 따라 번호로 표시한다.

43 꽃을 자연 건조할 경우 고려해야 될 조건으로 틀린 것은?

㉮ 햇빛이 비치는 개방된 곳이 좋다.
㉯ 꽃의 성숙 정도는 활짝 피기 전이 좋다.
㉰ 장소는 서늘하며 통풍이 잘되어야 한다.
㉱ 먼지, 바람, 수분 등을 피하는 것이 좋다.

해설 자연 건조는 건조율 온도가 증가하고 습도가 감소할수록 빨라지며 건조 시 광 상태에 따라 색이 달라지고 햇빛에 노출되면 대부분 색이 바래기 때문에 햇빛을 피해 건조한다.

정답 40. ㉯   41. ㉰   42. ㉱   43. ㉮

44 사군자에 해당되지 않는 것은?
㉮ 왕대
㉯ 오죽
㉰ 황매화
㉱ 국화

해설 사군자에는 매화(선비의 기상), 대나무(곧은 성품), 난(절개와 기품), 국화(고고함)가 있다. ㉰ 황매화는 매화를 닮았다고 해서 붙여진 이름이다. 장미과에 속하고 중국에서 들어왔으며 4~5월에 꽃이 핀다.

45 수분 함량이 많은 꽃의 이상적인 건조 방법은?
㉮ 글리세린 건조법
㉯ 동결 건조법
㉰ 자연 건조법
㉱ 실리카겔 건조법

해설 ㉯ 동결 건조법 : 꽃을 순간 동결하여 수분을 승화시키는 방법으로 꽃의 색상과 형태가 그대로 유지된다. 습기에 노출되면 쉽게 변색하여 코팅제를 사용하거나 밀폐시켜 보관한다.

46 현대 화훼 장식에 대한 설명으로 옳은 것은?
㉮ 전통적인 꽃꽂이 개념을 유지, 고수하고 있다.
㉯ 꽃을 이용한 장식의 범위가 실내 환경으로 변하였다.
㉰ 화훼 장식의 목적이 용도별, 주제별, 기능별로 다양화되었다.
㉱ 일관된 형식으로 장식적인 목적을 만족시키고 있다.

해설 ㉰ 현대 화훼 장식은 그 목적이 용도별, 주제별, 기능별로 다양화되어 있다.

47 물체의 형태를 더욱 강하게 표현하며 면적은 없지만 방향이 있고 방향에 따라 감정을 표현할 수 있는 요소는?
㉮ 점
㉯ 선
㉰ 면
㉱ 명암

해설 ㉯ 선은 작품에서 가장 1차적인 형태로 시각적 움직임을 만들어 내며 방향성을 가지고 있으며 방향에 따라 감정을 표현한다.

정답 44. ㉰ 45. ㉯ 46. ㉰ 47. ㉯

48 화훼 디자인을 함에 있어 설계는 아주 중요한데, 설계 도면을 그리면서 주의해야 할 점이 아닌 것은?

㉮ 정면도와 평면도를 정확한 치수로 제도하는 것이 중요하다.
㉯ 형태를 분명하게 나타내기 위해 색채를 진하게 칠한다.
㉰ 전체의 도안은 우선 연필로 그리고, 그 후 꽃과 잎사귀들은 유성 펜으로 그린다.
㉱ 척도와 치수, 테마, 이름 등은 펜으로 도면에 기입한 후 연필로 그린 초안을 지운다.

해설 화훼 디자인의 설계 도면은 디자인 제작의 시작 단계이므로 먼저 정확한 치수의 제도가 필요하며 연필로 초안을 그린 후 유성 펜으로 그린 다음 중요한 부분은 펜으로 입력한 후 연필로 그린 초안을 지운다. ㉯의 설명은 맞지 않다.

49 꽃의 건조 방법에 대한 설명으로 틀린 것은?

㉮ 열풍 건조는 열풍 건조기를 이용하여 많은 건조화를 생산하며 꽃을 빠르게 건조시키면서 변색이 적고 형태 유지가 가능하다.
㉯ 동결 건조는 형태와 색상이 그대로 유지되고 공기 중의 수분 흡수가 적어 밀폐되지 않은 공간 장식에 많이 이용된다.
㉰ 실리카 겔을 이용한 매몰 건조는 형태와 색상 변화가 적으나 공기 중 수분을 쉽게 흡수하므로 밀폐 공간이나 피막 처리하여 장식해야 한다.
㉱ 누름 건조를 이용한 건조화를 누름꽃이라 하고 밀폐용 액자와 평면 장식에 이용된다.

해설 ㉯ 동결 건조법 : 꽃을 순간 동결하여 수분을 승화시키는 방법으로 꽃의 색상과 형태가 그대로 유지된다. 습기에 노출되면 쉽게 변색하여 코팅제를 사용하거나 밀폐시켜 보관한다.

50 화훼 장식이 미치는 심리적 기능의 설명으로 틀린 것은?

㉮ 편안함과 안정감을 준다.
㉯ 서양에서는 인격 형성에 화도, 다도, 서도의 3도를 이용해 왔다고 볼 수 있다.
㉰ 식물이나 꽃으로 인해 스트레스도 해소되고 분노감이 줄어든다.
㉱ 사람의 오감을 만족시켜 정서 함양에 도움이 된다.

해설 화도, 다도, 서도의 3도는 일본에서 인격 형성에 이용되어 왔으며 서양에서는 사용되지 않았다.

정답 48. ㉯ 49. ㉯ 50. ㉯

51 다음 그림과 같은 디자인 원리는?

㉮ 율동(Rhythm) ㉯ 통일(Unity)
㉰ 균형(Balance) ㉱ 조화(Harmony)

[해설] ㉰ 균형은 물리적, 시각적인 안정감을 말한다. 물리적, 시각적, 대칭, 비대칭 균형이 있는데 위 그림은 비대칭 균형으로 중심축을 중심으로 좌우에 다른 요소가 배열되었을 때의 균형이다. 자연스럽고 시각적 흥미를 이끌며 생동감이 있다.

52 디자인 요소와 관련된 설명으로 틀린 것은?
㉮ 물체선(Actual Line)은 실제 존재하는 선으로 시각적인 운동감을 만들어 낸다.
㉯ 향기는 화훼 장식에 있어서 형태, 질감 등과 마찬가지로 하나의 요소로 강조되면서도 필수적인 요소로 거리가 있다.
㉰ 독특한 꽃이나 식물은 쉽게 Focal Point를 만들어 주의를 끌 수 있으며 이러한 강조된 형태가 뚜렷하게 보이기 위해서는 주위 공간의 여백을 가급적 두지 않는다.
㉱ 꽃꽂이에서 깊이감을 연출하기 위해서는 줄기선의 각도 조절 및 꽃을 겹치게 하는 방법이 주로 쓰인다.

[해설] ㉰ 독특한 꽃이나 식물은 쉽게 Focal Point를 만들어 주의를 끌 수 있으며 이러한 강조된 형태가 뚜렷하게 보이기 위해서는 주위 공간의 여백을 충분히 확보하는 것이 좋다.

53 통일 신라 시대의 석굴암 십일면 관음보살 입상에 나타나는 헌공화의 형태는?
㉮ 타원형
㉯ 삼각형
㉰ 직사각형
㉱ 정사각형

[해설] 석굴암의 십일면 관음보살상은 연꽃 송이를 삼존 형식으로 꽂은 목이 긴 보병을 들고 있다. ㉯ 삼각형 형태라고 할 수 있다.

정답 51. ㉰ 52. ㉰ 53. ㉯

54. 가법 혼색(Additive Color Mixture)의 삼원색에 속하는 색이 아닌 것은?
㉮ 파란색(Blue)
㉯ 노란색(Yellow)
㉰ 빨간색(Red)
㉱ 녹색(Green)

해설
- 가법 혼색의 삼원색은 빨간색, 파란색, 녹색이며 섞을수록 명도가 높아진다.
- 감법 혼합색은 자홍(Magenta), 청록(Cyan), 노랑(Yellow)이며 섞을수록 명도가 낮아진다. ㉯ 노란색은 감법 혼합색에 속한다.

55. 크기 차이가 있는 알리움을 나란히 연속적으로 꽂음으로써 얻을 수 없는 것은?
㉮ 통일
㉯ 강조
㉰ 리듬
㉱ 변화

해설 강조(Accent)는 강조되는 점을 포컬 포인트(Focal point)라 하며 이는 가장 뚜렷하게 무게 중심이 되는 것을 말하므로 알리움을 나란히 연속적으로 꽂는다고 ㉯ 강조의 효과는 없다.

56. 화훼 장식 디자인의 원리와 요소에 대한 설명으로 틀린 것은?
㉮ 색(Color)은 유일하게 촉각에 호소하는 요소로서 균형, 깊이, 강조, 리듬, 조화와 통일을 이루는 데 사용된다.
㉯ 균형(Balance)은 물리적 균형과 시각적 균형이 모두 존재할 때 안정감을 준다.
㉰ 디자인을 완성시키는 데 있어서는 시간, 장소, 목적을 충족시킬 수 있는 구성이 필요하다.
㉱ 디자인의 압도적인 느낌을 주도하며 흥미를 유발하는 시각적 활동의 중심을 초점이라 한다.

해설 색은 유일하게 시각에 특성을 지닌 디자인 요소로 ㉮의 촉각에 호소를 요구하지 않는다.

57. 한국의 전통적인 꽃 예술의 성격과 거리가 먼 것은?
㉮ 생활 공간의 장식
㉯ 의식으로서의 헌화와 공화
㉰ 심신의 수련
㉱ 사회적인 변화와 적응

해설 ㉱ 한국의 전통적인 꽃 예술은 사회적 변화에 대한 적응보다는 심신 수련을 위한 개인의 내적 다스림과 생활 속에 장식적인 용도 정도로만 활용되어 왔다.

정답 54. ㉯ 55. ㉯ 56. ㉮ 57. ㉱

58 디자인 원리의 설명으로 틀린 것은?

㉮ 반복에서 동감(動感)을 느낀다.
㉯ 리듬은 선의 고조, 대소, 반복에서 느낀다.
㉰ 유사(類似) 조화는 공통점이 없어 조화되기 쉽다.
㉱ 통일이란 각 부분이 전체적인 부분으로 완성되어 가는 것이다.

해설 ㉰ 유사 조화는 공통점(색, 형태, 질감 및 패턴)이 있어 인접한 색과 함께 잔잔하고 부드러운 변화가 있다.

59 비더마이어(Biedermeier)에 대한 설명으로 옳은 것은?

㉮ 꽃들을 빈 공간 없이 촘촘하게 배열하여 원추형이나 반구형(Dome)으로 조형한다.
㉯ 수천 송이의 꽃이란 의미가 있다.
㉰ 네덜란드 화풍에서 나온 디자인이다.
㉱ 물이 흐르는 듯한 모양으로 꽂는다.

해설 ㉯ 밀 드 플레(Mille de fleur) : 수천 송이의 꽃이란 의미가 있다.
㉰ 더치 플레미시(Dutch flemish) : 네덜란드 화풍에서 나온 디자인이다.
㉱ 워터폴(Waterfall) : 폭포에서 물이 쏟아져 내리는 듯한 모양으로 꽂는다.

60 화훼 식물의 재배와 관리에 대한 강희안의 저서는?

㉮ 임원십육지　　　　㉯ 양화소록
㉰ 동국세시기　　　　㉱ 오주연문장전산고

해설 ㉮ 임원십육지 : 조선 시대 – 서유구
㉰ 동국세시기 : 조선 후기 – 홍석모
㉱ 오주연문장전산고 : 조선 시대 – 이규경

정답 58. ㉰　59. ㉮　60. ㉯

2014년 7월 20일 시행

1 화훼 원예의 주요 특징으로 가장 거리가 먼 것은?

㉮ 종류와 품종 수가 극히 적은 편이다.
㉯ 고도의 생산 기술을 요구한다.
㉰ 문화생활 수준의 향상과 더불어 발전한다.
㉱ 경영상 시설을 이용한 연중 집약재배를 실시한다.

해설 화훼 원예는 정신적, 문화적, 집약적으로 다품종, 다종류를 취급하고 있으며 고도의 생산 기술이 발달하면서 다양한 품종이 개발되고 있다. 그러므로 ㉮의 설명은 맞지 않다.

2 두상 화서(頭狀花序)로 꽃이 피는 화훼류는?

㉮ 장미　　　　　　　　㉯ 카네이션
㉰ 국화　　　　　　　　㉱ 칼라

해설 두상 화서는 소화경이 없는 작은 꽃들이 밀집되어 머리 모양을 이루어 한 송이 꽃처럼 보인다. 국화나 해바라기 등 두상 화서를 지닌 꽃의 중심에 관상화가 있고 가장자리에 설상화가 있으며 어떤 종류는 전체가 관상화로 되어 있는 것이 있다.

3 다음 설명하는 식물은?

- 절화용으로 주로 사용
- 높이 0.9~1.5m 정도 자람
- 잎은 초록색의 칼 모양
- 여름에 잎과 잎 사이에 잎보다 긴 꽃대가 출현
- 꽃은 수상 화서로 아래서 위로 개화

㉮ 제라늄　　　　　　　㉯ 샐비어
㉰ 글라디올러스　　　　㉱ 피튜니아

해설 과명 : 붓꽃과, 속명 : 글라디올러스속
남아프리카가 원산지이며 알줄기(알뿌리)에서 잎이 나오는데 칼 또는 선처럼 생겼으며 청록색으로 잎과 잎 사이에 잎보다 긴 꽃대가 올라온다.

정답 1. ㉮　　2. ㉰　　3. ㉰

4 흙에 심지 않고 나무나 돌 등에 붙여 재배하는 난의 종류는?

㉮ 반다 ㉯ 심비디움
㉰ 춘란 ㉱ 한란

해설 난과의 식물은 생장 형태에 따라 분류한다.
- 지생란(地生蘭) : 건란, 한란, 춘란, 소심란, 새우란, 보춘화, 은대난초 등
- 착생란(着生蘭) : 팔레놉시스, 카틀레야, 덴드로비움, 풍란, 반다, 온시디움 등

5 광에 따른 생육 정도에 따라 음생 식물과 양생 식물로 분류할 수 있는데, 다음 중 양생 식물에 속하는 것은?

㉮ 아스파라거스 ㉯ 베고니아
㉰ 군자란 ㉱ 백일홍

해설 양생 식물 : 빛을 좋아해 양지에서 잘 자라는 식물로 광포화점이 높다.
예 국화, 백일홍, 봉선화, 루드베키아, 해바라기, 코스모스 등

6 줄기면에 부착하는 잎의 배열 양식, 엽서가 바르게 연결된 것은?

㉮ 카네이션 – 호생 ㉯ 회양목 – 대생
㉰ 제비꽃 – 윤생 ㉱ 둥굴레 – 근생

해설
- 호생 : 한 개의 마디에 잎이 한 장씩 어긋나게 붙는 엽서.
  예 국화, 장미, 둥굴레, 느릅나무 등
- 대생 : 줄기의 각 마디에 잎이 한 장씩 어긋나게 붙는 엽서.
  예 회양목, 아카시아나무, 소철, 카네이션, 패랭이꽃
- 윤생 : 한 개의 마디에 세 장 이상의 잎이 돌려 붙는 엽서.
  예 유칼립투스, 드라세나, 검정말 등
- 근생 : 뿌리 바로 윗부분의 지상부에서 잎들이 모여 나는 엽서.
  예 거베라, 제비꽃, 민들레 등

7 식물명과 학명이 틀린 것은?

㉮ 무궁화 – Hibiscus syriacus ㉯ 튤립 – Hyacinthus tulipa
㉰ 스토크 – Matthiola incana ㉱ 채송화 – Portulaca grandiflora

해설 ㉯ 튤립(학명 : Tulipa gesneriama L. 백합과)

정답 4. ㉮ 5. ㉱ 6. ㉯ 7. ㉯

8 괴근(塊根, 덩이뿌리)에 해당하는 구근류(알뿌리)는?
㉮ 수선화　　　　　　㉯ 글라디올러스
㉰ 칼라　　　　　　　㉱ 다알리아

해설 괴근 : 뿌리가 비대해져 저장 기관으로 발달한 것.
예 작약, 라넌큘러스, 다알리아, 도라지, 고구마 등

9 화훼 장식에서 사용하는 용기 중 다공성 재질로 통기성이 좋고 자연미가 있으며, 모양과 크기가 다양하나 깨어질 위험이 있는 것은?
㉮ 테라코타　　　　　㉯ 유리
㉰ 스테인리스 스틸　　㉱ 플라스틱

해설 ㉮ 테라코타는 라틴어 lera cota에서 유래된 말로 점토 흙을 구워 만든 용기로 자연 건조하여 통풍이 잘되고 자연미가 있으나 쉽게 깨질 염려가 있다.

10 화훼의 용어에 대한 정의가 틀린 것은?
㉮ 화는 꽃을 의미한다.
㉯ 훼는 생산되는 울타리 안을 의미한다.
㉰ 절화, 분화, 종묘, 구근, 지피 식물 등을 포함한다.
㉱ 꽃, 줄기, 잎, 열매에 관상 가치가 있는 초본과 목본 식물을 의미한다.

해설 ㉯ 훼(卉)는 초본성 식물을 의미하며 화(化)의 꽃을 피는 초본 식물이라는 의미이다.

11 화훼 장식에 사용되는 도구에 대한 설명으로 틀린 것은?
㉮ 플로럴 테이프는 쭉 펴서 감아주면 잘 들러붙도록 다양한 색상의 종이에 접착제 성분이 있다.
㉯ 철사는 지름에 따라 번호가 매겨지며, 수가 증가할수록 굵은 철사이다.
㉰ 워터 튜브는 절화의 줄기가 짧아 플로럴 폼에 바로 꽂을 수 없을 때 사용한다.
㉱ 글루 건은 글루스틱을 녹여 이용하는 기구이다.

해설 ㉯ 화훼 장식용 철사는 지름에 따라 번호가 매겨지며, 수가 증가할수록 가는 철사이다.

정답 8. ㉱　9. ㉮　10. ㉯　11. ㉯

12 1년초로 분류되는 식물로만 나열된 것은?

㉮ 가자니아, 피튜니아, 실비어, 크로커스
㉯ 색비름, 팬지, 사네라리아, 달리아
㉰ 루드베키아, 원추리, 금어초, 마가렛
㉱ 메리골드, 금잔화, 한련화, 팬지

해설 한해살이 화초는 씨앗을 뿌린 다음 1년 안에 꽃이 피고 씨가 맺힌 후 말라죽는 종류이다. 봄에 파종하는 춘파 1년초와 가을에 파종하는 추파 1년초로 나눈다.

13 구조물에 대한 설명으로 적절하지 않은 것은?

㉮ 자연적 소재만을 이용할 수 있다.
㉯ 기능적 구조물과 장식적 구조물이 있다.
㉰ 최근 다양한 형태의 구조물이 사용되고 있다.
㉱ 기능적 구조물의 경우 서포터 역할을 많이 한다.

해설 구조물은 기능적 구조물과 장식적 구조물이 있는데 기능적 구조물의 경우 서포터 역할을 많이 하고 있으며 최근 자연적인 소재 외에도 다양한 형태의 구조물이 사용되고 있다.

14 일반적인 식물체의 줄기 기능으로 가장 거리가 먼 것은?

㉮ 식물체를 지지하는 기능
㉯ 향기의 기능
㉰ 물질의 통로 기능
㉱ 양분 저장 기능

해설 식물체를 지탱하고 뿌리에서 흡수한 수분과 영양분을 수송하는 통로 및 저장 기관이다. ㉯의 설명은 맞지 않다.

15 온대성 화훼류 종자를 장기간 저장할 경우 가장 적당한 저장 온도는?

㉮ 1~9℃
㉯ 10~19℃
㉰ 20~29℃
㉱ 30~39℃

해설 ㉮ 온대성 화훼류 종자는 1~9℃가 가장 오래 유지, 보관할 수 있는 온도이다.

정답 12. ㉱ 13. ㉮ 14. ㉯ 15. ㉮

16 생활공간용 화훼 장식에 대한 설명으로 틀린 것은?

㉮ 생활공간용 화훼 장식은 이용되는 장소에 따라 특색을 가진다.
㉯ 주거용 공간에는 크고 작은 다양한 종류의 분 식물이 많이 이용된다.
㉰ 사무용 공간에는 업무 중간에 휴식을 취할 수 있도록 녹색의 실내 정원을 조성하기도 한다.
㉱ 상업용 공간은 창의적인 디자인보다 단순하고 실용적인 디자인을 선호한다.

해설 ㉱ 상업용 공간은 대중적이기 때문에 창의적인 디자인으로 공간을 사로잡아 시야를 확보할 수 있어야 한다. 단순하고 실용적인 디자인은 개인 집무실이나 가정에서 선호한다고 볼 수 있다.

17 소매상에서의 절화 취급 방법에 대한 설명으로 틀린 것은?

㉮ 물올림 후 절화 품질과 수명을 연장시키기 위해 작물별 특성에 따라 적정 절화 보존제를 사용하는 것이 좋다.
㉯ 생산자에 의해서 출하 전 STS제가 전처리되었다면, 소매상에서는 STS제를 재처리해서는 안 된다.
㉰ 생산자에 의해 질산은제가 함유된 전처리제를 사용했다면, 물올림 과정에서 재절단을 하는 것이 좋다.
㉱ 열대산 절화를 제외하고는 대부분의 절화는 저온(5℃)에서 전시하거나 보관하는 것이 좋다.

해설 ㉰ 질산은제가 함유된 전처리제를 사용했다면 물올림 과정에서 재절단은 하지 않는 것이 좋다.

18 핸드타이드(Hand-tied) 꽃다발을 만드는 방법으로 틀린 것은?

㉮ 줄기는 나선형으로 돌려가며 조립한다.
㉯ 이용 목적과 대상, 분위기 등을 고려하여 형태나 색상 등을 정한다.
㉰ 묶음점 아랫부분의 줄기는 깨끗이 다듬어 준다.
㉱ 나선형 꽃다발에서 끈을 묶을 때는 되도록 폭을 넓게 묶어 단단히 고정해 준다.

해설 ㉱ 핸드타이드 꽃다발인 나선형 꽃다발을 묶을 때 폭을 넓게 할 경우 중심이 모아지지 않고 흩어지는 경우가 있기 때문에 폭을 좁게 해서 단단히 묶어주는 게 좋다.

정답 16. ㉱   17. ㉰   18. ㉱

19 식물의 생육과 광의 연관성에 대한 설명으로 틀린 것은?
- ㉮ 일반적으로 개화하는 식물 혹은 열매를 맺는 식물 및 무늬가 있는 식물들은 보통 관엽 식물보다 많은 광을 필요로 한다.
- ㉯ 탄소 동화 작용으로 잎에서 영양분을 만들기 위해서 겨울에도 광선은 꼭 필요하다.
- ㉰ 광은 호흡 작용에 의한 영양분의 소모를 조장한다.
- ㉱ 광은 식물의 광합성 작용뿐만 아니라 조직이나 기관의 분화, 종자의 발달 등 식물의 형태 형성에도 관여한다.

해설 ㉰ 광은 호흡 작용에 의한 영양분을 흡수하여 화색을 좋게 한다.

20 고전적 삼각형 꽃꽂이에서 나타나는 생장점(줄기의 출발점)은?
- ㉮ 무 생장점
- ㉯ 하나의 생장점
- ㉰ 두 개의 생장점
- ㉱ 여러 개의 생장점

해설 ㉯ 기하학적 구성으로 삼각형, 원형, 수평형 등 형태는 하나의 생장점에서 출발한다.

21 꽃 품질이 떨어지는 외관적인 원인이 아닌 것은?
- ㉮ 위조(시듦)
- ㉯ 낙화(꽃떨어짐)
- ㉰ 잎의 황화
- ㉱ 비료 부족

해설 꽃 품질이 떨어지는 원인 : 내관적인 원인으로는 비료나 광합성 부족으로 생길 수 있으며 외관적인 원인은 잎이 시듦, 낙화, 잎이 누렇게 변하는 현상을 들 수 있다.

22 디자인 형태 중 고전형(Traditional Design)에 대한 설명으로 틀린 것은?
- ㉮ 형태가 뚜렷해야 한다.
- ㉯ 주로 패럴렐(Parallel)으로 꽂는다.
- ㉰ 균형감을 느낄 수 있도록 장식한다.
- ㉱ 다양한 전통적 꽃을 사용한다.

해설 고전형 디자인은 형태가 뚜렷하며 균형감을 주고 전통적인 꽃을 사용한다.
㉯ 디자인의 대부분이 방사 형태이다.

정답 19. ㉰ 20. ㉯ 21. ㉱ 22. ㉯

23 꽃 소재와 철사 처리기법의 연결로 틀린 것은?
㉮ 안개초 – 피어스 법
㉯ 칼라 – 인서트 법
㉰ 국화 – 후크 법
㉱ 아이비 – 헤어핀 법

해설 ㉮ 피어스 법(Pierce method) : 꽃받침 등에 와이어를 직각이 되게 관통하고 관통된 양쪽 철사를 아래로 구부려 주는 방법이다. 예 카네이션, 장미, 금잔화, 달리아 등

24 신부 부케 제작에 영향을 미치지 않는 요인은?
㉮ 신부의 취향
㉯ 신부의 신체 크기
㉰ 신부의 허리 크기
㉱ 웨딩드레스 형태와 색상

해설 신부 부케를 제작하는 데 있어서 신부의 취향, 신체적 크기, 웨딩드레스의 형태와 색상은 중요한 요인이 된다. ㉰의 설명과는 관계가 없다.

25 동양식 꽃꽂이에서 2개 이상의 화기와 화형을 선택하여 꽂는 꽃꽂이 형은?
㉮ 부화형(溥花形)
㉯ 분리형(分離形)
㉰ 복형(複形)
㉱ 배합형(配合形)

해설 ㉮ 부화형 : 수반에 물을 채워 물에 띄우는 형태이다.
㉯ 분리형 : 하나의 화기에서 주지를 나누어 독특한 공간미를 나타내는 형태로 두 개 이상의 침봉을 사용한다.
㉰ 복형 : 두 개 이상의 화기를 사용하여 하나의 독립된 통일감을 이루는 형태이다.
㉱ 배합형 : 동양식 꽃꽂이의 기본 화형에 속하지 않는 형태로 서로 비슷한 것끼리 모아 놓은 형태를 말한다.

26 속이 비었거나 연한 자연줄기를 그대로 살리고 싶을 때 철사를 줄기 속에 넣어 제작하는 테크닉은?
㉮ 소잉(Sewing) 법
㉯ 피어스(Pierce) 법
㉰ 인서션(Insertion) 법
㉱ 시큐어링(Securing) 법

해설 ㉮ 소잉 법 : 꽃잎이나 잎을 겹쳐서 바느질하듯 꿰매는 방법이다.
㉯ 피어스 법 : 꽃받침 등에 와이어를 직각이 되게 관통하고 관통된 철사를 아래로 구부려 주는 방법이다.
㉱ 시큐어링 법 : 줄기가 약하거나 곡선을 내기 위해 구부려 주어야 할 때 나선형으로 줄기를 감아 내리는 방법이다.

정답 23. ㉮ 24. ㉰ 25. ㉰ 26. ㉰

27 절화의 관리에 대한 설명으로 틀린 것은?

㉮ 줄기가 절단될 때 공기가 도관 속으로 들어가 도관을 막아 줄기를 통한 물의 정상적인 이동이 방해되는 꽃은 물속 줄기 절단이 좋다.
㉯ 박테리아와 곰팡이와 같은 미생물이 줄기 기부에 침입하여 번식하면서 도관이 막혀 시드는 경우도 있으므로 물통을 깨끗하게 유지해 준다.
㉰ 장미의 잎은 기부로부터 가능한 많은 엽수를 남기는 것이 저장 양분을 많이 보유할 수 있으므로 수명 연장에 효과적이다.
㉱ 가위보다는 날카로운 칼로 줄기를 가르면 줄기의 상처를 줄여 도관을 막는 미생물의 증식을 줄일 수 있다.

해설 ㉰ 절화 관리에 있어 줄기의 잎이 물속에 잠기게 되면 박테리아 번식의 우려가 있기 때문에 장미 잎은 물속에 잠기는 부분을 제거해 주는 것이 좋다.

28 자연적인 성장 형태에 어긋나지 않게 사실적으로 표현한 것으로 식물의 생태적 분야를 고려하여 디자인하는 것은?

㉮ 수평적 형태
㉯ 선형적 형태
㉰ 장식적 형태
㉱ 식생적 형태

해설 ㉱ 식생적 형태(Vegetative)는 식물이 자연 속에 있는 것처럼 식물의 생태를 고려해 연출하는 디자인이다.

29 장식적인 디자인 테크닉(Design technique)의 하나로 시험관 등을 이용하여 재료가 공중에 떠 있는 것처럼 보이도록 하는 기술은?

㉮ 프리센트 테크닉(Fliessend technique)
㉯ 플로팅 테크닉(Floating technique)
㉰ 팬싱 테크닉(Fencing technique)
㉱ 밴딩 테크닉(Banding technique)

해설 ㉮ 프리센트 테크닉 : 강물이 흐르듯 '흐름'을 표현하는 기법이다.
㉯ 플로팅 테크닉 : 물에 띄우는 기법이다.
㉰ 팬싱 테크닉 : 비슷한 소재를 나열하여 울타리처럼 보이게 엮는 기법이다.
㉱ 밴딩 테크닉 : 시각적으로 장식적인 효과를 주기 위해 묶는 기법이다.

정답 27. ㉰   28. ㉱   29. ㉰

30 절화를 상점에서 사온 후 소비자가 우선적으로 하여야 할 것은?
㉮ 절화를 찬물에 담금
㉯ 절화를 따뜻한 물에 담금
㉰ 절화를 냉장고에 넣어 시원하게 함
㉱ 절화의 아랫부분을 물속 자르기로 재절단함

해설 ㉱ 절화는 구입한 후 아랫부분을 재절단해 주는 것이 좋다. 유통 과정 중에 물올림이 제대로 안 되거나 줄기가 손상되는 경우 줄기의 관이 막혀 있을 수 있기 때문이다.

31 다음 화훼류 중 가장 발아 적온이 낮은 것은?
㉮ 프리뮬러 ㉯ 나팔꽃
㉰ 맨드라미 ㉱ 샐비어

해설 광선은 종자 발아, 광합성 작용, 기공의 개폐, 식물의 색소 합성, 식물의 형태 변화 등에 큰 영향을 미친다. 발아 적온이 가장 낮은 식물은 프리뮬러, 팬지 등이다.

32 서양식 절화 장식에서 골격을 형성하는 선형 꽃(Line Flower)으로 주로 이용되는 소재로 가장 거리가 먼 것은?
㉮ 스토크 ㉯ 장미
㉰ 글라디올러스 ㉱ 금어초

해설 ㉯ 장미는 뭉치 꽃으로 mass 소재이다.

33 꽃바구니 제작 시 유의 사항으로 틀린 것은?
㉮ 용도와 장소에 맞게 제작한다.
㉯ 제작 후 플로럴 폼이 보이지 않도록 한다.
㉰ 바구니의 물 빠짐을 용이하게 하기 위하여 바닥에 비닐 등을 깔지 말아야 한다.
㉱ 바구니에 맞추어 메인 플라워가 강조되도록 한다.

해설 ㉰ 꽃바구니 제작 시 플로럴 폼을 세팅하기 전에 반드시 물이 새지 않도록 비닐이나 방수지를 깔아야 한다.

정답 30. ㉱ 31. ㉮ 32. ㉯ 33. ㉰

34 향기와 관련한 용어의 설명으로 틀린 것은?

㉮ 정유(Essential Oil) : 정유는 식물체의 특수한 세포나 조직 내에 아주 작은 방울로 존재하고 있으며, 유성을 갖는 액체로서 식물체를 증류, 냉각하여 얻을 수 있다.

㉯ 향미(Flavor) : 냄새 중 향기로운 것으로 기화 상태의 것이며, 특히 꽃의 향기를 지칭하는 경우를 말한다.

㉰ 향(Aroma) : 방향보다 포괄적인 의미의 향을 지칭할 때 사용하며 기체 상태만이 아니고 근원 물질을 지칭할 때도 쓰인다.

㉱ 향수(Perfume) : "연기에 의해(by smoke) 또는 연기를 통해서(through smoke)"의 의미인 라틴어에서 유래된 말로서 19세기까지는 대부분의 향수가 방향성 정유였다.

해설 ㉯ 향미 : 냄새 중 향기로운 것으로 후각을 자극해서 향기를 느끼는 것을 의미한다.

35 분 식물 장식에 대한 설명으로 옳은 것은?

㉮ 디시 가든(Dish Garden)이란 접시와 같이 넓고, 깊이가 얕은 용기에 키가 크고 생육 속도가 빠른 열대 식물을 심은 작은 정원을 말한다.

㉯ 분식 토피어리(Topriary)는 용기에서 자라는 식물을 동물이나 기하학적인 형으로 전정하여 형태를 만들거나 틀을 부착시켜 넝쿨 식물을 틀의 형태로 유인하여 키우는 분 식물을 말한다.

㉰ 비바리움(Vivarium)은 유리 용기에 식물을 심고 연못을 만들어 물고기를 넣어 함께 키우는 것을 말한다.

㉱ 식물을 심은 용기에 동물과 함께 생활하도록 만든 것은 아쿠아리움(Aquarium)이라 한다.

해설 ㉮ 디시 가든이란 접시와 같이 넓고 깊이가 얕은 용기에, 잘 자라지 않는 식물을 심어 작은 정원을 만들어 주는 형태이다.

㉯ 분식 토피어리는 용기에서 자라는 식물을 동물이나 기하학적인 형으로 전정하여 형태를 만들거나 틀을 부착시켜 넝쿨 식물을 틀의 형태로 유인하여 키우는 분 식물을 말한다.

㉰ 비바리움은 유리 용기 속에 식물을 심고 도마뱀, 이구아나 같은 동물을 넣어 만드는 형태이다. 비바리움의 'Viva'는 동물을 뜻한다.

㉱ 아쿠아리움은 유리 용기에 연못을 만들어서 수생 식물을 심고 거기에 거북이나 물고기 등을 넣어 키우는 형태이다.

정답 34. ㉯   35. ㉯

36. 장식적인 목적으로 강조를 하거나 주의를 끌 필요가 있을 때 꽃 재료를 묶는 디자인 기법은?

㉮ 밴딩(Banding) ㉯ 바인딩(Binding)
㉰ 번들링(Bundling) ㉱ 레이어링(Layering)

> **해설** ㉯ 바인딩 : 소재의 줄기가 늘어지거나 흩어지는 것을 방지하기 위하여 세 개 이상의 줄기를 기능적으로 묶는 방법이다.
> ㉰ 번들링 : 유사한 재료나 동일한 소재로 다발을 만들기 위하여 묶는 방법으로 짚단, 밀 등이 있다.
> ㉱ 레이어링 : 유사 소재나 동일 소재를 겹겹이 포개어 사이사이 공간이 없이 층을 만드는 기법이다.

37. 각각의 소재가 가지고 있는 형태, 크기, 색, 재질감뿐만 아니라 소재의 배열이 나타내는 표면의 조직이나 구성, 재질감, 즉 구조의 효과를 전면에 부각시키는 화훼 장식 구성은?

㉮ 장식적 구성 ㉯ 식생적 구성
㉰ 구조적 구성 ㉱ 형-선적 구성

> **해설** ㉮ 장식적 구성은 자연적 질서와 관계없이 인위적으로 구성하는 방법이고, ㉯ 식생적 구성은 자연의 생태를 자연 그대로 표현하는 구성이며, ㉱ 형-선적인 구성은 식물이 갖고 있는 형태와 선을 살려 명확하게 구성하는 방법을 말한다.

38. 신부 부케의 종류별 설명으로 옳은 것은?

㉮ 클러치 부케(Clutch Bouquet)는 원형이 길어진 형태의 부케이다.
㉯ 포멀 리니어(Formal Linear)는 장식적으로 구성한 부케이다.
㉰ 개더링 부케(Gathering Bouquet)는 꽃잎을 겹쳐서 만든 부케이다.
㉱ 호가스 부케(Hogarth Bouquet)는 두 개의 갈런드를 연결하여 초승달 형태가 되도록 조립한 부케이다.

> **해설** ㉮ 클러치 부케는 자연에서 바로 채취한 꽃을 리본이나 라피아로 묶어 자연스러움을 나타내는 부케이다.
> ㉯ 포멀 리니어는 선-형적인 부케이다.
> ㉰ 개더링 부케는 꽃잎을 겹쳐서 만든 부케이다.
> ㉱ 호가스 부케는 두 개의 갈런드를 연결하여 S자 형태가 되도록 조립한 부케이다.

정답 36. ㉮ 37. ㉰ 38. ㉰

39 절화 장식물에서 플로럴 폼이나 기초 부분을 가려줄 수 있는 기법은?
㉮ 테라싱(Terracing)　　㉯ 번들링(Bundling)
㉰ 그루핑(Grouping)　　㉱ 프레이밍(Framing)

해설 ㉮ 테라싱 기법 : 잎이 넓은 소재를 사용하여 계단 느낌으로 꽂아 주는 기법이며 비어 있는 공간이나 플로럴 폼을 가리는 데 적절하다.

40 플랜터(Planter)는 바닥 위로 돌출한 형과 바닥에 묻힌 매몰형이 있다. 매몰형의 특징으로 틀린 것은?
㉮ 식재면의 높이가 바닥과 같아 자연과 같은 느낌이다.
㉯ 통행이 많은 백화점, 쇼핑센터에 이용하면 좋다.
㉰ 잉여 수분의 처리가 곤란하다.
㉱ 사람과 수목의 일체감을 갖는 데 효과적이다.

해설 ㉰ 잉여 수분의 처리가 용이하다.

41 생산자가 채화를 할 때 주의해야 할 사항으로 틀린 것은?
㉮ 꽃봉오리에서 화색을 구별할 수 있을 때 채화한다.
㉯ 온실에서 수확한 절화는 통로에 놓아 두었다가 한꺼번에 선별장으로 운반한다.
㉰ 기온이 낮은 계절에는 꽃이 피기 시작할 무렵에 채화한다.
㉱ 고온기에는 서늘한 아침, 저녁에 채화하고, 예랭과 소독을 한다.

해설 ㉯ 온실에서 수확한 절화는 즉시 예랭, STS 처리 등의 전처리를 해 주어야 부패를 방지하고 수명을 연장시킬 수 있다.

42 건조화를 제작할 때 식물을 응달에서 건조시키는 주된 이유는?
㉮ 소재의 색상을 그대로 보존하기 위하여
㉯ 소재의 형태를 그대로 유지하기 위하여
㉰ 건조 시간을 절약하기 위하여
㉱ 소재가 튼튼해지므로

해설 ㉮ 건조화를 제작할 때 식물을 소재 색상 그대로 보존하기 위해서는 통풍이 잘 되는 응달에서 건조해야 한다.

정답 39. ㉮　40. ㉰　41. ㉯　42. ㉮

43 전후좌우 어느 방향에서도 감상할 수 있는 디자인 형태는?

㉮ 피라미드형(Pyramid Style)
㉯ 부채형(Fan Style)
㉰ 수직형(Vertical Style)
㉱ 삼각형(Triangular Style)

해설 전후좌우에서 볼 수 있는 사방형 디자인으로는 피라미드형, 원추형 등이 있다. ㉯ 부채형, ㉰ 수직형, ㉱ 삼각형은 모두 한 방향에서만 볼 수 있는 일방화 형태이다.

44 화훼 장식에 있어서 절화 장식이나 분 식물이 환경 개선에 미치는 영향으로 옳지 않은 것은?

㉮ 공기 정화
㉯ 습도 유지
㉰ 음이온 발생
㉱ 이산화 탄소(CO_2)

해설 ㉱ 이산화 탄소는 절화 장식이나 분 식물이 환경 개선에 미치는 영향으로 보기 어렵다.

45 디자인 요소가 아닌 것은?

㉮ 균형
㉯ 색채
㉰ 형태
㉱ 질감

해설 ㉮ 균형은 디자인의 원리에 속한다.

46 화훼 장식 디자인 원리에서 강조(Emphasis)에 대한 설명으로 틀린 것은?

㉮ 강조점은 디자인의 나머지 부분에 비해 두드러지기 때문에 사람들은 디자인에서 이 부분을 가장 먼저 보게 된다.
㉯ 구성 내에서 디자인의 크기, 모양, 위치에 따라 강조 요소는 1개 또는 여러 개가 될 수도 있다.
㉰ 헬리코니아, 극락조화와 같은 폼 플라워나 크고 활짝 핀 꽃 등은 그렇지 않은 꽃에 비해 시선을 유도하는 측면이 있어서 강조에 적합하다.
㉱ 모든 디자인에는 반드시 강조점을 2개 이상 두는 것이 좋다.

해설 ㉱ 디자인의 강조점은 디자인의 형태에 따라 다르게 나타난다.

정답 43. ㉮ 44. ㉱ 45. ㉮ 46. ㉱

47. 오늘날 일본의 꽃꽂이에서 "꽃에 생명을 준다"는 의미로 일반화된 명칭은?

㉮ 리카
㉯ 쇼카
㉰ 이케바나
㉱ 나게이레

해설 ㉰ 이케바나는 일본의 고전적인 꽃꽂이 기술로 꽃을 이용한 일본의 다양한 예술 양식을 통틀어 일컫는 말이다.

48. 화훼 장식 디자인에 있어 주제, 형태, 크기, 재료, 질감, 무늬와 같은 요소들이 일치된 속에서 통일된 균형을 이루고 있음을 의미하는 것은?

㉮ 규모
㉯ 조화
㉰ 강조
㉱ 리듬

해설 화훼 장식 디자인에 있어 주제, 형태, 크기, 재료, 질감, 무늬와 같은 요소들이 일치된 속에서 통일된 균형을 조화롭게 잘 이루고 있다.

49. 글리세린 건조 작업 시 글리세린과 물이 잘 혼합되도록 넣는 물질은?

㉮ 트윈(tween) 80
㉯ 8-HOC
㉰ 황산은
㉱ 질산은

해설 ㉮ 트윈(tween) 80은 지방의 유화제로 표면 장력을 줄여 글리세린과 물이 잘 혼합되도록 돕는 역할을 한다.

50. 화훼 장식에 대한 일반적인 설명으로 틀린 것은?

㉮ 화훼 장식은 조화 소재를 주로 사용하여 실내 공간을 장식하는 것이다.
㉯ 화훼 장식이란 장식물을 제작, 설치, 유지 및 관리하는 기술을 말한다.
㉰ 화훼 장식 중 실내 장식의 형태는 절화 장식, 분 식물 장식, 실내 정원 등으로 구분할 수 있다.
㉱ 화훼 장식의 재료에서 화훼는 관상의 대상이 되는 초본 식물과 목본 식물을 총괄하는 식물을 말한다.

해설 ㉮ 화훼 장식은 생화를 주 소재로 사용하여 실내외 공간을 장식하는 것이다.

정답 47. ㉰ 48. ㉯ 49. ㉮ 50. ㉮

51. 다음에서 설명하는 화훼장식 디자인 요소는?

㉠ 줄기의 각도를 과장되어 보이게 하기 위해 가장 뒤에 있는 줄기는 약간 더 뒤로 제치고 맨 앞의 줄기는 앞의 밑으로 늘어뜨린다.
㉡ 꽃을 배열할 때 부분적으로 다른 꽃을 가리거나 꽃의 길이를 약간 다르게 해서 나타낸다.
㉢ 큰 꽃은 아래로, 작은 꽃은 위로, 큰 것에서 작은 것으로 점진적으로 변화하도록 배열한다.

㉮ 긴장 ㉯ 강조
㉰ 깊이 ㉱ 조화

해설 ㉰ 줄기의 각도, 꽃의 종류, 꽃의 크기, 꽃의 색 등에 따라 작품의 깊이감을 표현할 수 있다.

52. 색의 선명하고 맑은 정도를 나타내는 속성을 가지고 있으며 색의 순도를 의미하는 용어는?

㉮ 명도
㉯ 채도
㉰ 틴트(Tint)
㉱ 톤(Tone)

해설 ㉮는 밝고 어두움, ㉯는 색의 선명함, ㉰는 색상(순색)+흰색, ㉱는 색상(순색)+회색을 각각 나타낸다.

53. 일상적으로 꽃과 식물이 애호되고 전문 도서와 화훼장식 기술학교가 설립되는 등 서양의 화훼 장식이 체계화되기 시작한 시대는?

㉮ 르네상스 시대
㉯ 바로크 시대
㉰ 로코코 시대
㉱ 빅토리아 시대

해설 ㉱ 빅토리아 시대는 식물, 원예, 꽃이 번성했던 때로 플라워 디자인이 예술로 자리를 잡으면서 전문 서적, 잡지 등이 출간되고 플라워 디자인의 규칙이 연구되어 처음으로 확립된 시기이다.

정답 51. ㉰ 52. ㉯ 53. ㉱

54 고려 시대의 화훼 장식과 관계가 없는 것은?
㉮ 수월관음도
㉯ 수덕사 대웅전의 야화도
㉰ 불교문화
㉱ 산화도

해설 ㉱ 산화도는 1,500년경에 제작된 고구려 고분 벽화로 프레스코 기법을 이용하여 석회로 만든 작품이다.

55 화훼 장식의 활용 범위로 가장 거리가 먼 것은?
㉮ 우리의 생활 환경을 아름답게 꾸며 준다.
㉯ 축하, 감사, 기념 등 사회적인 소통이 될 수 있다.
㉰ 행사 주최자의 지위를 과시할 수 있다.
㉱ 상품이나 서비스의 판매를 촉진한다.

해설 화훼 장식은 주위 환경을 아름답게 할 뿐만 아니라 감사 또는 축하의 의미를 담고 있으며 누구나 상품의 서비스를 이용할 수 있다. ㉰ 행사 주최자의 지위 과시가 아니라 오히려 행사의 축제 분위기를 향상시키는 데 의미가 있다.

56 화훼장식 기능 중 회사원들의 스트레스를 줄이고, 일의 효율성과 창의성을 높여 주는 데 효과적인 역할을 하는 기능은?
㉮ 장식적 기능   ㉯ 심리적 기능
㉰ 환경적 기능   ㉱ 교육적 기능

해설 ㉯ 심리적 기능으로는 정서적 안정감을 얻을 수 있으며 쾌적한 환경 조성으로 일의 능률을 높이고 상호 간의 교감을 부드럽게 한다.

57 장미를 신속하게 말리고 자연스러운 색상을 보다 잘 보존시켜 주기 위해 사용하는 건조법은?
㉮ 자연 건조   ㉯ 실리카겔 건조
㉰ 열풍 건조   ㉱ 탄화 건조

해설 ㉯ 실리카겔(Silica get) 건조 : 규산의 건조 상태인 겔로 흡수력이 강하여 자체 무게의 40%까지 수분을 흡수할 수 있으며 건조시켜 재사용할 수 있다.

정답 54. ㉱ 55. ㉰ 56. ㉯ 57. ㉯

58. 디자인 원리 중 비례에 대한 설명으로 틀린 것은?

㉮ 분명한 수적인 질서로 조화의 근본이 되는 균형을 말한다.
㉯ 절대적인 크기로서 다른 요소들이나 기준과 비교해 측정한다.
㉰ 길이나 거리, 높이나 넓이, 부피나 중량에 대한 비이다.
㉱ 1 : 1.618은 고대부터 중시되어 온 기본적인 비례이다.

해설 하나의 구성 요소와 다른 구성 요소의 비교 관계를 비율 또는 비례라고 한다. ㉯의 절대적인 크기라는 말은 맞지 않는다.

59. 유럽의 화훼 장식의 역사 중 좌우 대칭에서 부드러운 비대칭 형태로 변화하고 S라인의 꽃꽂이 형태가 만들어진 시기는?

㉮ 비잔틴 ㉯ 바로크
㉰ 로코코 ㉱ 르네상스

해설 ㉯ 바로크(Baroque) 시대에는 화려하고 풍성한 디자인, 곡선적인 형태가 선호되었다. S커브인 호가스 형태가 등장했다.

60. 질감(Texture)의 구분과 그에 따른 감정 표현의 연결로 틀린 것은?

㉮ 무게 – 가볍다, 약하다
㉯ 빛에 대한 반응 – 반투명하다, 광택이 있다
㉰ 구조와 조직 – 조밀하다, 불규칙하다
㉱ 촉감 – 야무지다, 느슨하다

해설 ㉱ 촉감 – 부드럽다, 단단하다, 딱딱하다

정답 58. ㉯ 59. ㉯ 60. ㉱

2015년도 출제 문제

2015년 1월 25일 시행

1 잎이 소형화한 것으로 광합성 능력이 거의 없거나 완전히 없으며, 일반적으로 어린 화아(Flower bud)를 감싸서 보호하는 역할을 하는 것은?
㉮ 화관(Corolla) ㉯ 꽃받침(Calyx)
㉰ 꽃자루(Peduncle) ㉱ 포엽(Bract leaf)

해설 ㉱ 포엽은 꽃차례를 감싸는 잎이 소형화한 것으로 꽃을 감싸고 있는 작은 나뭇잎으로 부겐빌레아, 덴드론, 틸란시아 등이 있다.

2 화훼의 특성에 대한 설명으로 가장 옳은 것은?
㉮ 문화 수준이 낮을수록 수요가 증가하게 된다.
㉯ 미적인 효과는 높지만 치료적 효과는 볼 수 없다.
㉰ 다른 농작물에 비하여 국제성이 낮다.
㉱ 미적인 요인과 향기, 정서 등의 가치 기준을 중요시한다.

해설 ㉱ 화훼의 특성으로는 미적·정서적·환경적 요인 등의 가치 기준을 중요시한다.

3 화훼 장식의 표현 기법 중 시퀀싱(Sequencing)에 대한 설명으로 틀린 것은?
㉮ 꽃의 크기와 색깔로 차례를 짓는 기법이다.
㉯ 꽃은 베이스에 가까울수록 작은 꽃을 꽂는다.
㉰ 꽃은 봉우리에서 시작해 만개한 형태로 배열한다.
㉱ 소재의 색상, 크기 등으로 점진적 변화를 창조한다.

해설 시퀀싱은 소재의 형태, 크기, 색, 질감 등에 따라 점진적으로 배열한다. 크고 어두운 색의 소재는 중심 쪽, 작고 밝은 소재들은 가장자리를 이용해서 소재의 점차적인 변화를 통해 시각적인 안정감을 준다. ㉯의 설명은 맞지 않다.

정답 1. ㉱ 2. ㉱ 3. ㉯

4 화훼 원예의 특징이 아닌 것은?
㉮ 노동과 자본 집약적 경향이 강하다.
㉯ 주년생산과 고품질화를 추구한다.
㉰ 환경미화용 재료를 생산한다.
㉱ 토지생산성이 낮다.

해설 화훼 작물은 대표적인 토지, 노동, 자본의 집약 작물이다.

5 꽃가루가 암술머리에 묻는 현상을 무엇이라고 하는가?
㉮ 이형예현상
㉯ 웅예선숙
㉰ 수분
㉱ 수정

해설 ㉰ 수분은 꽃가루받이라고도 하며 수술의 꽃가루가 암술머리에 묻은 것을 말한다. 이것은 종자를 맺기 위해서 제일 먼저 이루어지는 일이다.

6 전기공사 시 고정용으로 사용되며 철사로 고정할 때보다 손쉽고 다양한 색상을 디자인에 응용할 수 있어 최근 각광 받는 화훼 장식의 고정 재료는?
㉮ 픽
㉯ 플로럴 테이프
㉰ 케이블 타이
㉱ 접착 테이프

해설 ㉰ 케이블 타이는 화훼 장식용 구조물을 제작할 때 단단하게 고정해 주는 역할을 하며 색상과 길이가 다양하여 매우 편리하게 이용된다.

7 조형 형태의 배치법에 있어서 교차(Cross)에 관한 설명으로 틀린 것은?
㉮ 교차선 배열은 여러 개의 초점으로부터 나온 줄기의 선이 제각기 여러 각도의 방향으로 뻗어서 서로 교차하는 상태로 줄기가 배열된 것이다.
㉯ 꽃이나 식물을 꽂는 지점이 겹치지 않게 그룹으로 꽂아 준다.
㉰ 교차는 병행의 변형으로 다루어지고 있으나 최근에는 이와 관련한 변형이나 복합형이 많아서 병행선에서 분리하여 다루어진다.
㉱ 1980년대 자연 관찰의 시점의 변화로부터 시작된 배열이다.

해설 교차적(Overlapping) 배열은 자연환경에서 볼 수 있는 배열로 자연스러운 움직임과 분위기가 돋보이는 배열이다. ㉯ 꽃이나 식물이 서로 교차되는 과정에서 겹쳐도 자연스럽게 배열해 준다.

정답 4. ㉱ 5. ㉰ 6. ㉰ 7. ㉯

8 덩이줄기(괴경)를 가지는 식물이 아닌 것은?
㉮ 아네모네 ㉯ 칼라
㉰ 칼라디움 ㉱ 백합

해설 인경(비늘줄기)은 껍질이 있는 유피인경(수선, 아마릴리스, 튤립, 히아신스, 무스카리 등)과 껍질이 없는 무피인경(백합, 프리틸라리아 등)으로 구분된다.

9 동양식 꽃꽂이에서 많이 사용하는 것으로 꽃을 꽂을 수 있도록 철제에 바늘이 박혀 있는 꽃장식 도구는?
㉮ 플로럴 폼 ㉯ 침봉
㉰ 콤포트 ㉱ 오브제

해설 ㉯ 침봉은 동양 꽃꽂이에서는 꽃을 고정시킬 때 꼭 필요한 도구이다.

10 식물 뿌리의 역할이 아닌 것은?
㉮ 광합성을 한다.
㉯ 양분을 흡수하여 각 기관으로 전달한다.
㉰ 식물체를 유지, 지탱한다.
㉱ 수분을 흡수하여 지상부로 보낸다.

해설 ㉮ 광합성은 식물의 잎과 꽃이 빛을 받아야 선명해지며 개화하는 데 중요한 역할을 한다.

11 감상하는 사람의 시선을 특정한 곳으로 끌기 위하여 초점 지역에 틀(테두리)을 만들어 소재를 꽂는 기법은?
㉮ 섀도잉(Shadowing) ㉯ 밴딩(Banding)
㉰ 클러스터링(Clustering) ㉱ 프레이밍(Framing)

해설 ㉮ 섀도잉 : 동일 소재를 뒤쪽이나 아래쪽에 하나 더 꽂아 그림자 효과를 주어서 입체적으로 보이게 하는 기법이다.
㉯ 밴딩 : 시각적 효과와 장식적인 효과를 주기 위해 묶는 방법이다.
㉰ 클러스터링 : 색상, 형태, 질감의 대비를 이루며 모아서 뭉치의 느낌이 하나를 이루게 하는 무리화 기법이다.

정답 8. ㉱ 9. ㉯ 10. ㉮ 11. ㉱

12. 다음 중 식물의 표찰 표기법에서 표찰의 표기 내용에 해당되지 않는 것은?

㉮ 학명
㉯ 보통명
㉰ 번식법
㉱ 원산지

해설 식물의 표기법으로는 학명, 과명, 속명, 보통명, 원산지를 표기한다. 그러나 번식법은 표기하지 않는다.

13. 라인 플라워(Line flower)로만 짝지워진 것은?

㉮ 나리, 수선
㉯ 튤립, 극락조화
㉰ 글라디올러스, 용담
㉱ 카네이션, 장미

해설 라인 플라워는 줄기가 수직으로 긴 모양이며 꽃이 줄기를 따라 매달려 있다. 작품의 전체 윤곽을 형성하며 높이와 넓이의 비율을 나타낸다.

14. 카네이션 학명을 올바르게 표기한 것은?

㉮ *Dianthus* caryophyllus L.
㉯ Dianthus caryophyllus L.
㉰ *Dianthus caryophyllus* L.
㉱ Dianthus *caryophyllus* L.

해설 학명의 표기는 이명법에 따라 속명+종명으로 쓰고 그 뒤에 명명자를 표기한다. 속명은 이탤릭체로 쓰되 첫 글자는 대문자로 쓰며 종명은 소문자 이탤릭체로 쓴다. 명명자는 인쇄체로 첫 글자는 대문자로 쓰고, 변종은 var. 또는 v.를 붙여 주고 품종은 for. 또는 f.로 표기한다.

15. 아이리스(Iris)는 구근의 유형 중 어느 것에 속하는가?

㉮ 덩이뿌리(괴근)
㉯ 뿌리줄기(근경)
㉰ 알줄기(구경)
㉱ 비늘줄기(인경)

해설 아이리스는 외떡잎식물로 백합목 붓꽃과의 한 속으로 분류되고 분포지는 아시아, 유럽, 북아메리카, 북아프리카 등지의 주로 온대 지방이며 우리나라에서도 14종이 서식하고 있다. ㉮ 구근류로 알뿌리 종이며 덩이뿌리(괴근) 또는 덩이줄기 식물이다.

정답 12. ㉰ 13. ㉰ 14. ㉰ 15. ㉮

16 잎의 구조와 형태에 대한 설명으로 틀린 것은?

㉮ 잎은 광합성 작용을 하는 주된 기관이다.
㉯ 잎맥은 보통 주맥, 곁맥, 가는 맥으로 구분한다.
㉰ 여러 개의 잎몸(엽신)이 깃털 모양으로 배열된 잎을 장상 복엽이라 한다.
㉱ 잎의 관다발과 이것을 둘러싼 부분을 잎맥이라고 하는데 잎맥은 잎 속의 물질이 이동하는 부분이다.

해설 ㉰ 여러 개의 잎몸(엽신)이 깃털 모양으로 배열된 잎을 우상 복엽이라고 한다.

17 절화의 수확 후 실시하는 전처리에 대한 설명으로 틀린 것은?

㉮ 물올림 처리 후 줄기를 단단하게 하기 위해 절화 보관장소의 온도를 30℃ 수준으로 올린다.
㉯ 펄싱 처리는 절화의 수확 후 꽃에 당분과 다른 화학 물질을 공급하는 것을 말한다.
㉰ 펄싱 처리는 장기간 선적되기 전 꽃에 에너지를 주기 위한 것으로 모든 꽃이 펄싱 용액에 똑같은 효과를 보이지는 않는다.
㉱ 봉오리 열림제는 봉오리의 미성숙 단계에서 사용되는 처리로 살균제와 당을 함유한다.

해설 ㉮ 물올림 처리 후 줄기를 단단하게 하기 위해서는 절화 보관장소의 온도를 열대, 아열대성 절화는 10~15℃, 온대성 절화는 1~6℃로 한다.

18 식사 초대를 위한 유럽 스타일의 테이블 장식에 관한 설명으로 가장 거리가 먼 것은?

㉮ 아침식사(Breakfast) 테이블은 상쾌한 햇살에 어울리는 흰색이나 파란색 또는 악센트로 색상이 조금 있는 것을 살짝 곁들인다.
㉯ 런치(Lunch) 테이블은 짙고 옅은 색의 배합으로 고상하게 장식하거나 특별한 손님이나 관심이 가는 손님 앞에는 특별한 색을 하나 더하여 정성을 곁들인다.
㉰ 가든(Garden) 테이블은 뜰에 피는 작은 꽃을 모아 꽂아 친숙한 느낌을 주고 꽃이나 잎을 조금 높게 꽂아 바람에 살랑거리게 하여 시원함을 준다.
㉱ 디너(Dinner) 테이블은 주가 되는 소재의 꽃을 여러 종류로 정하여 대범하게 꽂아 나가며 꽃향기가 강한 것을 선택한다.

해설 ㉱ 디너 테이블은 주가 되는 소재의 꽃을 단순하고 깔끔하게 꽂으며 꽃향기가 강하지 않는 것을 선택하여 식사에 방해되지 않도록 주의해야 한다.

정답 16. ㉰ 17. ㉮ 18. ㉱

19 플로럴 폼(Floral foam)에 대한 설명으로 틀린 것은?
㉮ 꽃꽂이 이용에 적합하도록 만들어진 다공성 제품이다.
㉯ 물을 많이 흡수하는 특성이 있다.
㉰ 오아시스라는 상품명을 지닌다.
㉱ 다양한 형태의 꽃꽂이를 만들기는 어렵다.

해설 ㉱ 다양한 형태의 꽃꽂이를 만들 수 있어 편리하다.

20 배양토와 그 특징의 연결로 틀린 것은?
㉮ 부엽 : 보수성, 보비력이 좋으며 재배 도중의 구조 변화가 거의 일어나지 않는다.
㉯ 피트모스 : 보수성, 보비력, 염기치환 능력이 좋다.
㉰ 버미큘라이트 : 규산 화합물이며 모래의 1/15 무게이다.
㉱ 펄라이트 : 중성 또는 약알카리성으로 삽목용토에 적합하다.

해설 ㉮ 부엽 : 낙엽이 퇴적되어 부숙(썩어서 익음)된 토양으로 통기성, 보수력, 보비력이 좋다.

21 절화에 에틸렌 가스 발생을 억제하는 방법으로 거리가 먼 것은?
㉮ 감압제거법에 의한 에틸렌 발생원 제거
㉯ 자외선에 의한 오존의 산화
㉰ 적외선에 의한 오존의 산화
㉱ 활성탄에 의해 흡착하는 방법

해설 에틸렌(Ethylene) 가스는 공기 중에서 불완전 연소의 부산물로 발생되거나 노화된 꽃, 부패 등에서 많이 발생한다. 자외선에 의한 오존의 산화이다. ㉰의 설명은 맞지 않다.

22 꽃다발 완성 후 마무리 방법에 대한 설명으로 옳지 않은 것은?
㉮ 꽃다발이 완성된 후에는 줄기 끝을 사선으로 잘라 준다.
㉯ 묶이는 부분 아래에 있는 모든 잎은 제거해 준다.
㉰ 묶을 때는 단단하게 마무리한다.
㉱ 물 공급을 중단한다.

해설 ㉱ 꽃다발을 완성한 후에 반드시 물 공급을 해서 보관한다.

정답 19. ㉱ 20. ㉮ 21. ㉰ 22. ㉱

23 한국의 절화 장식의 목적으로 가장 거리가 먼 것은?
㉮ 생활 공간의 장식
㉯ 화려하면서 세련되고 우아함을 표현하기 위한 장식
㉰ 신에게 공양하는 제의식의 매개물
㉱ 공중의례를 위한 장식

해설 절화 장식의 목적은 행사장의 특수 장식이나 생활 공간의 분위기를 조성하기 위한 효과를 나타내는 데 있다. 그러므로 ㉯의 설명은 맞지 않는다.

24 테라싱(Terracing)에 대한 설명으로 가장 거리가 먼 것은?
㉮ 동일한 소재를 계단식으로 꽂는 기법이다.
㉯ 작품의 베이스에 시각적인 세부 묘사를 하는 데 목적이 있다.
㉰ 베지테이티브 디자인에서 밑부분을 마무리하기 좋으며 작품에 통일감을 준다.
㉱ 정원이나 풍경 양식의 구성에만 적용할 수 있어서 활용도가 낮은 편이다.

해설 ㉱ 조닝(Zoning) 기법 : 정원이나 풍경 양식의 구성에만 적용할 수 있어서 활용도가 낮은 편이다.

25 신부 부케에 대한 설명으로 거리가 먼 것은?
㉮ 신부의 체격(키, 몸집)을 고려하여 제작한다.
㉯ 신부의 아름다움과 드레스의 아름다움을 최대한 돋보이게 디자인되어야 한다.
㉰ 주로 원형, 삼각형, 캐스케이드 등 형태적인 것에 중점을 둔 미국식 부케가 많이 사용되나 최근에는 식물생태적 형태인 독일식 부케도 이용된다.
㉱ 꽃이나 잎을 많이 사용하여 무게감을 주어 안정되게 제작한다.

해설 ㉱ 신부 부케를 제작할 시 신부가 들었을 때 가벼워야 한다.

26 절화의 품질 평가를 할 때 품질이 좋은 절화라고 볼 수 없는 것은?
㉮ 줄기가 곧고 길 것
㉯ 개화가 덜 된 봉오리 상태일 것
㉰ 외형이 바르고 신선할 것
㉱ 화색이 좋고 물리적 손상이 없을 것

해설 절화의 품질 평가는 꽃의 줄기가 곧고 긴 것으로 신선하고 화색이 선명하고 물리적으로 손상이 없으며 개화가 된 상품이 좋은 절화라고 볼 수 있다.

정답 23. ㉯ 24. ㉱ 25. ㉱ 26. ㉯

27 절화를 재절단할 때 물속 자르기를 하는 주된 이유는?
㉮ 대기 중보다 자르기가 쉬워서
㉯ 도관에 기포(공기 방울)가 생기는 것을 방지하기 위해
㉰ 도관이 뭉개지는 것을 방지하기 위해
㉱ 자르는 면을 깨끗하게 하기 위하여

해설 ㉯ 절화를 재절단할 경우 도관 내에 기포가 생기면 물올림을 방해할 수 있으므로 물속에서 잘라 주는 게 좋다.

28 분화류 관수 방법으로 가장 부적합한 것은?
㉮ 흙의 표면이 약간 말라 보일 때 관수한다.
㉯ 화분 바닥으로 충분히 물이 흘러나오도록 관수한다.
㉰ 겨울철 관수 시 수돗물을 틀어서 즉시 관수한다.
㉱ 관수 시기는 봄, 가을에는 오전 9~10시에 한 번 관수한다.

해설 분화류 관수는 표면의 흙이 말라 보일 때 물이 충분히 바닥으로 흘러나오도록 주는 게 좋고 봄, 가을에는 오전 10시 전에 주고 겨울 동절기에는 햇빛이 있을 때 너무 차가운 물은 피하는 게 좋다.

29 꽃받침이나 씨방 또는 줄기에 철사를 직각으로 꽂고, 꽃이 크고 더 무거운 경우에는 철사를 +모양이 되게 두 개의 철사로 한 번 더 처리하여 한층 안정감을 주는 기법은?
㉮ 시큐어링(Securing) 법
㉯ 트위스팅(Twisting) 법
㉰ 헤어핀(Hair-pin) 법
㉱ 피어스(Pierce) 법

해설 ㉮ 시큐어링법 : 줄기가 약하거나 곡선을 내기 위해 구부려 주어야 할 때 나선형으로 줄기를 감아 내리는 방법이다(프리지어, 금어초, 은방울꽃, 장미, 카네이션 등).
㉯ 트위스팅법 : 꽃이나 잎 등을 철사로 감아 내리는 가장 기본적인 방법으로 직접 철사를 관통하거나 줄기 혹은 잎에 꽂아줄 수 없을 때 활용하는 방법이다(숙근안개초, 국화, 거베라, 카네이션 등).
㉰ 헤어핀법 : 철사를 잎의 뒷면에 꽂아 한 바늘 꿰매고 양쪽으로 구부려 U자 형태로 만들어 고정하는 방법으로 주로 잎류에 활용한다(백합, 장미 등의 멜리아, 동백, 루모라, 아이비, 스킨답서스 잎 등).
㉱ 피어스법 : 장미, 카네이션, 백합 등에 활용한다.

정답 27. ㉯ 28. ㉰ 29. ㉱

30 조형 형태 중에서 장식적 구성에 대한 설명으로 가장 옳은 것은?
㉮ 자연을 사실적으로 표현한다.
㉯ 소재의 생태적 특성을 살린다.
㉰ 이끼나 돌 등으로 땅이나 흙을 표현한다.
㉱ 자연의 생태적 특성과 관계없이 작가의 의도에 의해 인위적으로 구성한다.

해설 장식적 구성은 장식적으로 화려하게 꾸민다는 의미이며 개개의 가치보다 전체적으로 한 무리를 이룬 형태로 표현하는 것에 중점을 둔다.

31 일반적인 꽃다발 제작 방법에 대한 설명으로 틀린 것은?
㉮ 일반적으로 꽃다발은 꽃을 가득 모아 줄기가 모이는 부분을 끈 등으로 묶는 다발 형태를 말한다.
㉯ 꽃다발의 형태는 정면에서 보았을 때 대부분 원형이나 폭포형으로 나타내며, 그 외 초승달형, S형, 삼각형 등의 다양한 형태가 이용된다.
㉰ 핸드타이드형 꽃다발은 옛날부터 많이 이용되어 왔던 꽃다발의 형태이며 오늘날에도 그 이용도가 높다.
㉱ 장미 줄기를 철사로 대체할 때는 일반적으로 후크법을 이용한다.

해설 ㉱ 장미 줄기에는 피어스(Pierce) 법을 이용하는 게 안정감이 있고 단단하다.

32 실내 공간에서 이용되는 분화장식물의 관리에 대한 설명으로 틀린 것은?
㉮ 사람들이 많이 이용하는 관엽 식물은 열대와 아열대 원산이므로 겨울의 저온에 주의해야 한다.
㉯ 튤립이나 히아신스는 온도가 높고 햇빛을 많이 받아야 줄기가 구부러지지 않는다.
㉰ 국화, 시클라멘과 같은 식물도 비교적 저온에서 잘 견디는 편이지만 햇빛을 충분히 받지 않으면 꽃이 빨리 시든다.
㉱ 습도 관리에 있어서도 저장실이나 전시실의 습도가 30% 이하이면 가습 장치를 설치해 주는 것이 좋다.

해설 ㉯ 튤립이나 히아신스는 구근 식물로 서늘하고 햇빛이 잘드는 곳에서 키우는 것이 좋다. 꽃이 진 후 구근을 서늘한 곳에서 관리하면 다음해 이른 봄에 다시 꽃이 피는 것을 볼 수 있다.

정답 30. ㉱　31. ㉱　32. ㉯

33. 구성 형식에 따른 꽃꽂이에서 형-선적 구성(Formal-linear composition)에 대한 설명으로 가장 적합한 것은?

㉮ 재질감을 강조한 구성이다.
㉯ 쌓기를 강조한 구성이다.
㉰ 소재의 형태와 선이 돋보이는 비대칭 구성이다.
㉱ 구성 식물이 자연 식생에 관계없이 인위적 구성이다.

해설 ㉮ 구조적(Structured) 구성은 재질감을 강조한 구성이다.
㉯ 스태킹(Stacking)은 쌓기를 강조한 화훼 장식의 표현 기법에 해당한다.
㉱ 장식적(Decorative) 구성은 식물의 자연 식생과 관계없는 인위적 구성이다.

34. 서양 꽃꽂이에서 직선 구성에 해당하지 않는 것은?

㉮ 부채꼴형　　　　　㉯ 역T자형
㉰ 대각선형　　　　　㉱ 수직형

해설 ㉮ 부채꼴은 곡선 구성에 속한다.

35. 대자연의 식물 형태에서 비롯된 동양 꽃꽂이의 화형에 포함되지 않는 것은?

㉮ 반구형　　　　　㉯ 하수형
㉰ 직립형　　　　　㉱ 경사형

해설 ㉮ 반구형은 서양 꽃꽂이 화형에 속한다.

36. 식물의 분지를 증가시키는 데 기여하는 광의 파장 범위는?

㉮ 400~500nm　　　　㉯ 500~550nm
㉰ 600~650nm　　　　㉱ 700~750nm

해설 ㉮ 청색광(400~500nm) : 식물의 발육을 강화하고 분지를 증가시킨다.

37. 같은 명도에서 시각에 의한 명도의 비율로 조화 면적비가 적당한 것은?

㉮ 노랑 : 보라 = 1 : 3　　　㉯ 주황 : 녹색 = 5 : 4
㉰ 빨강 : 녹색 = 1 : 3　　　㉱ 노랑 : 주황 = 5 : 3

해설 바탕색 명도에 따라 원색의 명도가 달라져 보이는 현상이다.

정답 33. ㉰　34. ㉮　35. ㉮　36. ㉮　37. ㉮

38 평행 배열로 된 꽃꽂이 형태에 대한 설명으로 옳은 것은?

㉮ 원형, 평행형, 폭포형, 수평형 등이 있다.
㉯ 교차선 배열에서 발전된 형으로 유연한 선의 흐름이다.
㉰ 모든 줄기의 선이 한 개의 초점에서 사방으로 전개되는 배열이다.
㉱ 여러 개의 초점으로부터 나온 줄기가 모두 같은 방향으로 나란히 뻗어 있는 배열이다.

해설 ㉱ 평행적 배열은 수직, 수평, 사선의 직선상뿐 아니라 곡선상에서도 가능한 배열 방법이다.

39 생화와 비교할 때 인조화의 특징이 아닌 것은?

㉮ 장식 시 물이 필요 없고 수명이 장기간 유지된다.
㉯ 보관과 운반, 관리가 편리하여 다양하게 이용된다.
㉰ 색상과 꽃의 크기, 모양을 자유자재로 이용 가능하다.
㉱ 색채가 아름답고 신선감과 생동감이 있다.

해설 ㉱ 조화는 물감을 들여 인위적으로 색상을 만들어 냈기 때문에 아무리 잘 만들었다 해도 생화가 갖는 신선함이나 생동감은 없다.

40 코사지나 부케를 만들 때 식물 종류별 철사감기 방법으로 틀린 것은?

㉮ 거베라 – 트위스팅 법(Twisting method)
㉯ 칼라 – 인서션 법(Insertion method)
㉰ 장미 – 피어스 법(Pierce method)
㉱ 아이비 – 헤어핀 법(Hair-pin method)

해설 ㉮ 거베라 : 인서션 법으로 활용한다.

41 절화를 잘 보존하기 위한 환경과 관련된 설명 중 틀린 것은?

㉮ 공중 습도는 80~85% 수준이 좋다.
㉯ 수질은 pH 8.0 정도의 약알칼리성 용액에서 보존하는 것이 좋다.
㉰ 열대산, 아열대산 절화의 경우 7~15℃ 온도가 적당하다.
㉱ 잎이 있는 절화는 광합성을 할 수 있도록 광도를 조절해 준다.

해설 ㉯ 수질은 저온으로 pH 3~6 정도를 유지해 주는 것이 좋다.

정답 38. ㉱ 39. ㉱ 40. ㉮ 41. ㉯

42. 절화와 절엽 등을 길게 엮은 장식물로 고대 이집트와 로마 시대부터 행사에서 경축의 용도로 벽이나 천장에 드리우거나 기둥의 둘레를 감는 목적으로 사용된 장식물은?

㉮ 리스 ㉯ 갈런드
㉰ 부케 ㉱ 형상물

해설 ㉯ 갈런드 : 꽃과 잎을 이용하여 길게 엮어 만든 체인 모양의 줄기이다.

43. 화훼장식 디자인을 할 때 가장 먼저 실행하는 것은?

㉮ 장식 공간의 용도와 목적 파악
㉯ 도면과 서류 작성
㉰ 소재의 종류와 배치
㉱ 장식물의 크기, 형태, 색상 구상

해설 화훼장식 디자인 순서
㉮ 장식 공간의 용도와 목적 파악 → ㉯ 도면과 서류 작성 → ㉰ 소재의 종류와 배치 → ㉱ 장식물의 크기, 형태, 색상 구상

44. 한국 꽃꽂이의 기원설과 관계가 먼 것은?

㉮ 자연 신앙 ㉯ 수목 숭배 사상
㉰ 불전 헌공화 ㉱ 개인의 취미

해설 ㉱ 개인의 취미는 기원설과 관계가 없다.

45. 다음 설명에 해당하는 디자인 요소는 무엇인가?

- 모든 재료들이 가지는 고유한 구조적 특성이다.
- 재료의 조직, 밀도감, 질량감, 빛의 반사도 등에 따른 시각적인 느낌이다.
- 같은 재료일지라도 크기에 따라 다르게 나타날 수 있다.

㉮ 형태 ㉯ 선
㉰ 질감 ㉱ 색

해설 디자인 요소란 화훼 장식을 구성하는 재료들이 가지는 시각적 특성을 말한다.

정답 42. ㉯   43. ㉮   44. ㉱   45. ㉰

46 흡수성이 강하여 건조 과정 중에 변형을 최소화시키고 빠른 탈수를 유도하는 가장 효과적인 건조제는?

㉮ 글리세린 ㉯ 실리카 겔
㉰ 붕사 ㉱ 모래

해설 ㉯ 실리카 겔은 규산의 건조 상태인 겔로 흡수력이 강해 자체 무게의 40%까지 수분을 흡수할 수 있고 건조시켜 재사용할 수도 있다.

47 다음 중 강조점에 대한 설명으로 틀린 것은?

㉮ 강조점과 초점은 상호 밀접한 관계가 있다.
㉯ 강조점은 한 가지 특성에 관심을 모으고 나머지는 모두 부수적으로 만드는 것을 말한다.
㉰ 강조점을 만들기 위해서는 여러 요소의 결합보다는 색상을 강조한다.
㉱ 강조점을 잘 사용하면 꽃꽂이 내부에 질서를 잡을 수 있다.

해설 ㉰ 강조점을 만들기 위해서는 여러 요소의 결합을 강조한다.

48 동양식 꽃꽂이의 특징이 아닌 것은?

㉮ 기본 형태는 4개의 주지를 골격으로 구성한다.
㉯ 선과 여백의 미를 강조한다.
㉰ 구도는 긴장감이 있는 비대칭 조화를 이룬다.
㉱ 소재는 목본류가 많이 이용된다.

해설 ㉮ 기본 형태는 3개의 주지를 골격으로 구성한다.

49 건조 소재의 조건으로 틀린 것은?

㉮ 건조 후에도 소재의 지속성이 있어야 한다.
㉯ 건조 후에도 원하는 색을 유지해야 한다.
㉰ 건조나 가공 후의 변형이 있을수록 좋다.
㉱ 건조 후에도 유연성이 있어야 한다.

해설 ㉰ 건조 소재는 잎의 두께가 얇고 수분이 적어 건조가 용이하고 건조 후에도 형태 변화가 적은 꽃을 사용한다.

정답 46. ㉯ 47. ㉰ 48. ㉮ 49. ㉰

50. 꽃꽂이의 형태적인 구성과 소재는 삼존 형식이 주류를 이루었으나 후기에 이르러 반월형 삼존 형식으로 변화한 시대는?

㉮ 삼국 시대
㉯ 신라 시대
㉰ 고구려 시대
㉱ 고려 시대

해설 ㉱ 고려 시대 : 고려사 – 꽃을 꽂는 관직의 명칭 기록으로 궁중의 꽃예술 문화를 알 수 있다.

51. 조형에서 비대칭 그룹의 설명으로 잘못된 것은?

㉮ 균형의 중심은 기하학상의 중심축과 주 그룹 사이에 있다.
㉯ 주 그룹의 중심축은 기하학상 중심축과 일치하도록 한다.
㉰ 크기, 형, 무게, 거리 등이 서로 다른 요소와 소재가 자연스런 느낌으로 배치되어 있다.
㉱ 주 그룹, 대항 그룹, 보조 그룹으로 중심 양쪽의 시각적인 균형을 잡는다.

해설 ㉯ 중심축을 중심으로 거울을 보는 듯한 디자인이다.

52. 형태(Form)의 특징이 아닌 것은?

㉮ 형태는 3차원적인 입체공간을 말한다.
㉯ 자연적 형태는 사실적이며 동적이다.
㉰ 기하학적 형태는 안정, 간결, 명료감을 준다.
㉱ 비기하학적 형태는 아름답고 매력적이며 우아하고 여성적인 느낌을 준다.

해설 형태는 모양과 질감이 특이하며 꽃 자체만으로도 시각적인 집중을 가져온다.

53. 주황색의 나리(Lily)를 주 소재로 하여 꽃다발을 제작하고 꽃을 보다 강하고 뚜렷하게 보이고자 할 때 포장지의 색상으로 가장 적당한 것은?

㉮ 빨강
㉯ 노랑
㉰ 파랑
㉱ 자주

해설 주 소재로 꽃다발을 제작할 경우 꽃을 보다 강하고 뚜렷하게 보이고자 할 때는 포장지 색상을 주 소재 색상의 보색으로 선택하면 소재가 더욱 돋보이고 뚜렷하게 보인다.

정답 50. ㉱ 51. ㉯ 52. ㉯ 53. ㉰

54. 화훼의 건조 방법으로 가장 거리가 먼 것은?
㉮ 자연 건조법 ㉯ 냉동 건조법
㉰ 밀봉 건조법 ㉱ 누름 건조법

해설 화훼 건조 방법으로는 자연 건조법, 열풍 건조법, 냉동 건조법(동결 건조법), 누름 건조법(프레스플라워 : Press flower), 글린세린 건조법, 매몰 건조법 등이 있다.

55. 화훼 장식을 "자연과 조형 위에 성립되는 시공간 예술"이라 할 때 화훼 장식이 가지는 일반적인 4가지 속성으로 가장 거리가 먼 것은?
㉮ 자연성 ㉯ 종교성
㉰ 공간성 ㉱ 시간성

해설 화훼 장식은 목본 식물을 주 소재로 하여 자연과 시간, 공간, 목적에 맞는 디자인의 요소로 장식물을 제작하거나 적용하여 공간의 미적 효율성과 기능을 높여 주는 기능이다.

56. 영국의 예술가 윌리엄 호가스(William hogarth)에 의해 창시되었다고 보는 화형은?
㉮ 초승달형 ㉯ 부채형
㉰ S커브형 ㉱ 원추형

해설 ㉰ S커브형은 비대칭 형태를 말하며 중심축을 기준으로 양쪽 길이가 다르게 구성되는 경우가 많다.

57. 디자인에서 선 요소 중 수평선이 주는 감정적 특성으로 옳은 것은?
㉮ 움직임과 흥분의 느낌
㉯ 강한 힘, 장엄한 느낌
㉰ 평화롭고, 휴식과 안정의 느낌
㉱ 부드럽고 편안하며 흥미로운 느낌

해설 ㉮ 움직임과 흥분의 느낌 : 사선(Diagonal Line)
㉯ 강한 힘, 장엄한 느낌 : 수직선(Vertical Line)
㉱ 부드럽고 편안하며 흥미로운 느낌 : 곡선(Curved Line)

정답 54. ㉰ 55. ㉯ 56. ㉰ 57. ㉰

58 화훼 장식의 기능으로 가장 거리가 먼 것은?
㉮ 장식적 기능 ㉯ 건축적 기능
㉰ 언어적 기능 ㉱ 교육적 기능

해설 화훼 장식의 기능으로는 장식적, 건축적, 심리적, 환경적, 교육적, 치료적, 경제적 기능이 있다.

59 화훼류의 자연 건조법에 대한 설명으로 옳지 않은 것은?
㉮ 꽃대가 약한 식물은 꽃을 별도로 철사에 끼어서 말린다.
㉯ 안개꽃은 물병에 꽂아 둔 채 말려도 가능하다.
㉰ 통풍이 잘되지 않고 햇빛이 잘 드는 곳이 좋다.
㉱ 재료를 다발지어 높은 곳에 거꾸로 매달아 놓는다.

해설 ㉰ 통풍이 잘되고 서늘한 곳이 좋다.

60 다음 색의 혼합 결과 명청색(Tint color)은?
㉮ 흰색+순색 ㉯ 회색+순색
㉰ 검정+순색 ㉱ 청색+순색

해설 ㉯ 회색+순색 : 탁색(Tone color)
㉰ 검정+순색 : 암청색(Shade color)
무채색 : 색의 3속성 중 명도만 있고 색상과 채도가 없는 색(흰색, 회색, 검정)
㉱의 청색은 무채색의 3속성에 들어가지 않는다.

정답 58. ㉰   59. ㉰   60. ㉮

2015년 7월 19일 시행

1 화훼류의 형태에 대한 설명으로 틀린 것은?

㉮ 잔디와 같은 벼과 식물은 줄기(대)를 싸고 있는 엽초(잎집)와 엽신(잎몸)으로 구성되어 있다.
㉯ 쉐프렐라 아보리콜라는 장상 복엽(掌狀複葉)으로 되어 있다.
㉰ 콩과 식물인 등나무는 우상 복엽(羽狀複葉)으로 되어 있다.
㉱ 팔손이는 여덟(8)개의 우상엽(羽狀葉)으로 되어 있다.

해설 ㉱ 우상엽이란 새의 깃털 모양을 이룬 복엽으로 우상 단엽과 우상 복엽으로 나눈다.

2 다음 중 화훼에 대한 설명으로 가장 옳은 것은?

㉮ 관상 가치가 있는 꽃나무와 화초를 뜻하는 말이다.
㉯ 꽃나무와 화초를 관상 가치가 있도록 꾸미는 것이다.
㉰ 원예의 한 분야로 꽃나무와 화초를 이용하는 것이다.
㉱ 원예의 한 분야로 꽃나무와 화초를 생산하는 것이다.

해설 화훼 : 꽃뿐만 아니라 잎, 줄기 등 관상 가치가 있는 모든 식물을 집약적이고 기술적으로 재배하는 것을 말한다. 화훼(花卉)의 화(花)는 꽃을 말하고 관상용 초본과 목본을 가리키며, 훼(卉)는 풀을 의미하여 꽃과 함께 그 배경이 되는 초화를 말한다.

3 화훼의 이용 형태와 화훼 종류가 바르게 짝지어지지 않은 것은?

㉮ 절화용 – 국화, 스타티스
㉯ 분식용 – 포인세티아, 칼랑코에
㉰ 화단용 – 팬지, 매리골드
㉱ 절지 절엽용 – 파초일엽, 시네라리아

해설
- 절지 식물 : 나무류 등의 가지를 화훼 장식을 목적으로 절단하여 사용하는 것.
  예 소나무, 동백나무, 개나리, 매화 등
- 절엽 식물 : 관엽 식물 등의 잎을 화훼 장식을 목적으로 절단하여 사용하는 것.
  예 루모라, 네프로레피스, 팔손이 잎, 드라세나 등

정답 1. ㉱ 2. ㉮ 3. ㉱

4 다음 중 일년초화는?

㉮ 맨드라미
㉯ 속새
㉰ 범부채
㉱ 옥잠화

해설 한해살이 화초는 씨앗을 뿌린 다음 1년 안에 꽃이 피고 씨가 맺힌 후 말라죽는 종류이다. 봄에 파종하는 춘파 1년초와 가을에 파종하는 추파 1년초로 나뉜다.

5 다음 중 백합과 식물이 아닌 것은?

㉮ 드라세나 골드킹
㉯ 아스파라거스 플루모서스
㉰ 옥잠화
㉱ 프리지어

해설 ㉱ 프리지어(Freesia)는 붓꽃과이며 남아프리카가 원산지이다.

6 시중의 화원에서 흔히 보스톤이라고 부르는 식물은 어떤 식물의 변종이다. 정확한 식물 종의 명칭은?

㉮ 칼라
㉯ 글라디올러스
㉰ 안수리움
㉱ 네프로레피스

해설 ㉱ 네프로레피스(Nephrolepis)는 양치류에 속하는 식물로 습도조절 능력이 활발하고 공기정화 식물로 NASA에서 선정한 식물 중 하나이다.

7 다음 식충 식물 중 포충낭을 가지고 있는 것은?

㉮ 네펜테스
㉯ 끈끈이주걱
㉰ 벌레잡이제비꽃
㉱ 파리지옥

해설 식충 식물이란 곤충이나 작은 동물들을 잡아서 소화시킬 수 있는 특수한 기관이 있는 식물을 말한다.
  ㉮ 네펜테스 : 변형된 잎이 주머니 모양과 같아 포충낭이라는 이름으로 불린다.
  ㉯ 끈끈이주걱 : 털이 있는 잎에 점액이 나오면서 벌레들을 달라붙게 한다.
  ㉰ 벌레잡이제비꽃 : 잎에 벌레가 닿으면 잎이 앞으로 움직여 벌레를 끌어들이는 방법이다.
  ㉱ 파리지옥 : 잎에 벌레가 앉으면 입 같은 잎을 열었다 그대로 닫아 벌레를 안에 가두는 기능을 한다.

정답 4. ㉮ 5. ㉱ 6. ㉱ 7. ㉮

8 플로럴 폼의 특징에 대한 설명으로 틀린 것은?
㉮ 플로럴 폼은 꽃꽂이할 때 꽃을 고정하기 편리하다.
㉯ 플로럴 폼은 폐기 시 쓰레기 문제를 일으킨다.
㉰ 플로럴 폼은 크기와 모양이 다양하다.
㉱ 플로럴 폼은 경도가 다양하지 못해 단단하고 무거운 꽃을 꽂기에는 부적합하다.

해설 ㉱ 플로럴 폼은 경도가 다양하며, 단단하고 무거운 꽃을 꽂는 데 편리하게 사용할 수 있도록 철망이 씌여 시중에 판매되고 있다.

9 화훼 장식에 철사를 사용하는 목적으로 틀린 것은?
㉮ 약한 줄기를 보강하기 위해서이다.
㉯ 원하는 지점에 꽃과 잎을 고정하기 위해서다.
㉰ 코사지나 꽃꽂이에 액세서리를 덧붙이기 위해서다.
㉱ 부케를 만들 때 줄기의 부피를 크게 하기 위해서다.

해설 ㉱ 부케를 제작할 때 줄기의 부피를 줄이고 형태를 자유롭게 변형하기 위해 철사를 사용한다.

10 화훼 장식을 할 때 사용하는 이용 도구 중 절화를 지지하는 데 사용되는 재료가 아닌 것은?
㉮ 회전판
㉯ 플로럴 폼
㉰ 침봉
㉱ 철망

해설 ㉮ 회전판은 화훼 장식을 디자인할 때 움직이기 힘든 화기나 작품을 올려놓고 자유자재로 움직일 수 있도록 하는 도구이다.

11 몬스테라, 스프링게리, 드라세나, 둥굴레, 엽란 등을 꽃꽂이 소재로 사용할 때의 용도별 분류군은?
㉮ 절화 식물
㉯ 절지 식물
㉰ 절엽 식물
㉱ 건조화 소재

해설 ㉰ 절엽 식물 : 관엽 식물 등의 잎을 화훼 장식을 목적으로 절단해 사용하는 것. ㉮ 루모라, 네프로레피스, 팔손이 잎, 드라세나, 몬스테라, 둥굴레, 엽란 등

정답 8. ㉱ 9. ㉱ 10. ㉮ 11. ㉰

12 구근 아이리스의 학명은 Iris X hollandica이다. 가운데 X 표시는 무엇을 뜻하는가?
㉮ 종간 교배종이라는 뜻이다.
㉯ Iris와 hollandica의 교배를 표시한 것이다.
㉰ 속간 교배에 의하여 생긴 종이란 뜻이다.
㉱ holland종과 indica종의 교배종임을 뜻한다.

해설 학명은 이명법에 따라 '속명+종명'으로 쓰고 그 뒤에 명명자를 표기한다.
- sp : 종(species)이라는 뜻으로 위 식물과 비슷한 종류들을 말한다.
- ssp : 아종(subspecies)을 뜻한다.
- var. 또는 v. : variety 또는 varietas는 변종을 뜻한다.
- f : form 또는 forma의 약자로 for 또는 f로 쓴다.
- hyb : hybrid는 교배종(이종간 교배종)을 뜻한다.
- x : 중간 교배종을 뜻한다.
- syn : synonym은 이명을 뜻하는 것으로 학명이 있지만 다른 이름으로 불리어 정착된 이름에 한하여 다시 붙인 학명이다.

13 화훼 장식에 사용되는 도구 중 고정 테이프는 언제 사용되는가?
㉮ 꽃의 머리를 고정시키기 위해 사용한다.
㉯ 플로럴 폼을 용기에 고정시키기 위해 사용한다.
㉰ 부토니아를 와이어링 처리할 때 사용한다.
㉱ 코사지를 몸에 부착시킬 때 사용한다.

해설 ㉯ 작품의 안정성을 위해 플로럴 폼이 움직이지 않도록 화기에 고정하기 위한 용도이다.

14 다음 중 기생 또는 착생 식물로만 묶어진 것은?
㉮ 틸란드시아, 석곡, 반다, 나도풍란
㉯ 고무나무, 쉐프렐라, 디펜바키아, 남천
㉰ 인동덩굴, 아이비, 필로덴드론 옥시카르디움, 마삭줄
㉱ 수호초, 선인장류, 유카, 테이블야자

해설 착생 식물이란 열대, 아열대에 자생하는 것으로 나무나 바위에 붙어 고착 생활을 하며 호흡 활동이 활발하여 공중에 있는 습도를 흡수하며 성장하는 식물을 말한다.
예 팔레놉시스, 카틀레야, 반다, 풍란, 덴드로비움, 온시디움, 석곡 등

정답 12. ㉮ 13. ㉯ 14. ㉮

15 다음 화훼류 중 덩굴성 식물(만경 식물)로 짝지어진 것은?
㉮ 클레마티스 – 능소화
㉯ 등나무 – 만병초
㉰ 부겐빌레아 – 자금우
㉱ 마삭줄 – 알로카시아

[해설] 덩굴 식물이란 줄기나 덩굴손이 다른 물체에 붙어서 올라가는 식물을 말한다.
㉮ 등나무, 능소화, 클레마티스, 장미덩굴, 노박덩굴, 담쟁이덩굴 등

16 페더링(Feathering) 기법에 대한 설명으로 틀린 것은?
㉮ 코사지나 터지머지(Tuzzy-muzzy) 등과 같은 섬세한 디자인을 할 때 사용된다.
㉯ 카네이션, 국화 등의 꽃잎을 여러 장 겹쳐서 감아 주는 기법이다.
㉰ 하나하나의 꽃잎을 조합하여 큰 꽃을 만드는 기법이다.
㉱ 꽃잎을 분해하여 새의 깃털처럼 처리한다고 하여 붙여진 이름이다.

[해설] 헤어핀 메서드(Heir-pin method) : 꿰고 양쪽으로 구부려 U자 형태로 만들어 고정하는 방법이며 꽃잎 하나하나를 조합하여 큰 꽃을 만드는 기법이다. ㉮ 로즈 멜리아, 릴리멜리아 등

17 다음 중 절화줄기 기부를 끓는 물에 수초 간 넣었다 빼내는 열탕 처리가 수명 연장에 가장 효과가 있는 화훼류는?
㉮ 튤립
㉯ 포인세티아
㉰ 안개초
㉱ 카네이션

[해설] 열탕 처리 : 수분 장력을 이용하는 방법으로 줄기 하단을 끓는 물에 담갔다 꺼내어 다시 찬물에 물올림을 해 주는 방법이다. 줄기 끝이 잘 갈라지는 절화에 효과적이다. ㉮ 국화, 금어초, 달리아, 안개초, 코스모스, 스톡 등

18 플라워디자인 작품이나 상품을 제작할 때 고려해야 할 사항이 아닌 것은?
㉮ 장식하는 장소와 환경을 고려한다.
㉯ 생생한 아름다움이 느껴지도록 마무리한다.
㉰ 장식원예 보조 용구를 사용하지 않는 것이 좋다.
㉱ 예비 소재를 준비해 둔다.

[해설] 상품제작 순서 : ㉮ 장식하는 장소와 환경을 고려한다. → ㉱ 예비 소재를 준비해 둔다. → ㉯ 생생한 아름다움이 느껴지도록 마무리한다.

정답 15. ㉮   16. ㉰   17. ㉰   18. ㉰

19 신부 부케에 대한 설명으로 틀린 것은?

㉮ 부케의 손잡이는 몸 선과 나란히 포컬 포인트(Focal Point)를 다소 위로 향하게 하면 아름답다.
㉯ 부케는 양손으로 힘 있게 잡고 꽃의 표정은 아래를 보도록 한다.
㉰ 자연 줄기로 만든 부케나 소품으로 만든 부케는 편안한 모습으로 자연스럽게 드는 것이 매력적이다.
㉱ 프레젠테이션(Presentation) 부케는 한 손으로는 꽃을 안은 듯 들고 나머지 손은 꽃다발 줄기를 잡은 듯 가볍게 든다.

해설 ㉯ 부케는 한 손으로 살며시 잡고 꽃의 표정이 정면을 향하도록 한다.

20 식물이 자연에서 자라는 모습과는 관계없이 디자이너의 의도대로 자유롭게 재구성하여 장식성을 높인 구성 형식은?

㉮ 선형적 구성 ㉯ 식생적 구성
㉰ 장식적 구성 ㉱ 그래픽적 구성

해설 ㉮ 선형적 구성 : 형태와 선이 명확하게 표현되며 모든 요소가 대비를 이루어 강한 효과를 준다.
㉯ 식생적 구성 : 식물이 자연 속에서 자라나는 모습을 부분적, 전체적으로 표현한 것이다.
㉱ 그래픽적 구성 : 식물의 선이나 형태가 도형적으로 자연적인 구성보다 인위적으로 구성된다.

21 진주암을 1000℃ 이상으로 가열하여 입자 내 공극을 팽창시킨 것으로 염기치환 용량은 상당히 낮은 원예용토는?

㉮ 하이드로볼 ㉯ 버미큘라이트
㉰ 암면 ㉱ 펄라이트

해설 ㉮ 하이드로볼 : 점토를 800℃ 정도의 고온에서 구운 것으로 다공질이며 통기성, 보수성이 좋다.
㉯ 버미큘라이트 : 질석을 1000℃ 정도의 고온에서 팽창시킨 것으로 모래의 1/5 정도로 가볍고 보수력, 보비력이 좋으며 무균 상태로 양이온 치환 용량이 높다.
㉰ 암면 : 현무암 등의 암석을 섬유상으로 가공한 것이며 공극이 크고 수분과 공기를 충분히 함유하고 있다.

정답 19. ㉯ 20. ㉰ 21. ㉱

22
다음 중 수확 후 절화 수명에 관여하는 수확 전 재배기간 동안의 요인으로 거리가 가장 먼 것은?

㉮ 광량
㉯ 사용한 농기구
㉰ 시비량
㉱ 온도

해설 절화의 재배기간 동안에는 광량, 시비량, 온도, 습도 등의 관리가 중요하다.

23
식물의 노화를 촉진하는 원인이 아닌 것은?

㉮ 양분 부족
㉯ 수분 부족
㉰ 시토키닌(Cytokinin) 생성
㉱ 에틸렌(Ethylene) 생성

해설 ㉰ 시토키닌은 식물 호르몬의 하나로 싹의 분화 촉진, 노화 억제 등의 작용을 한다.

24
다음에서 설명하는 동양식 절화장식은?

- 화기를 2개 이상 반복적으로 배치하여 하나의 작품이 되도록 구성한다.
- 하나하나 독립된 특성과 완성미를 나타낸다.
- 같이 연결되어 있을 때 더욱 효과적인 조화 의미를 표현할 수 있다.

㉮ 분리형
㉯ 경사형
㉰ 전개형
㉱ 복합형

해설 ㉱ 복합형 또는 복형으로 거듭 꽂기에 해당하며 두 개 이상의 화기를 사용하여 하나의 독립된 통일감을 이루는 형태이다.

25
다음 중 절화 수명 연장을 위한 방법이 아닌 것은?

㉮ 자르는 면을 비스듬히 하여 재절단한다.
㉯ 물에 잠기는 줄기의 아랫부분 잎을 제거한다.
㉰ 대사에 필요한 자당을 넣어 준다.
㉱ 쇠로 된 용기에 담아 보관한다.

해설 ㉱ 절화 수명 연장을 위해 플라스틱 용기나 유리 용기에 담아 보관하는 것이 좋다.

정답 22. ㉯   23. ㉰   24. ㉱   25. ㉱

26
평면적인 화면에 입체적인 생화나 건조 소재 등의 소재를 반 평면적으로 배치하여 표현하는 장식물은?

㉮ 갈런드 ㉯ 콜라주
㉰ 리스 ㉱ 형상물

해설 ㉯ 콜라주 : 1910년경 피카소 브라크가 창시한 큐비즘(입체파)의 한 표현 형식을 말한다. 그림물감으로 그리는 대신 포장지, 신문지, 우표, 기차표, 상표, 인쇄물 등의 작은 것에서부터 모래, 깃털, 철사 등에 이르기까지 모두 붙여서 만들었다.

27
테라싱(Terracing) 기법에 대한 설명으로 옳은 것은?

㉮ 동일한 소재들을 어느 정도의 공간을 두며 계단처럼 층층이 쌓는다.
㉯ 줄기가 짧은 재료들을 한데 모아 쿠션 또는 언덕의 효과를 내는 것이다.
㉰ 소재를 서로 간의 공간 없이 겹겹이 차곡차곡 쌓는다.
㉱ 소재를 마사지하여 유연하게 만드는 기법이다.

해설 테라싱 기법은 계단 느낌으로 유사한 재료를 수평 또는 앞뒤로 쌓아 올리는 방법이다.

28
꽃다발 등을 만들 때 철사 대신에 묶는 용도로 이용하거나 장식용으로 쓰이는 자연 소재로 적합한 것은?

㉮ 다래덩굴 ㉯ 라피아
㉰ 플로럴 테이프 ㉱ 방수 테이프

해설 ㉯ 라피아는 나무껍질의 소재로 꽃다발 등을 묶을 때 자연 소재로 적합하다.

29
코사지에 대한 설명으로 틀린 것은?

㉮ 코사지는 신체 장식의 하나이다.
㉯ 가슴 부위에 다는 것만 코사지라고 한다.
㉰ 다른 사람의 이미지와 맞는 소재, 크기를 선택한다.
㉱ 주 소재가 코사지를 달고 있는 사람을 향하도록 한다.

해설 ㉯ 코사지의 활용 범위는 머리, 목, 어깨, 가슴, 허리, 등, 팔, 손목과 같은 신체 부위의 장식 외에도 장신구와 증정용 선물 등 다양하다.

정답 26. ㉯ 27. ㉮ 28. ㉯ 29. ㉯

30. 베이싱(Basing)에 대한 설명으로 옳은 것은?

㉮ 작품의 기초가 되는 밑부분에 사용하는 기법을 말한다.
㉯ 유사한 꽃 크기, 색 등으로 이루어지는 기법이다.
㉰ 재료의 특성이 강한 것은 사용하지 않는다.
㉱ 소재들 사이에는 공간이 있어서는 안 된다.

해설 ㉮ 베이싱이란 작품을 할 때 가장 기초 작업으로 작품의 밑부분에 사용하는 기법을 말한다.

31. 구조적(Structure) 디자인의 설명이 아닌 것은?

㉮ 대칭과 비대칭의 질서를 유지하면서 형과 선을 명확하게 표현한다.
㉯ 소재 표면의 조직이나 재질감(Texture)이 드러난다.
㉰ 하나하나 조밀하게 구성하여 여러 겹으로 포개 놓은 형태이다.
㉱ 잎 소재를 여러 겹 겹쳐 쌓아서 만든 작품들이 대부분 포함된다.

해설 ㉮의 설명은 형과 선을 강조하는 선-형적(Formal Linear) 디자인이다.

32. 절화의 온도가 30℃에서 10℃로 낮아지면 무엇이 1/3~1/6로 느려져 신선도를 유지하는가?

㉮ 호흡 속도
㉯ 에틸렌 발생 속도
㉰ 에틸렌 억제량
㉱ 이산화탄소 발생 속도

해설 온도 상승은 절화의 호흡 작용과 증산 작용을 활발하게 하여 수분부족 현상을 초래하므로 저온 상태를 유지하고 원산지에 따른 온도 조절을 해 주어야 냉해를 입지 않는다.

33. 교차선의 아름다움을 강조한 디자인에 대한 설명으로 가장 옳은 것은?

㉮ 여러 개의 초점에서 나온 줄기의 선이 각기 여러 방향으로 뻗는다.
㉯ 줄기가 모두 같은 방향으로 나란히 뻗어 있다.
㉰ 줄기를 짧게 잘라 꽃송이나 꽃잎만을 사용한다.
㉱ 일초점을 갖는다.

해설 교차적 배열은 각각의 초점에서 시작한 줄기가 모두 각도를 달리해 여러 방향으로 서로 교차하여 배열되는 디자인이다.

정답 30. ㉮　31. ㉮　32. ㉮　33. ㉮

34 방향성 식물의 꽃, 잎, 줄기, 열매 등의 방향성 부위를 건조시켜 용기에 담거나 주머니에 넣어 공간에 배치하거나 몸에 지니기도 하는 장식물은?
㉮ 드라이 플라워 ㉯ 포푸리
㉰ 허브 ㉱ 아로마테라피

해설 ㉯ 포푸리는 식물이나 꽃을 그대로 건조시켜 오래 보존할 수 있게 한 것을 말한다. 잎의 두께가 얇고 수분이 적어 건조에 용이하고 건조 후에도 형태 변화가 적은 꽃을 사용한다. 예 장미, 밀짚꽃, 아킬레아, 별꽃, 스타티스, 로단세, 홍화, 유칼립투스, 로즈메리, 라벤더 등

35 같은 재료는 모아 주면서 다른 재료는 서로 공간을 두어 겹치지 않게 구획 정리를 해주는 표현 기법은?
㉮ 조닝(Zoning) ㉯ 그룹핑(Grouping)
㉰ 섀도잉(Shadowing) ㉱ 프레밍(Framing)

해설 ㉮ 조닝 기법은 그룹핑과 비슷한 기법이나 구역을 나누어서 구성하는 것으로 구역을 정하여 넓은 공간에 활용하는 화단을 꾸미는 데 적용하기도 한다.

36 다음 중 일반적으로 신부 부케 제작 시 요구되는 사항으로 가장 옳은 것은?
㉮ 신부 부케는 들고 다니기 편리하게 반드시 부케 홀더를 사용한다.
㉯ 색상은 신부의 체형, 키, 피부색, 웨딩드레스 등에 맞도록 제작한다.
㉰ 형태는 되도록 크고 늘어지게 한다.
㉱ 색상은 대단히 화려하고 눈에 띄는 큰 꽃으로 한다.

해설 ㉯ 신부 부케 제작 시 참고해야 할 사항은 신부의 체형, 키, 피부색, 웨딩드레스 등이다.

37 다음 중 국화의 수명을 연장하는 데 가장 많이 사용되는 물리적 처리 방법은?
㉮ 열탕 처리 ㉯ 탄화 처리
㉰ 호르몬 처리 ㉱ 펌프 주입

해설 ㉮ 열탕 처리는 수분 장력을 이용하는 방법으로 줄기 하단을 끓는 물에 담갔다 꺼내어 다시 찬물에서 물올림을 해 주는 방법이다.
예 국화, 금어초, 달리아, 코스모스, 스톡, 안개초 등

정답 34. ㉯ 35. ㉮ 36. ㉯ 37. ㉮

38 먼셀의 색체계에 대한 색의 설명으로 옳지 않은 것은?

㉮ 먼셀 색상환은 빨강, 노랑, 파랑 3색을 기본으로 한다.
㉯ 무채색은 0에서 10, 즉 11단계로 구분하며 색상은 없다.
㉰ 색은 무채색에 가까워질수록 채도가 낮아진다.
㉱ 적색(Red) 원색의 채도는 가장 낮은 단계를 1도로 하고 가장 높은 단계를 14도로 한다.

해설 먼셀의 표색계는 자연색을 빨강, 노랑, 초록, 파랑, 보라로 5등분하고 다시 해당 색의 사이 색을 색상(H), 명도(V), 채도(C)의 세 가지 속성으로 나눠 HV/C라는 형식에 따라 번호로 표시한다.

39 형과 선을 강조하는 하이스타일 디자인으로 아르데코라 불리는 비대칭형 장식은?

㉮ 보케(Boeket)　　　　　㉯ 스트라우스(Strauss)
㉰ 부케(Bouquet)　　　　㉱ 포멀 리니어(Formal Linear)

해설 ㉱ 포멀 리니어 : 선과 형을 명확하게 표현하며 모든 요소가 대비를 이루어 강한 효과를 주는 장식이다.

40 다음과 같은 고려 사항이 요구되는 유러피언 스타일(European Style)의 디자인은?

- 세 개의 서로 다른 크기의 그룹(주, 역, 부)으로 구성되는 비대칭적 질서가 일반적이다.
- 자연에서 보듯 생장점(출발점)이 종종 화기 안에 한 점에 있는 듯이 보인다.
- 꽃의 가치 효과와 운동성, 색상, 용기 선택 등을 고려해야 한다.

㉮ 식생형(Vegetative)　　　　㉯ 장식형(Decorative)
㉰ 형-선형적 구성(Formal-linear)　㉱ 병행형(Parallel)

해설 ㉯ 장식형 : 식물의 자라나는 생태와는 관계없이 인위적 구성으로 화려하고 풍성하게 구성한다.
㉰ 형-선형적 구성 : 형태와 선이 분명하며 소재의 형과 양을 최소한 억제하면서 강한 대비를 표현하여 긴장감을 준다. 대칭 또는 비대칭도 가능하고 방사, 평행 배열도 가능하다.
㉱ 병행형(Parallel) : 소재나 재료들의 다수가 서로 일렬로 배치되어 있으며 대칭, 비대칭 구성이 가능하다.

정답 38. ㉮　39. ㉱　40. ㉮

41 시큐어링 메소드(Securing Method)의 설명으로 옳은 것은?

㉮ 사용한 철사가 약하거나 짧을 때 더욱 단단하게 보강하기 위하여 사용하는 방법이다.
㉯ 꽃의 약한 줄기를 보강해 주거나 줄기를 구부릴 때 그 줄기를 보강하기 위하여 사용하는 방법이다.
㉰ 줄기가 약하거나 속이 비어 있는 상태의 꽃을 똑바로 세우거나 반대로 줄기를 곡선으로 만들기 위하여 사용하는 방법이다.
㉱ 씨방이나 꽃받침 부분의 줄기에 직각이 되게 찔러 넣고 두 가닥이 되게 구부리는 방법이다.

해설 시큐어링 메소드 기법은 꽃의 줄기가 약하거나 줄기를 구부려 사용할 때 주로 이용되는 기법이다. 예 프리지어, 금어초, 은방울꽃, 유칼립투스, 장미, 카네이션 등

42 다음 중 황금비 1 : 1.618과 가장 거리가 먼 것은?

㉮ 3 : 5　　㉯ 5 : 8
㉰ 8 : 13　　㉱ 13 : 36

해설 황금 비율은 짧은 길이와 긴 길이의 비율, 긴 길이와 전체 길이와의 관계로 3 : 5 : 8 : 13 : 21 : 34 : ……의 연속적인 분할이다.

43 다음 중 보색 대비의 조화로 이루어진 것은?

㉮ 빨강 – 녹색　　㉯ 주황 – 보라
㉰ 노랑 – 파랑　　㉱ 보라 – 연두

해설 보색 대비는 보색끼리의 배색으로 상대의 색이 더 선명해 보이는 현상을 말한다.

44 다음 중 화훼 장식의 디자인적 요소가 아닌 것은?

㉮ 균형　　㉯ 형태
㉰ 질감　　㉱ 공간

해설 • 디자인 요소 : 선(Line), 형태(Form), 깊이(Depth), 질감(Texture), 색채(Color), 공간(Space), 향기(Fgrance)이다.
• 디자인 원리 : 비율(Proportion), 균형(Balance), 리듬(Rhythm), 규모(Scale), 대비(Contrast), 강조(Focal Point), 통일감(Unity), 조화(Harmony)이다.

정답　41. ㉯　42. ㉱　43. ㉮　44. ㉮

45 고구려 5~6세기의 쌍영총 벽화에 나타난 화훼 장식의 형태가 아닌 것은?

㉮ 좌우 대칭형이다.
㉯ 직선과 곡선의 구성이다.
㉰ 직립한 소재가 중심을 이룬다.
㉱ 작약을 중심에 꽂아 두었다.

해설 고구려 쌍영총 벽화에는 연꽃과 연봉을 꽂은 병화가 있었다.

46 식물 재료의 시각적 느낌 중 무거운 느낌이 드는 것끼리 모아진 것은?

㉮ 크다 - 매끄럽다 - 밝다
㉯ 크다 - 거칠다 - 어둡다
㉰ 작다 - 부드럽다 - 밝다
㉱ 작다 - 뾰족하다 - 차갑다

해설 시각적 느낌은 눈으로 느끼는 구성 요소의 균형을 말한다. 이는 색상과 질감에 의해 많이 좌우된다.

47 NCS(Natural Color System) 색체계에 대한 설명 중 틀린 것은?

㉮ NCS 기본 색상은 노랑, 빨강, 파랑, 녹색 4가지이다.
㉯ 스웨덴에서 개발된 것으로 색을 논리적으로 해석한 것이다.
㉰ 흰색량 + 검은색량 + 순색량의 합은 100이다.
㉱ 2gc, 14ic, 8ea 등의 기호로 색을 표시한다.

해설 NCS 기본 색상은 흰색, 검정, 노랑, 빨강, 파랑, 녹색의 6가지로 다양한 색을 만들고 스웨덴에서 개발되었으며 흰색량 + 검은색량 + 순색량의 합은 100이라 하고 2gc, 14ic, 8ea 등의 기호로 색을 표시한다.

48 건조 소재의 보존 방법으로 틀린 것은?

㉮ 습기가 적은 곳에 보관한다.
㉯ 온도가 낮은 곳에 보관한다.
㉰ 햇빛이 잘 드는 곳에 보관한다.
㉱ 통풍이 잘되는 곳에 보관한다.

해설 ㉰ 건조 소재는 햇빛이 잘 들지 않는 음지인 서늘한 곳에 보관한다.

49 색광의 3요소에 해당하지 않는 것은?

㉮ 빨강　　㉯ 노랑　　㉰ 녹색　　㉱ 파랑

해설 색광의 3요소 : 원색은 혼합해서 다른 색을 만들어 낼 수 있지만 다른 어떤 색을 혼합해도 원색은 만들어 낼 수 없다.

정답 45. ㉱　46. ㉯　47. ㉮　48. ㉰　49. ㉯

50 다음 중 구심적 공간의 특징으로 옳은 것은?
㉮ 양성적이고, 수렴성이 있는 공간이다.
㉯ 분산적이며, 힘이 없는 공간이다.
㉰ 소극적이며, 자연 발생적 공간이다.
㉱ 무계획하고, 우연히 발생하는 공간이다.

해설 ㉮ 구심적이란 양성적이고 수렴성이 있는 공간에서의 특징을 말한다.

51 빨강, 주황, 노랑, 초록, 파랑, 남색, 보라 등과 같이 빛의 파장에 의해 나타나는 색채를 무엇이라 하는가?
㉮ 명도　　　　　　㉯ 채도
㉰ 색상　　　　　　㉱ 색상환

해설 빨강, 파랑, 녹색이라는 이름 등으로 서로 구별되는 특성을 지닌다.

52 건조화를 만드는 과정에서 글리세린을 처리하는 이유로 가장 적당한 것은?
㉮ 건조 후 재료의 부스러짐을 예방하기 위해서
㉯ 질감을 다르게 하기 위해서
㉰ 건조 시 색이 변하는 것을 방지하기 위해서
㉱ 건조 후 향을 별도로 첨가하지 않기 위해서

해설 ㉮ 글리세린의 흡수로 유연성을 증대시켜 잘 부서지는 단점을 보완할 수 있다.

53 고려 시대 꽃 문화에 대한 설명으로 틀린 것은?
㉮ 불교가 융성함에 따라 꽃 문화가 크게 발전하였다.
㉯ 초기에는 고구려의 영향을 받아 삼존 형식이 주류를 이루었다.
㉰ 고려 시대까지는 꽃꽂이가 수반이나 화기에만 꽂아졌다.
㉱ 꽃병으로 청자가 사용되었다.

해설 고려 시대는 다양한 작품들을 엿볼 수 있는 고려사절요와 해인사 대적광전의 벽화에서 꽃바구니 그림이나 삼존 형식으로 배치된 모란꽃 등 다양한 꽃 작품들을 볼 수가 있다.

정답　50. ㉮　51. ㉰　52. ㉮　53. ㉰

54. 다음은 화훼 장식 디자인 원리 중 균형에 관한 설명이다. 이에 해당되는 것은?

> 중심축을 기준으로 양쪽에 같은 형태나 질감 그리고 동일한 컬러를 가진 물체를 마치 거울에 비추어진 것과 같이 배열하여 시각적으로 편안하고, 안정적인 무게감을 준다. 그러므로 주로 공식적이고 위엄을 강조하는 관공서 건물이나 종교 관련 건축물에 주로 응용된다.

㉮ 대칭 균형
㉯ 비대칭 균형
㉰ 색의 균형
㉱ 통일감

해설 ㉮ 대칭 균형(Symmetrical Balance)은 중심축 좌우에 동일한 무게와 동일한 형태가 배치되는 것을 말한다.

55. 절화 장식에 관한 설명으로 옳은 것은?

㉮ 절화 장식은 꽃꽂이로 많이 알려져 있으며 오늘날의 절화 장식은 전통을 고수하는 방식으로 이루어지고 있다.
㉯ 꽃다발, 갈런드, 리스, 형상물, 콜라주, 압화 장식, 포푸리 등이 있다.
㉰ 대부분의 절화 장식물의 줄기는 방사선으로 배열되며 줄기를 짧게 잘라 꽃으로만 배열하기도 한다.
㉱ 절화 장식은 주로 실내에서 이용하며 주 소재가 목본 식물이며 장식 기간이 일시적이다.

해설 절화 장식 : 코르사주, 부토니아, 리스, 갈런드, 형상물, 콜라주, 장례식 꽃장식, 꽃목걸이 등이 있다.

56. 더치 플래미시 디자인(Dutch Flemish Design)에 대한 설명으로 틀린 것은?

㉮ 콤팩트한 디자인이다.
㉯ 많은 종류의 꽃과 많은 색상들을 사용하였다.
㉰ 식물 소재 이외의 사용은 가능한 금지하였다.
㉱ 다양한 질감, 풍부한 색상이 디자인의 완성도를 높였다.

해설 더치 플래미시 디자인은 재료의 통일성이나 식물의 생태성을 완전히 무시하고 꽃 외에 구근 식물과 과일 등을 같이 사용하며 액세서리도 섞어 꽂는다.

정답 54. ㉮ 55. ㉯ 56. ㉰

57. 절화의 노화 원인 중 관련이 가장 먼 것은?
㉮ C/N율 저하
㉯ 수분균형 불량
㉰ 에틸렌에 노출
㉱ 호흡에 의한 양분 소모

해설 절화의 노화 원인은 수분부족 현상과 에틸렌 발생의 원인과 호흡 감소로 일어난다.

58. 색의 흐림이나 선명함을 나타내는 값으로 색의 순수한 정도를 무엇이라고 하는가?
㉮ 색상
㉯ 채도
㉰ 명도
㉱ 명암

해설 채도란 색의 선명도(맑고 탁한 정도), 포화도를 나타내는 성질을 말하며, 색을 섞을수록 점점 흐려진다.

59. 색채를 표현할 때 일반적으로 조화가 잘되고 배색이 가장 아름다울 때의 비율은?
㉮ 주색 50%, 보조색 30%, 강조색 20%
㉯ 주색 70%, 보조색 25%, 강조색 5%
㉰ 주색 60%, 보조색 20%, 강조색 20%
㉱ 주색 60%, 보조색 35%, 강조색 5%

해설 색채의 비율은 황금 비율 3 : 5 : 8이 가장 이상적인 비율로 사용되나 과대 비율, 과소비율도 사용되고 있다.

60. 리듬(Rhythm)감을 주는 방법이 아닌 것은?
㉮ 꽃과 꽃의 간격
㉯ 선의 높고 낮음
㉰ 동일한 소재의 동일한 색상과 명암
㉱ 소재의 질감 변화

해설 리듬/율동(Rhythm)이란 작품 속에서 색, 질감, 형태, 선을 반복적으로 사용하여 변화를 통해 만들어지는 움직임이나 흐름을 말한다. 꽃과 꽃의 간격이 있어야 하며 선의 높고 낮음을 반복하거나 소재의 질감으로 작품의 리듬감을 준다. ㉰ 동일한 소재의 동일한 색상과 명암은 리듬감보다는 안정되고 차분한 느낌을 주므로 맞지 않다.

정답 57. ㉮ 58. ㉯ 59. ㉯ 60. ㉰

2016년도 출제 문제

2016년 1월 24일

1 화훼 재료의 엽서(잎차례)의 연결이 틀린 것은?
㉮ 윤생엽 - 아스플레니움, 칼라데아, 사스피레
㉯ 호생엽 - 둥굴레, 송악, 느티나무
㉰ 대생엽 - 소철, 마가목, 주목
㉱ 근생엽 - 앵초, 맥문동, 민들레

해설 ㉮ 윤생엽(돌려나기) : 한 개의 마디에 세 장 이상의 잎이 돌려붙는 엽서
예 유칼립투스, 드라세나, 검정말 등

2 용도에 맞는 철사 사용에 대한 설명으로 틀린 것은?
㉮ 철사 처리는 단정한 기법으로 제작되어야 한다.
㉯ 연약한 꽃과 잎에 사용하는 철사는 30~32번이 적당하다.
㉰ 가벼운 소재에 사용할수록 표준 치수의 수치가 큰 것을 사용한다.
㉱ 재료를 받쳐 지탱할 수 있을 만큼 되도록 굵은 철사를 사용한다.

해설 철사는 다양한 굵기가 있으며 재료의 크기와 굵기, 무게에 따라 적절하게 선택한다.

3 부케를 제작할 때 와이어와 줄기가 분리되는 것을 방지하거나, 와이어를 감추기 위해 사용하는 자재는?
㉮ 플로럴 테이프
㉯ 생화용 접착제
㉰ 오아시스 테이프
㉱ 케이블 타이

해설 ㉮ 플로럴 테이프 : 부케를 제작할 때 와이어 노출로 인한 손의 부상을 방지하고 줄기들을 하나로 모아 보이지 않게 하면서 손잡이로 묶을 때 고정해 주는 역할을 한다.

정답 1. ㉮   2. ㉱   3. ㉮

4 절화 장식 작업 시 칼의 장점이 아닌 것은?
㉮ 절단면이 깨끗하게 잘린다.
㉯ 절단 작업이 빠르다.
㉰ 나뭇가지를 자르는 데 주로 이용한다.
㉱ 휴대가 간편하다.

해설 ㉰ 전정가위 : 간단한 나뭇가지를 자르는 데 사용한다.

5 다음 중 일장에 따른 구분에서 단일성 식물 화훼인 것은?
㉮ 국화
㉯ 글라디올러스
㉰ 시네라리아
㉱ 금어초

해설 단일 식물 : 낮의 길이(일조 시간)가 짧아야 개화하는 식물.
예 나팔꽃, 국화, 포인세티아, 줄맨드라미, 칼랑코에, 천일홍 등

6 변형된 잎이 아닌 것은?
㉮ 서인장의 가시
㉯ 생이가래의 잎
㉰ 네펜테스의 포충낭
㉱ 금잔화의 잎

해설 잎의 변형은 식물의 잎 가운데가 선인장처럼 환경에 적응하는 과정에서 다른 모습으로 변하는 것을 말한다.
예 선인장 가시, 생이가래 잎, 네펜테스의 포충낭, 끈끈이주걱, 파리지옥 등

7 장례의식에서 화훼 장식에 대한 설명으로 틀린 것은?
㉮ 외국에서는 묘지 앞에 꽃을 심거나 장식하는 일이 많다.
㉯ 서양의 풍습에서 관 속에 화훼 장식을 하지 않았었다.
㉰ 한국의 장례식에 사용되는 꽃의 색상은 대부분 흰색과 노란색이 주를 이룬다.
㉱ 외국에서의 장례식용 화환은 리스나 십자가, 별, 하트 등의 형태가 선호된다.

해설 장례식장 꽃 장식
• 캐스켓 커버(Casket covers) : 관 뚜껑에 놓이는 장식
• 이젤 스프레이(Easel spray) : 장식물로 타원형과 다이아몬드형, 삼각형으로 이젤에 플로럴 폼을 고정시킨다. 리스, 십자가, 별, 하트 등을 사용한다.
㉯ 서양에서는 관을 반쯤 열어 장례식을 하기 때문에 관 속에도 꽃으로 장식을 한다.

정답 4. ㉰ 5. ㉮ 6. ㉱ 7. ㉯

8. 결혼식용 화훼 장식으로 가장 적합하지 않은 것은?

㉮ 부토니어
㉯ 코사지
㉰ 콜라주
㉱ 부케

해설 ㉰ 콜라주는 신문지나 모래, 깃털 등의 재료를 찢거나 붙여서 만드는 장식을 말한다.

9. 플라스틱 핀 홀더에 대한 설명으로 가장 옳은 것은?

㉮ 스케일이 큰 디자인에 사용한다.
㉯ 용기 바닥에 접착 점토를 사용하여 고정한다.
㉰ 철사를 감은 후에 그 위에 감아 준다.
㉱ 용기 속에 말아 넣어 줄기를 고정한다.

해설 ㉯ 플라스틱 특성상 가벼워 꽃을 꽂으면 넘어지기 쉬우므로 바닥에 단단히 고정하여 준다.

10. 다음 중 초화류의 분류 중 구근류가 아닌 것은?

㉮ 나리
㉯ 칼랑코에
㉰ 크로커스
㉱ 아네모네

해설 ㉯ 칼랑코에 : 숙근 다년초, 여러해살이 식물이다.

11. 철사(wire) 처리법으로 낚싯바늘 모양으로 구부려서 사용하는 방법은?

㉮ 헤어핀 법(Hair pin method)
㉯ 후크 법(Hook method)
㉰ 트위스트 법(Twist method)
㉱ 인서션 법(Insertion method)

해설 ㉮ 헤어핀 법 : 철사로 잎의 뒷면에 꿰매고 양쪽으로 구부려 U자 형태로 고정하는 방법. 예) 백합, 장미 등의 멜리아 등
㉰ 트위스트 법 : 꽃이나 잎 등을 철사로 감아 내리는 가장 기본적인 방법. 예) 가는 잎을 가진 가지, 숙근 안개초, 국화, 거베라, 카네이션 등
㉱ 인서션 법 : 줄기의 속 아래에서 위쪽으로 관통시키는 방법으로 줄기를 보강하거나 구부릴 때. 예) 거베라, 라넌큘러스, 수선화, 칼라, 스위트피 등

정답 8. ㉰ 9. ㉯ 10. ㉯ 11. ㉯

12 화훼의 이용 형태에 관한 설명으로 연결이 틀린 것은?
㉮ 생산 화훼 – 영리를 목적으로 한다.
㉯ 생산 화훼 – 절화, 절엽, 절지, 분화, 종묘, 화단묘가 해당된다.
㉰ 취미 원예 – 판매를 목적으로 하지 않는다.
㉱ 후생 화훼 – 가정 원예, 실내 원예, 베란다 원예, 생활 원예가 해당된다.

해설 ㉱ 후생 화훼 : 치료를 목적으로 하며 원예 치료, 향기 치료, 압화 등이 있다.

13 습기가 많은 토양 조건에서 잘 자라는 식물이 아닌 것은?
㉮ 바위솔   ㉯ 알로카시아
㉰ 낙우송   ㉱ 토란

해설 물가의 습기가 많은 곳에서 잘 자라는 식물에는 물망초, 원추리, 꽃창포, 알로카시아, 낙우송, 토란 등이 있다.

14 우리나라에서 노지숙근 초화류로 분류하지 않는 것은?
㉮ 국화   ㉯ 제라늄
㉰ 꽃창포   ㉱ 옥잠화

해설 노지 숙근초 : 온대, 아한대 원산으로 내한성이 강해 노지 월동이 가능하며 대부분 정원 화단용으로 이용된다.
㉾ 원추리, 아이리스, 작약, 구절초, 벌개미취, 금계국, 꽃창포, 옥잠화 등

15 난꽃의 특징에서 나타나는 용어가 아닌 것은?
㉮ 꽃술대(예주)   ㉯ 순판
㉰ 약모   ㉱ 통상화

해설 난과 식물 : 단자엽(외떡잎) 식물 중 가장 진화된 식물로 고온 다습한 그늘에서 생육이 양호한 식물군을 말한다.
난초 식물의 특징
㉮ 꽃술대(예주 ; gynostemium) : 수술과 암술이 결합하여 생긴 기관
㉯ 순판(labellum petal) : 난과 식물 꽃의 입술처럼 생긴 꽃잎
㉰ 약모(anther cap) : 모자 같이 생긴 것이 씌워져 보호하게 되는데 그 모자 같이 생긴 부리 모양의 부분을 약모라고 함

정답 12. ㉱   13. ㉮   14. ㉯   15. ㉱

16 구입 후 절화의 품질을 유지하는 방법에 대한 설명으로 틀린 것은?

㉮ 구입 후 상하거나 시든 잎은 신속히 제거한다.
㉯ 구입 후 열대(아열대) 원산의 절화는 꽃냉장고에 보관하는 것이 좋다.
㉰ 물올림은 줄기의 기부가 3~5cm 정도 잠기도록 한다.
㉱ 구입 후 2~24시간 정도의 물올림 하는 것이 좋다.

해설 ㉯ 열대(아열대) 원산의 절화는 열대성 식물로 실온에 보관하는 것이 좋다.

17 식물 생육과 수분에 대한 설명으로 옳은 것은?

㉮ 식물의 종류, 생육 단계 및 부위에 따라 일정하다.
㉯ 과습 상태는 뿌리의 호흡 기능을 높이는 방법이다.
㉰ 선인장과 다육 식물은 습한 상태를 좋아한다.
㉱ 식물체 내에서 물질을 운반하는 역할을 하다.

해설 ㉱ 식물의 생육과 관련하여 수분은 식물체 내에서 물질을 운반하는 역할을 한다. 토양에 함유되어 있는 수분이 식물의 뿌리를 통해 흡수될 때 줄기 관은 무기양분과 물이 이동하는 통로가 된다.

18 절화를 물에 꽂을 때 줄기의 절단면은 어떤 상태인 것이 수분 흡수가 많고 좋은가?

㉮ 망치로 찧어 줄기 끝을 뭉갠 것
㉯ 수평면으로 자른 것
㉰ 사선으로 자른 것
㉱ 어떤 상태든 상관없다.

해설 ㉰ 줄기 단면을 사선으로 자르게 되면 물에 닿는 면이 넓어 수분 흡수가 용이하다.

19 프랑스어로 발효시킨 항아리라는 뜻으로 말린 꽃, 향기가 있는 식물, 잎, 과일 껍질, 향료 등을 향기가 있는 기름을 첨가한 후 숙성시켜 사용하는 것은?

㉮ 테라리움　　　　　　　　㉯ 비바리움
㉰ 포만다　　　　　　　　　㉱ 포푸리

해설 ㉱ 포푸리는 꽃이나 허브 식물, 과일 껍질 같은 향이 나는 재료들을 말린 후 향료를 첨가하여 숙성해 사용하는 것이다.

정답 16. ㉯　17. ㉱　18. ㉰　19. ㉱

20. 절화의 수분 흡수 촉진 방법으로 틀리게 연결된 것은?

㉮ 국화 – 열탕 처리
㉯ 칼라 – 탄화 처리
㉰ 라일락 – 열탕 처리
㉱ 장미 – 펌프 주입

해설 탄화 처리 : 줄기의 절단면 주변을 불에 살짝 태워 자극을 주는 방법.
예) 모란, 포인세티아, 수국, 라일락, 장미 등

21. 절화 보존제로서 당의 특성이 아닌 것은?

㉮ 기공의 기능을 높여 수분 수지를 개선해 준다.
㉯ 화색을 선명하게 유지시켜 준다.
㉰ 꽃잎의 세포 팽압을 떨어뜨린다.
㉱ 엽록소의 분해를 억제시킨다.

해설 당의 특성 : 꽃잎의 세포 팽압을 유지하고, 화색을 선명하게 하며 엽록소의 분해 억제와 가장 효과적인 에너지원, 기공의 가능성을 높이고 수명을 연장해 준다.

22. 카틀레야와 같은 열대 원산의 절화를 저장하기에 가장 적당한 온도는?

㉮ -2~0℃
㉯ 0~3℃
㉰ 3~8℃
㉱ 8~15℃

해설 ㉱ 원산지가 열대인 식물은 절화의 적정 온도가 8~15℃이다.

23. 드라이 플라워(dry flower) 건조 방법으로 맞지 않는 것은?

㉮ 열풍 건조법 – 양분 손실이 많아지기 전에 열풍 건조기를 이용하면 꽃의 아름다운 색을 유지할 수 있다.
㉯ 동결 건조법 – 꽃을 동결한 후 수분을 승화시켜 건조하는 방법으로 자연 건조보다 수축과 쭈그러짐이 많다.
㉰ 자연 건조법 – 환기가 잘되고 습기가 없는 서늘한 양지에서 꽃다발을 거꾸로 걸어서 말린다.
㉱ 글리세린 건조법 – 글리세린을 섭씨 40℃의 물과 1 : 2~1 : 3의 비율로 혼합하고 트윈 20(tween 20)과 같은 습윤제를 10% 정도 첨가해 이용한다.

해설 ㉮ 열풍 건조법 : 건조 시간이 짧은 장점이 있으며 양분 손실이 생기기 전에 열풍 건조하면 아름다운 색을 유지할 수 있다.

정답 20. ㉱   21. ㉰   22. ㉱   23. ㉮

24. 다음 디자인의 기법 중 베이싱(basing) 기법과 배치 형태가 유사한 것이 아닌 것은?

㉮ 테라싱(terracing) ㉯ 파베(pave)
㉰ 필로잉(pillowing) ㉱ 섀도잉(shadowing)

해설 베이싱 기법 : 디자인에서 베이스가 되는 플로럴 폼을 감추기 위해 테라싱, 파베, 레이어리링, 필로잉, 스태킹, 클러스터링 같은 기법을 사용하여 작품의 아랫부분을 세밀하고 아름답게 마무리하는 기법이다.

25. 화훼에 대한 설명으로 가장 옳은 것은?

㉮ 화훼는 관상 식물로 초본 식물만을 의미한다.
㉯ 화훼의 "훼"는 꽃의 배경을 이루는 푸른 바탕을 뜻한다.
㉰ 실용적으로 절화와 분화를 화훼로 규정한다.
㉱ 한국의 일인당 꽃 소비액은 일본에 비해 10% 수준이다.

해설 화훼 : 화훼(花卉)의 화(花)는 꽃을 말하며 관상용 초본과 목본을 가리키고 훼(卉)는 풀을 의미하며 꽃과 함께 그 배경이 되는 초화를 말한다.

26. 어버이날을 상징하는 꽃으로 가장 적당한 것은?

㉮ 국화   ㉯ 카네이션
㉰ 백합   ㉱ 장미

해설 ㉯ 카네이션의 꽃말은 '존경과 사랑'으로 1956년 국무회의에서 어버이날이 지정되었다.

27. 다음 중 디자인 기법에 대한 설명이 알맞게 짝지어진 것은?

㉮ 스태킹 – 같은 크기의 소재들을 공간 없이 순서대로 차곡차곡 위로 쌓아가는 기법
㉯ 바인딩 – 디자인의 아랫부분을 차지하는 지지체를 가리기 위한 기법
㉰ 프레이밍 – 소재의 색상과 종류를 구역화해 주는 기법
㉱ 레이어링 – 3개 이상의 소재 줄기를 함께 묶어 주는 기법

해설 ㉯ 바인딩 : 세 개 이상의 줄기를 기능적으로 묶는 기법
㉰ 프레이밍 : 액자의 틀처럼 외곽 테두리를 만드는 기법
㉱ 레이어링 : 3개 이상의 소재 줄기를 함께 묶어 주는 기법

정답 24. ㉱ 25. ㉯ 26. ㉯ 27. ㉮

28. 절화 수명 연장제의 설명으로 옳은 것은?

㉮ 구성 성분은 당분, 살균제, 에틸렌 발생제, 산도 조절제, 습윤제 등이다.
㉯ 소매상이나 화훼장식가에 의해 처리되는 것을 후처리제라고 한다.
㉰ 식물 생장 조절 물질은 절화 수명 연장제로 사용되지 않는다.
㉱ 수확 직후 재배자에 의해 처리되는 것을 후처리제라고 한다.

해설 절화수명 연장의 목적은 우수한 품질 상태로 보관하여 판매를 효과적으로 연장하고 취급 중의 손실을 줄이고 관리 과정을 단순화하는 데 있다. ㉯ 이런 모든 과정을 화훼장식가, 소매상에 의한 후처리제라고 한다.

29. 장식적으로 잘라낸 정원수로부터 유래한 것으로 장대 위에 구형으로 디자인한 장식은?

㉮ 레어
㉯ 페스턴
㉰ 팬던트
㉱ 토피어리

해설 ㉱ 토피어리 : 장식적으로 많이 사용하는 장대 위에 구형으로 디자인한다.

30. 다음 중 에틸렌에 민감한 식물이 아닌 것은?

㉮ 백합
㉯ 프리지어
㉰ 안수리움
㉱ 카네이션

해설 에틸렌은 노화 촉진 호르몬으로 꽃을 빨리 시들게 한다.
• 에틸렌에 민감한 식물 : 장미, 백합, 프리지어, 카네이션 등
• 에틸렌에 둔한 식물 : 안수리움, 국화 등

31. 절화 생리에 대한 설명 중 옳지 않은 것은?

㉮ 일반적으로 저온에 두면 오랫동안 신선도를 유지할 수 있다.
㉯ 일반적으로 여름에 수확한 절화가 겨울에 수확한 것에 비해 수명이 길다.
㉰ 안수리움, 반다 등은 8℃ 이하의 저온에 두면 저온 장해를 받는다.
㉱ 온도가 높고 습도가 낮은 상태에서 절화를 보관하면 쉽게 시들어 관상할 수 있는 기간이 매우 짧아진다.

해설 ㉯ 여름에는 수확 후 절화를 저온 저장한다 해도 높은 기온 때문에 겨울에 비해 수명이 짧다.

정답 28. ㉯ 29. ㉱ 30. ㉰ 31. ㉯

32 다음 중 절화의 물올림을 좋게 하기 위한 방법 중 틀린 것은?
㉮ 수중 절단한다.
㉯ 초본류의 경우 줄기 기부를 짓이기는 것이 좋다.
㉰ 잎을 적당히 제거하여 적절한 엽면적을 유지토록 한다.
㉱ 살균제가 함유된 용액에 담근다.

해설 물올림의 방법 : 물속 자르기, 열탕 처리, 탄화 처리, 줄기 두드림, 펌프 주입이 있다. ㉯의 설명은 맞지 않다.

33 식물에 좋은 토양 조건이 아닌 것은?
㉮ 보수력과 보비력이 좋아야 한다.
㉯ 배수성과 통기성이 좋아야 한다.
㉰ 엽류가 많아야 한다.
㉱ 병충해가 없는 무병토이어야 한다.

해설 식물에 좋은 토양은 보수력과 보비력, 그리고 배수성과 통기성이 좋아야 하며 배충해가 없는 무병토이어야 한다.

34 서양의 전통 절화 장식에 대한 특징으로 옳은 것은?
㉮ 표현 기법이 기하학적이고 꽃이 주 재료이다.
㉯ 선과 여백의 아름다움을 중요시한다.
㉰ 자연과의 조화를 추구하였다.
㉱ 3주지가 명확한 형태로 표현된다.

해설 서양의 전통 절화 장식은 표현 기법이 기하학적 구성으로 전체적인 형태를 중요시하며 꽃이 중심 소재가 되어 화려하고 다양한 색으로 풍성한 느낌을 강조한다.

35 다음 중 절화의 수명이 짧아지는 원인이 아닌 것은?
㉮ 수분 부족 ㉯ 박테리아 번식
㉰ 체내 양분 소모 ㉱ 호흡량 감소

해설 절화의 수명단축 요인에는 수분 부족, 호흡량 감소, 박테리아 번식, 노화 촉진 등이 있다.

정답 32. ㉯ 33. ㉰ 34. ㉮ 35. ㉱

36 식물의 생육에 영향을 미치는 환경 요인의 설명으로 틀린 것은?
㉮ 식물의 생육 적온은 식물마다 다르다.
㉯ 식물 생육에 주로 관여하는 광은 자외선이다.
㉰ 수분은 광합성을 통한 탄수화물의 합성 원료가 된다.
㉱ 식물의 생육 시기에 따라 수분 요구도가 다르다.

해설 ㉯ 식물의 생육과 관련하여 가장 큰 영향을 주는 광은 가시광선이다.

37 다음 중 방사상 구성으로 이루어진 형태가 아닌 것은?
㉮ 반구형 ㉯ 역T형
㉰ 병렬형 ㉱ 수평형

해설 ㉰ 병렬형은 초점이 여러 개 나열되는 구성으로 이루어진다.

38 절화를 이용하여 고리 모양으로 만들어낸 장식물로 화관용, 테이블용, 벽걸이용 등으로 이용되는 것은?
㉮ 갈런드 ㉯ 리스
㉰ 콜라주 ㉱ 형상물

해설 ㉯ 리스(Wreath) : 크란츠(Kranz)라고도 불리며 원형을 기본으로 기독교 사상에서 영원한 사랑을 상징하는 용도로 장례식장이나 성탄절 장식, 현관문 장식, 화관용으로 많이 사용된다.

39 다음 중 먼셀 표색계에 대하여 바르게 설명한 것은?
㉮ 색상 : H, 명도 : V, 채도 : C로 표기한다.
㉯ 표기 순서는 CV/H이다.
㉰ 먼셀 표색계의 채도는 10단계이다.
㉱ 먼셀 색상환의 최초 색상기준은 3원색이다.

해설 먼셀의 표색계
- 색상 : H, 명도 : V, 채도 : C로 표기
- 채도 : HV/C로 표기
- 10색상환 : 자연색은 빨강, 노랑, 초록, 파랑, 보라로 5등분하고
  중간색은 주황, 연두, 청록, 남색, 자주로 5등분한다.

정답 36. ㉯ 37. ㉰ 38. ㉯ 39. ㉮

40 일반적으로 선(線)을 나타내는 디자인에 많이 사용하는 소재가 아닌 것은?

㉮ 델피니움　　㉯ 수국
㉰ 부들　　㉱ 칼라

해설 ㉯ 수국은 매스 플라워(mass flower) 소재이며 뭉치 꽃으로 작품의 빈 공간을 메워 주는 역할을 담당한다.

41 꽃바구니 제작 시 꽃의 형태 중 폼 플라워(form flower)로 이용되는 것은?

㉮ 리아트리스　　㉯ 금어초
㉰ 스톡　　㉱ 백합

해설 리아트리스, 금어초, 스톡은 라인 플라워(Line flower) 소재로 선을 나타낸다.

42 다음 색의 기본 원리에 관한 설명 중 옳은 것은?

㉮ 색의 강도, 혹은 선명한 정도를 색상이라 한다.
㉯ 표면색은 빛을 흡수하여 물체 표면에 나타난 색을 말한다.
㉰ 흰색은 명도가 가장 밝은 색이다.
㉱ 삼원색은 빨강, 노랑, 녹색이다.

해설 명도(Value)는 색의 밝고 어두운 정도를 나타낸다.

43 다음 설명이 나타내는 화훼 장식의 기능은?

- 실내외 미적 효과를 높이면서 공간 구성에 큰 역할을 한다.
- 시야의 차단, 공간 분할 등의 효과를 낸다.

㉮ 치료적 기능　　㉯ 건축적 기능
㉰ 환경적 기능　　㉱ 교육적 기능

해설 ㉮ 치료적 기능 : 심리적 안정감과 부정적 감정 완화 등의 효과로 신체적 적응력과 성취감을 얻을 수 있다.
㉰ 환경적 기능 : 산소를 공급하고 실내 온도, 습도를 조절하며 각종 휘발성 물질을 흡수하여 공기를 정화한다.
㉱ 교육적 기능 : 자연과 환경, 식물에 대한 이해 증진과 지식 습득, 미적 감각을 증진시킨다.

정답 40. ㉯　41. ㉱　42. ㉰　43. ㉯

44. 우리나라 화훼 장식의 역사를 살펴볼 때 식물이 조형미를 갖추고 감상의 대상이 된 최초의 시기는?

㉮ 삼국 시대
㉯ 고려 시대
㉰ 조선 시대
㉱ 1960년대 이후

해설 한국 화훼 장식의 기원
- 식물을 영적인 것으로 간주한 신수 사상에 그 기원을 두고 있으며 이는 신단수나 솟대를 활용한 것으로 미루어 짐작할 수 있다.
- 삼국 시대에 불교가 전래되면서 불전 공화 형태의 꽃꽂이 문화가 등장하였다.

45. 영국 조지아 시대(AD 1714~1760)에 꽃의 향기가 전염병을 예방해 주는 것으로 인식되어 손에 들고 다녔던 것은?

㉮ 포푸리
㉯ 코사지
㉰ 노즈게이
㉱ 갈런드

해설 영국 조지아 시대 : 18세기에 터지머지와 노즈게이는 패션의 유행으로 당시 여인들이 신체에 지니고 다녔다.

46. 다음에서 설명하는 부케는?

> 1814~1848년 오스트리아와 독일에서 처음 등장한 형태이며, 전통주의와 풍요로움의 시기의 상징으로 꽃을 CHACHA하게 중심을 향해 꽂아가는 반구형으로 아주 치밀한 양식의 꽃다발이다.

㉮ 콜로니얼 부케(Colonial Bouquet)
㉯ 터지머지 부케(Tussy Muzzy Bouquet)
㉰ 비더마이어 부케(Biedermeier Bouquet)
㉱ 스노볼 부케(SnowBall Bouquet)

해설
㉮ 콜로니얼 부케 : 미국 식민지 시대에 사용된 작은 꽃묶음
㉯ 터지머지 부케 : 향이 진하고 재료가 동심원으로 배치, 혼합된 원형 부케
㉱ 스노볼 부케 : 볼 모양으로 디자인된 흰색 눈뭉치 모양의 구형 부케

정답 44. ㉮ 45. ㉰ 46. ㉰

47 균형(balance)에 관한 설명으로 가장 옳은 것은?
㉮ 대칭 균형만이 완전한 균형을 이룬다.
㉯ 균형은 형태나 색채상으로 평형 상태인 것을 말한다.
㉰ 비대칭 균형은 엄숙하고 장중한 느낌을 준다.
㉱ 비대칭 균형은 동적인 화훼 장식을 표현할 수 없다.

해설 균형 : 물리적, 시각적인 안정감을 말하며 수직축을 기점으로 양쪽이 같은 무게로 구성되는 것이 좋으며 비대칭 균형도 좌우의 무게 균형과 좌우의 평면적 무게 균형이 잘 맞아야 한다.

48 화훼 장식의 환경 조절 기능에 속하지 않는 것은?
㉮ 오염된 공기를 정화
㉯ 적당한 습도를 유지
㉰ 실내 공간 분할
㉱ 음이온을 발생

해설 화훼 장식의 환경 조절 기능에는 광, 온도, 습도, 수분 흡수 등이 작용한다.

49 건조 소재의 보존 방법이 가장 적절한 것은?
㉮ 다습한 곳에서 보관한다.
㉯ 직사광선이 비치는 곳에서 보관한다.
㉰ 병충해 침입을 방지하기 위해서 나프탈렌과 같은 물질을 첨가해 보관한다.
㉱ 매몰 건조에 의해 건조된 소재는 저장 중 습기를 제거할 필요가 없다.

해설 건조법에는 자연 건조, 열풍 건조, 동결 건조, 글리세린 건조, 매몰 건조법이 있다. ㉰ 병충해 침입을 방지하기 위해 나프탈렌과 같은 물질을 첨가해 보관한다.

50 다음 색상 중 가장 따뜻한 느낌을 주는 색은?
㉮ 하늘색 ㉯ 주황색
㉰ 연두색 ㉱ 보라색

해설 • 난색(따뜻한 색) : 노랑, 주황, 빨강
• 한색(차가운 색) : 파랑, 남색, 청록색
• 중성색 : 보라, 연두, 자주, 녹색

정답 47. ㉯ 48. ㉰ 49. ㉰ 50. ㉯

51 농업 서적과 관련된 저자 또는 역자의 연결로 틀린 것은?
㉮ 산림경제 – 정다산
㉯ 성소부부고 – 허균
㉰ 양화소록 – 강희안
㉱ 임원십육지 – 서유구

해설 ㉮ 정다산 : 정약용(1762~1836). 조선시대 정조 때의 문신이자 실학자, 저술가, 시인, 철학자, 과학자이다. 목민심서, 경세유표, 흠흠신서 등의 대표작 외에도 많은 작품이 있다.

52 식물 염색에 사용하는 방법이 아닌 것은?
㉮ 대량 염색할 때는 염료가 첨가된 물에 식물을 넣고 삶은 후 건조시킨다.
㉯ 염색은 표백 후 하는 것이 좋고, 염료 혼합 시는 증류수를 사용하는 것이 좋다.
㉰ 염료가 섞여 있는 물에 식물을 꽂아 도관을 통해 물을 흡수시킨다.
㉱ 스프레이 염료는 분무해서 염색시키는 것으로 건조화에서만 가능하다.

해설 ㉱ 스프레이 염료는 건조화 외에 생화 등 다양하게 사용할 수 있다.

53 디자인 원리 중 통일에 대한 설명으로 가장 옳은 것은?
㉮ 통합이 되거나 완전해진 하나의 상태로 전체의 구성이 개개의 부분에 비해 훨씬 두드러진 것을 의미한다.
㉯ 화훼장식 구성 내의 시각적인 평형감과 평정의 느낌이다.
㉰ 화훼 장식의 재료들이 대비를 이룰 때 이루어진다.
㉱ 디자인 안에서 전체와 부분, 부분과 다른 부분과의 관계를 의미한다.

해설 통일(Unity) : 하나가 되는 결집력으로 서로의 연대가 필요하며 질서를 말한다. 근접, 반복, 연계(연속)를 중심으로 통일성을 느끼게 해 준다.

54 절화의 특성에 대한 설명으로 틀린 것은?
㉮ 다양한 색과 모양, 향기를 가지는 꽃에 관상 가치를 둔다.
㉯ 분화류보다 감상 기간이 길다.
㉰ 뿌리 없이 줄기로 양분과 수분을 흡수한다.
㉱ 수확 후 관리와 신선도 유지가 중요하다.

해설 ㉯ 절화의 수명 기간은 분화류보다 짧다.

정답 51. ㉮ 52. ㉱ 53. ㉮ 54. ㉯

55 규모에 대한 설명으로 틀린 것은?

㉮ 질감과 색은 규모에 있어서 중요한 요소이다.
㉯ 화훼 장식물에서 용기의 크기는 형태를 결정하는 요소가 될 수 있다.
㉰ 화훼 장식물의 크기는 공간의 크기와는 상관없이 이루어야 한다.
㉱ 적절한 규모의 디자인은 일관성이 있고 편안함을 준다.

해설 ㉰ 화훼 장식물의 크기는 공간의 크기를 고려하여 이루어져야 한다.

56 다음 명도에 관한 일반적인 설명으로 가장 옳은 것은?

㉮ 검은색을 많이 사용하면 명도는 높아진다.
㉯ 검정을 0, 흰색을 9로 하여 10단계로 명도를 구분한다.
㉰ 채도의 높고 낮음에 따라 명암의 효과가 나타난다.
㉱ 명도는 빛의 반사율을 척도화하여 나타낸 것이다.

해설 명도는 색의 밝고 어두운 정도를 나타낸다. 같은 색이지만 대비되는 명도에 따라 실제의 명도와 다르게 느껴지는 현상이다.

57 다음 중 회의 테이블 장식에 대한 설명으로 가장 옳지 않은 것은?

㉮ 향이 강하고 짙은 식물을 선택하여 호기심을 유발한다.
㉯ 상대편과의 시야를 방해하지 않도록 낮게 디자인한다.
㉰ 장식물 부피가 테이블 폭보다 지나치게 크지 않게 디자인한다.
㉱ 회의의 목적에 맞는 디자인을 한다.

해설 회의 테이블 꽃 장식은 차분하고 향이 강하지 않은 소재를 사용하여 회의에 거슬리거나 방해 받지 않도록 주의해야 한다.

58 초점의 집중적인 시선을 디자인의 다른 모든 부분으로 옮겨 가게 하는 특성이 있으며, 반복적으로 표현될 수 있는 디자인 요소는?

㉮ 강조   ㉯ 조화
㉰ 리듬   ㉱ 통일

해설 ㉰ 리듬 : 작품 속에서 색, 형태, 선의 반복에 의해서 생겨나며 불규칙한 반복은 재미있는 리듬을 만들어 내기도 한다.

정답 55. ㉰   56. ㉱   57. ㉮   58. ㉰

59 매몰 건조 시 주의해야 할 사항으로 적절하지 않은 것은?
㉮ 꽃이 지나치게 개화하기 전에 건조시킬 꽃을 채화해야 한다.
㉯ 건조 전에 꽃에 물방울을 완전히 제거한다.
㉰ 겹꽃의 경우는 꽃잎 사이의 물기가 적당히 있어야 한다.
㉱ 건조될 꽃이 고른 압력을 받도록 매몰시켜야 한다.

해설 ㉰ 수축 현상에 의한 형태 변화가 적어 아름다운 모습을 유지할 수 있으나 습기에 노출 시 변색, 변형되므로 밀폐나 피막 처리를 하는 것이 좋다.

60 둘 이상의 화훼 장식적 요소가 합쳐져 통일된 감각적 효과를 발휘하는 디자인 원리는?
㉮ 비례   ㉯ 조화
㉰ 초점   ㉱ 구성

해설 ㉯ 조화 : 디자인을 구성하는 각각의 재료 또는 요소의 개성을 돋보이게 하면서 전체가 어우러지게 하나의 통일감을 부여하는 것을 말한다.

정답 59. ㉰   60. ㉯

2016년 7월 10일 시행

1. 장일성 식물로 가장 적합한 것은?
- ㉮ 카네이션
- ㉯ 칼랑코에
- ㉰ 맨드라미
- ㉱ 포인세티아

해설 장일성 식물 : 낮의 길이가 길어야(일조량 12시간 이상) 개화하는 식물.
예 금어초, 데이지, 마가렛, 카네이션, 백합, 루드베키아 등

2. 다음 중 난과 식물이 아닌 것은?
- ㉮ 카틀레야
- ㉯ 칼라데아
- ㉰ 덴파레
- ㉱ 온시디움

해설 ㉯ 칼라데아는 관엽 식물에 해당한다.

3. 다음 중 식물을 학명과 보통명으로 나눌 때 보통명에 대한 설명으로 틀린 것은?
- ㉮ 보통명은 전 세계 사람이 통용어로 사용할 수 없다.
- ㉯ 식물학자들은 식물 분야 학회에서 보통명을 자주 사용한다.
- ㉰ 학술 용어로 사용되기에는 비과학적이다.
- ㉱ 학명에 비해 부적합한 것이 많다.

해설 보통명 : 일반적으로 통용되는 이름이며, 나라마다 그 국민이 자신들의 모국어로 지어서 부르는 식물명으로 속명, 향토명, 상업명, 통용명 등이 있다. 그러나 비과학적이고 학술적으로 사용하기 곤란하며 학명에 비해 부적합한 것이 많다.

4. 다음 중 다육 식물인 꽃기린이 속하는 과(科)명은?
- ㉮ 석류풀과
- ㉯ 대극과
- ㉰ 박주가리과
- ㉱ 돌나물과

해설 꽃기린
- 분 류 : 속씨식물
- 과 명 : 대극과(Euphorbiaceae)
- 원산지 : 아프리카(마다가스카르)
- 특 징 : 가시가 있고 덩굴처럼 자라는 식물

정답 1. ㉮ 2. ㉯ 3. ㉯ 4. ㉯

5. 추식구근으로 무피인경에 속하는 식물은?

㉮ 수선
㉯ 아마릴리스
㉰ 무스카리
㉱ 나리(백합)

해설 무피인경 : 껍질이 없는 인경. 예 백합, 프리틸라리아 등

6. 다음 중 형태적으로 줄기가 방사상으로 자라는 표준형 식물이 아닌 것은?

㉮ 마란타
㉯ 페페로미아
㉰ 렉스베고니아
㉱ 산세베리아

해설 ㉱ 산세베리아는 줄기 하나하나가 각각의 생장점을 가지고 있다.

7. 국화과 식물이 아닌 것은?

㉮ 과꽃
㉯ 백일홍
㉰ 메리골드
㉱ 라넌큘러스

해설 ㉱ 라넌큘러스
- 학명 : Ranunculus asiaticus
- 과명 : 미나리아재비과
- 원산지 : 유럽 남동부, 아시아 서남부

8. 보기의 플라워 디자인의 제작 과정이 바르게 나열된 것은?

㉠ 작품의 결정
㉡ 주제의 결정
㉢ 구상과 스케치
㉣ 물리적인 파악
㉤ 작품 제작
㉥ 재료 구입

㉮ ㉡-㉣-㉠-㉢-㉥-㉤
㉯ ㉢-㉤-㉠-㉡-㉥-㉣
㉰ ㉥-㉤-㉢-㉣-㉠-㉡
㉱ ㉠-㉡-㉢-㉣-㉤-㉥

해설 ㉡ 주제의 결정 → ㉣ 물리적인 파악 → ㉠ 작품의 결정 → ㉢ 구상과 스케치 → ㉥ 재료 구입 → ㉤ 작품 제작의 순서이다.

정답 5. ㉱ 6. ㉱ 7. ㉱ 8. ㉮

9 우리나라에서 화환의 뒷배경용으로 자주 사용되는 사스레피 나무에 관한 설명으로 틀린 것은?

㉮ 상록성 식물이다.
㉯ 제주도와 남부 지방에 자생한다.
㉰ 꽃이 피는 관목 식물이다.
㉱ 중북부 지방에 자생하는 교목성 식물이다.

해설 사스레피 나무는 상록성 식물이며 차나무과로 꽃이 피는 관목이다. 주로 남부 지방, 제주도에서 자생한다.

10 다음 중 화훼에 대한 설명으로 적절하지 못한 것은?

㉮ 관상 가치가 있는 식물을 말한다.
㉯ 초화류, 화목류, 관엽류, 난류는 화훼에 속한다.
㉰ 절화, 분화는 화훼에 속한다.
㉱ 상추, 배추, 시금치는 화훼에 속한다.

해설 ㉱ 상추, 배추, 시금치는 채소에 속한다.

11 다음은 어떤 재료에 대한 설명인가?

- 흡수성과 비흡수성이 있다.
- 많은 양의 꽃을 꽂을 수가 있다.
- 꽃에 수분 공급을 해 주는 역할을 한다.

㉮ 플로럴 폼   ㉯ 침봉
㉰ 플라스틱 망   ㉱ 워터 튜브

해설 ㉮ 플로럴 폼은 꽃을 꽂을 수 있도록 고정하는 역할을 하며 물을 흡수할 수 있도록 완충 작용을 한다.

12 다음 중 화훼 장식에서 건조 방법으로 쓰이지 않는 것은?

㉮ 감압 건조   ㉯ 큐어링 건조
㉰ 매몰 건조   ㉱ 글리세린 흡수 건조

해설 화훼장식 건조법으로는 감압 건조, 매몰 건조, 글리세린 흡수 건조법이 있다.

정답 9. ㉱ 10. ㉱ 11. ㉮ 12. ㉯

13. 다음 중 다육 식물에 대한 설명으로 가장 거리가 먼 것은?

㉮ 건조 지방에서 잘 자란다.
㉯ 사막이나 태양광선이 강한 곳에서 잘 자란다.
㉰ 식물체가 연약하므로 잦은 관수를 통해 유지해야 한다.
㉱ 주로 분화용을 많이 이용하며 분주, 삽목 등의 영양 번식을 주로 한다.

해설 다육 식물은 잎과 줄기가 건조에 견딜 수 있도록 수분 저장을 용이하게 다육화 되어 있어 너무 잦은 관수는 피하는 게 좋다.

14. 다음 중 꽃꽂이에 이용되는 철사에 관한 설명으로 거리가 먼 것은?

㉮ 굵기는 주로 홀수 번호로 표시된다.
㉯ 번호 숫자가 클수록 가늘다.
㉰ 철사는 꽃의 줄기를 대신하는 용도로 이용되기도 한다.
㉱ 번호가 없지만 장식용이나 고정용으로 이용되는 카파 와이어, 늘림 와이어 등도 사용된다.

해설 ㉮ 철사의 굵기는 짝수 번호로 표시된다.

15. 포엽(苞葉)이 꽃처럼 보이는 식물이 아닌 것은?

㉮ 포인세티아 ㉯ 안수리움
㉰ 범부채 ㉱ 부겐빌레아

해설 포엽(苞葉) : 꽃 또는 꽃받침을 둘러싸고 있는 작은 잎 꽃이나 꽃눈, 꽃봉오리를 덮는 작은 잎도 포엽이라고 한다. 예) 포인세티아, 안수리움, 부겐빌레아, 카라 등

16. 다음 중 플로럴 폼에 대한 설명으로 틀린 것은?

㉮ 물을 빠르게 흡수시킬 때는 손으로 눌러 가라앉도록 한다.
㉯ 물을 흡수했다가 말린 것을 재사용하는 것은 바람직하지 않다.
㉰ 플로럴 폼은 경도가 다른 제품들이 있다.
㉱ 플로럴 폼은 다양한 모양으로 생산되어 나온다.

해설 플로럴 폼에 물을 흡수시킬 때 손으로 억지로 누르게 되면 물이 전체적으로 흡수되지 못하는 경우가 있으므로 대야에 물을 충분히 채워 플로럴 폼의 글자가 위로 올라오게 한 상태로 두면 자연히 물을 흡수하게 되는데 시간은 30초~1분 정도 소요된다.

정답 13. ㉰ 14. ㉮ 15. ㉰ 16. ㉮

17 동양식 꽃꽂이에서 1주지를 수평선에서 30~50° 가량 늘어뜨려서 꽂는 형은 무엇인가?
㉮ 직립형 ㉯ 경사형
㉰ 하수형 ㉱ 분리형

해설 ㉰ 하수형(드리우는 형)은 1주지가 아래로 늘어져 있는 형태로 높은 화기를 사용한다.

18 분 식물의 제작 과정에 대한 설명으로 틀린 것은?
㉮ 화분 밑의 배수구는 망사나 돌로 막는다.
㉯ 잔돌이나 굵은 모래를 용기 높이의 1/5 정도까지 깐다.
㉰ 배수층 위에 혼합된 토양을 깔고 식물을 심어 나간다.
㉱ 풍성한 느낌이 나도록 분토를 화분 높이보다 높게 올리도록 한다.

해설 ㉱ 분 식물은 심을 때 분토를 화분 높이보다 2~3cm 낮게 하는 게 분토에 물을 줄 때 밖으로 흘러내리지 않는다.

19 식물의 식생적인 모습을 보여 주기보다는 디자이너의 의도로 소재를 자유롭게 인위적으로 구성하여 장식성이 높은 자유로운 형태를 구축하는 화훼 장식의 구성 형식은?
㉮ 장식적 구성 ㉯ 식생적 구성
㉰ 형-선적 구성 ㉱ 구조적 구성

해설 ㉯ 식생적 구성 : 식물이 자연 속에서 자라나는 모습을 부분적, 전체적으로 표현하는 것이다.
㉰ 형-선적 구성 : 형태와 선이 명확하게 표현되며 모든 요소가 대비를 이루어 강한 효과를 준다.
㉱ 구조적 구성 : 구조물을 토대로 하는 구성이다.

20 하나로 묶어서 결합시키는 기법이 아닌 것은?
㉮ 바인딩(Binding) ㉯ 번들링(Bundling)
㉰ 그루핑(Grouping) ㉱ 밴딩(Banding)

해설 ㉰ 그루핑 : 어떤 꽃이나 식물의 색, 질감, 운동감 등이 서로 비슷하여 조화를 이루거나 통일된 이미지로 하나의 형태를 이룬 모양을 그룹이라 한다.

정답 17. ㉰ 18. ㉱ 19. ㉮ 20. ㉰

21. 절화를 구입할 때 주의 사항으로 틀린 것은?
㉮ 각 묶음은 정확한 수량의 줄기를 가지고 있어야 한다.
㉯ 꽃이나 잎줄기에 상처와 병충해가 없어야 한다.
㉰ 개화 정도는 화훼 종류와 용도에 상관없이 단단한 봉오리가 좋다.
㉱ 꽃은 화색이 선명하고, 잎은 농약의 잔재가 없어야 한다.

해설 절화 구입 시에는 꽃의 모양, 크기, 선명도, 신선도, 개화 정도, 꽃잎 수, 화색, 향기, 병충해, 상처, 오염 등으로 세분화하여 품질을 판단할 수 있다.

22. 형-선적 구성에 대한 설명으로 옳은 것은?
㉮ 좌우 비대칭의 구성으로 식물의 생태적 특성을 고려한다.
㉯ 자연주의를 바탕으로 사실적이고 자유로운 질서가 있다.
㉰ 식물의 생태적 특성보다는 주어진 형태 안에서 장식 효과를 높이는 데 주안점을 둔다.
㉱ 선과 면의 강한 대비를 통해 긴장감 고조를 유도한다.

해설 형-선적 구성은 선과 면의 대비를 통해 긴장감 고조를 유도한다. 소재의 형과 양을 최소한으로 억제하며 강한 대비를 표현하여 긴장감을 준다.

23. 비료의 3요소가 아닌 것은?
㉮ 질소 ㉯ 인산
㉰ 칼륨 ㉱ 칼슘

해설
- 비료의 3요소 : 질소, 인, 칼륨
- 비료의 4요소 : 3요소+칼슘
- 비료의 5요소 : 4요소+마그네슘

24. 자연 향을 오래 간직하기 위해서 말린 꽃에 향기 나는 식물, 향료 등을 혼합하여 용기 속에 넣어 이용하는 장식 화훼의 형태는?
㉮ 포푸리 ㉯ 리스
㉰ 부토니아 ㉱ 오브제

해설 ㉮ 포푸리 : 향기가 있는 말린 꽃잎을 향료를 혼합하여 주머니나 용기 속에 담아 실내에 장식한다.

정답 21. ㉰ 22. ㉱ 23. ㉱ 24. ㉮

25
작품 속에서 자연을 사실적으로 표현하는 것으로 식물 개개의 생태적 모습이나 특성을 고려한 구성법은?

㉮ 식생적 구성　　㉯ 장식적 구성
㉰ 구조적 구성　　㉱ 선형적 구성

해설 ㉯ 장식적 구성 : 식물의 식생적인 모습을 보여 주기보다는 디자이너의 의도에 따라 소재를 자유롭게 인위적으로 구성하여 장식성이 높은 자유로운 형태를 구축하는 구성이다.
㉰ 구조적 구성 : 구조물을 토대로 하는 구성이다.
㉱ 선형적 구성 : 형태와 선이 명확하게 표현되며 모든 요소가 대비를 이루어 강한 효과를 주는 구성이다.

26
절화의 수명을 연장하기 위한 방법으로 옳은 것은?

㉮ 열대성 절화는 0~4℃의 온도에서 저온 저장한다.
㉯ 절화의 관상 가치를 위해 꽃 냉장고에 과일과 함께 보관한다.
㉰ 보존 용액은 pH 5 정도의 약산성 용액을 사용한다.
㉱ 절화 수명 연장을 위한 최적의 공중 습도는 50% 미만이다.

해설
• 열대, 아열대 원산 절화는 8~15℃, 온대 원산 절화는 0~5℃로 온도를 조절해 주어야 냉해를 입지 않는다.
• 절화를 냉장 보관할 때 과일과 함께 두는 것을 피한다.
• 절화의 수명 연장을 위해 습도는 80~90℃ 유지해 주는 것이 좋다.

27
다음은 무엇에 관한 설명인가?

> 이것은 사회, 경제, 문화의 변화와 밀접한 관련이 있는 것으로 예를 들어 한일 월드컵 경기를 계기로 붉은색, 환경 문제가 대두되면서부터는 자연적인 그린이나 파스텔 색상을 추구하는 경향이 많아진 것처럼 그 시대를 반영하는 색을 민감하게 받아들여 활용하고자 할 때 이용된다.

㉮ TINT　　㉯ 유행색
㉰ 색의 속성　　㉱ 색의 지각

해설 ㉯ 그 시대의 문화나 패턴에 가장 민감한 부분은 무슨 색이 주류를 이루는가에 대한 유행색을 민감하게 받아들여 추구하게 된다.

정답 25. ㉮　26. ㉰　27. ㉯

28 다음 중 4℃ 저온의 냉장고에 두면 꽃잎이 퇴색되고 봉오리가 개화되지 않는 저온 장해를 받는 화훼류는?
㉮ 거베라 ㉯ 국화
㉰ 심비디움 ㉱ 카네이션

해설 ㉰ 심비디움은 열대 식물로 5℃ 이하의 저온에 보관하면 냉해를 입는다.

29 테라리움의 관리 요령으로 틀린 것은?
㉮ 충분한 광합성을 위하여 직사광선을 받는 곳에 둔다.
㉯ 과다한 관수를 피해야 한다.
㉰ 토양을 적당히 건조한 상태로 유지하여 식물의 생장을 억제시킨다.
㉱ 뚜껑을 가끔 열어 주어 공기 순환과 함께 수분을 증발시킨다.

해설 ㉮ 직사광선은 피하는 것이 좋다.

30 다음 중 건조 소재에 대한 설명으로 틀린 것은?
㉮ 생화에 비해 취급하기가 편리하며 소재의 보관과 운반 시에 시간적 제한성이 없다.
㉯ 관리와 환경에 따라 반영구적으로 보관, 감상할 수 있다.
㉰ 건조화는 열매, 줄기, 뿌리, 가지, 잎, 덩굴 등 다양한 부위가 사용된다.
㉱ 출하 시기에 제한을 받아 일정 기간에만 건조가 가능하다.

해설 ㉱ 출하 시기에는 제한을 받지 않으므로 시간을 두고 자유롭게 건조할 수가 있다.

31 배양토에 대한 설명으로 틀린 것은?
㉮ 통기성, 보수력, 보비력이 양호하다.
㉯ 식물 생육에 필요한 영양분이 함유되도록 한다.
㉰ 토양이 무거워야 식물의 뿌리를 잘 눌러 고정할 수 있다.
㉱ 사용할 식물에 맞게 적정 비율로 경량토를 혼합해서 사용한다.

해설 배양토는 원예 식물을 재배하기에 적합한 흙을 가공하여 인위적으로 만든 흙으로 비료분이 풍부하고 다공성이며 보수력, 보비력이 있고 병해충이 없는 특징이 있다. 양토는 적정 비율로 혼합해서 사용하기도 한다.

정답 28. ㉰ 29. ㉮ 30. ㉱ 31. ㉰

32 매듭을 지어 소재와 소재를 연결시켜 고정하는 기법으로 프레임 제작에 가장 많이 쓰이는 것은?
㉮ Clamping 기법
㉯ Propping 기법
㉰ Knotting 기법
㉱ Lime 기법

해설 ㉮ Clamping 기법 : 소재를 빼곡하게 채운 후 다른 소재를 고정하는 기법이다.
㉯ Propping 기법 : 소재를 고정 또는 지탱하기 위해 골조를 만들어 버팀목으로 이용하는 기법이다.

33 식물을 다른 소재와 조합하여 비사실적 기법에 의해 새로운 형태를 탄생시키는 구성을 가리키는 것은?
㉮ 식생적 구성
㉯ 오브제적 구성
㉰ 장식적 구성
㉱ 구조적 구성

해설 ㉯ 오브제적 구성 : 식물을 다른 소재와 조합하여 비사실적 기법에 의해 순수한 구성을 가진 형태로 표현하며 작품의 완성도를 높이기 위해 사용되는 구조물이다.

34 한국 전통 꽃꽂이 화형 구성에서 적합하지 않은 것은?
㉮ 1주지는 제일 긴 가지로 작품의 화형을 결정한다.
㉯ 2주지는 중간 길이로 작품의 넓이와 부피를 구성한다.
㉰ 3주지는 전체적인 조화를 찾아 흐름을 마무리해 주는 역할을 한다.
㉱ 종지는 주지를 보완해 주는 역할을 하며 주지보다 더 길게 꽂는다.

해설 ㉱ 종지는 주지를 보완해 주는 역할을 하며 주지보다 짧게 꽂는다.

35 꽃다발을 제작할 때의 주의 사항으로 가장 거리가 먼 것은?
㉮ 묶음점 아랫부분의 줄기는 깨끗이 다듬어 준다.
㉯ 묶음점을 굵은 철사로 여러 번 묶는다.
㉰ 일반적으로 줄기는 나선형으로 돌려가며 구성한다.
㉱ 묶음점을 부드러운 노끈으로 묶는다.

해설 ㉯ 철사로 묶은점을 묶으면 줄기에 상처가 생기기 때문에 피해야 한다.

정답 32. ㉰ 33. ㉯ 34. ㉱ 35. ㉯

36 식물이 건조, 저온 등으로 발아에 부적당한 조건에 놓이게 되어 배의 활동이 제한되는 경우와 같이 외적 요인으로 일어나는 식물 휴면은?
㉮ 자발적 휴면 ㉯ 타발적 휴면
㉰ 자동적 휴면 ㉱ 정기적 휴면

해설 ㉯ 타발적 휴면(quiescence ; 강제 휴면)이란 휴면이 타파되어 내적 발아 조건은 구비되었지만 외적 조건이 발아에 부적당하여 발아할 수 없는 상태이다.

37 대기 오염에 의한 식물의 피해 현상이 아닌 것은?
㉮ 반점 현상 ㉯ 조기 낙엽
㉰ 형태 변화 ㉱ 꽃눈 형성

해설 대기 오염으로 인해서 식물은 반점이 생기고 낙엽이 조기에 떨어지며, 형태가 변형되는 등의 피해를 입는다.

38 식물의 대사, 호흡에 이용되는 당의 역할에 대한 설명으로 가장 거리가 먼 것은?
㉮ 노화를 지연시킨다.
㉯ 기공을 폐쇄하여 수분 손실을 적게 한다.
㉰ 삼투압을 높여서 영양분을 공급한다.
㉱ 에틸렌을 합성한다

해설 ㉱ 에틸렌 합성은 억제한다.

39 화훼 장식의 표현 기법 중 조닝(Zoning)에 해당되는 설명으로 가장 적합한 것은?
㉮ 특정 소재를 다른 소재와 분리시킴으로써 제작 시 구획을 나누어 연출하는 기법이다.
㉯ 소재를 한 겹 한 겹 쌓거나 말뚝박기하듯 쌓는 기법이다.
㉰ 줄기가 짧은 소재를 한데 모아 언덕 효과를 내는 기법이다.
㉱ 입체감과 깊이감을 주기 위해 유사한 소재를 앞뒤에 꽂는 기법이다.

해설 ㉯ 소재를 한 겹 한 겹 쌓거나 말뚝박기하듯 쌓는 기법 : 스태킹(stacking) 쌓기
㉰ 줄기가 짧은 소재를 한데 모아 언덕 효과를 내는 기법 : 필로잉(pillowing) 만들기
㉱ 입체감과 깊이감을 주기 위해 유사한 소재를 앞뒤에 꽂는 기법 : 섀도잉(shadowin) 그림자 짓기

정답 36. ㉯ 37. ㉱ 38. ㉱ 39. ㉮

40 벽걸이 분(Wall Hanging Basket)의 장점이 아닌 것은?
㉮ 공간 활용도가 효율적이다.
㉯ 공중걸이 분보다 고정이 용이하다.
㉰ 장식품의 시선을 확대할 수 있다.
㉱ 사방에서 관상할 수 있다.

해설 ㉱ 한 방향에서만 볼 수 있다.

41 자생지가 온대산인 식물의 화분갈이 시기로 가장 적절한 때는?
㉮ 낙엽이 지는 가을철
㉯ 생장이 완료되어 휴면이 시작되기 전
㉰ 겨울철 휴면 기간
㉱ 휴면이 끝나고 생장 직전

해설 ㉱ 온대성 식물의 분갈이는 휴면이 끝나고 생장 직전에 해 주는 게 성장에 도움이 된다.

42 교차선 배열에 대한 설명으로 틀린 것은?
㉮ 교차선 배열은 자연의 식물 모습에서도 볼 수 있는 배열이다.
㉯ 선이 엇갈리며 여러 각도로 표현된다.
㉰ 여러 개의 생장점이 있으며 구조적 구성에는 활용되지 않는다.
㉱ 꽃을 꽂는 한 지점에 여러 개의 소재가 겹치지 않아야 한다.

해설 ㉰ 여러 개의 생장점이 있으며 구조적 구성에 활용된다.

43 핸드타이드 부케의 제작 방법으로 옳은 것은?
㉮ 바인딩 포인트 하단 부분의 소재 줄기에 잎이나 가시가 없도록 깨끗이 정돈한다.
㉯ 바인딩 포인트는 소재가 추가되면서 점점 내려가게 제작한다.
㉰ 나선형으로 제작 시 바인딩 포인트의 줄기가 여러 방향으로 가게 하여 두껍게 제작한다.
㉱ 각 소재별로 물올림을 다르게 하여 건조한 상태에서 제작한다.

해설 손잡이 아래 줄기 부분은 잎이나 가시를 제거하고 깨끗이 정리해 제작한다.

정답 40. ㉱ 41. ㉱ 42. ㉰ 43. ㉮

44 호흡으로 인한 양분 손실이 많아지기 전에 빠르게 건조하기 위해 가열하여 건조하는 방법으로, 건조 시간도 적게 걸리는 건조 방법은?

㉮ 누름 건조법 ㉯ 동결 건조법
㉰ 열풍 건조 ㉱ 자연 건조

해설 ㉮ 누름 건조법 : 프레스플라워라고도하며 식물체의 꽃이나 잎, 줄기를 흡수지를 이용하여 눌러서 평면적으로 건조시키는 방법이다.
㉯ 동결 건조법 : 꽃을 순간 동결하여 수분을 승화시키는 방법으로 꽃의 색상과 형태가 그대로 유지된다.
㉱ 자연 건조 : 건조율은 온도가 증가하고 습도가 감소할수록 빨라지며 건조 시 상태에 따라 색이 달라지며 햇빛에 노출되면 대부분 색이 변한다.

45 다음에서 설명하는 것은?

- 팔 또는 손목을 장식하는 코사지이다.
- 제작한 꽃을 부착하여 손목에 고정시킬 수 있는 팔찌와 같은 도구를 사용하면 훨씬 편리하다.

㉮ 백 사이드 코사지
㉯ 앵클릿 코사지
㉰ 부토니어 코사지
㉱ 리슬릿 코사지

해설 ㉮ 백 사이드 코사지(Back Side Corsage) : 등이나 여성의 뒷모습 장식
㉯ 앵클릿 코사지(Anklet Corsage) : 발목 장식
㉰ 부토니어 코사지(Boutonniere) : 신랑(남성)의 옷깃 장식

46 다음 중 어떤 두 색이 인접해 있을 때 두 색의 경계가 되는 부분에서 경계로부터 멀리 떨어져 있는 부분보다 색상, 명도, 채도 대비가 더 강하게 일어나는 현상은?

㉮ 보색 대비 ㉯ 연변 대비
㉰ 명도 대비 ㉱ 색상 대비

해설 ㉮ 보색 대비 : 보색끼리의 배색으로 상대 색이 더 선명해 보이는 현상
㉰ 명도 대비 : 바탕색의 명도에 따라 원색의 명도가 달라져 보이는 현상
㉱ 색상 대비 : 바탕색의 영향으로 두 가지 이상의 색을 동시에 볼 때 색상 차가 크게 보이는 현상

정답 44. ㉰ 45. ㉱ 46. ㉯

47. 대칭형이 나타내는 느낌 중 잘못된 것은?

㉮ 편안하고 안정된 느낌
㉯ 공식적이고 위엄적인 느낌
㉰ 인위적인 느낌
㉱ 자연스럽고 생동적인 느낌

해설 ㉱ 자연스럽고 생동적인 느낌은 비대칭형의 느낌이다.

48. 다음 중 먼셀 색체계에서 보색 관계로 짝지어진 것은?

㉮ 빨강(R) – 노랑(Y)
㉯ 주황(YR) – 파랑(B)
㉰ 노랑(Y) – 연두(GY)
㉱ 보라(P) – 빨강(R)

해설 ㉮ 빨강(R)-청록(BG)
㉰ 노랑(Y)-남색(PB)
㉱ 보라(P)-연두(GY)

49. 다음 중 식물의 향기에 관한 설명으로 틀린 것은?

㉮ 향기의 강도는 보편적으로 흰색 꽃이 강하다.
㉯ 향기는 화훼 장식에 필요한 요소가 아니다.
㉰ 히아신스 향기는 봄을 연상시킨다.
㉱ 자스민의 향기는 분위기를 차분하게 해 준다.

해설 ㉯ 향기는 화훼 장식에 꼭 필요한 요소이다.

50. 질감에 대한 설명으로 옳지 않은 것은?

㉮ 시각적 질감과 촉각적 질감이 있다.
㉯ 거친 질감은 원거리감, 매끈한 질감은 근거리감을 준다.
㉰ 질감으로 원근감을 표현할 수 있다.
㉱ 식물 소재로 질감을 표현할 수 있다.

해설 질감(Texture) : 재료의 표면에 나타나는 보이거나 느껴지는 성질을 의미한다.

정답 47. ㉱ 48. ㉯ 49. ㉯ 50. ㉯

51 먼셀 표색계의 '채도'에 대한 설명으로 틀린 것은?
㉮ 채도는 'C'로 표시한다.
㉯ 색의 선명도를 나타내는 것으로 포화도라고도 한다.
㉰ 채도가 높으면 색이 탁해진다.
㉱ 채도는 1에서 14단계로 나뉘며, 색 입체의 중심축에서 바깥쪽으로 멀어질수록 채도 번호는 점점 높아진다.

해설 ㉰ 채도가 높아질수록 색은 밝고 선명하다.

52 한국 화훼장식의 역사 중에서 삼국 시대에 대한 설명으로 옳은 것은?
㉮ 한국 꽃꽂이가 예술로서 본격적으로 발전된 시대이다.
㉯ 불교의 전래와 함께 불전 헌공화가 전래되었다.
㉰ 청자의 곡선미와 순수한 아름다움에 어울리는 병 꽃꽂이를 처음으로 시도했던 시대이다.
㉱ 유교 사상으로 꽃은 소박하고 간결하게 표현했으며 높이 세우는 형이 많아졌다.

해설 불교가 중국을 통하여 한국에 전래되면서 불전 공화를 비롯한 꽃 문화가 소개되었으며 불교의 영향을 받으면서 삼존 형식의 꽃꽂이가 행해졌다.

53 장식품의 전시에서 이용되는 조명 중 광원의 빛을 대부분 천장이나 벽에 부딪혀 확산된 반사광으로 비추는 방식으로 효율이 떨어지지만 그늘짐이나 눈부심이 없는 것은?
㉮ 전반 확산 조명 ㉯ 간접 조명
㉰ 반간접 조명 ㉱ 직접 조명

해설 ㉯ 간접 조명으로 장식품의 그늘짐이나 눈부심을 피할 수 있다.

54 영국 조지 왕조 시대에 꽃향기가 공기 중의 전염성 균과 페스트를 제거한다고 믿어, 꽃향기를 항상 몸에 지니고 다니기 위해 가지고 다닌 부케는?
㉮ 포푸리 ㉯ 핸드타이드 부케
㉰ 번치 부케 ㉱ 노즈게이 부케

해설 ㉱ 노즈게이 부케는 손에 들고 다니며 향을 맡을 수 있는 작은 부케로 신부나 들러리 플라워 걸이 들고 다니는 둥근 부케이다.

정답 51. ㉰ 52. ㉯ 53. ㉯ 54. ㉱

55 다음 중 실내 식물이 환경에 미치는 영향에 대한 설명으로 옳지 않은 것은?
㉮ 실내에서의 공중 습도를 증가시킨다.
㉯ 실내에서의 급격한 온도 변화를 방지할 수 있다.
㉰ 녹지 효과로 시각적 안정성을 도모할 수 있다.
㉱ 광합성으로 산소를 흡수하고 이산화 탄소를 방출하므로 공기를 정화시킨다.

해설 실내 식물은 산소를 배출하여 실내를 맑게 하고 공기 중의 나쁜 물질인 이산화 탄소를 흡수하므로 실내 공기를 정화시켜 준다.

56 화훼 장식 디자인 요소 중 색채의 대비에 대한 설명으로 틀린 것은?
㉮ 무채색은 유채색보다 후퇴되어 보인다.
㉯ 색의 팽창과 수축은 모두 채도의 지배를 받는다.
㉰ 젖어 있을 때의 물체는 명도가 낮고 무겁게 느껴진다.
㉱ 차가운 색 계통의 하늘색은 가볍게 느껴진다.

해설 차가운 색 계통의 한색은 시원한 느낌과 차분한 느낌을 준다.

57 다음 중 화훼 장식의 기능에 대한 내용으로 거리가 먼 것은?
㉮ 스트레스를 줄이고 일의 효율과 창의력을 높인다.
㉯ 실내 공간의 공기를 정화시킨다.
㉰ 정서적 안정과 같은 정신적인 치료 효과가 있다.
㉱ 시각적인 혼란으로 상업 공간에서 구매 의욕을 저하시키는 효과가 있다.

해설 화훼 장식에는 시각적 차단, 공간 분할, 상업 공간에서 구매 의욕, 유도 동선 등의 기능을 가진 공간 구성의 효과가 있다.

58 꽃받침이 꽃잎화된 것이 아닌 것은?
㉮ 안수리움
㉯ 나리
㉰ 극락조화
㉱ 수국

해설 ㉮ 안수리움은 외떡잎식물 천남성목 천남성과로 분포지는 아프리카 열대 지방이다. 관엽 식물로 꽃잎이 가죽질이며 광택이 나는 불염포(佛焰苞)로 이루어져 있다.

정답 55. ㉱ 56. ㉯ 57. ㉱ 58. ㉮

59 다음 중 디자인 요소가 아닌 것은?
㉮ 선　　　　　　　　　㉯ 형태
㉰ 색채　　　　　　　　㉱ 강조

해설 화훼 장식을 구성하는 재료들이 가지는 시각적 특성을 디자인 요소라고 하며 선(Line), 형태(Form), 깊이(Depth), 색채(Color), 공간(Space), 질감(Texture), 향기(Fragrance)가 해당된다.
㉱ 강조는 디자인 원리에 해당한다.

60 다음 재료 중 부식 상태에 따라 매끄럽고 거친 느낌이 나며 차고 강한 느낌의 현대 문명을 암시하는 것은?
㉮ 도자기　　　　　　　㉯ 강철
㉰ 테라코타　　　　　　㉱ 구리

해설 ㉯ 강철 : 차갑고 매끄러우며 거친 느낌과 함께 현대 문명에 대한 암시를 표현하기도 한다.

정답 59. ㉱　60. ㉯

화훼장식 기능사 필기

2014년 1월 20일 1판1쇄
2017년 3월 10일 1판2쇄

편저 : 김혜정
펴낸이 : 이정일

펴낸곳 : 도서출판 **일진사**
www.iljinsa.com

04317 서울시 용산구 효창원로 64길 6
대표전화 : 704-1616, 팩스 : 715-3536
등록번호 : 제1979-000009호(1979.4.2)

값 **20,000원**

ISBN : 978-89-429-1382-4

* 이 책에 실린 글이나 사진은 문서에 의한 출판사의
동의 없이 무단 전재 · 복제를 금합니다.